U0691052

石油和化工行业"十四五"规划教材（普通高等教育）

有机化学

第二版

Organic Chemistry

The Second Edition

胡劲松　李长江　吴景梅　朱三娥　李亚男　主编

化学工业出版社

·北京·

内容简介

《有机化学》(第二版)共 14 章,以官能团为主线安排内容,分别为绪论,烷烃和环烷烃,单烯烃,炔烃和二烯烃,芳香烃,有机化合物结构测定,对映异构,卤代烃,醇、酚和醚,醛和酮,羧酸及其衍生物,有机含氮化合物,杂环化合物,糖、氨基酸和蛋白质,系统介绍了基本有机化合物的结构、性质、制备方法及重要反应。每章都有一定数量的练习题和思考题,章末另有习题,以方便读者巩固和掌握所学内容。有机化学的拓展材料如学科历史与人物、学术前沿动态和章后习题答案以二维码呈现,读者可扫码观看。本书有配套课件,方便教师教学使用。

《有机化学》(第二版)简明、实用,可作为高等院校化学、应用化学、化工、材料、生物、环境、食品、轻工等专业本科生的教材。

图书在版编目(CIP)数据

有机化学 / 胡劲松等主编. — 2 版. — 北京:化学工业出版社,2025. 8. —(石油和化工行业"十四五"规划教材). — ISBN 978-7-122-48321-8

Ⅰ. O62

中国国家版本馆 CIP 数据核字第 20256F664P 号

责任编辑:宋林青 江百宁   文字编辑:刘志茹
责任校对:张茜越   装帧设计:史利平

出版发行:化学工业出版社
　　　　　(北京市东城区青年湖南街 13 号　邮政编码 100011)
印　　装:三河市双峰印刷装订有限公司
787mm×1092mm　1/16　印张 23¾　字数 596 千字
2025 年 9 月北京第 2 版第 1 次印刷

购书咨询:010-64518888　　售后服务:010-64518899
网　　址:http://www.cip.com.cn
凡购买本书,如有缺损质量问题,本社销售中心负责调换。

定　　价:59.80 元　　　　　　版权所有　违者必究

第二版前言

本书第一版自 2016 年出版以来，影响日益扩大，以教材为核心的智慧课程建设亦有序推进。2025 年，中共中央、国务院印发了《教育强国建设规划纲要（2024－2035 年）》，提出到 2035 年，建成教育强国，要以教育数字化为重要突破口，开辟教育发展新赛道和塑造发展新优势，全面支撑教育强国建设。2024 年中国共产党第二十届中央委员会第三次全体会议通过《中共中央关于进一步全面深化改革、推进中国式现代化的决定》，在深化教育综合改革方面，明确提出推进教育数字化，赋能学习型社会建设，加强终身教育保障。教育部也先后提出"以本为本"，发展"新工科"等要求，以适应新时期人才培养要求。另外，中国化学会发布了《有机化合物命名原则 2017》，对有机化合物命名规则进行了调整。

为响应国家战略部署与学科发展需求，落实创新型人才培养目标，编写团队启动了第一版教材的修订工作。修订中，注重教材的延续性，保持了第一版注重基础、内容全面、兼顾前沿等特色，并对教材的局部编排及使用过程中发现的问题，进行了更正和修订。本次修订的重点是：更新有机化合物命名体系，优化轨道示意图，以及增设知识拓展模块三个方面。

首先，根据《有机化合物命名原则 2017》对第一版中的相关内容进行了修订。2017 版的命名原则在形式上直接通过英文首字母顺序列出取代基，更符合构词习惯，也能够更好地满足有机化学发展及该领域国际交流的需要。其次，书中原有的轨道图是黑白色，颜色单调，立体感不强，本次修改使用蓝色并设置了深浅度，增强了立体感，便于学生观察和理解。再者，为了扩大对有机化学要点的理解和有机化学发展重要人物的认识，增加了知识拓展内容。除此以外，在每章节结束，提供关键词的中英文，特别是常见溶剂的缩写。

在教材内容的安排上，着眼于"新工科"对学科交叉融合的要求，注重理工结合，同时注重教材的"立体化"建设。修订时对原有的章节进行重新组织（将第一版中第 2 章有机化合物结构测定放在芳香烃后面），确保逻辑流程清晰，难度递进，同时删除或者合并内容上过时或者重复的部分。考虑到教材的篇幅，更多的内容以数字资源的形式呈现，读者可通过扫描书中相应位置的二维码学习。数字资源主要涵盖四大板块：其一，典型化合物专题，系统介绍重要有机化合物的性质、制备方法及其在各领域的应用；其二，学科历史与人物，深入介绍对有机化学理论、反应发展有突出贡献的科学家及其学术成就；其三，教学难点解析，针对课程中的关键概念与方法，就常见的疑难问题进行详细阐释；其四，学术前沿动态，及时呈现有机化学领域的最新研究成果，包括新颖合成路线、诺贝尔化学奖相关研究以及新兴技术。

本书是在安徽理工大学、合肥大学、黄山学院、蚌埠学院四所高校的有机化学教研室各位编者的共同努力下完成的。第 1、6 章由安徽理工大学胡劲松、李亚男、马祥梅、冯道全完成，第 2、7、8、9 章由黄山学院李长江、兰艳素、韩冰冰、江学凯完成，第 3、4、10、14 章由合肥大学朱三娥、章云冉和胡磊完成，第 5、11、12、13 章由蚌埠学院吴景梅、邵燕芳、周密、朱银邦完成。全书由胡劲松、李亚男编排和统稿。感谢化学工业出版社的编辑对本书修订给予的大力支持与帮助。本书编者在此对所有关心、支持本书修订工作的各位老师、同学一并致以衷心感谢！

　　虽然在编写过程中我们经过了多轮讨论和修改，但因时间仓促和能力所限，书中疏漏之处难免，希望读者多提宝贵意见，以便我们不断改进。

编者

2025 年 5 月 10 日

第一版前言

有机化学是化学、化工、医药、生物、材料、环境、农学等专业的一门重要基础课。近年来，随着高等院校教学改革的推进，国内出版了多种类型的《有机化学》教材，且都各有特点和优点。自2014年始，以高级应用型人才培养为主要任务和目标的应用型本科教育，获得高度重视。但是，目前还没有针对应用型本科有机化学基础课程的教材。经与合肥学院、蚌埠学院和黄山学院的同行们交流探讨，大家普遍认为有必要根据应用型本科人才的培养特点，编写一本取材适当、内容精炼、重点突出，能引导读者借助教育教学资源共享体系自主学习的《有机化学》教材，并于2014年年底着手编写。

本书以官能团为主线，采用传统的脂肪族和芳香族混合体系编写，将有机化合物结构表征（红外光谱、核磁共振氢谱、质谱及紫外光谱）基本方法集中列于第2章中，在各类化合物物理性质介绍中，以思考题的形式引导读者将有机物的波谱性质与结构联系起来。

在教材内容上删旧添新，在选材和举例上注重实践性。强化基本概念、基本知识和基本理论，以点（知识点）带面（由该知识点衍生的相关反应、条件及应用），以理论（反应机理）为指导举一反三。减少对有机反应实例的描述，减少繁复的理论叙述，减少有机化合物制备与性质方面的内容重复；力求做到对大多数读者而言，能够学到有机化学的基本内容，对学有余力者，可在教材内容基础上进一步扩展，进一步提高。

在教材内容安排上，循序渐进。将探究性的思考题分散呈现在教学内容之后，作为前述内容的进一步拓展，引导读者对前述内容进行深入或广泛的理解和了解，部分思考题需要读者在文献调研基础上进行解答，可培养自主学习能力，力争使读者在打好基础的同时，能力上也有适当的提升。思考题还可以作为授课教师对授课内容的补充。在每章之后，安排了阅读材料，收编与章节内容相关的理论或应用发展，以拓展知识面，激发读者的学习热情。

在本书编写过程中，安徽理工大学张晓梅教授负责全书的编排、统稿及第2章的编写；安徽理工大学的马祥梅副教授负责编写第1章；合肥学院的陈红副教授、司靖宇副教授和李少波讲师等负责编写第4、5、10及14章；蚌埠学院的王传虎教授、吴景梅副教授、邰燕芳副教授、朱银邦讲师和周丽讲师等负责编写第6、11、12及13章；黄山学院的李长江副教授、张毅副教授、郑祖彪讲师及兰艳素老师等负责编写第3、7、8及9章。

感谢安徽理工大学、合肥学院、蚌埠学院、黄山学院及化学工业出版社的大力支持。特别感谢化学工业出版社的编辑在出版、编辑、校对等方面给予的指导和帮助。感谢所有关心、支持和帮助我们的人！

由于编者水平所限，书中难免有不妥之处，敬请使用本书的师生和读者批评指正。

编者
2016. 2. 2

目 录

▶ 拓展资料
▶ 习题答案

第1章

绪 论

1.1 有机化合物和有机化学

自然界存在的物质从化学组成上可分为无机物和有机物两大类。无机物是指除碳元素以外的元素所形成的化合物，但碳的氧化物、碳酸盐以及金属氰化物等含碳的小分子化合物，因其与无机化合物性质更接近，通常被划归无机化合物的范畴。有机物就是含碳化合物，绝大多数还含有氢元素，有些有机物还可能含有氧、氮以及磷和硫等元素；同时分子中的氢原子还可以被其他的原子或原子团所替代，从而衍变出更多的有机化合物。因此，从组成上讲，有机化合物就是碳氢化合物及其衍生物，结构上可把碳氢化合物看作是有机化合物的母体，其他的有机化合物看作是这个母体的氢原子被其他原子或基团取代而衍生得到的化合物。

18世纪末人们已经能够从天然产物中分离出有机化合物（如乳酸、草酸等）。当时许多人深信有机物是在生物体内生命力的影响下而产生的，不能在实验室里由无机物合成。直到1828年，德国化学家维勒（F. Wöhler，1800—1882）首次用无机物氰酸铵（NH_4OCN）加热合成了有机化合物尿素 $[CO(NH_2)_2]$，打破了只能从有机物中取得有机化合物的观念，在对生命力论的否定过程中，起到了决定性的作用。此后，随着合成方法的改进和发展，越来越多的有机物不断地在实验室被人工合成出来，其中很多是在与生物体内迥然不同的条件下合成出来的，如1845年，德国的柯尔柏（A. W. M. Kolbe，1818—1884）合成了乙酸（CH_3COOH）；1854年，法国的贝特罗（M. E. P. Berthelot，1827—1907）合成了油脂；1861年，俄国化学家布特列洛夫（A. M. Butlerov，1828—1886）用多聚甲醛与石灰水合成了糖类物质，"生命力"学说才渐渐被彻底否定，有机化合物再也不是只能从有机体中获得的产物。随着合成方法的改进和发展，越来越多的有机化合物不断地被用人工的方法合成出来，有机物和无机物之间的界限随之消失。由于历史和习惯的原因，"有机"这个名词仍被沿用。"有机化学"是1806年首次由瑞典化学家贝采里乌斯（J. J. Berzelius，1779—1848）作为"无机化学"的对立物而提出的，是研究有机化合物的组成、结构、性质及变化规律、合成方法及其应用的科学。

地球上所有的生命体中都含有大量的有机物，有机物对人类的生命、生活和生产有着极其重要的意义。在有机化学发展的初期，主要研究从动、植物体中分离有机化合物。19世纪中期到20世纪初，有机化学工业逐渐转变为以煤焦油为主要原料，合成染料的发现使染料、制药工业蓬勃发展，推动了对芳香族化合物和杂环化合物的研究。20世纪30年代以后，以乙炔为原料的有机合成兴起。20世纪40年代前后，有机化学工业的原料又逐渐转变为以石油和天然气为主，发展了合成橡胶、合成塑料和合成纤维工业。由于石油资源将日趋枯竭，以煤为原料的有机化学工业必将重新发展。目前，从自然界发现和人工合成的有机物已经超过3000万种，且新的有机物仍在不断地被发现和合成出来。

1.2 有机化合物的结构

1.2.1 共价键的形成

化学键是分子内原子间强烈的相互作用力。在有机化合物中，普遍存在的化学键是共价键。

1916年，美国化学家路易斯（G. N. Lewis）提出了共价键的概念，认为分子中每个原子应具有稀有气体原子的稳定电子层结构。共价键是分子中成键原子间通过共用电子对而达

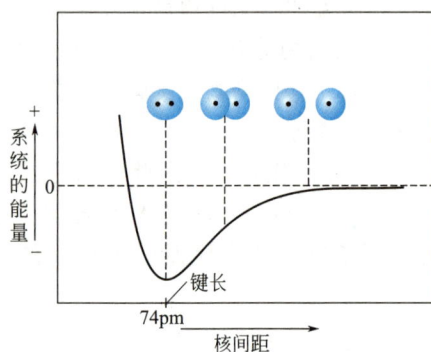

图 1-1 核间距与能量之间的关系

到了稀有气体的电子层结构，共用一对电子形成单键，双键和叁键相应于两对和三对共享电子。Lewis理论虽然能够描述分子结构，但不能说明共价键形成的实质。1927年，德国物理学家海特勒（W. H. Heitler）和伦敦（F. W. London）用量子力学处理 H_2 分子时，得到图1-1所示的系统能量与两个氢原子核间距之间的关系。当两个氢原子相互接近形成氢分子时，整个系统的能量要比两个氢原子单独存在时低，系统能量达到最低时，核间距 $r_0 =$ 74pm。如果两个氢原子继续靠近，原子核间斥力逐渐增大，系统的能量升高。因此，r_0 是形成稳定的化学键时两个氢原子的平衡距离。此处原子核间距小于两个氢原子的半径之和（约106pm），说明形成氢分子后两个氢原子的1s轨道有重叠。量子化学对氢分子形成过程的解释说明了共价键的本质是原子轨道的重叠。

1.2.1.1 价键理论

1930年，斯莱特（J. C. Slater）和鲍林（L. C. Pauling）将海特勒和伦敦用量子力学处理 H_2 分子的结果加以推广和发展，建立了现代价键理论（VB法）。该理论认为，共价键是由成键原子外层能量相近且含有自旋相反的未成对电子的轨道发生重叠形成的。而每个原子能够提供的轨道和单电子数是一定的，并且成键后的电子仍需满足泡利不相容原理，因此共价键具有饱和性。同时除了s轨道呈球形对称外，其他原子轨道在空间都有一定的取向，在形成共价键时，只有s轨道和s轨道之间可以在任何方向重叠，其他的原子轨道重叠只能沿着一定的方向，这样重叠的程度及核间电子云密度才最大，即共价键具有方向性。

(1) 共价键的分类

成键的两个原子核间的连线称为键轴，共价键最本质的分类方式就是根据重叠的成键轨道与键轴之间的关系进行分类。由两个原子轨道沿键轴方向"头碰头"方式重叠，导致电子

在核间出现概率增大而形成的共价键，称为 σ 键，如图 1-2(a) 所示。σ 键成键轨道间重叠程度大，键能比较大，不易断裂。若两个平行的原子轨道通过"肩并肩"（或平行）的方式侧面重叠，轨道重叠部分对于通过键轴的平面是反对称的，如图 1-2(b) 所示，这种键称为 π 键。π 键轨道比 σ 键轨道重叠程度小，能量和电子活动性较高，是化学反应的积极参与者，因此分子总是优先形成 σ 键。

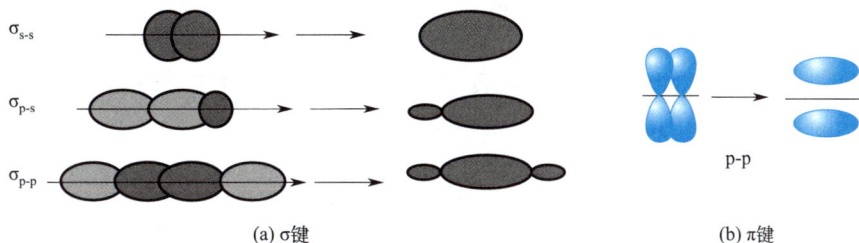

σ_{s-s}

σ_{p-s}

σ_{p-p}

p-p

(a) σ 键

(b) π 键

图 1-2　σ 键和 π 键的形成

(2) 共价键的极性

1932 年，鲍林引入电负性的概念，用来表示不同元素的原子在分子中吸引电子的能力。他指定非金属性最强的氟元素原子的电负性为 4.0，然后通过计算得到其他元素原子电负性的相对大小。元素电负性数值越大，表示其原子在分子中吸引电子的能力越强；反之，电负性数值越小，相应原子在分子中吸引电子的能力越弱（稀有气体原子除外）。有机化合物中一些常见元素的电负性见表 1-1。

表 1-1　一些常见元素的电负性

IA	IIA	IB	IIB	IIIA	IVA	VA	VIA	VIIA
H 2.1								
Li 1.0	Be 1.5			B 2.0	C 2.5	N 3.0	O 3.5	F 4.0
Na 0.9	Mg 1.2			Al 1.5	Si 1.8	P 2.1	S 2.5	Cl 3.0
K 0.8	Ca 1.0							Br 2.8
								I 2.5

电负性逐渐增大

电负性逐渐增大

注：元素的电负性大小是相对值，因此有多种形式，此处指 Pauling 提出的电负性。

由于各种元素的电负性不同，路易斯在价键理论的基础上提出了共价键极性的概念。若成键原子的电负性相等，电子云在两个原子之间对称分布，正、负电荷中心重合，化学键是非极性共价键；不同元素的原子所形成的共价键，共用电子对偏向于电负性较强的原子，正、负电荷中心不重合，电负性较大的原子带部分负电荷（δ^-），电负性较小的原子带部分正电荷（δ^+）。这种电子云分布不对称的共价键称为极性共价键，表示如下：

键的极性大小取决于成键原子的电负性差值，电负性差值越大，键的极性就越大。例如，H—I、H—Br、H—Cl 到 H—F，氢卤键的极性逐渐增大。

共价键的极性大小常用偶极矩 μ 来衡量，是正、负电荷中心的距离 d 和所带电荷 q 的乘积，即 $\mu = dq$，其中 d 的单位为米，m；q 的单位为库仑，C；μ 的单位为 C·m，也可用 D（Debye，德拜，$1D = 3.336 \times 10^{-30}$ C·m）表示，是一个矢量，规定其方向由正极指向负极，如 $\overrightarrow{H-\ddot{C}l}$；有机化合物中一些常见共价键的偶极矩见表 1-2。

表 1-2 常见共价键的偶极矩

共价键	偶极矩/D	共价键	偶极矩/D	共价键	偶极矩/D
H—C	0.4	C—C	0.0	C—F	1.6
H—N	1.3	C—N	0.2	C—Cl	1.5
H—O	1.5	C—O	0.7	C—Br	1.4
H—F	1.7	H—Cl	1.1	C—I	1.2
H—Br	0.8	H—I	0.4		

1.2.1.2 杂化轨道理论

碳原子的最外层电子结构特征是 $1s^2 2s^2 2p_x^1 2p_y^1 2p_z^0$，难以得失电子，易和其他元素的原子以共用电子对的形式形成共价键。根据价键理论，碳原子最外层有两个单电子，只能生成两个共价键，而在有机化合物中碳原子一般显示四价，为了能够很好地解释这一问题，鲍林等人在价键理论的基础上提出了杂化轨道理论。

杂化轨道理论在原子的成键能力、分子空间构型等方面完善和发展了现代价键理论，该理论认为碳原子在形成共价键时，2s 轨道上的一个电子获得能量跃迁到空的 2p 轨道，形成不稳定的 $1s^2 2s^1 2p_x^1 2p_y^1 2p_z^1$ 激发态：

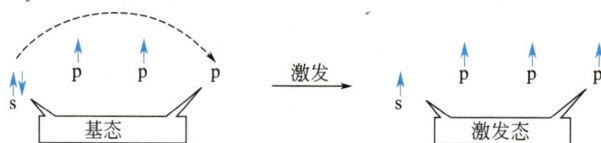

激发态能量较高不稳定，很快能量相近的 2s 和 2p 轨道经混合后重新分配，组成同等数目、能量相等的新轨道，这种轨道重新组合的过程叫轨道的杂化，产生的新轨道称为杂化轨道。每个杂化轨道都有一个单电子，都是一头大一头小的椭圆形，小头朝里大头朝外能够更容易地和含有未成对电子的轨道重叠成键，形成的共价键更稳定。有机化合物中的碳原子主要有以下三种杂化类型。

(1) sp³ 杂化

由激发态的 1 个 2s 轨道和 3 个 2p 轨道平均分配能量，并重新调整轨道的方向和形状，形成 4 个形状是一头大、一头小的 sp³ 杂化轨道，每个杂化轨道都含有 1/4 的 s 成分和 3/4 的 p 成分，轨道间夹角互为 $109°28'$，相当于由四面体的中心伸向 4 个顶点（见图 1-3）。轨道的空间形状使 4 个轨道之间相距最远，电子间相互排斥力最小，体系达到最稳定状态。

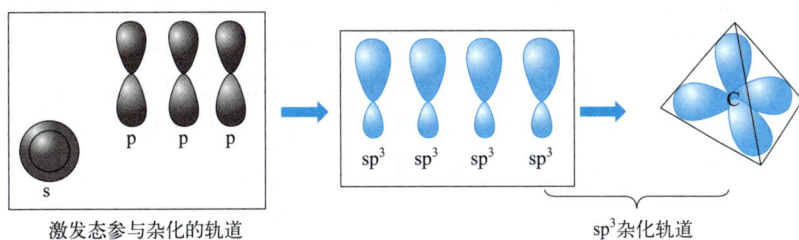

图 1-3　碳原子轨道的 sp³ 杂化

(2) sp² 杂化

激发态的碳原子以一个 2s 和两个 2p 轨道杂化，形成三个能量相同的 sp² 杂化轨道，每个杂化轨道各含 1/3 的 s 成分和 2/3 的 p 成分。三个杂化轨道间的夹角互为 120°，呈平面三角形。未杂化的一个 2p 轨道则垂直于杂化轨道所在的平面（见图 1-4）。

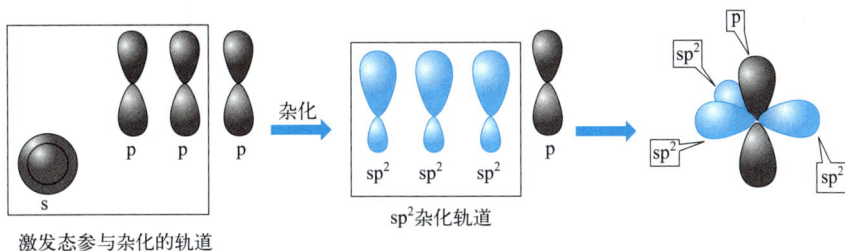

图 1-4　碳原子轨道的 sp² 杂化

(3) sp 杂化

由激发态碳原子的 1 个 2s 和 1 个 2p 轨道杂化形成两个 sp 杂化轨道，每个 sp 杂化轨道各含有 1/2 的 s 成分和 1/2 的 p 成分，两个轨道的伸展方向恰好相反，小头朝里大头朝外互成 180°夹角，呈直线形。两个未参与杂化的 p 轨道互相垂直，并且都与两个 sp 杂化轨道对称轴组成的直线垂直（见图 1-5）。

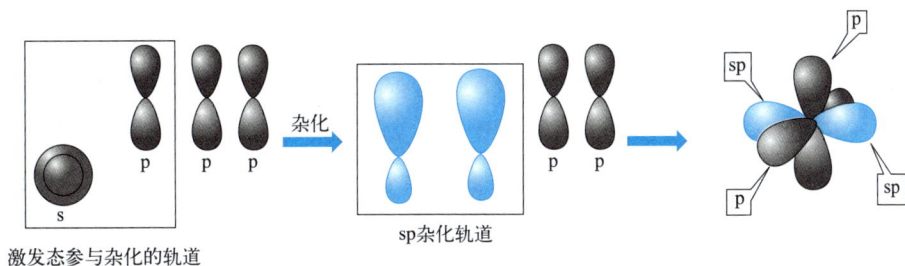

图 1-5　碳原子轨道的 sp 杂化

1.2.1.3　分子轨道理论

价键理论着眼于成键电子只处在形成化学键的两个原子间，定域描述直观形象，能够很好地解释分子的空间构型，得到了广泛的应用。但美国化学家莫利肯（R. S. Mulliken）和德国物理学家洪特（F. Hund）提出的成键电子分布在整个分子的分子轨道理论更符合成键的实际情况。分子轨道理论从分子的整体出发去研究分子中每一个电子的运动状态，比较全面地反映了分子内部电子的运动状态。

在原子中，电子的空间运动状态称为原子轨道。分子轨道理论认为组成分子的电子也像组成原子的电子一样，处于一系列不连续的运动状态中，在分子中，电子的空间运动状态称为分子轨道，量子化学用波函数表示原子轨道和分子轨道。当两个原子轨道组合成两个分子轨道时，由于波函数的符号有正、负之分，因此两个原子轨道线性组合得到两个分子轨道，其中一个分子轨道是由两个同号的波函数（均为＋或均为－）互相组合，两个波函数相加，波叠加的结果是两核之间的电子云密度增加，能量低于线性组合前的原子轨道，得到成键分子轨道。另一个分子轨道由两个异号的波函数互相组合，两个波函数相减，使波削弱或抵消，两核之间的电子云密度减小或等于零，能量高于线性组合前的原子轨道，得到反键分子轨道。因此，原子轨道两两重叠后形成的分子轨道一半为成键分子轨道，一半为反键分子轨道，图 1-6 所示为氢分子轨道的形成。

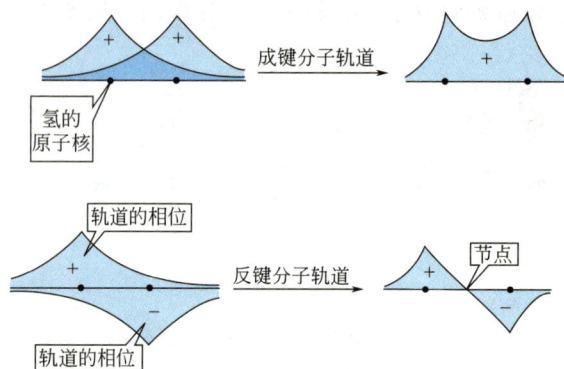

图 1-6　氢分子轨道的形成

和原子间轨道重叠形成共价键相似，按照原子轨道重叠方式的不同，分子轨道可分为 σ 分子轨道和 π 分子轨道，如图 1-7 所示，两个 p 轨道"头对头"形成的 σ 分子轨道和"肩并肩"重叠形成的 π 分子轨道。

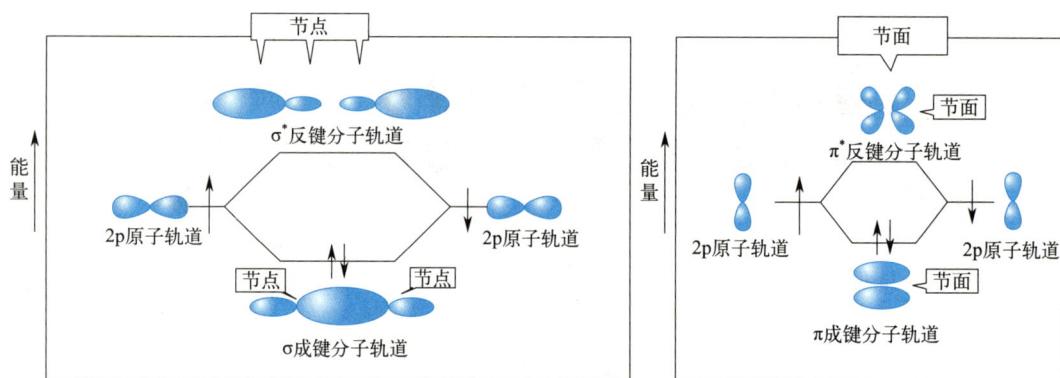

图 1-7　p 原子轨道形成的 σ 分子轨道和 π 分子轨道

在基态分子中，能量较高的反键分子轨道中通常未填充电子，电子从原子轨道进入成键分子轨道，形成化学键，体系能量降低，形成稳定的分子。成键分子轨道中的电子排布原则与原子轨道中电子的排布相同，遵守泡利不相容原理、能量最低原理和洪特规则。如图 1-8 所示，H_2 分子由 2 个 H 原子组成，每个 H 原子在 1s 原子轨道中有 1 个电子。当 2 个 H 原子的 1s 原子轨道互相重叠时，可组成 σ_{1s} 成键和 σ_{1s}^* 反键两个分子轨道，2 个电子以自旋相反的方式先填入能量最低的 σ_{1s} 成键分子轨道，所以 H_2 分子的分子轨道式为：$(\sigma_{1s})^2$。

分子轨道理论考虑了分子的整体性，通常用于共轭体系，能较好地说明多原子分子的结构，在现代共价键理论中占有很重要的地位。

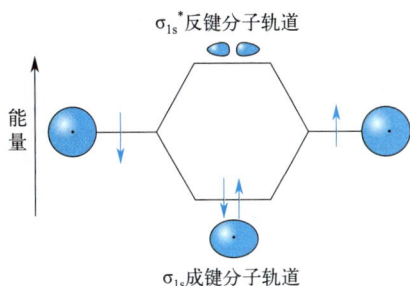

图 1-8　H_2 分子轨道的电子排布

1.2.2　共价键的性质

化学键成键原子的属性不同，所构成的有机化合物的结构就有所不同。键参数是用来表征化学键性质的物理量，包括键能、键角、键长等，可以用来定性或半定量地解释分子的一些性质。

（1）键长

形成共价键的两个原子的原子核之间的平衡距离称为键长。键长与原子半径和分子结构有关，成键原子不同，一般键长也不相同，即使相同的共价键在不同的分子结构中也不尽相同。键长对确定分子的几何构型以及键的强弱有重要的影响。通常两原子之间所形成的键长越短，共价键越牢固，形成的分子越稳定。一些常见的共价键键长如表 1-3 所示。

表 1-3　有机化合物中一些常见的共价键键长

共价键	键长/pm	共价键	键长/pm
C—H	109	C—N	147
C—C	154	C—O	143
C＝C	134	C—Cl	177
C≡C	120	C—Br	191
C—F	141	O—H	96

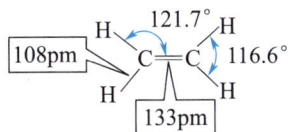

图 1-9　乙烯分子的键长和键角

（2）键角

一个两价以上的原子在与其他原子形成共价键时，相邻两个共价键键轴之间的夹角叫键角，键角反映了分子的空间构型。相同的原子采取不同的方式成键时，其键角不同；相同方式构成的键角在不同分子结构中也不尽相同。键长和键角是确定分子空间构型的重要参数，例如乙烯分子的各键角均接近 $120°$，因此分子中的所有原子在同一平面上（见图 1-9）。

（3）键能

在标准状态下，将 1mol 理想的气态分子 AB，解离成理想的气态 A 原子和 B 原子所需的能量称为 A—B 键的解离能，单位为 kJ/mol，用符号 D_{A-B} 表示。对于双原子分子，键能 E_{A-B}＝解离能 D_{A-B}。对于多原子分子，键能和解离能不同。以甲烷为例，分子有四个相同的碳氢共价键，但每个键的解离能不同：

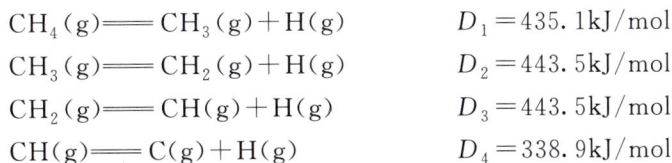

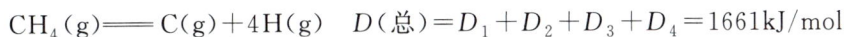

$$CH_4(g) \Longrightarrow CH_3(g) + H(g) \qquad D_1 = 435.1 kJ/mol$$
$$CH_3(g) \Longrightarrow CH_2(g) + H(g) \qquad D_2 = 443.5 kJ/mol$$
$$CH_2(g) \Longrightarrow CH(g) + H(g) \qquad D_3 = 443.5 kJ/mol$$
$$CH(g) \Longrightarrow C(g) + H(g) \qquad D_4 = 338.9 kJ/mol$$

$$CH_4(g) \Longrightarrow C(g) + 4H(g) \quad D(总) = D_1 + D_2 + D_3 + D_4 = 1661 kJ/mol$$

分子中 C—H 键的键能是四个碳氢键的平均解离能：键能 $E=(D_1+D_2+D_3+D_4)/4=415.3\text{kJ/mol}$。因此解离能是解离分子中某一特定化学键所需的能量，键能是某种键解离能的平均值。通常键能越大，化学键越牢固，含有该键的分子越稳定。键能的数据一般由热化学法或光谱法测定。有机化合物中一些常见共价键的键能见表 1-4。

表 1-4 有机化合物中一些常见共价键的键能

共价键	键能/(kJ/mol)	共价键	键能/(kJ/mol)
H—H	436	C—C	346
O—H	464	C=C	602
C—H	415	C≡C	835
H—I	298	C—Cl	339
C—Br	285	C—N	305

1.2.3 有机化合物的分子结构

分子结构（molecule structure）是指分子中的原子组成、原子间的连接顺序和方式，也包括化学键的结合情况和分子中电子的分布状态等。中国化学会根据国际纯粹与应用化学联合会（IUPAC）的建议，在 1979 年决定用结构描述分子一般意义上的构成，它包括分子的构造（constitution）、构型（configuration）和构象（conformation）三种形式。

（1）有机化合物的分子构造和构造式

构造是指分子中原子的连接顺序和方式，它不仅给出化合物中不同元素的准确组成，而且表示出分子中原子的成键顺序和方式，如：$\mathrm{CH_3\!-\!CH\!=\!CH\!-\!CH_2\!-\!C}\begin{smallmatrix}O\\OH\end{smallmatrix}$。但相同的元素组成，原子间连接顺序不同，构造是不同的，如乙醇（$\mathrm{CH_3\!-\!CH_2\!-\!OH}$）与二甲醚（$\mathrm{CH_3\!-\!O\!-\!CH_3}$）由于构造不同成为两种不同的物质。在不需要表明分子立体结构的情况下，有机化合物分子的构造式一般用路易斯构造式（Lewis structure formula）、缩简构造式（condensed structure formula）和键线构造式（skeletal structure formula）表示。路易斯构造式也称为电子构造式，在成键两原子之间用—、=、≡ 分别表示一、二、三对共用电子，能够清楚地表达分子中各原子的价电子数和成键关系；缩简式是把成键的两原子放在一起，必要时再用短线表示共价键，这是目前使用较为普遍的书写方法；键线式只用键线来表示碳架，相邻键与键之间的夹角为 120°，分子中的碳氢键、碳原子及与碳原子相连的氢原子均省略，而其他杂原子及与杂原子相连的氢原子须保留，每个端点和拐角处都代表一个碳原子（见表 1-5）。

表 1-5 有机化合物常用的分子构造式

化合物	路易斯构造式	缩简构造式	键线构造式
正丁烷		$\mathrm{CH_3(CH_2)_2CH_3}$	
丙酮		$\mathrm{CH_3CCH_3}$ 或 $\mathrm{CH_3COCH_3}$	
乙腈		$\mathrm{CH_3C\!\equiv\!N}$ 或 $\mathrm{CH_3CN}$	

化合物	路易斯构造式	缩简构造式	键线构造式
3-吡啶甲酸	(路易斯构造式)	$HC \overset{H}{\underset{HC}{\underset{\parallel}{\diagdown}}} \overset{COOH}{\underset{CH}{\diagup}}$	(键线构造式) COOH
2-氯-5-溴己烷	(路易斯构造式)	$CH_3CHCH_2CH_2CHCH_3$ 或 Br、Cl；$CH_3CHBrCH_2CH_2CHClCH_3$	Br、Cl

(2) 有机化合物分子的构型和构型式

在具有确定构造的分子中，各原子在空间的排布称为分子的构型，能够表示出各原子在空间排布的三维式就是构型式。通常在平面上用楔形式表示有机化合物分子的立体结构，把两个在纸平面上的键用实线画出，在纸平面前方的键用粗实线或楔形实线表示，在纸平面后方的键用虚线或楔形虚线表示，也可借助分子模型准确地表示分子中各原子间的相互关系。最常用的分子模型有两种（见图 1-10），一种是用各种颜色和大小的圆球代表不同的原子，用棍棒代表原子间的共价键，称为球棒模型，又称凯库勒模型（Kekulé model）；另一种是根据实际测得的原子半径和键长按比例制成的模型，叫作比例模型，又称斯陶特模型（Stuart model），可显示更为真实的分子外形，但很难从模型中看见化合物的键角。

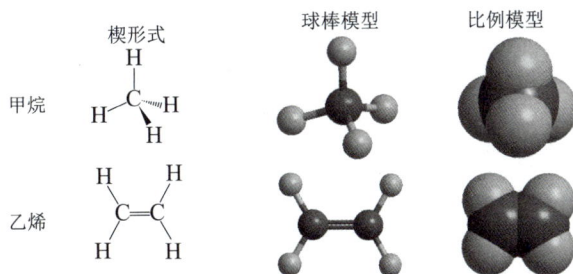

图 1-10 甲烷和乙烯分子的构型

构象是指分子中成键原子或基团因 σ 键的旋转而造成的相对空间分布状态。由单键旋转产生的异构体叫作构象异构体（conformation isomer）。这部分内容将在第 2 章介绍。分子的分子式不同，其结构就不同。分子式相同，则其构造、构型和构象也不一定相同。

1.2.4 分子间作用力

除原子与原子间的化学键力外，分子与分子间还存在比化学键力弱得多的作用力，称为分子间作用力（intermolecular force），主要包括本质上都属于静电作用力的氢键、偶极-偶极作用力和范德华力。

(1) 分子的极性

分子整体上是不带电的，但是根据内部电荷分布情况的不同，分子也有极性和非极性之分。把整个分子内的正电荷和负电荷分别抽象成一个点，称为正、负电荷中心。正、负电荷中心重合的分子称为非极性分子；反之，正、负电荷中心不重合的分子称为极性分子。

偶极矩 μ 的大小体现了分子极性的强弱，偶极矩为零的分子为非极性分子，相反，偶极矩不为零的分子是极性分子。偶极矩越大，分子极性越强。对于双原子分子，化学键的偶极矩就是分子的偶极矩，多原子分子的偶极矩，则是分子中各个共价键偶极矩的矢量和。例如：

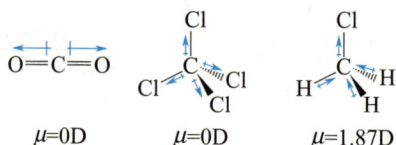

$$O = C = O \qquad \underset{Cl}{\overset{Cl}{C}}Cl \qquad \underset{H}{\overset{Cl}{C}}H$$

$$\mu = 0D \qquad\qquad \mu = 0D \qquad\qquad \mu = 1.87D$$

（2）偶极-偶极作用力

偶极-偶极作用力（dipole-dipole interaction）是极性分子与极性分子间的静电引力，可简单理解为极性分子间正、负极的相互吸引力，作用力的大小主要由分子的偶极矩决定。

（3）范德华力

范德华力（van der Waals forces）是分子间一种比化学键能量小 1～2 数量级的弱作用力，没有方向性和饱和性，包括取向力（orientation force）、诱导力（inductive force）和色散力（dispersion force）三种。

（4）氢键

氢键（hydrogen bond）是一种特殊的分子间作用力，它对物质的性质有较大的影响。当氢原子与一个电负性较大、半径较小的原子 X（如 N、O、F）以共价键结合后，共用电子对强烈地偏向于 X 原子，使氢原子带部分正电荷，成为几乎裸露的质子，它可以吸引与其靠近的另一个电负性较大、带有孤对电子的 Y 原子，形成 X—H···Y 结构，H 原子与 Y 原子之间的结合力就称为氢键。如水分子与甲醇分子之间形成的氢键：

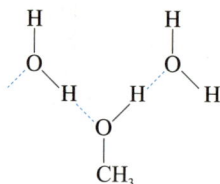

氢键可以在相同的或不同的分子之间形成，也可在一个分子内部形成。虽然氢键的键能不大，但对物质的物理化学性质会产生很大的影响，若能形成分子间氢键，物质的熔点、沸点就要升高。氢键的形成对物质的溶解度也有较大的影响，如果溶质与溶剂分子能形成分子间氢键，则溶质的溶解度常较大。例如，乙醇可与水以任意比例互溶。

分子间作用力虽然是一种很弱的作用力，但对物质的聚集状态、熔点、沸点、溶解度等物理性质都有重要的影响。

1.3 诱导效应、共价键的断裂与有机反应类型

1.3.1 诱导效应

当电负性不同的原子间形成共价键时，成键电子云偏向元素电负性较大的原子，不仅使直接相连的两个原子间电子云密度分布发生变化，也影响到分子中不直接相连的其他原子，使分子中电子云密度分布发生定向偏移。例如，在 1-氯戊烷分子中，由于氯原子的电负性较大，碳氯键的共用电子对偏向氯原子一方而使氯原子带部分负电荷，与氯直接相连的 C1 原子带有部分正电荷（δ^+），带正电荷的 C1 原子使 C1—C2 键的电子云发生偏移，C2 原子

带少量的正电荷（δ^{++}），同理，C3 原子带有更少的正电荷（δ^{+++}），从整体看，分子的电子云沿碳链向氯原子方向偏移。

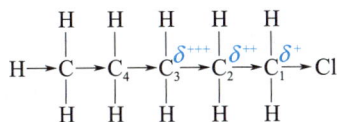

$$H-\overset{\overset{\displaystyle H}{|}}{\underset{\underset{\displaystyle H}{|}}{C}}-\overset{\overset{\displaystyle H}{|}}{\underset{\underset{\displaystyle H}{|}}{C_4}}-\overset{\overset{\displaystyle H}{|}}{\underset{\underset{\displaystyle H}{|}}{\overset{\delta^{+++}}{C_3}}}-\overset{\overset{\displaystyle H}{|}}{\underset{\underset{\displaystyle H}{|}}{\overset{\delta^{++}}{C_2}}}-\overset{\overset{\displaystyle H}{|}}{\underset{\underset{\displaystyle H}{|}}{\overset{\delta^{+}}{C_1}}}-Cl$$

这种原子或基团对共用电子的影响沿着分子中的化学键传递，使分子中电子云按一定方向偏移的现象，称为诱导效应，是分子中原子间相互影响的一种电子效应，用符号 I 表示。诱导效应可沿共价键传递，随传递距离的增加而迅速减弱，一般经过 3 个原子后可忽略不计。

诱导效应通常以氢原子作为比较标准，吸电子能力大于氢的原子或基团可产生吸电子诱导效应，用−I 表示；吸电子能力小于氢的原子或基团可产生给电子诱导效应，用＋I 表示。

$$-\overset{|}{\underset{|}{C}}\!\rightarrow\! X \qquad -\overset{|}{\underset{|}{C}}\!-\!H \qquad -\overset{|}{\underset{|}{C}}\!\leftarrow\! Y$$

−I效应　　　　比较标准　　　　＋I效应

诱导效应是分子本身的永久性效应，能够明显地影响有机物分子的一些性质，如在羧酸分子中与羧基直接或间接相连的原子或基团，对羧酸的酸性都有不同程度的影响。在乙酸分子中，α-碳原子上的氢原子被电负性大的氯取代后，由于氯具有吸电子诱导效应，通过碳链传递，使得分子中各原子之间的成键电子云密度降低，则氧-氢键的电子云更靠近氧原子，有利于羧基中氢原子的解离。同时也使形成的羧酸负离子负电荷更为分散，稳定性增大，所以酸性增强。

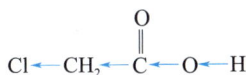

$$Cl-CH_2-\overset{\overset{\displaystyle O}{\|}}{C}\!\leftarrow\! O-H$$

取代基的吸电子诱导效应越强，对羧酸的酸性影响就越大。例如卤素的吸电子诱导效应次序为 F＞Cl＞Br＞I，在卤代乙酸中氟代乙酸的酸性最强，碘代乙酸的酸性最弱。

	CH_3	ICH_2	$BrCH_2$	$ClCH_2$	FCH_2
pK_a	4.76	3.15	2.86	2.81	2.66

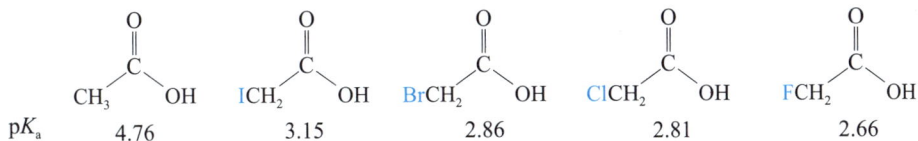

α-碳原子上卤素原子的数目越多，吸电子的诱导效应就越大，则酸性越强，说明诱导效应具有加和性。

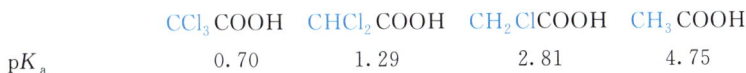

	CCl_3COOH	$CHCl_2COOH$	$CH_2ClCOOH$	CH_3COOH
pK_a	0.70	1.29	2.81	4.75

诱导效应随着距离的增长而迅速减弱，通常经过三个原子后，诱导效应的影响就很弱了。如溴代丁酸分子中的溴离羧基越远，取代丁酸的酸性就越弱。

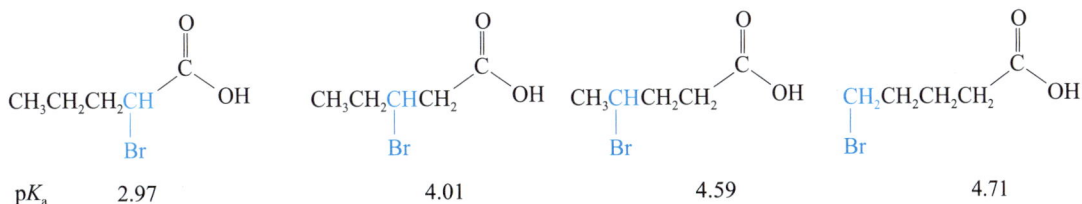

	$CH_3CH_2\underset{\underset{Br}{|}}{C}H$-COOH	$CH_3\underset{\underset{Br}{|}}{C}HCH_2$-COOH	$\underset{\underset{Br}{|}}{C}H_2CH_2CH_2$-COOH	
pK_a	2.97	4.01	4.59	4.71

由于取代基或原子的吸电子或斥电子的能力可影响羧酸的酸性，因此可通过测定羧酸的解离平衡常数来推断各种取代基的吸电子能力或供电子能力大小。根据实验结果，常见原子

或基团的吸电子能力由强到弱的顺序如下：

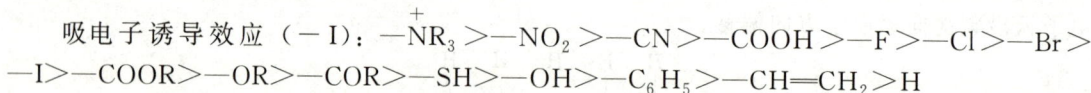

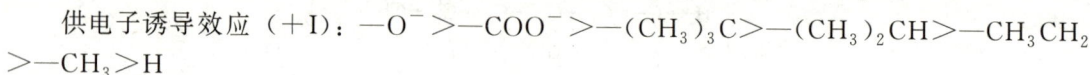

吸电子诱导效应（$-I$）：$-\overset{+}{N}R_3$＞$-NO_2$＞$-CN$＞$-COOH$＞$-F$＞$-Cl$＞$-Br$＞$-I$＞$-COOR$＞$-OR$＞$-COR$＞$-SH$＞$-OH$＞$-C_6H_5$＞$-CH=CH_2$＞H

供电子诱导效应（$+I$）：$-O^-$＞$-COO^-$＞$-(CH_3)_3C$＞$-(CH_3)_2CH$＞$-CH_3CH_2$＞$-CH_3$＞H

上述原子或取代基的诱导效应大小的次序，常因所连母体化合物的不同以及取代后原子间的相互影响等一些复杂因素的存在而有所不同，因而在不同的化合物中，它们的诱导效应的次序不是完全相同的。

1.3.2 共价键的断裂方式与有机反应类型

化学反应的实质是化学键的断裂和生成。有机化合物绝大多数是共价化合物，反应比较复杂。根据共价键的断裂方式不同，有机化学反应可以分为自由基反应（free radical reaction）和离子型反应（ionic reaction）。

（1）均裂与自由基反应

当有机物分子中的共价键断裂时共用电子对平均分配到两个成键原子上，形成带有未成对电子的活泼原子或基团称为自由基或游离基，这种断裂方式称为共价键的均裂。均裂过程常在气相、高温或光照条件下发生，如下所示：

$$X \overset{\frown}{|} Y \longrightarrow X\cdot + Y\cdot$$

自由基不稳定，在反应中作为活泼中间体只能瞬间存在，会继续发生化学反应。由共价键均裂而进行的反应称为自由基反应，如自由基加成反应（free radical addition reaction）、自由基取代反应（free radical substitution reaction）等。自由基反应是一种连锁反应，反应一旦发生，将迅速进行，直至反应结束。

（2）异裂与离子型反应

当有机物分子中的共价键断裂时，共用电子对被成键原子的某一方获得，产生一个带正电荷的阳离子和一个带负电荷的阴离子，称共价键的异裂。

$$X\!:\!|Y \longrightarrow X\!:^- + Y^+$$
$$X|\!:\!Y \longrightarrow X^+ + Y\!:^-$$

阴、阳离子也是非常不稳定的活性中间体，由异裂生成的阴、阳离子与进攻试剂之间进行的反应，称为离子型反应。通常把带正电荷或具有空轨道能够接受电子对的物质称为亲电试剂（electrophilic reagent）；带负电荷或能够提供电子对的物质称为亲核试剂。因此离子型反应可以根据进攻试剂的性质进行分类，阴离子参与的化学反应叫作亲核反应（nucleophilic reaction），如亲核取代反应（nucleophilic substitution reaction）、亲核加成反应（nucleophilic addition reaction）等，阳离子参与的化学反应叫作亲电反应（electrophilic reaction），如亲电取代反应（electrophilic substitution reaction）、亲电加成反应（electrophilic addition reaction）等。离子型反应一般在酸碱或极性物质的催化下进行。

（3）协同反应

有机反应除了最常见的自由基反应和离子型反应外，还有一类为数不多的反应类型，反应物分子中共价键旧键的断裂和生成物分子中新键的生成同时进行，反应过程中不生成自由基和正、负离子等活性中间体的协同反应（concerted reaction）。

1.4 有机化学中的酸碱概念

有机化合物的化学性质往往与酸碱或电子的转移有关，认识酸碱概念对理解有机化学反应很有必要，有机化学中常用如下三种酸碱概念。

1.4.1 酸碱电离理论

瑞典化学家阿伦尼乌斯（S. A. Arrhenius）在 1884 年提出了酸碱的电离理论（the ionization theory of acid-base）：在水溶液中解离的阳离子全部是 H^+ 的物质为酸，解离的阴离子全部是 OH^- 的物质为碱。电离理论把酸和碱局限在水溶液中和 H^+/OH^- 的生成上，而对于越来越多在非水溶液中进行的反应，该理论有很大的局限性。因此在有机化学中常用酸碱质子理论和酸碱电子理论解释化合物的酸碱性和反应性。

1.4.2 酸碱质子理论

针对电离理论存在的缺陷，丹麦化学家布朗斯特（J. N. Brønsted）和英国化学家劳瑞（T. M. Lowry）在 1932 年提出了酸碱质子理论，该理论认为能给出质子（H^+）的物质为酸，即酸是质子给予体，例如 CH_3COOH、H_2SO_4、NH_4^+、HCO_3^-、H_2O、CH_3OH 等，它们都能给出质子，都是酸。酸给出质子后生成的分子或离子称为该酸的共轭碱；能够接受质子的物质为碱，即碱是质子接受体，例如：$NaOH$、NH_3、HPO_4^{2-}、Ac^-、F^-、CH_3OCH_3 等都是碱，碱接受质子后生成的分子或离子称为该碱的共轭酸；酸碱之间的这种关系称为酸碱的共轭关系，因此酸与碱是相对的，又是统一的。

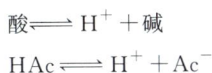

$$酸 \rightleftharpoons H^+ + 碱$$

$$HAc \rightleftharpoons H^+ + Ac^-$$

上述方程式中左边的酸是右边碱的共轭酸，反过来，右边碱是左边酸的共轭碱，相应的一对酸碱称为共轭酸碱对。酸越强，其共轭碱越弱；碱越强，其共轭酸就越弱，反之亦然。通常用酸解离常数（K_a 或其负对数 pK_a 来表示）或碱解离常数（K_b 或 pK_b）表示酸碱的相对强弱，K_a 值越大（或 pK_a 值越小），酸性越强，K_b 值越大（或 pK_b 值越小），碱性越强。

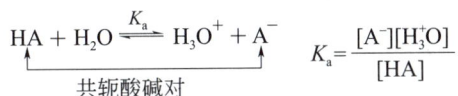

$$\underbrace{HA + H_2O \overset{K_a}{\rightleftharpoons} H_3O^+ + A^-}_{共轭酸碱对} \qquad K_a = \frac{[A^-][H_3O^+]}{[HA]}$$

与电离理论相比，质子理论扩大了酸碱的范围，不足之处就是那些不交换 H^+ 而又具有酸性的物质不能包含在内，酸碱反应也就只能局限于包含质子转移的反应。

1.4.3 酸碱电子理论

1923 年美国科学家路易斯从电子对得失的角度提出了新的酸碱概念，称为路易斯酸碱理论，又称为酸碱电子理论。该理论认为能够接受电子对的分子、离子或原子团都为酸，Lewis 酸为亲电试剂，如 BF_3、$AlCl_3$、$FeCl_3$、H^+、$MgCl_2$、$ZnCl_2$、BH_3 等。能够给出电子对的物质为碱，Lewis 碱为亲核试剂，如 H_2O、CN^-、CH_3NH_2、CH_3OH、CH_3OCH_3、OH^-、NH_3、X^- 等。路易斯酸碱电子理论扩大了酸碱范围，使酸碱反应不再是质子的转移反应，而是电子的转移，是碱性物质提供电子对与酸性物质生成配位共价键的反应，这种酸碱理论又称为广义酸碱理论。路易斯酸碱对不仅包括所有的阿伦尼乌斯酸碱对，还包括一些中性甚至是根本不溶于水的物质。按此定义下面的反应为酸碱反应：Lewis 酸三氟化硼分子的硼原子最外层电子只有 6 个，能够接受一对电子达到最外层 8 个电子的稳定结构，是电子对的接受体，Lewis 碱甲醚分子中的氧能够提供孤对电子，是电子对的给出体。

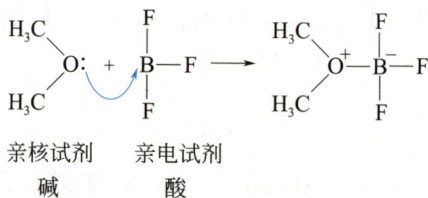

亲核试剂　　　亲电试剂
碱　　　　　酸

Lewis 酸碱理论扩大了酸碱的种类和范围，在有机化学中应用广泛，该理论最大的缺点是没有统一的强弱次序，不易确定酸碱的相对强度，酸碱反应的方向难以判断。

1.5　有机化合物的特性和分类

1.5.1　有机化合物的特性

(1) 有机化合物的结构特性

碳原子难以得失电子而具有很强的共价键结合力，能够结合成由数目不等的碳原子构成的碳链或碳环。即使是碳原子数目相同的分子，由于碳原子间的连接方式多种多样，又可以组成结构和性质均不相同的许多化合物，因而在有机化合物中普遍存在着分子式相同而结构相异的同分异构现象（isomerism），这些具有相同分子式而结构不同的化合物互为同分异构体（isomer）。例如，丙酮和丙醛的组成和分子式都是 C_3H_6O，但它们的化学结构不同，是两种性质不同的化合物。

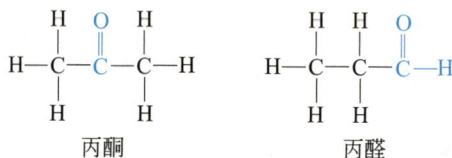

丙酮　　　　　　　　丙醛

显然，一个有机化合物含有的碳原子数和原子种类越多，分子中原子间的可能排列方式也越多，它的同分异构体也越多。例如，分子式为 $C_{10}H_{22}$ 的有机物同分异构体数高达 75 个，这种大量存在的同分异构现象在无机化合物中并不多见。

(2) 有机化合物性质上的特点

有机化合物虽然数目、种类繁多，但由于分子中的化学键是共价键，分子间作用力较弱，大多数有机化合物具有共同的特性，主要表现在以下几个方面。

① 可燃性。有机化合物对热很不稳定，受热后往往容易分解炭化。大多数有机化合物都可以燃烧，如汽油、棉花、木材、酒精等（只有 CCl_4 等少数有机化合物例外），而大多数无机化合物则不能燃烧。

② 熔点、沸点较低。由于碳原子特殊的核外电子结构，它和其他元素的原子一般以共价键相结合，化合物分子间只存在着较弱的范德华力，常温下，多数有机化合物以气体、易挥发的液体或低熔点的固体状态存在。

③ 难溶于水，易溶于有机溶剂。有机化合物的极性一般较弱，或者是非极性物质，多

为非电解质，在熔融或溶液状态下，一般不导电，如油脂、蔗糖、苯等。而水的极性较强。根据"相似相溶"原理，大多数有机化合物难溶于水而易溶于有机溶剂。

④ 反应速率慢，常伴有副反应。有机化合物的反应一般是分子之间的反应，共价键不像离子键那样容易解离，因此反应速率较慢，反应所需的时间较长。通常需要加热以加速分子的扩散和碰撞，或加入催化剂使分子活化。而且由于有机化合物的分子结构复杂，能起反应的部位比较多。因此反应时常产生复杂的混合物使产率较低。同时反应条件不同，产物也往往不同。

1.5.2 有机化合物的分类

有机化合物数量很多，为了便于系统地学习和研究，有必要对有机化合物进行分类。建立在结构基础上的完整的分类系统，有助于阐明有机化合物的结构、性质以及它们彼此间的联系，而且还能够预言一些新化合物。有机化合物分类的方法很多，主要是依据分子碳架结构和特征官能团进行分类。

(1) 按碳架分类

按碳的骨架不同，一般可把有机化合物分为以下四大类。

① 开链化合物。分子中碳与碳原子间或碳与其他原子（如 O、S、N 等）间相互连接形成开放的链状结构，这类化合物由于最初是从油脂中发现的，又称为脂肪族化合物（aliphatic compound）。例如：

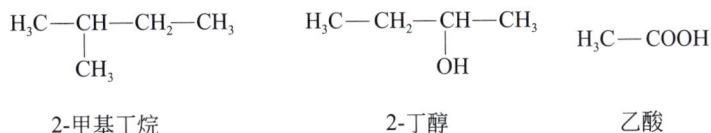

$$H_3C—CH—CH_2—CH_3 \qquad H_3C—CH_2—CH—CH_3 \qquad H_3C—COOH$$
$$\quad \overset{|}{CH_3} \qquad\qquad\qquad \overset{|}{OH}$$

2-甲基丁烷   2-丁醇   乙酸

② 脂环化合物。分子中具有由碳原子相连接而成的环状结构，可看作是开链化合物碳链的首尾两端闭合而形成的一类环状化合物，在性质上与相应的开链化合物相似，所以又称脂环族化合物。例如：

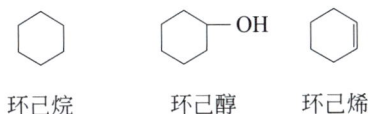

环己烷   环己醇   环己烯

③ 芳香族化合物。分子中含有苯环或稠苯环结构为特征的一类化合物，具有较特殊的性质，最初是从具有芳香性气味的有机物中发现的，它们具有某些特殊的性质。例如：

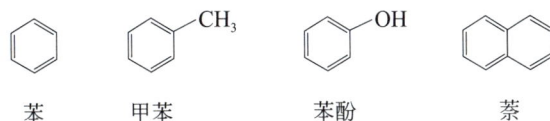

苯   甲苯   苯酚   萘

④ 杂环化合物。组成环的原子，还含有除碳原子以外的杂原子（如 O、S、N 等）的一类有机化合物，称为杂环化合物。例如：

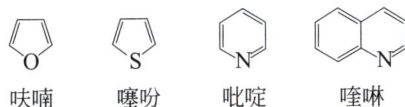

呋喃   噻吩   吡啶   喹啉

(2) 按官能团分类

官能团是有机化合物分子中比较活泼而易于发生化学反应的原子、基团或某些特征化学键结构。显然，含有相同官能团的有机化合物具有类似的性质。依据官能团的不同，有机化合物可以分成如表 1-6 所示的各类化合物。官能团分类法既方便又系统，对认识数目庞大的有机化合物具有以点带面的效果。

表 1-6　有机化合物中一些常见的官能团

化合物类别	官能团结构	官能团名称	化合物类别	官能团结构	官能团名称
烯烃	C=C	碳碳双键	羧酸	(C)—C(=O)—OH	羧基
炔烃	—C≡C—	碳碳叁键	酯	(C)—C(=O)—O—(C)	酯基
卤代烃	—X(F,Cl,Br,I)	卤原子	酸酐	—C(=O)—O—C(=O)—	酸酐基
醇或酚	—OH	羟基	酰胺	—C(=O)—N(R(H))(R(H))	酰胺基
硫醇	—SH	巯基	硝基化合物	—NO$_2$	硝基
醚	—O—	醚键	胺	—NH$_2$	氨基
醛	H—C(=O)—	醛基	腈	—C≡N	氰基
酮	(C)—C(=O)—(C)	酮基	磺酸	—SO$_3$H	磺（酸）基

关键词

有机化合物-organic compound
有机化学-organic chemistry
饱和化合物-saturated compound
不饱和化合物-unsaturated compound
烷烃-alkane
烯烃-alkene
炔烃-alkyne
芳香烃-aromatic hydrocarbon
化学键-chemical bond
共价键-covalent bond
极性共价键-polar covalent bond
非极性共价键-nonpolar covalent bond
原子轨道-atomic orbital
键长-bond length
键角-bond angle
键能-bond energy
价键理论-valence bond theory（VB 法）
杂化轨道理论-hybrid orbital theory
分子轨道理论-molecular orbital theory（MO 法）

电负性-electronegativity
诱导效应-inductive effect
共轭效应-conjugation effect
偶极矩-moment of dipole
路易斯酸-Lewis acid
路易斯碱-Lewis base
布朗斯特酸-Brønsted acid
布朗斯特碱-Brønsted base
共轭酸-conjugate acid
共轭碱-conjugate base
电子离域-electron delocalization
解离能-dissociation energy
均裂-homolysis
异裂-heterolysis
构造异构-constitutional isomerism
立体异构-stereoisomerism
顺反异构-*cis/trans* isomerism
对映异构体-enantiomer
官能团-functional group

侯德榜

黄鸣龙

习 题

1-1 名词解释

有机化合物　构造式　键能　极性键　自由基　杂化轨道　诱导效应
异裂　均裂　氢键　Lewis 酸

第 1 章习题答案

1-2 写出下列物质的路易斯构造式和键线式。

(1) $(CH_3)_2CHCH(CH_3)CH_2C(CH_3)_3$　　(2) $(CH_3)_3COH$

(3) $CH_3CH(OH)CH_2CN$　　　　　　　(4) CH_3COOH

(5) CH_3OCH_3　　　　　　　　　　　(6) CH_3CHO

(7) $CH_3CH=CH_2$　　　　　　　　　　(8) $CH_3C\equiv CH$

1-3 用 δ^+/δ^- 符号对下列分子中的共价键极性做出判断。

(1) $H_3C—Br$　　(2) $H_3C—NH_2$　　(3) $H_2N—H$　　(4) $H_3C—MgBr$

(5) $H_3C—OH$　　(6) $H_3C—Cl$　　(7) $H_3C—Li$

1-4 根据官能团区分下列化合物，各称为什么化合物？如按碳架分类，各属于哪一类？

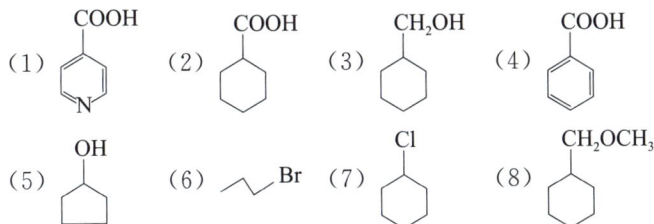

1-5 根据键能数据，丙烷分子（$CH_3-CH_2-CH_3$）在受热裂解时，哪种键首先断裂？为什么？这个过程是吸热还是放热？

1-6 完成下列酸和碱的反应，请注明哪些物质是酸，哪些物质是碱。

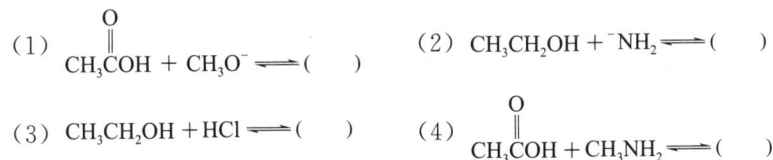

1-7 比较下列各组化合物的碱性大小。

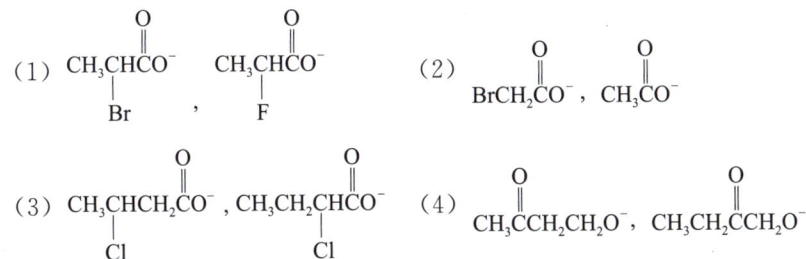

烷烃和环烷烃

有机化合物中有一类物质仅由 C、H 两种元素组成，这类物质总称为碳氢化合物，简称为烃（hydrocarbon）。烃分子中的氢被不同官能团取代，构成烃的各种衍生物。因此，烃是一切有机化合物的母体，其他的化合物可以看作是烃的衍生物。大多数有机化工基本原料，如"三烯"（乙烯、丙烯、丁二烯）、"三苯"（苯、甲苯、二甲苯）、"一炔"（乙炔）和"一萘"都属于烃类。烷烃（alkane）是有机化合物中最简单的一类。

根据烃中碳原子的连接方式可分为链烃和环烃。链烃分子中碳原子连接成链状，又称为脂肪烃。脂肪烃可分为烷烃、烯烃、炔烃等。环烃分子中碳原子连接成闭合碳环。环烃又可分为脂环烃和芳香烃。本章主要讨论烷烃和环烷烃（cycloalkane）。烃的分类如下：

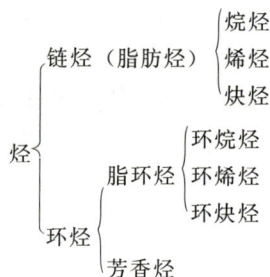

$$
烃\begin{cases} 链烃（脂肪烃）\begin{cases} 烷烃 \\ 烯烃 \\ 炔烃 \end{cases} \\ 环烃\begin{cases} 脂环烃\begin{cases} 环烷烃 \\ 环烯烃 \\ 环炔烃 \end{cases} \\ 芳香烃 \end{cases} \end{cases}
$$

2.1 烷烃的通式和构造异构

2.1.1 烷烃的通式、同系列和同系物

碳原子之间都以单键相互结合，成链状结构，碳原子的其余价键全部被氢原子所饱和的碳氢化合物称为烷烃，烷烃是饱和烃，如：

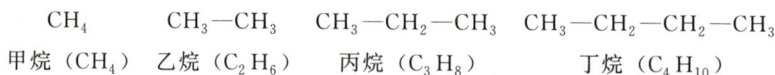

$$CH_4 \qquad CH_3{-}CH_3 \qquad CH_3{-}CH_2{-}CH_3 \qquad CH_3{-}CH_2{-}CH_2{-}CH_3$$

甲烷（CH_4）　乙烷（C_2H_6）　丙烷（C_3H_8）　　　丁烷（C_4H_{10}）

从以上烷烃的分子式可看出，分子中碳原子数如果是 n，则氢原子数必为 $2n+2$，即烷烃的通式为 C_nH_{2n+2}。凡组成上可由一个通式表示，结构和性质相似的一系列化合物称为同系列（homologous series）。同系列中的各个化合物互称同系物。同系列中相邻的两个化合物在组成上的差别称为系差（$-CH_2-$）。

2.1.2 烷烃的同分异构现象

在烷烃的同系列中，甲烷、乙烷和丙烷都只有一种结构，含四个或四个以上碳原子的烷烃则不止一种。如分子式为 C_4H_{10} 的烷烃就有两种不同的结构，它们是不同的化合物：

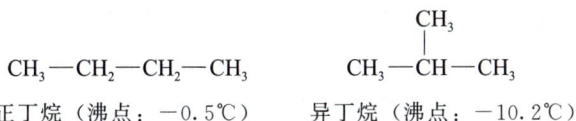

$$CH_3—CH_2—CH_2—CH_3 \qquad CH_3—\overset{\overset{\displaystyle CH_3}{|}}{CH}—CH_3$$

正丁烷（沸点：−0.5℃）　　　　异丁烷（沸点：−10.2℃）

分子式相同但化合物结构不同的现象称为同分异构现象，这些结构不同的化合物称为同分异构体。分子式相同，分子内原子间连接顺序（即构造）不同的化合物称为构造异构体（constitutional isomerism）。由碳骨架不同引起的异构，称为碳链异构，烷烃的构造异构属于碳链异构。随着碳原子数的增加，构造异构体的数目显著增多，如表 2-1 所示。

表 2-1　烷烃的同分异构体数目

碳原子数	异构体数	碳原子数	异构体数
1～3	1	8	18
4	2	9	35
5	3	10	75
6	5	15	4347
7	9	20	366319

2.2　烷烃的命名

2.2.1　烷烃中碳原子和氢原子的类型

在烷烃分子中，将和一个、二个、三个或四个碳原子直接相结合的碳原子分别称为伯（一级）、仲（二级）、叔（三级）或季（四级）碳原子，分别用 1°、2°、3° 或 4° 表示。伯、仲、叔碳原子上所连接的氢原子，分别称为伯（$1°H$）、仲（$2°H$）、叔（$3°H$）氢原子，如图 2-1 所示。伯、仲、叔氢原子的化学性质不完全相同。

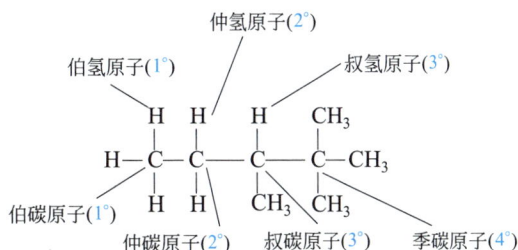

图 2-1　碳原子和氢原子的类型

2.2.2　烷基及其名称

烷烃分子中去掉一个氢原子或者更多氢原子后形成带相应游离价键的结构单元，称为烷基，常用 R—表示。与不同游离价键相应的后缀名称如表 2-2 所示。

表 2-2　不同游离价键相应的后缀

游离价键数	结构示意	中义后缀	英文后缀
单价	[C]—	基	-yl
二价	—[C]—	叉基	-diyl
三价	—[C]<	爪基	-triyl
四价	>[C]<	肆基	-tetrayl

烷基命名时，常采用"烷烃名"＋"基/叉基/爪基/肆基"的方式命名，"烷"字省略，如甲基、乙基、甲叉基等；英文名称为去掉"alkane"中的"-ane"加"-yl"或"-diyl"等；在烷基的名称后，相应的后缀基前标注位次。1-位基时，位次可省略。

有些简单的烷基也常用俗名，如用"正"（n-，常省略）、"异"（iso-）、"新"（neo-）表示取代基端基的结构类型；用"仲"（sec-）、"叔"（tert-）表示取代基上直接与主链相连碳原子的类型，如异丙基、叔丁基等。在结构式和分子式中，"正、异、仲、叔"可分别用n-、i-、s-和t-表示。一些常见简单烷基的中英文名称如表2-3所示。

表 2-3　常见烷基结构及名称

结构	中文系统名	中文俗名	英文系统名	英文俗名	缩写
—CH$_3$	甲基		methyl		Me
—CH$_2$CH$_3$	乙基		ethyl		Et
—CH$_2$CH$_2$CH$_3$	丙基		propyl		Pr
—CH(CH$_3$)$_2$	丙-2-基	异丙基	prop-2-yl	isopropyl[①]	i-Pr
—CH$_2$CH$_2$CH$_2$CH$_3$	丁基	正丁基	butyl	butyl	Bu
—CH$_2$CH(CH$_3$)$_2$	2-甲基丙基	异丁基	2-methylpropyl	isobutyl[①]	i-Bu
—CH(CH$_3$)CH$_2$CH$_3$	1-甲基丙基或丁-2-基	仲丁基	1-methylpropyl	sec-butyl[①]	s-Bu
—C(CH$_3$)$_3$	1,1-二甲基乙基	叔丁基	1,1-dimethylethyl	tert-butyl[①]	t-Bu
—CH$_2$CH$_2$CH(CH$_3$)$_2$	3-甲基丁基	异戊基	3-methylbutyl	isopentyl[①]	
—C(CH$_3$)$_2$CH$_3$CH$_2$	1,1-二甲基丙基	叔戊基	1,1-dimethylpropyl	tert-pentyl[①]	
—CH$_2$—C(CH$_3$)$_3$	2,2-二甲基丙基	新戊基	2,2-dimethylpropyl	neopentyl[①]	
—CH$_2$—	甲叉基	亚甲基	methanediyl		
—CH$_2$CH$_2$—	乙-1,2-叉基	1,2-亚乙基	ethane-1,2-diyl		
—CH$_2$CH$_2$CH$_2$—	丙-1,3-叉基	1,3-亚丙基	propane-1,3-diyl		

① IUPAC—2013 不建议继续使用此类俗名。

2.2.3　烷烃的命名法

常用的烷烃命名法有三种：普通命名法、衍生物命名法和系统命名法。

(1) 普通命名法

普通命名法也叫习惯命名法，适用于碳原子较少的、结构较简单的烷烃。根据我国文字特点，其方法要点如下。

① 按分子式中碳原子数目称为某烷。十个碳原子以内的用天干（甲、乙、丙、丁、戊、己、庚、辛、壬、癸）表示，十个以上碳原子的用数字十一、十二、十三……表示。如：C$_{15}$H$_{32}$ 称为十五烷；C$_{18}$H$_{38}$ 称为十八烷。

② 异构体的区分。直链烃称为"正"某烷，仅在链端倒数第二个碳上有一个甲基的称为"异"某烷，仅在链端倒数第二个碳上有两个甲基的称为"新"某烷。如：

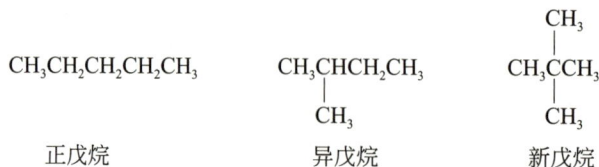

$$CH_3CH_2CH_2CH_2CH_3 \qquad CH_3CHCH_2CH_3 \qquad CH_3CCH_3$$

正戊烷　　　　　　　异戊烷　　　　　　　新戊烷

(2) 衍生物命名法

以甲烷作母体，其他烷烃都看作是甲烷的烷基取代衍生物。命名时把烷烃中含氢原子最少的碳原子看作母体甲烷的碳原子；书写名称时，简单烷基在前，复杂烷基在后。如：

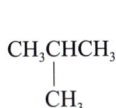   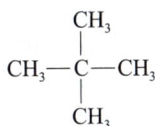   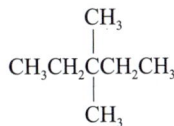

三甲基甲烷   四甲基甲烷   二甲基二乙基甲烷

习惯命名法和衍生物命名法用于命名简单烷烃还是比较方便的，但对复杂的化合物就难以准确命名。

(3) 系统命名法

系统命名法是采用国际纯粹与应用化学联合会（International Union of Pure and Applied Chemistry，IUPAC）命名法规定的有机化合物的命名法则，结合我国文字的特点制定的。2017 年修订出版的《有机化学命名原则》是目前我国使用的命名法的依据，它是一种普遍通用的命名方法。系统命名法的原则如下。

① 直链烷烃的命名。对于直链烷烃，其系统命名法与习惯命名法基本相同，只是在烷烃名称前不写"正"字。例如：

$$CH_3CH_2CH_2CH_2CH_3 \qquad CH_3(CH_2)_5CH_3 \qquad CH_3(CH_2)_{10}CH_3$$

| 习惯命名法 | 正戊烷 | 正庚烷 | 正十二烷 |
| 系统命名法 | 戊烷 | 庚烷 | 十二烷 |

② 支链烷烃的命名。以直链作母体，支链当作取代基，命名原则如下。

a. 选主链。按主链所含的碳原子数目，称为某烷，作为该烷烃的母体名称。主链以外的烃基都作为主链上的取代基，命名时将取代基放在母体名称前面，称为某基某烷。主链选择原则按下列标准，自上而下逐条对照至确定为止。

ⓐ 在分子中选择一个最长碳链作为主链，简称"碳链最长原则"，如：

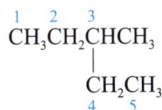

5个碳的戊烷为主链

ⓑ 如果结构式中两条链碳数相同，则选择取代基多的碳链作为主链，如：

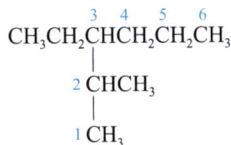

6个碳的主链上有2个取代基

ⓒ 如果两条链碳数和取代基数都相同，则选择含取代基位次组最低的碳链作为主链，如：

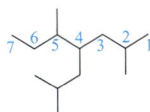

取代基位次组(2,4,5)

ⓓ 如果两条链碳数、取代基数、取代基位次都相同，则选含有英文名排序在前的取代

基的链作为主链。如：

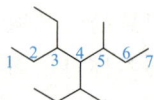

3位取代基为乙基(ethyl)

b. 确定主链碳原子的位次（编号）。将主链上的碳原子依次用阿拉伯数字标出每个碳原子的位次（编号）。编号原则按下列标准，自上而下逐条对照至确定为止。

ⓐ 由距离取代基最近的一端开始编号，编号时应使取代基（或支链）的位次最低，简称"取代基位次最低原则"。如：

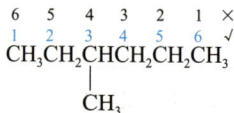

$$\begin{array}{cccccc}6 & 5 & 4 & 3 & 2 & 1 \times \\ 1 & 2 & 3 & 4 & 5 & 6 \checkmark\end{array}$$
$$CH_3CH_2CHCH_2CH_2CH_3$$
$$|$$
$$CH_3$$

取代基位次为3

ⓑ 如果主链上存在三个或更多取代基（或支链），从主链两端编号时遇到的第一个取代基（或支链）位次相同，则看两端第二取代基（或支链）的相对位次，使第二取代基（支链）的位次最低。若第二取代基（支链）位次也相同，则使第三取代基（支链）位次最低，以此类推，简称"取代基位次组最低原则"。如：

取代基位次组为(2,3,4,6)

ⓒ 如果主链上连有两个不同的取代基，且距主链两端的距离都相同，按照上述原则不能确定时，则按取代基英文名字母顺序排序，排序优先者位次为小。表示复数的前缀（如"di""tri""tetra"等）和表示连接方式的前缀（如"sec-""tert-"等）不参与字母排序，但表示端基骨架结构类型的"iso""neo"被认为是基团名称的一部分，故参与字母排序。如：

乙基(ethyl)位次为3

ⓓ 当两个取代基英文名相同，但其位次数字不同时，则按其位次数字从小到大排序。如下所示，1-氯乙基比 2-氯乙基排序优先：

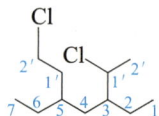

1-氯乙基位次为3

c. 写出全称。烷烃的系统名由"取代基名＋主链烷烃名"组成，取代基的位次必须逐个用阿拉伯数字注明，表示取代基位次的阿拉伯数字之间要用"，"隔开，阿拉伯数字与取代基名之间要用"-"隔开。

ⓐ 如果含有几个不同的取代基，按照取代基英文名字母排序；

ⓑ 如果含有相同的取代基，则把它们合并起来，在取代基的名称之前用中文数字"一"（mono-，常省略）、"二"（di-）、"三"（tri-）、"四"（tetra-）等表示取代基数目；

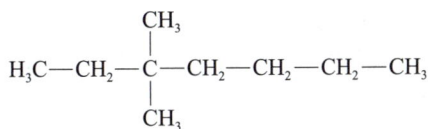

$$H_3C-CH_2-\overset{\overset{\displaystyle CH_3}{|}}{\underset{\underset{\displaystyle CH_3}{|}}{C}}-CH_2-CH_2-CH_2-CH_3$$

3,3- 二 甲基 庚烷

└─── 主链名称
└─────── 取代基名称
└─────────── 取代基个数
└─────────────── 取代基位次

ⓒ 如支链上还有支链（取代基）时，则从与主链直接相连的碳开始，选择支链中长的碳链依次进行编号，按系统命名法将支链命名并用括号括起来，将这个取代位次及名称放在母体名之前。但 2017 版系统命名原则也允许按照最长支链原则来命名支链，即在烷基的名称后，相应的后缀基前标注位次。如下列两种命名方式均可：

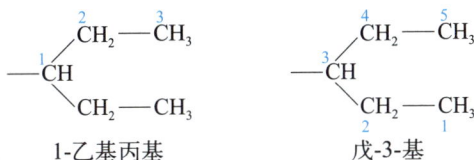

$$\underset{1-乙基丙基}{-\overset{\overset{\displaystyle CH_2-CH_3}{|}{\scriptstyle 2\quad\ 3}}{\underset{\underset{\displaystyle CH_2-CH_3}{|}}{CH}}}\qquad\underset{戊-3-基}{-\overset{\overset{\displaystyle CH_2-CH_3}{|}{\scriptstyle 4\quad\ 5}}{\underset{\underset{\displaystyle CH_2-CH_3}{|}{\scriptstyle 2\quad\ 1}}{CH}}}$$

1-乙基丙基   戊-3-基

思考题 2-1 你能写出它的系统命名法名称吗？

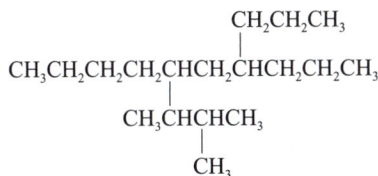

$$\begin{array}{c}CH_2CH_2CH_3\\|\\CH_3CH_2CH_2CH_2CHCH_2CHCH_2CH_2CH_3\\|\\CH_3CHCHCH_3\\|\\CH_3\end{array}$$

2.3 烷烃的结构

甲烷（methane）是最简单的烷烃，甲烷的构造式只能表明甲烷分子中各原子的连接方式和次序，并不能表示出甲烷分子中各原子的空间结构。1874 年，荷兰化学家范特霍夫和法国化学工程师勒贝尔分别提出了碳原子的正四面体学说。他们认为甲烷是一个正四面体构型，碳原子位于正四面体的中心，四个共价单键从中心指向正四面体的四个顶点，并与氢原子连接。甲烷的结构已被电子衍射光谱证实，它的 C—H 键键长和键角如图 2-2（a）所示，甲烷的球棍模型和斯陶特模型如图 2-2（b）、（c）所示。

荷兰化学家
范特霍夫

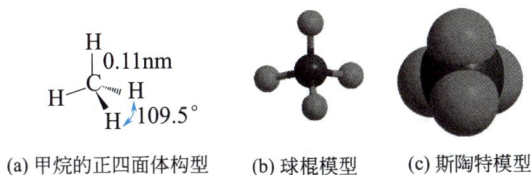

(a) 甲烷的正四面体构型   (b) 球棍模型   (c) 斯陶特模型

图 2-2 甲烷的正四面体构型和分子模型

甲烷的正四面体结构可用杂化轨道理论解释。碳原子的外层价电子排布是 $2s^2 2p_x^1 2p_y^1$，称作基态；在形成烷烃分子的过程中，碳原子上的一个电子从球形的 2s 轨道被激发到无柄哑铃形的 2p 上的空轨道，形成 $2s^1 2p_x^1 2p_y^1 2p_z^1$ 的价电子排布，称为激发态。杂化轨道理论认为，一个 s 轨道和三个 p 轨道（p_x、p_y 和 p_z）杂化后生成四个等同的一头大、一头小的 sp^3 杂化轨道（见图 2-3），呈四面体构型排列；这四个 sp^3 杂化轨道再分别与四个氢原子形成 C—H 键（见图 2-4）。

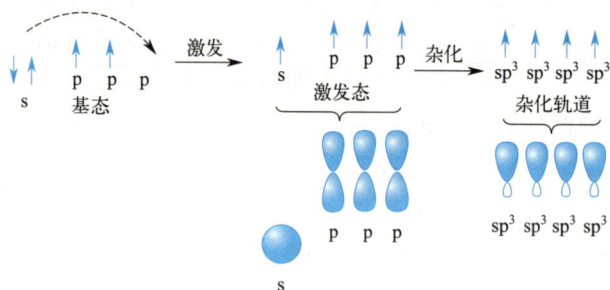

图 2-3　碳原子 sp^3 杂化轨道

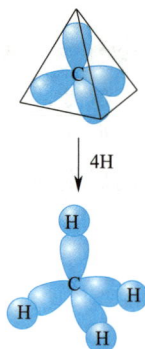

图 2-4　甲烷的形成

由两个和两个以上碳原子组成的烷烃，如乙烷等，与此相似，不同的是，C—C σ 键是由两个碳原子各以一个 sp^3 杂化轨道在对称轴的方向交盖而成的，如图 2-5 所示。

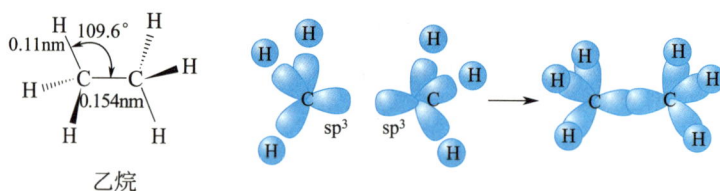

图 2-5　乙烷分子形成示意图

思考题 2-2　你能解释丙烷分子中碳原子为什么不是直线排列的吗？

2.4　烷烃的构象

在有机化学发展过程中，最初认为单键是可以自由旋转的，即单键旋转时不受阻碍。随着物理实验方法和有机化学的发展，1936 年后，人们认识到乙烷分子中的 C—C 键既不是固定不动的，也不是完全自由旋转的，即 C—C 键旋转需要克服一定能量（称为能垒），只不过能垒不高（约为 12.6kJ/mol），常温下分子热运动产生的能量就足以提供旋转所需能量，使两个碳原子上的氢原子间距离发生改变。这种含有两个或两个以上多价原子的有机化合物，围绕单键（σ 键）旋转而导致分子中其他原子或基团在空间排列不同，分子的这种立体形象称为构象。

德国化学家奥托

2.4.1 乙烷的构象

在乙烷分子中，如果固定一个碳原子，使另一个碳原子沿 C—C σ 键绕键轴旋转，则碳原子上所连氢原子的相对位置将不断变化，产生出许多不同的空间排列方式，一种排列方式相当于一种构象。构象通常可用透视式、锯架式或纽曼（Newman）投影式表示（见图 2-6）。其中一些典型构象，如两个碳原子上的氢原子相距最远的构象，即一个碳上的氢原子处于另一个碳上两个氢原子正中间的构象，称为交叉式（staggered conformer）构象；两个碳原子上的氢原子彼此相距最近的构象，即两个氢原子相互重叠的构象，称为重叠式（eclipsed conformer）构象。交叉式构象和重叠式构象是乙烷分子中两个典型的极限构象。

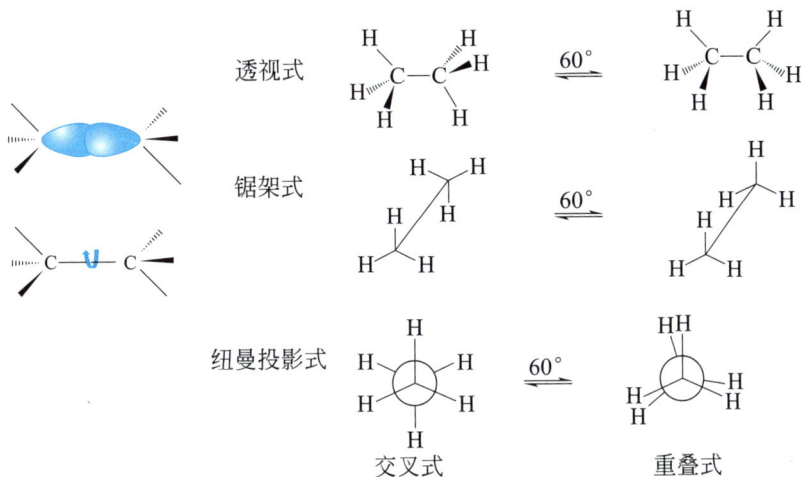

图 2-6　乙烷的两个极限构象

在交叉式构象中，两个碳原子上的 C—H σ 键处于交错位置，氢原子之间相距最远，相互作用力（扭转张力）最小，能量最低，是最稳定的构象。在重叠式构象中，两个碳原子上的 C—H σ 键处于重叠的位置，氢原子之间距离最近，扭转张力最大，能量最高，最不稳定。交叉式和重叠式构象之间的能量差约为 12.6kJ/mol。由于转动的角度是随机的，乙烷分子可以有无穷多的构象，它们的能量也在这两种极限构象之间，旋转角度和能量的变化关系如图 2-7 所示。

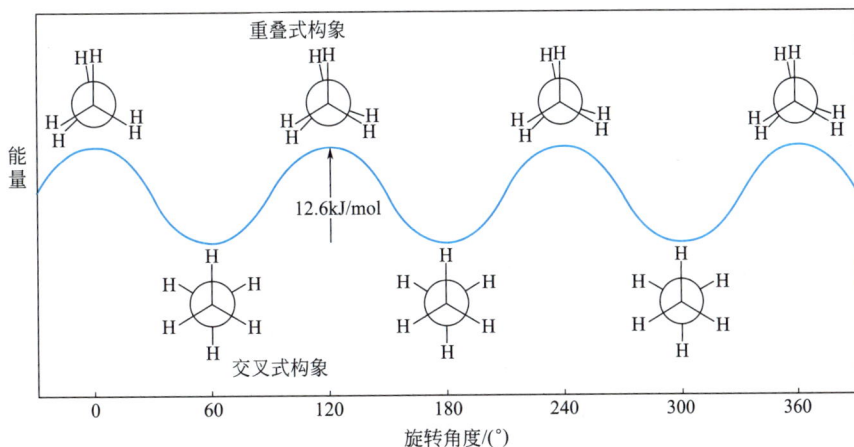

图 2-7　乙烷分子各种构象的能量曲线

在一个分子的所有构象中，把能量最低、最稳定的构象称为优势构象。优势构象在各种构象的相互转化中，出现的概率最大。室温下，乙烷分子中的 C—C 键旋转极快，不能分离出乙烷的某个构象体，但在特定条件如低温 −170℃时，乙烷基本上以交叉式构象存在。

2.4.2 正丁烷的构象

将乙烷两个碳上的各一个氢原子分别换成甲基，即可得到丁烷。丁烷的构象比乙烷复杂得多，主要讨论绕 C2 和 C3 间的 σ 键轴旋转所形成的六个极限构象（见图 2-8）。

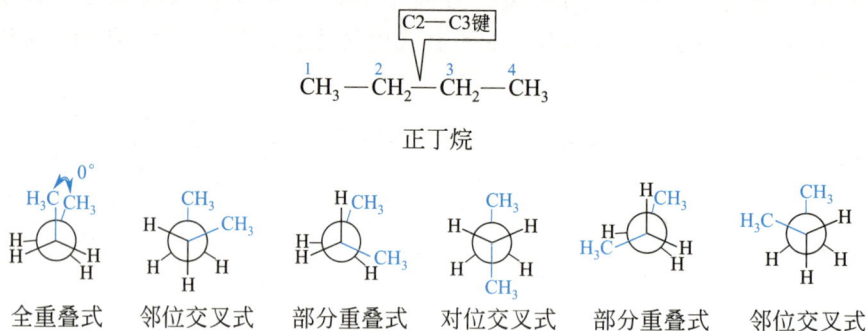

正丁烷

图 2-8　正丁烷的几种极限构象

当绕 C2—C3 σ 键轴旋转 360°时，正丁烷的六种极限构象与能量的关系如图 2-9 所示。

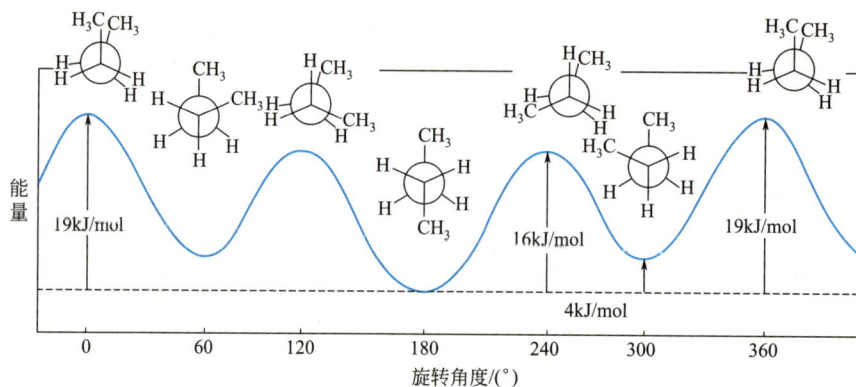

图 2-9　正丁烷构象与能量关系图

图 2-9 中，能量最低、最稳定的构象是对位交叉式，构象中体积较大的甲基相距最远，扭转张力最小，非键原子或基团如甲基与氢原子之间所产生的排斥力（非键作用力）也最小；能量最高、最不稳定的构象是全重叠式，氢原子之间和体积较大的甲基之间相距最近，非键作用力最大。全重叠式和对位交叉式构象之间能量差约为 19kJ/mol。能量处于次低位和次高位的分别是部分重叠式和邻位交叉式，它们之间能量差约为 12kJ/mol。全重叠式与部分重叠构象的能量差约为 3kJ/mol 而邻位交叉与对位交叉构象能量差为 4kJ/mol。

由于各构象之间的能量差不大，它们在室温下可克服绕 σ 键旋转所需的能垒而相互转化，达到动态平衡。在平衡体系中，对位交叉式构象所占比例最大，其次是邻位交叉式构象，部分重叠式和全重叠式构象在平衡体系中含量甚微，通常忽略不计。

思考题 2-3　丙烷有几种极限构象？请用纽曼投影式表示。

2.5 烷烃的物理性质

有机化合物的物理性质一般是指它们的物态、熔点、沸点、相对密度、折射率、溶解度及波、光谱数据等。通常纯净的有机化合物，其物理性质在一定条件下有固定的数值，称为物理常数（physical constant）。利用有机物的物理常数可判别有机物种类、有机物纯度等；利用有机物物理性质特点，可分离、纯化有机物。部分烷烃的物理常数见表 2-4。

表 2-4　部分烷烃的物理常数

名称	分子式	熔点/℃	沸点/℃	相对密度 d_4^{20}	折射率 n_D^{20}
乙烷	C_2H_6	−182.0	−88.6	0.546	—
丙烷	C_3H_8	−187.1	−42.2	0.582	1.2297（沸点）
丁烷	C_4H_{10}	−138.0	−0.5	0.579	1.3562（−15℃）
戊烷	C_5H_{12}	−129.7	36.1	0.6263	1.3577
己烷	C_6H_{14}	−95.3	68.9	0.6594	1.3750
庚烷	C_7H_{16}	−90.5	98.4	0.6837	1.3877
辛烷	C_8H_{18}	56.8	125.6	0.7028	1.3976
壬烷	C_9H_{20}	−53.7	150.7	0.7179	1.4056
癸烷	$C_{10}H_{22}$	−29.7	174.0	0.7298	1.4120
十一烷	$C_{11}H_{24}$	25.6	195.8	0.7404	1.4290
十二烷	$C_{12}H_{26}$	−9.7	216.2	0.7493	1.4219
十三烷	$C_{13}H_{28}$	−6.0	235.5	0.7568	1.4255
十四烷	$C_{14}H_{30}$	5.5	251.0	0.7636	1.4280
十五烷	$C_{15}H_{32}$	10.0	268.0	0.7688	1.431
十六烷	$C_{16}H_{34}$	18.1	280.0	0.7740	1.4352
十七烷	$C_{17}H_{36}$	22.0	303	0.7767	1.4360（25℃）
十八烷	$C_{18}H_{38}$	28.0	303	0.7776	1.4367（28℃）
十九烷	$C_{19}H_{40}$	32.0	309.7	0.7777	
二十烷	$C_{20}H_{42}$	36.4	342.7	0.7797	1.4307（50℃）
三十烷	$C_{30}H_{62}$	66.0	446.4	0.7797	—
一百烷	$C_{100}H_{202}$	115.2	—	—	

一般同系列有机化合物的物理常数随分子量的增减呈现有规律的变化，以烷烃为例说明。

（1）物态

常温和常压下，C_4 以下的直链烷烃是气体，$C_5 \sim C_{17}$ 是液体，C_{18} 以上是固体。在油田开发中，高级烷烃（石蜡）含量较高的原油从高温高压的地下开采出来后，往往由于温度降低，石蜡从原油中析出，会造成油井堵塞。

（2）熔点

直链烷烃的熔点随着分子量的增大而有规律地升高，但含偶数碳原子的直链烷烃比含奇数碳原子的直链烷烃的熔点升高较多，这是因为分子间的作用力不仅取决于分子的大小，而且与晶体中晶格排列的对称性有关，对称性大的烷烃晶格排列比较紧密，熔点相对要高些。偶数碳原子的烷烃具有较好的对称性，分子晶格排列更紧密，所以熔点更高。因此，烷烃同系物的熔点构成相应的两条熔点曲线，偶数居上，奇数在下，如图 2-10 所示。

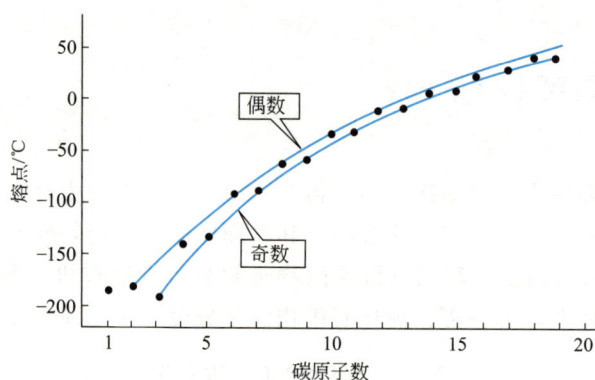

图 2-10　烷烃的熔点曲线图

对碳原子数相同的烷烃的不同异构体，对称性较好者具有较高的熔点。如：

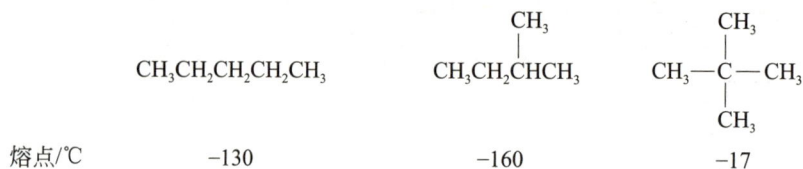

$$CH_3CH_2CH_2CH_3 \qquad CH_3CH_2\overset{\overset{\displaystyle CH_3}{|}}{C}HCH_3 \qquad CH_3-\overset{\overset{\displaystyle CH_3}{|}}{\underset{\underset{\displaystyle CH_3}{|}}{C}}-CH_3$$

| 熔点/℃ | −130 | −160 | −17 |

（3）沸点

有机物的沸点与有机分子间作用力有关。烷烃是非极性分子，分子间作用力的主要来源是色散力，而色散力的大小与分子中原子的数目和大小有关。烷烃分子中碳原子数增多，则色散力增大，沸点升高。常温常压下，C_4 以下的直链烷烃是气体，C_5 以上是液体。含有支链的烷烃，由于支链的阻碍，分子间的靠近程度不如直链烷烃，分子间作用力减弱，支链烷烃沸点低于相同碳原子数的直链烷烃。如：

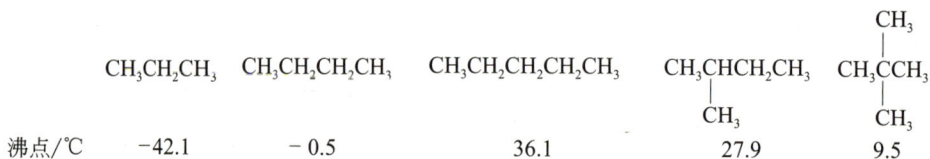

$$CH_3CH_2CH_3 \quad CH_3CH_2CH_3 \quad CH_3CH_2CH_2CH_3 \quad CH_3\underset{\underset{\displaystyle CH_3}{|}}{C}HCH_2CH_3 \quad CH_3\underset{\underset{\displaystyle CH_3}{|}}{C}\overset{\overset{\displaystyle CH_3}{|}}{H}CH_3$$

| 沸点/℃ | −42.1 | − 0.5 | 36.1 | 27.9 | 9.5 |

（4）相对密度

烷烃的相对密度都小于 1，比水轻。烷烃的相对密度随分子量的增大而逐渐增大。因为相对密度也与分子间作用力有关，分子量增大，分子间的作用力增大，分子间的距离减小，相对密度必然增大。

（5）溶解度

烷烃几乎不溶于水，易溶于有机溶剂，如四氯化碳、苯、乙醚等。这是由于结构相似的化合物，它们分子间的作用力也相似，彼此互溶，符合"相似相溶"规律。

（6）波、光谱性质

有机物的波、光谱性质，详见第 6 章。

2.6　烷烃的化学性质

有机化合物的化学性质取决于化合物分子的结构。烷烃分子中的原子之

法国化学工程
师勒贝尔

间以σ键相连，σ键比较牢固，且C—Cσ键和C—Hσ键的极性又很小，因此烷烃的化学性质很稳定，常温下一般不与强酸、强碱、强氧化剂、强还原剂作用。由于烷烃具有相对稳定的化学性质，许多烷烃常被用作溶剂使用。如活泼的金属钠、钾常浸泡在煤油中，以防与氧气和水蒸气反应。当然，烷烃稳定的化学性质是有条件的。在一定条件下，如高温、光照、存在过氧化物时，烷烃可显示一定的反应性。

2.6.1 烷烃的取代反应

烷烃分子中的氢原子被其他原子或基团取代的反应称为取代反应。烷烃分子中的氢原子可被卤素取代，称为卤代反应。烷烃在光、热或催化剂作用下，生成烃的卤素衍生物和卤化氢。

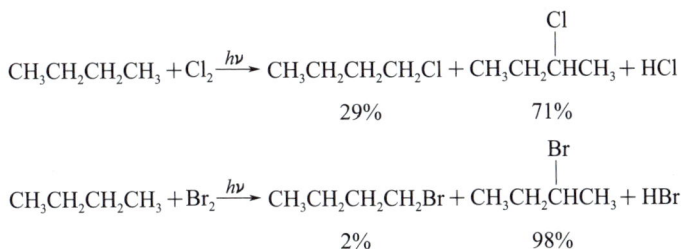

$$\text{CH}_3\text{CH}_2\text{CH}_2\text{CH}_3 + \text{Cl}_2 \xrightarrow{h\nu} \text{CH}_3\text{CH}_2\text{CH}_2\text{CH}_2\text{Cl} + \text{CH}_3\text{CH}_2\overset{\displaystyle \text{Cl}}{\underset{\displaystyle |}{\text{CH}}}\text{CH}_3 + \text{HCl}$$
$$ 29\% 71\%$$

$$\text{CH}_3\text{CH}_2\text{CH}_2\text{CH}_3 + \text{Br}_2 \xrightarrow{h\nu} \text{CH}_3\text{CH}_2\text{CH}_2\text{CH}_2\text{Br} + \text{CH}_3\text{CH}_2\overset{\displaystyle \text{Br}}{\underset{\displaystyle |}{\text{CH}}}\text{CH}_3 + \text{HBr}$$
$$ 2\% 98\%$$

烷烃的卤代反应，一般是氯代或溴代。烷烃与氟的反应过于剧烈，难以控制，而它与碘的反应，则难于顺利进行。因此，氟代烷和碘代烷基本不是由烷烃与氟或碘直接反应得到的。

思考题 2-4　查阅文献，了解氟代烷和碘代烷是通过哪些反应得到的。

（1）卤代反应机理

一般有机反应比较复杂，由反应物到产物常常不是简单的一步反应，也可能不止一种途径。把描述反应所经历的过程，称为反应历程，又称反应机理（reaction mechanism）。了解反应机理，有助于认清反应的本质，掌握反应规律，从而达到控制和利用反应的目的。

烷基的卤代反应机理已研究得相当透彻。烷烃与卤素（氯和溴）在室温和暗处并不反应，在高温或光照下，烷烃与卤素反应生成卤代烷。以下以甲烷的氯代为例，说明烷烃卤代反应机理。

烷烃与氯在室温和暗处并不反应。在光照或高温下，氯分子吸收能量，共价键均裂而分解为两个氯自由基：

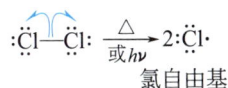

$$:\overset{..}{\underset{..}{\text{Cl}}}\!\!-\!\!\overset{..}{\underset{..}{\text{Cl}}}: \xrightarrow[\text{或}h\nu]{\triangle} 2:\overset{..}{\underset{..}{\text{Cl}}}\cdot$$
氯自由基

氯自由基带有未成对电子，非常活泼，遇到甲烷可以夺取其中的氢原子而生成氯化氢和另一个带有未成对电子的甲基自由基；甲基自由基也非常活泼，与氯分子作用产生一氯甲烷，同时生成一个新的氯自由基，这个新生的氯自由基重复上述步骤，反复进行反应，不断产生新的自由基，不断形成产物。

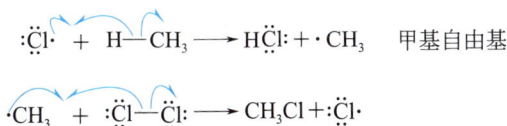

$$:\overset{..}{\underset{..}{\text{Cl}}}\cdot \ + \ \text{H}\!-\!\text{CH}_3 \longrightarrow \text{H}\overset{..}{\underset{..}{\text{Cl}}}: + \cdot\text{CH}_3 \qquad \text{甲基自由基}$$

$$\cdot\text{CH}_3 \ + \ :\overset{..}{\underset{..}{\text{Cl}}}\!\!-\!\!\overset{..}{\underset{..}{\text{Cl}}}: \longrightarrow \text{CH}_3\text{Cl} + :\overset{..}{\underset{..}{\text{Cl}}}\cdot$$

像这种一经引发产生出自由基就可以连续不断地进行下去的反应称为链式反应（chain reaction），链式反应是自由基反应的特征，整个过程可分为三个阶段。第一步为引发阶段，生成自由基。第二步为增长阶段，即不断产生自由基和产物阶段，是自由基反应的最重要阶段。

其中，由氯自由基拔取甲烷分子中的一个氢原子形成甲基自由基这一步反应所需要的能量较高，反应较慢，是决定整个甲烷氯代反应速率的步骤。当体系中的自由基浓度很低时，活泼的自由基相互碰撞，结合成分子，反应就终止了，这就是第三阶段，即终止阶段。在增长阶段，氯自由基还可以和产物氯甲烷反应，产生氯甲基自由基，而后与氯反应，可得到二氯甲烷，如此反复，就可生成三氯甲烷、四氯化碳等多种产物。

甲烷氯代机理如下：

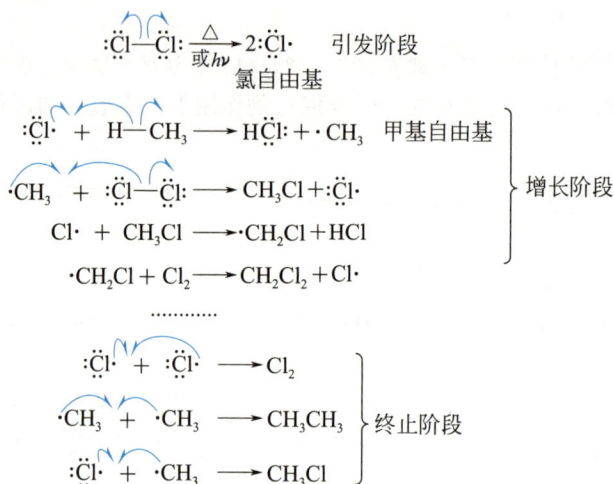

$$:\overset{..}{\underset{..}{Cl}}{-}\overset{..}{\underset{..}{Cl}}: \xrightarrow[\text{或} h\nu]{\triangle} 2:\overset{..}{\underset{..}{Cl}}\cdot \quad \text{引发阶段}$$
氯自由基

$$:\overset{..}{\underset{..}{Cl}}\cdot + H{-}CH_3 \longrightarrow H\overset{..}{\underset{..}{Cl}}: + \cdot CH_3 \quad \text{甲基自由基}$$

$$\cdot CH_3 + :\overset{..}{\underset{..}{Cl}}{-}\overset{..}{\underset{..}{Cl}}: \longrightarrow CH_3Cl + :\overset{..}{\underset{..}{Cl}}\cdot$$ 增长阶段

$$Cl\cdot + CH_3Cl \longrightarrow \cdot CH_2Cl + HCl$$

$$\cdot CH_2Cl + Cl_2 \longrightarrow CH_2Cl_2 + Cl\cdot$$

....

$$:\overset{..}{\underset{..}{Cl}}\cdot + :\overset{..}{\underset{..}{Cl}}\cdot \longrightarrow Cl_2$$

$$\cdot CH_3 + \cdot CH_3 \longrightarrow CH_3CH_3$$ 终止阶段

$$:\overset{..}{\underset{..}{Cl}}\cdot + \cdot CH_3 \longrightarrow CH_3Cl$$

因此，甲烷的氯化反应所得产物为四种氯甲烷的混合物。控制反应条件可使其中一种产物为主，如，工业上通过调节甲烷与氯的摩尔比为 10:1，可得以一氯甲烷为主的产物；甲烷和氯气的体积比为 0.26:1 时，则可得以四氯化碳为主的产物。采用精馏的方法可分离四种氯甲烷的混合物。

甲烷氯代反应过程有自由基参加反应，故称为自由基取代反应（radical substitution reaction）。自由基取代反应有如下特点：①在光或热或自由基引发剂如过氧化物（过氧化苯甲酰）和偶氮化合物（偶氮二异丁腈等）引发下开始反应；②反应一旦开始，以很快的速率进行；③反应可在气相或液相中进行，在液相进行时溶剂的极性变化对反应影响较小；④反应一般不被酸、碱所催化，但能被自由基抑制剂如酚类、分子氧等抑制。

与甲烷相似，其他烷烃的卤代反应也是自由基取代反应机理，反应也经历三个阶段：引发、增长和终止。

思考题 2-5　由甲烷氯代反应机理推测乙烷氯代反应机理。

(2) 其他烷烃的卤代与自由基稳定性

除甲烷、乙烷等少数烷烃外，其他烷烃因结构中含有连接在不同碳原子上的氢原子（如伯氢、仲氢或叔氢），这些氢原子进行卤代反应时活性不同，其一卤代产物就可能不止一种，如丁烷一氯代产物是两种构造异构体的混合物。

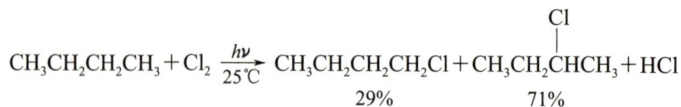

$$CH_3CH_2CH_2CH_3 + Cl_2 \xrightarrow[25℃]{h\nu} \underset{29\%}{CH_3CH_2CH_2CH_2Cl} + \underset{71\%}{CH_3CH_2\overset{Cl}{\overset{|}{C}H}CH_3} + HCl$$

丁烷分子中有 6 个伯氢和 4 个仲氢，反应过程中，氯自由基与伯氢相遇的机会是仲氢的1.5 倍，但一氯代产物中 2-氯丁烷的比例却远高于 1-氯丁烷，这表明仲氢比伯氢活泼，容易被取代。仲氢与伯氢活性之比为：

$$\frac{仲氢}{伯氢} = \frac{71/4}{29/6} \approx \frac{3.7}{1}$$

再考察异丁烷的一氯代反应：

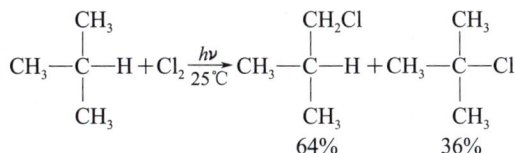

$$CH_3-\overset{\overset{\displaystyle CH_3}{|}}{\underset{\underset{\displaystyle CH_3}{|}}{C}}-H + Cl_2 \xrightarrow[25℃]{h\nu} CH_3-\overset{\overset{\displaystyle CH_2Cl}{|}}{\underset{\underset{\displaystyle CH_3}{|}}{C}}-H + CH_3-\overset{\overset{\displaystyle CH_3}{|}}{\underset{\underset{\displaystyle CH_3}{|}}{C}}-Cl$$

$$\qquad\qquad\qquad\qquad\qquad\qquad 64\% \qquad\qquad 36\%$$

尽管产物叔氢被取代的产物叔丁基氯所占比例仅为 36%，考虑 9 个伯氢与 1 个叔氢被取代的概率，可明显地看出取代叔氢比伯氢容易得多。

从丁烷和异丁烷在 25℃ 下光引发的氯代反应可知，叔氢、仲氢、伯氢的活性之比大致为 5：3.7：1，因此，氢原子被卤代的次序（由易到难）为：叔氢＞仲氢＞伯氢。这个结果可从 C—H 键的解离能和烷基自由基的稳定性得到解释。

烷烃分子中各种氢原子的活性与其 C—H 键的解离能有关，解离能越小，键均裂时吸收的能量越少，容易被取代。下列是典型烷烃 C—H 键的解离能：

	CH_3—H	CH_3CH_2—H	$CH_3CH_2CH_2$—H	$(CH_3)_2CH$—H	$(CH_3)_3C$—H
解离能/(kJ/mol)	435	410	410	397	381

把反应中上一步的产物且是下一步反应试剂的物种称为反应中间体。烷烃进行卤代时，在卤素自由基的引发下，C—H δ 键发生均裂产生烷基自由基中间体，这一步反应需要的能量高，是控制反应速率的慢步骤。一方面，卤素自由基容易拔取解离能低的 C—H 键上的氢原子形成烷基自由基中间体；另一方面，烷基自由基中间体的稳定性越高，自由基越容易形成。从反应过程能量变化来考察，反应过程中生成的自由基中间体越稳定，则相应的过渡态（transition state）能量越低，所需的活化能（activation energy）越小，反应越容易进行。

以丙烷氯代反应中两种自由基形成过程说明。过渡态是反应物与产物的中间状态，此时旧键逐渐被拉长，并未断裂，新键开始形成但尚未完全形成，在反应进程与能量关系图中处于能量最高状态，如形成丙基和异丙基自由基的过渡态 $CH_3CH_2CH_2$---H---Cl 和 $(CH_3)_2CH$---H---Cl；反应物与过渡态之间的内能差称为活化能 E_a，活化能是反应中必须越过的最高能垒，活化能的高低取决于过渡态的能量。由于过渡态不稳定，不能分离出来，因此，研究过渡态的稳定性往往只研究与它稳定性一致的一种中间体的稳定性，丙烷氯代反应中两种自由基形成过程与能量之间关系见图 2-11。

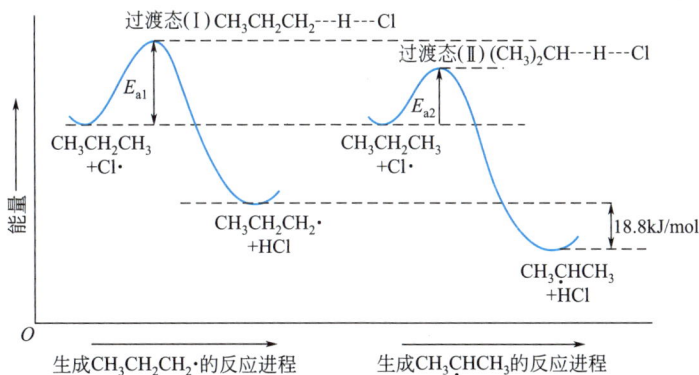

图 2-11　生成丙基和异丙基自由基的反应进程能量图

由图 2-11 可以看出，氯自由基与丙烷反应时，形成丙基自由基中间体所经历的过渡态（Ⅰ）的能量（活化能 E_{a1}）高于形成异丙基自由基中间体所经历的过渡态（Ⅱ）的能量（活化能 E_{a2}），丙基自由基中间体能量比异丙基自由基中间体能量高 18.8kJ/mol，异丙基自由基稳定，容易生成，故丙烷中的仲氢比伯氢容易被氯取代。同理，考察异丁烷的氯代，可以得出叔丁基自由基比异丁基自由基稳定，所以叔氢比伯氢更容易被取代。

以上分析可得烷基自由基的稳定性次序为叔烷基自由基＞仲烷基自由基＞伯烷基自由基，这与卤代反应中叔氢、仲氢、伯氢被取代的活性次序一致。此外，甲基自由基的稳定性比其他烷基自由基均差。因此，自由基的稳定性次序为：

$$(H_3C)_3C\cdot>(H_3C)_2HC\cdot>H_3CH_2C\cdot>H_3C\cdot$$

自由基的稳定性，还可以利用电子效应来解释。烷烃中碳原子是 sp^3 杂化的，当形成烷基自由基时，将转化为具有平面构型的 sp^2 杂化（见图 2-12）。由于 sp^2 杂化轨道中 s 成分比 sp^3 杂化轨道多，$C_{sp^3}—C_{sp^2}$ σ 键的电子云偏向具有单电子的 sp^2 杂化碳原子，即烷基是给电子基，起到稳定自由基的作用。自由基碳原子连接的烷基越多，自由基越稳定，如异丁基自由基的稳定性就高于甲基自由基。

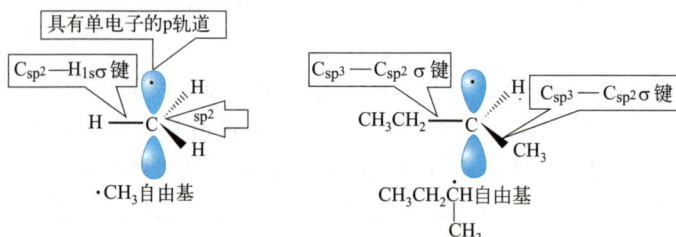

图 2-12　烷基自由基的构型

(3) 烷烃取代反应中卤素的活性和选择性

不同的卤素与烷烃反应的相应活性顺序为：$F_2>Cl_2>Br_2>I_2$。氟反应激烈，无法控制，以致爆炸，碘基本不反应，氯和溴居中，氯的反应活性高于溴。丁烷和异丁烷进行氯代和溴代反应，同样都有伯氢和仲氢被取代的产物，但两种取代反应产物的分布相差很大：

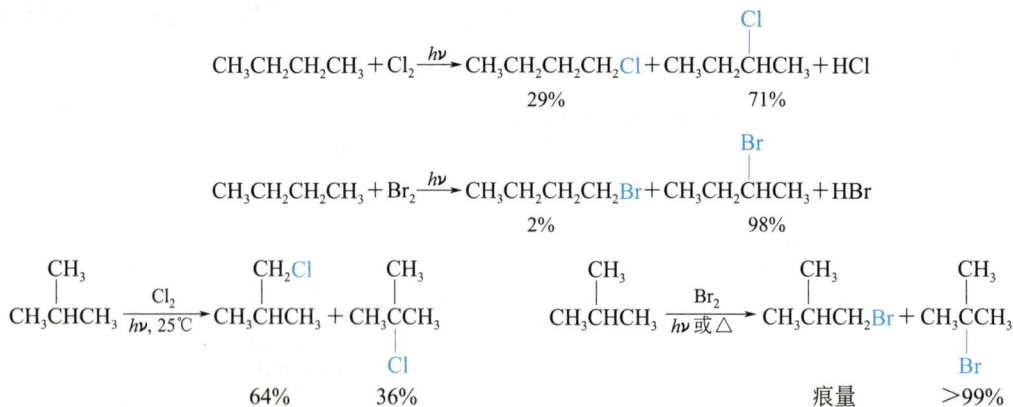

$$CH_3CH_2CH_2CH_3+Cl_2 \xrightarrow{h\nu} CH_3CH_2CH_2CH_2Cl+CH_3CH_2\overset{\underset{|}{Cl}}{C}HCH_3+HCl$$
$$\qquad\qquad\qquad\qquad\qquad 29\%\qquad\qquad\qquad 71\%$$

$$CH_3CH_2CH_2CH_3+Br_2 \xrightarrow{h\nu} CH_3CH_2CH_2CH_2Br+CH_3CH_2\overset{\underset{|}{Br}}{C}HCH_3+HBr$$
$$\qquad\qquad\qquad\qquad\qquad 2\%\qquad\qquad\qquad 98\%$$

$$\overset{\underset{|}{CH_3}}{CH_3CHCH_3} \xrightarrow[h\nu,25℃]{Cl_2} \overset{\underset{|}{CH_2Cl}}{CH_3CHCH_3}+\overset{\underset{|}{CH_3}}{CH_3\overset{\underset{|}{Cl}}{C}CH_3}$$
$$\qquad\qquad\qquad\qquad 64\%\qquad\quad 36\%$$

$$\overset{\underset{|}{CH_3}}{CH_3CHCH_3} \xrightarrow[h\nu \text{或}\triangle]{Br_2} \overset{\underset{|}{CH_3}}{CH_3CHCH_2Br}+\overset{\underset{|}{CH_3}}{CH_3\overset{\underset{|}{Br}}{C}CH_3}$$
$$\qquad\qquad\qquad\qquad \text{痕量}\qquad >99\%$$

前已述，烷烃氯代时叔氢、仲氢、伯氢的活性之比大致为 5∶3.7∶1，而溴代时叔氢、仲氢、伯氢的活性之比为 1600∶82∶1，即绝大部分溴自由基只能夺取较活泼的氢原子，溴代反应具有较大的选择性，伯氢被取代的产物在烷烃溴代中所占比例很小。以丙烷卤代为例（见图 2-13），在氯代反应中，活性较大的氯自由基拔取烷烃伯氢和仲氢原子的活化能差仅

4.2kJ/mol，氯自由基对拔取的氢原子选择性低；溴代反应中，活性较低的溴自由基拔取伯氢和仲氢原子的活化能差为 12.6kJ/mol，溴自由基更易选择活化能低的途径即拔取较活泼的仲氢原子形成稳定的异丙基自由基。一般来说，试剂活泼性大，反应选择性差。

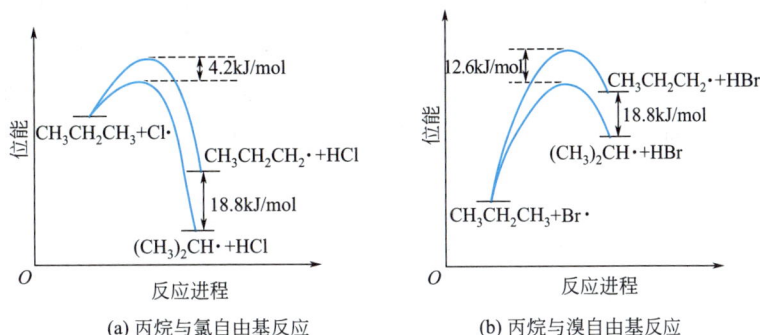

图 2-13　丙烷氯代、溴代反应能量变化图

2.6.2　烷烃的氧化反应

常温下，烷烃一般既不与氧化剂反应，也不与空气中的氧反应。烷烃在空气中易燃烧生成二氧化碳和水，并放出大量的热，烷烃完全燃烧的反应可用下式表示：

$$C_nH_{2n+2}+(3n+1)/2O_2 \xrightarrow{\text{点燃}} nCO_2+(n+1)H_2O+Q$$

这是天然气作为能源，汽油和柴油（主要成分为不同碳链的烷烃混合物）等可以作为内燃机燃料的基本原理。如果控制适当条件并在催化剂作用下，烷烃可部分氧化生成醇、醛、酮、羧酸等一系列含氧化合物；但因氧化过程复杂，氧化的位置各异，产物往往是复杂的混合物，很难得到单一产物，作为实验室制法意义不大。然而，在工业生产中，可控制条件使某些产物为主，或直接利用其氧化混合物。如：工业上以石蜡等高级烷烃为原料，可生产高级脂肪酸（制备肥皂的原料）：

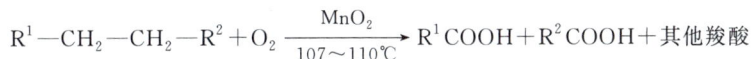

$$R^1-CH_2-CH_2-R^2+O_2 \xrightarrow[107\sim110℃]{MnO_2} R^1COOH+R^2COOH+\text{其他羧酸}$$

又如，以乙酸钴和乙酸锰为催化剂，在 150～225℃、5MPa，在乙酸溶液中用空气氧化正丁烷（液相氧化），是工业生产乙酸的一种新方法：

$$CH_3CH_2CH_2CH_3+5/2\,O_2 \longrightarrow 2CH_3COOH(\text{产率约}50\%)+H_2O$$

2.6.3　烷烃的异构化、裂化反应

化合物从一种异构体转变成另一种异构体的反应，称为异构化反应。例如：工业上用三氯化铝和氯化氢作催化剂，可使正丁烷转化为异丁烷。异构化反应是可逆的。

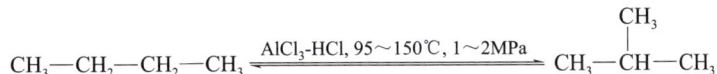

$$CH_3-CH_2-CH_2-CH_3 \underset{\quad}{\overset{AlCl_3-HCl, 95\sim150℃, 1\sim2MPa}{\rightleftharpoons}} \begin{matrix} & CH_3 \\ & | \\ CH_3- & CH-CH_3 \end{matrix}$$

将直链烷烃异构化成为带支链的烷烃，可提高汽油的辛烷值。同时，因异构化产生叔碳原子，可提高产物的化学反应性。

烷烃在高温（500～700℃）、无氧条件下进行的分解反应称为热裂化。烷烃的热裂化是复杂的自由基反应。由于 C—C 键的键能（347kJ/mol）小于 C—H 键的键能（414kJ/mol），烷烃进行热裂化反应时，C—C 键比 C—H 键更容易断裂，较长碳链的烷烃可分解为较短碳链的烷烃、烯烃和氢，但同时也有异构化、环化（转变为脂环烃）、芳构化（转变为芳香烃）、缩合和聚合（由小分子转变为较大分子的烃）等反应，因此产物很复杂。

$$CH_3CH_2CH_2CH_3 \xrightarrow[\text{无氧}]{\text{高温,压力}} \begin{array}{l} CH_3CH_2CH_2CH_2 \cdot + H \cdot \\ CH_3CH_2CH_2 \cdot + CH_3 \cdot \\ CH_3CH_2 \cdot + CH_3CH_2 \cdot \end{array} \longrightarrow \begin{array}{l} CH_3CH_2CH=CH_2 + H_2 \\ CH_3CH=CH_2 + CH_4 \\ CH_2=CH_2 + CH_3CH_3 \end{array}$$

烷烃在催化剂（如硅酸铝）存在下进行裂化，称为催化裂化。催化裂化温度较低（450～500℃），且在常压下即可进行。在炼油生产中，催化裂化生产的汽油，在质量和产率方面优于热裂化。

催化裂化是石油加工过程中的一个重要反应。利用催化裂化把高沸点重油转化为分子量较小的低沸点油品，以提高汽油、柴油等的产量和质量；还可从石油裂化气中得到大量重要的化工原料烯烃（乙烯、丙烯和丁二烯）等。

2.7 环烷烃的构造、分类和命名

2.7.1 环烷烃的构造和分类

碳原子之间以单键连接成环，碳原子的其余价键全部被氢原子所饱和的碳氢化合物称为环烷烃。一般用简单的几何图形来表示环烷烃的构造式。

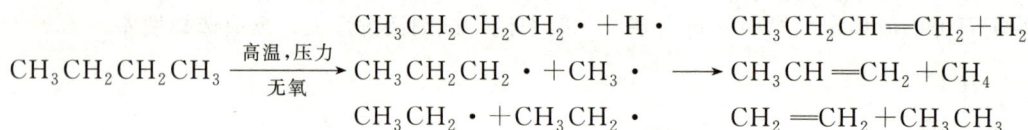

环丙烷　　　　　环丁烷　　　　　环戊烷　　　　　环己烷

单环烷烃的通式与烯烃相同，均为 C_nH_{2n}。环烷烃的异构现象比烷烃复杂，成环碳原子数不同、取代基构造不同、取代基在环上的位置不同等，都可产生同分异构体。此外，由于环的存在，限制了 C—C δ 单键的旋转，取代环烷烃还有顺、反异构现象。所谓顺反异构体（cis-transisomer），是指分子中相同的取代基在分子平面同一面或不同面而造成的异构体。相同取代基在环平面的同一面的称为"顺"（cis），不在同一面的称为"反"（trans）。如，环戊烷的 6 个环状异构体为：

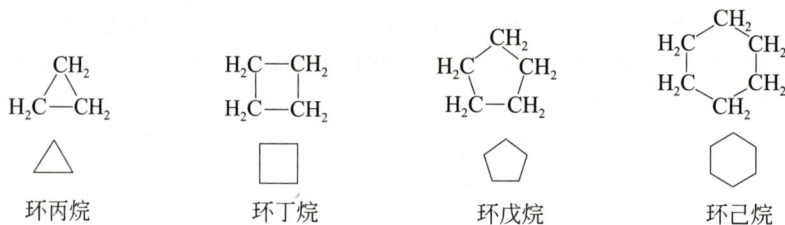

环戊烷　　　　　甲基环丁烷　　　　　乙基环丙烷

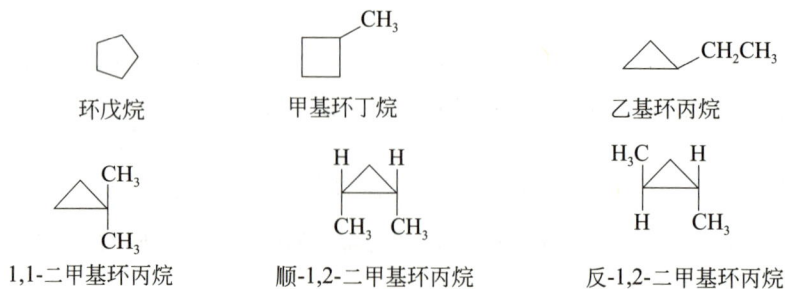

1,1-二甲基环丙烷　　　顺-1,2-二甲基环丙烷　　　反-1,2-二甲基环丙烷

按环烷烃分子中碳环的数目分为单环烷烃和多环烷烃。两个环共用一个碳原子称为螺环化合物；两个环共用两个或两个以上碳原子的称为桥环化合物。

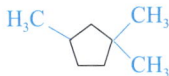

环丙烷   十氢化萘   双环[3.2.1]辛烷   螺[2.4]庚烷

根据环烷烃成环碳原子数，单环烷烃可分为小环（$C_3 \sim C_4$）、普通环（$C_5 \sim C_7$）、中环（$C_8 \sim C_{11}$）和大环（C_{12} 以上）。

2.7.2 环烷烃的命名

（1）单环烷烃的命名

单环烷烃的命名与烷烃相似，根据环烷烃分子中成环的碳原子数目，只是在母体烃名称前加前缀"环"，称为环某烷即可。如环丙烷、环丁烷、环己烷等。

当环上只有一个取代基时，应把取代基的名称写在环烷烃的名称前，位次编号固定为"1"，通常省略。如：甲基环戊烷 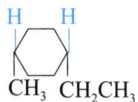。

当环上有一个以上取代基时，应首先遵循最低位次（组）原则，将母体环上碳原子顺次编号；如果取代基位次（组）相同，则按照英文字母顺序依次编号。如：

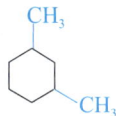

1,3-二甲基环己烷   1,1,2-三甲基环戊烷

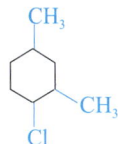

1-乙基-3-甲基环戊烷   1-氯-2,4-二甲基环己烷

由于环的存在，限制了 C—C σ 单键的旋转，取代环烷烃会有顺、反异构现象。当两个相同的取代基在环的同侧时，称为顺式构型，用"顺"（*cis-*）标记，如在环的异侧，则称为反式构型，用"反"（*trans-*）标记。

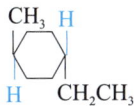

顺-1-乙基-4-甲基环己烷   反-1-乙基-4-甲基环己烷

当命名化合物中既有环又有链时，当链所含原子数大于环所含原子数时，以链为母体，环则作为取代基。IUPAC—2017 首选名建议中则不考虑所含原子数的多少，环总是优先于链，对这一点国内暂不采用。如：

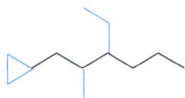

1-环丙基-3-乙基-2-甲基己烷

（2）二环烷烃的命名

主要介绍桥环烷烃和螺环烷烃的命名。

① 桥环烷烃。桥环烷烃中，连接两个碳环的碳原子称"桥头碳"原子，其他碳原子组成三条共用两个桥头碳的"桥"。例如：

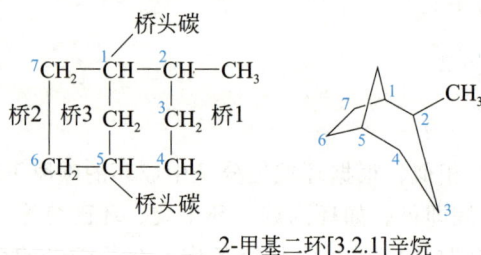

2-甲基二环[3.2.1]辛烷

命名要点如下：

a. 给组成桥环化合物的碳原子编号。先找出桥头碳原子，即两个环互相连接的碳原子，自桥的一端开始，循着最长的桥环依次编号到桥的另一端，然后循着次长的桥环编回到起始桥端，最短的桥最后编号。

b. 根据组成桥环化合物碳原子的总数称"某烷"，加上词头"二环"。在环字后面方括号中用阿拉伯数字注上各桥所含碳原子数，由多到少列出，并用下角圆点隔开；二环桥环烃是两个桥头碳原子之间用三道桥连接起来的，故方括号有三个数字。无碳原子的桥称为键桥，用零（0）表示。

c. 在方括号的后面标明成环碳原子数为"某烷"。当环上有取代基时，需要把它们的位置标记出来，将取代基写在"二环"词头之前。例如：

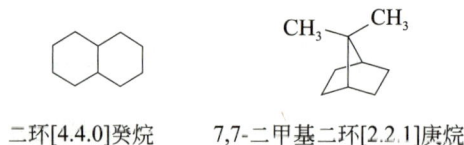

二环[4.4.0]癸烷　　7,7-二甲基二环[2.2.1]庚烷

② 螺环烷烃。螺环烃中，两个碳环共用的碳原子称为螺原子。根据螺环烃成环碳原子的总数称为螺某烷；在螺字后面的方括号中，用阿拉伯数字标出两个碳环除了共用螺原子以外的碳原子数目，将小的数字排在前面；编号是从较小环中与螺原子相邻的一个碳原子开始，经过螺原子而到较大的环；数字之间用下角圆点隔开，数字指碳原子数。例如：

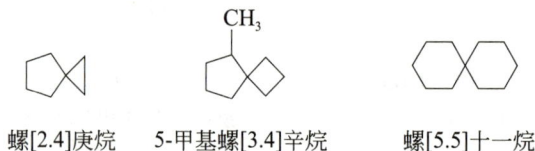

螺[2.4]庚烷　　5-甲基螺[3.4]辛烷　　螺[5.5]十一烷

2.8　单环烷烃的结构和稳定性

2.8.1　环丙烷

环烷烃中的碳原子为 sp^3 杂化，杂化轨道之间的夹角应为 $109.5°$。环丙烷的三个碳原子在同一平面上形成正三角形，碳原子之间的夹角为 $60°$，与 sp^3 杂化轨道之间夹角 $109.5°$ 相

差很大，因此，两个相邻碳原子以 sp^3 杂化轨道交盖形成 C—C σ 键时，其对称轴不能在一条直线上交盖，而只能以弯曲的方式交盖，键角为 105.5°，交盖程度较低，不稳定，键容易断裂。这样形成的是弯曲的 σ 键，称为弯曲键（bent bond），如图 2-14 所示。

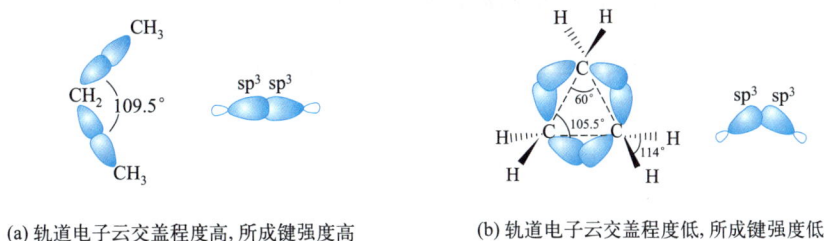

(a) 轨道电子云交盖程度高，所成键强度高   (b) 轨道电子云交盖程度低，所成键强度低

图 2-14   丙烷及环丙烷分子中碳原子轨道交盖情况比较

量子力学计算和物理测试结果表明，环丙烷分子中的 C—C 是弯曲键；C—C—C 键角为 105.5°（比烷烃中的 C—C—C 键角 109.5° 小），H—C—H 键角为 114°；C—C 键长为 0.152nm，比烷烃中的 C—C 键长 0.154nm 短。形成环丙烷的 C—C 键为弯曲键，键角偏离了正常键角，在分子中存在恢复正常键角的张力，称为角张力。角张力是影响环烷烃稳定性的因素之一，尤其对环丙烷和环丁烷等小环更为重要。因此，与丙烷相比，环丙烷的 C—C 键容易断裂而发生开环反应，其稳定性比丙烷低得多。

2.8.2   环丁烷和环戊烷

由于受几何形状的限制，环丁烷和环戊烷也具有一定的角张力，但比环丙烷的张力小。事实上，从环丁烷开始，组成环的碳原子不在同一平面上；环戊烷及其以上的环中 C—C 键的夹角都是 109.5°。例如，环丁烷是蝴蝶式结构；环戊烷存在两种不同构象，信封式和半椅式：

环丁烷(蝴蝶式)   环戊烷(信封式)   环戊烷(半椅式)

2.8.3   环己烷

环己烷的六个成环碳原子不共平面，C—C—C 键角为 109.5°，是无张力环。环己烷的稳定构象有椅式构象和船式构象两种，如图 2-15 所示。

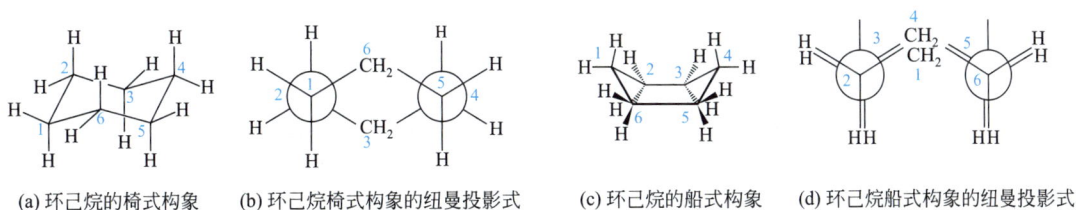

(a) 环己烷的椅式构象 (b) 环己烷椅式构象的纽曼投影式 (c) 环己烷的船式构象 (d) 环己烷船式构象的纽曼投影式

图 2-15   环己烷的椅式、船式构象及其纽曼投影式

椅式构象和船式构象虽然都保持了正常键角，不存在角张力，但从纽曼投影式（见图 2-15）可以看出，椅式构象中所有相邻两个碳原子的碳氢键均处于交叉式位置，而船式

构象中，C2 与 C3 之间和 C5 与 C6 之间（即船底）的碳氢键则处于全重叠式位置，存在扭转张力。此外，船式构象中 C1 和 C4 两个向上向内侧伸展的碳氢键相距较近（0.18nm），两个氢原子之间距离小于该两个氢原子的范德华半径之和（0.24nm），见图 2-16，产生的非键张力较大。因此，船式构象的能量比椅式的能量高。

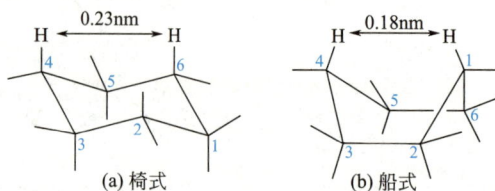

图 2-16　环己烷椅式构象和船式构象

椅式构象和船式构象可相互转变，常温下处于相互转变的动态平衡中（见图 2-17），常温下以能量较低的椅式构象为主。

环己烷椅式构象中，六个碳原子 C1、C3、C5 和 C2、C4、C6 分别处于两个相互平行的平面，十二个 C—H 键可分为两种类型：六个 C—H 键垂直于平面而与两个平行平面的对称轴平行，称为直立键或称 a 键（axial bonds），三个向上，三个向下，交替排列；其余六个 C—H 键则向外伸出，称为平伏键或称 e 键（equatorial bonds），三个斜向上，三个斜向下，如图 2-18 所示。环己烷由一种椅式构象翻转为另一种椅式构象时，原来的 a 键都转变为 e 键，而原来的 e 键都变成 a 键。处于 a 键的六个氢原子两两之间距离（0.23nm）小于该两个氢原子的范德华半径之和（0.24nm），存在一定的非键张力；处于 e 键的氢原子则没有非键张力。

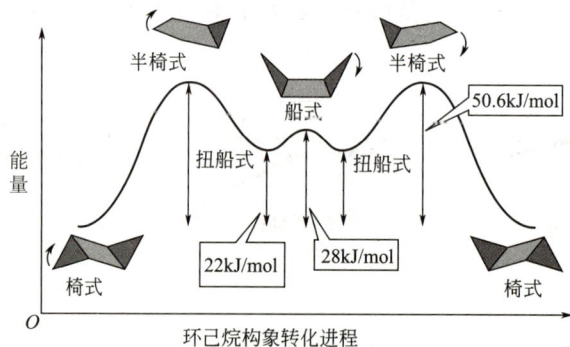

图 2-17　环己烷构象转换能量变化图

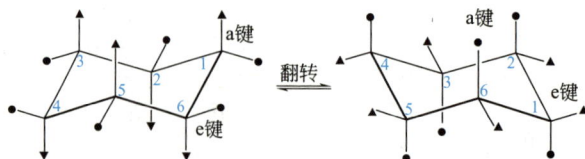

图 2-18　环己烷椅式构象中的 a 键和 e 键

环己烷的一取代物有两种可能的构象，即取代基连在 a 键或 e 键上。当取代基如甲基连在 e 键时（见图 2-19），甲基与环己烷碳架中的 C3、C5 处于对位交叉式；同时，处于 e 键上的甲基与环中其他碳原子 a 键和 e 键上的氢原子之间不存在非键张力，构象较稳定。取代基连在 a 键时，取代基与环己烷碳架中的 C3、C5 处于邻位交叉式，且取代基与两个位于 C3、C5 的 a 键上氢原子相距较近（见图 2-19），存在非键张力，取代基在 a 键上的构象能量较高，较不稳定。因此，环己烷的一取代物，一般倾向于取代基连在碳环的 e 键上，且取代基体积越大，取代基处于 e 键上的构象含量越高。例如，甲基环己烷 95％是甲基处于 e 键的构象，叔丁基环己烷 99.99％是叔丁基处于 e 键的构象。

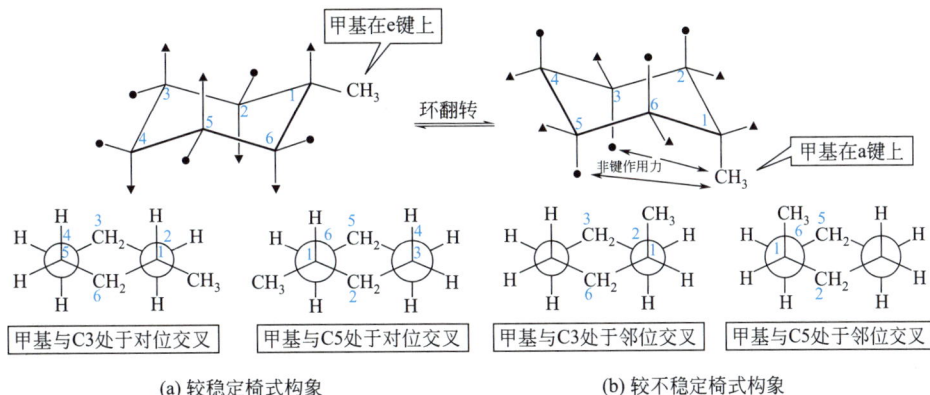

(a) 较稳定椅式构象　　　　　　　　　　(b) 较不稳定椅式构象

图 2-19　取代基在 a 键和 e 键的不同构象与稳定性

如果环上连有两个不同取代基时，一般规律是大的取代基优先处于 e 键。如：顺-1-叔丁基-3-甲基环己烷的优势构象是叔丁基在 e 键，甲基也在 e 键，而反-1-叔丁基-3-甲基环己烷的优势构象为体积较大的叔丁基在 e 键，甲基在 a 键。

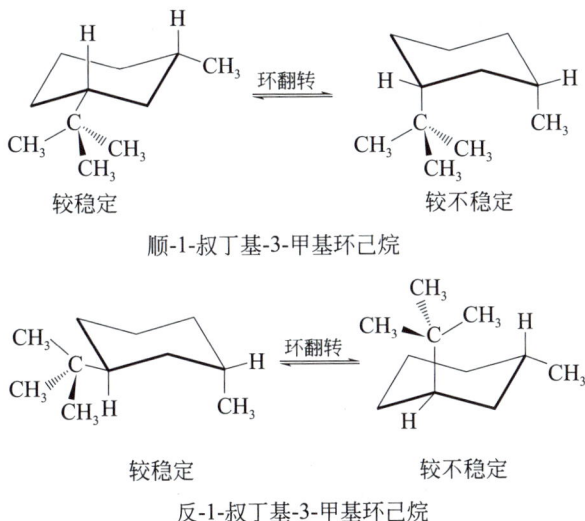

顺-1-叔丁基-3-甲基环己烷

反-1-叔丁基-3-甲基环己烷

7～12 个碳原子组成的环烷烃，虽能保持正常的键角，但由于环内氢原子之间比较拥挤而存在扭转张力，不如环己烷稳定。更大的环如环十四烷，成环碳原子不在同一平面上，C—C—C 键角为 109.5°，与环己烷一样，是无张力环。

2.8.4　环烷烃的稳定性

通过环丙烷、环丁烷、环戊烷及环己烷的结构分析可知，环的稳定性与环的大小密切相关，环越小，稳定性越差。以下将从环烷烃的燃烧热（heat of combustion）数据进一步说明。

燃烧热是指 1mol 化合物完全燃烧成 CO_2 和 H_2O 所放出的热量，它的大小反映分子能量的高低，通常作为有机化合物相对稳定性的依据。开链烷烃的燃烧热与所含碳原子数有关，一般碳链每增加一个亚甲基（—CH_2—），燃烧热增加 658.6kJ/mol。环烷烃可看作由数量不等的亚甲基单元连接起来的化合物，其燃烧热与分子中亚甲基的数量有关。一些环烷烃的燃烧热如表 2-5 所示。

表 2-5　一些环烷烃的燃烧热

名称	成环碳数	$Q_{环}$[①]/(kJ/mol)	ΔQ[②]/(kJ/mol)
环丙烷	3	697.1	38.5
环丁烷	4	686.2	27.4
环戊烷	5	664.0	5.4
环己烷	6	658.6	0
环庚烷	7	662.4	3.8
环辛烷	8	663.6	5.0
环壬烷	9	664.1	5.5
环癸烷	10	663.6	5.0
环十一烷	11	664.5	5.0
环十二烷	12	659.9	1.3
环十四烷	14	658.6	0

① $Q_{环}$ 为环烷烃—CH_2—的平均燃烧热。

② ΔQ 为 $Q_{环}$ 与开链烷烃—CH_2—的平均燃烧热差值。

从表 2-5 可以看出，不同环烷烃中亚甲基的平均燃烧热因环大小不同而有明显差异，从环丙烷到环戊烷，随成环碳原子数增加，每个亚甲基平均燃烧热 $Q_{环}$ 依次降低，$Q_{环}$ 与开链烃亚甲基平均燃烧热差值 ΔQ 也依次递减，说明在小环化合物中，环越小能量越高，越不稳定。环戊烷的能量已经接近开链烃了。从环己烷开始，ΔQ 数值已很小，$Q_{环}$ 趋于稳定。因此，小环（三元环、四元环）不稳定，其中，三元环比四元环更不稳定，其余环的内能与开链烷烃接近，较稳定。

2.9　环烷烃的性质

2.9.1　物理性质

环烷烃的物理性质与烷烃相似。环丙烷和环丁烷在常温下是气体，环戊烷是液体，高级环烷烃是固体，如环三十烷的熔点为 56℃。环烷烃的熔点、沸点和相对密度都比含相同数目碳原子的烷烃高，部分环烷烃的物理常数见表 2-6。

表 2-6　部分环烷烃的物理常数

名称	熔点/℃	沸点/℃	相对密度 d_4^{20}	折射率 n_D^{20}
环丙烷	−127.6	−32.9	0.617(25℃)	
环丁烷	−80	12	0.7030(0℃)	1.4260
环戊烷	−93	49.3	0.745	1.4064
环己烷	6.5	80.8	0.779	1.4266
环庚烷	−12	118	0.810	1.4449
环辛烷	14	148	0.836	

2.9.2 化学性质

环烷烃的化学性质与开链烷烃相似，能与卤素发生自由基取代反应；三元环和四元环的小环化合物不稳定，容易开环，具有和烯烃类似的性质，可发生加成反应。

(1) 取代反应

环烷烃在光照或高温条件下，可以发生卤代反应，例如：

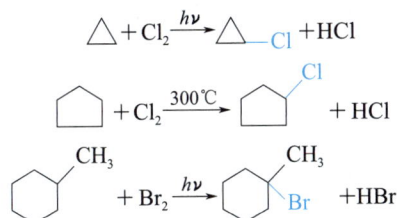

$$\triangle + Cl_2 \xrightarrow{h\nu} \triangle\!\!-\!Cl + HCl$$

$$\text{(环戊烷)} + Cl_2 \xrightarrow{300℃} \text{(氯代环戊烷)} + HCl$$

$$\text{(甲基环己烷)} + Br_2 \xrightarrow{h\nu} \text{(溴代甲基环己烷)} + HBr$$

环烷烃分子中只有一种氢，取代产物单一，可用于合成。

(2) 加成反应

① 催化加氢。在催化剂作用下，环丙烷、环丁烷、环戊烷与氢气反应，将环打开，一边加上一个氢原子，生成开链烷烃：

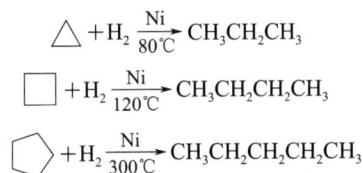

$$\triangle + H_2 \xrightarrow[80℃]{Ni} CH_3CH_2CH_3$$

$$\square + H_2 \xrightarrow[120℃]{Ni} CH_3CH_2CH_2CH_3$$

$$\text{(环戊烷)} + H_2 \xrightarrow[300℃]{Ni} CH_3CH_2CH_2CH_2CH_3$$

环丁烷加氢条件比环丙烷高，环丁烷比环丙烷稳定。环戊烷需要更强烈的反应条件才能加氢开环。环己烷及以上的环烷烃一般不易加氢开环。

② 与卤素加成。在室温下，环丙烷和环丁烷可与氯或溴发生加成反应，开环得1,3-或1,4-二卤代烷。环丁烷与溴的加成开环需要加热才能进行。

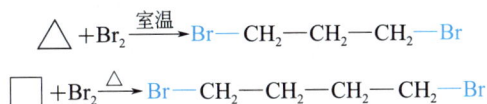

$$\triangle + Br_2 \xrightarrow{室温} Br\!-\!CH_2\!-\!CH_2\!-\!CH_2\!-\!Br$$

$$\square + Br_2 \xrightarrow{\triangle} Br\!-\!CH_2\!-\!CH_2\!-\!CH_2\!-\!CH_2\!-\!Br$$

环戊烷以上的环烷烃难以与溴进行开环加成反应，当温度升高时则发生自由基取代反应。

③ 与氢卤酸加成。环丙烷及烷基取代的环丙烷可与卤化氢发生加成，得卤丙烷；环丁烷与氢卤酸加成需要加热。

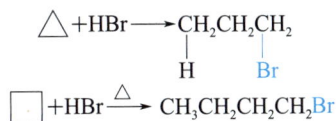

$$\triangle + HBr \longrightarrow \underset{H}{CH_2}CH_2\underset{Br}{CH_2}$$

$$\square + HBr \xrightarrow{\triangle} CH_3CH_2CH_2CH_2Br$$

当烷基取代的环丙烷与氢卤酸加成时，氢原子加在含氢较多的碳原子上（马氏规则），即加成发生在连接最少和最多烷基的碳原子间。

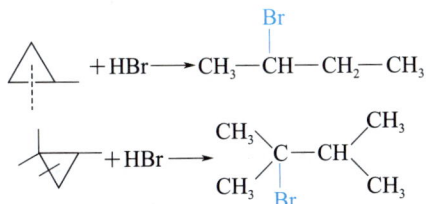

$$\text{(甲基环丙烷)} + HBr \longrightarrow CH_3\!-\!\underset{Br}{CH}\!-\!CH_2\!-\!CH_3$$

$$\text{(二甲基环丙烷)} + HBr \longrightarrow \underset{CH_3}{\overset{CH_3}{C}}\!\!\underset{Br}{\overset{|}{C}}\!-\!CH\!\!\underset{CH_3}{\overset{CH_3}{}}$$

(3) 氧化反应

环烷烃一般不与氧化剂（如 $KMnO_4$ 酸性水溶液）作用。因此，环丙烷不使 $KMnO_4$ 溶液褪色，利用该性质，可区别环丙烷和烯、炔等不饱和烃。但在特殊条件下，如用热硝酸氧化环己烷，则环被破坏，生成己二酸。

2.10　烷烃和环烷烃的来源和制备

2.10.1　烷烃和环烷烃的来源

烷烃和环烷烃主要来源于石油、天然气和油田气。石油中所含的烷烃是甲烷以上的直链和支链的烷烃；环烷烃则是含五元环和六元环的环烷烃，如环己烷、甲基环己烷、甲基环戊烷和 1,2-二甲基环戊烷等。

石油经常压蒸馏、减压蒸馏、催化裂化等过程后，分馏可得多种组分的烷烃。表 2-7 是石油各馏分的组成。

表 2-7　石油各馏分的组成

名称	主要成分	沸点或凝固点范围
石油气	$C_1 \sim C_4$ 的烷烃	常温常压下为气体
汽油	$C_5 \sim C_{12}$ 的烷烃	40～200℃
煤油	$C_{11} \sim C_{16}$ 的烷烃	200～270℃
柴油(轻、重柴油)	$C_{15} \sim C_{18}$ 的烷烃	270～340℃
重油(润滑油)	$C_{16} \sim C_{20}$ 的烷烃	凝固点在 50℃ 以上
重油(石蜡)	$C_{20} \sim C_{30}$ 的烷烃	
渣油(地蜡、沥青)	$C_{30} \sim C_{40}$ 的烷烃	固体

天然气主要成分是甲烷，根据含量不同，天然气可分为干天然气（甲烷体积分数 86%～99%）和湿天然气（甲烷体积分数 60%～70%）。湿天然气除含甲烷外，尚含有一定量的乙烷、丙烷、丁烷等气体。

在石油开采过程中除得到液体原油外，还可得到大量的石油气，常称为油田气。油田气的主要成分也是甲烷，另含有一定量的乙烷、丙烷、丁烷等低级烷烃以及少量的其他气体。

2.10.2　烷烃和环烷烃的制备

从石油中获得的烷烃或环烷烃为混合物，分离成纯净的单一化合物十分困难。采用有机合成方法可制备纯净的烷烃或环烷烃。

(1) 烯烃和芳烃加氢

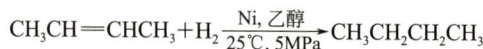

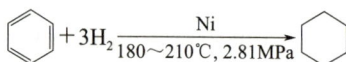

$$CH_3CH{=}CHCH_3 + H_2 \xrightarrow[25℃,\ 5MPa]{Ni, 乙醇} CH_3CH_2CH_2CH_3$$

$$\bigcirc + 3H_2 \xrightarrow[180\sim210℃,\ 2.81MPa]{Ni} \bigcirc$$

(2) 分子内或分子间偶联反应

卤代烃在金属钠作用下，可偶联成烷烃，称为武慈合成法，该法适合于制备偶数碳原子的烷烃。当二卤代烷的两端均有一个卤素原子的时候，可以通过武慈合成法偶联成环，此方法可以合成三元环和四元环，五元环以上产率很低，无合成价值。

$$RX \xrightarrow{Na} R-R$$

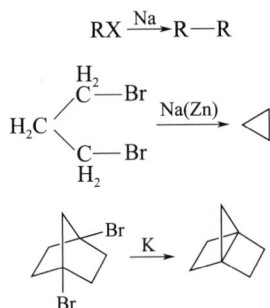

制备五元以上的环，可将二卤代物制成格氏试剂后，再用银盐处理，此反应无法合成中环。

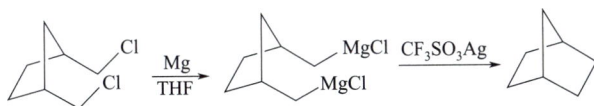

(3) 狄尔斯-阿德尔反应

在加热条件下，共轭二烯烃和亲双烯体发生 1,4-加成反应生成环状化合物，称为狄尔斯-阿德尔反应（Diels-Alder reaction），又称双烯合成法。此反应用来合成六元环及其衍生物。

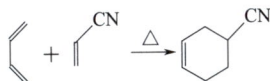

关键词

脂肪烃-aliphatic hydrocarbon

饱和烃-saturated hydrocarbon

可燃冰-combustible ice

烷基-alkyl group

伯碳-primary carbon

仲碳-secondary carbon

叔碳-tertiary carbon

季碳-quaternary carbon

伯氢-primary hydrogen

仲氢-secondary hydrogen

叔氢-tertiary hydrogen

次序规则-Cahn-Ingold-Prelog priority rules

四面体结构-tetrahedral structure

构象-conformation

沸点-boiling point，b. p.

熔点-melting point，m. p.

密度-density

取代反应-substitution reaction

卤代反应-halogenation reaction

自由基-free radical

裂化-cracking

热裂化-thermal cracking

催化裂化-catalytic cracking

环丙烷-cyclopropane

环丁烷-cyclobutane

环戊烷-cyclopentane

环己烷-cyclohexane

椅式构象-chair conformation

船式构象-boat conformation

键角张力-angle strain

扭转张力-torsional strain

构象异构-conformational isomerism

偶联反应-coupling reaction

氢化反应-hydrogenation reaction

超共轭效应-hyperconjugation effect 石油醚-petroleum ether
正己烷-n-hexane

第 2 章习题答案

习　题

2-1　写出己烷的同分异构体并用系统命名法命名。

2-2　用系统命名法命名下列化合物。

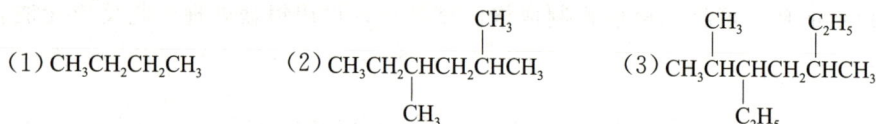

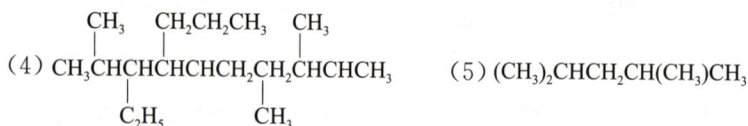

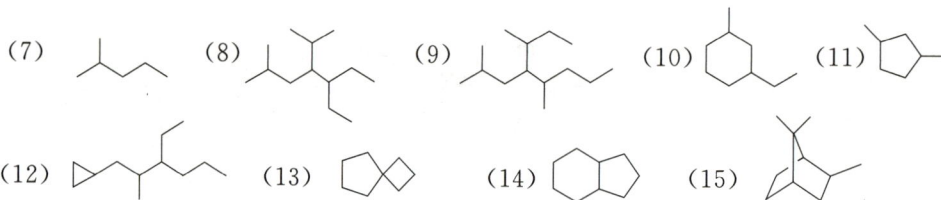

(1) $CH_3CH_2CH_2CH_3$　(2) $CH_3CH_2CHCH_2CHCH_3$　(3) $CH_3CHCHCH_2CHCH_3$

(4) $CH_3CHCHCHCHCH_2CH_2CHCHCH_3$　(5) $(CH_3)_2CHCH_2CH(CH_3)CH_3$

(6) $(CH_3)_3CCH_2CH_2CH(C_2H_5)CH_3$

(7)　(8)　(9)　(10)　(11)

(12)　(13)　(14)　(15)

2-3　写出下列化合物的结构。

(1) 丁烷　　　(2) 3-氯-2-甲基己烷　　(3) 3-乙基-2,2,3-三甲基戊烷

(4) 4-乙基-2,2-二甲基-3-（丙-2-基）庚烷　(5) 3-乙基戊烷

(6) 2,3-二甲基戊烷　　　　　(7) 乙基环丙烷

(8) 1,4-二甲基环己烷　　　　(9) 螺[2.4]庚烷

(10) 4-甲基螺[2.5]辛烷　　　(11) 1,5-二甲基螺[2.4]庚烷

(12) 1-乙基-6-甲基螺[4.5]癸烷　(13) 双环[2.1.0]戊烷

(14) 6-甲基双环[3.2.2]壬烷　　(15) 1-乙基-3,8-二甲基[3.2.1]辛烷

2-4　标出下列化合物中的伯、仲、叔、季碳。

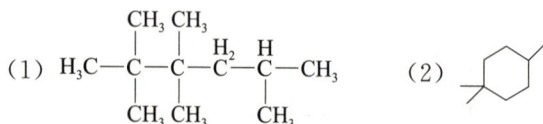

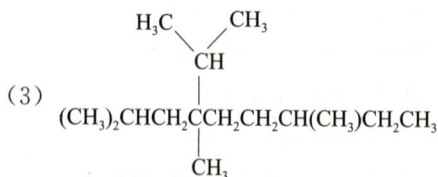

(1)　(2)

(3) $(CH_3)_2CHCH_2CHCH_2CH_2CH(CH_3)CH_2CH_3$

2-5　写出下列化合物的构造式并命名。

(1) C_5H_{12} 仅含有伯氢　　(2) C_5H_{12} 仅含有一个叔氢

（3）C_5H_{12} 仅含有伯氢和仲氢

2-6 不查表，将下列化合物的沸点按从高到低顺序排列。

（1）丙烷、丁烷、异丁烷、2-甲基丁烷、戊烷。

（2）2,3-二甲基庚烷、正庚烷、2-甲基庚烷、正戊烷、2-甲基己烷。

（3）环己烷、环戊烷、1-甲基环戊烷、正己烷。

2-7 画出下列化合物的最稳定构象。

（1）2,3-二甲基丁烷（C2—C3）　　　　（2）1-乙基-4-甲基环己烷

2-8 将下列自由基按照稳定性从大到小顺序排列。

（1）$CH_3 \cdot$，$(CH_3)_3C \cdot$，$CH_3CH_2 \cdot$，$CH_3\overset{\cdot}{C}HCH_2CH_3$　（2）

2-9 写出下列化合物所有一氯代物产物的结构式并命名。

（1）甲烷　　　　（2）丁烷　　　　（3）环戊烷

（4）异丁烷　　　　（5）3-乙基-2,4-二甲基戊烷

2-10 写出分子量为86的烷烃。

（1）两种一氯代物　　（2）三种一氯代物　　（3）四种一氯代物　　（4）五种一氯代物

2-11 已知环烷烃分子式为 C_6H_{12}，试根据一氯代产物的不同推测结构。

（1）一种一氯代物　　（2）两种一氯代物　　（3）三种一氯代物　　（4）四种一氯代物

2-12 试写出下列各反应生成的一卤代物，并预测所得异构体的比例。

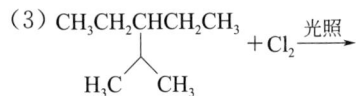

（1）$CH_3CH_2CH_2CH_3 + Br_2 \xrightarrow{\text{光照}}$

（2）$(CH_3)_3CCH_2CH_3 + Cl_2 \xrightarrow{\text{光照}}$

（3）$CH_3CH_2\overset{\underset{\displaystyle H_3C \diagdown C \diagup CH_3}{|}}{C}HCH_2CH_3 + Cl_2 \xrightarrow{\text{光照}}$

2-13 完成下列各反应式。

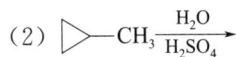

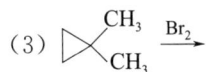

（1）$\triangleright\!\!-CH_3 \xrightarrow{HI}$

（2）$\triangleright\!\!-CH_3 \xrightarrow[H_2SO_4]{H_2O}$

（3）$\triangleright\!\!<\!\!\overset{CH_3}{_{CH_3}} \xrightarrow{Br_2}$

（4）$\xrightarrow[-60℃]{Br_2}$

2-14 环己烷和溴在光照下反应，生成溴代环己烷，试写出其反应机理。

2-15 以等物质的量的甲烷和乙烷混合物进行一氯化反应时，产物中氯甲烷与氯乙烷之比为1∶400，试问：（1）如何解释这样的事实？（2）根据这样的事实，你认为 $CH_3 \cdot$ 和 $CH_3CH_2 \cdot$ 哪一个稳定？

分子中含有碳碳双键（C=C）的烃称为烯烃，通式为 C_nH_{2n}；碳碳双键（C=C）是烯烃的官能团。根据分子中双键的数目，烯烃可分为单烯烃、二烯烃和多烯烃；根据烯烃的碳架结构，又可分为不饱和链烯烃及不饱和环烯烃。本章讨论单烯烃。

3.1 烯烃的结构

乙烯是最简单的链烯烃，键参数见图 3-1。以下将以乙烯为例讨论双键的形成。

3.1.1 碳碳双键的组成

形成双键的碳原子即烯碳原子，为 sp^2 杂化 [见图 3-2(a)、(b)]，三个 sp^2 杂化轨道处于同一平面，轨道之间键角为 120°左右 [见图 3-2(c)]；未参与杂化的 p 轨道处于与该平面垂直的位置 [见图 3-2(d)]，p 轨道的对称轴也与该平面垂直。烯碳原子的三个 sp^2 轨道和一个 p 轨道中各有一个单电子。

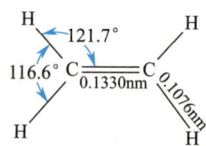

图 3-1　乙烯的结构

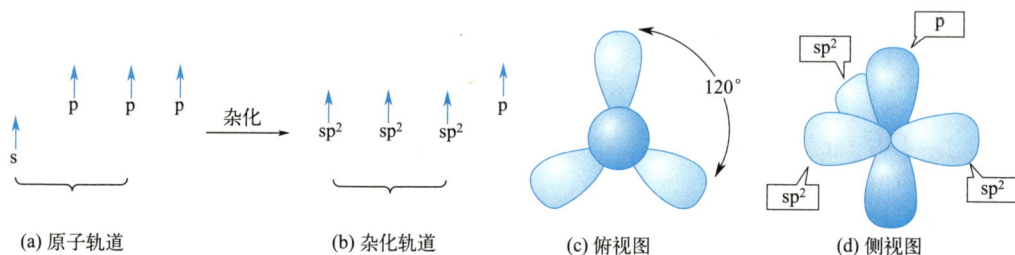

(a) 原子轨道　　(b) 杂化轨道　　(c) 俯视图　　(d) 侧视图

图 3-2　碳原子为 sp^2 杂化

形成乙烯分子时，两个烯碳原子各以一个 sp^2 杂化轨道彼此交盖形成一个 C—C σ 键，并各将其余的两个 sp^2 杂化轨道分别与两个氢原子的 1s 轨道形成两个 C—H σ 键，这样形成的五个 σ 键，其对称轴都在同一平面上 [见图 3-3(a)]。两个烯碳原子上互相接近且彼此平行的 p 轨道从侧面交盖成键，组成新的分子轨道，π 轨道。处于 π 轨道的电子称为 π 电子，这样构成的共价键称为 π 键 [见图 3-3(b)]。因此，乙烯分子由一个 C—C σ 键、四个 C—H σ 键和一个 π 键组成 [见图 3-3(c)]，其中，五个 σ 键共平面，一个 π 键电子云分布于平面上下方。图 3-1 中显示，乙烯分子中键角与碳原子的 sp^2 杂化轨道理论预测的键角并不完全相等。乙烯的球棒模型和比例模型见图 3-4(a)、(b)。

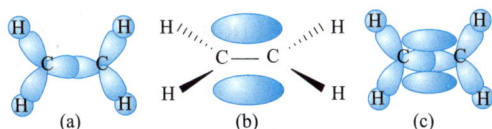

图 3-3 乙烯分子中的 σ 键和 π 键的形成

3.1.2 π 键的特性

π 键是由两个 p 轨道从侧面平行交盖而成的，轨道交盖程度小于 σ 键，所以 π 键不及 σ

(a) 乙烯的球棒模型　　(b) 乙烯的比例模型

图 3-4 乙烯的模型

键牢固，容易受到光、热或试剂进攻等因素影响而断裂。比较乙烷（键能 347kJ/mol）和乙烯（键能 611kJ/mol）的键能可以看出，使 π 键完全破裂需要 254kJ/mol（C＝C 键的键能减去 C—C 键的键能），π 键的键能比 σ 键低。

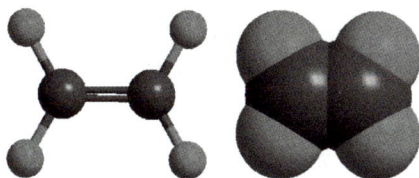

π 键不能单独存在，只能与 σ 键共存于双键和叁键（见第 4 章）中；π 键是 p 轨道侧面交盖而成的，当 p 轨道的对称轴平行时交盖程度最大。若成键碳

碳之间发生相对旋转，p 轨道交盖程度将随之降低，π 键将减弱直至完全破裂。由此可见，π 键是不能自由旋转的。

另外，σ 键的电子云集中于两个成键原子核之间的连线上，而 π 键的电子云分布于成键原子的上、下方，π 电子云具有较大的流动性，易受外界电场影响而发生极化，与 σ 键比较，π 键表现出较大的化学活性。

思考题 3-1　（1）形成乙烯分子的 5 个 σ 键都相同吗？它们和形成甲烷的 σ 键有区别吗？
（2）根据 π 键的形成过程，分析 π 键的稳定性特点。

3.2 烯烃的异构现象和命名

3.2.1 烯烃的构造异构

烯烃有同系列，CH_2 是系差。含有四个及四个以上碳原子的烯烃都存在碳链异构；有别于烷烃，烯烃分子存在碳碳双键官能团，在碳骨架不变的情况下，双键在碳链中的位置不同，也可产生异构体，这种异构现象称为官能团位置异构，如：

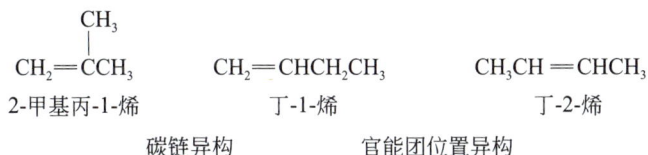

$$CH_2{=}\overset{\overset{\displaystyle CH_3}{|}}{C}CH_3 \qquad CH_2{=}CHCH_2CH_3 \qquad CH_3CH{=}CHCH_3$$

2-甲基丙-1-烯　　　　　丁-1-烯　　　　　　　丁-2-烯

碳链异构　　　　　　官能团位置异构

碳链异构和官能团位置异构是由于分子中原子之间的连接方式不同而产生的，属于构造异构。

此外，含相同碳原子数目的单烯烃和单环烷烃也互为同分异构体，如丙烯和环丙烷、丁烯与环丁烷和甲基环丙烷等，它们也属于构造异构体，是官能团异构。

CH₂=CHCH₃   △   CH₂=CHCH₂CH₃   △—CH₃   □

丙烯   环丙烷   丁-1-烯   甲基环丙烷   环丁烷

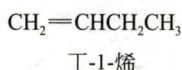

3.2.2 烯烃的命名

(1) 烯基

烯烃去掉一个氢原子后剩下的一价基团称为烯基，烯基的编号自去掉氢原子的碳原子开始。常见的一价烯基有：

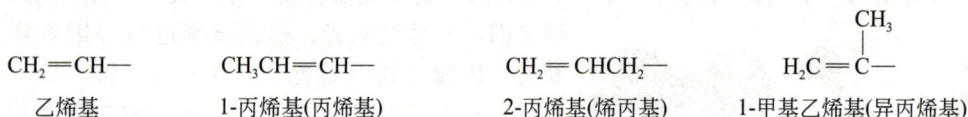

CH₂=CH—   CH₃CH=CH—   CH₂=CHCH₂—   H₂C=C(CH₃)—

乙烯基   1-丙烯基(丙烯基)   2-丙烯基(烯丙基)   1-甲基乙烯基(异丙烯基)

(2) 烯烃的系统命名

烯烃的系统命名法与烷烃相似。单烯烃的系统命名法要点如下。

① 选择分子中最长碳链为主链，支链作为取代基；如果主链含有重键，根据主链所含碳原子的数目命名为某烯。主链碳原子数在十以内时用天干表示，如主链含有三个碳原子且含有重键时，即叫作丙烯，如下化合物的母体为辛烷，而非己烯。

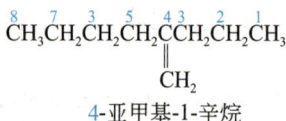

$$\overset{8}{CH_3}\overset{7}{CH_2}\overset{3}{CH_2}\overset{5}{CH_2}\overset{4}{C}\overset{3}{CH_2}\overset{2}{CH_2}\overset{1}{CH_3}$$
CH₂

4-亚甲基-1-辛烷

② 将主链上的碳原子从距离双键最近的一端开始编号，双键的位次用两个双键碳原子中位次较小的一个表示，写在"某烯"的"烯"前面，前后用半字线相连。

③ 将取代基的位次、数目、名称写在母体名称之前，其他同烷烃的命名规则。例如：

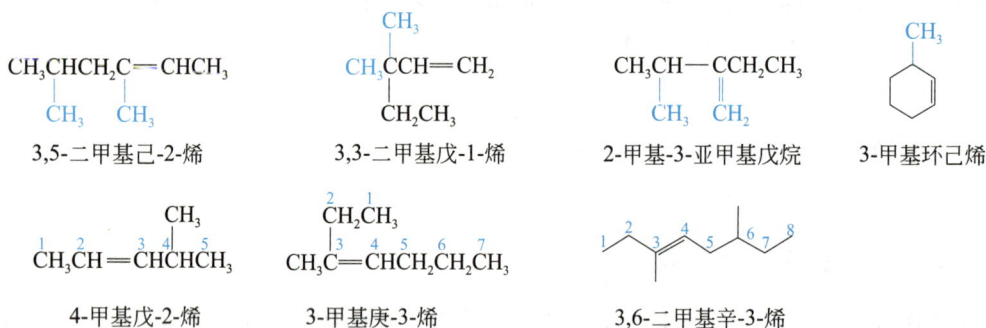

CH₃CHCH₂C=CHCH₃   CH₃CHCH=CH₂   CH₃CH—CCH₂CH₃   [环己烯-CH₃]
   | | | CH₃ | ||
  CH₃ CH₃   CH₂CH₃   CH₃ CH₂

3,5-二甲基己-2-烯   3,3-二甲基戊-1-烯   2-甲基-3-亚甲基戊烷   3-甲基环己烯

$$\overset{1}{CH_3}\overset{2}{CH}=\overset{3}{CH}\overset{4}{CH}\overset{5}{CH_3}$$
CH₃

4-甲基戊-2-烯

$$\overset{3}{CH_3}\overset{}{C}=\overset{4}{CH}\overset{5}{CH_2}\overset{6}{CH_2}\overset{7}{CH_3}$$
CH₂CH₃

3-甲基庚-3-烯

3,6-二甲基辛-3-烯

思考题 3-2 下列化合物如何命名？

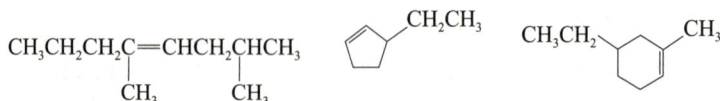

CH₃CH₂CH₂C=CHCH₂CHCH₃
         | |
        CH₃   CH₃

3.2.3 烯烃的顺反异构及其命名

(1) 烯烃的顺反异构

与烷烃不同，烯烃由于双键不能自由旋转，当两个烯碳原子各连有两个不同的原子或基团时，可能产生两种不同的空间排列方式。例如丁-2-烯：

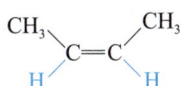

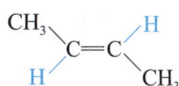

（Ⅰ）顺丁-2-烯
（沸点3.7℃）

（Ⅱ）反丁-2-烯
（沸点0.88℃）

（Ⅰ）和（Ⅱ）分子式（C_4H_8）相同，构造式（丁-2-烯）相同，即其原子或基团连接顺序和官能团（C═C）的位置相同，但是分子中原子或基团在空间排列方式不同且不能相互转化（见图3-5）。

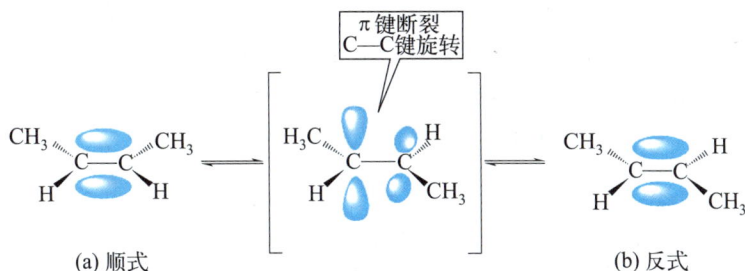

(a) 顺式
(b) 反式

图 3-5　顺反异构体不能相互转化示意图

这种由于分子中的原子或基团在空间的排布方式不同而产生的同分异构现象，称为顺反异构。顺反异构是构型异构，是立体异构中的一种。（Ⅰ）中两个相同的基团即两个甲基或两个氢原子处于双键的同侧，称为顺式异构体；（Ⅱ）中两个相同的基团即两个甲基或两个氢原子处于双键的异侧，称为反式异构体；（Ⅰ）和（Ⅱ）是由于构型不同而产生的异构体。

需要指出的是，并不是所有的烯烃都有顺反异构现象。除键的旋转受阻的因素（如双键旋转会破裂）外，还要求两个烯碳原子上分别连接有不同的原子或基团。两个烯碳原子中如有一个连接有相同的原子或基团，则没有顺反异构体，如丙烯、丁-1-烯等。

思考题3-3　具有顺反异构现象的有机化合物除烯烃外，还有哪一类？

(2) 烯烃顺反异构体的命名

烯烃的顺反异构体的命名可采用顺、反标记法和 Z、E 标记法两种方法。

① 顺、反标记法。当两个烯碳原子上连有相同的原子或基团，且这两个相同原子或基团处于双键同一侧时，称为顺式，反之称为反式。书写时分别冠以顺、反。例如：

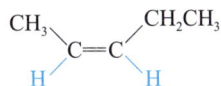

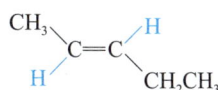

顺戊-2-烯

反戊-2-烯

顺、反标记法有局限性，当烯碳原子所连接的四个原子或基团均不相同时，无法用顺、反命名法命名。例如：

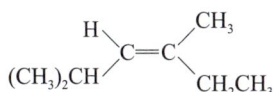

② Z、E 标记法。Z、E 标记适用于所有烯烃顺反异构体的命名。用 Z、E 命名法时，首先根据"次序规则"比较出每个烯碳原子上所连接的两个原子或基团的优先次序。当两个烯碳原子上"较优基团"位于双键的同一侧时，称为 Z 型（Z 是德文 zusammen 的字首，同侧之意），当两个较优基团位于双键的异侧时，称为 E 型（E 是德文 entgegen 的字首，相

反之意）。然后将 Z 或 E 加括号放在烯烃名称之前，同时用半字线与烯烃名称相连。例如：

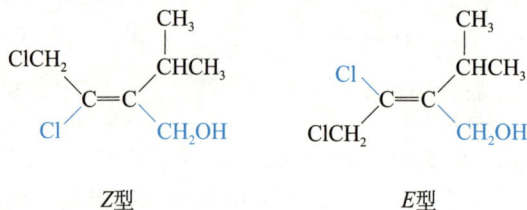

Z型   E型

"次序规则"的要点如下。

a. 将与烯碳原子直接相连的原子按原子序数大小排列，原子序数大者为"较优"基团；若为同位素，则质量高者为"较优"基团；未共用电子对（：）定位为最小。例如：

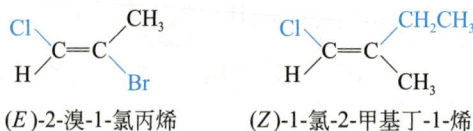

$$I>Br>Cl>S>P>F>O>N>C>D>H:$$

(E)-2-溴-1-氯丙烯   (Z)-1-氯-2-甲基丁-1-烯

b. 与烯碳原子直接相连的为原子团时，则首先比较与之相连的第一个原子的原子序数；若第一个原子序数相同，则用外推法比较与该原子相连的第二个、第三个……原子的原子序数；如仍相同，再逐级外推，直至比较出"较优"基团为止。

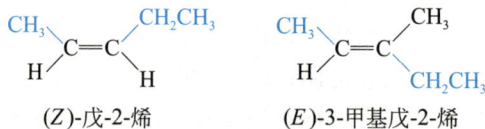

(Z)-戊-2-烯   (E)-3-甲基戊-2-烯

c. 当基团含有重键时，可以把与双键或叁键相连的原子看作是以单键与两个或三个原子相连。例如：

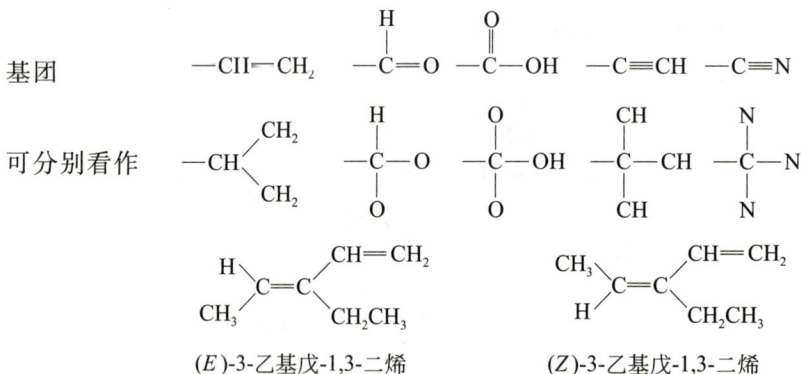

(E)-3-乙基戊-1,3-二烯   (Z)-3-乙基戊-1,3-二烯

Z、E 命名法适用于所有烯烃的顺反异构体的命名，它和顺、反命名法所依据的规则不同，彼此之间没有必然的关联。如：

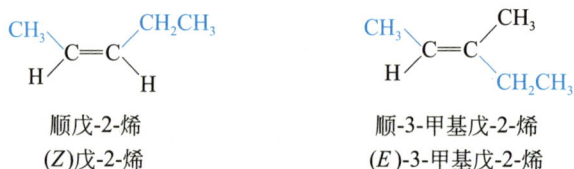

顺戊-2-烯   顺-3-甲基戊-2-烯
(Z)戊-2-烯   (E)-3-甲基戊-2-烯

练习 3-1　写出分子式 C_6H_{12} 的烯烃的各种构造异构体。

练习 3-2　上述烯烃中哪些有顺反异构体？写出其构型式并命名。

3.3 烯烃的物理性质

烯烃的沸点、熔点、相对密度和折射率等在同系列中的递变规律都和烷烃相似，物理常数可在相关参考书中查阅。

烯烃因杂化轨道的 s 成分较烷烃大而成为极性分子。在碳原子中，s 电子较 p 电子靠近原子核，受原子核的束缚较大，所以碳原子的电负性随杂化轨道的 s 成分的增加而增大。因此成键碳原子的电负性大小次序为 $C(sp) > C(sp^2) > C(sp^3)$。丙烯分子中，甲基碳原子（$sp^3$）和烯碳原子（$sp^2$）之间的电子云由于诱导效应偏向烯碳原子一侧，故其是极性分子。

常温下，含 2～4 个碳原子的烯烃为气体，含 5～18 个碳原子的烯烃为液体，19 个碳原子以上的烯烃为固体。它们的沸点、熔点和相对密度都随分子量的增加而递升，但相对密度都小于 1，都是无色物质，不溶于水，易溶于非极性和弱极性的有机溶剂，如石油醚、乙醚、四氯化碳等。含相同数目碳原子的直链烯烃的沸点比支链的高。顺式异构体的沸点比反式的高，熔点比反式的低。

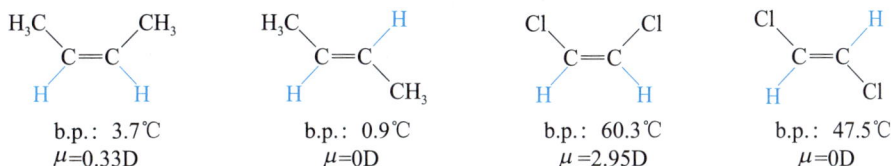

| b.p.: 3.7℃ | b.p.: 0.9℃ | b.p.: 60.3℃ | b.p.: 47.5℃ |
| $\mu=0.33D$ | $\mu=0D$ | $\mu=2.95D$ | $\mu=0D$ |

3.4 烯烃的化学性质

烯烃分子中存在碳碳双键，化学性质比烷烃活泼得多。通过 p 轨道侧面重叠而形成的 π 键的键能比 σ 键的键能低，在反应中容易断裂，是烯烃分子的主要反应部位，烯烃分子的加成、氧化、聚合等反应，均与 π 键的断裂密切相关。与烯烃官能团相连碳原子上的氢（称为 α-H），因受双键影响较大，在一定条件下也很活泼。

根据烯烃的结构，其主要化学反应如下：

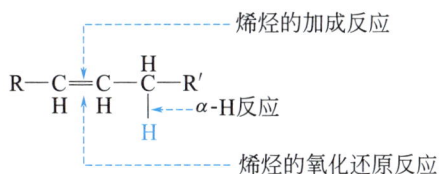

3.4.1 催化加氢

烯烃与氢气混合，在常温常压下，很难发生反应。在催化剂如铂、钯、镍等存在下，烯烃能顺利加氢。在催化剂作用下，烯烃与氢加成生成烷烃的反应称为催化加氢。催化剂起到降低加氢反应的活化能的作用。

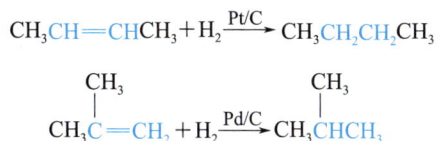

$$CH_3CH = CHCH_3 + H_2 \xrightarrow{Pt/C} CH_3CH_2CH_2CH_3$$

$$\underset{CH_3C=CH_2}{\overset{CH_3}{|}} + H_2 \xrightarrow{Pd/C} \underset{CH_3CHCH_3}{\overset{CH_3}{|}}$$

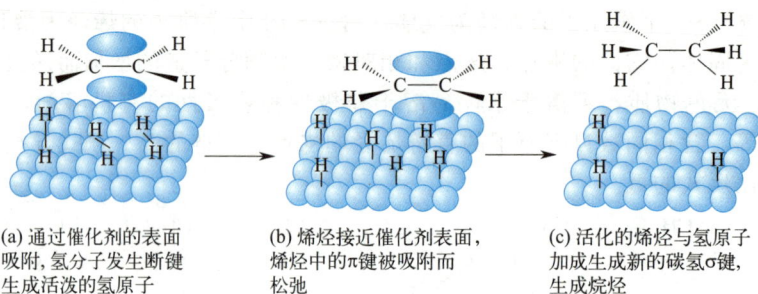

烯烃的催化加氢反应是定量进行的，因此实验室中根据吸收氢气的体积，可以计算混合物中结构已知的不饱和化合物的含量，或分子量已知的不饱和化合物中双键的数目。石油加工得到的粗汽油中的少量烯烃，易发生氧化、聚合等反应，可在雷尼（Raney）镍催化下进行氢化反应，将少量烯烃还原为烷烃，从而提高油品的质量。烯烃目前公认的催化加氢机理为：通过化学吸附催化剂将氢和烯烃吸附到它的表面上，被吸附的氢分子的 σ 键减弱，氢在催化剂表面几乎为原子状态；烯烃的 π 键在被吸附到催化剂表面过程中松弛，氢原子从烯烃被吸附的一侧加成，逐步加到烯烃上，形成烷烃；烷烃从催化剂表面脱附，完成烯烃加氢过程（见图 3-6）。

(a) 通过催化剂的表面吸附,氢分子发生断键生成活泼的氢原子　　(b) 烯烃接近催化剂表面,烯烃中的π键被吸附而松弛　　(c) 活化的烯烃与氢原子加成生成新的碳氢σ键,生成烷烃

图 3-6　烯烃催化加氢机理示意图

显然，烯烃氢化反应是顺式加成，主要得到顺式产物；烯烃的双键上取代基的数目越多，体积越大，烯烃越不容易吸附在催化剂上，越不容易加氢。催化剂的活性，溶剂的 pH、温度、压力对反应都有影响。不同结构的烯烃，加氢反应活性次序为：

$$CH_2{=\!\!=}CH_2 > RCH{=\!\!=}CH_2 > R^1CH{=\!\!=}CHR^2 > R^1R^2C{=\!\!=}CHR^3 > R^1R^2C{=\!\!=}CR^3R^4$$

在烯烃氢化反应中，断裂 H—H 的 σ 键和 C≡C 的 π 键消耗的能量之和比形成两个 C—H σ 键放出的能量少，因此氢化反应是放热反应。1mol 不饱和烃氢化时放出的热量称为氢化热。不饱和烃的氢化热越高，说明其分子内能越高，相对稳定性越低。测定不同烯烃的氢化热，可以比较烯烃的相对稳定性。表 3-1 是典型烯烃的氢化热数据。

表 3-1　一些烯烃的氢化热

取代情况	代表化合物	氢化热/(kJ/mol)
	$CH_2{=\!\!=}CH_2$	137.2
单取代	$CH_3CH{=\!\!=}CH_2$	125.9
二取代	$(CH_3)_2C{=\!\!=}CH_2$	118.8
	顺-$CH_3CH{=\!\!=}CHCH_3$	119.7
	反-$CH_3CH{=\!\!=}CHCH_3$	115.4
三取代	$(CH_3)_2C{=\!\!=}CHCH_3$	112.5
四取代	$(CH_3)_2C{=\!\!=}C(CH_3)_2$	111.3

从表 3-1 和图 3-7 可以看出，双键上烷基取代基越多的烯烃氢化热越低，稳定性越好。

同为二取代的丁-2-烯，反-丁-2-烯的氢化热低于顺-丁-2-烯。由于顺-丁-2-烯和反-丁-2-烯氢化的产物都是丁烷，反式比顺式少放出 4.3kJ/mol 的热量，意味着反式的内能比顺式低 4.3kJ/mol。反式比顺式稳定。

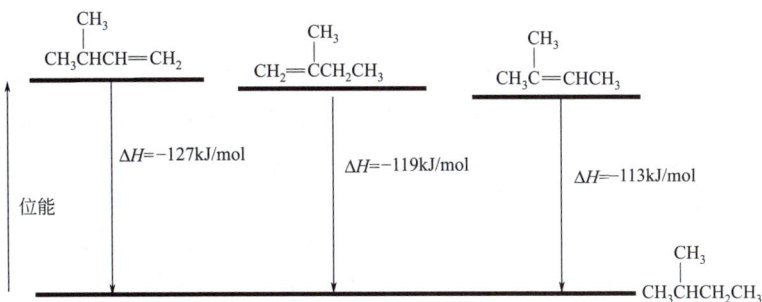

图 3-7　戊烯的氢化热

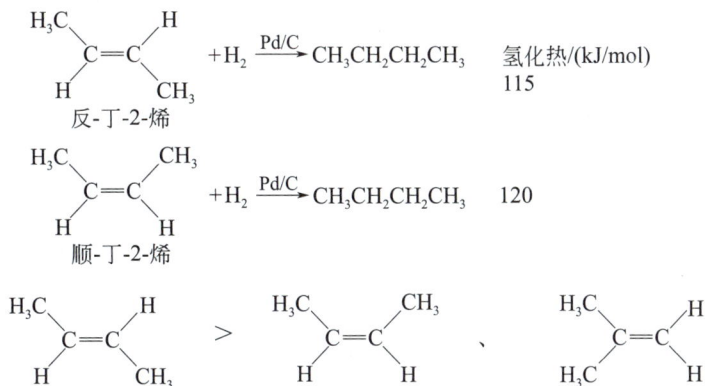

反-丁-2-烯　+H₂ $\xrightarrow{Pd/C}$ CH₃CH₂CH₂CH₃　氢化热/(kJ/mol)　115

顺-丁-2-烯　+H₂ $\xrightarrow{Pd/C}$ CH₃CH₂CH₂CH₃　120

思考题 3-4　比较下列烯烃的稳定性及催化加氢反应活性，简要解释你的结果。

（1）CH₂＝CH₂　　　（2）CH₃CH＝CHCH₃　　　（3）(CH₃)₂CH＝CHCH₃

3.4.2　亲电加成反应

由亲电试剂进攻不饱和键而发生的加成反应称为亲电加成反应。烯烃分子中存在较大流动性的 π 电子云容易受到亲电试剂进攻，造成双键的 π 键在反应中断裂，两个烯碳原子各连亲电试剂上的一个原子或原子团形成两个 σ 键，成为饱和化合物。

（1）与质子酸反应

① 与 HX 的加成反应。烯烃能与卤化氢气体或浓的氢卤酸溶液发生加成反应，生成相应的卤代烷烃。常用的 HX 为 HI、HBr 和 HCl，活性次序为 HI＞HBr＞HCl；氟化氢（HF）一般不与烯烃加成。

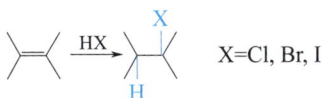

 X=Cl, Br, I

乙烯和氯化氢气体混合发生反应的速率很慢，工业上常用无水三氯化铝等 Lewis 酸作催化剂来加速反应进行。

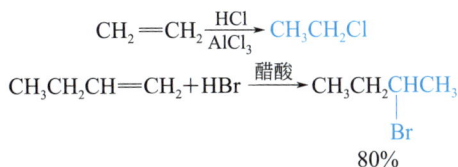

$$CH_2＝CH_2 \xrightarrow[AlCl_3]{HCl} CH_3CH_2Cl$$

$$CH_3CH_2CH＝CH_2+HBr \xrightarrow{醋酸} CH_3CH_2CHCH_3$$
　　　　　　　　　　　　　　　　　　　　　　Br
80%

$$\text{（环戊烯-CH}_3\text{）} + HX \longrightarrow \text{（环戊烷-X, CH}_3\text{）}$$

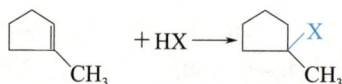

由上述反应可见，不对称烯烃与 HX 反应的产物是一种卤代烷，而不是预想的两种卤代烷的等量混合物。如 1-丁烯与 HBr 的反应预想可得到等量的 1-溴丁烷和 2-溴丁烷，但是实际主要得到 2-溴丁烷，是区域选择性反应。

在总结了大量实验事实的基础上，1869 年俄国化学家马尔科夫尼科夫（Markovnikov）提出了一条重要的经验规则：不对称烯烃与不对称试剂发生加成反应时，氢原子总是加到含氢较多的双键碳原子上，卤原子或其他原子或基团加在含氢较少的双键碳原子上。这个规则称为马尔科夫尼科夫规则，简称马氏规则。应用马氏规则可以预测不对称烯烃与不对称试剂加成时的主要产物。

$$R{-}CH{=}CH_2 + HX \longrightarrow RCHX{-}CH_3$$

② 与 H_2SO_4 的加成反应。烯烃与冷的浓硫酸混合，反应生成硫酸氢酯，硫酸氢酯水解生成相应的醇。例如：

$$CH_2{=}CH_2 + H_2SO_4(98\%) \xrightarrow{80℃} CH_3CH_2OSO_3H$$

不对称烯烃与硫酸的加成反应，遵守马氏规则，得到马氏加成产物：

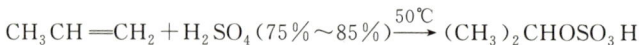

$$CH_3CH{=}CH_2 + H_2SO_4(75\%{\sim}85\%) \xrightarrow{50℃} (CH_3)_2CHOSO_3H$$

$$(CH_3)_2C{=}CH_2 + H_2SO_4(50\%{\sim}60\%) \xrightarrow{10{\sim}30℃} (CH_3)_3COSO_3H$$

不同结构的烯烃与硫酸加成反应的活性顺序为：

$$(CH_3)_2C{=}CH_2 > CH_3CH{=}CH_2 > CH_2{=}CH_2$$

把烯烃与硫酸的加成反应和硫酸氢酯水解反应组合起来，相当于烯烃间接水合，是工业上以烯烃为原料制备醇的方法之一，乙烯合成乙醇就用该法。

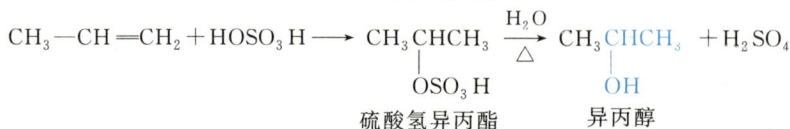

$$CH_2{=}CH_2 + HOSO_3H \longrightarrow CH_3CH_2OSO_3H \xrightarrow[\triangle]{H_2O} CH_3CH_2OH + H_2SO_4$$
硫酸氢乙酯

$$CH_3{-}CH{=}CH_2 + HOSO_3H \longrightarrow CH_3\underset{\underset{OSO_3H}{|}}{C}HCH_3 \xrightarrow[\triangle]{H_2O} CH_3\underset{\underset{OH}{|}}{C}HCH_3 + H_2SO_4$$
硫酸氢异丙酯　　　　　　　异丙醇

烯烃间接水合的优点是对烯烃的原料纯度要求不高，技术成熟，转化率高；缺点是反应需使用大量的酸，易腐蚀设备，且后处理困难。硫酸氢酯能溶于浓硫酸，因此可用来提纯某些化合物。例如，烷烃一般不与浓硫酸反应，也不溶于硫酸，用冷的浓硫酸洗涤烷烃和烯烃的混合物，可以除去烷烃中的烯烃。例如：工业法从 C_4 混合烯烃中分离异丁烯过程如下：

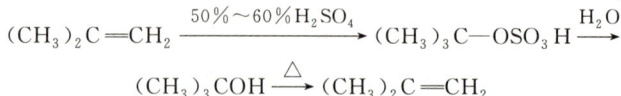

$$(CH_3)_2C{=}CH_2 \xrightarrow{50\%{\sim}60\%H_2SO_4} (CH_3)_3C{-}OSO_3H \xrightarrow{H_2O}$$
$$(CH_3)_3COH \xrightarrow{\triangle} (CH_3)_2C{=}CH_2$$

③ 与水、醇的加成反应。烯烃在酸（常用硫酸或磷酸）催化下，与水直接加成生成醇。不对称烯烃与水的加成反应也遵从马氏规则。例如：

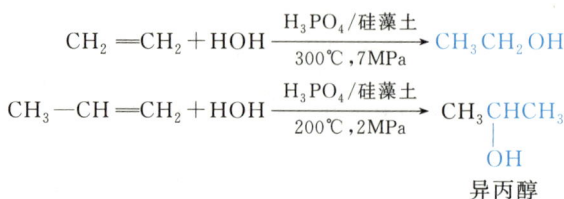

$$CH_2{=}CH_2 + HOH \xrightarrow[300℃,7MPa]{H_3PO_4/硅藻土} CH_3CH_2OH$$

$$CH_3{-}CH{=}CH_2 + HOH \xrightarrow[200℃,2MPa]{H_3PO_4/硅藻土} CH_3\underset{\underset{OH}{|}}{C}HCH_3$$
异丙醇

这也是醇的工业制法之一，称为直接水合法，是在高压下用强酸作催化剂完成的，此法简单、便宜，但设备要求较高。为满足绿色化学的要求，逐渐采用固体酸，如用杂多酸替代液体酸催化剂。

烯烃在酸催化下，也可与醇加成生成醚。例如：

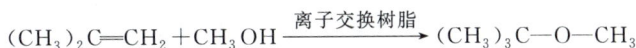

$$(CH_3)_2C=CH_2 + CH_3OH \xrightarrow{\text{离子交换树脂}} (CH_3)_3C-O-CH_3$$

这是工业生产甲基叔丁基醚的方法。作为油品抗爆震剂，甲基叔丁基醚代替有毒的四乙基铅加到汽油中，能提高汽油的辛烷值，有利于燃料燃烧完全，且减少对环境的污染。

(2) 烯烃与质子酸亲电加成反应机理

烯烃与质子酸的亲电加成是离子型反应。强质子酸因解离而生成质子，质子带正电荷，体积小，是质子酸亲电试剂的活性部分，是受电子体；烯烃含 π 电子，是供电子体。下面以烯烃与 HBr 的亲电加成为例，介绍烯烃与卤化氢的亲电加成反应机理。

① 烯烃与溴化氢的亲电加成反应机理。乙烯与溴化氢亲电加成产物为溴乙烷，反应分两步进行：

$$H_2C=CH_2 + HBr \longrightarrow CH_3CH_2Br$$

第一步：亲电试剂 H^+ 进攻 π 键，生成碳正离子中间体，为慢步骤：

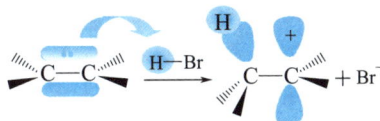

夏普莱斯

这一步为慢反应，是决定反应速率的步骤，促进氢卤酸解离的因素都有利于此亲电加成反应的进行。如，工业上乙烯和 HCl 的加成反应用催化剂无水氯化铝在氯乙烷溶液中进行。

第二步：Br^- 进攻碳正离子，生成产物，这一步是快反应。

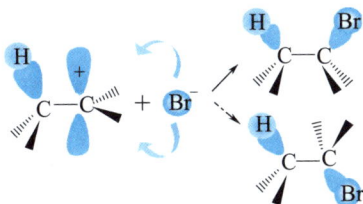

烯烃与氢卤酸加成的历程可用下列通式表示：

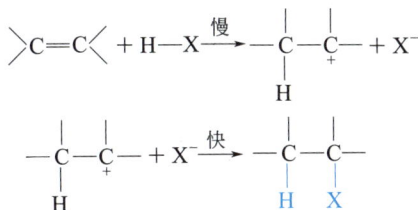

当卤化氢与不对称烯烃加成时，可以得到两种不同的产物，但往往其中之一为主要产物。以丙烯与 HBr 加成为例，可能生成两种产物：

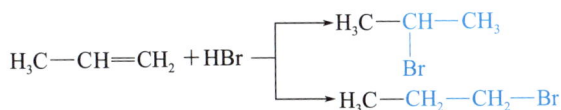

$$H_3C-CH=CH_2 + HBr \longrightarrow \begin{cases} H_3C-\underset{\underset{Br}{|}}{CH}-CH_3 \\ H_3C-CH_2-CH_2-Br \end{cases}$$

实验证明，丙烯与卤化氢加成，2-溴代丙烷是主要产物，即得到马氏规则的产物。这可以由反应过程中生成的活性中间体碳正离子的稳定性来解释。当丙烯与 HBr 加成时，第一步反应生成的碳正离子中间体有两种可能：

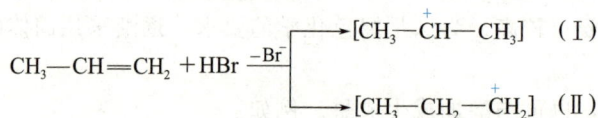

$$CH_3—CH=CH_2 + HBr \xrightarrow{-Br} \begin{cases} [CH_3—\overset{+}{C}H—CH_3] \quad (Ⅰ) \\ [CH_3—CH_2—\overset{+}{C}H_2] \quad (Ⅱ) \end{cases}$$

生成碳正离子（Ⅰ）或（Ⅱ），取决于碳正离子的相对稳定性。

物理学表明，一个带电体系的稳定性取决于所带电荷的分布情况，电荷越分散，体系越稳定。分子模拟计算结果也表明：叔丁基碳正离子、异丙基碳正离子、乙基碳正离子、甲基碳正离子的正电荷分散程度依次降低，即碳正离子的稳定性为：

$$(CH_3)_3C^+ > (CH_3)_2HC^+ > CH_3H_2C^+ > H_3C^+$$

碳正离子的稳定性可以从烷基的给电子诱导效应得到解释。烷基碳以 sp^3 杂化轨道与带正电荷碳的 sp^2 杂化轨道重叠成 σ 键，sp^2 杂化轨道 s 成分较多，sp^2 杂化轨道比较靠近原子核，与 sp^3 杂化轨道重叠成键时，一对成键电子靠近带正电荷的碳原子，烷基实际起到了给电子的作用，分散了碳正离子的正电荷。显然，在碳正离子上连接的烷基越多，给电子效应越强，碳正离子上电荷越分散，碳正离子越稳定。如图 3-8(a) 所示。

碳正离子的稳定性与 σ-p 超共轭效应也有关。所谓 σ-p 的超共轭效应就是 σ 轨道与 p 轨道平行部分重叠，σ 轨道电子云离域而产生的相互作用，这种作用比较弱。烷基越多，产生的 σ-p 的超共轭效应越明显，如图 3-8(b) 所示。超共轭效应的详细介绍见 4.5.3（4）。

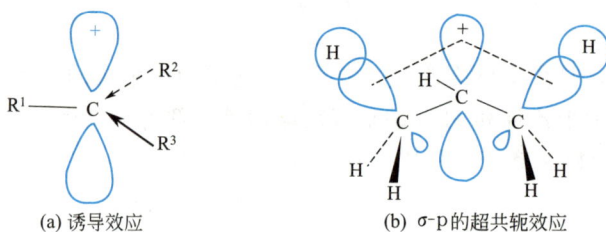

(a) 诱导效应   (b) σ-p的超共轭效应

图 3-8 碳正离子的稳定性因素

根据碳正离子稳定性因素，比较碳正离子（Ⅰ）和（Ⅱ）的稳定性可知，碳正离子（Ⅰ）稳定，为加成反应的主要中间体，且（Ⅰ）一旦生成，很快与 Br^- 结合，生成 2-溴丙烷。

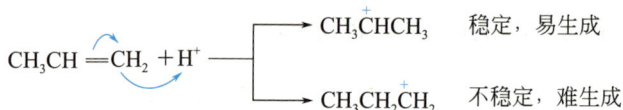

$$CH_3CH=CH_2 + H^+ \longrightarrow \begin{cases} CH_3\overset{+}{C}HCH_3 \quad 稳定，易生成 \\ CH_3CH_2\overset{+}{C}H_2 \quad 不稳定，难生成 \end{cases}$$

因此，马氏加成规则的另一种表述：亲电试剂的正性部分加到能生成最稳定碳正离子的碳上。从烯烃亲电加成反应方向主要朝生成稳定碳正离子中间体方向进行的角度考察，马氏规则不仅适用于不含氢原子的试剂对烯烃的加成，也适合于含有强吸电子基的烯烃与不对称试剂的加成。例如：

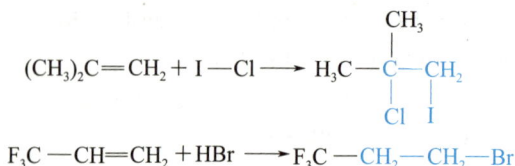

$$(CH_3)_2C=CH_2 + I—Cl \longrightarrow H_3C—\underset{\underset{Cl}{|}}{\overset{\overset{CH_3}{|}}{C}}—\underset{\underset{I}{|}}{CH_2}$$

$$F_3C—CH=CH_2 + HBr \longrightarrow F_3C—CH_2—CH_2—Br$$

思考题 3-5 从烯烃的亲电加成反应机理解释三氟甲基乙烯与溴化氢的加成产物。

② 碳正离子重排。碳正离子中间体可能通过相邻原子或基团的迁移而生成更稳定的结

构，这一过程称为碳正离子的重排。例如：

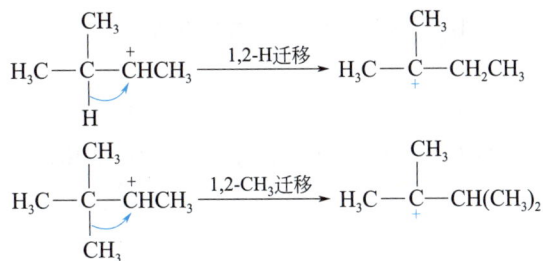

$$H_3C-\overset{\overset{\displaystyle CH_3}{|}}{\underset{\underset{\displaystyle H}{|}}{C}}-\overset{+}{C}HCH_3 \xrightarrow{1,2-H迁移} H_3C-\overset{\overset{\displaystyle CH_3}{|}}{C}-CH_2CH_3$$

$$H_3C-\overset{\overset{\displaystyle CH_3}{|}}{\underset{\underset{\displaystyle CH_3}{|}}{C}}-\overset{+}{C}HCH_3 \xrightarrow{1,2-CH_3迁移} H_3C-\overset{\overset{\displaystyle CH_3}{|}}{\overset{+}{C}}-CH(CH_3)_2$$

不对称烯烃与亲电试剂加成，遵循马氏规则具有区域选择性，但由于反应中间体碳正离子可能通过1,2-氢或甲基的迁移，重排为更稳定的碳正离子结构，因此，具有某种结构的烯烃进行这类反应时，常伴有重排产物的生成，有时甚至是主要产物。例如：

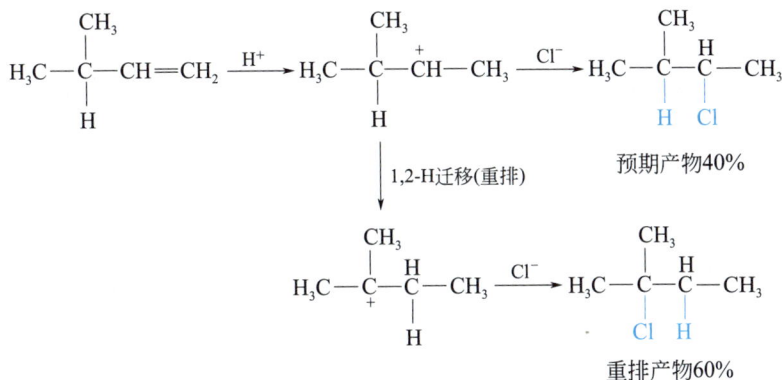

预期产物40%

1,2-H迁移(重排)

重排产物60%

思考题3-6　下列化合物与 HI 起加成反应，主要产物是什么？
（1）2-甲基丁-2-烯　　　　　　　　　　（2）3,3-二甲基丁-1-烯
思考题3-7　解释下面反应产物的形成过程。

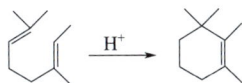

思考题3-8　己烷中混有少量己烯，用什么方法可以将己烯除去？

(3) 烯烃与卤素和次卤酸加成

① 与卤素加成。单烯烃很容易与卤素发生加成反应，生成邻二卤代烷。例如，将丙烯通入溴的 CCl_4 溶液中，轻微振荡后红色褪去，迅速发生加成反应，生成1,2-二溴丙烷：

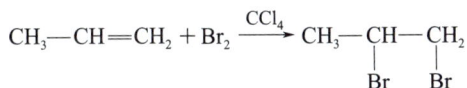

$$CH_3-CH=CH_2 + Br_2 \xrightarrow{CCl_4} CH_3-\underset{\underset{\displaystyle Br}{|}}{CH}-\underset{\underset{\displaystyle Br}{|}}{CH_2}$$

据此可鉴别烯烃的存在，以区别于饱和烃。

环戊烯与溴的 CCl_4 溶液反应，生成等量的1,2-二溴环戊烷的对映异构体混合物，即外消旋体（见第7章）。

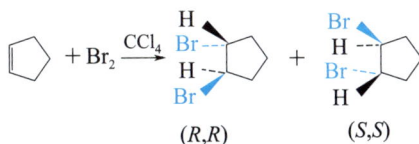

(R,R)　　　　　(S,S)

相同的烯烃和不同的卤素进行加成时，卤素的活性顺序为：氯＞溴＞碘。氟与烯烃的加成难以控制，碘与烯烃加成反应活性不足，实际上常用的卤素为溴或氯。

$$\underset{\text{CH}_2\text{Cl}_2}{\text{CH}_3\overset{\overset{\displaystyle\text{CH}_3}{|}}{\text{C}}{=}\text{CH}_2 + \text{Cl}_2} \xrightarrow{\text{CH}_2\text{Cl}_2} \text{CH}_3\underset{\underset{\displaystyle\text{Cl}}{|}}{\overset{\overset{\displaystyle\text{CH}_3}{|}}{\text{C}}}\text{CH}_2\text{Cl}$$

$$\text{CH}_3\overset{\overset{\displaystyle\text{CH}_3}{|}}{\text{CH}}\text{CH}{=}\text{CH}_2 + \text{Br}_2 \xrightarrow{\text{CH}_2\text{Cl}_2} \text{CH}_3\overset{\overset{\displaystyle\text{CH}_3}{|}}{\text{CH}}\underset{\underset{\displaystyle\text{Br}}{|}}{\text{CH}}\text{CH}_2\text{Br}$$

$$\text{CH}_3\text{CH}{=}\text{CHCH}_3 + \text{I}_2 \underset{\text{CH}_2\text{Cl}_2}{\rightleftarrows} \text{CH}_3\underset{\underset{\displaystyle\text{I}}{|}}{\text{CH}}\underset{\underset{\displaystyle\text{I}}{|}}{\text{CH}}\text{CH}_3$$

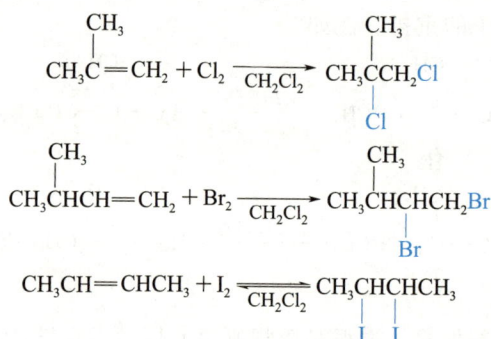

② 烯烃与溴加成反应机理。以乙烯和溴的加成反应为例，说明烯烃和卤素加成的反应机理。实验证明：乙烯双键受极性物质的影响，使 π 电子云发生极化。同样，Br_2 在接近双键时，在 π 电子的影响下也会发生极化：$\overset{\delta^+}{\text{Br}}{-}\overset{\delta^-}{\text{Br}}$。

极化了的乙烯和溴在氯化钠的水溶液中进行加成时，除生成 1,2-二溴乙烷外，还生成 1-氯-2-溴乙烷和 2-溴乙醇。

$$\text{CH}_2{=}\text{CH}_2 + \text{Br}_2 \xrightarrow{\text{NaCl, H}_2\text{O}} \text{BrCH}_2\text{CH}_2\text{Br} + \text{BrCH}_2\text{CH}_2\text{Cl} + \text{BrCH}_2\text{CH}_2\text{OH}$$

根据烯烃亲电加成反应机理，第一步，被极化的溴分子中带微正电荷的溴原子（$\text{Br}^{\delta+}$）首先向乙烯中的 π 键进攻，形成环状溴鎓离子中间体，由于 π 键的断裂和溴分子中 σ 键的断裂都需要一定的能量，因此反应速率较慢，是决定加成反应速率的一步。

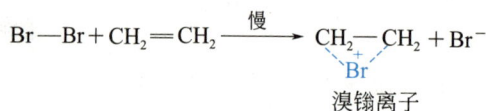

$$\text{Br}{-}\text{Br} + \text{CH}_2{=}\text{CH}_2 \xrightarrow{\text{慢}} \underset{\underset{\displaystyle\text{Br}}{\diagdown\diagup}}{\overset{+}{\text{CH}_2{-}\text{CH}_2}} + \text{Br}^-$$
溴鎓离子

第二步，溴负离子或氯负离子、水分子等从溴鎓离子的背面进攻碳原子，生成反式加成产物，这一步反应是离子之间的反应，反应速率较快。

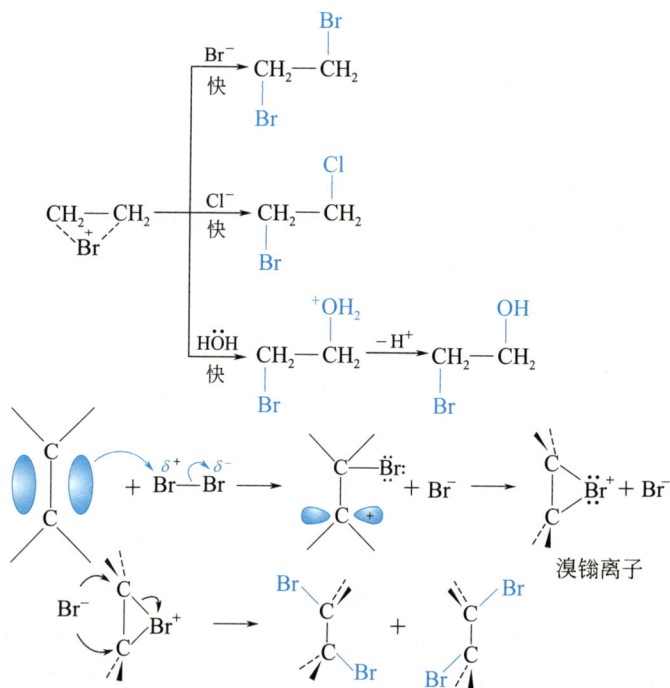

烯烃与溴的加成反应属于反式加成反应，这从环己烯的溴加成反应结果得到了进一步明确的证实。

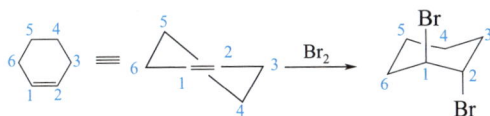

③ 与 HOX 反应。烯烃与 HOX 加成生成 β-卤代醇。工业上是将乙烯或丙烯和氯气或溴水直接通入水中，分别制备相应的卤代醇。

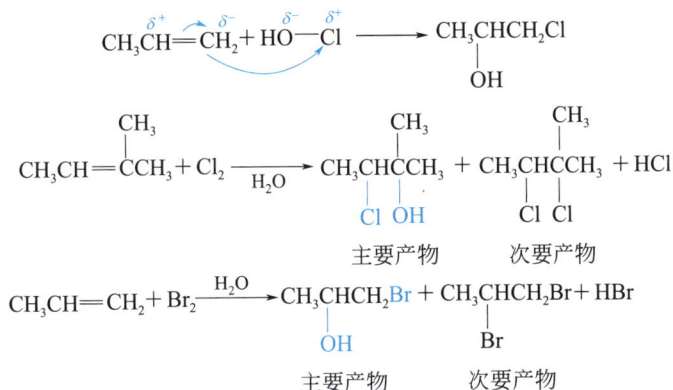

反应机理如下：

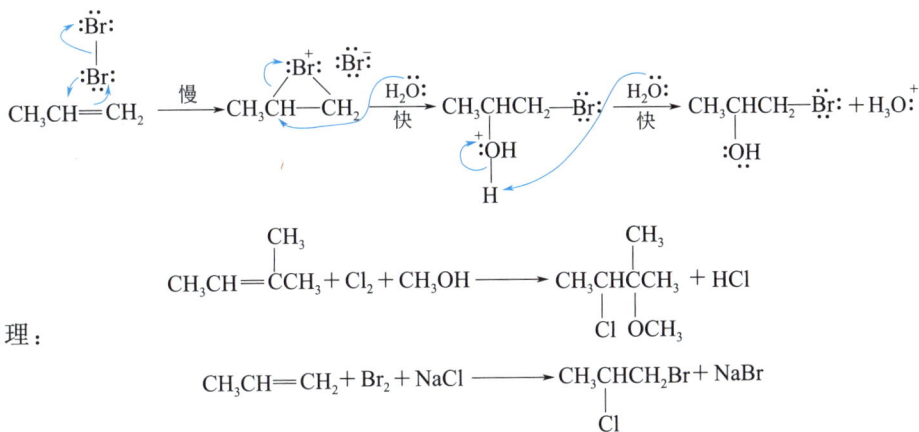

同理：

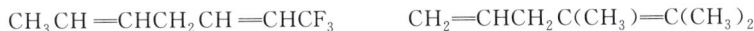

练习 3-3　写出下列烯烃与 1mol 溴反应的加成产物。

$$CH_3CH = CHCH_2CH = CHCF_3 \qquad CH_2 = CHCH_2C(CH_3) = C(CH_3)_2$$

练习 3-4　写出下列反应的机理。

(1)

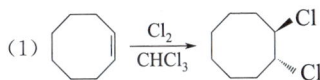

(2)

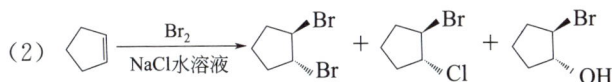

欧拉

3.4.3　硼氢化反应

烯烃与硼烷作用生成烷基硼的反应称为烯烃的硼氢化。由于甲硼烷不稳定，实际上使用的是乙硼烷［B_2H_6 或$(BH_3)_2$］的醚溶液。

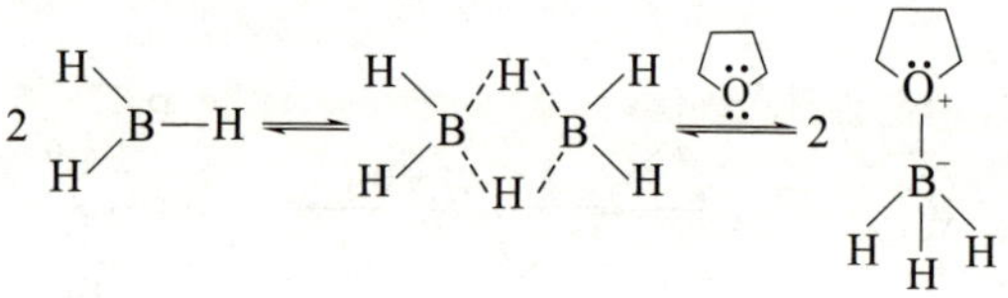

不对称烯烃与乙硼烷加成时，可获得反马氏规则产物。因为硼原子有空的外层轨道，硼烷的亲电活性中心是硼原子；硼原子加到带有部分负电荷的含氢较多的双键碳原子上，而氢原子则带一对键合电子加到带有部分正电荷的含氢较少的双键碳原子上，且为顺式加成。例如：

顺式加成
THF

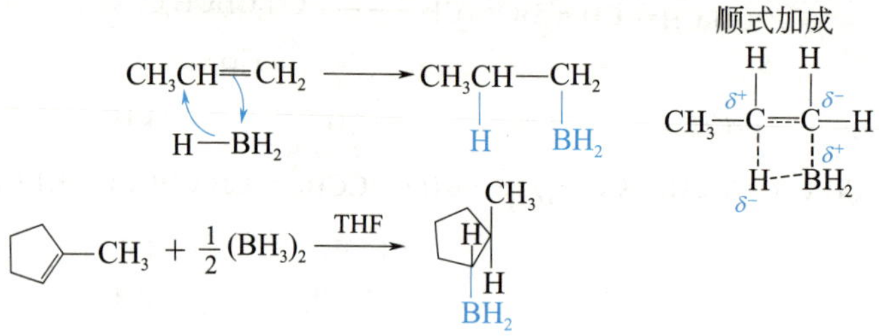

乙硼烷很容易与烯烃发生加成反应。此反应速率较快，一般得到三烷基硼烷。

一烷基硼
二烷基硼
三烷基硼

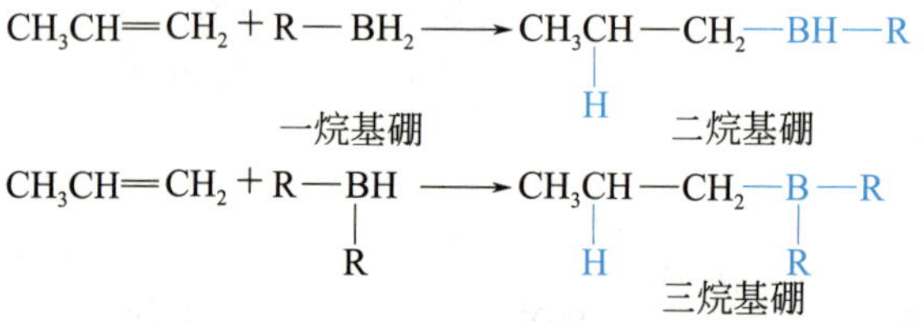

三烷基硼在碱性条件下可与过氧化氢的氢氧化钠水溶液反应，经硼酸酯水解生成醇。

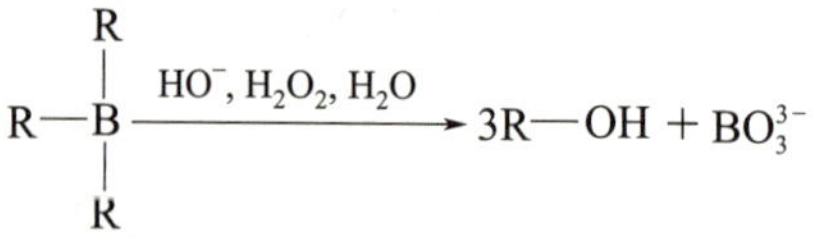

将硼氢化反应和烷基硼的氧化反应联合起来称为硼氢化-氧化反应，是烯烃间接水合为醇的方法之一。与烯烃通过硫酸间接水合为醇不同，凡是 α-烯烃经过硼氢化-氧化反应均得到伯醇：

$$CH_3CH{=}CH_2 \xrightarrow[\text{②}HO^-,H_2O_2,H_2O]{\text{①}BH_3/THF} CH_3CH_2CH_2OH$$

末端烯烃经硼氢化-氧化反应制备伯醇，已成为有机合成中的重要反应之一。

3-甲基丁-1-烯
3-甲基丁-1-醇
3,3-二甲基丁-1-烯
3,3-二甲基丁-1-醇

①BH₃二甘醇二甲醚
②H₂O/OH⁻
OH
癸-1-醇,93%

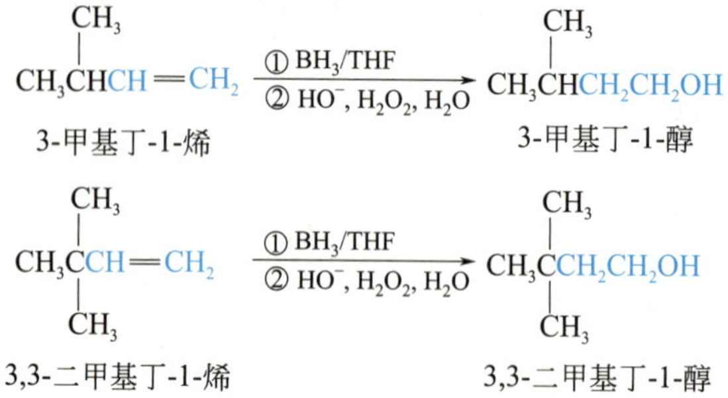

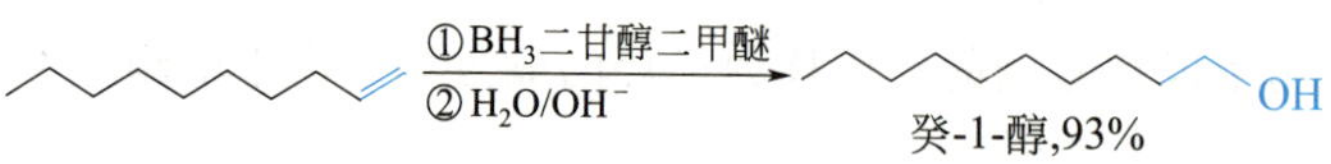

3.4.4 自由基加成反应

在过氧化物存在下，溴化氢与不对称烯烃的加成是反马氏规则的。例如，在过氧化物存在下丙烯与溴化氢的加成，生成的主要产物是 1-溴丙烷，而不是 2-溴丙烷。

$$CH_3—CH=CH_2+HBr \xrightarrow{\text{过氧化物}} CH_3CH_2CH_2Br$$

这种由于过氧化物的存在而引起烯烃加成取向的改变，称为过氧化物效应。该反应不是亲电加成反应机理，而是自由基加成反应机理，过程如下：

链引发

$$R—O—O—R \xrightarrow{\triangle} RO·+RO·$$

$$RO·+HBr \longrightarrow ROH+Br·$$

链传递

$$Br·+H_3C—CH=CH_2 \longrightarrow H_3C—\overset{·}{C}H—CH_2Br$$

$$H_3C—\overset{·}{C}H—CH_2Br+HBr \longrightarrow CH_3CH_2CH_2Br+Br·$$

链终止

$$Br·+Br· \longrightarrow Br_2$$

$$H_3C—\overset{·}{C}H—CH_2Br+Br· \longrightarrow CH_3CHBrCH_2Br$$

只有溴化氢有过氧化物效应，而过氧化物的存在，对不对称烯烃与 HCl 和 HI 的加成反应方式没有影响，即氯化氢、碘化氢无过氧化物效应。

思考题 3-9　（1）试比较丙烯间接水合法和丙烯经硼氢化-氧化所得到的醇的结构。
　　　　　　（2）试比较丙烯与溴化氢在有过氧化物和没有过氧化物下的加成产物。
练习 3-5　写出下列烯烃经硼氢化-氧化反应后的主要产物。
（1）2-甲基丁-2-烯 （2）癸-1-烯 （3）3-乙基戊-2-烯

3.4.5 氧化反应

烯烃容易被氧化，氧化产物与烯烃结构、氧化剂和反应条件有关。烯烃的氧化反应是制备烃的含氧衍生物如醇、醛、酮和羧酸的重要方法。

（1）高锰酸钾氧化

烯烃用稀的碱性或中性高锰酸钾溶液在较低温度下氧化可生成邻二醇。反应过程中，高锰酸钾溶液的紫色褪去，并出现棕褐色的二氧化锰沉淀，这个反应可以用来鉴定烯烃。

$$3R—CH=CH_2+2KMnO_4+4H_2O \xrightarrow[\text{或中性}]{\text{稀OH}^-} 3R—\underset{OH}{CH}—\underset{OH}{CH_2}+2MnO_2\downarrow+2KOH$$

若用酸性高锰酸钾溶液氧化烯烃，不仅碳碳双键完全断裂，双键上的氢原子也被氧化，生成羰基化合物。

$$R—CH=CH_2 \xrightarrow[H_2SO_4]{KMnO_4} R—\underset{\text{羧酸}}{\overset{OH}{C}=O}+O=\overset{OH}{C}—OH \longrightarrow CO_2+H_2O$$

$$\underset{R}{\overset{R}{>}}C=CH—R \xrightarrow[H_2SO_4]{KMnO_4} \underset{R}{\overset{R}{>}}\underset{\text{酮}}{C}=O+O=\underset{\text{羧酸}}{\overset{OH}{C}}—R$$

烯烃的结构不同，氧化产物不同。分析烯烃的氧化产物，可以推测原烯烃的结构。

(2) 臭氧氧化

将含有 6‰～8‰ 臭氧的氧气通入烯烃的非水溶液中，能迅速生成糊状臭氧化合物，后者不稳定易爆炸，因此反应过程中不必把它从溶液中分离出来，可以直接在溶液中水解生成醛、酮和过氧化氢。为防止产物醛被过氧化氢氧化，水解时通常加入还原剂（如 H_2/Pt、锌粉）。

$$
\underset{R^2}{\overset{R^1}{>}}C=CH-R^3 \xrightarrow{O_3} \underset{R^2}{\overset{R^1}{>}}C\underset{O-O}{\overset{O}{<}}\overset{R^3}{\underset{H}{>}} \xrightarrow{Zn/H_2O} \underset{R^2}{\overset{R^1}{>}}C=O + O=\overset{R^3}{\underset{H}{<}}
$$

臭氧化物   酮   醛

$$
CH_3-\underset{CH_3}{\overset{|}{C}}=CH_2 \xrightarrow[\text{②} Zn/H_2O]{\text{①} O_3} CH_3-\underset{CH_3}{\overset{|}{C}}=O + H\overset{O}{\overset{\|}{C}}H
$$

丙酮   甲醛

根据烯烃臭氧化所得到的产物，也可以推测原来烯烃的结构。

(3) 催化氧化

将乙烯与空气或氧气混合，在银催化下，乙烯被氧化生成环氧乙烷，这是工业上生产环氧乙烷的主要方法。

$$
2CH_2=CH_2+O_2 \xrightarrow[250\text{℃}]{Ag} 2CH_2-CH_2 \atop \qquad\quad \underset{O}{\diagdown\diagup}
$$

环氧乙烷是重要的有机合成中间体。此反应必须严格控制反应温度，如高于 300℃ 则产物为二氧化碳和水。在氯化钯和氯化铜水溶液中，用空气氧化乙烯和丙烯，分别得到乙醛和丙酮：

$$
CH_2=CH_2+O_2 \xrightarrow[100\sim120\text{℃}]{PdCl_2\text{-}CuCl_2} CH_3CHO
$$

$$
CH_3CH=CH_2+O_2 \xrightarrow[120\text{℃}]{PdCl_2\text{-}CuCl_2} CH_3COCH_3
$$

除乙烯外，其他 α-烯烃氧化都得到甲基酮。

Ziegler-Natta 催化剂

(4) 过氧化物氧化

烯烃在有机过氧酸如过氧乙酸（CH_3CO_3H）、过氧苯甲酸（$C_5H_5CO_3H$）、三氟过氧乙酸（CF_3CO_3H）等存在下，可形成环氧化合物。通常把形成环氧化合物的反应称为环氧化反应。工业上使用的塑料添加剂之一环氧化大豆油就是利用此原理制备的。

$$
\underset{H}{\overset{CH_3(CH_2)_7}{>}}C=C\overset{H}{\underset{(CH_2)_7CH_2OH}{<}} + CH_3CO_3H \longrightarrow \underset{H}{\overset{CH_3(CH_2)_7}{>}}C-C\overset{H}{\underset{(CH_2)_7CH_2OH}{<}} + CH_3CO_2H
$$

(±)

利用多组分催化体系，α-烯烃和单环烯烃可在低温下用 30% 过氧化氢氧化，生成 1,2-环氧化物。如：

$$
C_8H_{17}\diagup\!\!\!=\!\!\!\diagup + H_2O_2 \xrightarrow{\text{杂多酸季铵盐}} C_8H_{17}\diagup\!\!\!\overset{O}{\diagup\diagdown} + H_2O
$$

以 H_2O_2 为氧化剂氧化，副产物为水，条件温和，产物选择性高，是一条洁净的生产工艺。环己烯氧化合成己二酸已用于工业化生产。

$$
\bighexagon + 4H_2O_2 \xrightarrow[75\sim90\text{℃}]{\text{杂多酸/季铵盐}} HOOC-\!\!\!\diagup\!\!\!\diagdown\!\!\!\diagup\!\!\!\diagdown\!\!\!-COOH
$$

练习 3-6 试给出经臭氧化、锌粉水解后生成下列产物的烯烃的结构。

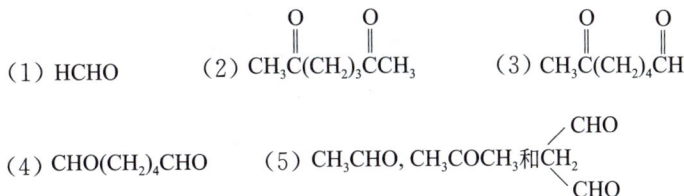

(1) HCHO

(2) $CH_3\overset{O}{\overset{\|}{C}}(CH_2)_3\overset{O}{\overset{\|}{C}}CH_3$

(3) $CH_3\overset{O}{\overset{\|}{C}}(CH_2)_4\overset{O}{\overset{\|}{C}}H$

(4) CHO(CH$_2$)$_4$CHO

(5) CH$_3$CHO, CH$_3$COCH$_3$和CH$_2\overset{\text{CHO}}{\underset{\text{CHO}}{<}}$

练习 3-7 某烯烃经催化加氢得到 2-甲基丁烷，加 HCl 可得 2-氯-2-甲基丁烷。如经臭氧化并在锌粉存在下水解，可得丙酮和乙醛。写出该烯烃的构造式。

练习 3-8 A、B 两个化合物，分子式都是 C_6H_{12}，A 经臭氧化后用锌粉还原水解得到乙醛（CH_3CHO）和丁-2-酮（$CH_3COCH_2CH_3$）；B 经高锰酸钾酸性溶液氧化后只得到丙酸（CH_3CH_2COOH）。推测 A、B 的结构式。

3.4.6 α-H 卤化反应

与烯烃碳碳双键直接相连的碳原子称为 α-碳原子（α-C），α-C 上的氢原子称为 α-氢（α-H）。由于受双键的影响，α-H 具有一般饱和 C—H 键所不具有的性质，如易被卤原子取代、易被氧化等。

（1）卤化反应

烯烃与卤素在室温下可发生双键的亲电加成反应，但在高温（500～600℃）时，则主要发生 α-氢原子被卤原子取代的反应。例如，丙烯与氯气在低于 200℃时，主要是加成反应，生产 1,2-二氯丙烷；在高于 300℃时，主要反应是 α-H 氯代；当温度接近 500℃时，取代反应很快进行，得高产率的 3-氯丙-1-烯。

$$CH_3CH=CH_2 + Cl_2 \quad \begin{array}{c} \xrightarrow{<200℃} CH_3CHClCH_2Cl \\ \xrightarrow{>300℃} CH_2ClCH=CH_2 \end{array}$$

$$CH_3-CH=CH_2 + Cl_2 \xrightarrow{500℃} ClCH_2-CH=CH_2 + HCl$$

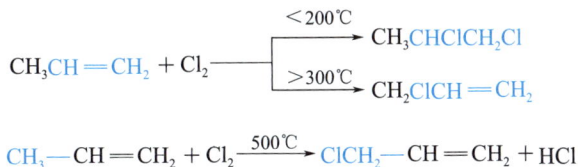

这是工业上生产 3-氯丙-1-烯的方法。它主要用于制备甘油、环氧氯丙烷和树脂等。

与烷烃的卤代反应相似，烯烃的 α 氢原子的卤代反应也是受光、高温、过氧化物（如过氧化苯甲酸）引发，是自由基取代反应机理。

如果用 N-溴代丁二酰亚胺（N-bromosuccinimide，简称 NBS）作溴化剂，在光或过氧化物作用下，则 α-溴代可以在较低温度下进行，生成 α-溴代烯烃。

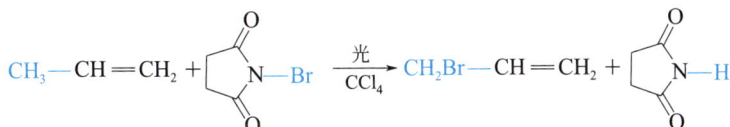

$$CH_3-CH=CH_2 + \underset{O}{\overset{O}{N}}-Br \xrightarrow[CCl_4]{光} CH_2Br-CH=CH_2 + \underset{O}{\overset{O}{N}}-H$$

烯烃的 α-H 卤化反应是自由基型取代反应，其机理与烷烃的卤化反应相同。以丙烯 α-H 氯代为例：氯分子在高温下分解生成氯原子（自由基），它夺取烯烃的 α-氢原子，生成稳定的烯丙基自由基，烯丙基自由基再与氯分子反应，又生成氯原子，如此循环往复，生成自由基取代产物。

烯丙基自由基中间体由于电子离域，亚甲基上的单电子可以与相邻的 π 键之间形成 p-π 共轭，比较稳定，如图 3-9 所示，故主要产物是烯丙基氯。

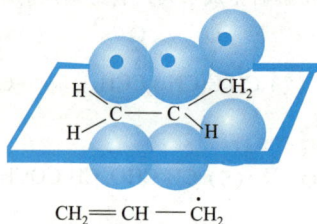

图 3-9　烯丙基自由基 p-π 共轭

(2) 氧化反应

工业上以金属氧化物，在一定条件下用空气直接氧化丙烯得到丙烯醛。

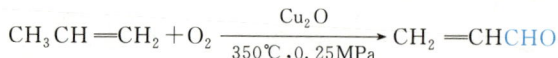

$$CH_3CH{=\!=}CH_2 + O_2 \xrightarrow[350℃,0.25MPa]{Cu_2O} CH_2{=\!=}CHCHO$$

工业上用氨氧化法直接氧化丙烯得到丙烯腈。丙烯腈是聚丙烯腈的单体，也是 ABS 工程塑料、丁腈橡胶的共聚单体。

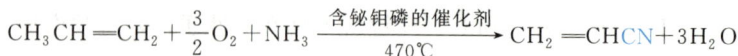

$$CH_3CH{=\!=}CH_2 + \frac{3}{2}O_2 + NH_3 \xrightarrow[470℃]{含铋钼磷的催化剂} CH_2{=\!=}CHCN + 3H_2O$$

烯烃和卤化氢
加成案例

3.4.7　聚合反应

具有双键或叁键的有机物在一定条件下发生连续加成、形成高分子量化合物的反应，称聚合反应。参与反应的烯烃分子如乙烯、丙烯称为单体，聚合产物如聚乙烯、聚丙烯称为聚合物。许多简单的烯烃在自由基引发剂存在下，即可发生聚合反应，例如：

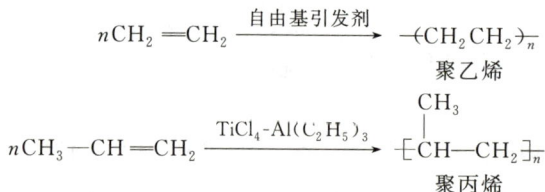

$$n\,CH_2{=\!=}CH_2 \xrightarrow{自由基引发剂} {\bf (}CH_2CH_2{\bf)}_n$$
聚乙烯

$$n\,CH_3{-\!-}CH{=\!=}CH_2 \xrightarrow{TiCl_4\text{-}Al(C_2H_5)_3} \underset{聚丙烯}{{\bf (}\overset{\displaystyle CH_3}{\underset{\displaystyle |}{CH}}{-\!-}CH_2{\bf)}_n}$$

思考题 3-10　查阅文献，了解 Ziegler-Natta 催化剂及其应用；简单说明用 Ziegler-Natta 催化剂制备聚烯烃的优点。

3.5　烯烃的来源

石油中含有少量烯烃。烯烃的工业来源主要是石油的热裂解，将炼油得到的高沸点馏分进行裂化，主要产物是乙烯，其次是丙烯、丁烯、异丁烯。

实验室制备烯烃的方法有醇脱水和卤代烃脱卤化氢。

醇脱水制备烯烃一般在强酸条件下进行。例如：

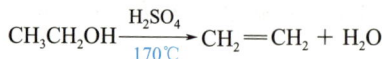

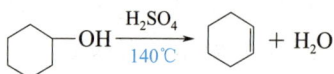

$$CH_3CH_2OH \xrightarrow[170℃]{H_2SO_4} CH_2{=\!=}CH_2 + H_2O$$

醇脱水生成烯烃的反应为 1,2-消除：

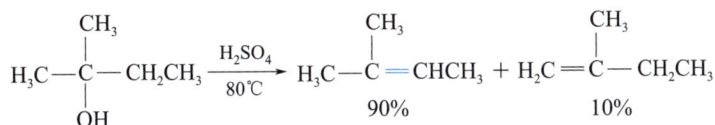

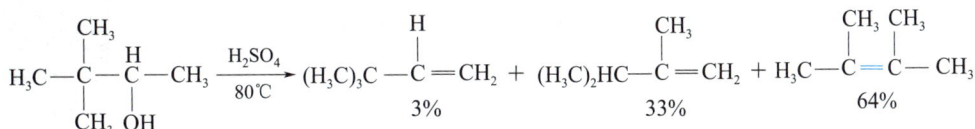

$$H_3C-\underset{\underset{OH}{|}}{\overset{\overset{CH_3}{|}}{C}}-CH_2CH_3 \xrightarrow[80℃]{H_2SO_4} H_3C-\overset{\overset{CH_3}{|}}{C}=CHCH_3 + H_2C=\overset{\overset{CH_3}{|}}{C}-CH_2CH_3$$

$$\qquad\qquad\qquad\qquad\qquad\qquad 90\% \qquad\qquad\qquad 10\%$$

$$H_3C-\underset{\underset{CH_3}{|}}{\overset{\overset{CH_3}{|}}{C}}-\underset{\underset{OH}{|}}{\overset{\overset{H}{|}}{C}}-CH_3 \xrightarrow[80℃]{H_2SO_4} (H_3C)_3C-\overset{\overset{H}{|}}{C}=CH_2 + (H_3C)_2HC-\overset{\overset{CH_3}{|}}{C}=CH_2 + H_3C-\underset{}{\overset{\overset{CH_3}{|}}{C}}-\overset{\overset{CH_3}{|}}{C}-CH_3$$

$$\qquad\qquad\qquad\qquad\qquad\qquad\qquad 3\% \qquad\qquad\qquad\quad 33\% \qquad\qquad\qquad 64\%$$

为了减少酸对设备的腐蚀，工业上将醇蒸气在高温下通过氧化铝等催化剂得到脱水产物，即烯烃。该法制得烯烃纯度高，产率也高。

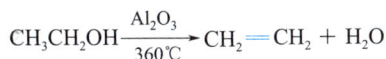

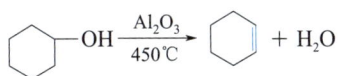

$$CH_3CH_2OH \xrightarrow[360℃]{Al_2O_3} CH_2=CH_2 + H_2O$$

$$\bigcirc\!\!-OH \xrightarrow[450℃]{Al_2O_3} \bigcirc + H_2O$$

一卤代烷在碱性试剂存在下，经 1,2-消除反应失去一分子卤化氢生成烯烃，例如：

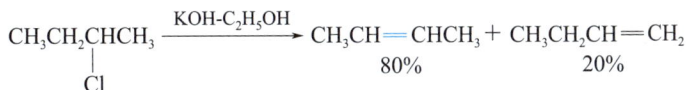

$$CH_3CH_2\underset{\underset{Cl}{|}}{CH}CH_3 \xrightarrow{KOH-C_2H_5OH} CH_3CH=CHCH_3 + CH_3CH_2CH=CH_2$$

$$\qquad\qquad\qquad\qquad\qquad\qquad\qquad 80\% \qquad\qquad\qquad 20\%$$

此外，二卤代烃脱卤素也可用来制备烯烃，还有其他一些方法将在以后章节中叙述。

关键词

单烯烃-monoalkene
不饱和烃-unsaturated hydrocarbon
烯烃-alkene
双键-double bond
杂化-hybridization
平面三角结构-trigonal planar structure
顺式-*cis*-isomer
反式-*trans*-isomer
几何异构-geometric isomerism
马氏规则-Markovnikov's rule
反马氏规则-anti-Markovnikov's rule
卤化反应-halogenation reaction
水合反应-hydration reaction
硼氢化反应-hydroboration reaction
氧化反应-oxidation reaction

亲电加成-electrophilic addition
α-H 卤化反应-α-halogenation reaction
脱氢反应-dehydrogenation reaction
环氧化反应-epoxidation reaction
自由基加成-free radical addition
重排反应-rearrangement reaction
齐格勒-纳塔催化剂-Ziegler-Natta catalyst
乙烯-ethene
丙烯-propene
丁烯-butene
异丁烯-isobutene
聚合反应-polymerization
聚合物-polymer
烯丙基-allyl group
单体-monomer

3-1 用系统命名法命名下列化合物。

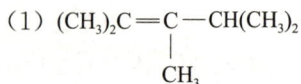

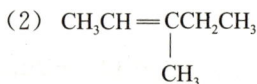

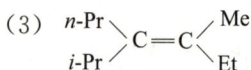

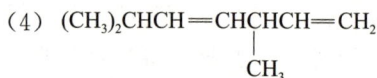

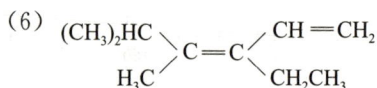

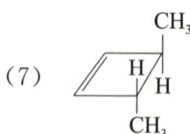

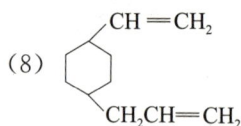

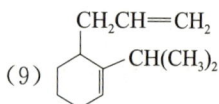

(1) $(CH_3)_2C=C-CH(CH_3)_2$
$\qquad\qquad\quad |$
$\qquad\qquad\ CH_3$

(2) $CH_3CH=CCH_2CH_3$
$\qquad\qquad\quad |$
$\qquad\qquad\ CH_3$

(3) $\begin{matrix} n\text{-}Pr \\ i\text{-}Pr \end{matrix} \Big\rangle C=C\Big\langle \begin{matrix} Me \\ Et \end{matrix}$

(4) $(CH_3)_2CHCH=CHCHCH=CH_2$
$\qquad\qquad\qquad\qquad\quad |$
$\qquad\qquad\qquad\qquad\ CH_3$

(5) $CH_2=CHCH_2CH_2CH=CHCH_3$

(6) $\begin{matrix}(CH_3)_2HC \\ H_3C\end{matrix}\Big\rangle C=C\Big\langle\begin{matrix} CH=CH_2 \\ CH_2CH_3\end{matrix}$

(7)

(8)

(9)

(10)

3-2 写出下列化合物的结构式。

(1) 3-亚甲基环戊烯

(2) 3-(丙-1-烯基)-4-(丙-2-烯基)环己烯

(3) (E)-5-溴-2,7-二甲基壬-4-烯

(4) (Z)-1-溴-1-氯-2-氟-2-碘乙烯

(5) 1,5-二甲基环戊-1-烯

(6) 3,5-二甲基环己-1-烯

(7) 3-氯丁-1-烯

(8) (2Z,4Z)-2-溴庚-2,4-二烯

3-3 完成下列反应方程式。

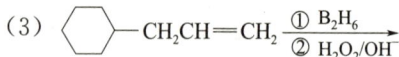

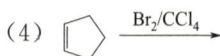

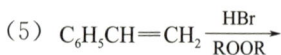

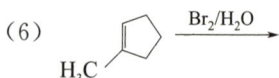

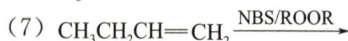

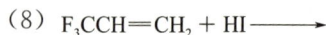

(1) $\xrightarrow[OH^-]{KMnO_4}$

(2) $\xrightarrow[CH_3COOH]{CH_3COOOH}$

(3) $-CH_2CH=CH_2 \xrightarrow[\text{② } H_2O_2/OH^-]{\text{① } B_2H_6}$

(4) $\xrightarrow{Br_2/CCl_4}$

(5) $C_6H_5CH=CH_2 \xrightarrow[ROOR]{HBr}$

(6) $\xrightarrow{Br_2/H_2O}$

(7) $CH_3CH_2CH=CH_2 \xrightarrow{NBS/ROOR}$

(8) $F_3CCH=CH_2 + HI \longrightarrow$

(9) $(CH_3)_2C=CH_2 + ICl \xrightarrow{H^+}$

(10) $CH_3CH=CHCH_2CH=CHCl \xrightarrow{1mol\ Br_2}$

(11) —CH₃ + H₂SO₄ $\xrightarrow{\quad}$ $\xrightarrow{H_3O^+}$

(12) $\begin{matrix} C_2H_5 \\ CH_3 \end{matrix}$ C=CH₂ $\xrightarrow[\text{② Zn/H}_2\text{O}]{\text{① O}_3}$

3-4 写出下列反应的机理。

(1)

(2) $(CH_3)_3CCH=CH_2 + H_2O \xrightarrow[\text{加热/加压}]{H^+} (CH_3)_3CCHCH_3 + (CH_3)_2CCH(CH_3)_2$
　　　　　　　　　　　　　　　　　　　　　　　　　　　　|　　　　　　　　　　|
　　　　　　　　　　　　　　　　　　　　　　　　　　　　OH　　　　　　　　　OH

(3)

3-5 2-甲基丁-1-烯分别在下列条件下发生反应，试写出各反应的主要产物。

(1) H₂/Pd-C 　　　　　　　　(2) HOBr（Br₂＋H₂O）

(3) Cl₂（低温） 　　　　　　(4) 稀、冷 KMnO₄

(5) B₂H₆/NaOH-H₂O₂ 　　　(6) KMnO₄，H⁺/△

(7) O₃，锌粉-乙酸溶液 　　(8) HBr/过氧化物

(9) a. H₂SO₄ 　　b. H₂O

3-6 比较下列烯烃与溴化氢发生加成反应的活性。

(1) H₂C=CH₂，(CH₃)₂C=CHCH₃，CH₃CH=CHCH₃

(2) CH₃CH=CH₂，CH₂=CHCH₂COOH，CH₂=CHCOOH

3-7 比较下列碳正离子的稳定性次序。

(1) $(CH_3)_3\overset{+}{C}$，$CH_3\overset{+}{C}H_2$，$(CH_3)_2\overset{+}{C}H$

(2) $CH_2=CH\overset{+}{C}HCH_3$，$CH_3\overset{+}{C}HCH_2CH_3$，$\overset{+}{C}H_2CH_3$

(3) ， ， $(CH_3)_3\overset{+}{C}$

3-8 试用反应式表示以丙烯为原料，并选用必要的无机试剂制备下列化合物。

(1) 1-溴丙烷 　　(2) 异丙醇 　　(3) 环氧氯丙烷 　　(4) 丙醇

3-9 某化合物 A，分子式为 $C_{10}H_{18}$，经催化加氢得到化合物 B，B 的分子式为 $C_{10}H_{22}$。A 和过量高锰酸钾溶液作用，得到下列三个化合物：

$$\underset{\quad}{\overset{O}{\underset{||}{CH_3CCH_3}}} \qquad \overset{O}{\underset{||}{CH_3CCH_2CH_2COH}}\overset{O}{\underset{||}{}} \qquad \overset{O}{\underset{||}{CH_3C-OH}}$$

写出化合物 A 的构造式。

3-10 化合物 A、B、C 均为庚烯的异构体。A、B、C 经溴氧化、锌粉还原水解后各得到一组化合物，分别是 CH₃CHO 和 CH₃CH₂CH₂CH₂CHO；CH₃COCH₃ 和 CH₃CH₂COCH₃；CH₃CHO 和 CH₃CH₂COCH₂CH₃。试推断 A、B、C 的构造式或构型式。

3-11 有 A、B 两个化合物，分子式均为 C_7H_{14}。A 与 KMnO₄ 溶液加热生成 4-甲基戊酸，并有一种气体逸出；B 与 KMnO₄ 溶液或 Br₂-CCl₄ 溶液都不发生反应，且分子中有 5 个二级碳原子，三级和一级碳原子各一个。试推断 A 与 B 可能的构造式。

炔烃和二烯烃

分子中含有碳碳叁键（C≡C）的不饱和烃称为炔烃，分子中含有两个碳碳双键（C=C）的不饱和烃称为二烯烃。炔烃、二烯烃都比相应的烯烃少两个氢原子，通式都为 C_nH_{2n-2}。碳原子数相同的炔烃、二烯烃和环烯烃是构造异构体。如：己-1-炔、己-2,4-二烯和环己烯。

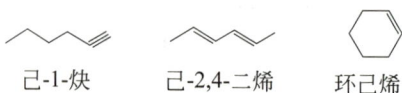

己-1-炔　　　己-2,4-二烯　　　环己烯

炔烃、二烯烃是结构不同、性质各异的有机化合物。

4.1　炔烃的结构和命名

4.1.1　炔烃的结构

碳碳叁键是炔烃的特征结构，C≡C 是炔烃的官能团。乙炔是最简单的炔烃，分子式为 C_2H_2，构造式为 HC≡CH，其他炔烃可看成是乙炔的衍生物。

在乙炔分子中，碳原子（炔碳）以 sp 杂化轨道参与成键，两个炔碳原子各以一个 sp 杂化轨道互相"头碰头"重叠形成一个 C—C σ 键，而后各以另一个 sp 杂化轨道分别与氢原子的 1s 轨道重叠，形成两个 C—H σ 键，这三个 σ 键的对称轴及成键的四个原子同处于一条直线（见图 4-1）。此外，两个炔碳原子还各有两个相互垂直的未参与杂化的 2p 轨道，其对称轴彼此平行，相互"肩并肩"重叠形成两个相互垂直的 π 键，从而构成了碳碳叁键。两个 π 键电子云对称地分布在碳碳 σ 键周围，呈圆柱形分布（见图 4-2）。正是由于叁键的圆柱形电子云分布，炔烃表现出独特的物理和化学性质。

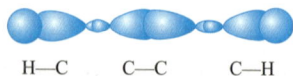

图 4-1　乙炔分子中 σ 键的形成

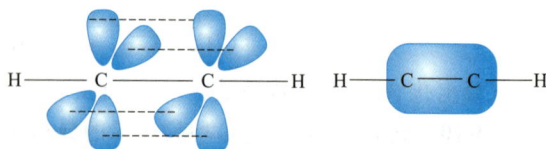

图 4-2　乙炔分子中 π 键的形成及电子云分布

与烯烃中的碳碳双键相比，碳碳叁键由一个 σ 键和两个 π 键组成，两个炔碳原子之间的电子云密度较大，炔碳原子更为靠近，碳碳叁键键长缩短，键能增大。但碳碳叁键键能（835kJ/mol）比三个 σ 键的键能和（346kJ/mol×3）小，这与 π 键由 p 轨道侧面重叠而成、

重叠程度不如由"头碰头"重叠而成的 σ 键高有关。比较乙烷、乙烯和乙炔的结构参数（见表 4-1）可见，碳原子杂化方式不同，化合物的结构和理化性质各异。

表 4-1　乙烷、乙烯和乙炔中碳原子的杂化方式和结构参数

项目	乙烷	乙烯	乙炔
碳原子杂化方式	sp^3	sp^2	sp
s 成分/%	25	33	50
C—C 键长/nm	0.1534	0.1337	0.1207
C—H 键长/nm	0.1102	0.1086	0.1059
键角/(°)	109.5	120	180
pK_a	约 50	约 40	约 25
碳原子电负性	2.48	2.75	3.29
C—C 键能/(kJ/mol)	346	602	835
C—H 键能/(kJ/mol)	410	444	506

思考题 4-1　从共价键的形成和特性两方面，比较 σ 键和 π 键的异同。

4.1.2　炔烃的异构现象和命名

炔烃的系统命名法与烯烃相似，规则如下：

① 选择含有碳原子数量最多的碳链为主链，以此作为母体，支链作为取代基。如果主链含有炔键，根据主链碳原子的个数称为"某炔"。英文名称可将对应烷烃名称的后缀-ane 改为-yne。

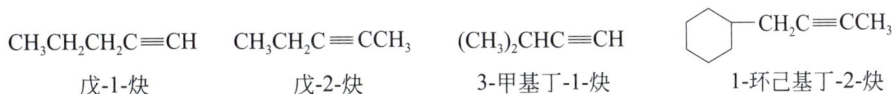

如以上化合物的母体为己烷，而不是戊炔。

② 如果主链含有炔键，应从距离叁键最近的一端开始编号，使叁键的位次最低，再对取代基依次编号。叁键的位次用两个碳原子中编号最小的位次表示，写在"某炔"的"炔"字之前，并用半字线相连。取代基的位次、数目、名称写在母体名称前，其原则和书写格式与烷烃的命名原则相同。例如：

CH$_3$CH$_2$CH$_2$C≡CH　　　CH$_3$CH$_2$C≡CCH$_3$　　　(CH$_3$)$_2$CHC≡CH　　　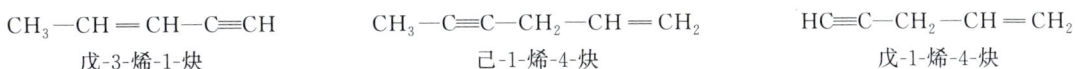—CH$_2$C≡CCH$_3$

戊-1-炔　　　　　　戊-2-炔　　　　　3-甲基丁-1-炔　　　　1-环己基丁-2-炔

与烷烃不同，炔烃主链的碳原子数超过十个时，命名时中文数字和炔字之间应加一个"碳"字，称为"某碳炔"。

③ 分子中同时含有碳碳双键和碳碳叁键的化合物，称为烯炔类化合物。在系统命名法中，选择分子内最长碳链为主链。如包括双键和叁键在内的最长碳链作为主链，一般称为"某烯炔"。编号时应使双键、叁键具有尽可能低的位次号，再遵循次序规则，其他与烯烃和炔烃的命名法相似。当双键和叁键处在相同的位次时，应使双键的编号最小。例如：

CH$_3$—CH═CH—C≡CH　　　　CH$_3$—C≡C—CH$_2$—CH═CH$_2$　　　　HC≡C—CH$_2$—CH═CH$_2$

戊-3-烯-1-炔　　　　　　　己-1-烯-4-炔　　　　　　　戊-1-烯-4-炔

4.2 炔烃的物理性质

简单炔烃的沸点、熔点以及相对密度，一般比碳原子数相同的烷烃和烯烃高一些。这是由于炔烃分子较短小、细长，在液态和固态中，分子可以彼此靠得很近，分子间的范德华作用力很强。炔烃分子极性略比烯烃强，不易溶于水，而易溶于石油醚、乙醚、苯和四氯化碳等有机溶剂中。

4.3 炔烃的化学性质

炔烃的化学性质和烯烃相似。叁键是炔烃的官能团，也可发生加成、氧化、还原等反应。由于炔烃中的 π 键和烯烃中的 π 键在强度上有差异，炔烃的亲电加成反应活性不如烯烃。炔碳原子上所连的氢原子称为炔氢，炔氢有一定的酸性。炔烃的主要化学反应如下：

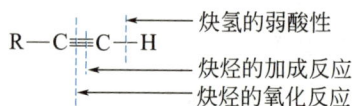

$$R-C\!\equiv\!C\!-\!H \quad \begin{array}{l} \text{——炔氢的弱酸性} \\ \text{——炔烃的加成反应} \\ \text{——炔烃的氧化反应} \end{array}$$

4.3.1 炔氢的反应

炔烃分子中，因 sp 杂化的炔碳原子的电负性较大，与炔碳原子直接相连的氢原子炔氢（$\equiv$C—H）比一般的碳氢键极性大，显示出微弱酸性（$pK_a \approx 25$），可与强碱、碱金属或某些重金属离子反应生成金属炔化物。炔氢与部分有机物的 pK_a 见表 4-2。

表 4-2　一些有机物的 pK_a 值

化合物	CH_3CH_3	$CH_2\!=\!CH_2$	NH_3	$HC\equiv CH$	C_2H_5OH	H_2O
pK_a	约 50	约 44	35	25	16	15.7

思考题 4-2　查阅文献，说明乙烷、乙烯和乙炔分子中氢的酸性大小规律。

乙炔通过熔融的金属钠时，可得到乙炔钠和乙炔二钠，与碱金属 Li、K 等作用形成相应的金属炔化物。

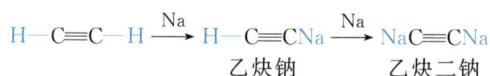

$$H-C\!\equiv\!C\!-\!H \xrightarrow{\text{Na}} H-C\!\equiv\!CNa \xrightarrow{\text{Na}} NaC\!\equiv\!CNa$$
$$\qquad\qquad\qquad\qquad\quad \text{乙炔钠} \qquad\quad \text{乙炔二钠}$$

NH_3 的共轭碱氨基负离子（NH_2^-）的碱性强于乙炔基负离子（$C\equiv C^-$），乙炔和末端炔烃（$RC\equiv C-H$）在液态氨中可与氨基钠作用生成炔化钠。

$$HC\!\equiv\!CH \xrightarrow[\text{NH}_3(l)]{\text{NaNH}_2} HC\!\equiv\!CNa \xrightarrow[\text{NH}_3(l)]{\text{NaNH}_2} NaC\!\equiv\!CNa$$

炔化钠作为亲核试剂，可以与卤代烷反应，生成更高级的炔烃；这是一个增长碳链的反应，在有机合成中具有重要用途。例如：

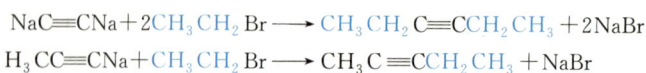

$$NaC\!\equiv\!CNa + 2CH_3CH_2Br \longrightarrow CH_3CH_2C\!\equiv\!CCH_2CH_3 + 2NaBr$$
$$H_3CC\!\equiv\!CNa + CH_3CH_2Br \longrightarrow CH_3C\!\equiv\!CCH_2CH_3 + NaBr$$

末端炔烃还可与丁基锂（RLi）或格氏试剂（RMgX）作用生成相应的金属炔化物，金属炔化物可与二氧化碳、环氧乙烷等试剂作用，生成羧酸和醇等，这些是药物合成中常用的反应。例如：

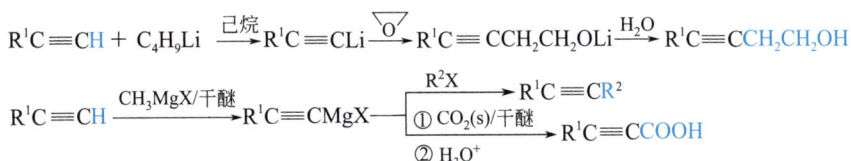

$$R^1C\!\equiv\!CH + C_4H_9Li \xrightarrow{\text{己烷}} R^1C\!\equiv\!CLi \xrightarrow{\text{[O]}} R^1C\!\equiv\!CCH_2CH_2OLi \xrightarrow{H_2O} R^1C\!\equiv\!CCH_2CH_2OH$$

$$R^1C\!\equiv\!CH \xrightarrow{\text{CH}_3\text{MgX/干醚}} R^1C\!\equiv\!CMgX \begin{cases} \xrightarrow{R^2X} R^1C\!\equiv\!CR^2 \\ \xrightarrow[\text{② } H_3O^+]{\text{① } CO_2(s)/干醚} R^1C\!\equiv\!CCOOH \end{cases}$$

将乙炔或末端炔烃通入硝酸银或氯化亚铜的氨溶液中，立刻有炔化银的白色沉淀或炔化亚铜的砖红色沉淀生成，反应灵敏、现象明显，可用于乙炔和末端炔烃的鉴定。

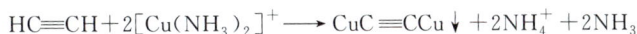

$$HC\!\equiv\!CH + 2[Ag(NH_3)_2]^+ \longrightarrow AgC\!\equiv\!CAg\downarrow + 2NH_4^+ + 2NH_3$$

$$HC\!\equiv\!CH + 2[Cu(NH_3)_2]^+ \longrightarrow CuC\!\equiv\!CCu\downarrow + 2NH_4^+ + 2NH_3$$

乙炔银和乙炔亚铜等金属炔化物，在干燥状态下受热或受撞击时，易发生爆炸。实验结束后，应立即用盐酸或硝酸将残余的炔化物分解，以免存在安全隐患。

练习 4-1　用化学反应式表示由乙炔到己-3-炔的转化，用化学反应式表示。

练习 4-2　用简单的化学方法鉴别庚-1-炔、庚-3-炔、庚烷。

4.3.2　亲电加成反应

与烯烃类似，炔烃可与亲电试剂发生亲电加成反应。由于—C≡C—中有两个 π 键，炔烃与亲电试剂的加成反应可以分阶段进行，先生成取代烯烃，继续加成得饱和化合物。

（1）与卤化氢加成

炔烃可与卤化氢 HX（X＝Cl，Br，I）发生亲电加成反应，但炔烃的亲电加成不如烯烃活泼。不对称炔烃与卤化氢的加成反应遵守马氏规则。炔烃与卤化氢的加成反应分两步进行，控制试剂的用量可只进行一步反应，生成卤代烯烃。

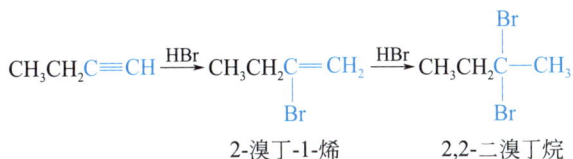

$$HC\!\equiv\!CH \xrightarrow{HI} CH_2\!=\!CHI \xrightarrow{HI} CH_3\!-\!CHI_2$$
$$\text{碘乙烯} \qquad \text{1,1-二碘乙烷}$$

$$CH_3CH_2C\!\equiv\!CH \xrightarrow{HBr} CH_3CH_2C\!=\!CH_2 \xrightarrow{HBr} CH_3CH_2\overset{Br}{\underset{Br}{C}}\!-\!CH_3$$
$$\qquad\qquad\qquad\qquad\underset{Br}{|}$$
$$\text{2-溴丁-1-烯} \qquad\qquad \text{2,2-二溴丁烷}$$

乙炔和氯化氢的加成需要氯化汞催化才能顺利进行。例如：

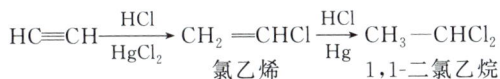

$$HC\!\equiv\!CH \xrightarrow[\text{HgCl}_2]{HCl} CH_2\!=\!CHCl \xrightarrow[\text{Hg}]{HCl} CH_3\!-\!CHCl_2$$
$$\qquad\qquad\qquad \text{氯乙烯} \qquad \text{1,1-二氯乙烷}$$

氯乙烯是合成聚氯乙烯塑料的单体。

亲电试剂 HX 的活性次序是 HI＞HBr＞HCl；不同类型的炔烃与 HX 加成的速率大小次序为 $R^1C\!\equiv\!CR^2 > RC\!\equiv\!CH > HC\!\equiv\!CH$。

若叁键在中间，则生成反式加成产物。

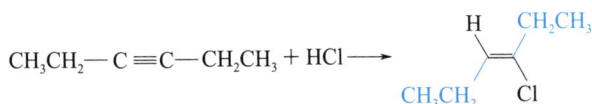

$$CH_3CH_2\!-\!C\!\equiv\!C\!-\!CH_2CH_3 + HCl \longrightarrow \underset{CH_3CH_2}{\overset{H}{}}\!C\!=\!C\!\underset{Cl}{\overset{CH_2CH_3}{}}$$

炔烃的亲电加成反应是通过生成乙烯基碳正离子中间体进行的，反应机理如下：

$$R-C\equiv CH + HX \longrightarrow R-\overset{+}{C}=CH_2 \xrightarrow{X^-} R-C=CH_2$$
$$\qquad\qquad\qquad\qquad\qquad\qquad\qquad\qquad | \\ \qquad\qquad\qquad\qquad\qquad\qquad\qquad\qquad X$$

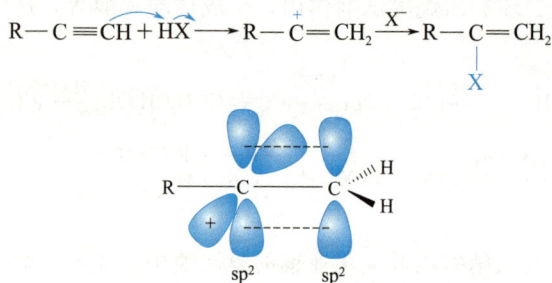

图 4-3　乙烯型碳正离子结构

由图 4-3 可见，乙烯型碳正离子的正电荷在 sp^2 杂化轨道上，π 电子云与该 sp^2 杂化轨道所在平面垂直，不能分散正电荷。因此，与烷基碳正离子相比，乙烯基碳正离子的能量高，稳定性差，不容易形成。这是炔烃亲电加成反应比烯烃活性低的原因之一。

不对称炔烃也存在溴化氢的过氧化物效应，比较正己炔与溴化氢的反应：

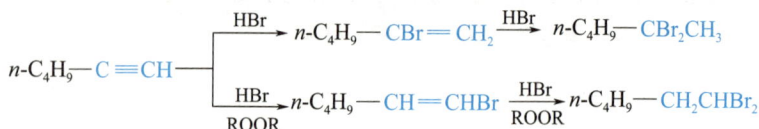

$$n\text{-}C_4H_9-C\equiv CH \begin{cases} \xrightarrow{\text{HBr}} n\text{-}C_4H_9-CBr=CH_2 \xrightarrow{\text{HBr}} n\text{-}C_4H_9-CBr_2CH_3 \\ \xrightarrow[\text{ROOR}]{\text{HBr}} n\text{-}C_4H_9-CH=CHBr \xrightarrow[\text{ROOR}]{\text{HBr}} n\text{-}C_4H_9-CH_2CHBr_2 \end{cases}$$

思考题 4-3　从 π 键形成及碳正离子中间体稳定性的角度出发，解释炔烃进行亲电加成的活性比烯烃低的原因。

（2）与卤素加成

炔烃与卤素（主要是氯和溴）的亲电加成，反应也是分步进行的，先生成二卤代烯，然后继续加成得到四卤代烷烃。

$$CH_3-C\equiv CH \xrightarrow{\text{Br}_2/\text{CCl}_4} CH_3-\underset{\underset{Br}{|}}{C}=\underset{\underset{Br}{|}}{CH} \xrightarrow{\text{Br}_2/\text{CCl}_4} CH_3-\underset{\underset{Br}{|}}{\overset{\overset{Br}{|}}{C}}-\underset{\underset{Br}{|}}{\overset{\overset{Br}{|}}{CH}}$$

1,2-二溴丙烯　　　　　　　1,1,2,2-四溴丙烷

炔烃与卤素的亲电加成反应活性比烯烃小，反应速率慢。例如，烯烃可使溴的四氯化碳溶液立刻褪色，炔烃却需要几分钟才能使之褪色，乙炔甚至需在光或三氯化铁催化下才能加溴。

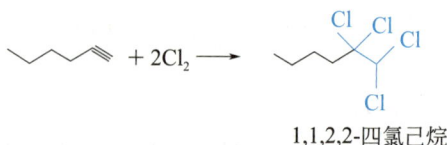

$$\text{（己炔）} + 2Cl_2 \longrightarrow \text{（1,1,2,2-四氯己烷结构式）}$$

1,1,2,2-四氯己烷

当分子中同时存在双键和叁键时，首先进行的是双键加成。如在低温、缓慢地加入溴的条件下，叁键可不参与反应：

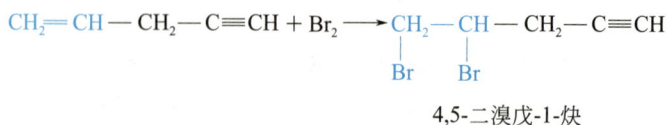

$$CH_2=CH-CH_2-C\equiv CH + Br_2 \longrightarrow \underset{\underset{Br}{|}}{CH_2}-\underset{\underset{Br}{|}}{CH}-CH_2-C\equiv CH$$

4,5-二溴戊-1-炔

（3）与水加成

在稀硫酸水溶液中，用汞盐作催化剂，炔烃可以和水发生加成反应。例如，乙炔在 10%

硫酸和5%硫酸汞水溶液中发生加成反应，生成乙醛，这曾经是工业上生产乙醛的重要方法。

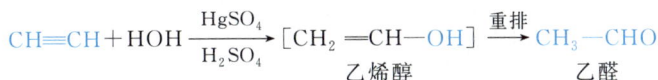

$$CH\!\equiv\!CH + HOH \xrightarrow[\text{H}_2\text{SO}_4]{\text{HgSO}_4} [CH_2\!=\!CH\!-\!OH] \xrightarrow{\text{重排}} CH_3\!-\!CHO$$
乙烯醇　　　　　　乙醛

　　叁键与一分子水加成，生成羟基与双键碳原子直接相连的加成产物，称为烯醇。具有烯醇结构的化合物很不稳定，容易发生重排，形成稳定的羰基化合物。

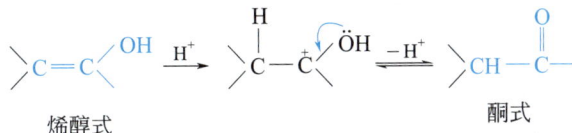

烯醇式　　　　　　　　　　　　　　酮式

　　在一般条件下，烯醇式与酮式两个异构体可以迅速转变的现象，叫作烯醇式-酮式互变异构现象，涉及的异构体叫作互变异构体。互变异构体之间的区别仅仅在于双键和氢原子的位置不同。

　　炔烃与水的加成遵从马氏规则，因此除乙炔得到乙醛外，其他炔烃与水加成均得到酮。

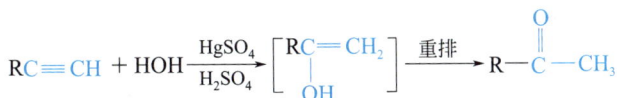

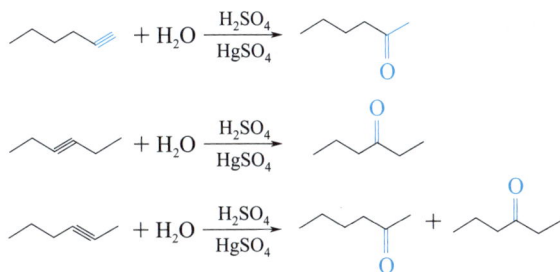

$$RC\!\equiv\!CH + HOH \xrightarrow[\text{H}_2\text{SO}_4]{\text{HgSO}_4} \left[\begin{array}{c} RC\!=\!CH_2 \\ OH \end{array}\right] \xrightarrow{\text{重排}} R\!-\!\overset{O}{\underset{}{C}}\!-\!CH_3$$

　　汞盐有剧毒，含汞盐废水难处理。为避免汞盐对环境造成污染，现多用非汞催化剂催化反应。

（4）硼氢化反应

　　炔烃与乙硼烷加成生成烯基硼，然后在过氧化氢存在下进行碱性氧化、水解生成烯醇式中间体，最后重排成醛或酮。该加成反应是按反马氏规则进行的，末端炔烃经硼氢化-氧化水解生成醛。

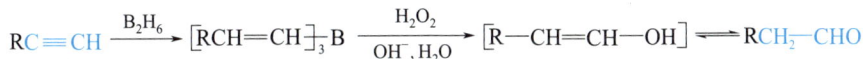

$$RC\!\equiv\!CH \xrightarrow{\text{B}_2\text{H}_6} [RCH\!=\!CH]_3B \xrightarrow[\text{OH}^-,\text{H}_2\text{O}]{\text{H}_2\text{O}_2} [R\!-\!CH\!=\!CH\!-\!OH] \Longrightarrow RCH_2\!-\!CHO$$

　　烯基硼直接用酸处理能生成顺式烯烃：

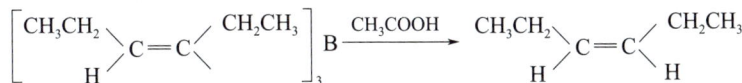

　　末端炔烃经硼氢化、过氧化氢碱溶液氧化水解，产物是醛，非末端炔烃产物是酮。

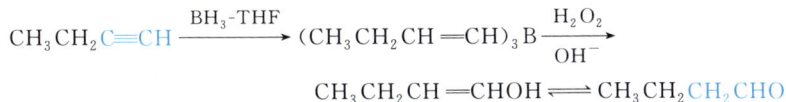

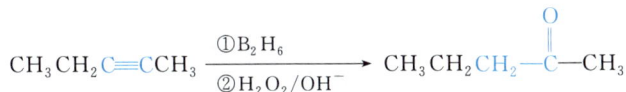

$$CH_3CH_2C\!\equiv\!CH \xrightarrow{\text{BH}_3\text{-THF}} (CH_3CH_2CH\!=\!CH)_3B \xrightarrow[\text{OH}^-]{\text{H}_2\text{O}_2}$$
$$CH_3CH_2CH\!=\!CHOH \Longrightarrow CH_3CH_2CH_2CHO$$

$$CH_3CH_2C\!\equiv\!CCH_3 \xrightarrow[\text{②H}_2\text{O}_2/\text{OH}^-]{\text{①B}_2\text{H}_6} CH_3CH_2CH_2\!-\!\overset{O}{\underset{}{C}}\!-\!CH_3$$

练习 4-3 完成下列反应。

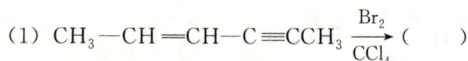

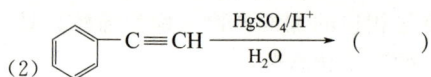

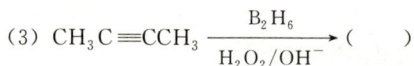

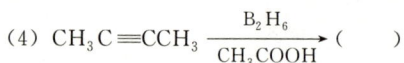

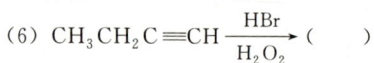

(1) $CH_3-CH=CH-C\equiv CCH_3 \xrightarrow[CCl_4]{Br_2}$ (   )

(2) $\underset{\text{苯}}{\bigcirc}-C\equiv CH \xrightarrow[H_2O]{HgSO_4/H^+}$ (   )

(3) $CH_3C\equiv CCH_3 \xrightarrow[H_2O_2/OH^-]{B_2H_6}$ (   )

(4) $CH_3C\equiv CCH_3 \xrightarrow[CH_3COOH]{B_2H_6}$ (   )

(5) $CH_3CH_2C\equiv CH \xrightarrow{HBr}$ (   )

(6) $CH_3CH_2C\equiv CH \xrightarrow[H_2O_2]{HBr}$ (   )

4.3.3 亲核加成反应

在强碱和金属离子催化下，氢氰酸、羧酸和醇可与乙炔、一取代炔烃发生亲核加成，生成取代烯烃。反应的结果可看作是这些试剂的氢原子被乙烯基（$CH_2=CH-$）取代，因此将这类反应通称为乙烯基化反应，如：

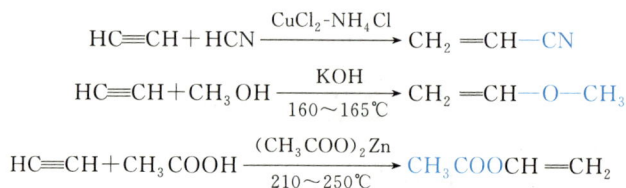

$$HC\equiv CH + HCN \xrightarrow{CuCl_2-NH_4Cl} CH_2=CH-CN$$

$$HC\equiv CH + CH_3OH \xrightarrow[160\sim165℃]{KOH} CH_2=CH-O-CH_3$$

$$HC\equiv CH + CH_3COOH \xrightarrow[210\sim250℃]{(CH_3COO)_2Zn} CH_3COOCH=CH_2$$

以乙炔与醇加成为例分析机理：

$$CH_3OH + KOH \longrightarrow CH_3O^-K^+ \;\; \underset{HC\equiv CH}{} \; CH_3OCH=\overset{-}{C}H \xrightarrow{CH_3OH} CH_3OCH=CH_2 + CH_3O^-$$

甲醇在 KOH 或 NaOH 作用下生成甲醇盐。甲氧基负离子作为一个亲核试剂进攻炔键，形成烯基负离子中间体。烯基负离子中间体不稳定，拔取甲醇的活泼氢，形成甲基乙烯基醚。同理，反应中 CN^- 或 CH_3COO^- 首先与碳碳叁键进行亲核加成，生成乙烯基负离子中间体，它与质子结合生成烯烃衍生物。

乙烯基醚分子中含有双键，可以自身聚合或与其他含双键的烯类单体共聚合。如将其和丙烯腈共聚合，可用来制造塑料和合成纤维。乙酸乙烯酯发生经自由基聚合反应，得到本身可作为黏合剂的聚乙酸乙烯酯；它经水解后得到聚乙烯醇，这是制造维尼纶的原料。

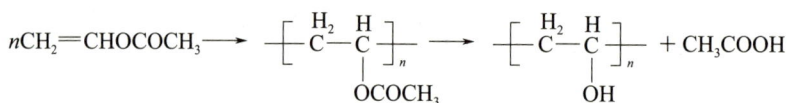

$$n CH_2=CHOCOCH_3 \longrightarrow \left[\begin{array}{c} H_2 \; H \\ C-C \\ | \\ OCOCH_3 \end{array}\right]_n \longrightarrow \left[\begin{array}{c} H_2 \; H \\ C-C \\ | \\ OH \end{array}\right]_n + CH_3COOH$$

思考题 4-4 查阅文献，了解乙烯基醚在化工行业中的应用。

4.3.4 还原反应

在催化剂 Ni、Pt、Pd 等存在下，炔烃可被氢气还原，其实质是催化加氢反应。炔烃比烯烃更容易加氢，炔烃的催化加氢分两步进行，第一步加氢生成烯烃；进一步加氢生成烷烃。例如：

$$R^1-C\equiv C-R^2 \xrightarrow[\text{Pd}]{\text{H}_2} R^1-CH=CH-R^2 \xrightarrow[\text{Pd}]{\text{H}_2} R^1-CH_2CH_2-R^2$$

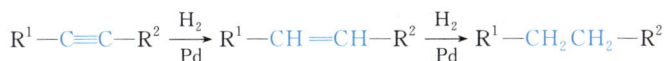

用 Ni、Pt、Pd 催化炔烃加氢时，加氢反应很难停留在烯烃阶段，一般是加两分子氢直接生成烷烃。选用特殊方法制备的催化剂可使炔烃氢化停留在烯烃阶段，即选择性氢化。如用活性较低的林德拉（Lindlar）催化剂，这种催化剂是将钯附着于碳酸钙上，加少量乙酸铅和喹啉使之部分毒化，以降低催化剂的活性。使用林德拉催化剂，炔烃的氢化反应可以停留在烯烃阶段，产物为顺式烯烃。

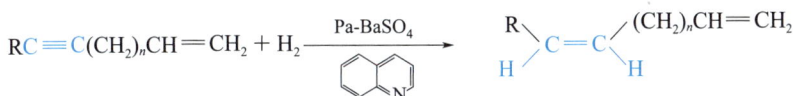

Lindlar 催化剂

$$RC\equiv C(CH_2)_nCH=CH_2 + H_2 \xrightarrow[\text{喹啉}]{\text{Pa-BaSO}_4} \underset{H}{\overset{R}{\diagdown}}C=C\underset{H}{\overset{(CH_2)_nCH=CH_2}{\diagup}}$$

用金属 Na 或 Li 的液氨溶液还原炔烃，主要生成反式烯烃。这是由炔烃制备反式烯烃的方法。

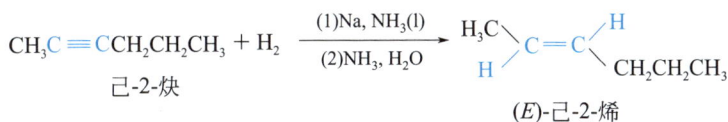

$$CH_3C\equiv CCH_2CH_2CH_3 + H_2 \xrightarrow[(2)NH_3, H_2O]{(1)Na, NH_3(l)} \underset{H}{\overset{H_3C}{\diagdown}}C=C\underset{CH_2CH_2CH_3}{\overset{H}{\diagup}}$$
己-2-炔

(E)-己-2-烯

反应中，钠和液氨发生氧化还原反应：

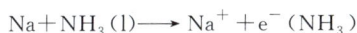

$$Na + NH_3(l) \longrightarrow Na^+ + e^-(NH_3)$$

炔烃得到一个电子生成负离子自由基中间体，继而从氨中夺取一个质子转变为乙烯型自由基：

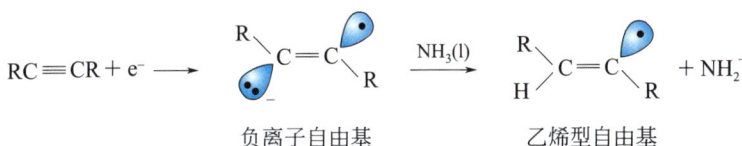

$$RC\equiv CR + e^- \longrightarrow \underset{H}{\overset{R}{\diagdown}}C=C\overset{R}{\diagup} \xrightarrow{NH_3(l)} \underset{H}{\overset{R}{\diagdown}}C=C\overset{R}{\diagup} + NH_2^-$$

负离子自由基　　　　乙烯型自由基

乙烯型自由基从钠接受一个电子转变为乙烯型负离子，继而从氨中夺取一个质子生成反式烯烃：

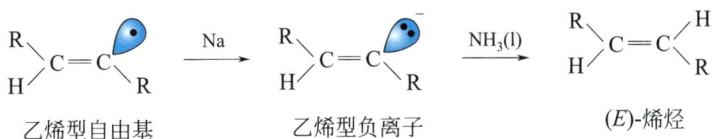

$$\underset{H}{\overset{R}{\diagdown}}C=C\overset{R}{\diagup} \xrightarrow{Na} \underset{H}{\overset{R}{\diagdown}}C=C\overset{R}{\diagup} \xrightarrow{NH_3(l)} \underset{H}{\overset{R}{\diagdown}}C=C\underset{R}{\overset{H}{\diagup}}$$

乙烯型自由基　　　　乙烯型负离子　　　　(E)-烯烃

炔烃用金属 Na 或 Li 的液氨溶液还原生成反式烯烃，主要是在中间体乙烯型自由基的构型中，两个 R—处于碳碳双键的异侧即反式时空间位阻小，较稳定。

4.3.5 氧化反应

炔烃可被高锰酸钾等氧化剂氧化，叁键完全断裂，最后得到完全氧化的产物羧酸或二氧化碳，同时高锰酸钾溶液的紫色褪去，生成棕褐色的二氧化锰沉淀，例如：

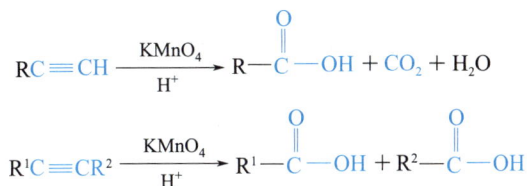

$$RC\equiv CH \xrightarrow[\text{H}^+]{\text{KMnO}_4} R-\overset{O}{\overset{\|}{C}}-OH + CO_2 + H_2O$$

$$R^1C\equiv CR^2 \xrightarrow[\text{H}^+]{\text{KMnO}_4} R^1-\overset{O}{\overset{\|}{C}}-OH + R^2-\overset{O}{\overset{\|}{C}}-OH$$

根据反应过程中高锰酸钾溶液颜色的变化情况，可判断分子中是否存在叁键。根据所得氧化产物的结构，还可推知原炔烃的结构。

炔烃在温和的条件下用 $KMnO_4$ 氧化，可生成 α-二酮，例如：

$$R^1C \equiv CR^2 \xrightarrow{KMnO_4} R^1-\underset{\underset{OH}{|}}{\overset{\overset{OH}{|}}{C}}-\underset{\underset{OH}{|}}{\overset{\overset{OH}{|}}{C}}-R^2 \xrightarrow{-2H_2O} R^1-\overset{\overset{O}{\|}}{C}-\overset{\overset{O}{\|}}{C}-R^2$$

炔烃经臭氧氧化水解，也发生碳碳叁键断裂，生成羧酸。例如：

$$R^1C \equiv CR^2 \xrightarrow[CCl_4]{O_3} R^1-\underset{\underset{O-O}{|}}{\overset{\overset{O}{|}}{C}}-\underset{}{\overset{\overset{O}{|}}{C}}-R^2 \xrightarrow{H_2O} R^1-\overset{\overset{O}{\|}}{C}-\overset{\overset{O}{\|}}{C}-R^2 \longrightarrow R^1COOH + R^2COOH$$

该反应也可用于炔烃的结构分析。将生成的羧酸分离鉴定后，即可推测出叁键在碳链中的位置。

4.3.6 聚合反应

炔烃能发生聚合反应，可以生成链状化合物，也可生成环状化合物。与烯烃不同，它一般不聚合成高聚物，例如，在氯化亚铜和氯化铵的作用下，可发生二聚或三聚作用。这种聚合反应可以看作是乙炔的自身加成反应：

$$CH \equiv CH + CH \equiv CH \xrightarrow[NH_4Cl]{Cu_2Cl_2} CH_2=CH-C \equiv CH \xrightarrow[NH_4Cl]{Cu_2Cl_2} CH_2=CH-C \equiv C-CH=CH_2$$
乙烯基乙炔   二乙烯基乙炔

乙烯基乙炔可用于制备氯代丁二烯，它是合成氯丁橡胶的单体。

$$3HC \equiv CH \xrightarrow{Ni(CO)_2[Ph_3P]_3} \bigcirc$$

$$4HC \equiv CH \xrightarrow{Ni(CN)_2} \bigcirc$$

$$nHC \equiv CH \xrightarrow{Ziegler-Natta} \left[\underset{H}{\overset{}{C}}=\underset{H}{\overset{}{C}} \right]_n$$

氯丁橡胶

乙炔可聚合成链状高分子聚乙炔。

聚乙炔有两种异构体：

顺聚乙炔   反聚乙炔

规整的聚乙炔结构具有单、双键交替结构，呈现大 π 键，电子可以流动，因此掺杂金属的聚乙炔成为一类新型材料——有机导体和半导体。

练习 4-4   写出由丁-2-炔转化为 (Z)-丁-2-烯和 (E)-丁-2-烯的化学反应式。

4.4 炔烃的来源

存在于自然界的炔烃不多，大多数炔烃是人工合成的。含有碳碳叁键的具 _{自然界中的炔烃}有生理活性的天然有机物有硬脂炔酸（存在于植物油中）和毒芹素（存在于水毒芹中）等。

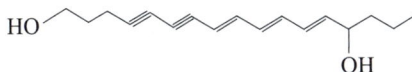
硬脂炔酸

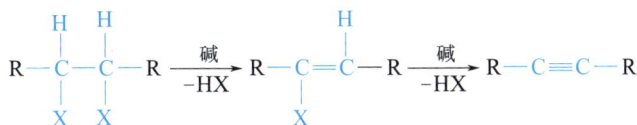
毒芹素

制备炔烃化合物有两个基本方法：1,2-二卤代烷的双消除反应和炔基负离子的烷基化反应。

(1) 二卤代烷烃脱卤化氢

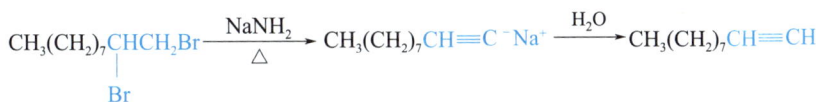

$$CH_3(CH_2)_7CHCH_2Br \xrightarrow[\triangle]{NaNH_2} CH_3(CH_2)_7CH \equiv C^-Na^+ \xrightarrow{H_2O} CH_3(CH_2)_7CH \equiv CH$$

(2) 乙炔的烷基化

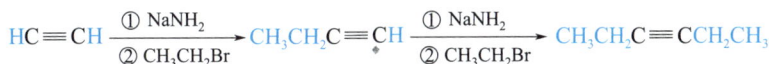

4.5 二烯烃

4.5.1 二烯烃的分类和命名

(1) 二烯烃的分类

根据二烯烃分子中两个双键的相对位置不同，可将二烯烃分为三类：两个双键被两个或两个以上的单键隔开的称为孤立二烯烃；双键与单键交替的二烯烃称为共轭二烯烃；两个双键连在同一个碳原子上的二烯烃称为累积二烯烃或丙二烯类化合物。累积二烯烃性质不稳定，孤立二烯烃中双键的性质与单烯烃相似，而共轭二烯烃，由于两个双键相互影响，表现出一些特殊的性质，因此，本节讨论共轭二烯烃。

孤立二烯烃　　　　　共轭二烯烃　　　　　累积二烯烃

$CH_2=CH(CH_2)_2CH=CH_2$　　$CH_2=CH-CH=CH_2$　　$CH_2=C=CH_2$

己-1,5-二烯　　　　　丁-1,3-二烯　　　　　丙二烯

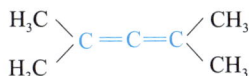

环己-1,4-二烯　　　　环己-1,3-二烯　　　　2,4-二甲基戊-2,3-二烯

(2)二烯烃的命名

二烯烃的系统命名法与单烯烃相似。命名时，选取最长的碳链为母体，如果母体中含有两个双键称为二烯，英文命名时使用后缀-diene，同时应标明两个双键的位次。例如：

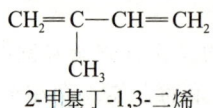

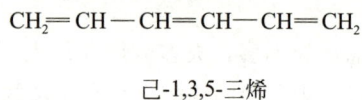

$$CH_2=C-CH=CH_2 \qquad CH_2=CH-CH=CH-CH=CH_2$$
$$\qquad | \qquad\qquad\qquad\qquad\qquad\qquad\qquad$$
$$\quad CH_3$$

2-甲基丁-1,3-二烯 　　　　　　　　己-1,3,5-三烯

与单烯烃一样，当二烯烃的双键两端连接的原子或基团不一样时，也会存在顺反异构现象。命名时，需要逐个标明双键的位次和构型。例如：

顺,顺-3-甲基庚-2,4-二烯　　　　　　反,反-3-甲基庚-2,4-二烯
(2E,4Z)-3-甲基庚-2,4-二烯　　　　　(2Z,4E)-3-甲基庚-2,4-二烯

顺,反-3-甲基庚-2,4-二烯　　　　　　反,顺-3-甲基庚-2,4-二烯
(2E,4E)-3-甲基庚-2,4-二烯　　　　　(2Z,4Z)-3-甲基庚-2,4-二烯

练习 4-5　判断下列化合物有无顺反异构体，若有，写出构型式并命名：（1）戊-1,3-二烯；（2）己-1,3,5-三烯。

4.5.2　共轭二烯烃的结构

丁-1,3-二烯是最简单的共轭二烯烃，键参数见图4-4。以下将以丁-1,3-二烯为例分析共轭二烯烃的结构特征。

图 4-4 数据显示，丁-1,3-二烯分子中 C1—C2、C3—C4 的键长为 0.1337nm，与乙烯的双键键长 0.134nm 相近；而 C2—C3 的键长为 0.146nm，比乙烷分子中的 C—C 单键键长 0.154nm 短，显示 C2—C3 键具有某些"双键"的性质。根据价键理论，在丁-1,3-二烯分子中，四个碳原子都是 sp^2 杂化的，相邻碳原子之间以 sp^2 杂化轨道相互交盖重叠形成 $C(sp^2)—C(sp^2)\sigma$ 键，或以 sp^2 杂化轨道与氢原子的 1s 轨道重叠形成 $C(sp^2)—H(1s)\sigma$ 键。这些 σ 键都处在同一平面上，即丁-1,3-二烯的四个碳原子和六个氢原子都在同一个平面上。此时，每个碳原子还有一个未参与杂化的带有单电子的 p 轨道，这些 p 轨道相互平行且垂直于 σ 键所在平面，相邻的 p 轨道可以在侧面相互重叠形成 π 键。而且，不仅 C1 与 C2、C3 与 C4 的 p 轨道发生了侧面交盖，C2 与 C3 的 p 轨道也发生了一定程度的交盖，如图4-5所示。

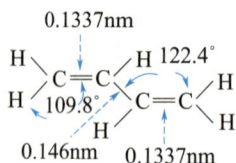

图 4-4　丁-1,3-二烯的结构　　　　　　图 4-5　丁-1,3-二烯 π 键的构成

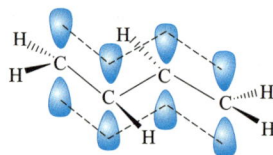

乙烯分子中的 π 电子在两个烯碳原子间运动，称为定域 π 电子；与乙烯不同的是，丁-1,3-二烯中的两个 π 键电子云不局限于 C1 与 C2、C3 与 C4 之间，C2 与 C3 之间也有部分 π 电子云，构成了一个离域的大 π 键（π_4^4），即发生了 π 电子的离域。这种两个 π 键中的 p 轨道相互平行且存在重叠而使电子离域的现象，称为 π-π 共轭效应（详见 4.5.3 小节）。π 电子的离域，使丁-1,3-二烯分子中单、双键的键长趋于平均化。

根据分子轨道理论，丁-1,3-二烯分子中四个碳原子的四个未杂化的 p 轨道线性组合形成四个分子轨道：两个成键轨道 ψ_1 和 ψ_2 和两个反键轨道 ψ_3 和 ψ_4，如图 4-6 所示。ψ_1 能量最低，ψ_2 能量稍高，它们的能量均比原来的原子轨道的能量低，都是成键轨道。ψ_3 和 ψ_4 的能量依次增高，它们的能量均比原来的原子轨道的能量高，都是反键轨道。基态时，四个 p 电子都在成键轨道中，反键轨道中没有电子，因而丁-1,3-二烯分子的能量较低。

思考题 4-5　π 电子要发生离域，需要什么基本条件？

从氢化热数据考察丁-1,3-二烯的稳定性。丁-1,3-二烯的氢化热为 239kJ/mol，比丁-1-烯的氢化热 126.6kJ/mol 的两倍低 14.2kJ/mol；戊-1,3-二烯的氢化热为 226kJ/mol，比戊-1,4-二烯的氢化热 254kJ/mol 低 28kJ/mol（见图 4-7），这种能量差值是由于共轭体系内电子离域引起的，故称为离域能或共轭能（conjugation energy）。共轭体系越长，离域能越大，体系的能量越低，化合物越稳定。

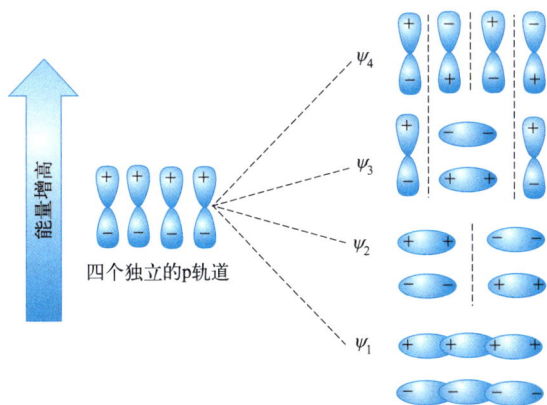

图 4-6　丁-1,3-二烯的分子轨道图　　　图 4-7　戊-1,3-二烯与戊-1,4-二烯氢化热

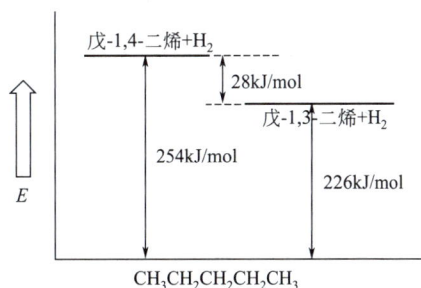

4.5.3　共轭体系与共轭效应

（1）共轭效应

一般将分子中含有大于或等于 3 个相邻且共平面的分子，以相互平行的 p 轨道相互交盖形成离域键的结构称为共轭体系，如丁-1,3-二烯；由于共轭体系内原子的相互影响，引起键长和电子云分布的平均化，体系能量降低，分子更稳定的现象，称为共轭作用，又称共轭效应。

共轭效应是共轭体系的内在性质，与诱导效应不同，共轭效应只存在于共轭体系中，沿共轭链传递，其强度不因共轭链的增长而减弱；当共轭体系的一端受到电场的影响时，这种影响将一直传递到共轭体系的另一端，同时在共轭链上产生电荷正负交替的现象。

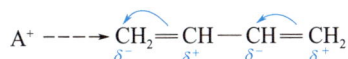

$$A^+ \text{----} \rightarrow \underset{\delta^-}{CH_2} = \underset{\delta^+}{CH} - \underset{\delta^-}{CH} = \underset{\delta^+}{CH_2}$$

共轭体系按照参与共轭的原子数及轨道的不同，可分为 π-π 共轭体系、p-π 共轭体系及 σ-π、σ-p 超共轭体系。

(2) π-π 共轭体系

双键、单键相间的共轭体系称为 π-π 共轭体系。形成 π-π 共轭体系的双键可以有多个，形成双键的原子除了碳原子外，也可以有其他原子。如：

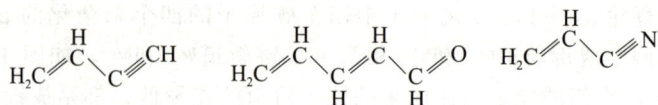

(3) p-π 共轭体系

当与双键碳原子相连的原子上有 p 轨道时，该 p 轨道与其相连的 π 键的 p 轨道交盖形成 p-π 共轭体系。p 轨道可以有一对未共用电子对或一个自由电子，也可以是空轨道，构成 p-π 共轭的不同类型，如图 4-8 所示。

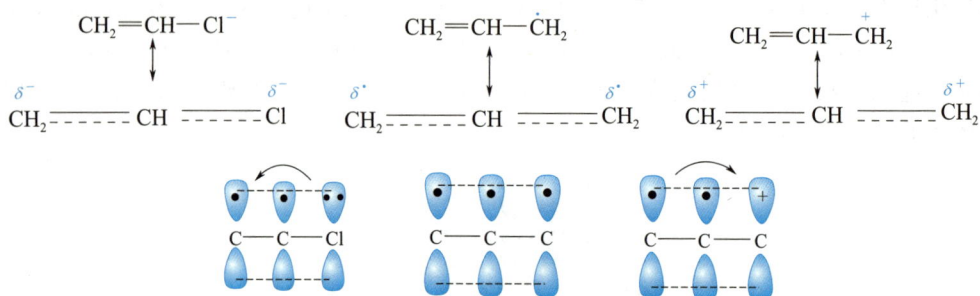

图 4-8 p-π 共轭体系

(4) 超共轭效应

电子的离域不仅存在于 π-π 共轭体系和 p-π 共轭体系中，分子中的 C—H σ 键也能与处于共轭位置的 π 键、p 轨道发生侧面部分重叠，产生类似的电子离域现象，统称为超共轭效应。超共轭效应比 π-π 和 p-π 共轭效应弱得多。

① σ-π 超共轭。分子中的甲基围绕碳碳键旋转，当甲基上一个 C—H 键的 σ 轨道与碳碳双键的 p 轨道接近平行时，π 键与 C—H σ 键相互重叠，形成 σ-π 超共轭体系（见图 4-9）。

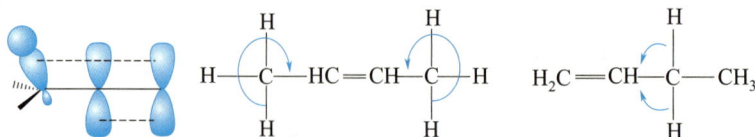

图 4-9   丙烯、丁-2-烯和丁-1-烯分子中的超共轭

σ-π 超共轭体系中，碳碳双键相邻的 α-H 越多，σ-π 超共轭效应越强。比较丁-1-烯和丁-2-烯的稳定性，因丁-2-烯的 π 电子离域较广泛（6 个 α-H 参与 σ-π 超共轭），离域能较大，所以丁-2-烯更稳定。

② σ-p 超共轭。与 σ-π 超共轭相似，C—H 键的 σ 轨道也可以和相邻的 p 轨道形成 σ-p 超共轭体系。例如碳正离子和自由基。如在 $(CH_3)_3C^+$ 中，CH_3— 的 C—H σ 键与碳正离子的 p 轨道都能发生共轭，称为 σ-p 超共轭，见图 4-10。

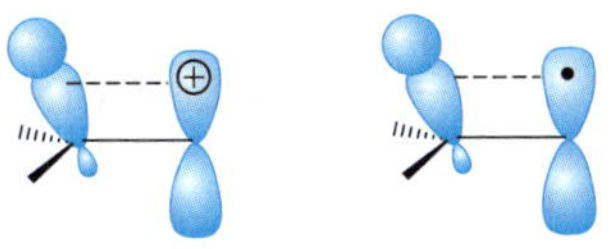

图 4-10　碳正离子、自由基中的超共轭

用 σ-p 超共轭效应可以解释碳正离子的稳定性。碳正离子的稳定性次序为：$R_3C^+ > R_2CH^+ > RCH_2^+ > CH_3^+$。碳正离子的空 p 轨道与相邻碳原子的 C—H σ 键共轭越多，正电荷分散程度越大，其越稳定。

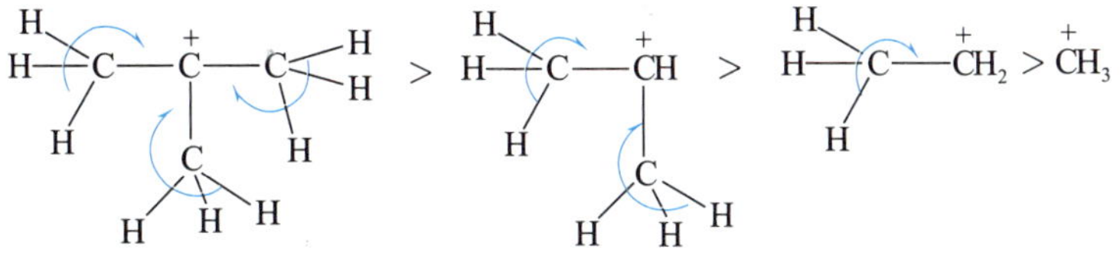

同理，碳自由基的稳定性顺序为 $3°R\cdot > 2°R\cdot > 1°R\cdot > CH_3\cdot$；碳负离子由于电子效应和立体效应的共同影响，其稳定性顺序为 $CH_3^- > 1°R^- > 2°R^- > 3°R^-$。

诱导效应、共轭效应和超共轭效应都是分子内原子间相互影响的电子效应。它们常同时存在，利用它们可以解释有机化学中的许多问题。

思考题 4-6　解释烯丙基碳正离子和烯丙基自由基相对于其他碳正离子和自由基而言特别稳定的原因。

4.6　共轭二烯烃的化学性质

共轭二烯烃除具有单烯烃的性质外，由于是共轭体系，还表现出一些特殊的化学性质。

4.6.1　共轭二烯烃的 1,2-加成和 1,4-加成

与单烯烃相似，共轭二烯烃也容易与卤素、卤化氢等亲电试剂进行亲电加成反应。共轭二烯烃与一分子亲电试剂加成时，得到 3,4-二溴丁-1-烯和 1,4-二溴丁-2-烯两种产物：

$$CH_2{=}CH{-}CH{=}CH_2 + Br_2 \longrightarrow \underset{1,2\text{-加成}}{CH_2{=}CH{-}\underset{Br}{CH}{-}\underset{Br}{CH_2}} + \underset{1,4\text{-加成}}{\underset{Br}{CH_2}{-}CH{=}CH{-}\underset{Br}{CH_2}}$$

$$CH_2{=}CH{-}CH{=}CH_2 + HBr \longrightarrow CH_2{=}CH{-}\underset{Br}{CH}{-}CH_3 + \underset{Br}{CH_2}{-}CH{=}CH{-}CH_3$$

显然，两种不同加成产物是由不同加成方式造成的。如亲电试剂溴对丁-1,3-二烯的一个双键加成，称为 1,2-加成，得 1,2-加成产物 3,4-二溴丁-1-烯；亲电试剂溴加在共轭双烯两端的碳原子上，同时在 C2、C3 原子之间形成一个新的 π 键，称为 1,4-加成，又称为共轭加成，得 1,4-加成产物 1,4-二溴丁-2-烯。1,2-加成产物和 1,4-加成产物的比例取决于反应条件。

例如，丁-1,3-二烯与溴在 −15℃ 加成，1,4-加成产物的比例随溶剂的极性增强而增多；反应温度影响明显，一般地，低温有利于 1,2-加成，高温有利于 1,4-加成。

$$CH_2=CH-CH=CH_2+Br_2 \xrightarrow{-15℃} \begin{array}{l} n\text{-}C_6H_{14} \\ \\ CHCl_3 \end{array}$$

1,2-加成	1,4-加成
62%	38%
$CH_2=CH-\underset{Br}{CH}-\underset{Br}{CH_2}$	$+$ $\underset{Br}{CH_2}-CH=CH-\underset{Br}{CH_2}$
37%	63%

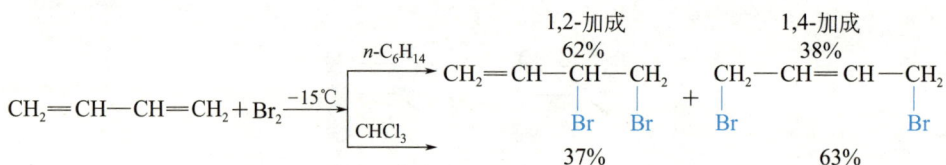

又如，丁-1,3-二烯与氯化氢加成，在 $-80℃$ 反应 1,2-加成产物和 1,4-加成产物分别是 78％和 22％；反应体系升温至 40℃，1,2-加成产物和 1,4-加成产物分别是 15％和 85％，可见温度升高，有利于 1,4-加成。

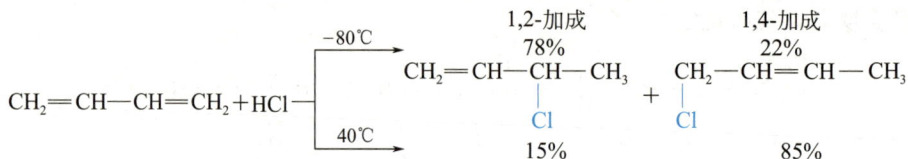

$$CH_2=CH-CH=CH_2+HCl \begin{array}{l} -80℃ \\ \\ 40℃ \end{array}$$

1,2-加成	1,4-加成
78%	22%
$CH_2=CH-\underset{Cl}{CH}-CH_3$	$+$ $\underset{Cl}{CH_2}-CH=CH-CH_3$
15%	85%

4.6.2 共轭二烯烃的 1,4-加成反应机理

共轭二烯烃的亲电加成反应是分两步进行的，以丁-1,3-二烯与溴加成为例进行说明。

第一步，溴正离子进攻碳碳双键，生成碳正离子（1）和（2）：

$$CH_2=CH-CH=CH_2+Br_2$$

$$\overset{1}{CH_2}-\overset{2}{\overset{+}{CH}}-\overset{3}{CH}=\overset{4}{CH_2}+Br^- \quad (1)$$
$$\qquad \underset{Br}{}$$

$$\overset{1}{\overset{+}{CH_2}}-\overset{2}{CH}-\overset{3}{CH}=\overset{4}{CH_2}+Br^- \quad (2)$$
$$\quad \underset{Br}{}$$

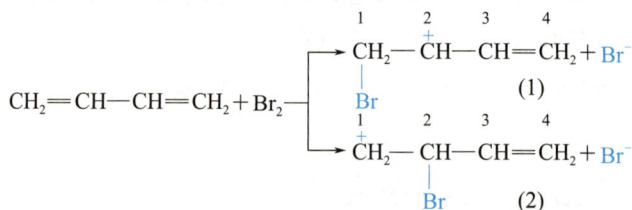

在碳正离子（1）中，带正电荷的 C2 和双键碳原子相连，为烯丙基型碳正离子。由于碳正离子的空轨道和相邻 π 键发生交盖，形成 p-π 共轭，生成一个 3 原子中心 2 电子的大 π 键（π_3^2）。p-π 共轭，π 电子离域，使正电荷得到分散，体系能量较低。对于碳正离子（2），带正电荷的 C1 的空 p 轨道不能和 π 轨道发生交盖，正电荷得不到分散，体系能量较高。因此，碳正离子（1）比碳正离子（2）稳定，加成反应的第一步主要是通过形成碳正离子（1）进行的。

碳正离子（1）为烯丙基型碳正离子，p-π 共轭使得正电荷分散到共轭体系中，共轭体系的两个末端 C2 和 C4 上都带有部分正电荷 δ^+（见图 4-11）。

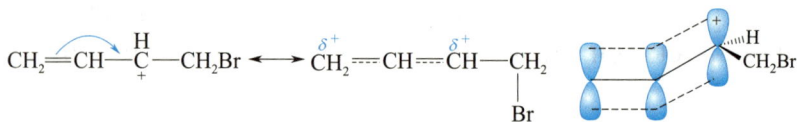

图 4-11   烯丙基型碳正离子的 p-π 共轭结构

第二步，Br^- 与碳正离子结合形成产物。显然，Br^- 既可以与 C2 结合得到 1,2-加成产物，也可以与 C4 结合得到 1,4-加成产物。

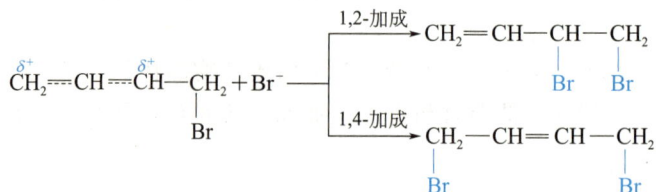

1,2-加成和 1,4-加成产物有共同的中间体，分析丁-1,3-二烯与溴化氢亲电加成反应进程的能量变化可帮助理解 1,2-加成和 1,4-加成产物的形成（见图 4-12）。

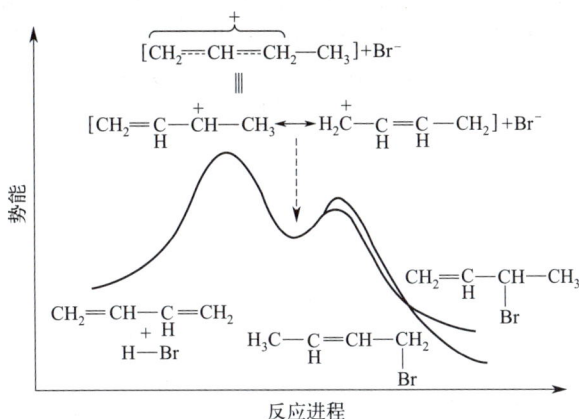

图 4-12　1,2-加成和 1,4-加成反应势能图

由图 4-12 可见，生成碳正离子中间体的反应活化能较大，是决定反应速率步骤；Br^- 与碳正离子中间体结合部位不同，形成产物的活化能不同，产物稳定性也不同。1,4-加成产物活化能比 1,2-加成产物的活化能高，1,4-加成产物的能量低，稳定性好。因此，低温下，1,2-加成产物因反应所需活化能较低，反应速率快，产物多，属于动力学控制反应产物。当温度升高或有催化剂存在时，形成产物的活化能差异变得不重要，影响产物生成的主要因素是产物的稳定性，主要产物为更稳定的 1,4-加成产物，这属于热力学控制产物。高温下，1,2-加成产物也容易异构化，变成更稳定的 1,4-加成产物。动力学控制与热力学控制比较如下：

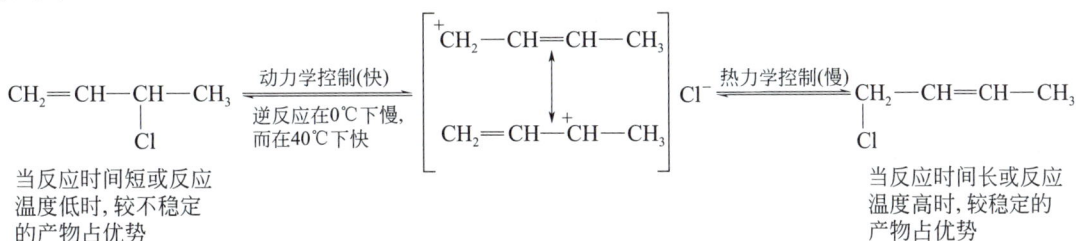

当反应时间短或反应温度低时，较不稳定的产物占优势

当反应时间长或反应温度高时，较稳定的产物占优势

练习 4-6　完成下列反应。

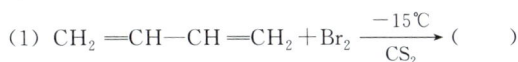

(1) $CH_2=CH-CH=CH_2 + Br_2 \xrightarrow[CS_2]{-15℃}$ (　　)

(2) $CH_2=CH-CH=CH_2 + Br_2 \xrightarrow{CHCl_3}$ (　　)

Diels-Alder 反应

4.6.3　双烯合成——Diels-Alder 反应

共轭二烯烃可以与含有双键或叁键的化合物发生 1,4-加成，生成六元环状化合物，这类反应称为双烯合成反应，又称 Diels-Alder 反应。例如：

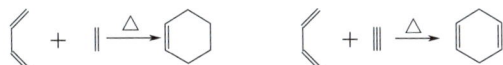

Diels-Alder 反应中，通常将共轭二烯烃称为双烯体，与双烯体反应的不饱和化合物称

为亲双烯体。实践证明，丁-1,3-二烯与乙烯作用，需要较高的反应条件，产率也较低；如果亲双烯体上连有吸电子取代基，如—NO_2、—CHO、—COR、—COOR、—CN 等，反应容易进行；同理，双烯体上连有供电子取代基时，反应容易进行，即富电子的双烯体和缺电子的亲双烯体能非常顺利地发生 Diels-Alder 反应生成环己烯及其取代物。

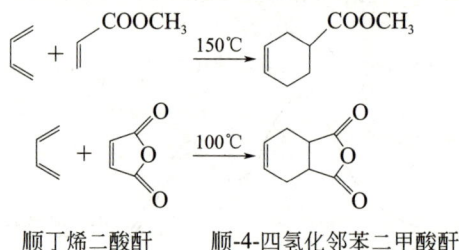

顺丁烯二酸酐　　　顺-4-四氢化邻苯二甲酸酐

顺-4-四氢化邻苯二甲酸酐是固体，在实验室中，可利用该反应鉴定和分离共轭二烯烃。

Diels-Alder 反应与其他反应明显不同。在反应过程中没有任何活性中间体生成，反应是一步完成的；反应速率也极少受溶剂极性和酸碱催化剂的影响，自由基引发剂也不起作用。Diels-Alder 反应是通过环状过渡态的一步协同反应，新的 σ 键和 π 键的生成与旧的 π 键的断裂是同时进行的（图 4-13）。该反应也称为周环反应。

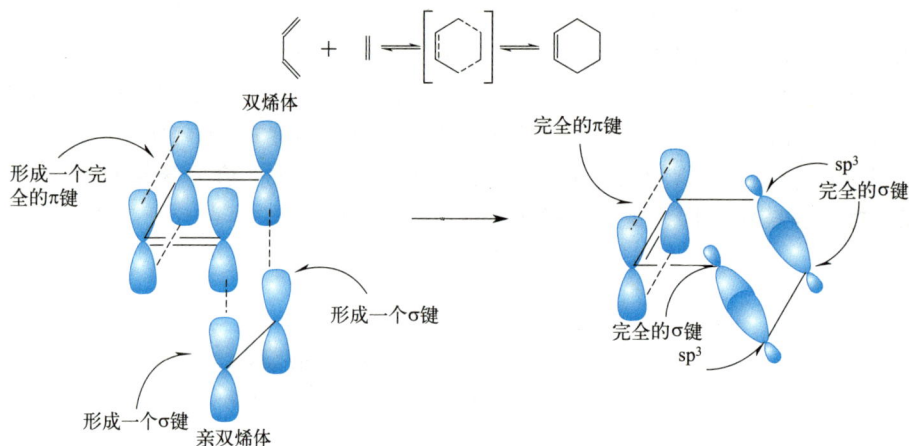

图 4-13　丁-1,3-二烯与乙烯环加成反应示意

丁-1,3-二烯 C1 和 C4 上的 p 轨道和乙烯的两个轨道相互作用，结果是参与反应的碳原子重新杂化成 sp^3，形成两个碳碳 σ 键。同时 C2 和 C3 的 p 轨道侧面交盖形成一个完全的 π 键。

双烯合成反应是由直链化合物合成环状化合物的方法之一，应用范围广泛，在理论上和生产上都具有重要地位。为此，化学家狄尔斯（O. Diels）和阿尔德（K. Alder）获得了1950 年的诺贝尔化学奖。

思考题 4-7　判断下列化合物能否作为双烯体参与 Diels-Alder 反应。

(1) 　　(2) 　　(3) 　　(4)

练习 4-7　完成下列反应。

(1) + Br_2 ⟶

(2)
$$CH_2=\overset{\overset{\displaystyle CH_3}{|}}{C}-CH=CH_2 + CH_2=CH-CHO \xrightarrow{\triangle}$$

4.6.4 聚合反应与合成橡胶

橡胶是具有高弹性的高聚物，用途极为广泛。天然橡胶主要是指顺-聚异戊-1,4-二烯，主要来源于橡胶树，具有优良的弹性、机械性能、抗曲挠性、气密性和绝缘性。反-聚异戊-1,4-二烯各种性能均不及顺式的。

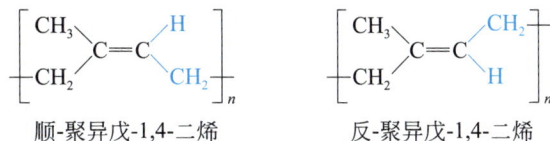

共轭二烯烃可以聚合，生成的材料具有弹性，可用作合成橡胶。

(1) 丁-1,3-二烯的聚合

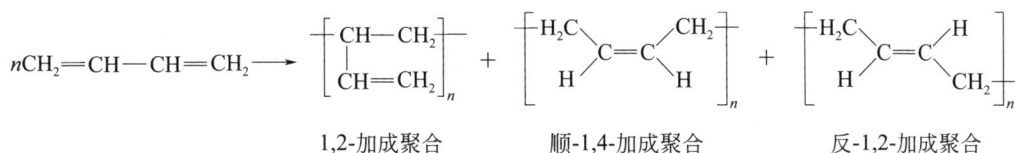

丁-1,3-二烯聚合，有 1,2-加成聚合和 1,4-加成聚合（顺、反）两种不同的聚合方式，得到混合物，聚合物性能不好。在特定催化剂作用下，可以定向聚合反应。如：丁-1,3-二烯、异戊二烯用 $TiCl_4$-Et_3Al（Ziegler-Natta 催化剂）作用，主要按顺-1,4-加聚，得到顺丁橡胶和顺-聚异戊-1,4-二烯橡胶；采用 Ziegler-Natta 型催化剂，如环烷酸镍-三氟化硼-乙醚配合物或 $(i\text{-}Bu)_3Al$-BF_3-Et_2O 配合物，顺-1,4-加聚产物含量更高。

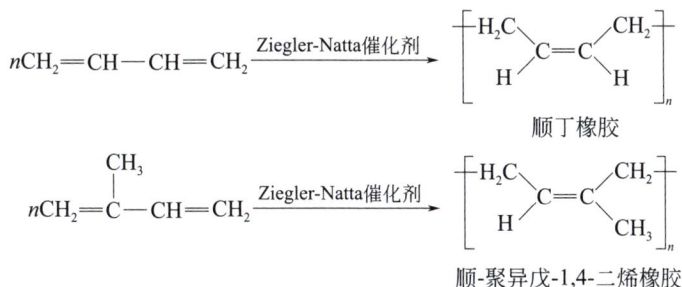

(2) 共聚反应

丁-1,3-二烯可以与苯乙烯、丙烯腈、甲基丙烯酸甲酯等单体进行共聚反应而生产其他种类的橡胶。如丁-1,3-二烯与苯乙烯共聚得到丁苯橡胶，其综合性能好，是目前合成橡胶中产量最大的品种，主要用于制造轮胎。

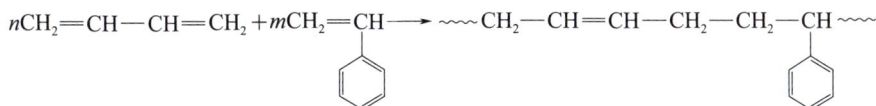

关键词

炔烃-alkyne   线性结构-linear structure

叁键-triple bond   炔基-alkynyl group

炔氢-alkyne hydrogen　　　　　　　　　　共轭体系-conjugated system
亲核加成-nucleophilic addition　　　　　　共轭效应-conjugate effect，C
聚合反应-polymerization reaction　　　　　丁-1,3-二烯-buta-1,3-diene
合成橡胶-synthetic rubber　　　　　　　　共轭加成-conjugate addition
重排反应-rearrangement reaction　　　　　Diels-Alder 反应-Diels-Alder reaction
共轭二烯烃-conjugated diene　　　　　　　共聚反应-copolymerization reaction
累积二烯烃-cumulated diene　　　　　　　　动力学控制-kinetic control
隔离二烯烃-isolated diene　　　　　　　　　热力学控制-thermodynamic control

习　题

第 4 章习题答案

4-1　命名下列化合物。

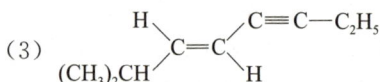

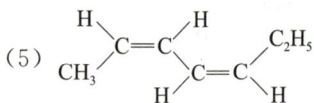

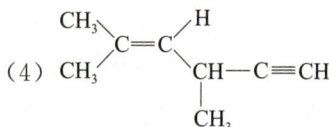

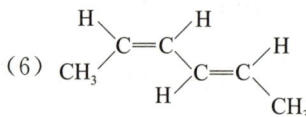

（1）$CH_2=CH-CH_2-C\equiv CH$

（2）$(CH_3)_2CHC\equiv CC(CH_3)_3$

（3）
$$\underset{(CH_3)_2CH}{\overset{H}{}}C=C\underset{H}{\overset{C\equiv C-C_2H_5}{}}$$

（4）
$$\underset{CH_3}{\overset{CH_3}{}}C=C\underset{\underset{CH_3}{|}{CH-C\equiv CH}}{\overset{H}{}}$$

（5）
$$\underset{CH_3}{\overset{H}{}}C=C\underset{H}{\overset{H}{}}\underset{H}{\overset{}{}}C=C\underset{H}{\overset{C_2H_5}{}}$$

（6）
$$\underset{CH_3}{\overset{H}{}}C=C\underset{H}{\overset{H}{}}C=C\underset{CH_3}{\overset{H}{}}$$

（7）$CH_2=CH-CH=CH-C\equiv CH$

（8）$CH_3-CH=CH-C\equiv C-C\equiv CH$

4-2　写出下列化合物结构简式。

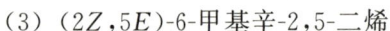

（1）己-1-烯-5-炔

（2）戊-3-烯-1-炔

（3）$(2Z,5E)$-6-甲基辛-2,5-二烯

（4）(E)-庚-2-烯-4-炔

（5）乙烯基乙炔

（6）环戊基乙炔

4-3　完成下列反应式。

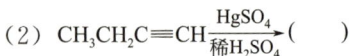

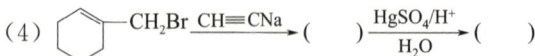

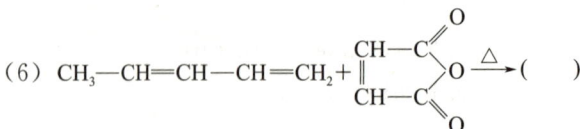

（1）$CH_2=CHCH_2-C\equiv CH \xrightarrow{Cl_2}$（　　）

（2）$CH_3CH_2C\equiv CH \xrightarrow[稀H_2SO_4]{HgSO_4}$（　　）

（3）$CH_3C\equiv CCH_3 \xrightarrow[Lindlar催化剂]{H_2}$（　　）

（4）（环己烯基）$-CH_2Br \xrightarrow{CH\equiv CNa}$（　　）$\xrightarrow[H_2O]{HgSO_4/H^+}$（　　）

（5）$CH_3CH_2C\equiv CH \xrightarrow[KOH]{KMnO_4}$（　　）

（6）$CH_3-CH=CH-CH=CH_2 + \underset{\overset{||}{CH-C}}{\overset{CH-C}{}} \begin{smallmatrix} O \\ \\ O \\ \\ O \end{smallmatrix} \xrightarrow{\triangle}$（　　）

(7) $\underset{\underset{CH_3}{|}}{CH_2=C-CH=CH_2} + HBr \longrightarrow (\quad)$

(8) $CH_3CH_2C\equiv CH \xrightarrow[H_2O_2/OH]{B_2H_6} (\quad)$

(9) $CH_3C\equiv CH \xrightarrow[NH_3(l)]{Na} (\quad) \xrightarrow{CH_3I} (\quad) \xrightarrow{H_2}_{Pb-BaSO_4} (\quad)$

(10) $C_2H_5C\equiv CH + B_2H_6 \xrightarrow{CH_3COOH} (\quad) \xrightarrow[H_2O]{KMnO_4} (\quad)$

(11) $CH_2=CHCH_2C\equiv CH + HBr\,(1mol) \longrightarrow (\quad)$

(12) $\xrightarrow[\triangle]{NaNH_2} (\quad) \xrightarrow[H_2O_2/OH]{B_2H_6} (\quad)$

(13) $CH_3CH=CHCH_2CH=CHCl \xrightarrow{1mol\ Br_2} (\quad)$

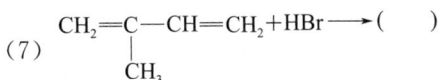

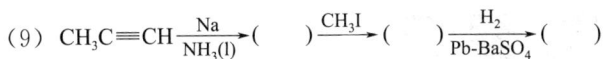

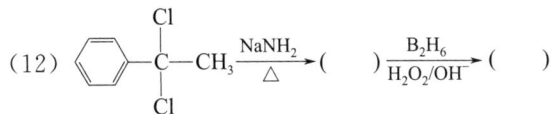

4-4 用化学方法鉴别下列化合物。

(1) 丁烷，丁-1-烯，丁-1-炔

(2) 戊-1-炔，戊-2-炔，戊-1,3-二烯

(3) 环己烯，1,1-二甲基环丙烷，环己-1,3-二烯

4-5 由指定原料合成下列化合物。

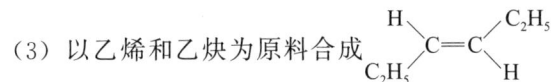

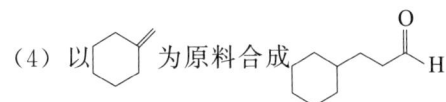

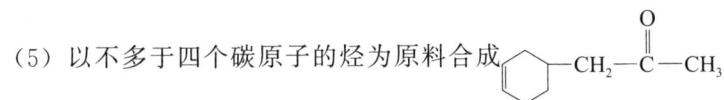

(1) 以乙炔为主要原料合成

(2) 以乙炔和丙烯为原料合成 $CH_3(CH_2)_2COCH_3$

(3) 以乙烯和乙炔为原料合成

(4) 以 为原料合成

(5) 以不多于四个碳原子的烃为原料合成

4-6 比较下列二烯烃与丙烯醛发生 Diels-Alder 反应的活性。

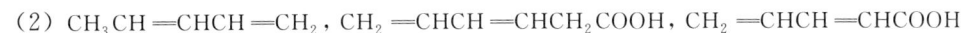

(1)

(2) $CH_3CH=CHCH=CH_2$, $CH_2=CHCH=CHCH_2COOH$, $CH_2=CHCH=CHCOOH$

4-7 某化合物 A 的分子式为 C_5H_8，在液 NH_3 中与 $NaNH_2$ 作用后再与 1-溴丙烷作用，生成分子式为 C_8H_{14} 的化合物 B，用 $KMnO_4$ 氧化 B 得分子式为 $C_4H_8O_2$ 的两种不同酸 C 和 D，A 在 $HgSO_4$ 存在下与稀 H_2SO_4 作用可得到酮 $C_5H_{10}O$（E），试写出 A～E 的构造式。

4-8 分子式为 C_6H_8 的某开链烃 A，可发生下列反应：A 经催化加氢可生成 3-甲基戊烷；A 与 $AgNO_3$ 氨溶液反应可产生白色沉淀；A 在 $Pd/BaSO_4$ 作用下吸收 $1mol\ H_2$ 生成化合物 B；B 可以与顺丁烯二酸酐反应生成化合物 C。试推测 A、B 和 C 的构造式。

第5章

芳香烃

芳香族碳氢化合物简称芳香烃或芳烃（arene）。大多数芳烃含有苯环结构，少数不含苯环的芳烃称为非苯芳烃（non-benzenoid hydrocarbon）。不论是否含有苯环，芳烃具有共同的特性：分子具有高碳氢比（如苯的分子式 C_6H_6），但性质稳定；不易发生加成和氧化反应，却较容易发生亲电取代反应，这和脂肪族不饱和烃的性质明显不同。这些特性称为芳香性（aromaticity）。

根据是否含有苯环以及所含苯环的数目和连接方式的不同，芳烃可分为以下三类。

① 单环芳烃：分子中只含有一个苯环的芳烃。

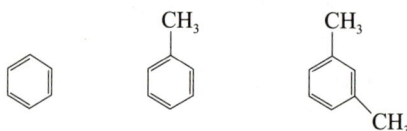

② 多环芳烃：分子中含有两个或两个以上苯环。

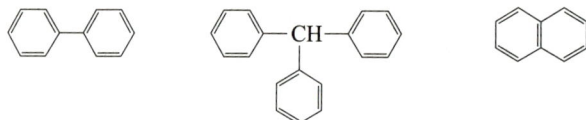

③ 非苯芳烃：不含有苯环结构但具有芳香性的环状化合物。

5.1 苯分子的结构

5.1.1 苯的凯库勒式

苯的分子式为 C_6H_6，碳氢比为 $1:1$。从组成上看它是一种高度不饱和的化合物，应当具有不饱和化合物的性质。事实上，苯在一般条件下不易发生加成、氧化反应，却较容易发生苯环上的亲电取代反应。进一步研究发现，苯的一元取代物只有一种，说明苯分子中的六个氢所处的位置都是一样的。因此，德国化学家凯库勒（A. Kekulé）于 1865 年提出了苯的环状结构式（凯库勒式）：

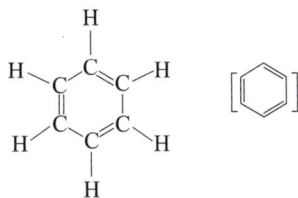

凯库勒发现苯环结构的故事

凯库勒式仍无法解释苯的性质，如虽含有双键结构却不能与卤素发生加成反应，也不被 $KMnO_4$ 氧化；苯分子中的 C—C 键键长完全等同及苯具有低氢化热等问题，如：一个双键氢化时，放出 119.6kJ/mol 氢化热，如果苯环中有三个双键，由苯加氢变为环己烷时，应放热 358.8kJ/mol，但实际上只有 208.5kJ/mol。这说明苯比凯库勒所假定的环己三烯式稳定 150.3kJ/mol。

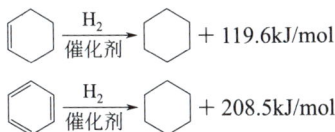

氢化反应是放热反应，反之脱氢反应是吸热反应。脱去两个氢原子形成一个双键时一般需要供给约 117～126kJ/mol 的热量。环己-1,3-二烯脱去两个氢原子成为苯时，不但不吸热，反而有少量的热释放，说明苯环结构远比环己三烯稳定。

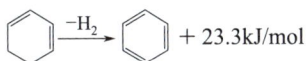

5.1.2 苯分子结构的近代概念

现代物理实验方法测定结果表明，苯环具有平面正六边形的结构（见图 5-1），六个碳原子和六个氢原子处在同一平面上，C—C 键长都是 0.140nm，C—H 键长都是 0.109nm，所有键角为 120°。关于苯的结构，可由价键理论和分子轨道理论得到合理的解释。

(1) 价键理论

价键理论认为，苯环上的碳原子都是 sp^2 杂化的。因此，苯环上的所有碳、氢原子都在一个平面上，键角都为 120°。相邻碳原子用两个 sp^2 杂化轨道以"头碰头"的形式相互交盖构成六个等同的 σ 键，每个碳原子用另一个 sp^2 杂化轨道同氢原子的 1s 轨道交盖，构成六个等同的 C—H σ 键。此外，每个碳原子都保留着一个未参加杂化的带有一个电子的 p 轨道。这些 p 轨道的对称轴都垂直于苯环平面，p 轨道彼此间以"肩并肩"的方式相互交盖，构成一个闭合的共轭体系。p 轨道的交盖部分，对称地分布在苯环平面的上、下方，形成了六原子共用六电子的环状闭合大 π 键（π_6^6），大 π 键中 π 电子云密度完全平均化（见图 5-1），体系能量降低。

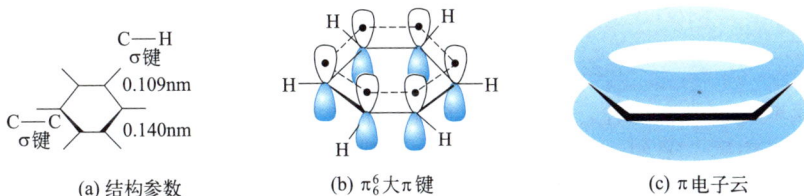

(a) 结构参数   (b) π_6^6 大 π 键   (c) π 电子云

图 5-1 苯分子结构

(2) 分子轨道理论

按照分子轨道理论，六个 p 原子轨道通过线性组合，可组成六个分子轨道，分别用 Ψ_1、Ψ_2、Ψ_3、Ψ_4、Ψ_5 和 Ψ_6 表示。其中 Ψ_1、Ψ_2 和 Ψ_3 的能量比原子轨道能量低，是成键轨道；ψ_4、ψ_5 和 ψ_6 的能量比原子轨道能量高，是反键轨道。成键轨道中无节面或节面较少，能量较低，反键轨道中节面较多，能量较高，如图 5-2 所示。

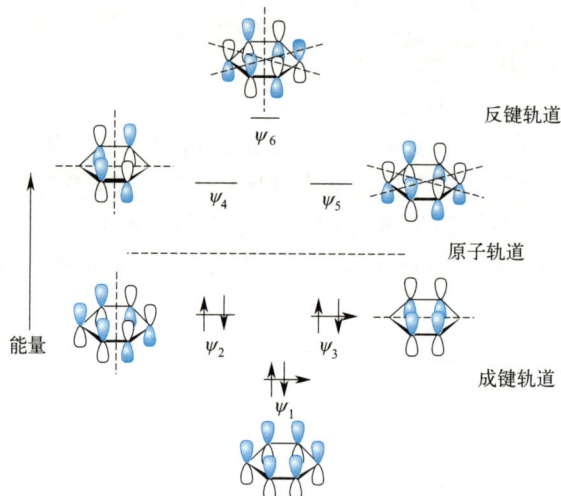

图 5-2　苯环的 π 分子轨道能级图

基态时，苯分子的 6 个 p 电子成对地填入三个成键轨道中，这样，所有能量低的成键轨道全部充满了电子，体系能量降低，比正常的环己三烯能量降低了 150.3kJ/mol，这个能量称为离域能。

苯的结构还可用共振论进行解释，在此不予介绍。

以上分析可知，苯环具有闭合的大共轭体系，体系能量低，苯环特别稳定，不易发生加成和氧化反应；另外，苯环大 π 键的电子云暴露在平面上、下方，易受亲电试剂进攻，苯环上可发生亲电取代反应。

目前，可用 ⬡ 或 ⬡ 表示苯的结构。

思考题 5-1　　（1）苯的分子式为 C_6H_6。1,4-己二炔的构造式也符合 C_6H_6，为什么不用它作为苯的构造式呢？

（2）除凯库勒式外，还可能有什么结构式符合苯分子构造式的要求？

5.2　芳烃的命名

5.2.1　苯的异构现象和命名

（1）苯的异构现象

苯的一元取代物只有一种，若取代基含有两个以上碳原子，由于存在碳链异构现象，就有不同的同分异构体。苯的二元取代物，由于取代基在环上有三种不同的相对位置，故还存在位置异构现象。苯的多元取代则情况更复杂。如：

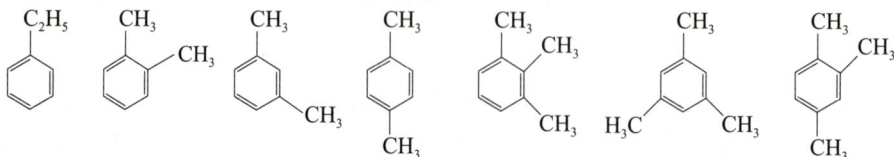

苯环结构的探究历程

(2) 命名

对一取代苯而言，当烃基的结构较简单时，以苯环为母体命名，称为某苯，如甲苯、乙苯等。当烃基的碳链比较复杂或连有不饱和基团时，则以烃为母体，把苯环作为取代基来命名。如：

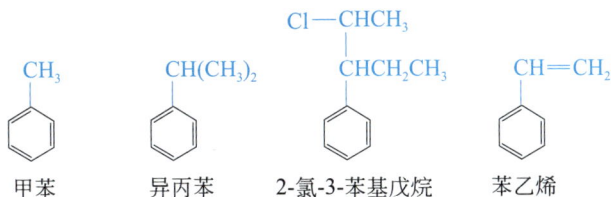

甲苯　　　异丙苯　　　2-氯-3-苯基戊烷　　　苯乙烯

二取代苯相应有三种同分异构体，命名时常以邻、间、对作为字头来表明两个取代基的相对位置，有时也用拉丁语 *ortho*（邻）、*meta*（间）、*para*（对）的第一个字母来表示，还可用阿拉伯数字来表明取代基的位置。

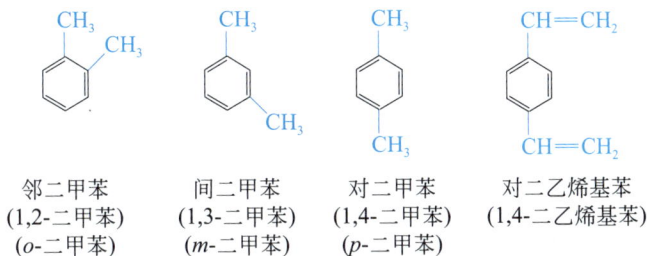

邻二甲苯　　　间二甲苯　　　对二甲苯　　　对二乙烯基苯
(1,2-二甲苯)　　(1,3-二甲苯)　　(1,4-二甲苯)　　(1,4-二乙烯基苯)
(*o*-二甲苯)　　(*m*-二甲苯)　　(*p*-二甲苯)

多元取代苯常用阿拉伯数字来表明取代基的相对位置。对于三个取代基相同的三取代苯，也可以用连、偏、均等字头来表示。

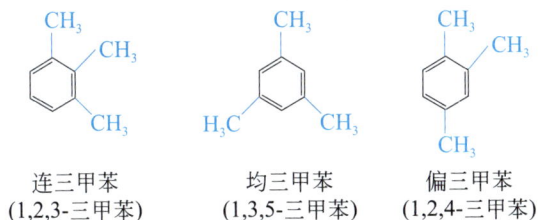

连三甲苯　　　均三甲苯　　　偏三甲苯
(1,2,3-三甲苯)　　(1,3,5-三甲苯)　　(1,2,4-三甲苯)

芳环上去掉一个氢原子剩下的部分称为芳基（aryl），用 Ar—表示；苯去掉一个氢原子剩下的部分称为苯基（C_6H_5—）(phenyl)，常用 Ph—表示；甲苯的甲基上去掉一个氢原子剩下的部分称为苄基或苯甲基（$C_6H_5CH_2$—），用 Bn—表示；甲苯的苯环上去掉一个氢原子剩下的部分称为甲苯基。常见的芳香基团有：

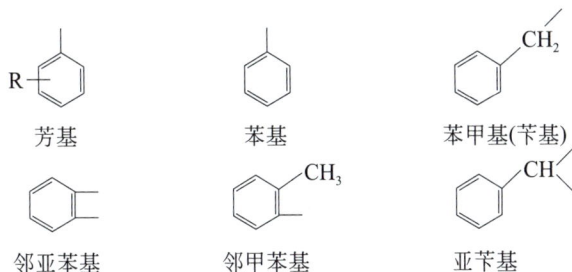

芳基　　　苯基　　　苯甲基(苄基)

邻亚苯基　　　邻甲苯基　　　亚苄基

苯环上有多个不同官能团取代基时，选择处于优先次序的官能团为母体，其他官能团作为取代基。官能团优先次序为：

$$—COOH>—SO_3H>—COOR>—COX>—CONH_2>$$
$$—CHO>—CN>—OH>—NH_2>—R>—NO_2>—X$$

当烷基（—R）、卤素（—F、—Cl、—Br、—I）、硝基（—NO_2）等连在苯环上时，一

般只作为取代基，苯环作为母体。

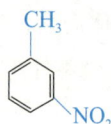

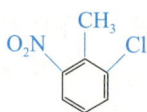

| 苯甲醛 | 1-甲基-3-硝基苯
(间硝基甲苯) | 1-氯-2-甲基-3-硝基苯 | 4-氨基苯酚
(对氨基苯酚) | 2-羟基苯磺酸
(邻羟基苯磺酸) |

5.2.2　多环芳烃的命名

根据苯环的连接方式可把多环芳烃分为联苯类、多苯代脂肪烃和稠环芳烃等。

(1) 联苯和多苯代脂肪烃

苯环之间以一单键相连为联苯。例如：

| 联苯 | 1,4-联三苯 | 1,3-联三苯 |

多苯代脂肪烃可看作脂肪烃分子中的氢原子被苯环取代的产物。例如：

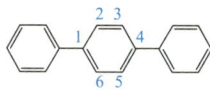

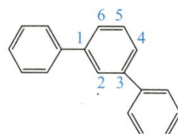

| 二苯甲烷 | 三苯甲烷 |

(2) 稠环芳烃

两个或两个以上苯环彼此共用两个相连的碳原子的芳烃，称为稠环芳烃。这类化合物有其特殊的名称和编号方法。例如：

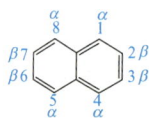

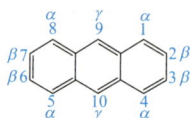

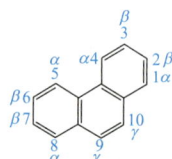

| 萘 | 蒽 | 菲 |

用 α 代表 1、4、5、8 四个等同的位置；以 β 代表 2、3、6、7 四个等同的位置；以 γ 代表 9、10 两个等同的位置。以下为几个稠环芳烃衍生物命名的实例：

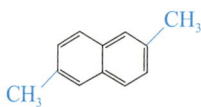

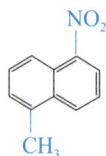

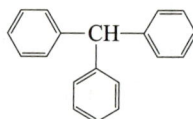

| 2,6-二甲基萘 | 1-甲基-5-硝基萘 | 1-萘酚-4-磺酸
(4-羟基-1-萘磺酸) |

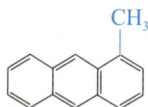

| 1-甲基蒽
(α-甲基蒽) | 9-溴代蒽
(γ-溴代蒽) |

练习 5-1　写出芳烃 $C_{10}H_{14}$ 的各种构造异构体，并命名之。

5.3　单环芳烃的物理性质

　　单环芳烃具有与一般烃类基本相同的物理性质。苯及其低级同系物都是无色有芳香气味的液体，不溶于水，易溶于乙醚、四氯化碳、石油醚等有机溶剂中。相对密度在 0.86～0.88，容易燃烧，冒黑烟。它们的蒸气有一定毒性，长期吸入它们的蒸气，会损坏造血器官及神经系统。

　　苯和水能形成恒沸混合物（恒沸点 69.25℃，含 91.2％苯和 8.8％水）。利用这个性质，可在某些含有水的有机化合物中加入苯，然后恒沸蒸馏达到脱除水分的目的。

　　苯及其同系物的沸点随分子量的增大而升高。在异构体中，对位异构体的熔点一般比邻位异构体和间位异构体的高，这是由于对位异构体分子对称，能更好地填入晶格之中，熔化所需要克服的晶体分子间的作用力也就较大。表 5-1 列出了一些单环芳烃的物理常数。

表 5-1　一些单环芳烃的物理常数

名　称	分子式	熔点/℃	沸点/℃	相对密度
苯	C_6H_6	5.5	80	0.879
甲苯	$C_6H_5CH_3$	−95	111	0.866
邻二甲苯	$1,2\text{-}C_6H_4(CH_3)_2$	−25	144	0.880
间二甲苯	$1,3\text{-}C_6H_4(CH_3)_2$	−48	139	0.864
对二甲苯	$1,4\text{-}C_6H_4(CH_3)_2$	13	138	0.861
乙苯	$C_6H_5CH_2CH_3$	−95	136	0.867
正丙苯	$C_6H_5CH_2CH_2CH_3$	−99	159	0.862
异丙苯	$C_6H_5CH(CH_3)_2$	−96	152	0.862
连三甲苯	$1,2,3\text{-}C_6H_3(CH_3)_3$	−25	176	0.895
偏三甲苯	$1,2,4\text{-}C_6H_3(CH_3)_3$	−44	169	0.876
均三甲苯	$1,3,5\text{-}C_6H_3(CH_3)_3$	−45	165	0.864
苯乙烯	$C_6H_5CH\!=\!CH_2$	−31	145	0.907
苯乙炔	$C_6H_5C\!\equiv\!CH$	−45	142	0.930

5.4　单环芳烃的化学性质

　　苯环的稳定性使苯及其同系物的性质与不饱和烃显著不同。苯及其同系物容易发生亲电取代反应，反应时芳烃体系不变；在特殊的条件下能发生加成、氧化反应。此外，苯环的侧链也可进行相关反应。

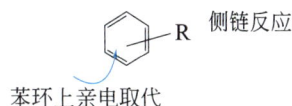
侧链反应
苯环上亲电取代

5.4.1　亲电取代反应

　　苯环上有丰富的 π 电子，容易受到亲电试剂进攻而发生亲电取代反应，如卤化、硝化、磺化、烷基化和酰基化等反应，苯环上的氢原子被相应的原子或原子团取代，生成苯的衍生物。

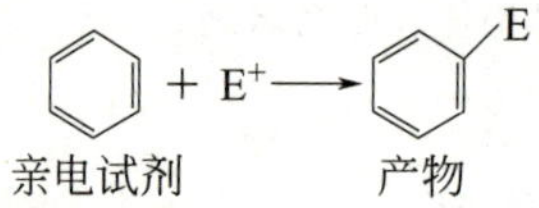

$$E^+:X^+, NO_2^+, SO_3, R^+, R\overset{+}{C}\!=\!O$$

（1）苯环上亲电取代反应机理

苯环上的卤化、硝化、磺化、烷基化和酰基化反应都是离子型的亲电取代反应，它们具有相同的反应机理。

在亲电取代反应中，亲电试剂 E^+ 进攻苯环，与离域的 π 电子结合，生成 π 配合物，接着亲电试剂从苯环的 π 体系中得到两个 π 电子，与苯环上一个碳原子形成 σ 键，生成 σ 配合物。此时，这个碳原子由 sp^2 杂化变成 sp^3 杂化状态，苯环中六个碳原子形成的闭合共轭体系被破坏，变成四个 π 电子离域在五个碳原子上。

σ 配合物的能量比苯高，不稳定，存在时间很短，它很容易从 sp^3 杂化碳原子上失去一个质子，使该碳原子恢复成 sp^2 杂化状态，再形成六个 π 电子离域的闭合共轭体系，从而降低了体系的能量，生成取代苯。

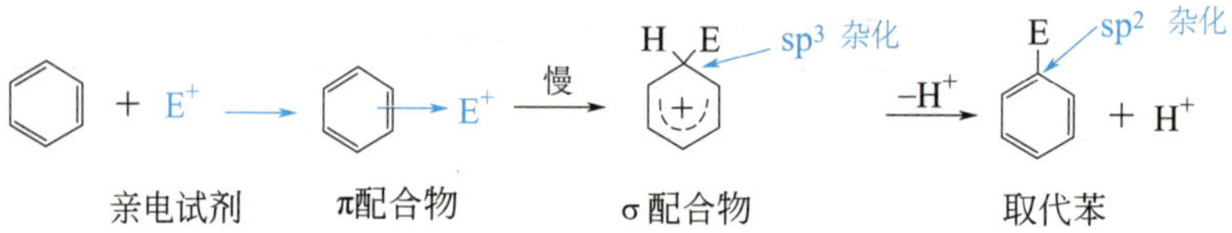

苯的亲电取代反应过程能量变化如图 5-3。

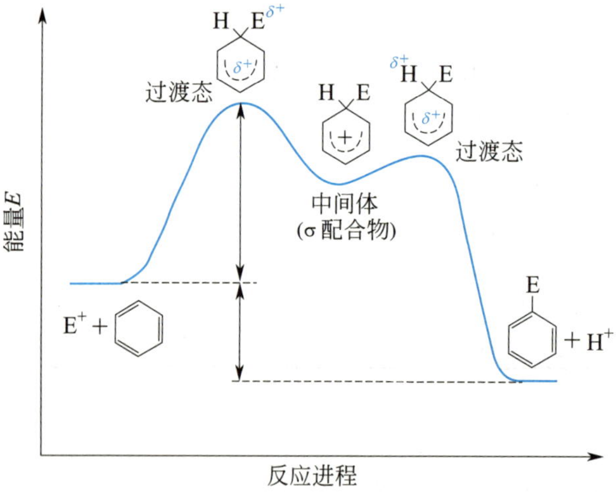

图 5-3　苯亲电取代反应进程和能量曲线

第一步反应活化能较高，反应较慢，是速率控制步骤；一般第一步的活化能高于第二步，整个反应为不可逆的。但某些芳烃的亲电取代（如磺化）反应中，第一步和第二步活化能接近，此时，亲电取代反应为可逆反应。

理论上，中间体 σ 配合物还有形成加成产物的可能性，但由于形成加成产物所需活化能高于取代产物，且加成产物稳定性远不如取代产物，因此，苯环进行亲电取代而不进行亲电加成。

思考题 5-2　比较烯烃与亲电试剂加成机理和苯环的亲电取代反应机理，说说为什么苯环不进行亲电加成而是进行亲电取代。

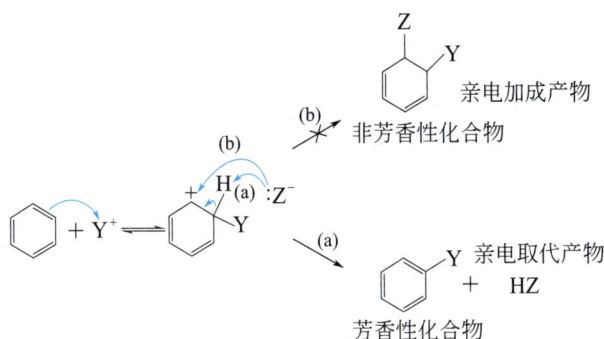

亲电加成产物

非芳香性化合物

亲电取代产物

芳香性化合物

（2）卤代反应

苯与氯或溴在常温和无催化剂存在下一般不发生反应。在 Lewis 酸催化下，苯及其同系物可以与氯气或溴发生卤化反应，在苯环上引入卤原子，生成卤代苯。例如：

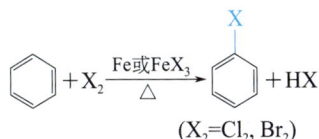

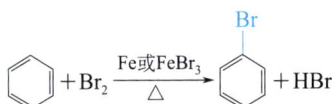

$(X_2=Cl_2, Br_2)$

氯代反应选用 $FeCl_3$，溴代用 $FeBr_3$，以防止生成卤代物产生杂质。

卤代反应的亲电试剂是卤素正离子 X^+。在三卤化铁（也可以用铁粉与卤素替代三卤化铁）作用下，卤素分子发生极化、解离，转变为更强的亲电试剂。

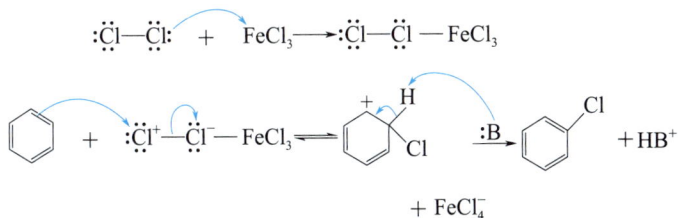

一卤代苯可和卤素进一步反应，生成邻位和对位的二卤代苯。例如：

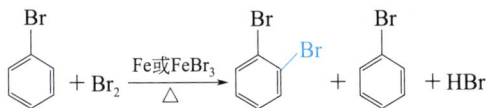

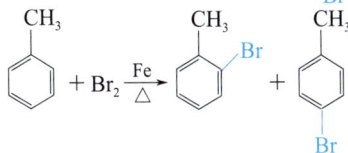

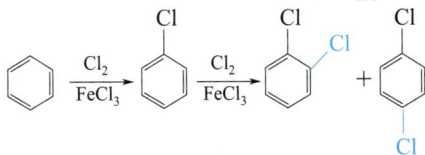

思考题 5-3　查出甲烷和甲苯氯化的反应热及 C—H 键能等数据加以比较，说明两者的难易程度。

(3) 硝化反应

将浓硝酸和浓硫酸的混合物（称为混酸）与苯共热，苯环上的氢被硝基（—NO$_2$）取代，生成硝基苯，称为硝化反应。例如：

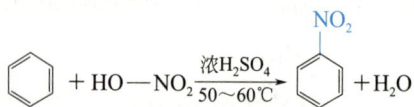

$$\text{苯} + \text{HO—NO}_2 \xrightarrow[50\sim60℃]{\text{浓H}_2\text{SO}_4} \text{硝基苯} + \text{H}_2\text{O}$$

亲电试剂是硝酰正离子 NO$_2^+$，浓硫酸的作用是促进亲电试剂的形成：

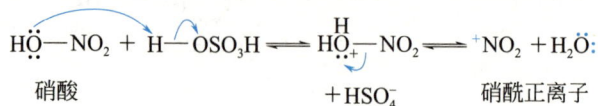

$$\underset{\text{硝酸}}{\text{H}\ddot{\text{O}}\text{—NO}_2} + \text{H—OSO}_3\text{H} \Longleftrightarrow \underset{+\text{HSO}_4^-}{\overset{\text{H}}{\text{H}\overset{+}{\ddot{\text{O}}}\text{—NO}_2}} \Longleftrightarrow \underset{\text{硝酰正离子}}{^+\text{NO}_2} + \text{H}_2\ddot{\text{O}}:$$

硝酰正离子进攻苯环，先形成碳正离子中间体，而后在体系中的碱（如 H$_2$O、HSO$_4^-$ 等）作用下消除质子，得到取代产物。

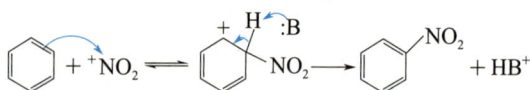

$$\text{苯} + {^+\text{NO}_2} \Longleftrightarrow \overset{\text{H}\ :\text{B}}{\underset{\text{NO}_2}{+}} \longrightarrow \text{硝基苯NO}_2 + \text{HB}^+$$

硝基苯不易继续被硝化，只有在更强烈的硝化条件下，才可生成间二硝基苯。

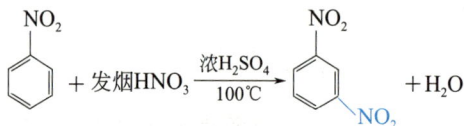

$$\text{硝基苯NO}_2 + \text{发烟HNO}_3 \xrightarrow[100℃]{\text{浓H}_2\text{SO}_4} \text{间二硝基苯} + \text{H}_2\text{O}$$

烷基苯在混酸中硝化反应比苯容易，主要为邻、对位取代产物。例如：

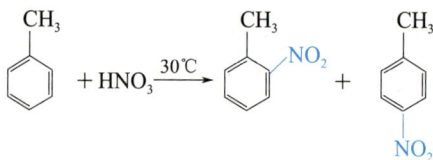

$$\text{甲苯CH}_3 + \text{HNO}_3 \xrightarrow{30℃} \text{邻硝基甲苯} + \text{对硝基甲苯}$$

硝基甲苯继续硝化，可得到 2,4,6-三硝基甲苯，即炸药 TNT。

$$\text{甲苯CH}_3 + \text{HNO}_3(\text{浓}) \xrightarrow[30\sim50℃]{\text{浓H}_2\text{SO}_4} \begin{matrix}\text{邻硝基甲苯}\\+\\\text{对硝基甲苯}\end{matrix} \xrightarrow{\text{浓HNO}_3+\text{浓H}_2\text{SO}_4} \underset{(2,4,6\text{-三硝基甲苯, TNT})}{\text{TNT}}$$

思考题 5-4 邻、对硝基甲苯都是重要的有机中间体。查阅文献，了解将二者分离的方法。

(4) 磺化反应

在加热条件下，苯与浓硫酸反应，生成苯磺酸，称为磺化反应。用发烟 H$_2$SO$_4$（含 10% 的 SO$_3$）磺化，磺化反应在室温下即可进行。

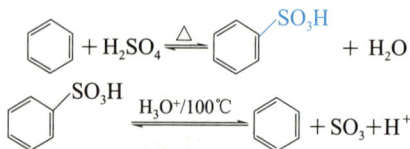

$$\text{苯} + \text{H}_2\text{SO}_4 \overset{\triangle}{\Longleftrightarrow} \text{苯磺酸SO}_3\text{H} + \text{H}_2\text{O}$$

$$\text{苯磺酸SO}_3\text{H} \xrightleftharpoons{\text{H}_3\text{O}^+/100℃} \text{苯} + \text{SO}_3 + \text{H}^+$$

磺化反应是可逆的。将苯磺酸在酸性水溶液中加热，磺酸基将从苯环上脱除。

磺化反应的亲电试剂为 SO_3，SO_3 虽然不带电荷，但硫原子最外层只有六个电子，是缺电子的 Lewis 酸，作为亲电试剂与苯反应。

$$2H_2SO_4 \rightleftharpoons SO_3 + H_3O^+ + HSO_4^-$$

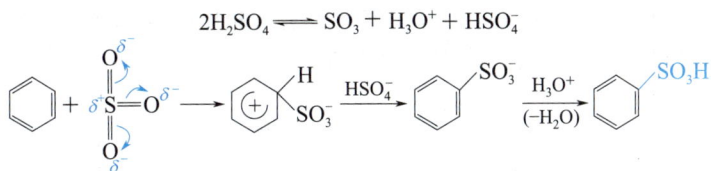

苯磺酸不容易继续被磺化；若在更高温度并用发烟硫酸条件下，可得到间苯二磺酸：

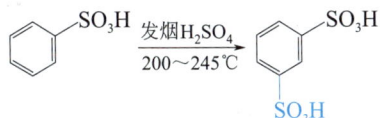

甲苯容易发生磺化反应，主要生成邻甲基苯磺酸和对甲基苯磺酸：

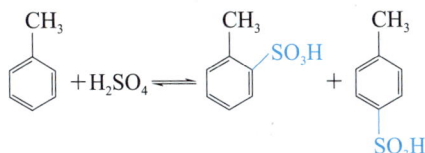

甲苯的邻、对位磺化产物比例与反应温度有关，低温反应邻位产物为主，较高温度下主要为对位产物。这可由磺化是可逆反应且对位取代产物稳定性较高得到解释。甲苯磺化时，邻位取代反应活化能较低，反应速率较快，为动力学控制反应，邻位产物很快生成；在较高温度下反应，邻、对位反应所需的活化能都可得到满足，但磺酸基体积较大，与甲基邻位空间拥挤，稳定性低于对位取代产物。此外，邻位产物还可通过逆反应转变成稳定性更好的对位取代产物，为热力学控制反应。间位取代反应活化能很高，一般条件下不易达到，间位取代产物比例一般很低。例如：

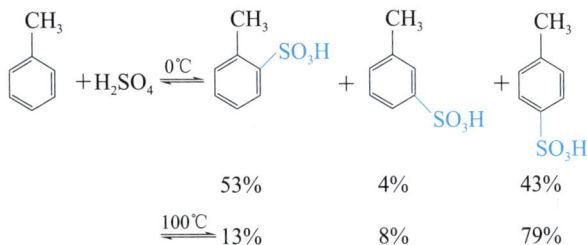

	53%	4%	43%
$\xrightarrow{100℃}$	13%	8%	79%

利用磺化反应的可逆性，在有机合成中常将磺酸基作为封闭基团，以获得纯度较高的产物。如邻氯甲苯的制备：

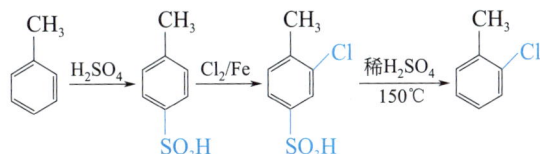

苯酚的制备方法之一就是将苯先磺化，然后中和、碱熔、水解。

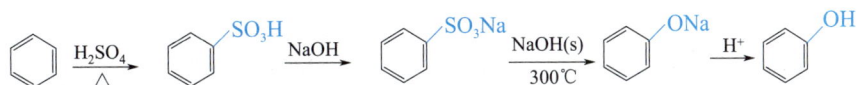

芳香磺酸是强酸，其强度与硫酸相当；芳香磺酸极易溶于水，但芳香磺酸盐的溶解度与

阳离子种类有关。这些性质常用于将其作为有机酸催化剂分离和提纯有机物。

(5) 傅瑞德尔-克拉夫茨反应（Friedel-Crafts 反应）

苯及同系物在无水 $AlCl_3$、$FeCl_3$、$SnCl_4$ 及 BF_3 等 Lewis 催化下与烷基化试剂如卤代烃或酰基化试剂如酰卤、酸酐等反应，可在苯环上引入相应的烷基或酰基，分别称为傅瑞德尔-克拉夫茨烷基化和酰基化反应，简称傅-克反应。

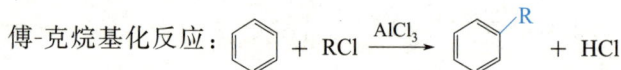

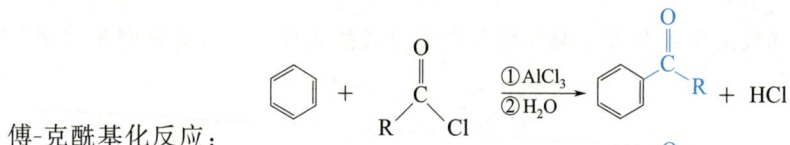

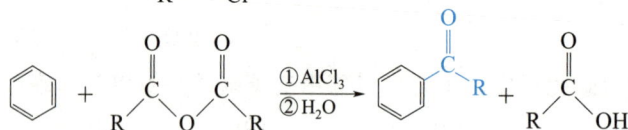

傅-克烷基化反应：

傅-克酰基化反应：

当苯环上有强吸电子基团如 $-NO_2$、$-SO_3H$、$-COR$、$-C\equiv N$ 等时，或连有可与催化剂如无水 $AlCl_3$ 等反应的碱性基团如 $-NH_2$、$-NHR$、$-NR_2$ 等时，傅-克反应不能进行。

① 傅-克烷基化反应。傅-克烷基化反应机理：催化剂的作用是促使卤代烷转变为亲电试剂碳正离子。

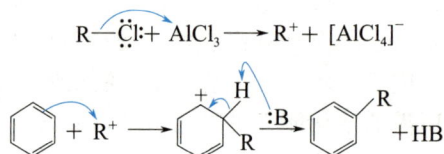

亲电试剂碳正离子有可能重排成更稳定的碳正离子，如用 1-氯丁烷作为烷基化试剂与苯进行傅-克烷基化反应，反应主产物为 2-苯基丁烷：

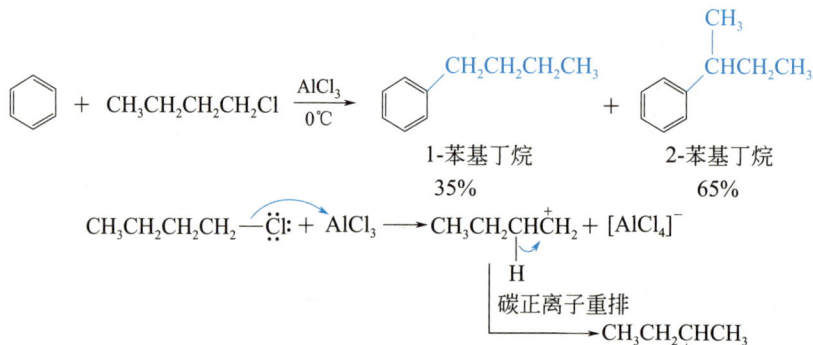

因此，碳原子数多于三个的卤代烷进行傅-克烷基化反应时，主产物为碳正离子重排形成的带支链的烷基苯。除卤代烷外，烯烃及醇在酸催化下与苯也可发生烷基化反应，醇和烯在酸催化下可形成亲电的碳正离子。

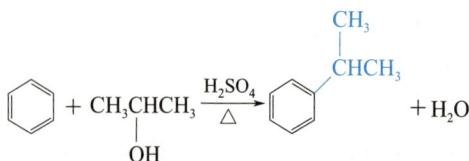

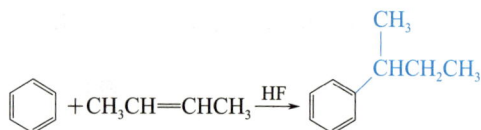

$$ROH + H^+ \rightleftharpoons R\overset{+}{O}H_2 \rightleftharpoons R^+ + H_2O \qquad RCH=CH_2 + H^+ \longrightarrow R\overset{+}{C}HCH_3$$

由于烷基苯比苯更容易发生傅-克烷基化反应，故易得到多取代产物：

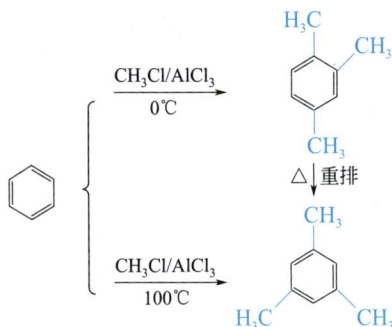

此外，傅-克烷基化是一个可逆反应，常伴随烷基苯脱烷基的歧化反应发生。例如：

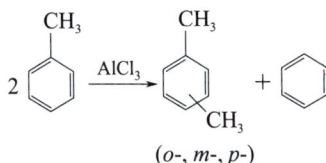

$$(o\text{-}, m\text{-}, p\text{-})$$

② 傅-克酰基化反应。傅-克酰基化反应是制备芳香酮的重要方法。傅-克酰基化反应机理与傅-克烷基化类似，催化剂的作用是促使亲电试剂酰基正离子的生成。

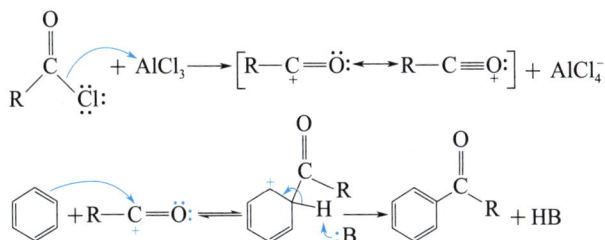

酰基化产物可与 $AlCl_3$ 形成配合物，用酰卤作酰基化试剂时，催化剂用量要大于酰卤，用酸酐时，催化剂用量要大于酸酐用量的 2 倍。产物芳酮需要水解后才能得到。

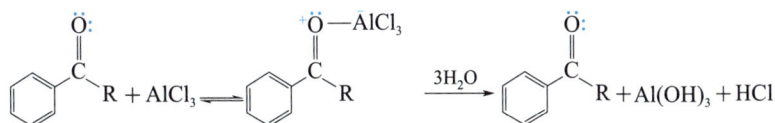

酰基正离子较稳定，不重排；羰基是吸电子基，因此，酰基化反应得到的是单取代且无重排的产物，收率较高。

生成的芳香酮可用锌汞齐-盐酸（Clemmensen 还原法）或用水合肼-强碱（Wolff-Kishner-黄鸣龙还原法）将酮羰基还原为亚甲基，得直链的烷基苯。

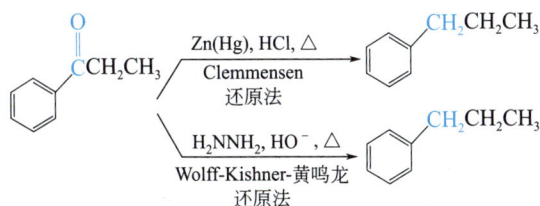

思考题 5-5　请列出下列卤代烷作为傅-克烷基化试剂时的反应活性。

(CH₃)₂CHCl, CH₃CH₂Cl, CH₂=CHCH₂Cl, PhCH₂Cl, (CH₃)₃CCl, O₂N—⟨ ⟩—CH₂Cl

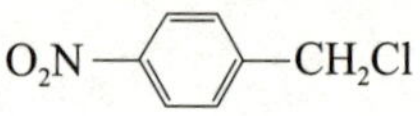

练习 5-2　（1）写出下列反应产物：

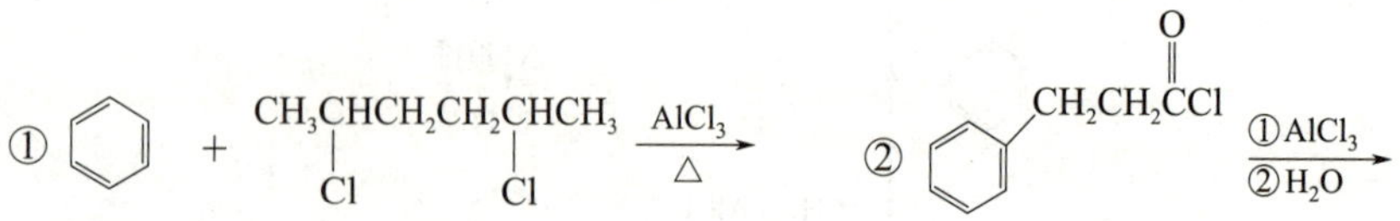

（2）给下面的反应提出一个合理的机理：

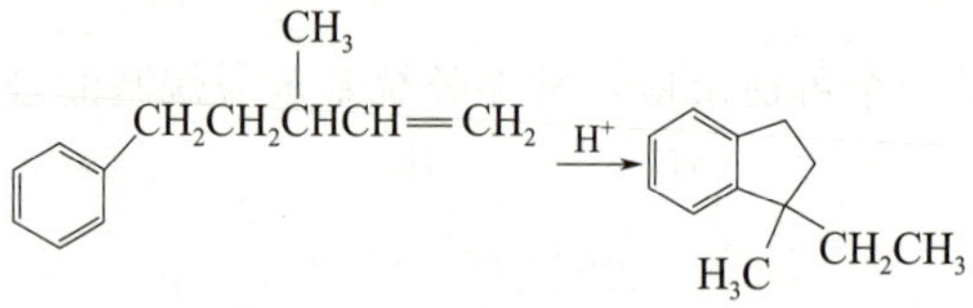

（6）氯甲基化反应

在无水氯化锌存在下，芳烃与甲醛和氯化氢作用，苯环上的一个氢被氯甲基取代（—CH₂Cl），这个反应叫氯甲基化反应。在氯甲基化反应中通常是用三聚甲醛来代替甲醛，例如：

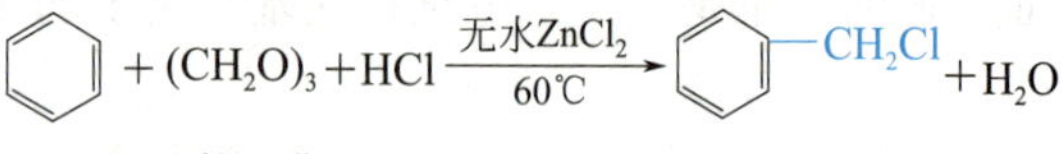

当苯环上连有供电子基团时，氯甲基化反应效果较好，当苯环上连有强吸电子基团时，氯甲基化反应效果很差，甚至不发生反应。

5.4.2　苯环上的加成反应和氧化

苯环稳定，一般不发生破坏苯环的加成反应和氧化反应，但在特殊条件下也能发生加成和氧化反应。

（1）催化加氢

在高温、高压和金属催化剂的存在下，苯也可以和氢进行反应，生成环己烷，苯的催化加氢不会停留在环己二烯和环己烯的阶段，这充分说明苯环的 π 电子是作为一个整体参加反应的，苯环分子中不存在三个孤立的双键。

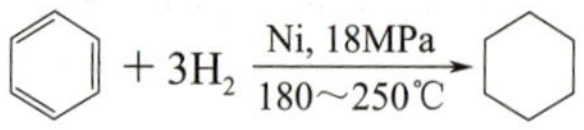

（2）加氯

在紫外线照射的情况下，苯可以和氯气进行加成反应生成六氯环己烷，六氯环己烷也叫"六六六"，过去在农用上大量作为杀虫剂使用，由于它的化学性质很稳定，使用后不容易分解，其毒性长期残留，甚至在南极企鹅体内检出，我国早已禁止使用。

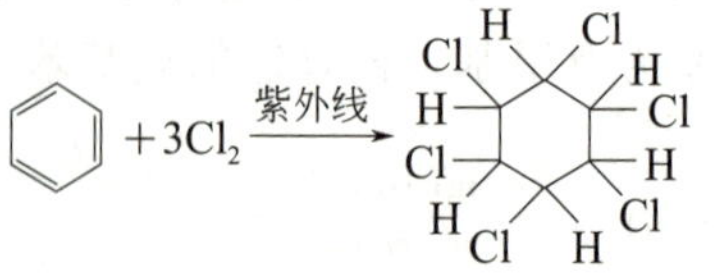

六氯环己烷(六六六)

（3）苯环上的氧化反应

在特殊条件下，苯环能被氧化而破坏。例如，在高温和五氧化二钒催化下，苯可以被空气中的氧氧化成顺丁烯二酸酐，顺丁烯二酸酐也叫马来酸酐。

$$\text{（苯）} + O_2 \xrightarrow[450\sim500℃]{V_2O_5} \overset{CH-C}{\underset{CH-C}{\|}} \underset{O}{\overset{O}{\underset{\diagdown}{\diagup}}} O + CO_2 + H_2O$$

顺丁烯二酸酐(马来酸酐)

5.4.3　苯环侧链上的反应

（1）α-H 的氯代和溴代反应

连接在苯环的碳链，称为侧链；与苯环直接相连的碳称为 α-C 即苄位，与 α-C 相连的氢为 α-H 或称苄氢。在加热或光照下，芳烃的卤代反应发生在苯环侧链的 α-C 上，生成 α-H 被卤素取代的产物。这个反应和烷烃的卤代反应相似，也是自由基反应；控制反应条件和卤素的量，可使反应停留在一卤代阶段。例如：

$$\text{（CH}_3\text{）} \xrightarrow[Cl_2]{\text{光}} \text{（CH}_2Cl\text{）} \xrightarrow[Cl_2]{\text{光}} \text{（CHCl}_2\text{）} \xrightarrow[Cl_2]{\text{光}} \text{（CCl}_3\text{）}$$

芳烃 α 位的溴代反应通常用 N-溴代丁二酰亚胺（NBS）作溴代试剂，效果很好。

$$\text{（CH}_2CH_3\text{）} + \overset{CH_2-C}{\underset{CH_2-C}{\|}}\underset{O}{\overset{O}{\diagdown}}N-Br \xrightarrow[\triangle]{CCl_4} \text{（CHBrCH}_3\text{）} + \overset{CH_2-C}{\underset{CH_2-C}{\|}}\underset{O}{\overset{O}{\diagdown}}N-H$$

NBS

思考题 5-6　为什么氯代和溴代反应都发生在芳烃的 α-C（即苄位）上？试从中间体稳定性解释。

（2）芳环侧链的氧化反应

在强氧化剂如 $KMnO_4$、$K_2Cr_2O_7$ 或 $Na_2Cr_2O_7$ 和 HNO_3 作用下，具有 α-H（苄氢）的芳烃，不论侧链烃基多长，都容易被氧化成苯甲酸类化合物。无 α-H 的叔烷基，很难被氧化。

$$\text{（CH}_3\text{）} \xrightarrow[\text{或}K_2Cr_2O_7/\triangle]{KMnO_4/\triangle} \text{（COOH）}$$

$$\text{（CH}_2CH_3\text{）} \xrightarrow[\text{或}K_2Cr_2O_7/\triangle]{KMnO_4/\triangle} \text{（COOH）}$$

$$\text{（CH}_3\text{，}C(CH_3)_3\text{）} \xrightarrow[\text{或}K_2Cr_2O_7/\triangle]{KMnO_4/\triangle} \text{（COOH，}C(CH_3)_3\text{）}$$

$$\text{（CH}_3\text{，}CH_3\text{）} \xrightarrow[150\sim160℃, 1\sim1.5MPa]{\text{稀}HNO_3} \text{（COOH，}COOH\text{）}$$

异丙苯在一定条件下用空气氧化，可得异丙苯过氧化氢，它在酸性条件下重排，可制得苯酚。这是目前制备苯酚的工业方法。

$$\text{（CH}_3CHCH_3\text{）} \xrightarrow[约120℃, 约0.5MPa]{O_2} \text{（CH}_3\underset{CH_3}{\overset{CH_3}{C}}-O-OH\text{）} \xrightarrow[75\sim80℃]{\text{稀硫酸}} \text{（OH）} + CH_3-\overset{O}{\overset{\|}{C}}-CH_3$$

异丙苯　　　　　　　　　　　　　　　　异丙苯过氧化氢

5.5 苯环上亲电取代反应定位规律

一元取代苯的环上有三种位置：邻位、间位和对位。当在一元取代苯中引入第二个基团时，可能有三种产物，事实并非如此。苯环上原有基团对第二个基团的进入有定位作用。一些基团使第二个基团主要进入它的邻、对位；而另一些基团使第二个基团主要进入它的间位。如：

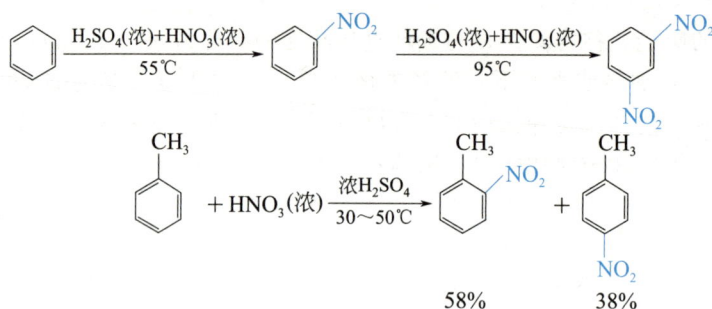

此外，一元取代苯上原有取代基还对进一步的亲电取代反应的难易程度有很大影响。如硝基苯进一步硝化反应比甲苯进行硝化反应难度大。因此，苯环上原有取代基起了决定第二个取代基进入苯环位置的作用，也影响着亲电取代反应的难易程度。原有取代基的这种作用称为定位效应。

5.5.1 两类定位基

大量实验表明（见表 5-2），不同的一元取代苯在进行同一取代反应时（例如表 5-2 中的硝化反应），按所得产物比例的不同可分成两类。一类是取代产物中邻位和对位异构体占优势，且反应速率一般都比苯快些；另一类是间位异构体为主，且反应速率比苯慢。

表 5-2 某些一元取代苯硝化时的相对速率和异构体的分布

苯环上已有取代基	相对速率	二元取代物各异构体所占的百分比例			
		间($m-$)	邻($o-$)	对($p-$)	($o+p$)/m
—H	1				
—OH		微量	55	45	100/0
—OCH$_3$	2×10^5	15	74	11	85/15
—NHCOCH$_3$		1	19	80	99/1
—CH$_3$	24.5	4	58	38	96/4
—C(CH$_3$)$_3$	15.5	8	12	80	92/8
—Cl	3.3×10^{-2}	1	30	69	99/1
—Br	3×10^{-2}	1	37	62	99/1
—SO$_3$H		72	21	7	28/72
—COOH	$<10^{-3}$	80	19	1	20/80
—N$^+$(CH$_3$)$_3$	1.2×10^{-8}	89	0	11	11/89
—NO$_2$	6×10^{-8}	93	6	1	7/93

通常，根据取代基对苯环上新进基团位置的影响，把取代基分为两大类。

(1) 邻、对位定位基（第一类定位基）

邻、对位定位基（ortho/para directors）也叫第一类定位基，这类取代基使第二个取代基主要进入它们的邻位和对位，主要有—O⁻、—N(CH₃)₂、—NH₂、—OH、—OCH₃、—NHCOCH₃、—OCOCH₃、—CH₃、—X（卤素）、—Ph 等基团。邻、对位定位基与苯环直接相连的原子带有负电荷或孤对电子，或为烃基。这类基团大多可使苯环电子云密度增加，亲电取代反应比苯容易进行（除卤素外），也就是它们大多能活化苯环。

(2) 间位定位基（第二类定位基）

间位定位基（meta directors），也叫第二类定位基，这类取代基使新进入的基团主要进入它们的间位，主要有—N⁺(CH₃)₃、—NO₂、—CF₃、—C≡N、—SO₃H、—CHO、—COCH₃、—COOH、—COOCH₃、—CONH₂ 等基团。间位定位基与苯环直接相连的原子带有正电荷，或以不饱和键与电负性较大的原子相连（如—NO₂、—CHO），或连有多个电负性大的元素（如 CF₃）。这类基团都具有吸电子作用，它的存在使苯环上的电子云密度降低，亲电取代反应比苯难，也就是它们能钝化苯环。

5.5.2 亲电取代反应定位规律的理论解释

苯环取代基的定位效应也称为苯环的定位规律，可从苯环的亲电反应机理得到解释。

化学反应速率取决于反应活化能，活化能低，反应快；反之则慢。在苯环的亲电取代反应中，生成碳正离子中间体是决定反应速率的一步。如果苯环上原有取代基的存在有利于碳正离子中间体的稳定，反应所需的活化能就较低，反应就容易进行，进一步地，如果取代基对苯环上某一位置生成碳正离子中间体的稳定性贡献较大，该位置也就较容易发生取代。以下从三方面，即取代基对苯环电子云密度分布的影响、碳正离子中间体稳定性和空间（立体）效应对亲电取代定位规律进行解析。

(1) 取代基对苯环电子云密度分布的影响

苯环上的取代基，可通过诱导效应、共轭效应或超共轭效应使苯环原本均匀分布在六个碳原子上的电子云密度发生变化，某些位置电子云密度升高，有些位置降低。下面分别以邻、对位定位基—CH₃、—NH₂ 和间位定位基—NO₂ 为例说明。

① 邻、对位定位基。当苯环上连有—CH₃ 时，苯环上的电子云密度将发生如下变化：

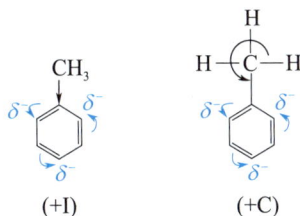

(+I)　　　　(+C)

甲基的供电子诱导效应（+I）和供电子超共轭效应（+C）方向一致，使苯环上电子云密度升高，尤其在邻、对位上更为显著。因此，甲苯的亲电取代比苯容易，并且主要发生在邻、对位上。

当—NH₂ 连在苯环上时，苯环上的电子云密度将发生如下变化：

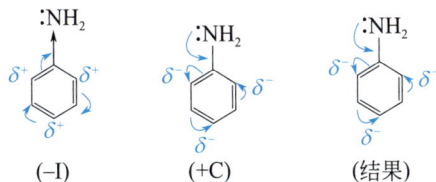

(−I)　　　　(+C)　　　　(结果)

由于氨基中氮原子的电负性（3.0）比碳原子的电负性（2.5）强，因而氨基有吸电子诱导效应（—I），使苯环上电子云密度降低。另一方面，氨基上的未共用电子对与苯环形成供电子共轭效应（+C），又将使苯环上电子云密度升高。这两种效应的方向相反，但共轭效应大于诱导效应，结果使苯环上的电子云密度升高，尤其在邻、对位上更为显著。因此，苯胺的亲电取代比苯容易，并且主要发生在邻、对位上。

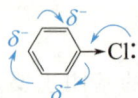

对于卤素而言，卤素有供电子的共轭效应（+C），因此，它是邻、对位基；但卤素原子的电负性较大，诱导效应（—I）使苯环上电子云密度降低。因此，卤素是苯环电子云密度降低的邻、对位定位基，卤代苯进行亲电取代反应活性低于苯。

② 间位定位基。以—NO_2 为例，—NO_2 与苯环相连时，苯环上的电子云密度将发生如下变化：

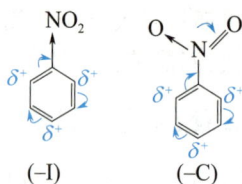

$$(-I) \qquad (-C)$$

—NO_2 中氮和氧的电负性都比碳强，—NO_2 具有强烈的吸电子诱导效应（—I），使苯环上电子云密度降低；同时，—NO_2 与苯环形成吸电子共轭效应（—C），也使苯环上的电子云密度降低。这两种效应方向一致，都使苯环上的电子云密度降低；尤其在邻、对位上降低得更为显著。相对于邻、对位来说，间位的电子云密度降低得少些。因此，硝基苯的亲电取代反应比苯困难，并且主要发生在间位上。

(2) 碳正离子中间体稳定性

对于大多数亲电取代反应，碳正离子中间体的结构同生成它的过渡态的结构类似，因此，可用原有取代基对碳正离子中间体稳定性的影响进行考察。

① 邻、对位定位基。以—CH_3 为例，甲苯受亲电试剂（Y^+）进攻，形成碳正离子中间体；进攻甲基邻、对位时生成碳正离子中间体 O 和 P，进攻间位生成中间体 M：

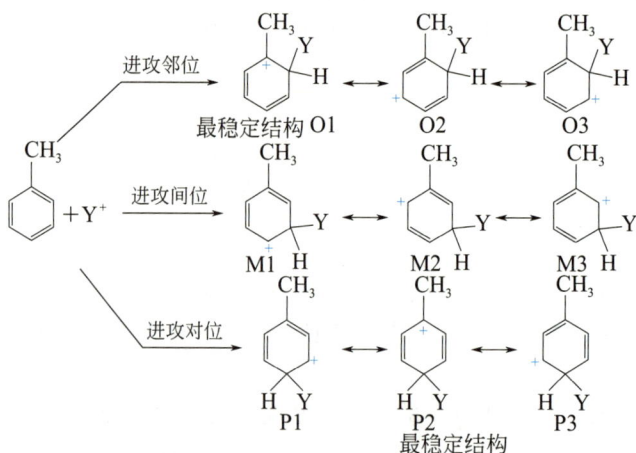

在三种碳正离子中间体中，亲电试剂进攻甲基的邻、对位产生的中间体 O1 和 P2 是叔碳正离子，甲基的供电子诱导效应（+I）和供电子的超共轭效应（+C）使正电荷得到较好分散。也就是说，O1 和 P2 中，正电荷除分散在原苯环的碳原子上外，甲基也参与了正电荷的分散，体系能量较低，碳正离子较稳定而容易生成。碳正离子中间体 M 都是仲碳正

离子，甲基并未直接与碳正离子相连，不能参与正电荷的分散作用，正电荷只分散在苯环上。可见亲电试剂进攻甲基的邻、对位产生的碳正离子中间体稳定性比进攻间位产生的碳正离子稳定性高，反应所需活化能较低，亲电反应优先通过这个途径进行。

同样，当苯甲醚受亲电试剂进攻，生成碳正离子中间体时，也有类似情况：

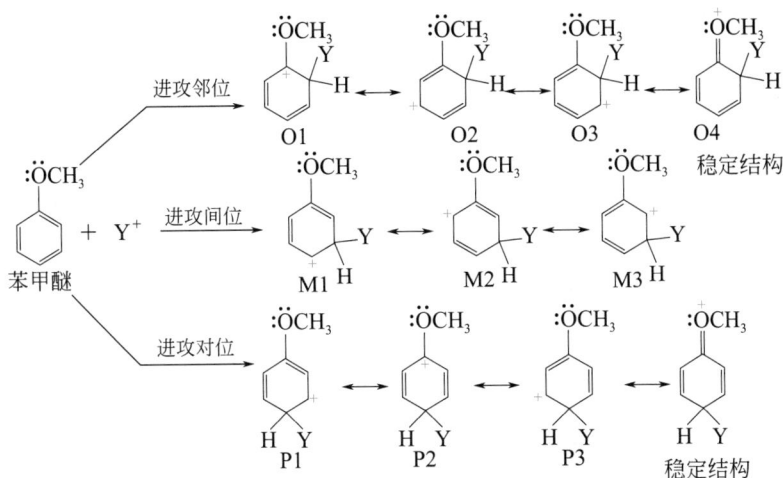

进攻邻位　O1　O2　O3　O4　稳定结构

苯甲醚 + Y⁺

进攻间位　M1　M2　M3

进攻对位　P1　P2　P3　稳定结构

亲电试剂进攻甲氧基的邻、对位产生的中间体 O、P 中，甲氧基中氧原子与双键产生给电子的 p-π 共轭效应，分散正电荷，尤其是 O4 和 P4 中的正电荷转移到氧原子上，正电荷得到了有效的分散，体系能量较低，O4 和 P4 稳定性较高；而亲电试剂进攻甲氧基间位产生的中间体仅有甲氧基中氧原子与双键的 p-π 共轭效应，M 中间体的稳定性不如 O 和 P，苯甲醚的亲电取代反应主要也发生在邻、对位。甲氧基对苯环的供电子效应，使苯环上电子云密度较高，比苯容易进行亲电取代。

② 间位定位基。以氨基正离子—NH_3^+ 为例，苯胺盐受亲电试剂（Y^+）进攻，形成碳正离子中间体；进攻氨基正离子邻、对位时生成的碳正离子中间体 O 和 P 和进攻间位生成的中间体 M：

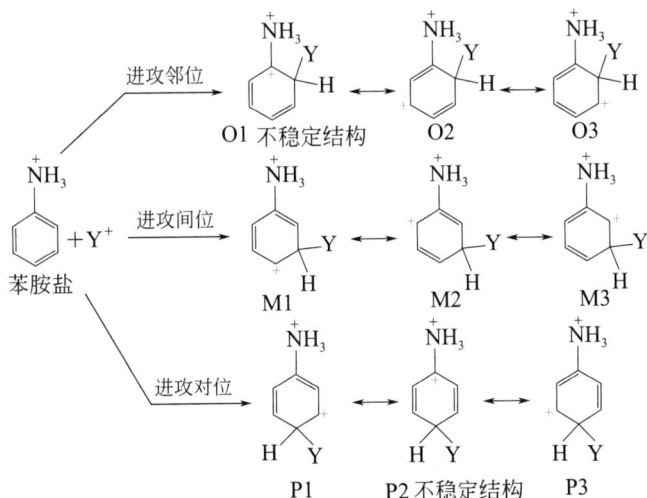

进攻邻位　O1 不稳定结构　O2　O3

苯胺盐 + Y⁺

进攻间位　M1　M2　M3

进攻对位　P1　P2 不稳定结构　P3

亲电试剂进攻—NH_3^+ 的邻、对位产生的中间体 O、P 中，O1 和 P2 结构中带有强吸电子作用的—NH_3^+ 与正电荷所在的碳原子直接相连，正电荷之间互相排斥，这是一个非常不稳定的结构；而在亲电试剂进攻—NH_3^+ 间位产生的中间体中，—NH_3^+ 与双键直接相连的结构，—NH_3^+ 的强吸电子效应使苯环上电子云密度降低，但中间体 M 的稳定性高于 O 和 P，苯胺盐的亲电取代反应主要发生在间位，且进行亲电取代比苯困难。

根据理论计算，一元取代苯环上各个碳原子的电子云密度分布随着原有取代基不同而异，但与用电子效应和 σ-配合物的稳定性解释是一致的。相对于苯环而言，甲苯、苯胺、氯苯和硝基苯分子中苯环上有效电荷分布如下：

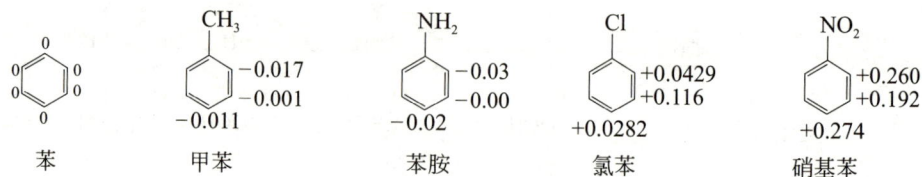

图中"+"表示电子云密度（有效电荷）比苯小；"−"表示电子云密度比苯大。

取代基对苯环上新进基团的影响，除上述取代基的电子效应外，还与环上原有取代基和新进入基团的空间效应、反应温度及催化剂等都有关。

（3）空间效应

苯环上有邻、对位定位基时，生成的邻位和对位产物之比与苯环上原有基团和新进基团的体积都有关系。这两种基团体积越大，空间位阻就越大，邻位产物就越少。如烷基苯硝化时，—NO_2 进入烷基邻、间、对位的比例如下：

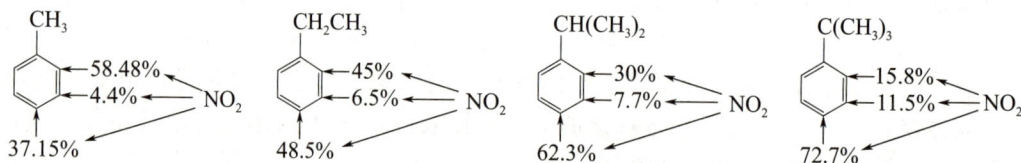

叔丁苯磺化时，因磺酸基体积更大，空间位阻更大，几乎生成 100％的对位产物。

（4）其他效应

芳烃亲电取代反应中使用的催化剂和反应温度对产物中各种异构体的比例也有影响，这主要与试剂进攻苯环邻、间、对位生成碳正离子中间体时的活化能有关。一般邻位取代活化能较低，对位取代产物稳定性较好；低温有利于邻位取代，高温有利于对位取代。如溴苯在不同催化剂作用下氯化反应和甲苯在不同温度下进行磺化反应时，邻、间、对位异构体的比例如下：

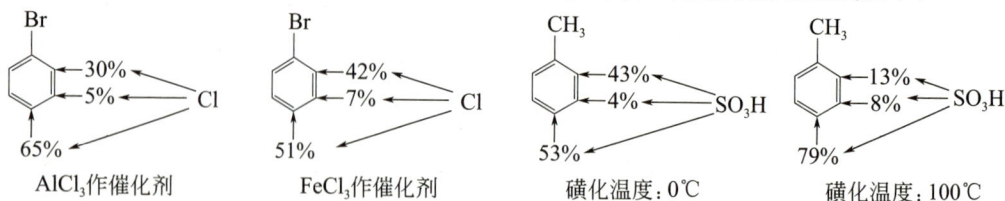

5.5.3　二元取代苯的定位规律

当苯环上已有两个基团时，第三个取代基进入苯环的位置主要取决于原来两个取代基的影响。一般有以下几种情况。

① 苯环上原有的两个取代基定位效应一致时，按原有基团的定位规则来确定第三个基

团进入的位置。例如第三个基团主要进入箭头所指位置：

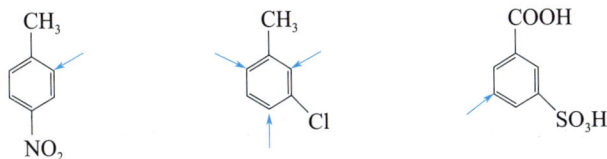

② 苯环上原有的两个定位基对引入第三个取代基定位作用不一致时，两个定位基属于同一类，则第三个取代基进入苯环的位置主要由强定位基决定；如果两个定位基的定位效应相近，得到混合物，一般无应用价值。例如：

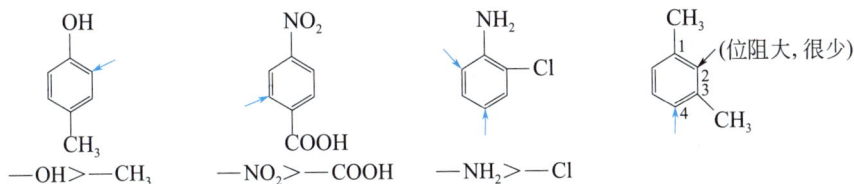

—OH>—CH₃　　　—NO₂>—COOH　　　—NH₂>—Cl

③ 苯环上两个取代基定位效应不一致，且属于不同类定位基时，由第一类定位基来确定第三个基团进入的位置。例如：

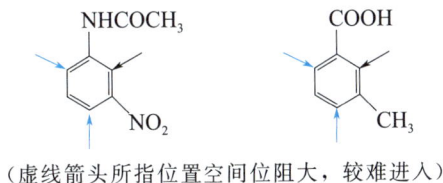

（虚线箭头所指位置空间位阻大，较难进入）

思考题 5-7　用箭头表示第三个取代基进入下列化合物中的位置，并解释其原因。

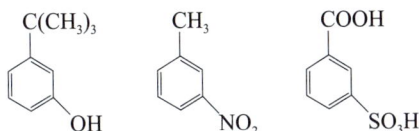

5.5.4　定位规律在有机合成上的应用

学习定位规律的目的，就在于应用此规律来指导有机合成和生产实践。在生产实践中，定位规律的应用主要有以下两个方面。

(1) 预测反应的主要产物

根据定位基的种类，可以预测出取代基进入的主要位置，从而得知生成的主要产物是什么。例如，应用定位规律，可以判断下列化合物进行亲电取代反应时，取代基主要进入箭头所示的位置。

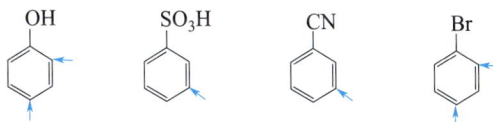

(2) 指导合成路线的选择

例如，以苯为原料合成间硝基氯苯，合理的合成路线应是先硝化，后氯代。

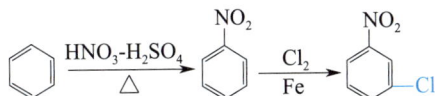

又例如，以甲苯为原料合成间溴苯甲酸，合理的合成路线应是先氧化，后溴代。

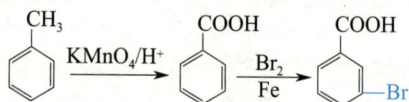

$$\text{甲苯} \xrightarrow{\text{KMnO}_4/\text{H}^+} \text{苯甲酸} \xrightarrow[\text{Fe}]{\text{Br}_2} \text{间溴苯甲酸}$$

如以苯为原料合成 1-氯-2,4-二硝基苯，若采用先硝化制间二硝基苯，然后氯代，得到的主产物为 1-氯-3,5-二硝基苯，1-氯-2,4-二硝基苯只是副产物，不仅量少，而且反应很困难。若由苯先氯化制得氯苯，利用氯的邻、对位定位效应，再硝化，可顺利得到 1-氯-2,4-二硝基苯。

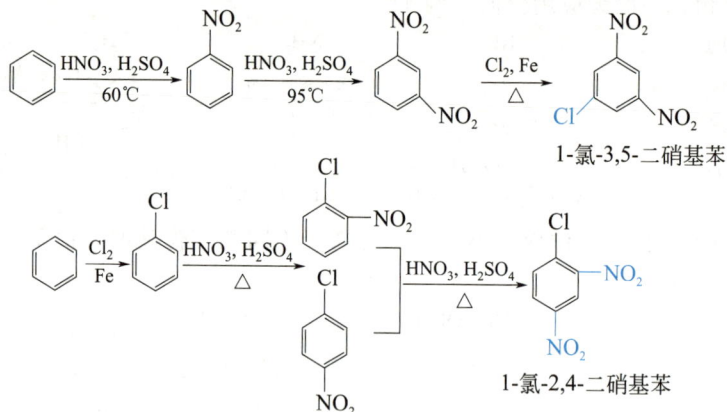

$$\text{苯} \xrightarrow[60℃]{\text{HNO}_3,\ \text{H}_2\text{SO}_4} \text{硝基苯} \xrightarrow[95℃]{\text{HNO}_3,\ \text{H}_2\text{SO}_4} \text{间二硝基苯} \xrightarrow[\triangle]{\text{Cl}_2,\ \text{Fe}} \text{1-氯-3,5-二硝基苯}$$

$$\text{苯} \xrightarrow[\text{Fe}]{\text{Cl}_2} \text{氯苯} \xrightarrow[\triangle]{\text{HNO}_3,\ \text{H}_2\text{SO}_4} \left\{ \text{邻、对硝基氯苯} \right\} \xrightarrow[\triangle]{\text{HNO}_3,\ \text{H}_2\text{SO}_4} \text{1-氯-2,4-二硝基苯}$$

邻、对位混合物常根据其物理常数不同进行分离，可得到邻位或对位产物。如由苯制备对溴硝基苯时，采用重结晶的方法，可分离得到纯的对溴硝基苯。

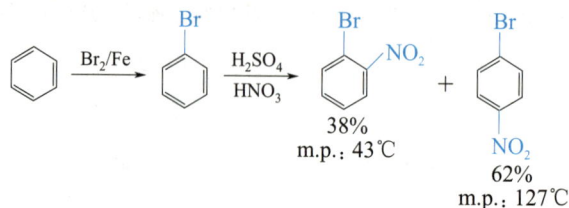

$$\text{苯} \xrightarrow{\text{Br}_2/\text{Fe}} \text{溴苯} \xrightarrow[\text{HNO}_3]{\text{H}_2\text{SO}_4} \underset{\substack{38\% \\ \text{m.p.}:43℃}}{\text{邻溴硝基苯}} + \underset{\substack{62\% \\ \text{m.p.}:127℃}}{\text{对溴硝基苯}}$$

利用磺化反应的可逆性及磺酸基的定位效应，将磺酸基作为封闭基团占位，在合成中应用也十分广泛，如乙酰苯胺硝化时，主产物为对位取代产物，要得到邻位取代产物，通过先磺化，后硝化，再水解脱磺酸基，可得到纯的邻位产物。

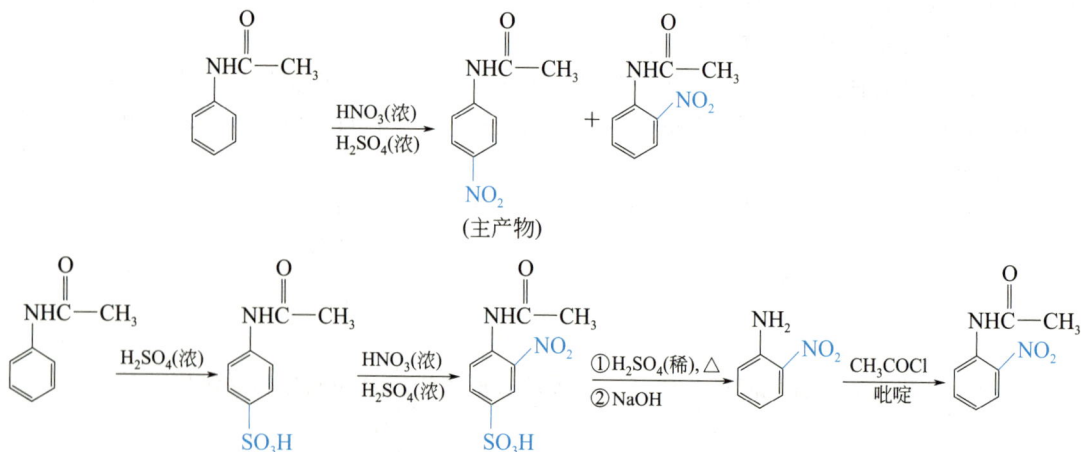

$$\text{乙酰苯胺} \xrightarrow[\text{H}_2\text{SO}_4(浓)]{\text{HNO}_3(浓)} \underset{(主产物)}{\text{对硝基乙酰苯胺}} + \text{邻硝基乙酰苯胺}$$

$$\text{乙酰苯胺} \xrightarrow{\text{H}_2\text{SO}_4(浓)} \text{对磺酸基乙酰苯胺} \xrightarrow[\text{H}_2\text{SO}_4(浓)]{\text{HNO}_3(浓)} \text{邻硝基对磺酸基乙酰苯胺} \xrightarrow[\text{②NaOH}]{\text{①H}_2\text{SO}_4(稀),\ \triangle} \text{邻硝基苯胺} \xrightarrow[\text{吡啶}]{\text{CH}_3\text{COCl}} \text{邻硝基乙酰苯胺}$$

5.6 芳烃的来源

芳烃主要存在于煤焦油中，石油中直接含有的芳烃很少，通常是通过化学方法将石油中的某些非芳烃类化合物转变成芳烃。芳烃的来源主要有以下三条途径。

① 从煤焦油和焦炉煤气中提取。在炼焦炉中隔绝空气加热至 1000～1300℃，煤即分解而得到固态、液态和气态产物。其中，固态产物是焦炭；气态产物是焦炉气，也就是煤气；液态产物含有氨水和煤焦油。煤焦油中含有大量的芳香族化合物。表 5-3 列出了煤焦油分馏得到的各种馏分。

表 5-3　煤焦油的分馏产物

馏分	沸点范围/℃	产率/%	主要组分
轻油	<170	0.5～1.0	苯、甲苯、二甲苯
酚油	170～210	2～4	苯酚、甲苯酚、二甲酚等
萘油	210～230	9～12	萘、甲基萘、二甲基萘等
洗油	230～300	6～9	联苯、苊、芴等
蒽油	300～360	20～24	蒽、菲及其衍生物等
沥青	>360	50～55	沥青、游离碳等

② 从石油的催化裂解产物中提取。

③ 石油产品的催化重整（芳构化）。石油产品的催化重整（芳构化）主要包括：环烷烃的催化脱氢、环烷烃的异构化和脱氢及烃的环化和脱氢。

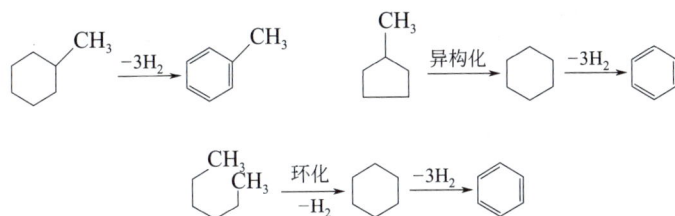

5.7 稠环芳烃

稠环芳烃指分子中两个或两个以上的苯环彼此通过共用两个相邻的碳原子稠合而成的化合物。常见的稠环芳烃有萘、蒽和菲，蒽和菲是同分异构体。本书主要介绍这三种稠环芳烃的结构和主要性质。

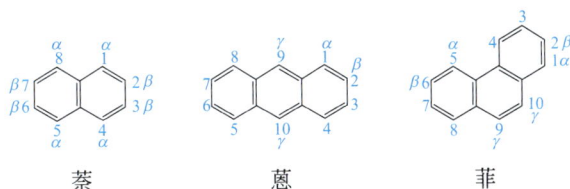

萘　　　　蒽　　　　菲

5.7.1 稠环芳烃的结构和命名

（1）萘的结构和命名

萘的分子式为 $C_{10}H_8$，分子中十个碳原子和八个氢原子均处于同一平面；碳原子都是

sp^2 杂化，每个碳原子都有垂直于萘环平面的带有一个电子的 p 轨道。萘环上十个 p 轨道以"肩并肩"的形式相互交盖，电子在其中高度离域，形成两个封闭的环状大 π 键。与苯环不同，萘的碳碳键长没完全平均化，而是介于 C—C 单键（0.154nm）和 C＝C 双键（0.134nm）之间。萘的离域能为 255kJ/mol，但萘的离域能比两个单独苯环离域能的总和（301kJ/mol）小，因此，萘的芳香性比苯差，比苯活泼。

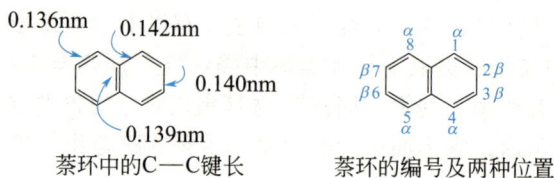

萘环中的C—C键长

萘环的编号及两种位置

其中，1、4、5、8 位等同，称 α 位；2、3、6、7 位也等同，称 β 位。因此萘的一取代产物有两种，即 α-取代产物（1-取代产物）和 β-取代产物（2-取代产物）。如：

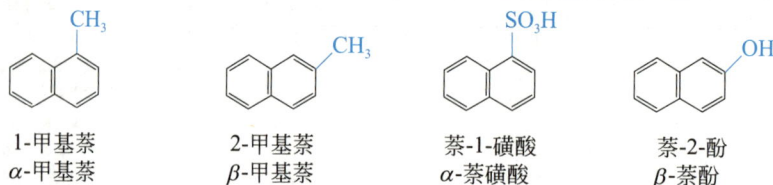

1-甲基萘
α-甲基萘

2-甲基萘
β-甲基萘

萘-1-磺酸
α-萘磺酸

萘-2-酚
β-萘酚

萘的二元取代物的异构体就更多。两个取代基相同的二元取代物有 10 种，两个取代基不同时则有 14 种。萘的二元取代物的命名需根据萘环的编号规则，给次序大的基团予小的位次，如：

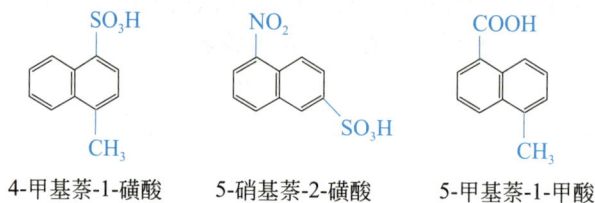

4-甲基萘-1-磺酸　　　5-硝基萘-2-磺酸　　　5-甲基萘-1-甲酸

（2）蒽、菲的结构

蒽和菲都是由三个苯环稠合的化合物，它们是同分异构体。与萘相似，构成蒽和菲分子的碳原子都处于一个平面上，形成了 π_{14}^{14} 的大 π 键，蒽和菲都有芳香性。蒽分子的离域能为 349kJ/mol，菲分子的离域能为 381.63kJ/mol。离域能越大，芳香性越大，芳环也越稳定，其反应活性就越小。因此，苯、萘、蒽和菲的芳香性大小顺序为苯＞萘＞菲＞蒽；它们的化学反应活性为蒽＞菲＞萘＞苯。

蒽和菲环有特定的编号方法。蒽的 1、4、5、8 位等同，称 α 位，2、3、6、7 位也等同，称 β 位，9、10 位等同，称 γ 位，所以蒽的一取代产物有三种。菲分子中有五种位置，1、8 位等同，2、7 位等同，3、6 位等同，4、5 位等同，9、10 位等同，所以菲的一取代物有五种。

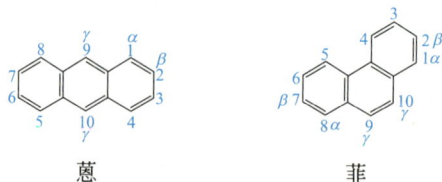

蒽　　　　　　　　　　菲

5.7.2　萘、蒽和菲的物理和化学性质

萘、蒽和菲平均每个苯环的离域能都比单独的一个苯环小，它们的芳香性都比苯小，即它们的环的稳定性比苯差。萘、蒽和菲比苯更容易在环上进行加成和氧化反应，进行亲电取

代反应也比苯容易。萘的 α 位的反应活性高于 β 位；蒽和菲的 γ 位即 9、10 位最活泼。

(1) 萘的性质

萘来自煤焦油，是煤焦油中含量最多的一种稠环芳烃（5%）。纯净的萘是白色片状晶体，熔点 80.5℃，沸点 218℃；萘有相当大的蒸气压，在室温下可升华，曾作为居家衣物防蛀剂。萘不溶于水，易溶于乙醇、乙醚和苯等有机溶剂。它是重要的化工原料。

① 萘的亲电取代反应。萘比苯容易发生亲电取代反应，α 位比 β 位更活泼，取代常发生在 α 位。

a. 卤代反应（以氯代反应为例）。在三氯化铁催化下，将氯气通入萘的溶液中，即可得到 α 位的取代产物 α-氯萘。萘与溴在四氯化碳溶液中加热回流，反应在不加催化剂的情况下应可以进行，得到 α-溴萘。例如：

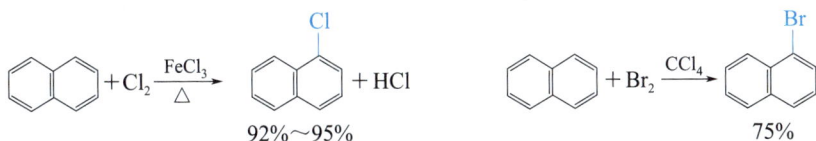

b. 硝化反应。萘的 α 位硝化反应比苯的硝化反应要快几百倍，用混酸硝化萘，在室温下即可进行，主要也是得到 α-硝基萘。例如：

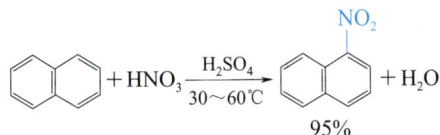

c. 磺化反应。萘的磺化反应也是一个可逆反应，低温磺化时，主要生成 α-萘磺酸，高温磺化主要生成 β-萘磺酸。例如：

斥力较大, 不稳定 　　　斥力较小

α 位磺化的活化能低，较易进行，是动力学控制产物。由于磺基的体积较大，萘环 α 位上的磺基同异环 α-位上的氢原子之间存在较大的相互作用力，产物稳定性不如 β-萘磺酸，β-萘磺酸的稳定性好，是热力学控制产物。在高温下稳定性较差的 α-萘磺酸也可以经可逆反应转变成稳定性好的 β-萘磺酸。由于磺酸基容易被其他的基团取代，高温磺化制备 β-萘磺酸可以用来当作制备某些萘的 β-取代物的桥梁。如通过磺酸基，可将其转换成羟基、氨基等。

β-萘酚和 β-萘胺是重要的有机中间体。β-萘酚经氧化偶联得到的联萘酚是重要的不对称合成手性催化剂的原料。

联萘酚, 光活性化合物

d. 傅-克（Friedel-Crafts）反应。由于萘比苯活泼，进行傅-克反应时，产物通常是混合物，要选择适宜的条件才能得到预期的产物。例如：

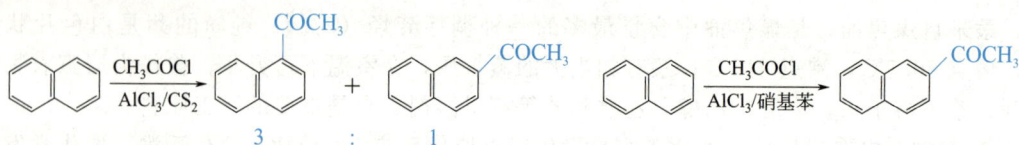

用硝基苯代替二硫化碳作溶剂，主要产物为 β-乙酰萘，这是因为 CH_3COCl、$AlCl_3$ 和硝基苯（$C_6H_5NO_2$）可以生成体积较大的配合物亲电试剂，体积大的试剂不易进攻空间位阻较大的 α 位。

② 氧化反应。在乙酸中，用三氧化铬氧化萘，可得到 1,4-萘醌；在更剧烈的氧化条件下，如用五氧化二钒催化，用高温空气氧化，可得邻苯二甲酸酐。在这两个氧化反应中都保留了一个苯环。例如：

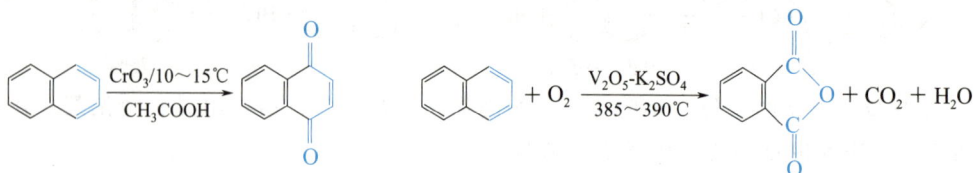

③ 还原反应。萘比苯更容易加氢，在不同的条件下，萘可以发生部分加氢或全部加氢的反应。部分加氢是用金属钠和乙醇在液氨中完成的，称为 Birch 还原。例如：

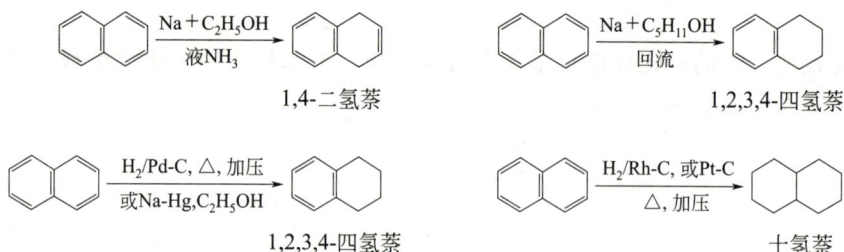

1,4-二氢萘   1,2,3,4-四氢萘

1,2,3,4-四氢萘   十氢萘

④ 萘环亲电取代反应定位规律。萘衍生物进行亲电取代反应的定位作用，要比苯衍生物复杂些。原则上讲，在萘环中引入第二个取代基的位置，要由原有取代基的性质和位置以及反应条件来决定，但由于 α-位的反应活性高，在一般情况下，第二个取代基容易进入 α-位。此外，环上的原有取代基还决定发生同环取代还是异环取代。

当第一个取代基是供电子基团时，由于它能使和它相连的环活化，因此第二个取代基就进入该环，即发生"同环取代"。如果原来取代基在 α-位，则第二个取代基主要进入同环的另一 α-位；如果原有取代基在 β-位，则第二个取代基主要进入与它相邻的 α-位。

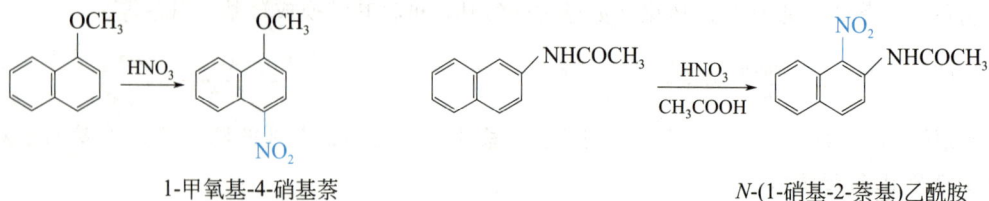

1-甲氧基-4-硝基萘   N-(1-硝基-2-萘基)乙酰胺

当第一个取代基是吸电子基团时，它使所连接的环钝化，第二个取代基便进入另一环上，发生了"异环取代"。不论原有取代基是在 α-位还是 β-位，第二个取代基一般是进入另一环的 α-位。

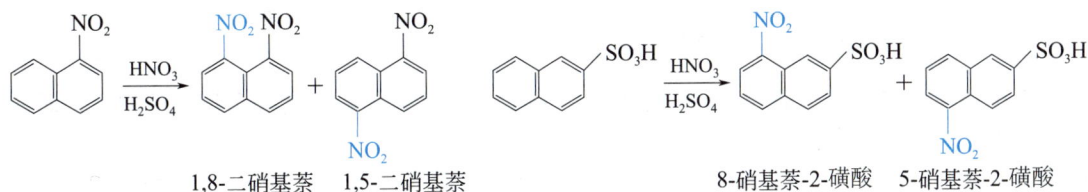

1,8-二硝基萘   1,5-二硝基萘   8-硝基萘-2-磺酸   5-硝基萘-2-磺酸

以上所讨论的仅仅是一般原则，实际上影响萘环取代的因素比较复杂，因此有许多萘衍生物取代反应的定位并不完全符合上述规律。

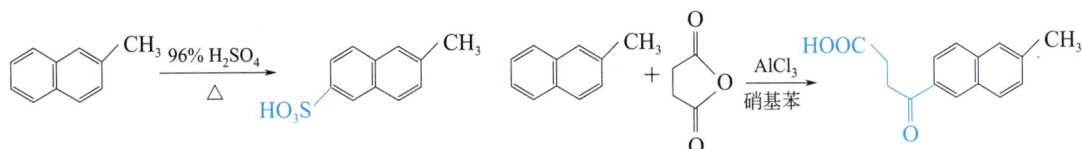

(2) 蒽和菲的性质

蒽存在于煤焦油中，菲存在于煤焦油的蒽油中，它们的分子式都是 $C_{14}H_{10}$。纯净的蒽为白色晶体，具有蓝色的荧光，熔点 216℃，沸点 340℃；不溶于水，难溶于乙醇和乙醚，溶于苯。纯净的菲是带光泽的白色片状晶体，熔点 100℃，沸点 340℃；不溶于水，溶于乙醇、乙醚和苯等有机溶剂中。

蒽和菲的芳香性都比萘差，它们的化学性质比萘更活泼。蒽和菲的取代、氧化及还原反应常发生在 9、10 位，由于产物中保留了两个完整的苯环，产物稳定。例如：

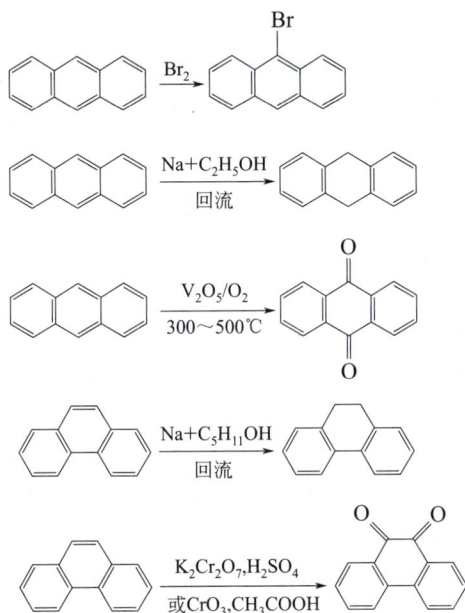

蒽还可以作为双烯体，发生 Diels-Alder 反应：

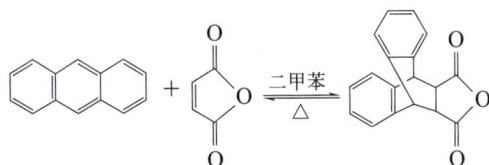

思考题 5-8　查阅文献，了解蒽和菲与溴的反应是如何进行的。

5.7.3 一些致癌稠环芳烃

不少稠环芳烃具有致癌作用，以下列出一些致癌稠环芳烃的结构和名称，使用它们时应多加防护。

芘　　　　3,4-苯并芘　　　　10-甲基-1,2-苯并蒽　　　　2-甲基-3,4-苯并菲　　　　1,2,3,4-二苯并菲

5.8　芳香性和非苯芳烃

前面讨论的芳烃都含有苯环结构，具有不同程度的芳香性，在结构和性质上有以下特点：

① 成环碳原子共平面；

② 含有一个闭合环状大 π 键，具有离域能；

③ 环很稳定，不易被破坏；

④ 具有高度不饱和性，但不显示不饱和烃的性质。

芳香性是由于 π 电子离域而产生的稳定性所致，但并不只是含苯环的化合物才有芳香性，有一些具有芳香性的物质不含苯环，如环丙烯正离子、环戊二烯负离子：

环丙烯正离子　　　　环戊二烯负离子

5.8.1　芳香性和休克尔规则

休克尔研究了大量的化合物后，提出判断一个化合物是否具有芳香性的规则，称休克尔规则，即：一个具有同平面的、环状闭合共轭体系的单环烯，只有当它的 π 电子数为 $4n+2$（$n=0$，1，2……）时，才具有芳香性。$4n+2$ 表示环状共轭体系中的 π 电子数。因此，只有当这种体系的 π 电子数为 2，6，10……时，体系才具有芳香性。当体系的 π 电子数为 $4n$ 时，体系不稳定，称反芳香性。

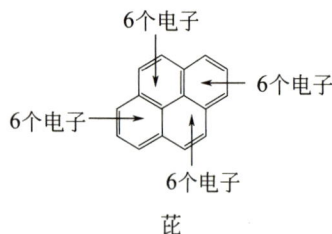

芘

多环化合物判断是否有芳香性时，需要考察每一个单环，一个体系中只要有一个部分具有芳香性，这个分子就有芳香性。如芘的分子式为 $C_{16}H_{10}$，它的 π 电子总数为 16 个，好像是反芳香性，实际上它是芳香性化合物。这主要因为休克尔规则的适用对象是单环共轭体系，对于多环化合物，如芘，分别考虑它的四个环，每个环都是 6 个电子，符合休克尔规则，分子具有芳香性。

5.8.2　非苯芳烃

凡符合休克尔规则，具有芳香性，但又不含苯环的烃类化合物称非苯芳烃。常见的有环多烯或其正、负离子。

(1) 环多烯

单环共轭多烯（通式 C_nH_n）称为轮烯（annulenes），最简单的轮烯是环丁二烯。按照休克尔规则，当轮烯分子中碳原子同平面且 π 电子数符合 $4n+2$ 时，就有芳香性，如 [14]轮烯及 [18]轮烯都具有芳香性；环丁二烯、环辛四烯的 π 电子数不符合 $4n+2$，没有芳香性。尽管 [10]轮烯的 π 电子数符合 $4n+2$，由于两个反式双键上的氢原子处在环内，它们相互产生排斥，使得整个分子中的原子不在同一个平面，因此它也没有芳香性。[10]轮烯是一个很活泼的分子。

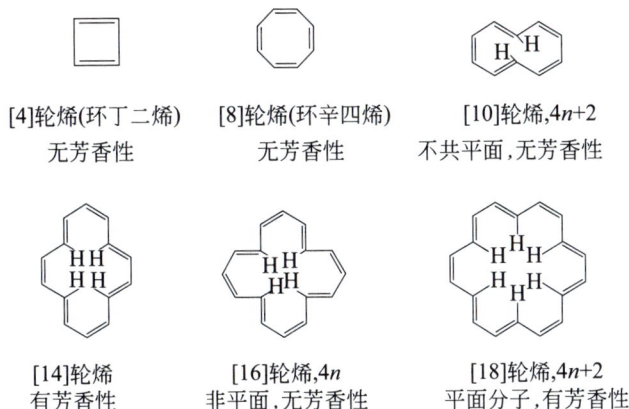

| [4]轮烯(环丁二烯) | [8]轮烯(环辛四烯) | [10]轮烯,$4n+2$ |
| 无芳香性 | 无芳香性 | 不共平面,无芳香性 |

| [14]轮烯 | [16]轮烯,$4n$ | [18]轮烯,$4n+2$ |
| 有芳香性 | 非平面,无芳香性 | 平面分子,有芳香性 |

实际上，[8]轮烯（环辛四烯）并不是一个平面分子，它具有一般烯烃的性质，是非芳香性化合物。

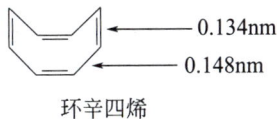

0.134nm
0.148nm
环辛四烯

(2) 芳香离子

有些环状烃类化合物如含奇数碳的环状化合物环丙烯、环戊二烯、环庚三烯等，分子结构中必定有一个 sp^3 杂化碳，不可能构成共轭体系。但它们转化为正离子或负离子后，就可构成共轭体系了。

环丙烯 sp^3 杂化碳原子失去 H^- 后，转化为 sp^2 杂化碳正离子，得到只有两个 π 电子的环丙烯正离子，π 电子数为 2，符合休克尔规则，具有芳香性。

又如在碱作用下将环戊二烯 sp^3 碳上的 H^+ 夺取，将 sp^3 碳转化为 sp^2 碳负离子：

$$\text{[环戊二烯]} + (CH_3)_3COK \longrightarrow \text{[环戊二烯负离子]} + (CH_3)_3COH$$

6个π电子($4n+2$, $n=1$, π_5^6键)

具有芳香性的环戊二烯负离子可形成金属有机化合物，如二茂铁，它是具有夹层结构的固体，仍具有芳香性，可在环上进行磺化和傅瑞德尔-克拉夫茨等反应。

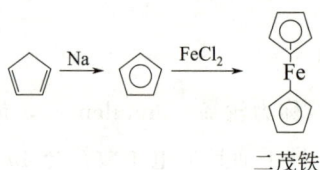

二茂铁

环庚三烯则需要转化为环庚三烯正离子才能满足休克尔规则。

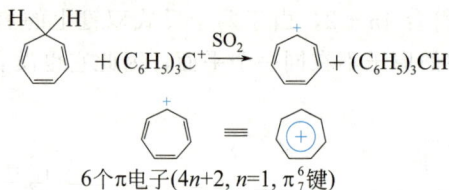

6个π电子$(4n+2, n=1, \pi_7^6$键$)$

䓬（azulene，又称为蓝烃）也具有芳香性，它实际上是由两个芳香离子并环而成的。这一点从它的偶极矩可以看出。

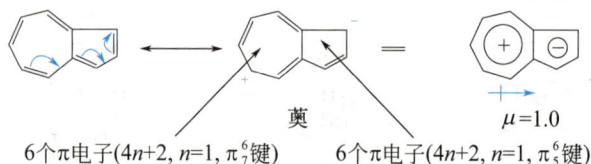

䓬

$\mu = 1.0$

6个π电子$(4n+2, n=1, \pi_7^6$键$)$ 　　　 6个π电子$(4n+2, n=1, \pi_5^6$键$)$

5.9　重要的化合物

（1）苯（benzene）

苯在常温、常压下是具有芳香气味的无色透明挥发性液体，它的熔点为5.51℃，沸点为80.1℃，相对密度（d_4^{20}）为0.879；苯难溶于水，但易溶于乙醇、乙醚、丙酮、氯仿、汽油、二硫化碳等有机溶剂。液态苯比水轻，但其蒸气比空气重，苯的蒸气能与空气形成爆炸性的混合物，遇到高热或明火极容易引起燃烧和爆炸。苯毒性大，不易分解，是最基本的化工原料及常用的有机溶剂。

（2）甲苯（toluene）

甲苯是无色易挥发的液体，气味似苯。它的熔点为$-95\sim-94.5$℃，沸点为110.4℃，闪点为4.44℃（闭杯），自燃点为480℃；相对密度（d_4^{20}）为0.867，蒸气压为4.89kPa（30℃）。甲苯蒸气与空气混合物的爆炸极限为1.27%～7%。甲苯几乎不溶于水，与乙醇、氯仿、乙醚、丙酮、冰乙酸、二硫化碳混溶。遇热、明火或氧化剂易着火，遇明火或与下列物质反应引起爆炸：硫酸＋硝酸、四氧化二氮、高氯酸银、三氟化溴、六氟化铀。流速过快（超过3m/s）有产生和积聚静电的危险。甲苯也是最基本的化工原料及常用的有机溶剂。

（3）二甲苯（xylene）

二甲苯有邻、间及对二甲苯。1,2-二甲苯为无色透明液体，有类似甲苯的气味，熔点为-25.5℃，沸点为144.4℃，相对密度（d_4^{20}）为0.880，不溶于水，可混溶于乙醇、乙醚、氯仿等多数有机溶剂。工业上采用超精馏的方法从混合二甲苯中分离出邻二甲苯。主要用作化工原料和溶剂。可用于生产苯酐、染料、杀虫剂和药物等，如维生素，也可用作航空汽油添加剂。

1,3-二甲苯为无色透明液体，有类似甲苯的气味，熔点为-47.9℃，沸点为139℃，相对密度（d_4^{20}）为0.864，不溶于水，可混溶于乙醇、乙醚、氯仿等多数有机溶剂。主要用作溶剂，医药、染料中间体，香料。

1,4-二甲苯为无色透明液体，有类似甲苯的气味，熔点为 13.3℃，沸点为 138.4℃，相对密度（d_4^{20}）为 0.861，不溶于水，可混溶于乙醇、乙醚、氯仿等多数有机溶剂。主要作为合成聚酯纤维、树脂、涂料、染料和农药等的原料。

（4）苯乙烯（vinyl benzene）

　　苯乙烯为无色透明油状液体，不溶于水，溶于醇、醚等多数有机溶剂。熔点为 −30.6℃，沸点为 146℃，相对密度（d_4^{20}）为 0.906，爆炸极限为 1.1%～6.1%（体积分数）。当受热或暴露在阳光下时，或在过氧化物存在下易聚合，同时释放能量，并能引起爆炸。暴露在空气中可逐渐发生聚合和氧化作用。工业上主要由乙烯和苯烷基化生成乙苯，乙苯再经催化脱氢制得。另有一部分苯乙烯由乙苯与丙烯共氧化法生产，该法同时得到苯乙烯和环氧丙烷两个产品。苯乙烯是重要单体，用于制造聚苯乙烯系树脂、丁苯橡胶、热塑性弹性体、ABS 工程塑料、不饱和聚酯和离子交换树脂等。

　　① 苯乙烯制法。

　　工业制法：

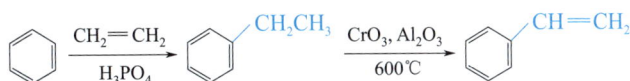

　　② 苯乙烯的聚合反应。

　　均聚

　　共聚

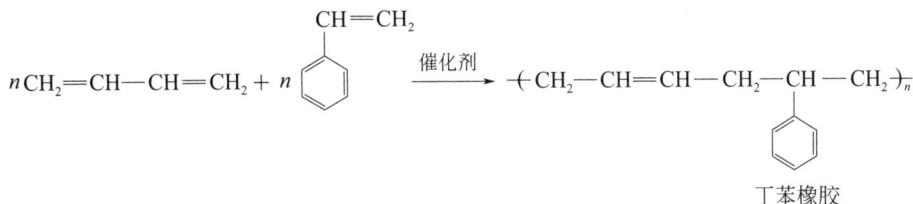

丁苯橡胶

　　共聚交联

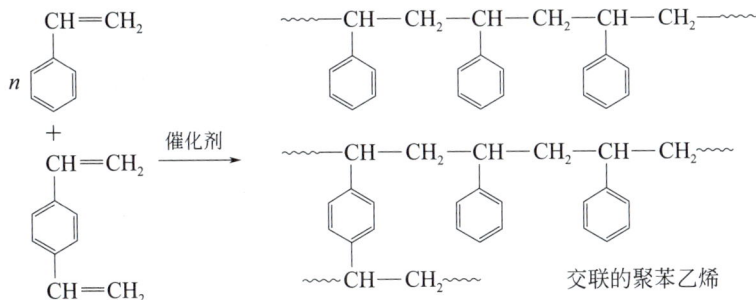

交联的聚苯乙烯

关键词

芳香烃-aromatic hydrocarbons

苯-benzene

凯库勒式-Kekulé structure

共振结构-resonance structure

平面结构-planar structure
Huckel 规则-Huckel's rule
芳香性-aromaticity
反芳香性-antiaromaticity
非芳香性-non-aromaticity
蒽-anthracene
菲-phenanthrene
卤化-halogenation
硝化-nitration
磺化-sulfonation

Friedel-Crafts 烷基化-Friedel-Crafts alkylation
Friedel-Crafts 酰基化-Friedel-Crafts acylation
氯甲基化-chloromethylation
亲电取代-electrophilic substitution
定位效应-orientation effect
邻、对位定位基-ortho/para-directing group
间位定位基-meta-directing group
致活基团-activating group
致钝基团-deactivating group
区域选择性-regioselectivity

习　题

第 5 章习题答案

5-1　写出分子式为 C_9H_{12} 的单环芳烃的所有同分异构体，并命名。

5-2　命名下列各化合物。

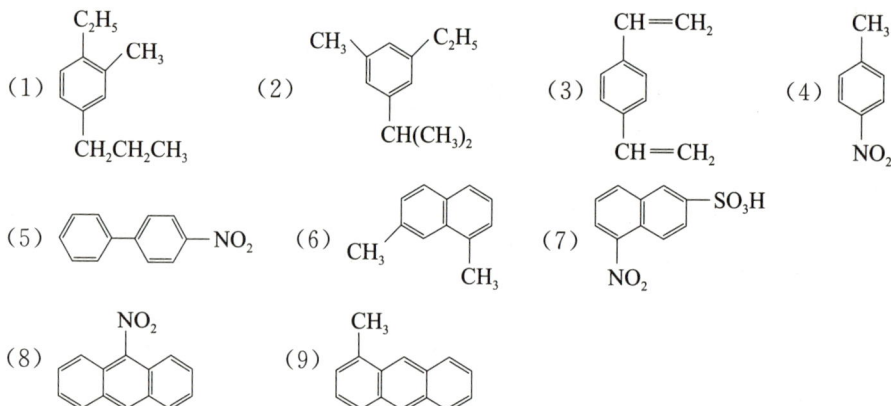

(1) 　(2) 　(3) 　(4)

(5) 　(6) 　(7)

(8) 　(9)

5-3　写出下列化合物的构造式。

(1) 3,5-二溴-1-甲基-2-硝基苯　(2) 对羟基苯甲酸　(3) 3-甲基-2,4-二硝基苯甲醚

(4) 1,3,5-三乙苯　(5) 对甲苯磺酸　(6) 间溴苯酚

(7) 联苯胺　(8) 萘-2-磺酸　(9) 4-硝基萘-1-酚

5-4　完成下列各反应式。

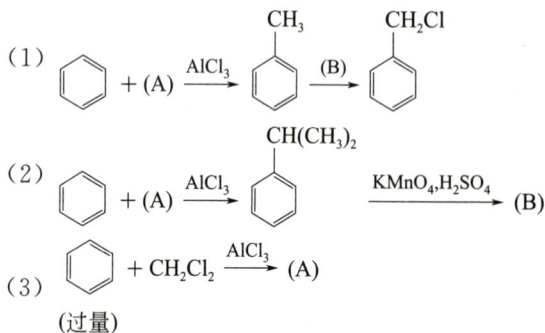

(1)

(2)

(3)
(过量)

(4) + (CH₃CO)₂O $\xrightarrow{\text{AlCl}_3}$ (A) + (B)

(5) $\xrightarrow[]{\text{浓HNO}_3, \text{浓H}_2\text{SO}_4}$ (A)

$\xrightarrow[\triangle]{\text{稀HNO}_3}$ (B)

$\xrightarrow[]{\text{浓HNO}_3}$ (C)

(6) + Br₂ $\xrightarrow{\text{(A)}}$ $\xrightarrow[\triangle]{\text{浓H}_2\text{SO}_4}$ (B)

(7) + Cl₂ $\xrightarrow{\text{光}}$ (A)

(8)

$\xrightarrow[]{\text{Br}_2, \text{CCl}_4}$ (A)

$\xrightarrow[\text{室温,低压}]{\text{H}_2, \text{Ni}}$ (B)

$\xrightarrow[\text{高温,高压}]{\text{H}_2, \text{Ni}}$ (C)

$\xrightarrow[\text{冷}]{\text{KMnO}_4}$ (D)

$\xrightarrow[\text{热}]{\text{KMnO}_4}$ (E) $\xrightarrow[\text{浓H}_2\text{SO}_4]{\text{浓HNO}_3}$ (F)

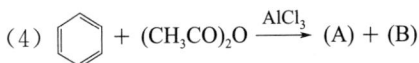

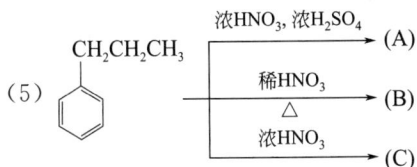

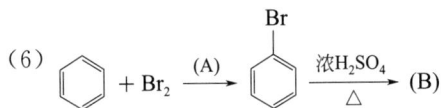

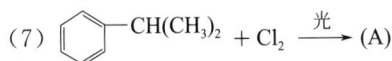

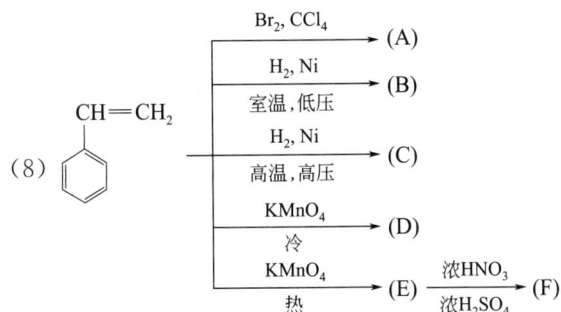

5-5 比较下列各组化合物进行硝化反应的难易。

(1) 苯、溴苯、硝基苯、乙苯

(2) 对苯二甲酸、对甲苯甲酸、对二甲苯、苯甲酸

(3) 、、、

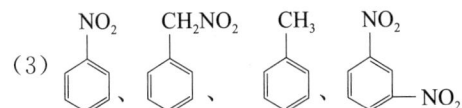

5-6 写出下列化合物进行一次硝化的主要产物。

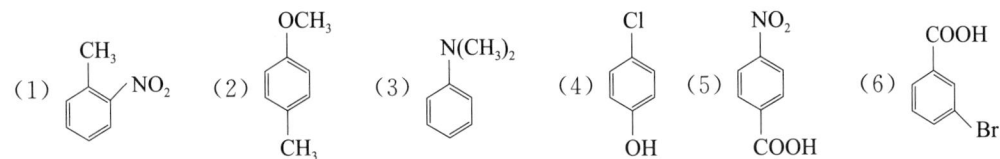

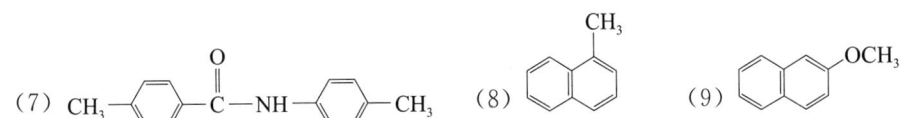

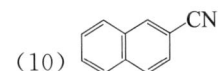

(1) 　(2) 　(3) 　(4) 　(5) 　(6)

(7) 　(8) 　(9)

(10)

5-7 用化学方法区分下列各组化合物。

(1) 环己烷、环己烯、苯

(2) 乙苯、苯乙烯、苯乙炔

(3) 环己烯、环己-1,3-二烯、苯、甲苯

5-8 解释下列事实。

(1) 苯在 $RX/AlCl_3$ 存在下进行单烷基化时，需要过量的苯。

(2) 苯具有很大的不饱和度，但不易发生加成反应。

5-9 指出下列合成过程中的错误。

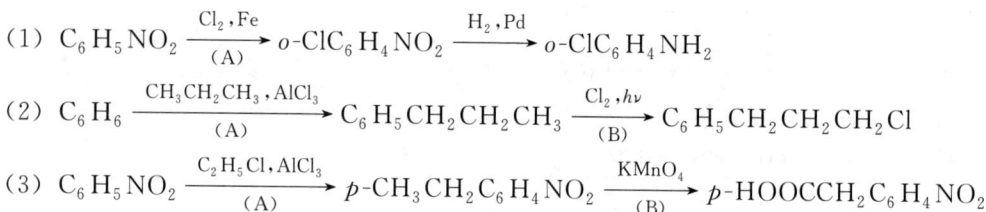

(1) $C_6H_5NO_2 \xrightarrow[\text{(A)}]{Cl_2, Fe} o\text{-}ClC_6H_4NO_2 \xrightarrow{H_2, Pd} o\text{-}ClC_6H_4NH_2$

(2) $C_6H_6 \xrightarrow[\text{(A)}]{CH_3CH_2CH_3, AlCl_3} C_6H_5CH_2CH_2CH_3 \xrightarrow[\text{(B)}]{Cl_2, h\nu} C_6H_5CH_2CH_2CH_2Cl$

(3) $C_6H_5NO_2 \xrightarrow[\text{(A)}]{C_2H_5Cl, AlCl_3} p\text{-}CH_3CH_2C_6H_4NO_2 \xrightarrow[\text{(B)}]{KMnO_4} p\text{-}HOOCCH_2C_6H_4NO_2$

5-10 根据氧化得到的产物，试推测原料芳烃的结构。

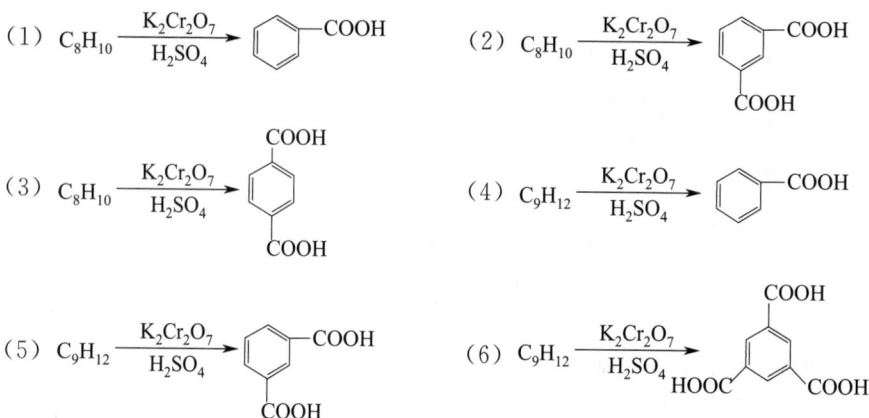

(1) $C_8H_{10} \xrightarrow[H_2SO_4]{K_2Cr_2O_7}$ 〔苯环〕—COOH

(2) $C_8H_{10} \xrightarrow[H_2SO_4]{K_2Cr_2O_7}$ 〔间位二取代苯环〕COOH, COOH

(3) $C_8H_{10} \xrightarrow[H_2SO_4]{K_2Cr_2O_7}$ 〔对位二取代苯环〕COOH, COOH

(4) $C_9H_{12} \xrightarrow[H_2SO_4]{K_2Cr_2O_7}$ 〔苯环〕—COOH

(5) $C_9H_{12} \xrightarrow[H_2SO_4]{K_2Cr_2O_7}$ 〔间位二取代苯环〕COOH, COOH

(6) $C_9H_{12} \xrightarrow[H_2SO_4]{K_2Cr_2O_7}$ 〔1,3,5-三取代苯环〕COOH, HOOC, COOH

5-11 写出萘与下列化合物反应所生成的主要产物的构造式和名称。

(1) CrO_3，CH_3COOH　　(2) O_2，V_2O_5　　(3) Na，C_2H_5OH，加热

(4) H_2，$Pd\text{-}C$ 加热，加压　　(5) HNO_3，H_2SO_4　　(6) Br_2

(7) 浓硫酸，$80℃$　　(8) 浓硫酸，$165℃$

5-12 以苯、甲苯或萘及其他必要的试剂合成下列化合物。

(1) 间氯苯甲酸 (2) 1-氯-2-甲基-5-硝基苯 (3) 4-溴-2-硝基苯甲酸 (4) 对异丙基甲苯

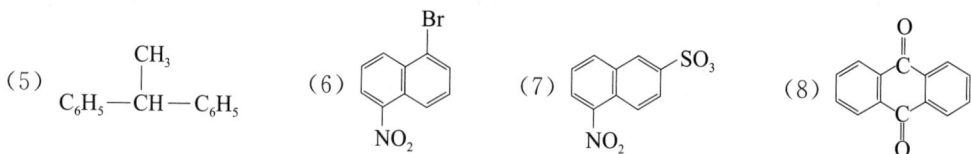

(5) $C_6H_5-\underset{\underset{CH_3}{|}}{CH}-C_6H_5$　　(6) 〔1-溴-5-硝基萘结构〕　　(7) 〔2-磺酸基-5-硝基萘结构 SO_3，NO_2〕　　(8) 〔蒽醌结构〕

5-13 三种三溴苯经过硝化后，分别得到三种、两种和一种一元硝基化合物。试推测原来各三溴苯的构造式，并写出它们的硝化产物。

5-14 分子式为 $C_{10}H_{10}$ 的化合物 A，能使溴水褪色，但与氯化亚铜的氨溶液不生成沉淀。它在硫酸汞存在下同稀硫酸共热，则生成分子式为 $C_{10}H_{12}O$ 的化合物 B。如果将 A 与高锰酸钾的硫酸溶液作用便生成间苯二甲酸。试推测 A、B 的构造式，并写出有关反应式。

5-15 某不饱和烃 A 的分子式为 C_9H_8，它能和氯化亚铜氨溶液反应生成红色沉淀。化合物 A 催化加氢得到化合物 B（C_9H_{12}）。将化合物 B 用酸性高锰酸钾氧化得到化合物 C（$C_8H_6O_4$）。将化合物 C 加热得到化合物 D（$C_8H_4O_3$），若将化合物 A 和丁二烯作用则得到一个不饱和化合物 E，将 E 催化脱氢得 2-甲基联苯，写出 A、B、C、D、E 的构造式及各步反应式。

5-16 指出下列化合物中哪些具有芳香性。

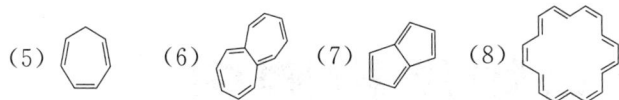

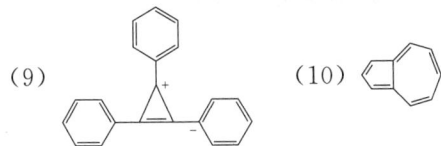

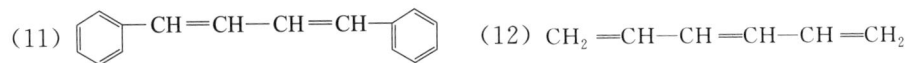

(1) 　(2) 　(3) 　(4)

(5) 　(6) 　(7) 　(8)

(9) 　(10)

(11) 　(12) $CH_2{=}CH{-}CH{=}CH{-}CH{=}CH_2$

▶拓展资料
▶习题答案

第6章
有机化合物结构测定

6.1 概述

  对有机物进行结构测定（表征），是从分子水平认识物质的基本手段，是有机化学的重要组成部分。有机物的结构和性质紧密相关，结构决定性质，而性质是结构的反映。无论从生物质中提取的有机物还是人工合成的有机物，明确它们的结构非常重要。有机化学发展初期，有机化合物的结构测定常通过化学方法，即根据有机物的化学反应所表现出的结构信息来完成。这样做不仅操作烦琐，而且效率低。如，鸦片中吗啡（morphine）结

图 6-1 吗啡的
化学结构

泽尔蒂纳

构（见图 6-1）的测定，从 1806 年法国化学家 F. 泽尔蒂纳首次从鸦片中分离出来开始，直至 1952 年才完全阐明，历时 146 年。

  自从以光谱技术为代表的物理方法问世以来，物理方法在测定有机物结构方面的应用得到了飞速发展。物理方法试样用量少，在较短的时间内，经过简便的操作及分析数据、解析图谱，就可获得正确的结构。测定有机化合物结构的现代物理方法有多种，常用的有红外吸收光谱、核磁共振波谱、质谱和紫外吸收光谱，常称为"四大波谱"。除此之外，还包含 X 射线单晶衍射、荧光光谱、旋光光谱、圆二色光谱、顺磁共振波谱等。表 6-1 为"四大波谱"作用简介及其图例。

现代有机结构
测定技术的演进
与科学家们的
创新之路

  除质谱外，这些分析方法都是根据不同波长的电磁波与有机物相互作用而建立的，且不破坏样品结构。值得注意的是，用"四大波谱"测定有机物结构时，对有机物样品的纯度有很高的要求，因为，样品中的杂质在 IR、NMR 及 MS 谱图中会出现它们的信号，给图谱解析和确定样品结构造成干扰，因此，进行结构测定前，需要对样品进行很好的分离、纯化。下面简单介绍红外吸收光谱、核磁共振谱、质谱和紫外吸收光谱的原理及其在有机物结构鉴定中的应用。

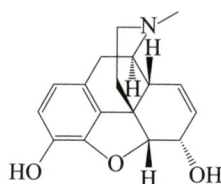

表 6-1 "四大波谱"作用简介及其图例

测定有机物结构的波谱方法	图 例
红外吸收光谱(IR):依据物质对红外光的吸收性质,反映分子中键的振动与红外光的作用,主要用于表征分子中的官能团	 正己醇的 IR 谱图
核磁共振谱(NMR):依据物质在强磁场中对无线电波的吸收性质,反映分子中原子核的自旋磁矩与无线电波的作用,主要用于表征分子中的氢、碳、氟等有核自旋磁矩的原子。核磁共振氢谱(^{1}H NMR)用于表征有机分子中各种氢原子种类、相对数目及所处的化学环境	 乙醇的^{1}H NMR
质谱(MS):依据构成物质分子或其碎片的原子种类、数目及其相对质量,反映物质分子或其碎片的组成,主要用于确定分子量和分子式	 正己烷的 MS 谱

测定有机物结构的波谱方法	图　　例
紫外吸收光谱（UV）：依据物质对紫外-可见光的吸收性质，反映分子中成键电子的运动与紫外-可见光的作用，主要用于表征分子中的共轭体系	苯和甲苯的 UV 谱

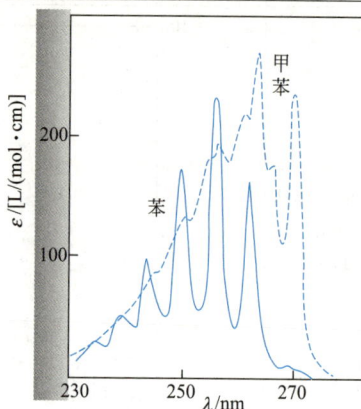

6.2　波谱分析基本原理

有机化合物结构
测定成果应用

6.2.1　电磁波和电磁波谱

（1）电磁波的性质

众所周知，光是一种电磁波，它具有波、粒二象性。其波动性可以用波的参量来描述；而微粒性则可用光量子的能量来描述：

$$\nu = \frac{c}{\lambda} = c\bar{\nu} \qquad (6\text{-}1)$$

式中，ν 为频率，Hz；c 为光速，其数值为 3×10^{10} cm/s；λ 为波长，cm，也用 nm 作单位（1nm $=10^{-7}$ cm）；$\bar{\nu}$ 为 1cm 长度中波的数目，cm^{-1}。

$$E = h\nu = \frac{hc}{\lambda} \qquad (6\text{-}2)$$

式中，E 为光量子能量，J；h 为 Planck 常数，6.63×10^{-34} J/s。

式(6-1)、式(6-2)表明：分子吸收电磁波，就可获得能量，提高原子的转动或振动频率，或激发电子到较高的能级；其吸收光的频率与吸收能量有关。

（2）电磁波谱

把电磁波按波长顺序排列，称电磁波谱。电磁波谱通常分为高能辐射区、光学光谱区和波谱区。其中，高能谱区主要由来自核能级跃迁的 γ 射线和来自内层电子能级跃迁的 X 射线组成；光学光谱区由来自原子和分子外层电子能级跃迁的紫外、可见光和来自分子振动和转动能级跃迁的红外光组成；波谱区，由来自分子转动能级及电子自旋能级跃迁的微波和来自原子核自旋能级跃迁的无线电波组成。图 6-2 是各光波谱区波长及能量跃迁相关图。

6.2.2　分子能级与分子吸收光谱

（1）分子的总能量

分子的总能量可由式(6-3)表示：

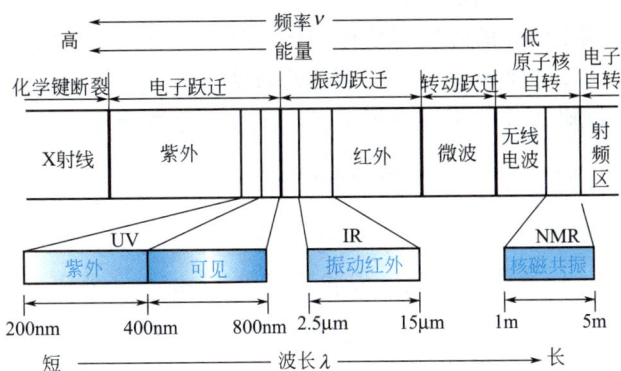

图 6-2　光波谱区波长及能量跃迁相关图

$$E = E_t + E_n + E_i + E_e + E_v + E_r \qquad (6\text{-}3)$$

其中，E_t（平动动能）和 E_i（内旋转能）是连续的；E_n（核内能）只在磁场中分裂。因此，分子光谱主要取决于 E_e（电子能量）、E_v（振动能量）和 E_r（转动能量）的变化，即：

$$E = E_e + E_v + E_r \qquad (6\text{-}4)$$

这些能量都是不连续的、量子化的。

分子光谱可分为以下三类。

① 电子光谱。分子所吸收的光能使电子激发到较高的能级，一般表现为吸收峰的波长（200～800nm）。电子光谱在可见及紫外区域内出现。

② 振动光谱。分子所吸收的光能引起振动能级的变化，多在中红外区域（1～25μm），称红外光谱。

③ 转动光谱。分子所吸收的光只能引起分子转动能级的变化。转动能级之间的能量差很小，位于远红外及微波区内（25～500μm），可测定分子的键长和键角。

(2) 分子吸收光谱

电磁波与分子相互作用，导致分子吸收具有特定能量的电磁波，产生分子能级的跃迁（transition）。由于能级是量子化的，只有光子的能量恰等于两个能级之间的能量差时（即 ΔE）才能被吸收。

$$\Delta E = h\nu \qquad (6\text{-}5)$$

对某一分子而言，只能吸收某一特定频率的辐射，从而引起分子转动或振动能级的变化，或使电子激发到较高的能级，产生特征的分子光谱。

利用物质与电磁波作用时，物质内部发生量子化能级跃迁而产生的吸收、发射或散射辐射等电磁辐射的强度随波长变化的定性、定量分析方法，称为光谱分析法（spectral analysis）。

6.3　红外吸收光谱

利用物质对红外光区电磁辐射的选择性吸收的特性来进行结构分析、定性和定量的分析方法，称红外吸收光谱法。根据红外吸收光谱，可定性地推断分子结构，鉴别分子中所含有基团，也可用于定量测定组分的纯度和结构剖析。除用于有机物结构测定外，在有机化学理论研究上，红外光谱可用于推断分子中化学键的强度，测定键长和键角，还可用于反应机理研究等，它具有迅速准确、样品用量少等优点，多用于定性分析。

6.3.1 红外光谱的产生和红外光谱图

红外线是一种电磁波。红外区介于可见区及微波区之间，其中应用最广的是 $2.5\sim25\mu m$（$4000\sim400cm^{-1}$）的中红外线。波长小于 $2.5\mu m$ 的红外辐射称为近红外区，大于 $25\mu m$ 的称为远红外区。用红外光谱测定有机物结构时用的是 $2.5\sim25\mu m$ 中红外区的电磁波。

红外光谱是因分子振动能级的跃迁而产生的。一定波长的红外线照射被研究物质的分子，若辐射能（$h\nu$）等于振动基态（V_0）的能级（E_1）与第一振动激发态（V_1）的能级（E_2）之间的能量差（ΔE）时，则分子吸收辐射能，由振动基态跃迁到第一振动激发态（$V_0 \rightarrow V_1$）：

$$\Delta E = E_2 - E_1 = h\nu \tag{6-6}$$

由于分子中有若干个基团，同一基团又有若干不同的振动形式，当用连续的红外线照射时，在不同的波长位置就会出现一些吸收峰，记录其透光度随波长变化的曲线即为红外吸收光谱。图 6-3 为肉桂酸的红外吸收光谱。

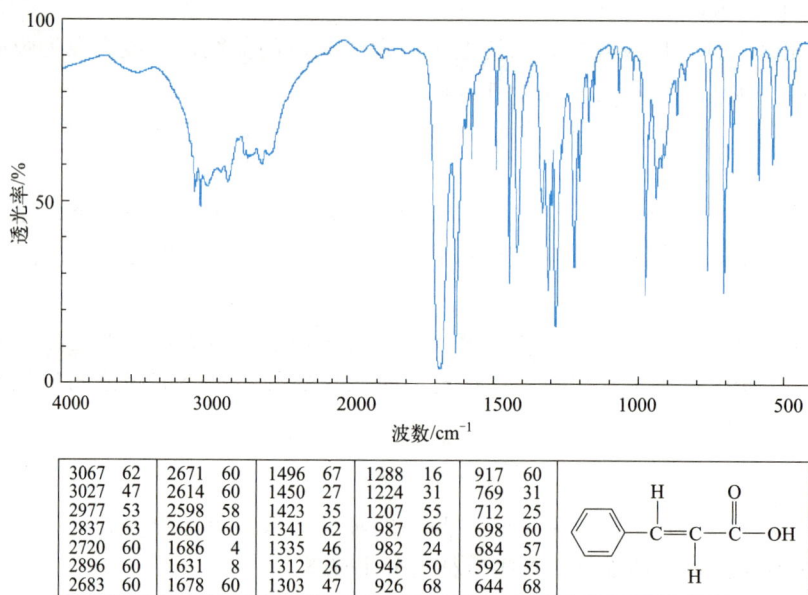

3067	62	2671	60	1496	67	1288	16	917	60
3027	47	2614	60	1450	27	1224	31	769	31
2977	53	2598	58	1423	35	1207	55	712	25
2837	63	2660	60	1341	62	987	66	698	60
2720	60	1686	4	1335	46	982	24	684	57
2896	60	1631	8	1312	26	945	50	592	55
2683	60	1678	60	1303	47	926	68	644	68

图 6-3 肉桂酸的红外吸收光谱（KBr 压片法）

在红外吸收光谱图中，横坐标表示吸收峰的位置，用波长（λ，μm）或用波数（$\bar{\nu}$，cm^{-1}）表示，二者之间关系为倒数关系（$\bar{\nu} = \dfrac{1}{\lambda}10^4$），纵坐标表示吸收强度，用透光率 T（或%）表示，它是透射光强度 I 与入射光强度 I_0 之比。透光率越低，表明吸收得越好，故曲线低谷表示一个好的吸收带。

6.3.2 分子振动和化学键的特征红外吸收频率

(1) 分子振动的基本形式

分子内部的原子有伸缩振动和弯曲振动两种基本形式。在双原子分子的振动中，双原子分子中的化学键的振动可看作一根弹簧连接的两个刚性小球的简谐振动，如图 6-4 所示。

图 6-4　双原子分子中化学键的振动

在多原子分子的振动中，对多原子有机物分子而言，分子中的化学键的振动是多样的，以亚甲基（—CH$_2$）的振动为例说明。

伸缩振动（ν）：指键长沿键轴方向发生周期性变化的振动。两个键长沿键轴方向同时伸长或缩短的为对称伸缩振动；两个键长沿键轴方向伸长和缩短交替发生的为非对称伸缩振动，如图 6-5 所示。

弯曲振动：指键角发生周期性变化而键长不变的振动。弯曲振动又分为面内弯曲振动（δ）和面外弯曲振动（γ）（见图 6-6）。弯曲振动不改变键长，振动能量较小。

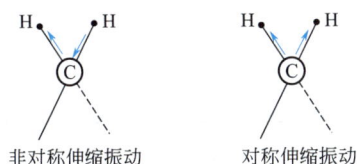

图 6-5　亚甲基的伸缩振动（ν_{CH_2}）

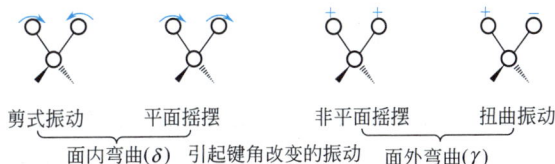

图 6-6　亚甲基的弯曲振动
（箭头表示在纸面上的振动；＋和－表示垂直纸面上下振动）

(2) 振动频率

共价键的振动，可看作一弹簧连接的两个刚性小球的简谐振动（见图 6-4），遵守胡克定律。振动频率（用波数 $\bar{\nu}$ 表示）近似用下式计算：

$$\bar{\nu} = \frac{1}{2\pi c}\sqrt{\frac{K}{m}} \tag{6-7}$$

式中，K 为化学键的力常数，与化学键强度有关；m 为折合质量，$m = \dfrac{m_1 m_2}{m_1 + m_2}$。

因此，化学键的振动频率取决于该键的力常数和成键原子的质量，键的力常数越大，原子质量越小，振动频率越大。一些常见化学键的力常数见表 6-2。

表 6-2　常见化学键的力常数 K　　　　　　　　　　　　单位：$10^2\,N/m$

键	K	键	K
C—C	4.5～5.6	O—H	7.8(H_2O),7.12(游离)
C=C	9.5～9.9	N—H	6.5(NH_3)
C≡C	15～17	C—O	5.0～5.8
C—H	4.7～5.0(—C—H),5.1(=CH),5.9(≡CH)	C=O	12～13

分子振动的能量是量子化的，它具有一定的能级，从较低能级跃迁到较高能级需要提供红外线能量（$E_{h\nu}$）。当 $E_{h\nu}$ 等于两个振动能级之差 ΔE 时（$E_{h\nu} = \Delta E$），且分子振动可产生

分子偶极矩的变化时，就有红外吸收。如，HCl 有红外吸收，而非极性的同核双原子分子 N_2、O_2 等就没有红外吸收。

(3) 化学键的特征红外吸收频率

研究了大量物质的红外光谱后发现，具有同一类型化学键或官能团的不同化合物，其红外吸收频率总是出现在一定的波数范围内，把这种能代表某官能团，并有较高强度的吸收峰，称为该官能团的特征吸收峰。与弯曲振动相比，伸缩振动需要较高的能量（在高频区），官能团的特征吸收峰多是伸缩振动产生的吸收。表 6-3 所列是一些常见化学键的特征红外吸收频率。

表 6-3　常见化学键的特征红外吸收频率

化学键类型	吸收峰波数/cm^{-1}	峰的强度
C≡N	2260～2220	中等强度
C≡C	2260～2100	中等强度到弱
C=C	1680～1600	中等强度
C=N	1650～1550	中等强度
⬡	约 1600，1500～1430	强到弱
C=O	1780～1650	强
C—O	1250～1050	强
C—N	1230～1020	中等强度
O—H（醇中的羟基）	3650～3200	中等强度，宽峰
O—H（羧酸中的羟基）	3300～2500	强，非常强
N—H	3500～3300	中等强度，宽峰
C—H	3300～2700	中等强度

图 6-7 所示为—CH_3、—CH_2—的特征吸收峰。

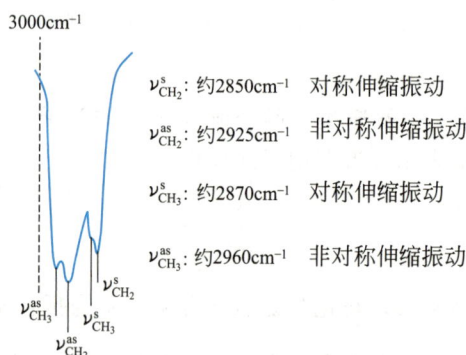

$\nu^s_{CH_2}$：约 2850cm^{-1}　对称伸缩振动

$\nu^{as}_{CH_2}$：约 2925cm^{-1}　非对称伸缩振动

$\nu^s_{CH_3}$：约 2870cm^{-1}　对称伸缩振动

$\nu^{as}_{CH_3}$：约 2960cm^{-1}　非对称伸缩振动

图 6-7　甲基及亚甲基的特征吸收峰

由图 6-7 可知，甲基、亚甲基的伸缩振动吸收在约 2850～2960cm^{-1} 出现，低于 3000cm^{-1}。

化学键或官能团的特征吸收峰对推测未知化合物的结构是十分重要的。如图 6-8 所示，图谱中 3300cm^{-1}、1610cm^{-1} 有明显吸收峰，而在 1850～1600cm^{-1} 范围无吸收，可以初步确定化合物中含有炔氢及双键，不含有羰基。

(4) 相关峰

前已述，用特征吸收峰可判断官能团的存在。但一般有机物的红外光谱都比较复杂，很多情况下，仅依某一官能团的特征峰难于确证有机化合物中是否有该官能团。一种基团常有数种振动形式，如—CH_3、—CH_2—既有伸缩振动又有弯曲振动，伸缩振动（2850～

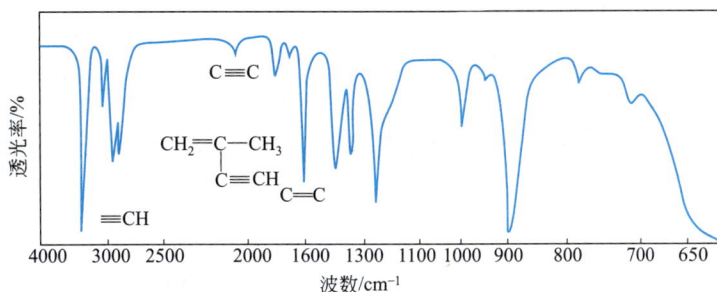

图 6-8　2-甲基丁-1-烯-3-炔的红外光谱（液膜）

$2960cm^{-1}$）和弯曲振动振动（约 $1380cm^{-1}$、约 $1460cm^{-1}$）都产生了相应的吸收峰，通常把这些互相依存而又互相可以佐证的吸收峰称为相关峰（见图 6-9）。确定有机化合物中是否存在某种基团，要先查看特征峰，再查看有无相关峰来确定。

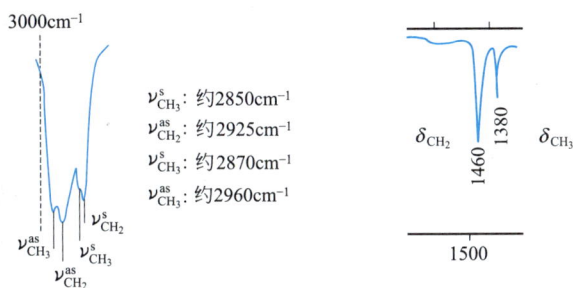

$\nu^s_{CH_3}$：约 $2850cm^{-1}$
$\nu^{as}_{CH_2}$：约 $2925cm^{-1}$
$\nu^s_{CH_3}$：约 $2870cm^{-1}$
$\nu^{as}_{CH_3}$：约 $2960cm^{-1}$

图 6-9　—CH_3、CH_2 的特征峰和相关峰

又如，根据 C—H 伸缩振动吸收峰即特征峰出现在 $2850\sim3000cm^{-1}$，通过其弯曲振动吸收峰（相关峰）可以判断—CH_3 所连接碳的类型，在 $1370\sim1395cm^{-1}$ 有等强的双峰，表明分子中有异丙基存在，有一强一弱两个峰，表明分子中有叔丁基。

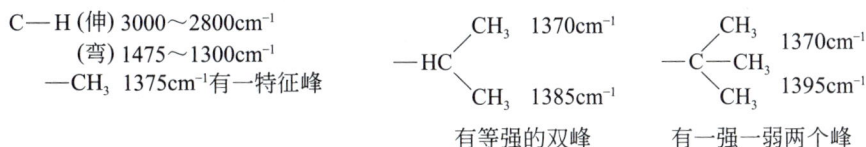

C—H(伸) $3000\sim2800cm^{-1}$
　　(弯) $1475\sim1300cm^{-1}$
—CH_3 $1375cm^{-1}$有一特征峰

有等强的双峰　　　　有一强一弱两个峰

相关峰一般比特征吸收峰弱，但特征性强。

思考题 6-1　用红外光谱能区分下列化合物吗？
(1) 己-1-烯、己-1-炔和己烷　　(2) 丁醇、2-甲基丁-1-醇和 2-甲基丁-2-醇

6.3.3　影响特征吸收频率的因素

影响化学键或官能团吸收位置的因素主要有分子内部结构和外界两大因素。

6.3.3.1　分子结构内部因素

(1) 电子效应的影响

官能团连上具有吸电子效应的基团将使特征吸收峰向高频区移动，连有供电子效应的基

团将使吸收峰向低频区移动。如：

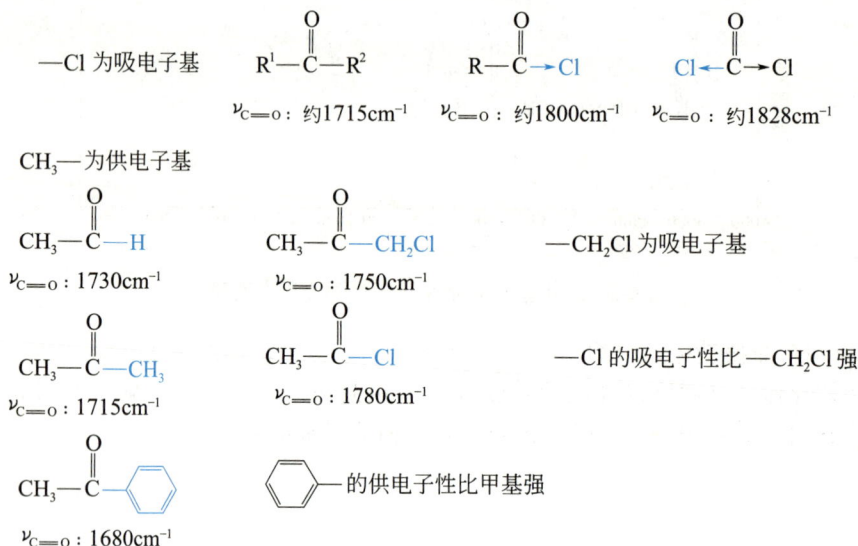

—Cl 为吸电子基　　$R^1\!-\!\overset{\displaystyle O}{\overset{\|}{C}}\!-\!R^2$　　$R\!-\!\overset{\displaystyle O}{\overset{\|}{C}}\!\rightarrow\!Cl$　　$Cl\!\leftarrow\!\overset{\displaystyle O}{\overset{\|}{C}}\!\rightarrow\!Cl$

$\nu_{C=O}$：约 1715cm^{-1}　　$\nu_{C=O}$：约 1800cm^{-1}　　$\nu_{C=O}$：约 1828cm^{-1}

$CH_3\!-\!$ 为供电子基

$CH_3\!-\!\overset{\displaystyle O}{\overset{\|}{C}}\!-\!H$　　　$CH_3\!-\!\overset{\displaystyle O}{\overset{\|}{C}}\!-\!CH_2Cl$　　　$-CH_2Cl$ 为吸电子基

$\nu_{C=O}$：1730cm^{-1}　　　$\nu_{C=O}$：1750cm^{-1}

$CH_3\!-\!\overset{\displaystyle O}{\overset{\|}{C}}\!-\!CH_3$　　　$CH_3\!-\!\overset{\displaystyle O}{\overset{\|}{C}}\!-\!Cl$　　　$-Cl$ 的吸电子性比 $-CH_2Cl$ 强

$\nu_{C=O}$：1715cm^{-1}　　　$\nu_{C=O}$：1780cm^{-1}

$CH_3\!-\!\overset{\displaystyle O}{\overset{\|}{C}}\!-\!\bigcirc$　　　$\bigcirc\!-\!$ 的供电子性比甲基强

$\nu_{C=O}$：1680cm^{-1}

又如：

$R\overset{\displaystyle O}{\overset{\|}{C}}\!-\!O\!-\!\bigcirc$　　$R^1\overset{\displaystyle O}{\overset{\|}{C}}\!-\!OR^2$　　$RO\overset{\displaystyle O}{\overset{\|}{C}}\!-\!\bigcirc$　　$R\overset{\displaystyle O}{\overset{\|}{C}}\!-\!\bigcirc$

$\nu_{C=O}$　　1750cm^{-1}　　　1740cm^{-1}　　　1715cm^{-1}　　　1680cm^{-1}

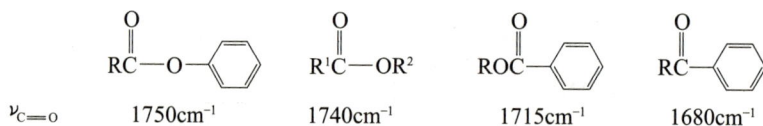

（2）成键碳原子的杂化状态

成键碳原子的杂化轨道中 s 轨道成分增加，键能增大，键长下降，吸收频率出现在高频区。

$\equiv\!C\!-\!H$　　　$=\!C\!-\!H$　　　$-\!C\!-\!H$

ν_{C-H}　3300cm^{-1}　　　3100cm^{-1}　　　2900cm^{-1}

（3）氢键效应

能形成氢键的基团伸缩振动吸收频率向低频方向移动，且谱带变宽。如图 6-10 所示为不同浓度环己醇的 CCl_4 溶液中羟基的特征吸收峰变化情况。游离 OH 的 ν_{OH} 吸收峰位于高波数端（3620cm^{-1}），峰尖锐；随浓度增加，OH 缔合程度增大，ν_{OH} 吸收谱峰向低波数移动，强度增大，峰宽增大。

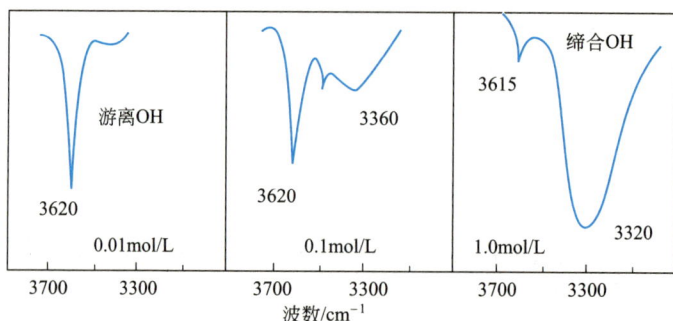

图 6-10　不同浓度环己醇（CCl_4）中羟基的特征吸收峰

6.3.3.2 外部因素

除红外光谱仪本身色散元件性能影响外，样品的状态、粒度、溶剂、重结晶及制样方法不同均会产生影响。因此，当测试的预期已知物样品的红外光谱图需要与其标准图谱对照时，必须在测定条件一致情况下比较。如，不同状态的丙酮羰基的吸收频率不同。气态：$\nu_{C=O}1738cm^{-1}$；液态：$\nu_{C=O}1715cm^{-1}$。

思考题 6-2　如何判断一个含有羟基（—OH）的有机物分子间或分子内有没有形成氢键？

6.3.4　典型有机物的红外光谱

6.3.4.1　红外光谱的重要区段

整个红外光谱图可分为两个区域：官能团区（4000～1350cm^{-1}）和指纹区（1350～650cm^{-1}）。分布在官能团区的吸收峰主要由有机分子的伸缩振动引起，光谱比较简单，吸收强度也较大，可以据此判断有机分子中所含的各种不同官能团种类。指纹区的吸收峰比较复杂，不仅含有单键的伸缩振动吸收峰，还有弯曲振动的吸收峰，有许多吸收峰不易解释。不同的有机分子在这段区域里都有自己特定的吸收峰，如同指纹一样。因此，用红外光谱确定两个化合物是否相同时，不仅要看两个图谱在官能团区的吸收峰是否完全吻合，还要看在指纹区范围内是否完全一致。

官能团区 $\begin{cases} 4000～2500cm^{-1}(X—H区)O—H、N—H、C—H、S—H…… \\ 2500～1900cm^{-1}(叁键区含累积双键) C{\equiv}C、C{\equiv}N、C{=}C{=}C、C{=}C{=}O \\ 1900～1350cm^{-1}(双键区) C{=}O、C{=}N、N{=}O、C{=}C（烯或芳环骨架振动） \end{cases}$

指纹区　$1350～650cm^{-1}$(单键区)C—C、C—O、C—N、C—X

6.3.4.2　吸收峰强度和形状

吸收峰强度取决于振动时偶极矩变化大小。偶极矩变化越大，吸收强度越大；偶极矩变化越小，吸收强度越小；没有偶极矩变化，则不产生红外吸收。如，$\nu_{C=O}$ 吸收强度大于 $\nu_{C=C}$，对称烯、炔等无吸收峰或吸收峰很弱。吸收峰的强度可由摩尔吸光系数 ε 值的大小来判断：极强 vs（$\varepsilon > 200$）、强 s（$\varepsilon = 75～200$）、中等 m（$\varepsilon = 25～75$）、弱 w（$\varepsilon = 5～25$）、很弱 vw（$\varepsilon < 5$）。

在红外谱图中，吸收峰的形状也各不相同，一般分为宽峰、尖峰、肩峰、双峰等类型，如图 6-11 所示。

有机物中某个官能团对红外线的吸收情况，可用峰位（振动频率）、峰强及峰形来表达。

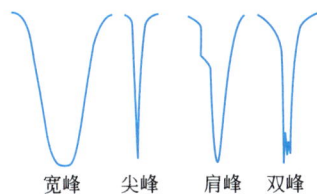

宽峰　尖峰　肩峰　双峰

图 6-11　红外吸收峰的形状

6.3.4.3　典型有机物的红外光谱

（1）烷烃

烷烃分子中只有 C—H 键和 C—C 键，因此，烷烃的红外吸收光谱主要是 C—H 伸缩振动和弯曲振动的吸收，C—C 键的吸收在指纹区，特征性不强，吸收峰不易归属。

C—H 伸缩振动：烷烃的 C—H 伸缩振动 $\nu_{C—H}$ 出现在 $3000～2850cm^{-1}$，强峰。

$3000cm^{-1}$ 是区分饱和与不饱和 C—H 伸缩振动频率的一个分界线，饱和烃的 ν_{C-H} 小于 $3000cm^{-1}$，只有环丙烷的不对称伸缩振动 $\nu_{C-H}3060\sim3040cm^{-1}$，及卤代烷例外。

C—H 弯曲振动：

$\delta_{CH_3}^{as}$：约 $1450cm^{-1}$（中）　　　　δ_{CH_2}：约 $(1465\pm20)cm^{-1}$（中）

$\delta_{CH_3}^{s}$：约 $1375cm^{-1}$（中→强）　　ρ_{CH_2}：约 $720cm^{-1}$（$n>4$）

当四个或更多的—CH_2—基团在一根链上时，$(720\pm10)cm^{-1}$ 是—CH_2—基团的摇摆振动。

C—C 骨架振动：$\nu_{C-C}1250\sim1140cm^{-1}$，一般为弱峰到中等强度峰，难以归属。

正己烷的红外光谱见图 6-12。

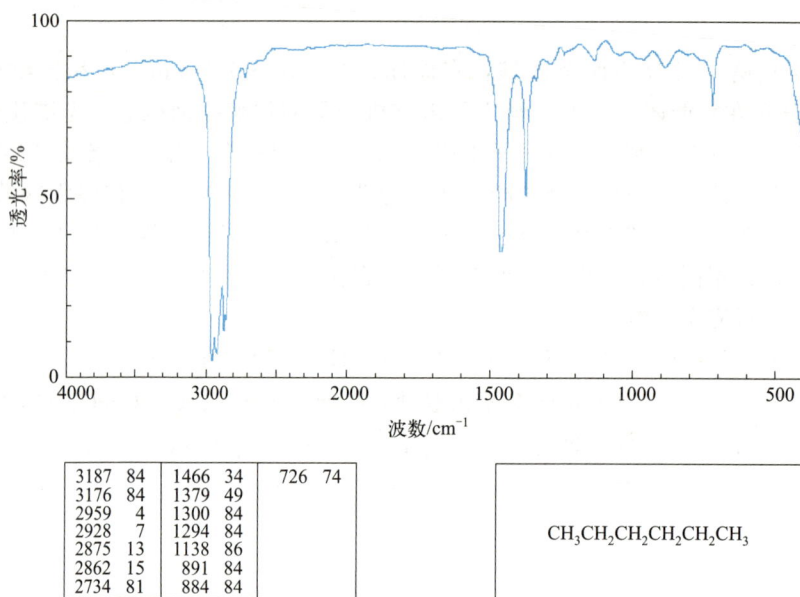

3187	84	1466	34	726	74
3176	84	1379	49		
2959	4	1300	84		
2928	7	1294	84		
2875	13	1138	86		
2862	15	891	84		
2734	81	884	84		

$CH_3CH_2CH_2CH_2CH_2CH_3$

图 6-12　正己烷的 IR

（2）烯烃

烯烃特征频率包括：=C—H 伸缩振动（$\nu_{=C-H}$）、弯曲振动（$\gamma_{=C-H}$）和 C=C 伸缩振动（$\nu_{C=C}$）。

=C—H 振动：伸缩振动 $\nu_{=C-H}3100\sim3000cm^{-1}$（弱→中强）；面外弯曲振动 $\gamma_{=C-H}$ $1010\sim650cm^{-1}$（强）；

$\gamma_{=C-H}$（顺式）约 $690cm^{-1}$（中→强）；$\gamma_{=C-H}$（反式）约 $965cm^{-1}$（中→强）。

C=C 骨架振动：$\nu_{C=C}$ 约 $1650cm^{-1}$（弱→不定），反式对称烯烃 $\nu_{C=C}$ 无吸收。

己-1-烯的红外光谱见图 6-13。

思考题 6-3　你能分辨出图 6-13 中哪一个峰是双键峰，哪些是—CH_3 和—CH_2—的峰吗？

（3）炔烃

炔类化合物的主要特征频率是：≡C—H 伸缩振动（$\nu_{\equiv C-H}$）和弯曲振动（$\gamma_{\equiv C-H}$）；C≡C 伸缩振动（$\nu_{C\equiv C}$）。

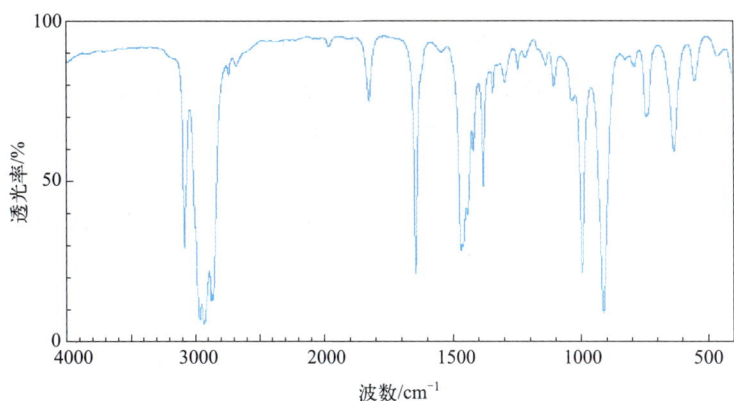

3080	27	2663	84	1416	67	1103	77	631	67	
2962	5	1821	72	1379	46	1031	72	554	77	
2929	4	1642	20	1343	74	993	20	462	86	
2876	12	1642	86	1297	77	910	7			$H_2C{=}CH{-}(CH_2)_3{-}CH_3$
2861	12	1467	26	1247	81	824	84			
2735	79	1459	28	1216	84	787	81			
2675	81	1439	37	1137	81	741	68			

图 6-13　己-1-烯的 IR

C—H 振动：炔氢的伸缩振动频率 $\nu_{{\equiv}C{-}H}$ 比烯氢的伸缩振动频率高，接近 $3300\mathrm{cm}^{-1}$，谱带较强而尖。

${\equiv}$C—H 伸缩振动：$\nu_{{\equiv}C{-}H}$ 约 $3300\mathrm{cm}^{-1}$（强）；${\equiv}$C—H 弯曲振动 $\gamma_{{\equiv}C{-}H}$ 约 $630\mathrm{cm}^{-1}$（强）。

C${\equiv}$C 骨架振动：$\nu_{C{\equiv}C}$ 约 $2200\mathrm{cm}^{-1}$（中→强）；对称炔无 $\nu_{C{\equiv}C}$ 吸收。

庚-1-炔的红外光谱见图 6-14。

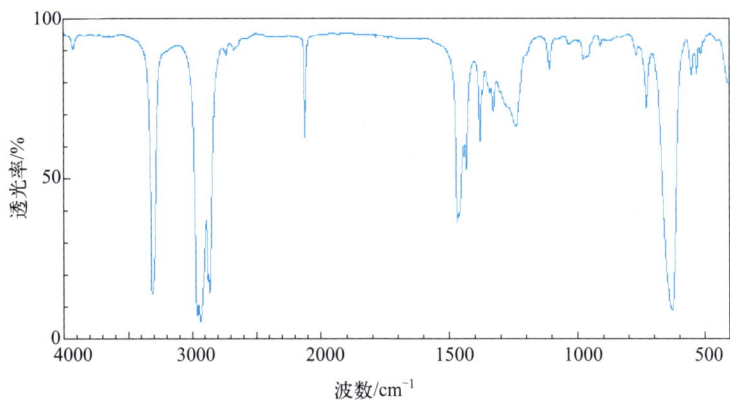

3313	13	2120	60	1341	74	968	84	
2959	6	1468	35	1329	68	769	84	
2936	4	1460	35	1237	84	730	68	
2876	17	1433	60	1108	81	627	8	$CH_3{-}(CH_2)_4{-}C{\equiv}CH$
2863	13	1387	77	977	84	551	79	
2734	84	1380	58	971	84	530	79	
2671	86	1369	72	966	84	614	84	

图 6-14　庚-1-炔的 IR

思考题 6-4　你能分辨出图 6-14 中哪些峰来自叁键，哪些是 CH_3 和 CH_2 的峰吗？

(4) 芳香族化合物

因苯环具有刚性，芳烃的红外光谱与烷烃不同，具有许多尖锐的谱带。芳烃主要特征谱带有：Ar—H 伸缩振动（$\nu_{Ar{-}H}$）；C${=}$C 伸缩振动（$\nu_{C{=}C}$）；Ar—H 弯曲振动（$\gamma_{Ar{-}H}$）和

Ar—H 弯曲振动的倍频。

芳氢伸缩振动：ν_{Ar-H} 3100～3000 cm^{-1}（弱→中）。

C=C 伸缩振动（或称芳环骨架振动）：$\nu_{C=C}$ 约 1600 cm^{-1} 谱带是取代苯的特征。包括 1600 cm^{-1}、1580 cm^{-1} 和 1500 cm^{-1}、1450 cm^{-1} 两对峰。

芳氢弯曲振动：γ_{Ar-H} 1000～650 cm^{-1}。

Ar—H 的面外弯曲振动在 900～650 cm^{-1} 范围非常特征，可凭借它来判断苯环上基团取代的位置。

苯（单峰）：γ_{Ar-H} 670 cm^{-1}。

单取代苯（双峰）：γ_{Ar-H} 770～730 cm^{-1}（强），710～690 cm^{-1}（较强）。

邻二取代苯（单峰）：γ_{Ar-H} 770～735 cm^{-1}。

对二取代苯（单峰）：γ_{Ar-H} 860～800 cm^{-1}。

间二取代苯（三峰）：γ_{Ar-H} 900～860 cm^{-1}（较弱），810～750 cm^{-1}，725～680 cm^{-1}。

甲苯的红外光谱见图 6-15。

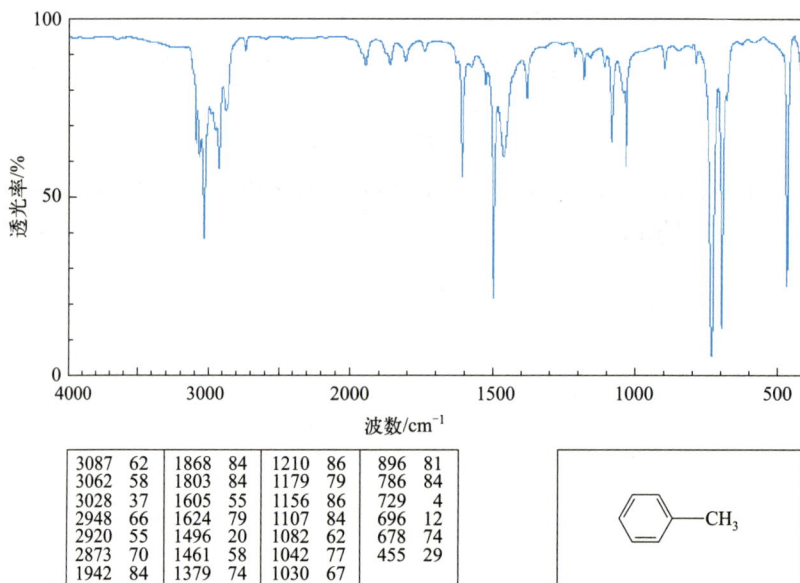

3087	62	1868	84	1210	86	896	81
3062	58	1803	84	1179	79	786	84
3028	37	1605	55	1156	86	729	4
2948	66	1624	79	1107	84	696	12
2920	55	1496	20	1082	62	678	74
2873	70	1461	58	1042	77	455	29
1942	84	1379	74	1030	67		

图 6-15 甲苯的 IR

思考题 6-5 仔细观察甲苯的红外光谱图（见图 6-15），然后逐个解析主要的峰。

(5) 醇、酚和醚

羟基是醇和酚的官能团，因此，醇和酚类化合物的主要特征吸收为：O—H 伸缩振动（ν_{O-H}），C—O 伸缩振动（ν_{C-O}）。

O—H 伸缩振动：ν_{O-H} 3650～3200 cm^{-1}（强）；游离羟基吸收峰处于 3650～3600 cm^{-1}，为强的锐峰；缔合羟基峰位移向低波数 3500～3200 cm^{-1}，峰形变宽，为较强的钝峰。

C—O 伸缩振动：ν_{C-O}（醇）1250～1000 cm^{-1}（强）；ν_{C-O}（酚）1300～1200 cm^{-1}（强）。

醚在红外吸收光谱中出现的吸收峰主要是与氧相连的烃基的吸收，醚的特征吸收为 C—O 伸缩振动（ν_{C-O-C}），链醚和环醚的 ν_{C-O-C} 在 1150～1060 cm^{-1} 出现强峰；芳醚和烯醚

的 ν_{C-O-C} 在 $1250cm^{-1}$ 左右出现强峰，外加在 $1040cm^{-1}$ 左右有一个中强峰。

己-1-醇和苯酚的红外光谱见图 6-16 和图 6-17。

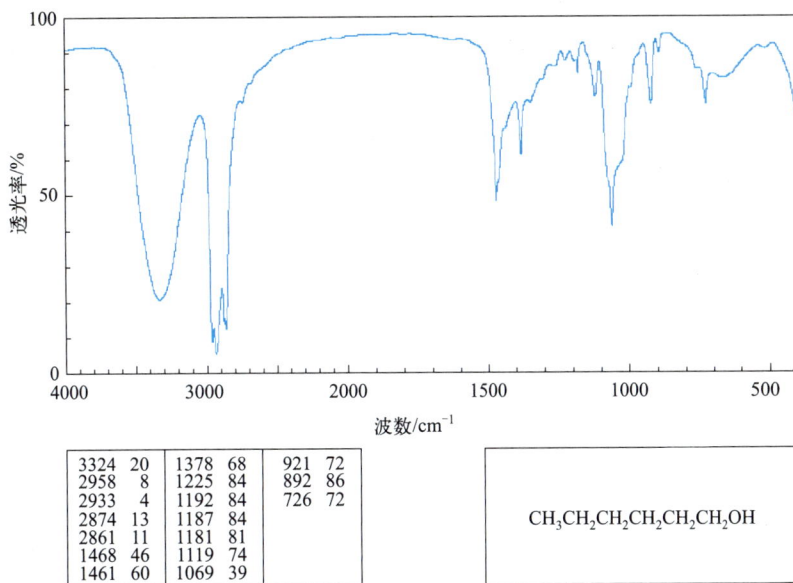

3324	20	1378	68	921	72
2958	8	1225	84	892	86
2933	4	1192	84	726	72
2874	13	1187	84		
2861	11	1181	81		
1468	46	1119	74		
1461	60	1069	39		

$CH_3CH_2CH_2CH_2CH_2CH_2OH$

图 6-16 己-1-醇的 IR

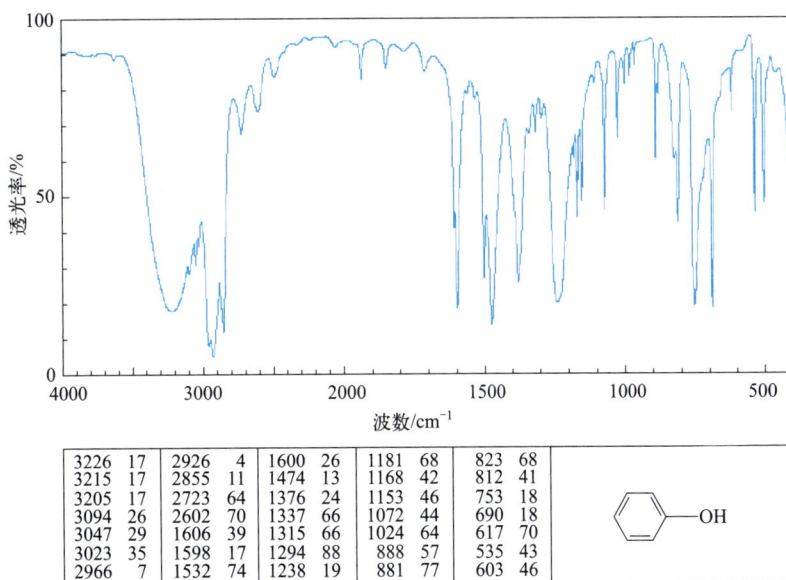

3226	17	2926	4	1600	26	1181	68	823	68
3215	17	2855	11	1474	13	1168	42	812	41
3205	17	2723	64	1376	24	1153	46	753	18
3094	26	2602	70	1337	66	1072	44	690	18
3047	29	1606	39	1315	66	1024	64	617	70
3023	35	1598	17	1294	88	888	57	535	43
2966	7	1532	74	1238	19	881	77	603	46

图 6-17 苯酚的 IR

思考题 6-6　仔细看己-1-醇的红外光谱（图 6-16），你能分辨出哪些是羟基的峰吗？

(6) 羰基化合物

醛、酮、酸、酯、酰胺等都有羰基，各种羰基的特征频率都有差异（见表 6-4），对羰基的鉴定很有用。羰基的吸收谱带（$\nu_{C=O}$ 在 $1900\sim1600cm^{-1}$）总是强峰。

表 6-4　各类羰基的伸缩振动频率

化合物类型	频率/cm^{-1}	化合物类型	频率/cm^{-1}
酮	1725～1700	酰胺	1690～1630
醛	1740～1720	酰卤	1815～1770
酯	1750～1730	酰卤,酸酐	1850～1800；1790～1740
羧酸	1725～1700	羧酸盐	1610～1500

① 醛和酮。醛羰基的 $\nu_{C=O}$ 1725cm^{-1} 是强而尖锐的峰；$\nu_{O=C-H}$ 约 2720cm^{-1} 和 2820cm^{-1} 是一对较强的吸收峰，可作为醛的相关峰。酮羰基的 $\nu_{C=O}$ 在 1715cm^{-1}，极强，共轭效应使吸收峰向低波数区移动；对于环酮，环张力增大，吸收峰向高波数移动。如：

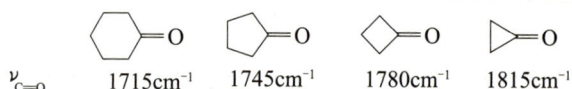

$\nu_{C=O}$　　1715cm^{-1}　　1745cm^{-1}　　1780cm^{-1}　　1815cm^{-1}

戊醛的红外光谱见图 6-18。

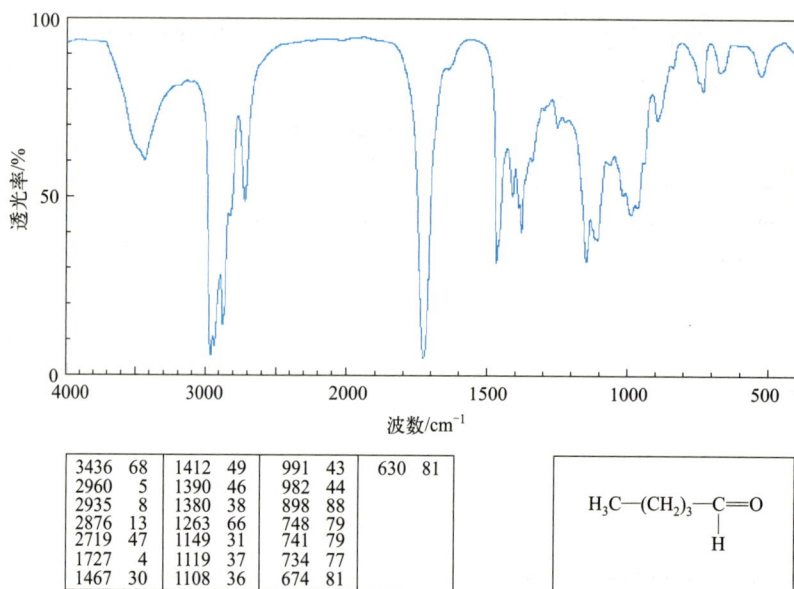

3436	68	1412	49	991	43	630	81
2960	5	1390	46	982	44		
2935	8	1380	38	898	88		
2876	13	1263	66	748	79		
2719	47	1149	31	741	79		
1727	4	1119	37	734	77		
1467	30	1108	36	674	81		

$H_3C—(CH_2)_3—\overset{\displaystyle O}{\underset{\displaystyle H}{C}}$

图 6-18　戊醛的 IR

思考题 6-7　从图 6-18 中，你能将醛基的红外吸收峰分辨出来吗？

② 羧酸。羧酸基团中既有羟基，又有羰基，其红外吸收光谱特征吸收主要是羰基的伸缩振动和羟基的伸缩振动，其中，$\nu_{C=O}$（羧酸）在 1740～1680cm^{-1}，为强的尖峰；以二聚体形式存在的羧酸 $\nu_{C=O}$（羧酸）则出现在 1710cm^{-1} 左右。ν_{OH}（羧酸）出现的范围较宽，在 3400～2500cm^{-1}，为强的宽峰；此外，羧酸中—O—C(O)—C 的伸缩振动 $\nu_{O—C(O)—C}$（羧酸）出现在 1320～1200cm^{-1}，为中强峰。庚酸的红外光谱见图 6-19。

思考题 6-8　从图 6-19 中，你能分辨出哪些是羧基的峰吗？

③ 羧酸衍生物。羧酸酯羰基的伸缩振动 $\nu_{C=O}$（酯）为 1735cm^{-1} 左右的强峰；出现

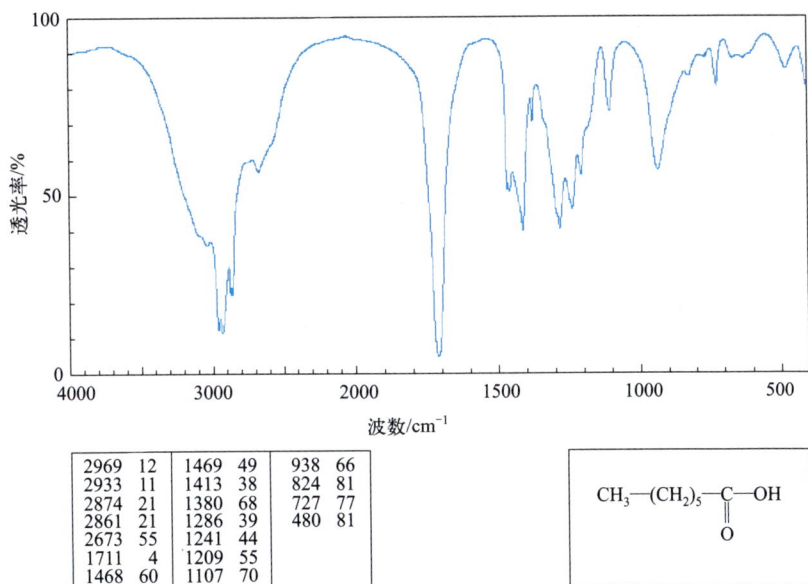

2969	12	1469	49	938	66
2933	11	1413	38	824	81
2874	21	1380	68	727	77
2861	21	1286	39	480	81
2673	55	1241	44		
1711	4	1209	55		
1468	60	1107	70		

$$CH_3-(CH_2)_5-\overset{\displaystyle }{\underset{\displaystyle O}{C}}-OH$$

图 6-19　庚酸的 IR

在 $1300\sim1030cm^{-1}$ 的两个强峰为 C—O—C 基团的不对称和对称伸缩振动。其中 C—O—C 基团的不对称伸缩振动为在 $1300\sim1160cm^{-1}$ 强而宽的吸收峰，称为酯谱带。该峰位与酯的类型有关，甲酸酯 $1180cm^{-1}$，乙酸酯 $1240cm^{-1}$，丙酸以上酯 $1190cm^{-1}$，甲酯 $1165cm^{-1}$。另一 C—O—C 基团的对称伸缩振动出现在 $1200\sim1030cm^{-1}$。乙酸乙酯的红外光谱见图 6-20。

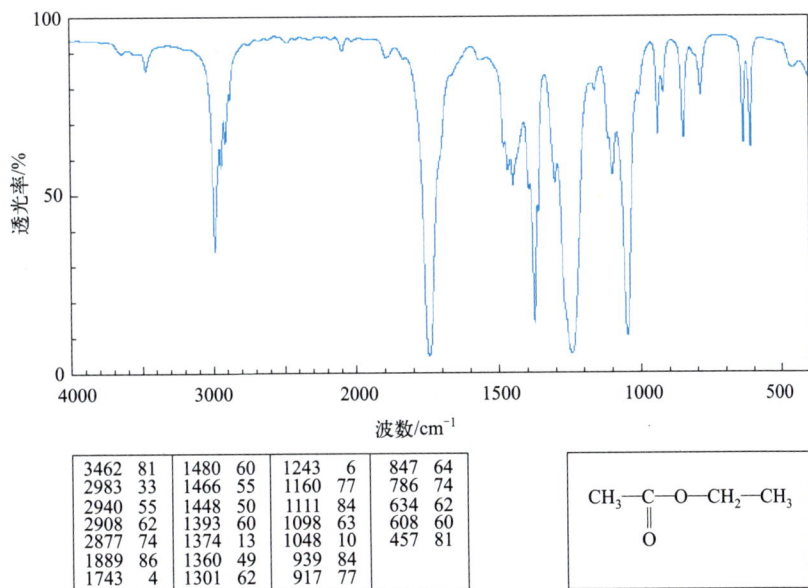

3462	81	1480	60	1243	6	847	64
2983	33	1466	55	1160	77	786	74
2940	55	1448	50	1111	84	634	62
2908	62	1393	60	1098	63	608	60
2877	74	1374	13	1048	10	457	81
1889	86	1360	49	939	84		
1743	4	1301	62	917	77		

$$CH_3-\overset{\displaystyle }{\underset{\displaystyle O}{C}}-O-CH_2-CH_3$$

图 6-20　乙酸乙酯的 IR

酸酐中羰基的伸缩振动 $\nu_{C=O}$ （酸酐）为在 $1850\sim1800cm^{-1}$ （强峰）及 $1780\sim$

$1740cm^{-1}$（较强峰）的双峰，两峰差值约 $60\sim80cm^{-1}$，开链酸酐（约 $1830cm^{-1}$，$1760cm^{-1}$）高波数谱带强度较大，很容易辨认，其相关峰为 ν_{C-O}（酸酐）$1300\sim900cm^{-1}$ 的强峰。丙酸酐的红外光谱见图 6-21。

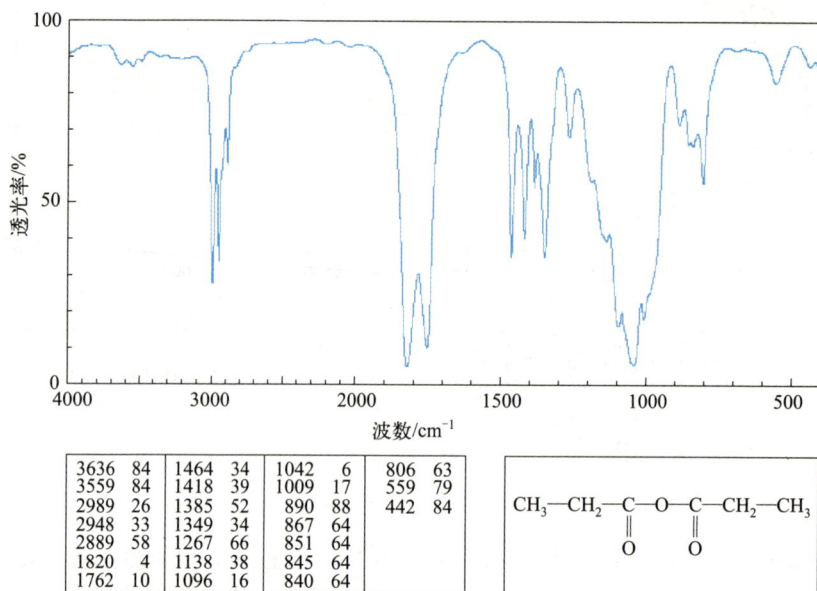

3636 84	1464 34	1042 6	806 63
3559 84	1418 39	1009 17	559 79
2989 26	1385 52	890 88	442 84
2948 33	1349 34	867 64	
2889 58	1267 66	851 64	
1820 4	1138 38	845 64	
1762 10	1096 16	840 64	

$$CH_3-CH_2-\overset{\underset{\|}{O}}{C}-O-\overset{\underset{\|}{O}}{C}-CH_2-CH_3$$

图 6-21　丙酸酐的 IR

酰卤中，$\nu_{C=O}$ 吸收位于高波数端，约 $1800cm^{-1}$，特征且无干扰。如乙酰氯中羰基吸收处于 $1805cm^{-1}$。

(7) 含氮化合物

① 胺。氨基的主要特征吸收有 N—H 伸缩振动、N—H 弯曲振动和 C—N 伸缩振动。

胺的 N—H 伸缩振动 ν_{N-H}（胺）$3500\sim3300cm^{-1}$，强度不定，脂肪胺的峰较弱，芳香胺的峰较强；伯胺为双峰，仲胺为单峰，叔胺的氮原子上无氢，无 ν_{N-H} 吸收峰。此外，伯胺在 $3200cm^{-1}$ 左右处还可出现一弱的倍频峰。

N—H 弯曲振动：面内弯曲振动，$\delta_{N-H}1650\sim1560cm^{-1}$（中，单峰），伯胺，$\delta_{-NH_2}$ $1650\sim1590cm^{-1}$，弱峰；仲胺，$\delta_{-NH-}1650\sim1550cm^{-1}$，中强峰。面外弯曲振动：$\gamma_{N-H}$ $900\sim650cm^{-1}$。

C—N 伸缩振动：ν_{C-N}（胺）出现在 $1300\sim1100cm^{-1}$，中强峰。C—N 伸缩振动的峰位与 ν_{C-C} 相近，由于 C—N 键极性较强，此峰吸收强度比 ν_{C-C} 键强，但不如 ν_{C-O}。脂肪胺的 ν_{C-N} 位于 $1280\sim1030cm^{-1}$；芳香胺的 ν_{C-N} 位于 $1360\sim1250cm^{-1}$。

苯胺和己-1-胺的红外光谱见图 6-22 和图 6-23。

思考题 6-9　从图 6-23 中你能分辨出哪些峰来自—NH_2 基团吗？

② 酰胺。酰胺结构中既有氨基又有羰基。酰胺的特征频率主要有 N—H 伸缩振动、N—H 弯曲振动、$\diagdown$C=O 伸缩振动和 C—N 伸缩振动等。

N—H 伸缩振动：与胺类相近。ν_{N-H}（酰胺）在 $3500\sim3100cm^{-1}$ 出现强峰，伯酰胺

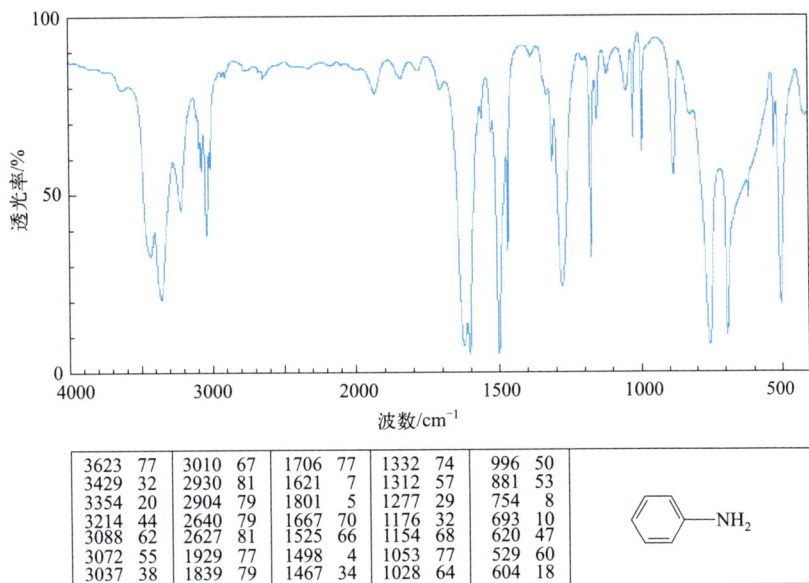

3623 77	3010 67	1706 77	1332 74	996 50
3429 32	2930 81	1621 7	1312 57	881 53
3354 20	2904 79	1801 5	1277 29	754 8
3214 44	2640 79	1667 70	1176 32	693 10
3088 62	2627 81	1525 66	1154 68	620 47
3072 55	1929 77	1498 4	1053 77	529 60
3037 38	1839 79	1467 34	1028 64	604 18

图 6-22 苯胺的 IR（液膜）

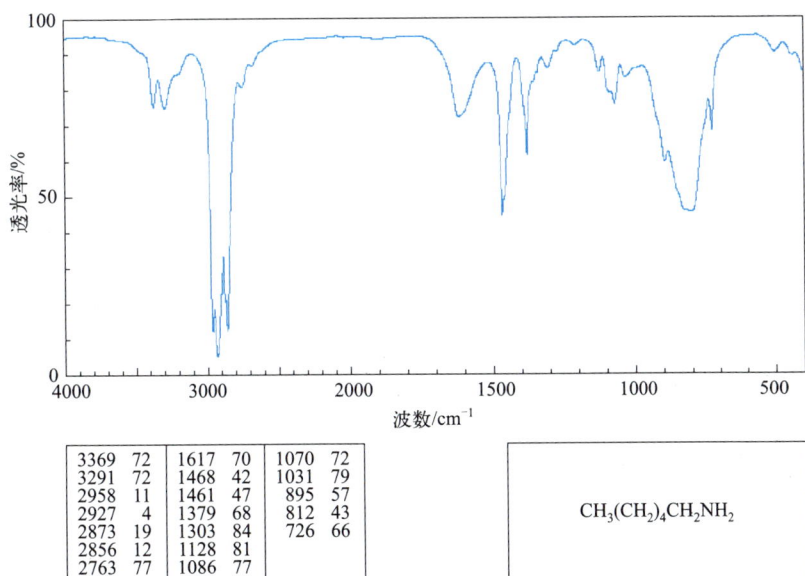

3369 72	1617 70	1070 72
3291 72	1468 42	1031 79
2958 11	1461 47	895 57
2927 4	1379 68	812 43
2873 19	1303 84	726 66
2856 12	1128 81	
2763 77	1086 77	

$CH_3(CH_2)_4CH_2NH_2$

图 6-23 己-1-胺的 IR

为双峰，仲酰胺为尖锐的单峰，叔酰胺氮原子上无氢，不出 ν_{N-H}（酰胺）峰。

N—H 弯曲振动：N—H 面内弯曲振动 δ_{N-H}（酰胺）出现在 $1640\sim1550\text{cm}^{-1}$。N—H 面外弯曲振动 γ_{N-H}（酰胺）在约 700cm^{-1} 处，峰宽而强。

酰胺 $\diagup\kern-0.3em\diagdown C{=}O$ 由于氮原子的供电子效应较强，其伸缩振动吸收峰位置比醛、酮、羧酸等类化合物羰基的峰位低，$\nu_{C=O}$（酰胺）出现在 $1680\sim1630\text{cm}^{-1}$，强峰。

C—N 伸缩振动：脂肪族伯酰胺的 ν_{C-N}（酰胺）出现在约 1400cm^{-1}，弱峰，不易辨认，而芳香族伯酰胺的 ν_{C-N} （酰胺）吸收强度较大；仲酰胺的 ν_{C-N} （酰胺）出现在约 $1290cm^{-1}$，中等强度。

苯甲酰胺的红外光谱见图 6-24。

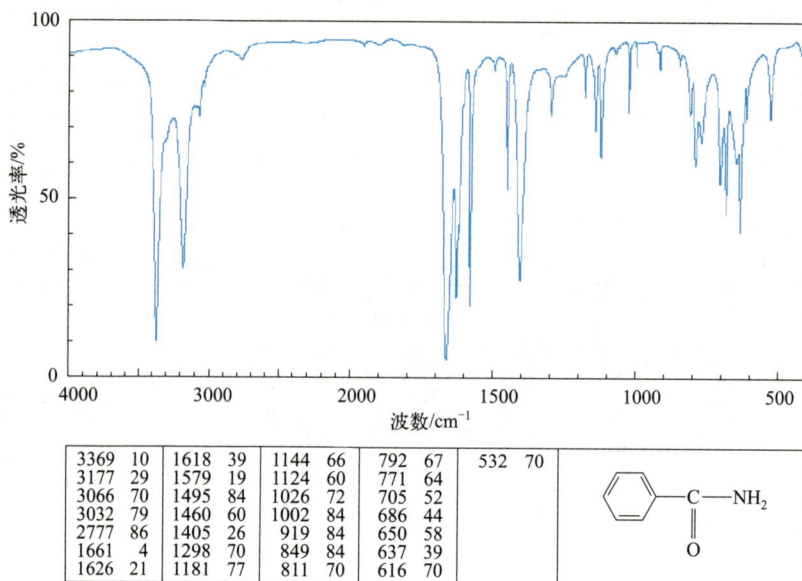

3369	10	1618	39	1144	66	792	67	532	70
3177	29	1579	19	1124	60	771	64		
3066	70	1495	84	1026	72	705	52		
3032	79	1460	60	1002	84	686	44		
2777	86	1405	26	919	84	650	58		
1661	4	1298	70	849	84	637	39		
1626	21	1181	77	811	70	616	70		

图 6-24　苯甲酰胺的 IR （KBr）

6.3.5　红外光谱测定时试样的准备

红外光谱对气体、液体、固体的有机样品都能进行检测，但要获得一张良好的光谱图除了仪器本身的因素外，还需要合适的制样方法和较好的制样技术。制样时应注意下列各点。

① 样品应不含游离水，水的存在不仅会干扰试样的峰形，而且还会损坏吸收池的盐片。

② 样品应纯粹，多组分试样应进行预组分分离，否则光谱互相重叠，谱图难以解析。

③ 样品的浓度和测试厚度要适当，一张好的光谱图，其吸收峰的透光率应大都处于 $20\%\sim60\%$ 范围内。

下面介绍固体样品的制样方法。固体样品常用下列三种方法制样。

① 糊状法。把样品研磨成细粉末，滴上几滴糊剂（一般用液体石蜡油），在玛瑙研钵中继续研磨，直到成均匀的糊状物，再涂到可拆液体吸收池的盐片上，盖上另一盐片，制成均匀薄层即可测定。

② 薄膜法。把固体样品制成薄膜测定，制法有两种。一是直接加热熔融样品，再涂制或压制成膜。对于低熔点的固体样品，用红外灯或电炉把样品熔融后夹在两盐片之间制成薄膜进行测定。此法虽方便，但样品在熔融时要不分解，不升华，不起其他化学变化时才可采用。另一方法是先把样品配成 $0.05\%\sim10\%$ 的溶液，再蒸除溶剂形成薄膜进行测定。

③ 压片法。将少量样品（1mg 左右）与 KBr （100～200mg）混合均匀，在玛瑙研钵中研磨成 $2\mu m$ 左右的细粉末，装填在压膜的上、下垫片之间，然后放在油压机上压制成透明的薄片，再把透明片置于固体样品吸收池中进行测定。由于 KBr 极易吸潮，从制样到获得谱图的过程中应保持干燥。

6.3.6 红外吸收光谱的应用

红外光谱的谱带数目、位置、形状和强度均与化合物及其聚集态有关，因此根据红外吸收光谱，采用纯物质或标准图谱对照，可以确定某一基团是否存在，确定化合物的类别。在有机化学的学习中，红外谱图通常作为推断结构的一种方法，给出含有哪些基团的重要信息，可按以下几点进行谱图解析：

① 先看较强的峰及特征峰，初步确定所含的基团。

② 在其他波数区找到官能团存在的确证。

③ 结合其他测试方法推出分子结构。

此外，结合其他实验手段，如紫外吸收光谱、核磁共振谱、质谱等，可推断化合物的结构。

6.4 核磁共振谱

用波长 $50\sim500cm$（频率相当于 MHz 数量级）的电磁波照射样品，因电磁波波长较长，能量较低，不能引起样品中价电子的跃迁及原子或基团的振动跃迁，但该电磁波能与置于磁场中一定样品的原子核相互作用，发生核磁共振跃迁，记录其共振跃迁信号位置和强度，就是核磁共振谱。

核磁共振谱已广泛应用于分子生物学、天然有机化学、合成有机化学、石油化工、医药等各个领域。尤其在有机化学方面，NMR 可提供有关分子结构、分子构型、分子运动等多种信息，NMR 谱已成为研究有机分子微观结构不可缺少的工具。

6.4.1 核磁共振的产生

（1）核的自旋与磁性

核磁共振研究的对象是具有磁矩的原子核。质子与中子数其中之一为奇数的原子核因其自旋量子数 $I\neq0$，具有自旋现象，如氢核（^1H），可以把自旋的 ^1H 看作一块小磁铁，^1H 具有量子数 m_s 为 $+1/2$ 和 $-1/2$ 两个自旋状态。从原理上说，凡是自旋量子数不等于零的原子核，都可发生核磁共振。但到目前为止，应用较广的有 ^1H 和 ^{13}C 核，其核磁共振谱称为氢谱（用 ^1H NMR 表示）和碳谱（用 ^{13}C NMR 表示）。在基础有机化学中，我们仅讨论氢谱。

（2）核磁共振现象

^1H 的磁矩在无外磁场影响下，取向是紊乱的，在外磁场中，它的取向是量子化的，只有两种可能的取向。因此，在外加磁场中氢核自旋磁矩就有两种取向：一种是自旋磁矩与磁场方向一致，能量较低，称低能态；另一种是自旋磁矩与外加磁场方向相反，称高能态，如图 6-25、图 6-26 所示。两者能量之差 ΔE 与外加磁场强度成正比：

$$\Delta E = \gamma \frac{h}{2\pi} H_0$$

式中，γ 为氢核的特征常数（磁旋比）；h 为普朗克常数；H_0 为外加磁场强度。

当自旋核处在外磁场 H_0 中时，除自旋（与自旋轴的方向一致）外，还会绕 H_0 进动，称拉莫尔进动（Larmor precession），类似于陀螺在重力场中的进动（见图 6-27）。若在与 H_0 垂直的方向上加一个射频场，辐射在一定磁场中的氢核。当辐射能恰好等于氢核两种自旋状态的能量差时，氢核就吸收该辐射能（$h\nu$），从低能态跃迁到高能态，氢核的自旋反转

（见图 6-28），这种现象称核磁共振。

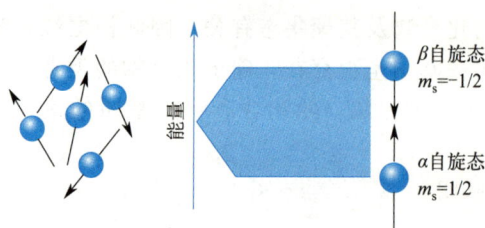

图 6-25　氢核在外加磁场
中的两种自旋状态

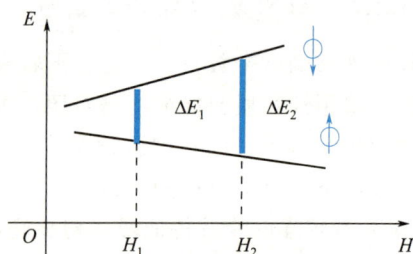

图 6-26　不同磁场强度时氢核
两种自旋状态的能量差

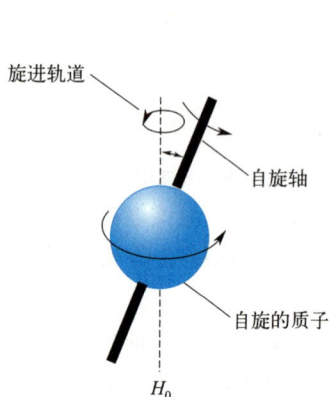

图 6-27　自旋核在外加磁场中的进动

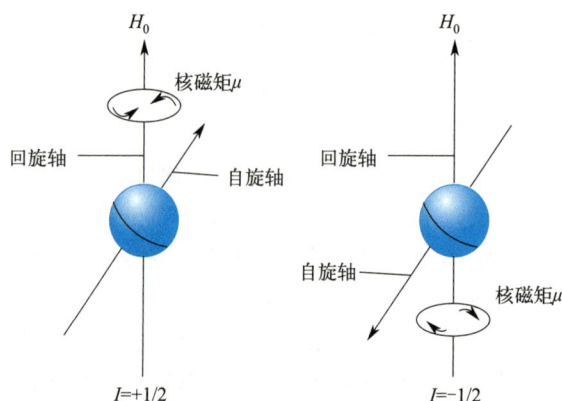

图 6-28　进动核的取向跃迁

产生的共振信号用核磁共振仪记录下来，就是核磁共振谱图（见图 6-29）。氢核吸收的辐射能频率 ν 与外加磁场强度有关。外加磁场越大，ν 越大，ΔE 也越大，此时，仪器的分辨率提高。

（3）核磁共振仪和核磁共振图谱

目前的核磁共振仪为配备铌钛或铌锡合金等超导材料作为超导磁体的脉冲傅里叶变换核磁共振波谱仪。固定照射频率，用不同磁场强度对样品进行扫描，称为扫场。目前的核磁共振仪多用扫场方法得到谱图。乙醇的核磁共振谱见图 6-30。

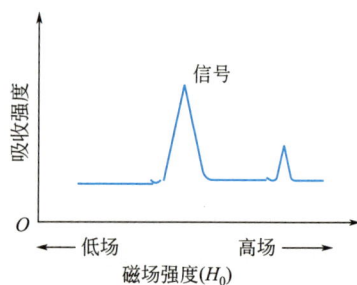

图 6-29　核磁共振信号

核磁共振谱图中，每一组吸收峰都代表一种氢，每种共振峰所包含的面积是不同的，积分曲线起点到终点的总高度与分子中全部氢原子数目成比例（目前的核磁共振仪将在峰位的底部直接给出积分值），每一阶梯的高度表示引起该共振峰的氢原子数之比，恰好是各种氢原子数之比。如乙醇中有三种氢的积分面积比，如图 6-31 所示。

在乙醇的 ^{1}H NMR 图谱中，三组峰面积比 $H_a : H_b : H_c = 3 : 2 : 1$，与分子中三组质子的比例相同。因此，从 ^{1}H NMR 图谱中各组峰的面积比可以提示各组质子的比例。从 ^{1}H NMR 谱，可以得到三方面的结构信息：

① 从各组吸收峰所在位置（化学位移 δ）可以判断分子中存在基团的类型。

② 从吸收强度（积分面积）可计算每种基团中氢的相对数目。

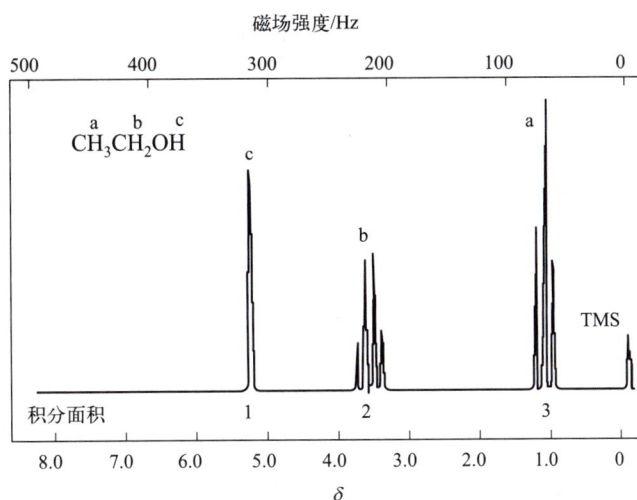

图 6-30　乙醇的 ^1H NMR 谱

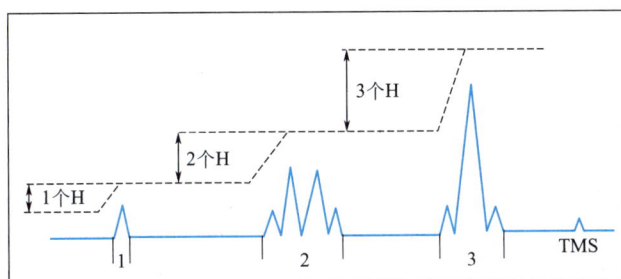

图 6-31　积分曲线示意图

③ 从各组峰的数目（偶合裂分关系）可判断各基团是如何连接起来的。

6.4.2　化学位移及其影响因素

(1) 化学位移及屏蔽效应

若质子的共振磁场强度只与 γ（磁旋比）、电磁波照射频率 ν 有关，那么，试样中符合共振条件的 ^1H 都发生共振，就只产生一个单峰，这对测定化合物的结构是毫无意义的。实验证明，在相同的频率照射下，化学环境不同的质子将在不同的磁场强度处出现吸收峰，这种由于氢原子在分子中的化学环境不同而在不同共振磁场强度下显示吸收峰的现象称为化学位移。因此一个质子的化学位移由其周围的电子环境决定。

① 化学位移的由来——屏蔽效应。实际上，H 核在分子中不是完全裸露的，而是被价电子所包围。因此，在外加磁场作用下，由于核外电子在垂直于外加磁场的平面绕核运动，从而产生与外加磁场方向相反的感应磁场 H'。感应磁场方向与外加磁场相反，如图 6-32(a) 所示，核外电子对 H 核产生的这种对抗外加磁场的作用，称为屏蔽效应（shielding effect）。此时，氢核实际感应到的磁场强度要比外加磁场的强度弱（ $H_{实际}=H_0-H'$ ），未达到跃迁的能量，不能发生核磁共振。要使氢核发生核磁共振，则外磁场强度必须再加一个 H'，即 $H_{共振}=H_0+H'$，以抵消电子运动产生的对抗磁场的作用，也就是说，氢核要在较高磁场强度中才能发生核磁共振，故吸收峰发生位移，在高场出现。显然，氢核周围的电子云密度越大，屏蔽效应也越大，要在更高的磁场强度中才能发生核磁共振，出现吸收峰 [见图 6-32(b)]。

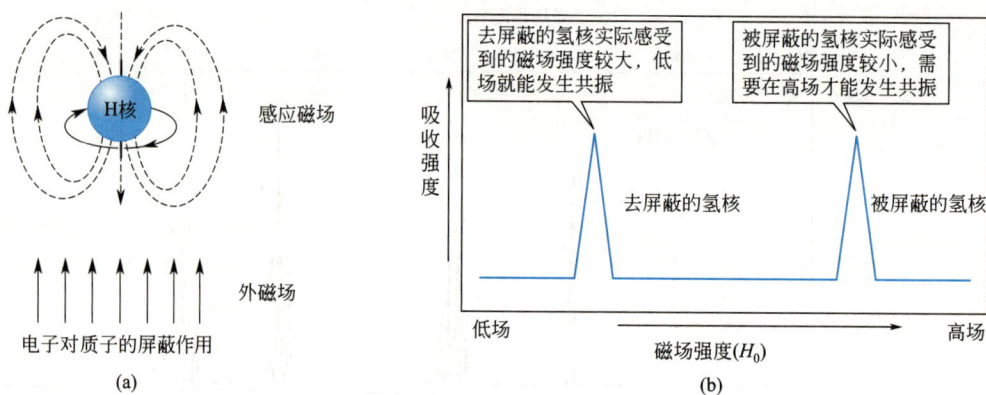

图 6-32　核外电子产生的感应磁场（屏蔽效应）及共振吸收位置

在同一个分子中，处于不同电子环境（也称不等性质子）的质子会有不同的化学位移；在不同分子中，处于相同电子环境的质子（也称等性质子）有大致相同的化学位移。对于一个有机化合物的核磁共振氢谱，通过辨析各类质子的吸收峰并根据它们各自的化学位移，就可初步推断出其分子结构。如乙醇的 ^1H NMR 谱图 6-30 中，H_a 与吸电子的羟基距离较 H_b 远，H_a 核周围的电子云密度高于 H_b，即屏蔽效应比 H_b 大，处于高场，相应地，H_b 处于低场。H_c 与氧相连，处于最低场。

② 化学位移的表示方法。有机分子中各类质子的化学位移的差别约为百万分之十，精确测量十分困难，现采用相对数值。以四甲基硅（tetramethyl silicon，TMS）为标准物质，规定它的化学位移为零，然后，根据各类质子的吸收峰与零点的相对距离来确定它们的化学位移值：

化学位移是一个很重要的物理常数，它是分析分子中各类氢原子所处化学环境的重要依据。δ 值越大，表示屏蔽效应越小。多数质子的化学位移 δ 值位于 $0\sim10$。

(2) 化学位移影响因素

凡影响电子云密度的因素都将影响化学位移，其中影响最大的是诱导效应和各向异性效应。

① 诱导效应。元素的电负性大，通过诱导效应，使氢核的核外电子云密度降低，屏蔽效应减小，共振信号向低场移动。例如：

	CH_3F	CH_3OH	CH_3Cl	CH_3Br	CH_3I	CH_4	TMS
δ：	4.06	3.40	3.05	2.68	2.16	0.23	0
X电负性：	4.0	3.5	3.0	2.8	2.5	2.1	1.8

取代基的诱导效应随取代基与被测基团间隔键数的增加而迅速减弱：

	CH_3Br	$\underline{CH_3}CH_2Br$	$\underline{CH_3}CH_2CH_2Br$	$\underline{CH_3}(CH_3)_2CH_2Br$
δ：	2.68	1.65	1.04	0.9

② 共轭效应。具有给电子 p-π 共轭效应基团的存在，会增大质子的电子云密度，使其在高场振动；而具有吸电子 π-π 共轭效应基团的存在，可减小质子的电子云密度，使其在低场共振，如：

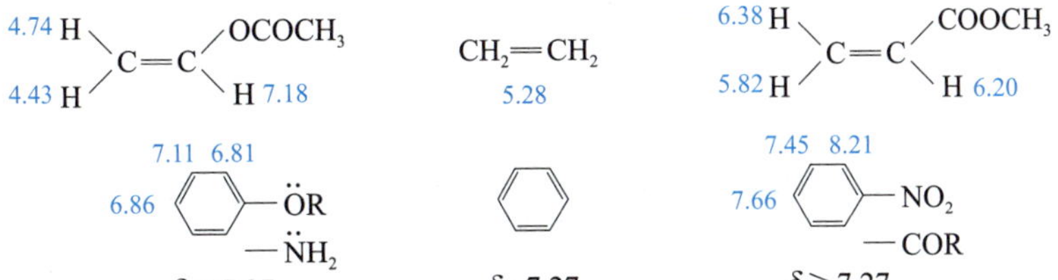

$$\delta < 7.27 \qquad \delta = 7.27 \qquad \delta > 7.27$$

③ 化学键的各向异性（anisotropic）效应。分子中氢核与某一官能团的空间关系会影响其 δ 值，称"各向异性"。当影响只与官能团的键型有关时，称为化学键的各向异性，是由成键电子电子云分布不均匀导致在外加磁场中所产生的感应磁场不均匀而引起的，如图 6-33 所示。

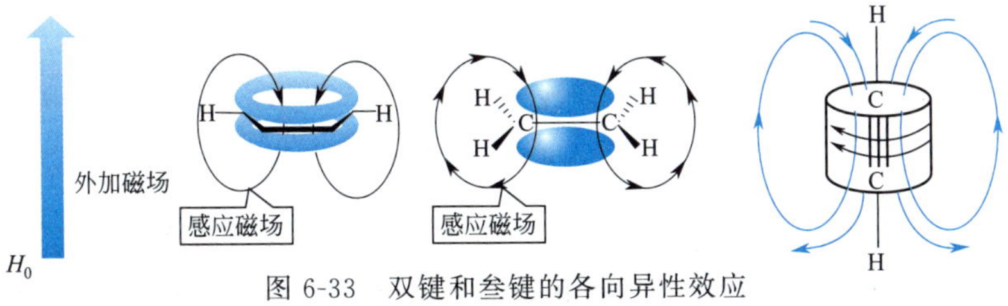

图 6-33　双键和叁键的各向异性效应

烯烃、醛、芳环等中，π 电子在外加磁场作用下产生环流，使氢原子周围产生感应磁场，其方向与外加磁场相同，即增加了外加磁场，所以在外加磁场还没有达到 H_0 时，就发生能级的跃迁，因而它们的 δ 很大（$\delta = 4.5 \sim 12$）。

烯烃双键碳上的质子位于 π 键环流电子产生的感应磁场与外加磁场方向一致的区域（称为去屏蔽区）。去屏蔽效应的结果，使烯烃双键碳上的质子的共振信号移向稍低的磁场区，$\delta = 4.5 \sim 5.7$。

羰基碳上的 H 质子与烯烃双键碳上的 H 质子相似，也处于去屏蔽区，存在去屏蔽效应，但因氧原子电负性的影响较大，所以，羰基碳上的 H 质子的共振信号出现在更低的磁场区，其 $\delta = 9.4 \sim 10$。

碳碳叁键是直线构型，π 电子云围绕碳碳 σ 键呈筒形分布，形成环电流，它所产生的感应磁场与外加磁场方向相反，故叁键上的 H 质子处于屏蔽区，屏蔽效应较强，使叁键上 H 质子的共振信号移向较高的磁场区，$\delta = 1.7 \sim 1.9$。

	CH_3CH_3	$CH_2{=}CH_2$	$CH_3CH{=}O$	$HC{\equiv}CH$
δ:	0.86	5.28	9.70	1.80

④ 氢键的影响。具有氢键的质子其化学位移比无氢键的质子大。氢键的形成降低了核外电子云密度。随样品浓度的增加，羟基氢信号移向低场。图 6-34 所示是 CCl_4 中不同浓度的乙醇的氢谱。

因活泼氢会在较大的化学位移范围内变化，为了鉴别它们，可采用以下方法：

a. 向样品溶液中滴加几滴重水 D_2O，样品振荡或再测 ^{1}H NMR 谱。由于质子的交换作用，活泼氢峰会消失。

b. 提高样品测试温度，由于氢键的局部破坏会使活泼氢向高场位移。

⑤ 溶剂。^{1}H NMR 测定时使用氘代溶剂，如氘代氯仿、氘代丙酮、氘代苯、氘代二甲基亚砜。由于氘代度不会是 100%，在谱图中常会出现残留的质子吸收。

氘代试剂	$CDCl_3$	CD_3CN	CD_3OD	CD_3COCD_3	CD_3SOCD_3	D_2O
δ	7.26	1.94	3.31	2.05	2.50	4.79
				2.84(水)	3.33(水)	

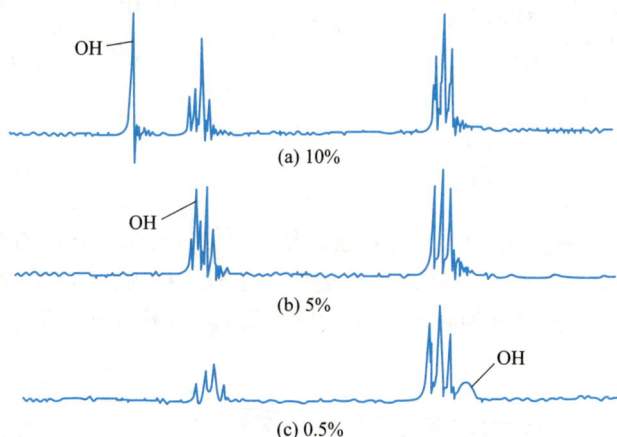

(a) 10%

(b) 5%

(c) 0.5%

图 6-34　CCl$_4$ 中不同浓度乙醇的共振氢谱

因此，在选择溶剂时，除考虑溶解度外，还要考虑可能的溶剂峰的干扰。一般化合物在 CDCl$_3$ 中测得的 NMR 谱重复性较好，在其他溶剂中测试如氘代苯中，δ 值会稍有变化。

6.4.3　自旋偶合和自旋裂分

(1) 自旋偶合和裂分现象

在 ^{1}H NMR 图谱中，有些氢核的吸收峰不是单峰，而是多重峰，如图 6-30 中乙醇各类氢的吸收峰。这种使吸收峰分裂增多的现象称为峰的裂分（splitting of the signals）。裂分是由相邻两个碳上质子之间的自旋偶合（自旋干扰）而产生的。这种由于邻近不等性质子自旋的相互作用（干扰）而分裂成多重峰的现象称为自旋偶合。偶合使得吸收信号裂分为多重峰，多重峰中相邻两个峰之间的距离称为偶合常数，用 J 表示，单位为赫兹（Hz）(见图 6-35)。

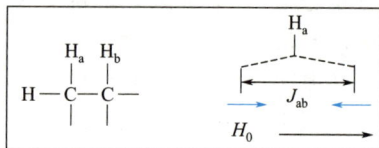

图 6-35　偶合和偶合常数

(2) 自旋偶合原理及裂分峰数目

以 1,1,2-三氯乙烷为例（见图 6-36）讨论其分子中 CH$_2$ 及 CH 的互相作用。对于 CH$_2$ 质子来说，它在核磁共振谱中的信号要受到相邻 CH 质子的自旋影响 [见图 6-36(a)]。一个 CH 质子的自旋有两种方式：与外加磁场同向或与外加磁场反向。如果是前一种状态，CH$_2$ 质子感到的磁场就有所增强；如果是后一种状态，CH$_2$ 质子感受到的磁场就有所减弱。事实上，这两种状态同时存在，因而导致 CH$_2$ 质子的吸收峰被分裂为两重峰。CH$_2$ 质子信号经一个 CH 质子偶合作用裂分成双重峰，其峰面积比为 1∶1；CH 质子信号经两个 CH$_2$ 质子偶合作用裂分成三重峰，其峰面积比为 1∶2∶1。

对于 CH 质子来说，其吸收峰同样会受到 CH$_2$ 质子的自旋影响。CH$_2$ 质子有两个，其自旋有四种组合方式，其中两组是相同的，因而使 CH 质子的信号裂分为三重峰。

邻碳不等性质子相互偶合所得到的峰组，一般其偶合常数是相同的。因此，在复杂的核磁共振谱中，通过比较不同峰组的偶合常数，可以推断这些产生信号的质子是否在相邻的碳原子上。

一般来说，当氢核相邻碳上有 n 个质子时，吸收峰被分裂为 $n+1$ 个，即有 $n+1$ 规则。乙醇中 CH$_3$ 上氢被裂分成三重峰，CH$_2$ 氢被裂分成四重峰；1,1,2-三氯乙烷（CH$_2$ClCHCl$_2$）分子中，CH 质子信号可裂分为三重峰；CH$_2$ 质子可裂分为二重峰。分子

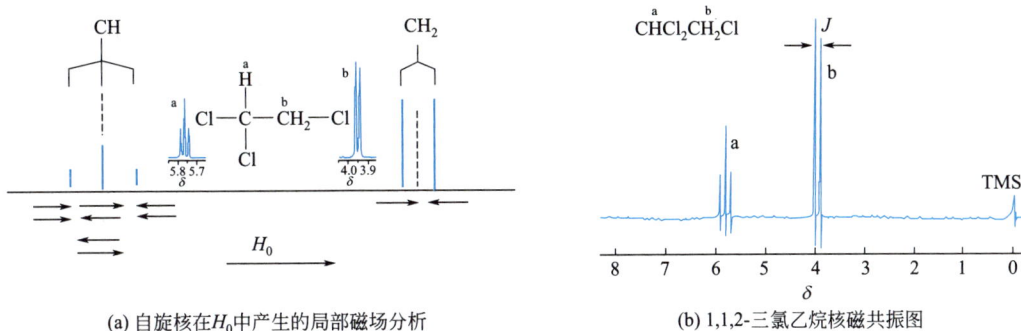

(a) 自旋核在H_0中产生的局部磁场分析　　　(b) 1,1,2-三氯乙烷核磁共振图

图 6-36　1,1,2-三氯乙烷中氢核的偶合裂分及核磁共振图谱

中相邻氢之间的偶合裂分有诸多情况，如末端烯氢、取代苯的偶合等，很复杂，进行结构解析时若需要，可参阅有机波谱解析的相关书籍。

在核磁共振谱中，只有邻碳上的不等价质子间才会产生自旋偶合和自旋裂分。四甲基硅烷分子中的 12 个质子都是等价的，因而不会发生自旋偶合及自旋裂分，在其核磁共振谱中只出现单峰。

思考题 6-10　乙酸乙酯（$CH_3COOCH_2CH_3$）的 ^1H NMR 图谱有几组峰？每组峰各是几重峰？

6.4.4　各类质子的化学位移

质子的化学位移数值范围见表 6-5。

表 6-5　典型质子的化学位移数值范围

质子类型	化学位移	质子类型	化学位移	质子类型	化学位移	质子类型	化学位移
$(CH_3)_4Si$	0	—C≡C—H	2.4	I—C—H	2.5~4	RNH_2	可变 1.5~4
—CH_3	0.9	⟨苯⟩—H	6.5~8			ROH	可变 2~5
—CH_2—	1.3	O‖—C—CH_3	2.1	Br—C—H	2.5~4	ArOH	可变 4~7
—CH	1.4	⟨苯⟩—CH_3	2.3	Cl—C—H	3~4	O‖—C—OH	可变 10~12
—C=C—CH_3	1.7			F—C—H	4~4.5		
R—C=CH_2, R	4.7	O‖—C—H	9.0~10	R—O—CH_3	3.3		

活泼氢的 δ 值受外界条件的影响，变化较大，且与溶剂质子间存在快速质子交换，见表 6-6。

表 6-6　活泼氢的化学位移

化合物类型	δ	化合物类型	δ
醇	0.5~5.5	RSH,ArSH	1~4
酚	4~8	RSO_3H	11~12
酚(内氢键)	10.5~16	RNH_2	0.4~3.5
烯醇	15~19	$ArNH_2$	2.9~4.8
羧酸	10~13	$RCONH_2$,$ArCONH_2$	5~7
肟	7~10	R^1CONHR^2,ArCONHR	6~8

图 6-37~图 6-41 是各类质子化学位移的实例。

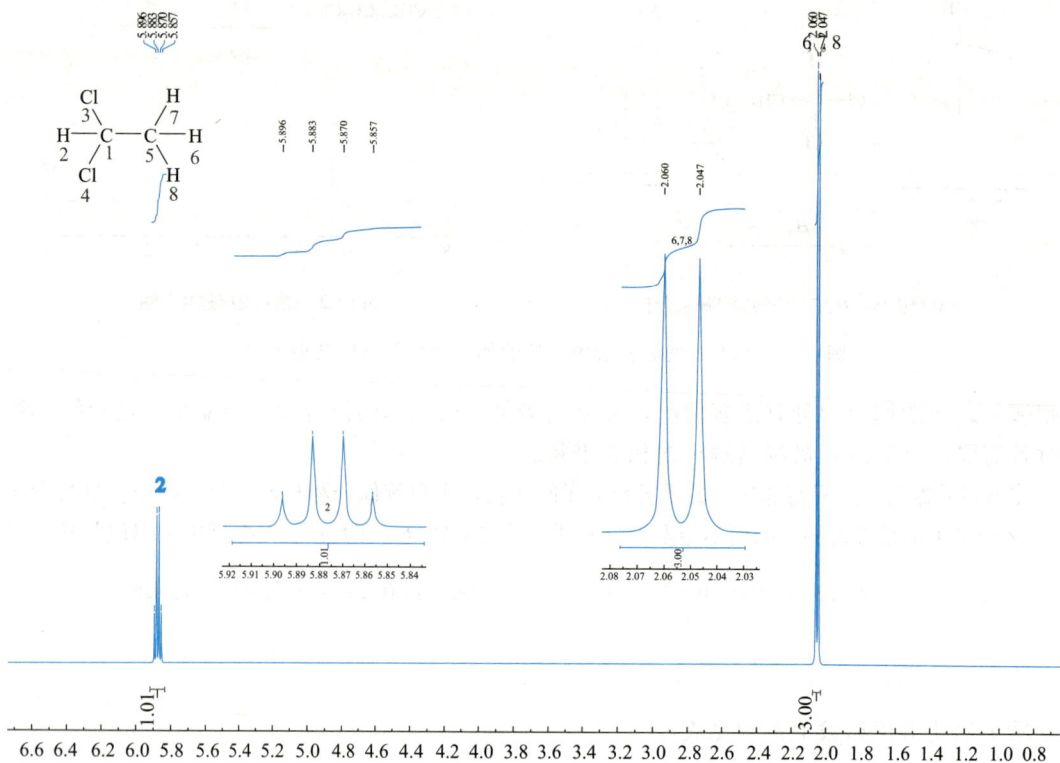

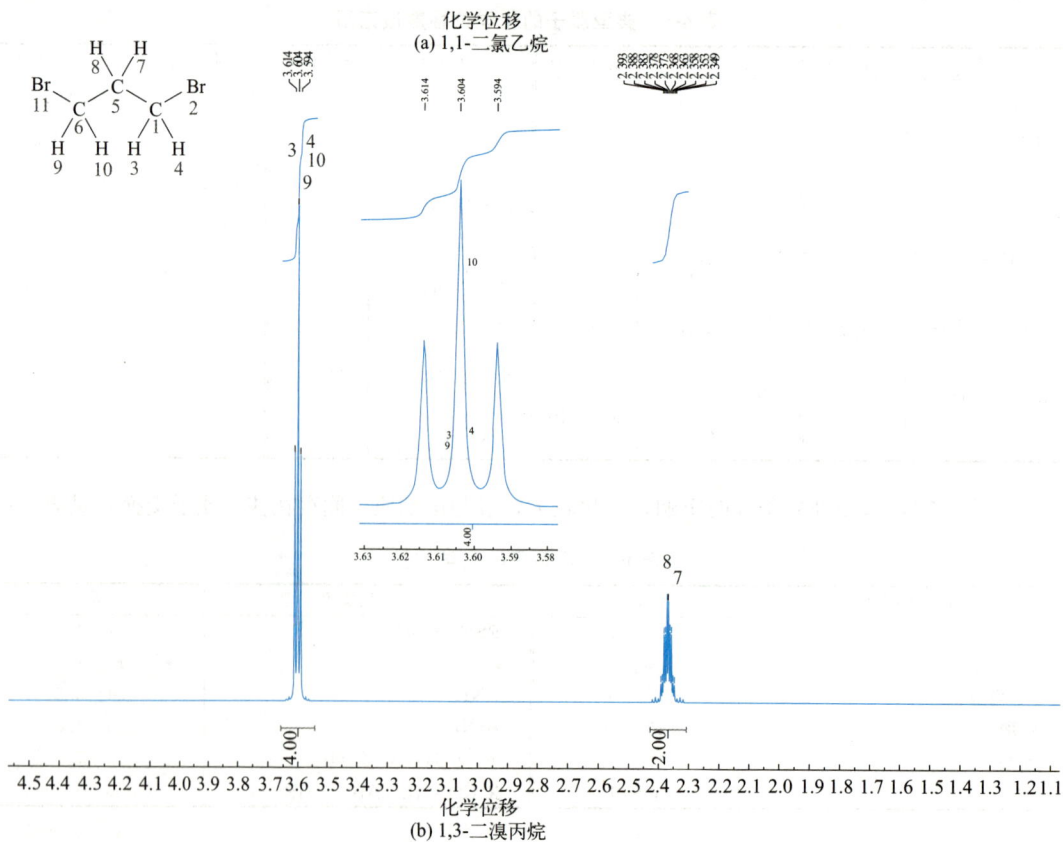

图 6-37 1,1-二氯乙烷及 1,3-二溴丙烷的 ^{1}H NMR 谱图

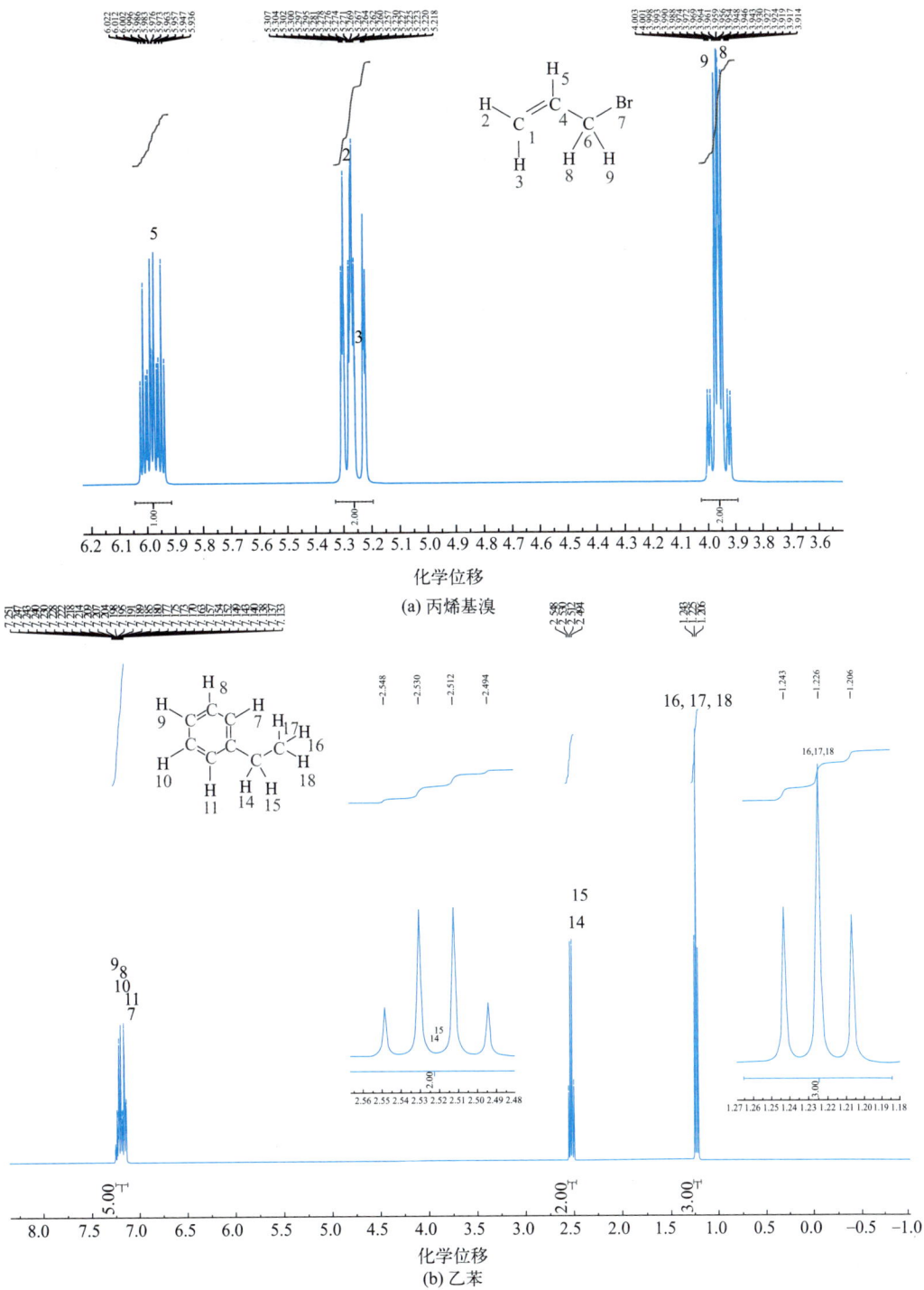

图 6-38　丙烯基溴及乙苯的 ^{1}H NMR 谱图

醛氢化学位移在 9～10.5，但无法分辨脂肪醛和芳香醛。

6.4.5　核磁共振氢谱的应用

从一张 ^{1}H NMR 谱中可得到化合物以下几个方面的结构信息。首先，从吸收峰的组数

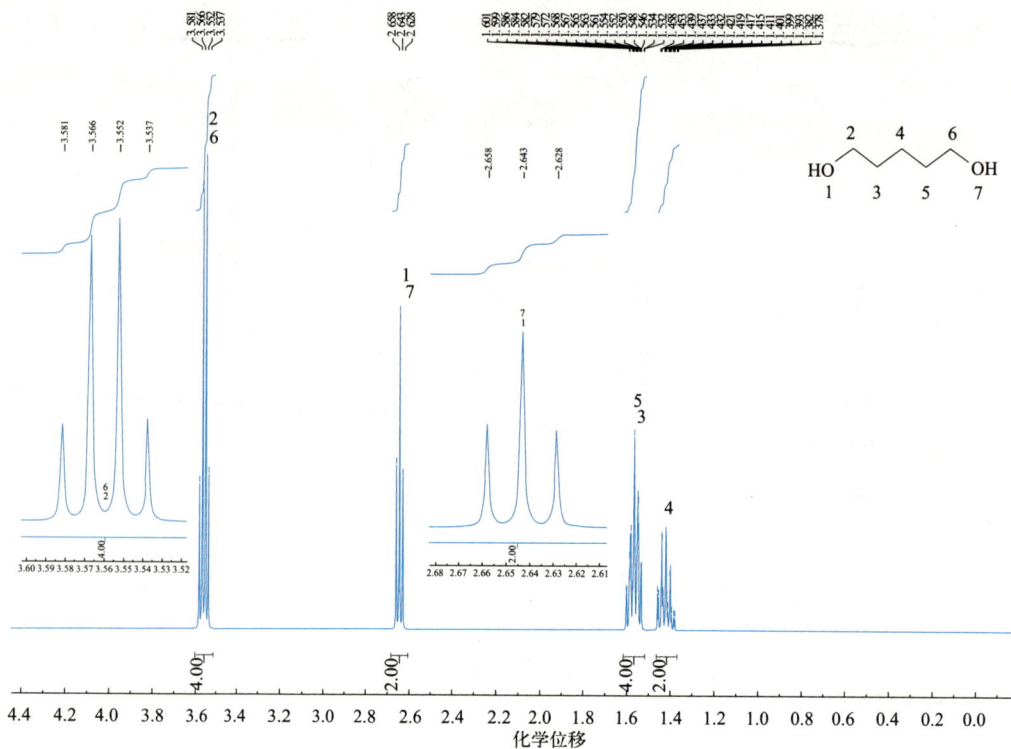

(a) 戊-1,5-二醇

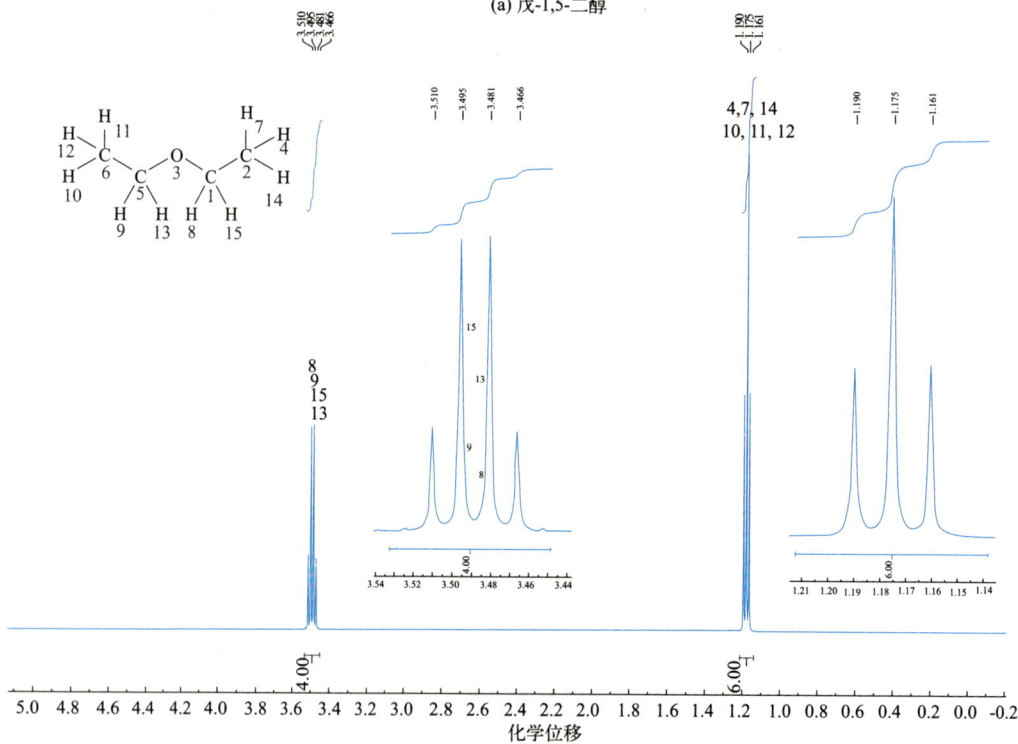

(b) 乙醚

图 6-39 戊-1,5-二醇及乙醚的 ^{1}H NMR 谱图

可知该化合物中有几种化学环境不同的质子；其次，从各组峰的化学位移值可推测该质子所处的屏蔽效应的大小；再次，从各组峰的面积比获得各组氢的比例，从各组氢的裂分数获得

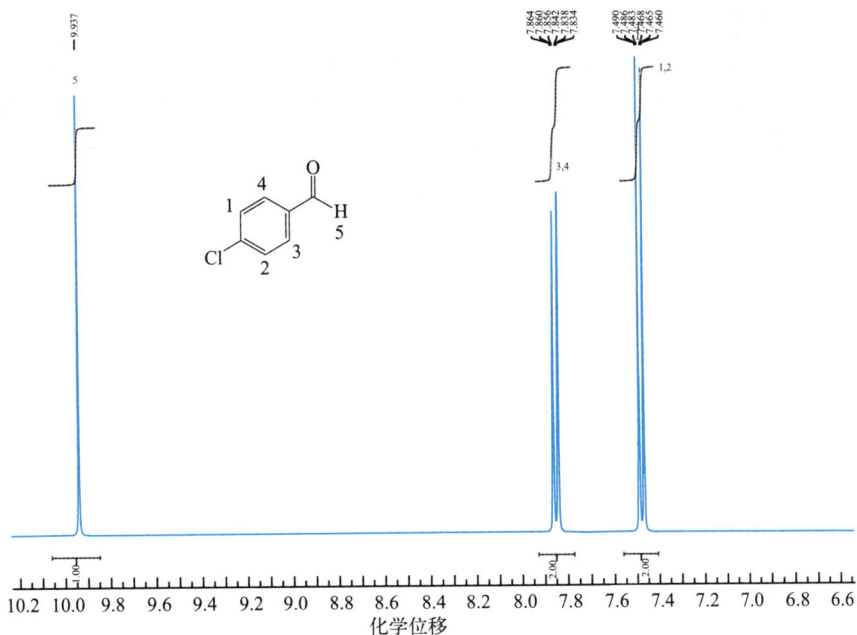

图 6-40 4-氯苯甲醛的^{1}H NMR 谱图

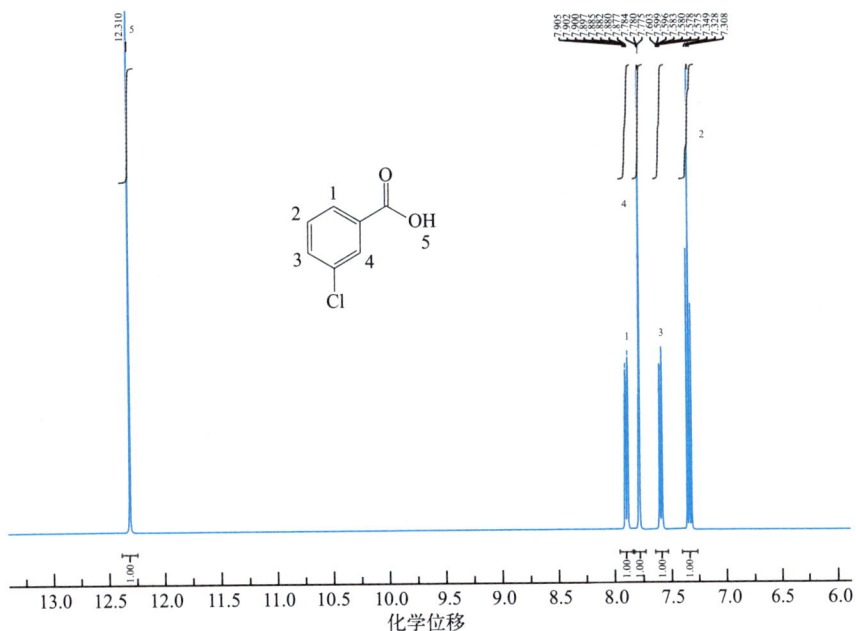

图 6-41 3-氯苯甲酸的^{1}H NMR 谱图

相邻质子的数目；最后，利用偶合常数，可获得更有用的结构信息。

6.5 质谱简介

有机物分子在高真空中经高能（50～100eV）电子束轰击，化合物失去一个电子变成分子离子（molecular ions）。分子离子实际上是正离子自由基，一般用 M$^+$·表示。分子离子还可能断裂成各种碎片离子，包括正离子、自由基离子或中性分子等。所有的正离子在电场和磁场的综合作用下按质荷比（m/z）大小依次排列而得到谱图。通常化合物的质谱图是以棒图形式记录的其电离后收集到的各种不同质荷比的离子及其相对丰度（或强度），图 6-42 为正丁苯的质谱图。

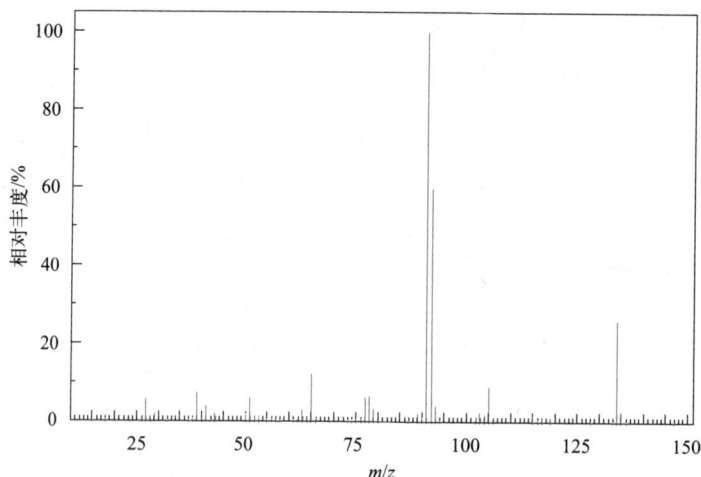

图 6-42　正丁苯的质谱图

　　质谱学上将正离子的质量与电荷之间的比率称作质荷比（m/z）。当电荷为 1 时，m/z 值就是相应正离子碎片的质量。因此，分子离子的质荷比就是该化合物的分子量。不同质荷比的信号的强度表示相应离子的相对丰度（relative abundance）。质谱图中最大的峰称为基峰（base peak），其强度定义为 100；其他峰的强度由此基峰的相对比值来表示。

　　在图 6-42 中，质荷比为 134 和 91 分别是正丁苯的分子离子峰和基峰，还有质荷比 39、51、65、77、92 及 105 的碎片峰。因此，借助有机物的质谱图，可以提供其分子量的信息，而分子离子还会裂解成碎片，为确定结构提供非常有用的数据。正丁苯质谱图中主要碎片结构信息如下：

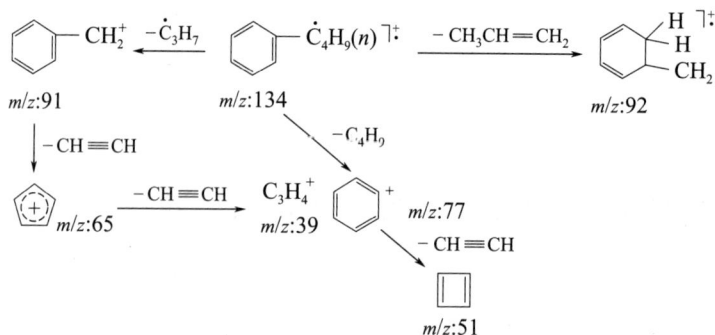

　　在质谱图中，分子离子峰的右边还有质荷比大于分子离子但丰度较小（除 Cl、Br 外）的 M＋1（如图 6-42 中的 135）、M＋2 等，这是由于同位素的存在引起的，称为同位素峰。一些常见同位素的天然丰度见表 6-7。

表 6-7　常见同位素的天然丰度

同位素	^{2}H	^{13}C	^{15}N	^{17}O	^{18}O	^{33}S	^{34}S	^{37}Cl	^{81}Br
丰度/%	0.016	1.12	0.38	0.04	0.20	0.76	4.22	32.0	97.3

M+1峰可以是分子中分别由一个^{13}C、^{2}H、^{15}N、^{17}O 或^{33}S 形成的；M+2峰可由分子中含有一个^{18}O 或同时含有上述两个重同位素的原子形成。除了^{37}Cl 和^{81}Br 外，其他同位素的含量一般较低，所形成的 M+1 或 M+2 峰的强度比一般分子离子峰弱得多。如图 6-43 所示的 2-氯丁烷质谱，92 和 94 分别为分子离子峰和 M+2 峰，92 与 94 两峰的丰度比近似为 3：1，与^{35}Cl 和^{37}Cl 的天然丰度比类似。

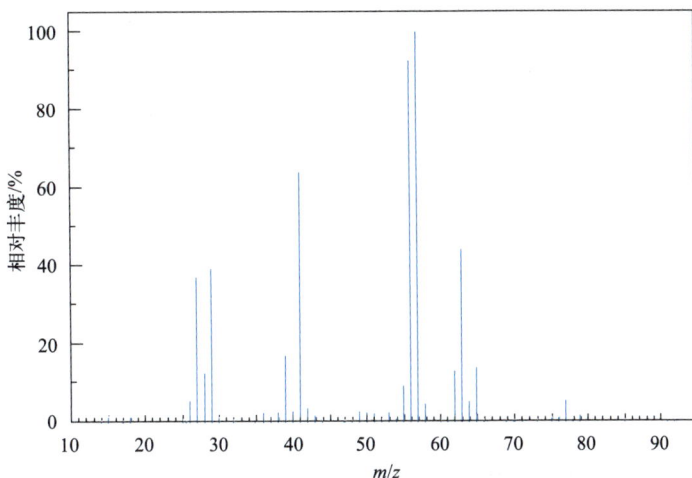

图 6-43　2-氯丁烷的质谱图

6.6　紫外吸收光谱

　　紫外吸收光谱（UV）分析是基于分子中的价电子跃迁，在紫外线区形成吸收光谱，根据吸收光谱可对有机物进行定性分析和结构分析。

6.6.1　紫外吸收光谱的产生及其表示方法

(1) 紫外吸收光谱的产生
　　物质分子吸收一定波长的紫外线时，电子发生跃迁所产生的吸收光谱称为紫外光谱。紫外吸收光谱的波长范围是 100～400nm，其中 100～200nm 为远紫外区，200～400nm 为近紫外区，一般的紫外光谱仪是用来研究近紫外区吸收的。

(2) 紫外吸收光谱的表示方法
　　紫外吸收光谱的表示方法有图示法和数据法两种。
　　① 图示法。以吸光度 A 或摩尔吸光系数 ε（或 $\lg\varepsilon$）为纵坐标，以波长 λ（单位 nm）为横坐标作图，得紫外光谱吸收曲线，即紫外吸收光谱（图 6-44）。
　　一般，$\varepsilon>5000\text{L/(mol·cm)}$ 为强吸收；ε 在 200～5000L/(mol·cm) 为中吸收；ε 在 10～200L/(mol·cm) 为弱吸收。
　　② 数据法。以谱带的最大吸收波长 $\lambda_{\max}$ 和 $\varepsilon_{\max}$（或 $\lg\varepsilon_{\max}$）表示。如：$CH_3CH =\!\!=CH—CHO$，$\lambda218\text{nm}$ [$\varepsilon18000\text{L/(mol·cm)}$ 或 $\lg\varepsilon4.26$]，$\lambda320\text{nm}$ [$\varepsilon30\text{L/(mol·cm)}$ 或 $\lg\varepsilon1.48$]。测定物质组成不确定时，可用百分吸光系数 $A_{1cm}^{1\%}$ 表示，如：$A_{1cm}^{1\%}237=0.625$，

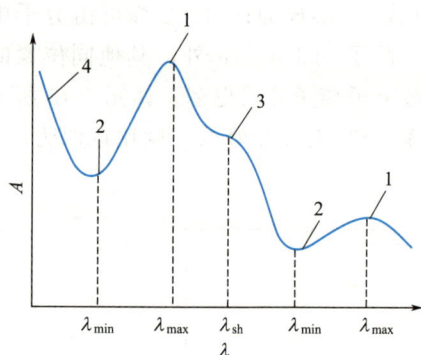

图 6-44　紫外吸收光谱
1—吸收峰；2—谷；3—肩峰；4—末端吸收

表示测定的物质质量浓度为 1%、通过光程 1cm 时在波长 237nm 处的吸光度为 0.625。

6.6.2　电子跃迁及吸收带类型

(1) 电子跃迁类型

有机化合物中有几种不同性质的价电子：形成单键的 σ 电子，形成双键的 π 电子，氧、硫、氮、卤素等含有的未成键的孤对电子，称为 n 电子（或称 p 电子）。这些价电子具有不同的能量，处于不同的成键轨道，当它们吸收一定能量后，将跃迁到具有较高能量的反键 σ^* 轨道或反键 π^* 轨道，这种特定的跃迁与分子内部的结构有密切关系。常见的跃迁有：$\sigma \rightarrow \sigma^*$，$\pi \rightarrow \pi^*$，$n \rightarrow \sigma^*$ 和 $n \rightarrow \pi^*$ 等类型（见图 6-45）。

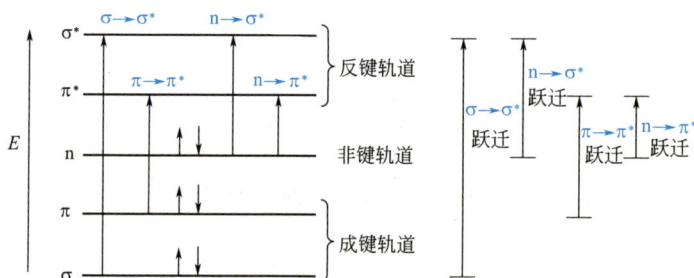

图 6-45　电子能级与电子跃迁

电子跃迁前后两个能级的能量差值 ΔE 越大，跃迁所需要的能量也越大，吸收光波的波长就越短。各种跃迁所需能量的高低顺序为：$\sigma \rightarrow \sigma^* > n \rightarrow \sigma^* \geqslant \pi \rightarrow \pi^* > n \rightarrow \pi^*$。电子跃迁类型对应的吸收峰波长见表 6-8。

表 6-8　电子跃迁类型对应的吸收峰波长

跃迁类型	吸收峰波长/nm	有机物举例
$\sigma \rightarrow \sigma^*$	约 150	烷烃
$n \rightarrow \sigma^*$	<200	醇、醚
$\pi \rightarrow \pi^*$（孤立）	<200	乙烯气，171nm
$\pi \rightarrow \pi^*$（共轭）	$200 \sim 400$	丁-1,3-二烯（正己烷，217nm）
$n \rightarrow \pi^*$	$200 \sim 400$	丙酮（276nm）

一般的紫外光谱指近紫外区，即 $200 \sim 400$nm，因此只能观察 $\pi \rightarrow \pi^*$ 和 $n \rightarrow \pi^*$ 跃迁，即紫外光谱适用于分析分子中具有不饱和结构的化合物，主要是具有共轭体系的有机物。

(2) 吸收带类型

常见有机化合物的紫外光谱吸收带类型如下。

① 远紫外（真空紫外）吸收带：主要由 $\sigma \rightarrow \sigma^*$ 跃迁引起，最大吸收波长 λ_{max} 小于 200nm，处于远紫外区，是烷烃的吸收带。

② 末端吸收带：主要由 $n \rightarrow \sigma^*$ 跃迁引起，最大吸收波长虽在远紫外区，但靠近 200nm，吸收带的末端进入近紫外区，是含杂原子的饱和化合物，如醇、醚及胺等中杂原子 $n \rightarrow \sigma^*$ 跃迁的吸收带。

③ R 吸收带：由 n→π* 跃迁产生，最大吸收波长 λ_{max}＞270nm 的弱吸收带，摩尔吸光系数 ε 很小，一般小于 100L/（mol·cm）。其是含杂原子的不饱和化合物，如醛酮（ $\diagup$ C=O ）、亚胺（—C=N）或偶氮（—N=N—）等类化合物杂原子 n→π* 跃迁的吸收带。

④ K 吸收带：由共轭体系的 π→π* 跃迁引起，最大吸收波长 λ_{max}＞200nm 的强吸收带，摩尔吸光系数 ε 很大，一般大于 10000L/（mol·cm）。其是共轭不饱和化合物，如共轭二烯或多烯烃，α, β-不饱和醛、酮—CH=C—CO—的 π→π* 跃迁吸收带（见图 6-46）。

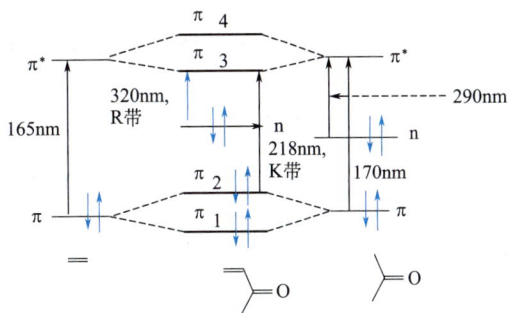

图 6-46　π→π* 和 n→π* 跃迁

⑤ B 吸收带：由苯环的 π→π* 跃迁引起的特征吸收带，为一宽峰，波长在 230～270nm，强度中等且常伴有精细结构，中心 λ_{max} 在 254nm，ε 约为 200L/（mol·cm）。极性溶剂中，或苯环连有取代基，其精细结构消失，图 6-47 所示为苯的紫外吸收光谱。B 吸收带是芳环和芳香杂环化合物 π→π* 跃迁的特征吸收带。

⑥ E 吸收带：由芳香体系中 π→π* 跃迁引起，特点是摩尔吸光系数 ε 很大，一般大于 10000L/（mol·cm）。E 带有 E1 $\{\lambda_{max}184nm [\varepsilon > 10^4 L/（mol·cm）]\}$ 和 E2 $\{\lambda_{max}204nm [\varepsilon 7400L/（mol·cm）]\}$ 带，见图 6-48。

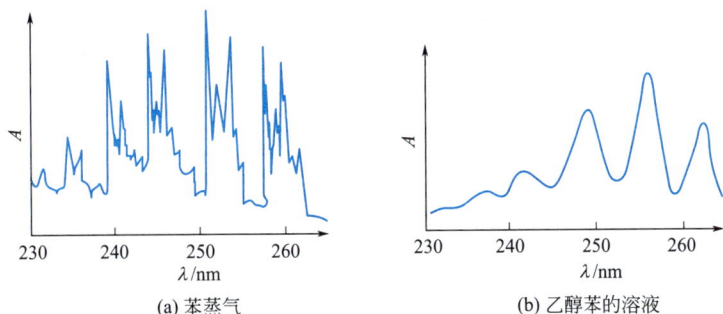

(a) 苯蒸气　　　　　(b) 乙醇苯的溶液

图 6-47　苯的 B 吸收带光谱

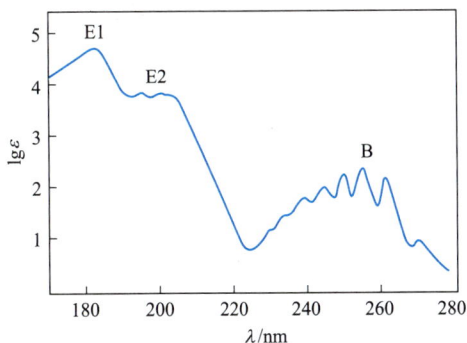

图 6-48　苯的紫外吸收光谱（乙醇中）

6.6.3　有机化合物的紫外吸收光谱及影响因素

(1) 基本术语

① 生色团（基）：产生紫外（或可见）吸收的不饱和基团，如—C＝C—、$\diagdown$C＝O、—NO₂ 等。

② 助色团（基）：本身是饱和基团（常含有杂原子），但连到生色团上时，能使后者的吸收波长变长或吸收强度增加（或同时两者兼有）的基团，如—OH、—NH₂、Cl 等。

③ 红移（向红移动）：最大吸收峰波长移向长波。

④ 蓝移（向蓝移动）：最大吸收峰波长移向短波。

(2) 典型有机物的紫外吸收光谱

饱和烃、不饱和脂肪烃和芳香烃由于分子结构不同，它们的价电子跃迁类型不同，跃迁所需的能量不同，因此化合物的吸收光谱也不同。

① 饱和有机物。饱和烃类分子中只有 σ 电子，因此只能产生 $\sigma \rightarrow \sigma^*$ 跃迁，这种跃迁需要的能量较高，紫外吸收的波长很短，属于远紫外区（100～200nm），已超过一般的可见-紫外分光光度计的测量范围，如甲烷、乙烷的最大吸收波长分别为 125nm、135nm。

饱和烃中的氢被带有 n 电子的氧、硫、氯、卤素等杂原子取代时，可产生 $n \rightarrow \sigma^*$ 跃迁，其所需能量比 $\sigma \rightarrow \sigma^*$ 跃迁低，吸收峰向长波方向移动（"红移"），如 CH_4 的跃迁出现在 125～135nm（远紫外区），而 CH_3I 的吸收峰则处于 150～210nm（$\sigma \rightarrow \sigma^*$ 跃迁）和 259nm（$n \rightarrow \sigma^*$ 跃迁）。这些使吸收峰产生红移的助色团有—NH₂、—NR₂、—OH、—OR、—SR、—Cl、—Br 和—I 等。大多数情况下，它们在近紫外区仍无明显吸收。因此，一般的饱和有机物在近紫外区无吸收，不能将紫外吸收用于鉴定；反之，它们在近紫外区对紫外线是透明的，故常用作有机物紫外光谱测定的良好溶剂。

② 不饱和有机物。不饱和烃中既有 σ 电子，又有 π 电子，能产生 $\sigma \rightarrow \sigma^*$ 和 $\pi \rightarrow \pi^*$ 跃迁。对于非共轭烯、炔化合物，$\pi \rightarrow \pi^*$ 跃迁处于远紫外区，如乙烯和乙炔最大吸收波长分别为 165nm 和 172nm。含有杂原子的双键（如 $\diagdown$C＝O、—C＝N）或杂原子上孤对电子与碳原子上的 π 电子形成 p-π 共轭（如 CH_3O—CH＝CH₂），则产生 $n \rightarrow \pi^*$（R 带）跃迁吸收，其吸收强度很弱。一些生色团的吸收峰见表 6-9。

表 6-9　常见生色团的吸收峰

生色团	化合物	溶剂	最大吸收波长 λ_{max}/nm	摩尔吸光系数 ε_{max}/[L/(mol·cm)]
$\diagup \diagdown$C＝C$\diagup \diagdown$	H₂C＝CH₂	气态	165	10000
—C≡C—	HC≡CH	气态	172	6000
$\diagdown$C＝N—	(CH₃)₂C＝NOH	气态	190,300	5000,—
$\diagdown$C＝O	CH₃COCH₃	正己烷	190,275	1000,22
—COOH	CH₃COOH	水	204	40
$\diagdown$C＝S	CH₃CSCH₃	水	400	

生色团	化合物	溶剂	最大吸收波长 λ_{max}/nm	摩尔吸光系数 ε_{max}/[L/(mol·cm)]
—N=N—	$CH_3-N=N-CH_3$	乙醇	338	4
—NO	$CH_3(CH_2)_2NO$	乙醇	300,665	100,20

在不饱和烃中，当两个以上的双键共轭时，$\pi \rightarrow \pi^*$ 跃迁的吸收峰随共轭体系的延长而明显向长波方向移动，吸收强度也随之增强，根据共轭体系中 $\pi \rightarrow \pi^*$ 跃迁即 K 带吸收峰可判断共轭体系的存在情况（如数目、位置、取代基等）。同样地，杂原子的双键（如 $\diagup\!\!\!C=O$、$-C\equiv N$）与双键共轭，$\pi \rightarrow \pi^*$ 跃迁的 K 带和 $n \rightarrow \pi^*$ 跃迁的 R 带红移（见表 6-10）。

表 6-10　一些共轭有机物的紫外吸收峰

化合物	溶剂	最大吸收波长 λ_{max}/nm	摩尔吸光系数 ε_{max}/[L/(mol·cm)]
丁-1,3-二烯	己烷	217(K 带)	21000(K 带)
己-1,3,5-三烯	异辛烷	277(K 带)	43000(K 带)
癸-1,3,5,7,9-五烯	异辛烷	304(K 带)	121000(K 带)
丙酮	己烷	190(K 带),275(R 带)	1000(K 带),22(R 带)
丁-2-烯醛	己烷	217(K 带),321(R 带)	16000(K 带),20(R 带)
丁-3-烯-2-酮	己烷	203(K 带),331(R 带)	96000(K 带),25(R 带)

③ 芳香烃。苯系芳香化合物具有环闭的共轭体系，由于 $\pi \rightarrow \pi^*$ 跃迁，在紫外光谱中一般是三个吸收带：E1 带、E2 带和 B 带。E1 带在 184nm 处 [ε 68000L/(mol·cm)]，为强带，位于远紫外区；E2 带在 204nm 处 [ε 8800L/(mol·cm)]，为中等强度的吸收峰；B 带是一个精细结构带，λ_{max}254nm [ε 250L/(mol·cm)]，易于识别。在苯及其简单衍生物中，几乎都有相同强度的 B 带 [ε 250~300L/(mol·cm)]，B 带是芳香族化合物包括芳香杂环化合物的特征谱带。当苯环上连有助色基如—OH、—NH$_2$ 等时，E 带和 B 带红移，并且常常增强 B 带，使失去其精细结构。

(3) 影响有机物紫外吸收光谱的因素

① 空间位阻效应。因基团之间的非键斥力而降低了生色团之间或生色团和助色团之间共轭程度而导致吸收谱带特征的改变，称为空间位阻效应。联苯及取代联苯分子，随着邻位取代基的增多，空间拥挤造成连接两个苯环的单键扭转使两个苯环不在同一平面，不能有效地共轭，λ_{max} 蓝移：

λ_{max}/nm	247	253	237	231	227(肩峰)
ε/[L/(mol·cm)]	17000	19000	10250	5600	—

又如，肉桂酸顺反异构体的紫外吸收光谱：

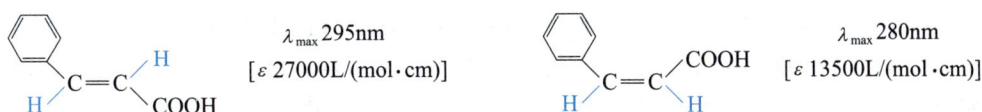

λ_{max}295nm [ε 27000L/(mol·cm)]　　　λ_{max}280nm [ε 13500L/(mol·cm)]

② 助色基的影响。有些含杂原子的基团，如—NH_2、—NR_2、—OR、—SR、—X、—SO_3H、—CO_2H 等，它们本身在近紫外区无吸收，但连到发色团上时，会使发色团的 λ_{max} 红移，同时，吸收强度增大。

化合物	λ_{max}/nm	ε/[L/(mol·cm)]	溶剂
$CH_2{=}CH_2$	165	15000	己烷
$CH_2{=}CHOCH_3$	190	10000	己烷

③ 共轭体系。随共轭体系的增长，吸收峰红移（见图 6-49）。

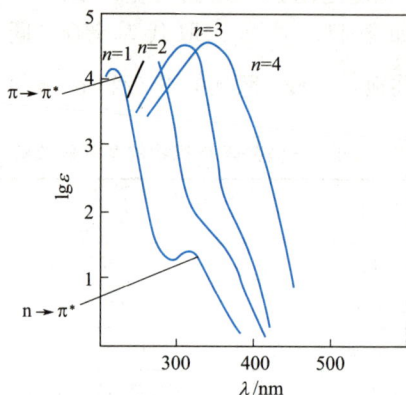

图 6-49 多烯醛 [$CH_3(CH{=}CH)_n CHO$] 的 UV 谱

④ 溶剂的影响。在极性和非极性溶剂中，非极性有机物的 λ_{max} 无明显变化，极性有机物的 λ_{max} 一般会发生变化。对于 $\pi \to \pi^*$ 跃迁吸收峰，溶剂的极性增强，谱带红移；而对于 $n \to \pi^*$ 跃迁吸收峰，溶剂极性增强，谱带蓝移（见表 6-11）。

表 6-11 溶剂对 4-甲基戊-3-烯-2-酮吸收谱带的影响

溶剂	正己烷	氯仿	甲醇	水
$\pi \to \pi^*$ λ_{max}/nm	230	238	237	243
$n \to \pi^*$ λ_{max}/nm	329	315	309	305

6.6.4 紫外吸收光谱的应用

紫外吸收光谱可在紫外区对有机物结构进行分析和鉴定，包括同分异构体的鉴别及物质结构的测定。根据有机物在近紫外区吸收带的位置，估计可能存在的官能团结构：

① 在低于 200nm 无吸收，则可能为饱和化合物。

② 在 200～400nm 无吸收峰，可判定分子中无共轭双键。

③ 在 200～400nm 有吸收，则可能有苯环、共轭双键、羰基等。

④ 在 250～300nm 有中强吸收是苯环的特征。

⑤ 在 260～300nm 有强吸收，表示有 3～5 个共轭双键，如果化合物有颜色，则含 5 个以上双键。

由于紫外吸收光谱比较简单，特征性不强，有些简单的官能团在近紫外区仅有微弱吸收，所以仅根据紫外吸收光谱不能完全决定物质的分子结构。必须与红外光谱、核磁共振谱、质谱等方法结合，才能得到可靠的结论。如，有一化合物的分子式为 C_4H_6O，其构造式可能有 30 多种，若测得其紫外光谱数据 λ_{max} 230nm $[\varepsilon_{max} > 5000L/(mol \cdot cm)]$，则可推测其结构必含有共轭体系，可把异构体范围缩小到共轭醛或共轭酮：

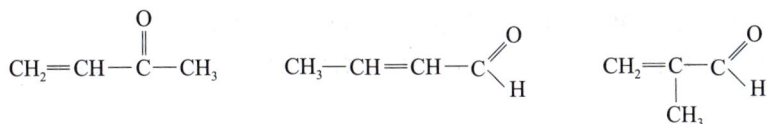

$$CH_2=CH-\overset{\overset{O}{\|}}{C}-CH_3 \qquad CH_3-CH=CH-\overset{\overset{O}{\|}}{C}\diagdown_H \qquad CH_2=\underset{CH_3}{\overset{|}{C}}-\overset{\overset{O}{\|}}{C}\diagdown_H$$

究竟是哪一个有机物，需要通过红外吸收光谱和核磁共振谱来进一步确定。

关键词

红外光谱-infrared spectroscopy，IR
吸光度-absorbance
波数-wavenumber
波长-wavelength
频率-frequency
吸收峰-absorption peak
吸收带-absorption band
伸缩振动-stretching vibration
弯曲振动-bending vibration
指纹区-fingerprint region
官能团区-functional group region
核磁共振波谱-nuclear magnetic resonance spectroscopy，NMR
化学位移-chemical shift
自旋-自旋偶合-spin-spin coupling
偶合常数-coupling constant
弛豫时间-relaxation time
拉莫尔频率-Larmor frequency
双重峰-doublet
三重峰-triplet

四重峰-quartet
质谱-mass spectrometry，MS
质谱仪-mass spectrometer
质谱图-mass spectrum
离子源-ion source
化学电离-chemical ionization，CI
电子轰击电离-electron ionization，EI
液相色谱质谱联用-liquid chromatography-mass spectrometry，LC-MS
气相色谱质谱联用-gas chromatography-mass spectrometry，GC-MS
高分辨质谱-high-resolution mass spectrometry，HRMS
分子离子峰-molecular ion peak
碎片离子-fragment ion
紫外吸收光谱-ultraviolet-visible spectroscopy，UV-Vis
比耳定律-Lambert-Beer law
信噪比-signal-to-noise ratio，SNR

习 题

6-1 下列 5 组数据中，哪一组数据所涉及的红外光谱能包括 $CH_3CH_2CH_2CHO$ 的吸收带？

(1) $3000 \sim 2700 cm^{-1}$，$1675 \sim 1500 cm^{-1}$，$1475 \sim 1300 cm^{-1}$
(2) $3000 \sim 2700 cm^{-1}$，$2400 \sim 2100 cm^{-1}$，$1000 \sim 650 cm^{-1}$
(3) $3300 \sim 3010 cm^{-1}$，$1675 \sim 1500 cm^{-1}$，$1475 \sim 1300 cm^{-1}$
(4) $3300 \sim 3010 cm^{-1}$，$1900 \sim 1650 cm^{-1}$，$1475 \sim 1300 cm^{-1}$

第 6 章习题答案

（5）$3000 \sim 2700\,cm^{-1}$，$1900 \sim 1650\,cm^{-1}$，$1475 \sim 1300\,cm^{-1}$

6-2 乙醇的红外光谱中，羟基的吸收峰在 $3333\,cm^{-1}$，而乙醇的 1‰ CCl_4 溶液的红外光谱中羟基却在 $3650\,cm^{-1}$ 和 $3333\,cm^{-1}$ 两处有吸收峰，试解释之。

6-3 某化合物在 $4000 \sim 400\,cm^{-1}$ 的红外光谱图如图 6-50 所示，试判断该化合物是下列结构中的哪一个。

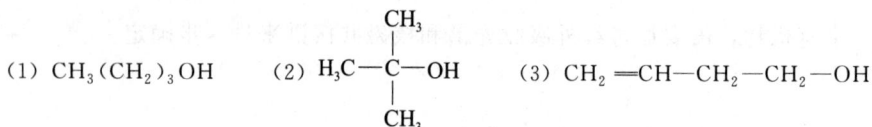

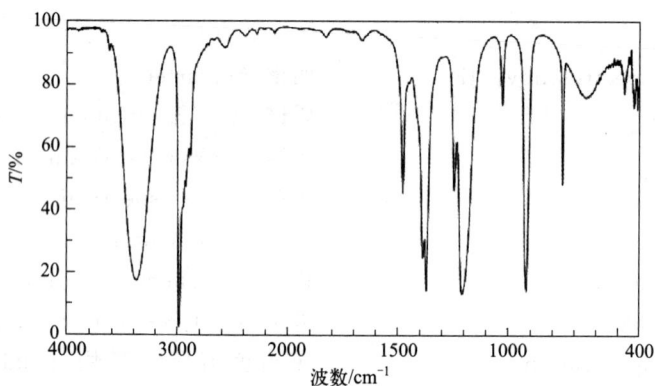

(1) $CH_3(CH_2)_3OH$　　(2) $\begin{array}{c} CH_3 \\ | \\ H_3C-C-OH \\ | \\ CH_3 \end{array}$　　(3) $CH_2=CH-CH_2-CH_2-OH$

图 6-50　习题 6-3 图

6-4 某化合物在 $4000 \sim 400\,cm^{-1}$ 的红外光谱图如图 6-51 所示，试判断该化合物是下列结构中的哪一个。

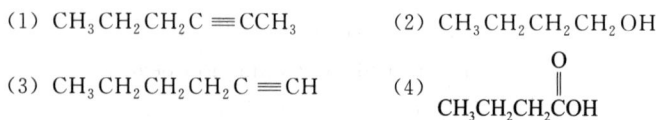

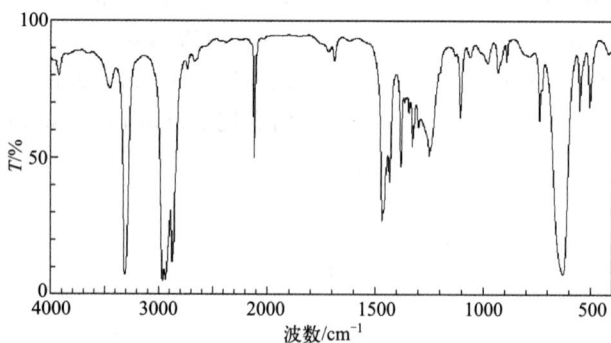

(1) $CH_3CH_2CH_2C{\equiv}CCH_3$　　　　(2) $CH_3CH_2CH_2CH_2OH$

(3) $CH_3CH_2CH_2CH_2C{\equiv}CH$　　　(4) $\begin{array}{c} O \\ \| \\ CH_3CH_2CH_2COH \end{array}$

图 6-51　习题 6-4 图

6-5 某化合物在 $4000 \sim 400\,cm^{-1}$ 的红外光谱图如图 6-52 所示，试判断该化合物是下列结构中的哪一个。

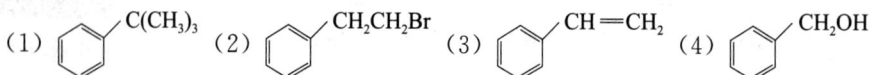

(1) $\langle\!\!\!\bigcirc\!\!\!\rangle-C(CH_3)_3$　(2) $\langle\!\!\!\bigcirc\!\!\!\rangle-CH_2CH_2Br$　(3) $\langle\!\!\!\bigcirc\!\!\!\rangle-CH=CH_2$　(4) $\langle\!\!\!\bigcirc\!\!\!\rangle-CH_2OH$

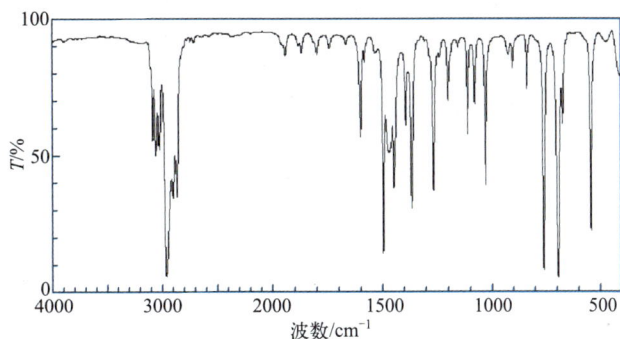

图 6-52　习题 6-5 图

6-6　某化合物分子式为 C_7H_9N，它在 $4000\sim400\text{cm}^{-1}$ 的红外光谱如图 6-53 所示。请说明该化合物是哪一类有机物，分子中含有哪些特征官能团。

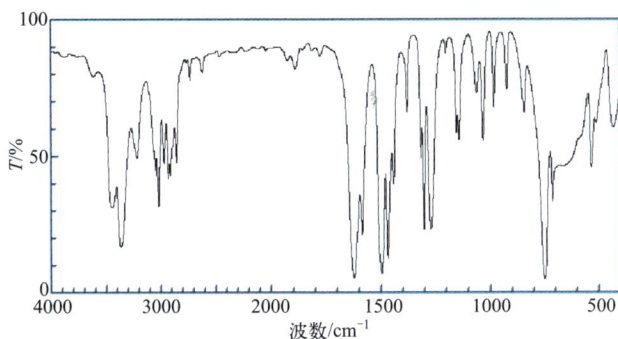

图 6-53　习题 6-6 图

6-7　分子式为 C_9H_{12} 的未知化合物的 IR 谱图如图 6-54 所示，推测其结构，并对各峰进行归属。

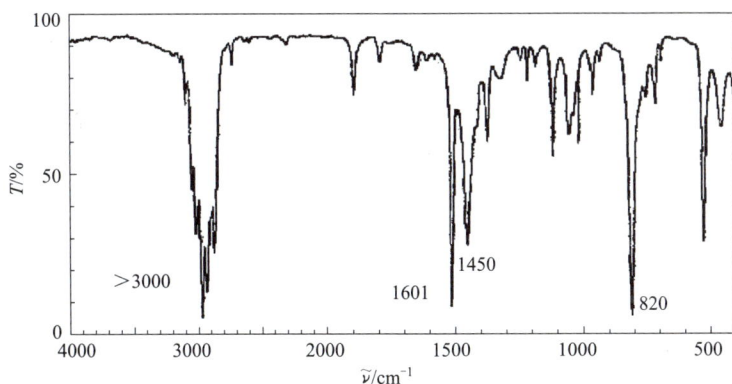

图 6-54　习题 6-7 图

6-8　质子的化学位移有如下顺序：苯（7.27）＞乙烯（5.25）＞乙炔（1.80）＞乙烷（0.83），其原因是下列哪一个？

（1）诱导效应所致；（2）杂化效应和各向异性效应协同作用的结果；（3）各向异性效应所致；（4）杂化效应所致。

6-9 图 6-55 是化合物的^{1}H NMR，请归属三个 CH_2 的峰。

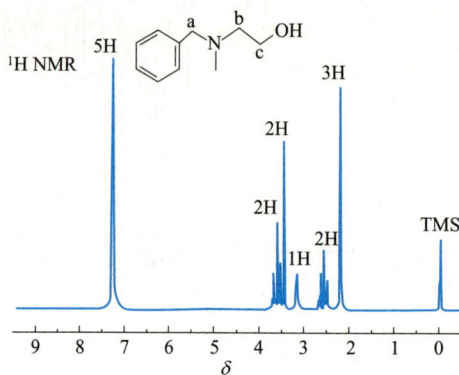

图 6-55　习题 6-9 图

6-10 下列化合物中，甲基质子化学位移最大的是哪一个？

(1) CH_3CH_3 　　(2) $CH_3CH=CH_2$ 　　(3) $CH_3C\equiv CH$ 　　(4) $C_6H_5CH_3$

6-11 化合物中，下面哪一种跃迁所需的能量最高？

(1) $\sigma \rightarrow \sigma^*$ 　　(2) $\pi \rightarrow \pi^*$ 　　(3) $n \rightarrow \sigma^*$ 　　(4) $n \rightarrow \pi^*$

6-12 下列化合物中，紫外吸收 λ_{max} 值最大的是哪一个？

(1) 　　　(2) 　　　(3) 　　　(4)

第7章
对映异构

有机化合物的结构分为构造、构型和构象三个层次。同分异构现象在有机化合物中非常普遍，可归为构造异构和立体异构两大类。

构造异构指分子式相同、构造不同，即分子中原子间的连接方式和次序不同的异构。主要包括碳架异构、官能团位置异构、官能团异构等。

立体异构指分子式相同，构造也相同，但由于分子中原子或基团在空间的排布位置不同而产生的异构。立体异构体包括构型异构和构象异构，而构型异构又包括顺反异构和对映异构。

路易·巴斯德

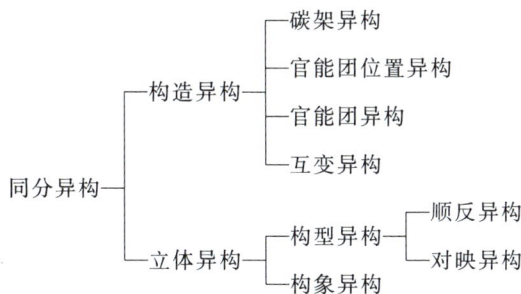

立体异构属于立体化学的范畴，学习和了解立体化学，可以更深入地认识有机化合物的结构和有机反应实质。构象异构和顺反异构在前面的第2章和第3章中已作介绍，本章主要讨论立体异构中的对映异构。

所谓对映异构，指的是分子式相同，构造式相同，构型不同且互成镜像关系的立体异构现象，由于异构体之间的旋光性不同，故又称为旋光异构或者光学异构。对映异构现象广泛存在于天然的和人工合成的有机化合物中。

7.1 对映异构现象与分子结构

7.1.1 对映异构现象的发现

1801年法国矿物学家 Hauy 发现石英有两种对称的晶型。1809年 Malus、1811年 Arago 和1812年 Biot 均发现石英晶体能使平面偏振光发生旋转。1822年英国天文学家 John Herschel 发现这两种石英晶体晶型与旋光的方向呈现一定的对应关系，见图7-1。

其间，1815年 Biot 发现松节油、樟脑和酒石酸等有机化合物也都有旋光性。1848年法国 Pasteur 在研究酒石酸钠铵盐的时候，首次完成了人工拆分工作，分离到两种晶型的酒石酸钠铵盐。这两种晶型非常相似，但不能重叠，互成物体和镜像的关系，分别溶于水后，测得一种是左旋，另一种是右旋，并且两者比旋光度相等。深入研究后，Pasteur 发现两种晶体在外形上是不对称的，并由此联想到分子的内部结构，1860 年 Pasteur 提出晶体和有机分子之间的相似性在于"它们都是因为缺少对称性才具有旋光性"。1874 年 van't Hoff 和 LeBel 同时提出了碳原子的四面体构型，揭示了"旋光性是由于分子具有不对称碳"这个旋光化合物的结构本质（见图 7-2）。

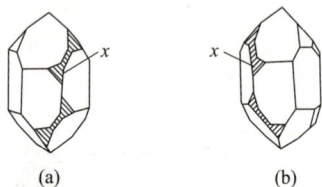

图 7-1　石英晶体的两种晶型

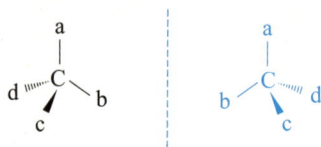

图 7-2　不对称碳原子与对映异构

7.1.2　手性和对称因素

一种物质不能与其镜像重合的特性称为手性或手征性，就像人的左、右手一样，很像却无法重叠（见图 7-3）。具有这种性质的分子，称为手性分子，手性分子都具有旋光性。不具有手性的分子称为非手性分子，无旋光性。有机物分子中饱和碳原子若与四个完全不同的基团相连，这种碳原子没有任何对称因素，称为不对称碳原子，或手性碳原子，在结构式中通常用"＊"标识。

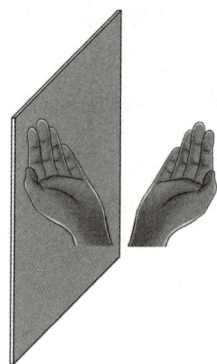

物质与镜像不能重叠是手性分子的特征。根据某化合物与其镜像能否完全重叠，来确定该化合物是否具有手性，这是判断手性的最根本的方法。还可以从化合物分子中有无对称因素来判断手性。需要考虑的对称因素主要有下列四种。

图 7-3　左手和右手
互为实物和镜像关系

(1) 旋转轴对称因素（C_n）

如果分子绕结构中的一条直线为轴，旋转 $360°/n$（$n=1,2,3,4\cdots$）之后，经过旋转的分子仍能与原来的分子完全重叠，这条直线称为这个分子的 n 重旋转对称轴（见图 7-4）。对称轴不作为判别分子是否有手性的依据。

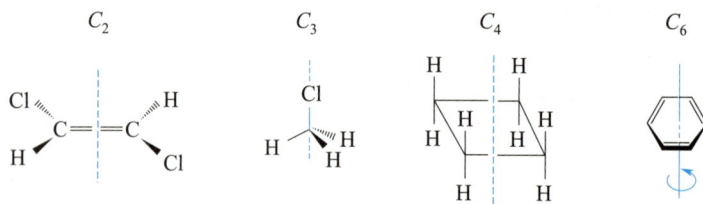

图 7-4　有对称轴的分子

(2) 平面对称因素（σ）

如果一个分子能够被一个平面分割成两个部分，而这两部分正好互为实物与镜像的关系，这个平面即为这个分子的对称面。如单烯烃 $\diagdown C{=}C\diagup$ 所连的原子共平面，这个平面就是分子的对称面；同一个碳上连有两个相同原子或基团的化合物，也有一个对称面（见

图 7-5），无手性。凡是有对称面的分子均是非手性分子。

（3）中心对称因素（i）

如果分子中有一个点 P，从任何一个原子或基团向点 P 引连线并延长，在等距离处都遇到相同的原子或基团，则点 P 称为该分子的对称中心。凡是具有对称中心的分子，也是非手性分子，没有旋光性，如图 7-6 所示。

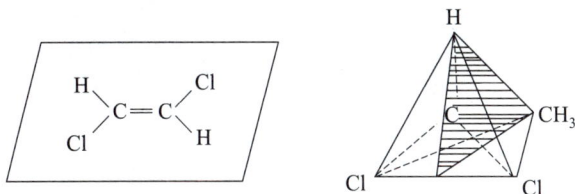

图 7-5 有对称面的分子   图 7-6 有对称中心（i）的分子

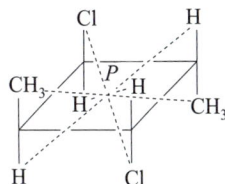

（4）交替旋转轴对称因素（S_n）

设想分子绕结构中的一条直线为轴，旋转 $360°/n$（$n=1,2,3,4\cdots$）之后，再用一个与此直线垂直的平面进行镜像反映，如果得到的镜像与原来的分子完全相同，这条直线就是交替对称轴，如图 7-7 所示。具有四重交替对称轴的化合物和镜像能够重叠，不具旋光性。

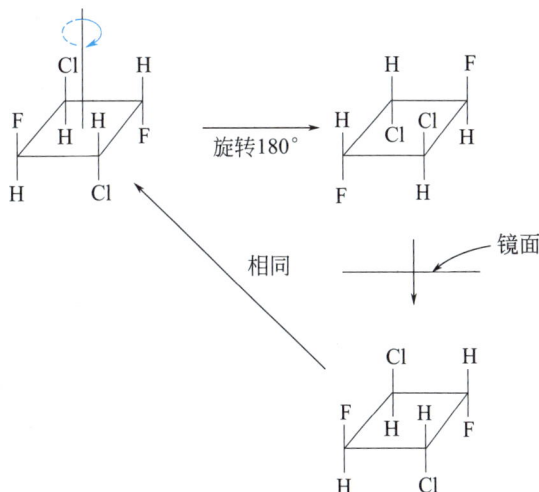

凡具有对称面、对称中心或交替对称轴的分子，都是对称分子，为非手性分子。旋转对称轴的有无对化合物分子是否具有手性没有决定作用。如果分子只具有旋转对称轴，且不能和其镜像重叠，称为非对称分子。非对称分子和不对称分子都属于手性分子。如反-1,2-环丙基二甲酸具有 C_2 对称轴，是非对称分子，有手性（见图 7-8）。

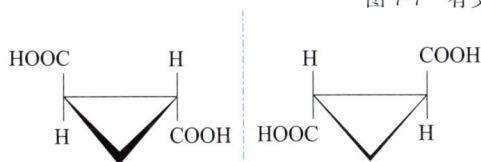

图 7-7 有交替对称轴的分子

图 7-8 反-1,2-环丙基二甲酸

7.2 物质的旋光性

7.2.1 平面偏振光和旋光度

光是一种电磁波，其振动方向与传播方向垂直，即普通光在垂直于其传播方向的无数相互交错的平面内振动［见图 7-9(a)、(b)］。若使光线通过尼可尔（Nicol）棱镜（由方解石晶体通过特殊加工制备，只有和棱镜的晶轴平行振动的射线才能全部通过），假若这个棱镜的晶轴是直立的，那么只有在这个垂直平面上振动的射线才可通过，这种通过棱镜的光叫作平面偏振光，简称偏振光〔见图 7-9(c)〕。

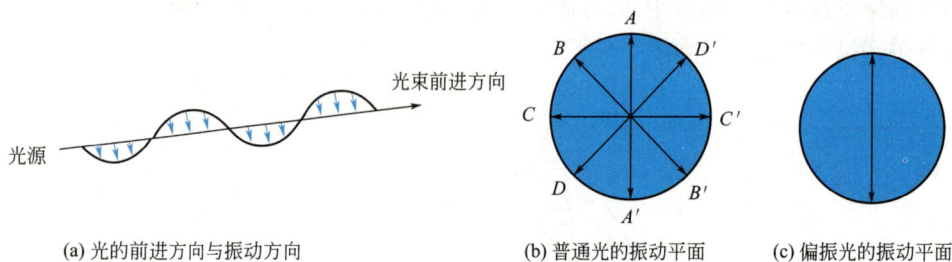

(a) 光的前进方向与振动方向　　(b) 普通光的振动平面　　(c) 偏振光的振动平面

图 7-9　普通光与偏振光

当平面偏振光通过一些物质，如水、乙醇等时，它们对偏振光的振动平面不产生影响。但有些物质，例如乳酸、葡萄糖等能使偏振光的振动平面旋转一定的角度（见图 7-10）。这种能使偏振光振动平面偏转的性质称为物质的旋光性，被旋光性物质所旋转的角度（°）称为旋光度，用 α 表示。能使偏振光振动平面向右偏转的物质叫右旋体（顺时针方向），用"+"表示；能使偏振光振动平面向左旋转（逆时针方向）的物质叫左旋体，用"-"表示。

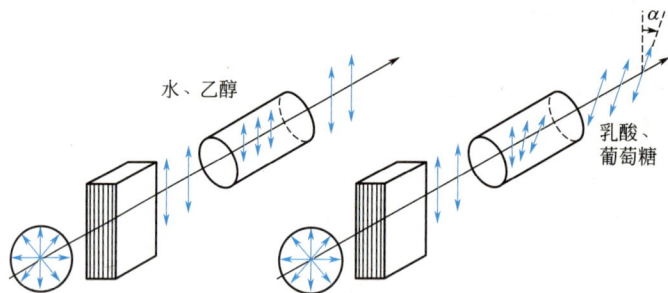

图 7-10　不同物质的旋光性

7.2.2　旋光仪和比旋光度

(1) 旋光仪

测量旋光度的仪器称为旋光仪，它的结构示意如图 7-11 所示。

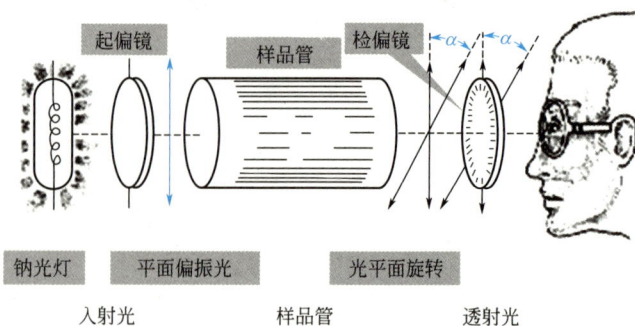

图 7-11　旋光仪的结构

旋光仪内部有两块尼科尔棱镜，靠近光源的是固定的棱镜叫起偏镜，靠近观测者的是一个可以旋转的棱镜，叫检偏镜，检偏镜和一个刻有 180° 的圆盘相连。起偏镜的外端放一个光源，通常用钠光灯。当两个棱镜的轴彼此平行时，则通过起偏镜的平面偏振光也可通过检偏镜，在目镜处的视野是明亮的，此时圆盘刻度为零度。若两个棱镜的轴互相垂直，通过起偏镜的平面偏振光就不能通过检偏镜，此时目镜的视野是黑暗的。样品管是一根装有待测物溶液的玻璃管，当装入水或乙醇等非旋光性物质时，通过起偏镜的平面偏振光也可通过检偏镜。但当放入乳酸等光活性物质时，来自起偏镜的偏振光透过该溶液时会使偏振光振动平面向左或右旋转一定角度，此时，偏振光的振动平面和检偏镜的轴不再平行，光线无法通过。为使光线完全通过，需将检偏镜旋转一个角度至两棱镜的轴彼此平行，旋转角度的方向和数值代表此物质溶液的旋光方向和旋光度（°）。

（2）比旋光度

物质旋光度的大小不仅与其分子结构有关，还与测定条件如溶液的浓度（c）、旋光管的长度（l）、测定温度（t）及所用光源波长等因素有关：

$$\alpha = [\alpha]_D^t lc \tag{7-1}$$

式中，α 为旋光度测定值，（°）；c 为样品浓度或密度，g/mL；l 为旋光管长度，dm；t 为测量时的温度，℃；D 一般为钠光（$\lambda = 589.6$nm）；$[\alpha]_D^t$ 为比旋光度。

对特定的化合物，当温度和光源波长一定时，$[\alpha]_D^t$ 是一个常数，其定义为浓度为 1g/mL 的样品液，在 1dm 长的旋光管中所测得的旋光度。由此可见，比旋光度是可以表示旋光性物质旋光性的物理常数，而旋光度不是。一定条件下，由旋光仪测定的旋光度经式(7-1) 换算，即可得到比旋光度。如：在 20℃ 时用钠光源测得右旋乳酸的比旋光度可表示为 $[\alpha]_D^{20} = +3.8$，左旋乳酸表示为 $[\alpha]_D^{20} = -3.8$。此外，测量时所用溶剂不同也会影响物质旋光度的数值，因此，使用非水溶剂时，须注明溶剂的名称。

7.3　对映体和含一个手性碳的对映异构

"反应停"事件

7.3.1　对映体和外消旋体

含有一个手性碳的分子一定是手性分子，它可以有两种不同的构型。例如乳酸，它在空间有两种不同的排列方式（见图 7-12），分别为左旋乳酸和右旋乳酸，这两种结构呈现物体和镜像的对映关系，互称为对映异构体，简称对映体。对映体的物理性质相同，仅旋光方向相反。一般条件下，对映体的化学性质也相同，但在手性环境中，如遇到具有旋光性的试剂、溶剂、催化剂时，会表现某些差异，特别是明显不同的生理效应。如右旋葡萄糖在动物代谢中有独特作用，具有营养性，而左旋葡萄糖则不能被动物代谢。

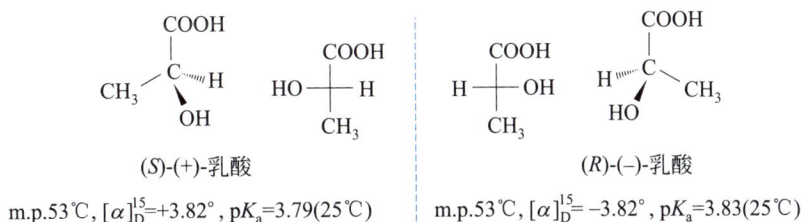

(S)-(+)-乳酸　　　　　　　　　　　　　　(R)-(−)-乳酸

m.p.53℃，$[\alpha]_D^{15}=+3.82°$，$pK_a=3.79(25℃)$　　m.p.53℃，$[\alpha]_D^{15}=-3.82°$，$pK_a=3.83(25℃)$

图 7-12　乳酸的对映异构

将等量的左旋体和右旋体混在一起时，整个物质是无旋光性的，称为外消旋体，用

（±）或（dl）表示。外消旋体和纯对映体除旋光性不同外，其他物理性质如熔点、沸点、密度、在同种溶剂中的溶解度等也不同。如乳酸的对映体熔点均为 53℃，而乳酸外消旋体的熔点为 18℃。由于外消旋体中的左旋体和右旋体的物理性质相同，用一般的物理方法，如蒸（分）馏、重结晶等无法将它们分开。因此，须采用特殊方法才能有效拆分外消旋体。

7.3.2 构型的表示方法——费歇尔投影式

透视式、楔形式和纽曼投影式都可以用来表示对映体的空间构型，另外一种常用的构型表示方法是费歇尔（Fischer）投影式。费歇尔投影式要求将碳链放在竖键上，且 C1 在最上方；横键表示朝前的基团，竖键表示朝后的基团，"＋"字交叉线中点表示手性碳原子。现以乳酸为例，用模型来说明费歇尔投影式的表示方法。

将乳酸分子中横键上的两个基团朝前，竖键上的两个基团朝后，将这样摆放的分子投影到平面上，"＋"字交叉线中心为手性碳原子，投影式即为费歇尔投影式，如图 7-13 所示。在乳酸的费歇尔投影式中，氢和羟基在纸面前，羧基和甲基在纸面后。

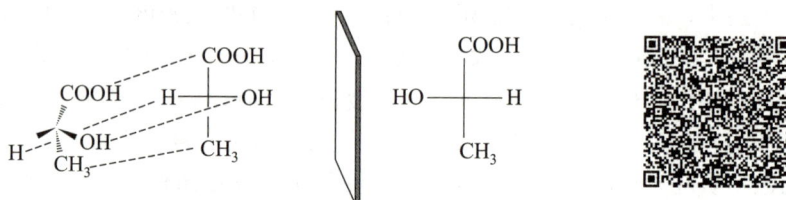

图 7-13 乳酸分子模型和费歇尔投影式

费歇尔

费歇尔投影式规定横键的两个基团朝前，竖键的两个基团朝后，明确了各基团的空间关系，俗称"横前竖后"。使用费歇尔投影式时要注意以下几点。

① 投影式不能离开纸面翻转，在纸面上向左或向右旋转 180°，其构型保持不变。

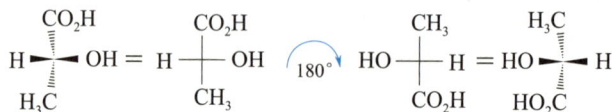

② 投影式在纸面上旋转 90°或 270°后变成它的对映体的投影式。

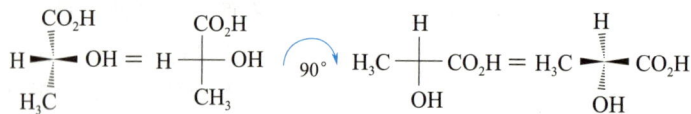

③ 投影式中的四个基团，固定一个基团，其余三个基团顺时针或逆时针旋转，构型保持不变。

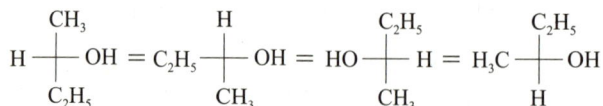

④ 投影式中任意两个基团对调一次后变成它的对映体的投影式。

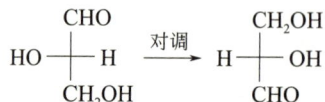

现仍以乳酸为例，说明由楔形式转化为费歇尔投影式的方法［见图 7-14（a）～（e）］。将乳酸分子的楔形式［见图 7-14（a）］转成横键上的两个基团（—CH₃、—COOH）朝前，竖

键上的两个基团（—OH、—H）朝后 [见图 7-14(b)]，按照前述方法将分子投影到平面上 [见图 7-14(c)、(d)]，将图 7-14(d)所示式经过两次基团对调，得到乳酸的费歇尔投影式 [见图 7-14(e)]。

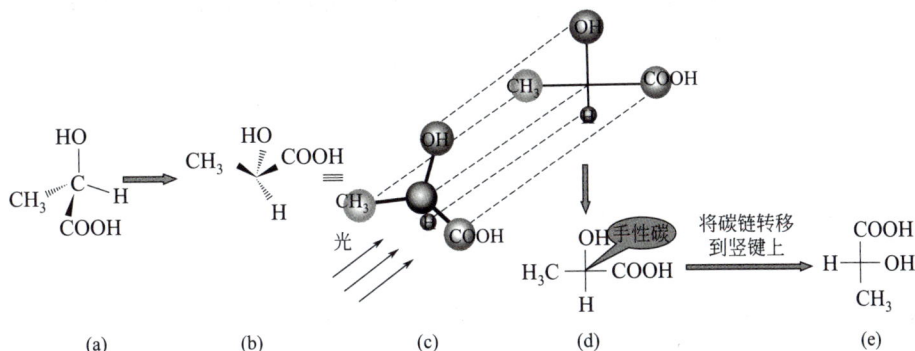

图 7-14　乳酸分子模型和费歇尔投影式

7.3.3　构型的标记

对映异构体的构型可用 D/L 或 R/S 标记法来标记。

(1) D/L 标记法

手性分子的构型与其旋光方向无关。在发现旋光异构体及其以后的一百多年中，人们无法确定手性分子的真实构型（即绝对构型）。为研究方便，费歇尔提出以（＋）-甘油醛的构型为标准来标记其他与甘油醛相关联的手性化合物相对构型的方法，称 D/L 标记法。费歇尔指定—OH 在右边的甘油醛为右旋甘油醛［（＋）-甘油醛］，定为 D 构型；—OH 在左边的甘油醛为左旋甘油醛［（－）-甘油醛］，定为 L 构型。

D-(+)-甘油醛　　　　　L-(–)-甘油醛

其他手性化合物与甘油醛相关联，不涉及手性碳四个键断裂的构型保持不变。如 D-（＋）-甘油醛可被 HgO 氧化成 D-（－）-甘油酸，D-（－）-甘油酸通过一系列的反应可以得 D-（－）-乳酸。

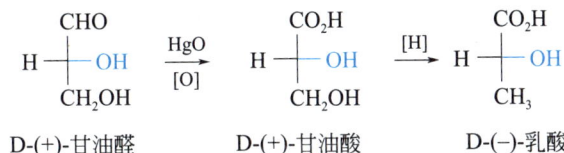

D-(+)-甘油醛　　　　D-(+)-甘油酸　　　　D-(–)-乳酸

1951 年，魏沃（J. M. Bijvoet）用 X 射线单晶衍射法测定了右旋酒石酸铷钠的绝对构型，并由此推出（＋）-甘油醛的绝对构型。幸运的是，费歇尔指定的甘油醛的相对构型与实验测得的（＋）-甘油醛的绝对构型正好相同。因此，与甘油醛相关联的其他化合物的 D/L 构型也都代表绝对构型。D/L 标记法在糖和氨基酸等天然化合物中使用较为广泛。

D/L 标记法有一定的局限性，许多手性分子不易通过化学反应与甘油醛发生联系，也无法将含多个手性碳原子的手性分子的每个手性碳原子的构型都表示出来。目前，D/L 标记法主要用于糖类、氨基酸等天然化合物构型标记，其他手性分子构型多使用 R/S 标记法。

(2) R/S 标记法

R/S 标记法将与手性碳相连的四个原子或基团按次序规则排列，较优基团在前；将最小的基团如 d，置于离观察者最远（相当于放到汽车方向盘的连杆上），其他三个基团（在方向盘上）按从大到小的顺序，如果是顺时针，为 R 构型；逆时针，为 S 构型。

若 a 为最大基团，d 为最小基团

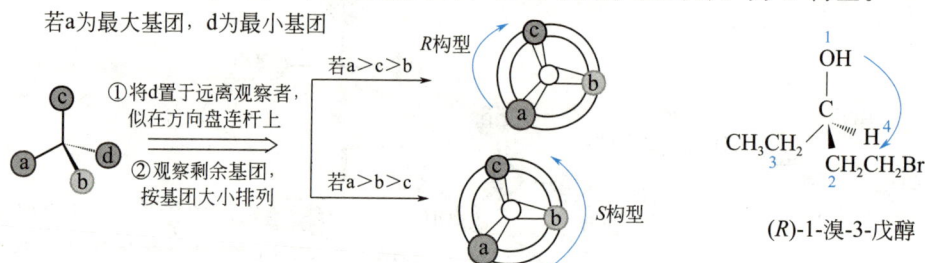

(R)-1-溴-3-戊醇

用费歇式投影式表示分子构型时，可用下列简单的方法判断 R/S 构型：如果最小基团在竖键上，表示最小基团在纸面后，观察者从前面看，剩下的三个原子或基团若按顺时针排列，则该化合物构型为 R，反之为 S；如果最小基团的原子或基团处在横线时，剩下的三个原子或基团若按顺时针排列，则该化合物构型为 S，反之为 R。例如：

(R)-3-氯己烷   (S)-2-丁醇

需要指出的是，R/S 标记法仅表示手性分子中四个基团在空间的相对位置，而手性分子的旋光方向（"＋"或"－"）无法通过构型来推断，只能通过旋光仪测定得到。

7.4　含多个手性碳原子化合物的对映异构

含有一个手性碳原子的化合物在空间具有两种不同的排列方式，有一对对映体；含两个手性碳原子的化合物应该就有四种空间构型，以此类推，分子的空间构型和手性碳原子数呈现 2^n 的关系。手性碳原子越多，立体异构体的数目也就越多。

7.4.1　含两个不同手性碳原子的化合物

分子中如果含有两个不同的手性碳原子，例如 2-羟基-3-氯丁二酸（氯代苹果酸）就有以下四种立体异构体：

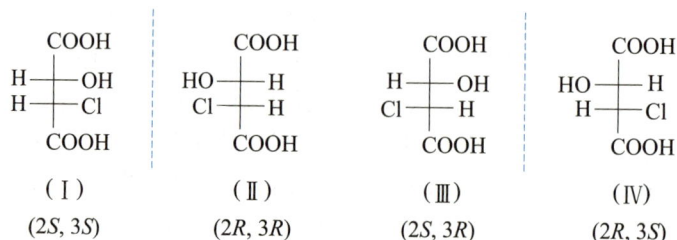

（Ⅰ）　　　　（Ⅱ）　　　　（Ⅲ）　　　　（Ⅳ）

(2S, 3S)　　　(2R, 3R)　　　(2S, 3R)　　　(2R, 3S)

四种异构体中，（Ⅰ）和（Ⅱ）、（Ⅲ）和（Ⅳ）呈现出镜像对映的关系，是对映体。两对对映体可组成两个外消旋体。（Ⅰ）和（Ⅲ）或（Ⅳ）、（Ⅱ）和（Ⅲ）或（Ⅳ）不互为镜像关系，不是对映体，但它们却是立体异构体。这种不互为对映体的异构体称为非对映体。

对映体除了旋光方向相反外，其他物理性质都相同；非对映体的旋光度不同，其他物理性质如熔点、沸点、折射率、溶解度等都不相同（见表7-1）。

表 7-1　2-羟基-3-氯丁二酸的物理常数

构型	熔点/℃	$[\alpha]$
（Ⅰ）(2S,3S)	173 ⎱ 外消旋体 146	+31.3°(乙酸乙酯)
（Ⅱ）(2R,3R)	173 ⎰	−31.3°(乙酸乙酯)
（Ⅲ）(2S,3R)	167 ⎱ 外消旋体 153	+9.4°(水)
（Ⅳ）(2R,3S)	167 ⎰	−9.4°(水)

含两个不同手性碳原子的化合物旋光异构体数目为 2^n，外消旋体的数目为 2^{n-1}。

7.4.2　含两个相同手性碳原子的化合物

含有相同手性碳原子的化合物，如酒石酸，似乎具有以下四个立体异构体。

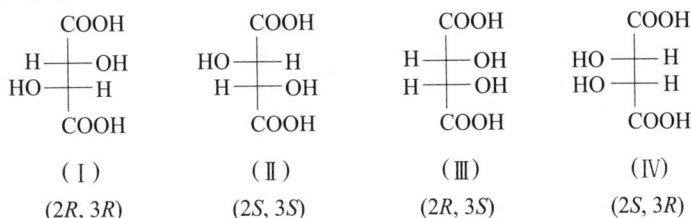

（Ⅰ）	（Ⅱ）	（Ⅲ）	（Ⅳ）
(2R, 3R)	(2S, 3S)	(2R, 3S)	(2S, 3R)

化合物（Ⅰ）和（Ⅱ）是一对对映体，可组成一个外消旋体。（Ⅲ）和（Ⅳ）好像也是对映体关系，但不难发现，将（Ⅳ）沿纸面旋转 180° 即可与（Ⅲ）完全重叠，它们实际上是同一构型的分子。事实上，在化合物（Ⅲ）或（Ⅳ）的分子中存在一个对称面：

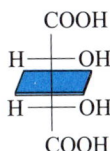

这种分子中虽然含有手性碳原子，但由于分子中存在对称因素，不显示旋光性的化合物叫作内消旋体（meso），常用 *meso*-标记。内消旋体的分子中存在对称面，两个手性碳原子互为实物与镜像的关系，即手性碳原子的构型是相反的。

分析酒石酸的立体异构现象可知，含有手性碳原子的分子不一定都具有手性，而手性分子不一定都含有手性碳原子。判断一个化合物是否具有手性，必须考察化合物的对称因素，即分子能否与其镜像完全重叠。含两个相同手性碳原子的化合物有三个旋光异构体，一个左旋体，一个右旋体，一个内消旋体。显然，含两个相同手性碳原子的化合物，其旋光异构体的数目要小于 2^n，外消旋体的数目也要小于 2^{n-1}。

7.4.3　含三个及以上手性碳原子的化合物

含三个手性碳原子的化合物最多可能有 $2^3 = 8$ 个立体异构体，例如 2,3,4,5-四羟基戊醛（戊醛糖）有三个手性碳原子，就有以下八种构型。

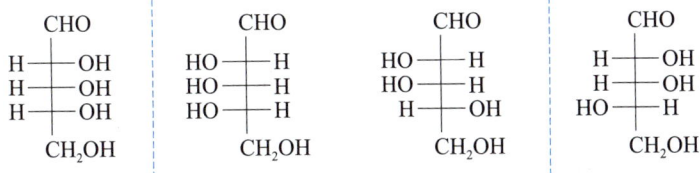

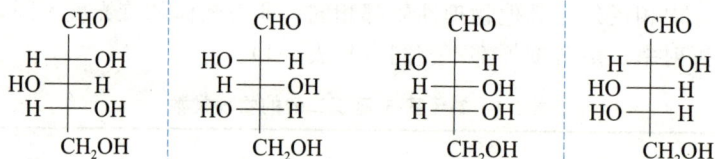

把戊醛糖两端氧化成羧基后，虽然手性碳原子个数没有变，但有两个分子结构中出现了对称面，就只有四种立体异构体了。

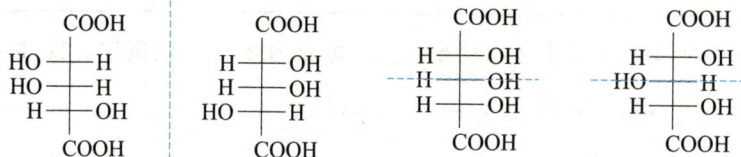

在立体化学中，含有多个手性碳原子的立体异构体中，只有一个手性碳原子的构型不相同，其余的构型都相同的非对映体，称作差向异构体。如下列四个化合物中，（Ⅰ）和（Ⅱ）、（Ⅰ）和（Ⅲ）、（Ⅰ）和（Ⅳ）、（Ⅱ）和（Ⅲ）都是差向异构体。

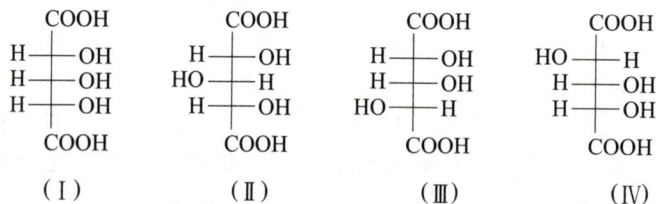

（Ⅰ）　　　　　　（Ⅱ）　　　　　　（Ⅲ）　　　　　　（Ⅳ）

7.5　含有其他手性中心的化合物

除了碳原子以外，其他的一些元素如 N、P、S、Si、As 等，它们的共价键化合物也具有四面体构型，当这些元素的原子与四个完全不同的基团相连时，该原子也是手性原子，含有这些原子的分子可能具有旋光性。

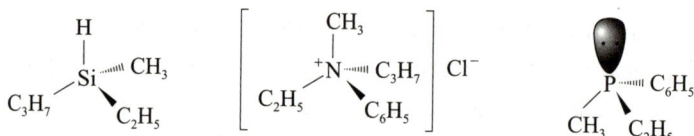

含手性轴的旋
光异构体

7.6　外消旋体的拆分

外消旋体是由一对对映体等量混合而组成的，将组成一对外消旋体的两个对映体分开的过程，称为外消旋体的拆分。外消旋体拆分的常用方法有：机械拆分法、微生物拆分法、选择吸附拆分法、诱导结晶拆分法、色谱分离法和化学拆分法等。

（1）机械拆分法
利用外消旋体中对映体在结晶形态上的差异，借肉眼直接辨认或通过放大镜进行辨认，把两种晶体挑拣分开。此法要求结晶形态有明显的不对称性，且结晶大小适宜。

（2）微生物拆分法

某些微生物或它们所产生的酶，对于对映体中的一种异构体有选择性分解作用，在拆分过程中，外消旋体中的该异构体被消耗掉。如青霉素菌在含有外消旋体的酒石酸培养液中生长时，将消耗右旋酒石酸，余下左旋体。

（3）吸附拆分法

采用柱色谱法，用旋光性物质作为吸附剂，使之选择性地吸附外消旋体中的一种异构体，左旋体和右旋体就会先后流出色谱柱，实现拆分的目的。

（4）诱导结晶拆分法

在外消旋体的过饱和溶液中加入一定量的某一种旋光体的纯晶种。与晶种相同的旋光体先结晶出来，通过过滤达到拆分的目的。此时滤液中另一旋光体的量相对较多。再加入一些消旋体制成过饱和溶液，于是另一种旋光体优先结晶出来，如此反复进行结晶，就可交替地把一对对映体完全分开。如氨基醇的诱导结晶拆分：

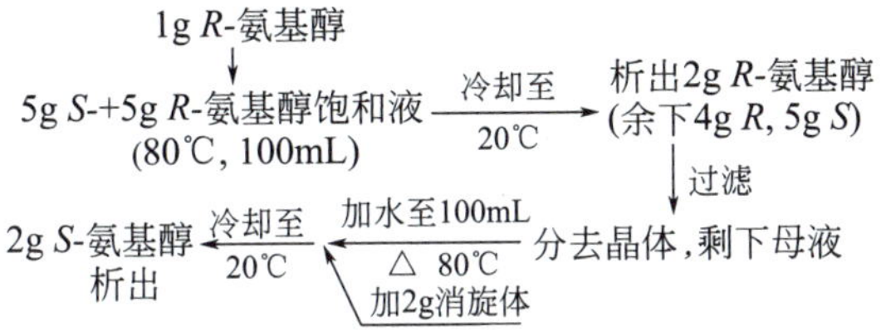

（5）化学拆分法

化学拆分法的原理是将对映体转变成非对映体，然后分离。将外消旋体与旋光性物质作用，可使原来的一对对映体变成两种互不对映的衍生物，外消旋体就转变成非对映体的混合物。利用非对映体具有不同的物理性质的特点，用一般的分离方法把它们分开。最后再把分离所得的两个衍生物分别还原到原来的旋光化合物，即达到拆分的目的。这种拆分法最适用于酸或碱的外消旋体的拆分。化学拆分法在实际生产中应用十分广泛。如乳酸的拆分：

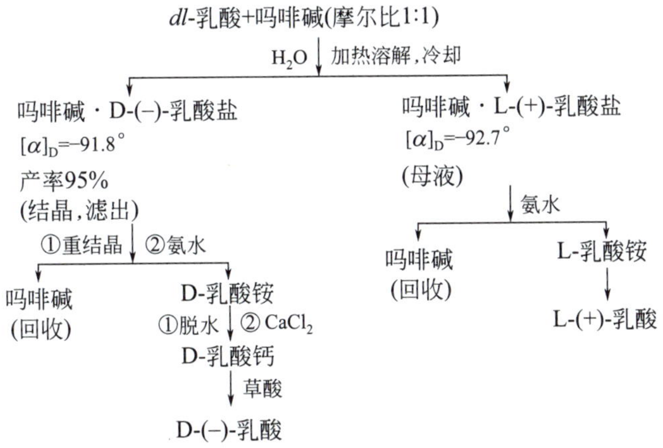

手性化合物的光活性纯度，可用对映体过量来表示。在一个手性化合物的一组对映体的混合物中，其中一个对映体超过另一个对映体的百分含量，称为对映体过量，用 ee 表示：

$$ee=\frac{[R]-[S]}{[R]+[S]}\times100\%$$

例如：$[R]=50$，$[S]=50$，则 $ee=0\%$，称对映体过量为 0，即外消旋体。

$[R]=100$，$[S]=0$，则 $ee=100\%$，称对映体过量为 100，即纯光学活性物质。

$[R]=60$，$[S]=40$，则 $ee=20\%$，即 80% 的外消旋体和 20% 的 R 构型的混合物。

上式中，对映体的量可以用浓度或质量表示，也可以用百分率表示。

关键词

对映异构-enantiomerism
手性-chirality
手性中心-chiral center
手性分子-chiral molecule
不对称碳原子-asymmetric carbon atom
对映体-enantiomer
消旋-racemization
外消旋体-racemate
旋光性-optical activity
旋光仪-polarimeter
比旋光度-specific rotation
右旋-dextrorotatory
左旋-levorotatory

对映选择性-enantioselectivity
非手性的-achiral
光学纯度-optical purity
对映过量-enantiomeric excess
Fischer 投影式-Fischer projection
Newman 投影式-Newman projection
非对映异构体-diastereomer
非对映选择性-diastereoselectivity
轴手性-axial chirality
平面手性-planar chirality
色谱拆分-chromatographic resolution
化学拆分-chemical resolution

习 题

7-1 举例说明下列各名词的意思。

（1）旋光性 （2）比旋光度 （3）对映异构体 （4）非对映异构体

（5）外消旋体（6）内消旋体 （7）相对构型 （8）差向异构

7-2 下列化合物中有无手性碳原子？请用星号标出手性碳原子。

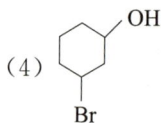

（1）$CH_3CH_2CH(CH_3)CH_2CH(CH_3)_2$

（2）CH_3CHDCl

第 7 章习题答案

（3）$HOOCCH_2CH(OH)COOH$

（4）

7-3 写出下列各化合物的费歇尔投影式并命名。

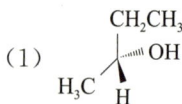

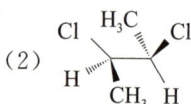

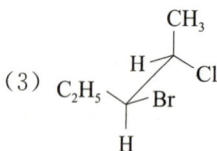

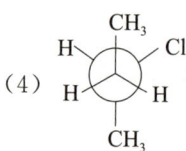

（1）

（2）

（3）

（4）

7-4 下列各对化合物哪些属于对映体、非对映体、顺反异构体、构造异构体或同一化合物？

(1)

```
      CH₃              H
Cl ——— H         Cl ——— CH₃
HO ——— Br         Br ——— OH
       H                H
```

(2)

```
      CH₃                CH₃
  H       Cl         H        CH₃
HO         H        HO         H
      CH₃                Cl
```

(3) ⬠   ◁

(4)

```
  H        H              H        CH₃
   C═C═C                   C═C═C
H₃C        CH₃         H₃C         H
```

(5)

```
       CH₃                  Br
   H                    H
C₂H₅   Br           C₂H₅    CH₃
       Br                  Br
       H                    H
```

(6)

```
  H        OH         HO        H
          OH                   OH
HO         H          H        
```

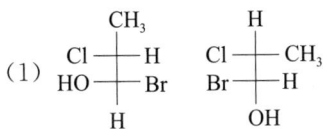

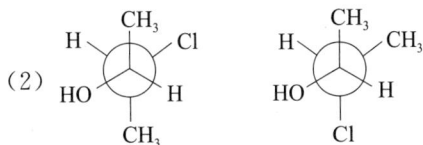

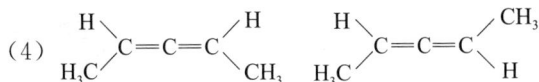

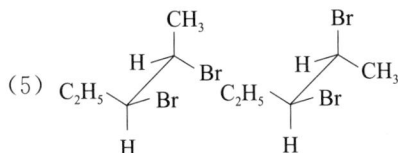

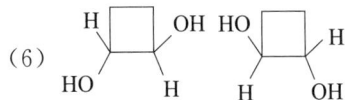

7-5 把 3-甲基戊烷进行氯化，写出所有可能得到的一氯代物，哪几对是对映体？哪些是非对映体？哪些异构体不是手性分子？

7-6 (R)-3-甲基戊-1-烯在 CCl₄ 中与 Br₂ 加成得几种产物？写出产物的构型及命名。

7-7 根据给出的四个立体异构体的费歇尔投影式，回答下列问题。

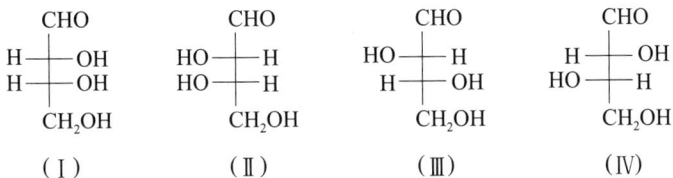

```
    CHO           CHO           CHO           CHO
H ——— OH      HO ——— H      HO ——— H      H ——— OH
H ——— OH      HO ——— H      H ——— OH      HO ——— H
    CH₂OH         CH₂OH         CH₂OH         CH₂OH
    （Ⅰ）          （Ⅱ）          （Ⅲ）          （Ⅳ）
```

(1)（Ⅱ）和（Ⅲ）是否是对映体？　(2)（Ⅰ）和（Ⅳ）是否是对映体？

(3)（Ⅱ）和（Ⅳ）是否是对映体？　(4)（Ⅰ）和（Ⅱ）的沸点是否相同？

(5)（Ⅰ）和（Ⅲ）的沸点是否相同？

(6) 把这四种立体异构体等量混合，混合物有无旋光性？

7-8 开链化合物 A 和 B 的分子式都是 C₇H₁₄，它们都具有旋光性，且旋光方向相同，分别催化加氢后都得到 C，C 也有旋光性，试推测 A、B、C 的结构。

7-9 化合物 C₈H₁₂（A）具有光学活性，A 在 Pt 催化下加氢生成 C₈H₁₈（B），B 无光学活性。A 在部分毒化的钯催化剂催化下，小心加氢得到产物 C₈H₁₄（C），C 具有光学活性，试写出 A、B 和 C 的结构。

7-10 用 KMnO₄ 与顺丁-2-烯反应得到一个熔点为 32℃ 的邻二醇，而与反丁-2-烯反应得到熔点为 19℃ 的邻二醇。两个邻二醇都没有旋光性。将熔点为 19℃ 的邻二醇进行拆分，可以得到两个旋光度绝对值相同、方向相反的一对对映体。请问：

(1) 熔点为 19℃ 的及熔点为 32℃ 的邻二醇各是什么构型？

(2) 用 KMnO₄ 羟基化的立体化学是怎样的？

第8章

卤代烃

烃分子中的一个或者多个氢原子被卤素取代的化合物，称为卤代烃（halocarbon），常用 RX 表示（X＝F，Cl，Br，I）。卤代烃在自然界中分布少，多数通过人工合成得到，且几乎所有的卤代烃都有一定的毒性，如强力杀虫剂六六六。氟代烃的性质和制法比较特殊，本章重点讨论氯代烃、溴代烃和碘代烃。

典型卤代烃

8.1 卤代烃的结构、分类和命名

8.1.1 卤代烃的结构

卤代烃中，卤素的电负性高于碳原子，卤原子是吸电子基，C—X 键的成键电子对偏向卤原子，碳原子上带有部分正电荷（见图 8-1），容易受到试剂进攻。若卤原子与不饱和碳原子（sp^2 杂化碳）直接相连时（如氯乙烯和氯苯），卤原子上的非键电子对所在 p 轨道与不饱和体系的 p 轨道发生侧面重叠，形成 p-π 共轭体系。此时，卤原子一方面具有吸电子的诱导效应，另一方面，具有给电子的 p-π 共轭效应（见图 8-1）。

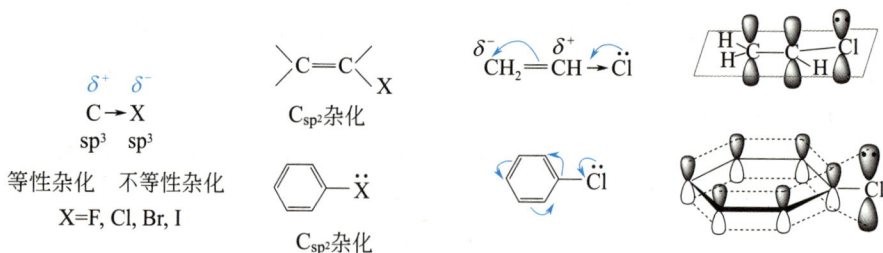

图 8-1 卤代烃的结构

卤代烃是极性分子。一些卤代烃 C—X 键的偶极矩、键长及键能数据如表 8-1 所示。

表 8-1 一些卤代烃 C—X 键的偶极矩、键长和键能

C—X 键	偶极矩/C·m	键长/nm	键能/(kJ/mol)
CH_3—F		0.142	456
CH_3—Cl	6.838×10^{-30}	0.178	351
CH_3—Br	6.772×10^{-30}	0.190	293
CH_3—I	6.371×10^{-30}	0.212	243
CH_2＝CH—Cl		0.172	377

8.1.2 卤代烃的分类

卤代烃主要有以下分类方法。

① 根据分子中所含卤素不同，分为氟代烃、氯代烃、溴代烃、碘代烃。

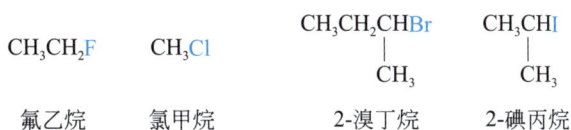

$$CH_3CH_2F \qquad CH_3Cl \qquad \underset{CH_3}{CH_3CH_2\overset{|}{C}HBr} \qquad \underset{CH_3}{CH_3\overset{|}{C}HI}$$

氟乙烷　　　氯甲烷　　　　　2-溴丁烷　　　　2-碘丙烷

② 根据分子中所含烃基的不同，分为饱和卤代烃、不饱和卤代烃及卤代芳烃等。

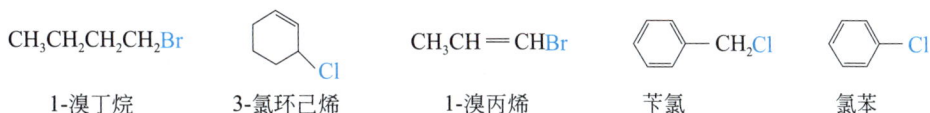

$$CH_3CH_2CH_2CH_2Br \qquad \qquad CH_3CH=CHBr$$

1-溴丁烷　　　3-氯环己烯　　　　1-溴丙烯　　　　苄氯　　　　氯苯

在不饱和卤代烃中，卤素与双键直接相连的卤代烃称为乙烯型卤代烃，如 3-氯环己烯，卤素与双键 α 碳原子直接相连的，称为烯丙型卤代烃。卤代芳烃与卤代烯类类似。

③ 根据卤代烃分子中与卤素直接相连碳原子的类型不同，分为伯卤代烃（1°卤代烃）、仲卤代烃（2°卤代烃）和叔卤代烃（3°卤代烃）。

$$CH_3CH_2CH_2CH_2Cl \qquad \underset{Cl}{CH_3\overset{|}{C}HCH_2CH_3} \qquad \underset{Cl}{\overset{CH_3}{\underset{|}{CH_3\overset{|}{C}CH_3}}}$$

氯丁烷　　　　　　2-氯丁烷　　　　　2-氯-2-甲基丙烷
1°(伯)卤代烃　　　2°(仲)卤代烃　　　3°(叔)卤代烃

④ 根据分子中所含卤素的数目，分为一卤代烃和多卤代烃。

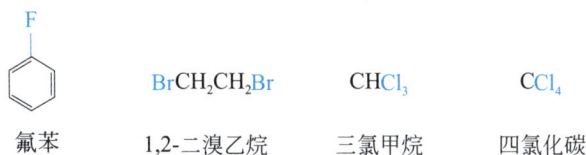

$$BrCH_2CH_2Br \qquad CHCl_3 \qquad CCl_4$$

氟苯　　　1,2-二溴乙烷　　　三氯甲烷　　　四氯化碳

8.1.3 卤代烃的命名

卤代烃的命名方法有普通命名法和系统命名法。普通命名法适用于结构比较简单的卤代烃，命名时，以相应的烃作为母体，称为"卤代某烃"或者"某基卤"。例如：

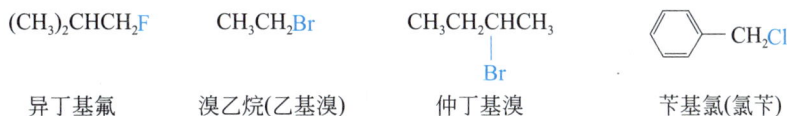

$$(CH_3)_2CHCH_2F \qquad CH_3CH_2Br \qquad \underset{Br}{CH_3CH_2\overset{|}{C}HCH_3}$$

异丁基氟　　　溴乙烷(乙基溴)　　　仲丁基溴　　　苄基氯(氯苄)

有些多卤代烃还可用俗名，如：$CHCl_3$（氯仿）、CHI_3（碘仿）。

复杂的卤代烃可用系统命名法，即以烃基为母体，卤原子为取代基。命名时，选择含有卤原子的最长碳链为主链，卤素和支链作为取代基；遵循最低系列原则和次序规则，将取代基依次写在母体名称前面。

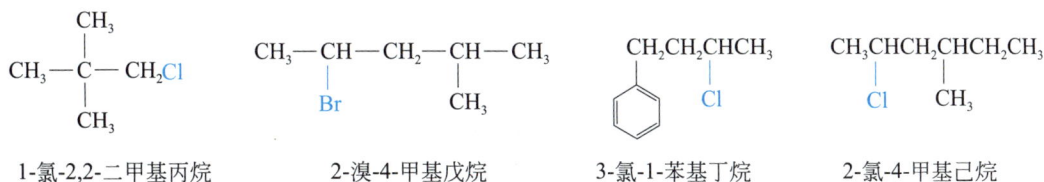

$$\underset{CH_3}{\overset{CH_3}{\underset{|}{CH_3-\overset{|}{C}-CH_2Cl}}} \qquad \underset{Br}{\overset{}{CH_3-\overset{|}{C}H-CH_2-\overset{|}{\underset{CH_3}{C}}H-CH_3}} \qquad \underset{Cl}{CH_2CH_2\overset{|}{C}HCH_3} \qquad \underset{Cl}{\overset{}{CH_3\overset{|}{C}HCH_2\overset{|}{\underset{CH_3}{C}}HCH_2CH_3}}$$

1-氯-2,2-二甲基丙烷　　2-溴-4-甲基戊烷　　3-氯-1-苯基丁烷　　2-氯-4-甲基己烷

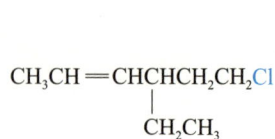

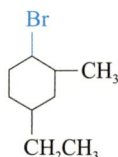

6-氯-4-乙基己-2-烯　　1-溴-4-乙基-2-甲基环己烷　　3-溴-4-氯己烷　　反-1-氯-4-甲基环己烷

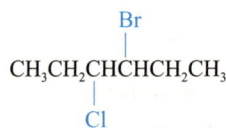

8.2　卤代烃的物理性质

室温下，除氯甲烷、氯乙烷及溴甲烷是气体外，其他常见的卤代烷都是液体。C_{15} 以上的卤代烷为固体。纯净的卤代烃是无色的，但碘代烷和溴代烷容易分解产生游离的碘和溴，久置后会逐渐变成红棕色。多数卤代烷具有不愉快的气味，其蒸气有毒，应避免吸入。

卤代烷的沸点随着分子量的增大而升高。由于卤代烃中的 C—X 键有极性，增大了分子间的作用力，它的沸点较相应的烷烃高。烃基相同而卤原子不同的卤代烃中，碘代烃的沸点最高，溴代烃、氯代烃、氟代烃依次降低。直链卤代烃的沸点高于含支链的异构体，支链越多，沸点越低。

除氟甲烷和氯甲烷外，绝大多数卤代烃不溶于水，能溶于醇、醚等有机溶剂。一氟代烃、一氯代烃相对密度小于 1，而一溴代烷、一碘代烷和多卤代烃相对密度都大于 1。一些卤代烃的物理常数见表 8-2。

表 8-2　一些卤代烃的物理常数

结构式	名称（中文）	熔点/℃	沸点/℃	相对密度 d_4^{20}
CH_3Cl	氯甲烷	−97	−24	0.9159
CH_3Br	溴甲烷	−94	4	1.6755
CH_3I	碘甲烷	−66	42	2.280
CH_3CH_2Cl	氯乙烷	−136	12	0.8980
CH_3CH_2Br	溴乙烷	−119	38	1.4604
CH_3CH_2I	碘乙烷	−108	73	1.9360
$CH_3CH_2CH_2Br$	1-溴丙烷	−110	71	1.3531
$(CH_3)_2CHBr$	2-溴丙烷	−90	60	1.310
CH_2Br_2	二溴甲烷	−52	99	2.491
$CHBr_3$	三溴甲烷	7.5	151	2.893
CBr_4	四溴化碳	90	190	3.421

分子中卤原子增多，可燃性降低，如 CCl_4 曾用作灭火剂，但它在高温时遇水分解产生剧毒的光气，现已不用。卤代烷在铜丝上燃烧时能产生绿色火焰，是鉴定卤素的简便方法。

8.3　卤代烃的化学性质

有机物中，与 sp^3 杂化碳原子键连的高电负性原子或基团可进行取代或消除反应。卤代烷中，碳原子上带有部分正电荷，容易受负离子或带有电子对的亲核试剂进攻，发生卤原子被取代的反应；它还可以从分子中去除卤化氢，发生消除反应。

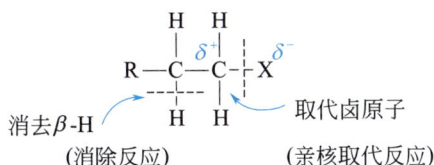

8.3.1 亲核取代反应

卤代烃分子中与卤素直接相连的碳带部分正电荷，易受带负电荷或孤对电子的亲核试剂进攻而发生卤原子被取代的反应。由亲核试剂（Nu^-）进攻分子中电子云密度较低的碳原子（常称为中心碳原子）而发生的取代反应称为亲核取代反应（S_N）。常见的 Nu^- 有：OH^-、OR^-、NC^-、NH_3、ONO_2^-、I^-、$RC\equiv C^-$ 等；被取代的 X^- 称为离去基团。

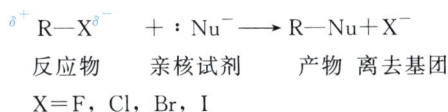

一般情况下，乙烯型卤代烃不能发生水解反应。烃基相同时，卤代烃的反应活性：$RI > RBr > RCl > RF$。卤代烃可以发生水解、醇解、氰解、氨解等反应。

（1）水解

卤代烃与碱的水溶液作用，则卤原子被—OH 取代，生成相对应的醇，称为水解（hydrolysis）。如：

若反应体系中没有加入碱作为催化剂，反应速率很慢，且为可逆反应。因此，常将卤代烃与 NaOH 或 KOH 的水溶液共热来进行水解。

（2）醇解

卤代烃与醇钠反应，可生成醚，称为醇解（alcoholysis），又称 Williamson 反应，这是制备混醚（R^1—O—R^2）的一个重要方法。例如：

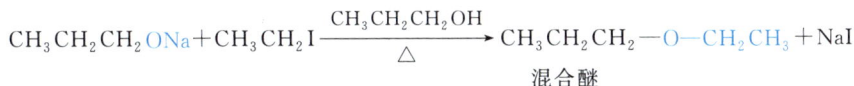

该反应用伯卤代烷效果最好，仲卤代烷效果较差，不能使用叔卤代烷。叔卤代烷在该条件下容易发生消除反应，生成烯烃。

（3）氰解

伯卤代烃与 NaCN 在乙醇-水溶液中回流，可得到腈，称为氰解（cyanolysis）。例如：

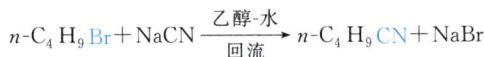

得到的腈可通过适当的反应转化为氨基、酰胺基及羧基等，产物比原卤代烃多一个碳原子，有机合成中常用于增长碳链。

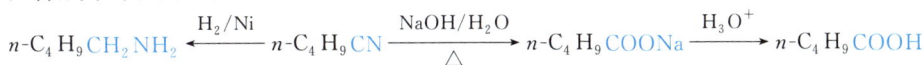

（4）氨解

氨分子中的氮原子带有孤对电子，具有较强的亲核性，与卤代烃反应生成伯胺，称氨解（ammonolysis）。例如：

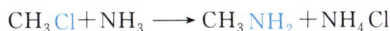

伯胺仍是一个亲核试剂，可继续与卤代烷反应，使氨基中的氢原子逐步被取代，生成仲胺、叔胺和季铵盐。

$$C_2H_5X + NH_3 \longrightarrow C_2H_5NH_2 + HX \ (\text{或} \ C_2H_5\overset{+}{N}H_3X^-)$$

$$\text{胺} \qquad\qquad\qquad \text{铵盐}$$

$$\xrightarrow[]{C_2H_5X} (C_2H_5)_2NH + HX[\text{或}(C_2H_5)_2\overset{+}{N}HX^-]$$

$$\xrightarrow[]{C_2H_5X} (C_2H_5)_3N + HX[\text{或}(C_2H_5)_3\overset{+}{N}X^-]$$

仲卤代烷在发生水解、醇解、氰解和氨解时，反应的产率通常较低，而叔卤代烷则主要发生消除反应而得到烯烃。

氧氟沙星是一种广谱抗菌的氟喹诺酮类合成药物，化学式为 $C_{18}H_{20}FN_3O_4$，对革兰阴性菌所致的呼吸道、咽喉、扁桃体、胆囊及胆管、中耳、鼻窦、泪囊、肠道等部位的急、慢性感染具有较好的疗效。氧氟沙星的工业生产合成路线复杂，其中最后几步反应如下所示，第 1、2 步分别为卤代烃与醇（HO^-）、胺（R_2NH）的亲核取代反应，最后在碱性条件下水解，制备得到氧氟沙星。

(5) 与硝酸银的乙醇溶液反应

卤代烷与硝酸银的乙醇溶液反应，生成硝酸烷基酯和卤化银沉淀。不同结构的卤代烃反应活性顺序为：叔卤代烷＞仲卤代烷＞伯卤代烷。乙烯型卤代烃不发生该反应，烯丙型卤代烃反应速率与叔卤代烷相近，在室温下即可进行。因而，该反应可用于鉴别不同结构的卤代烃。

$$RX + AgONO_2 \xrightarrow{\text{醇溶液}} RONO_2 + AgX\downarrow$$

不同结构的卤代烃卤原子活性不同，产生 AgX 的速率不同，现象见表 8-3。

表 8-3　不同结构的卤代烃与硝酸银的反应现象

卤代烃类型	叔卤代烃(烯丙型) $RCH{=}CHCH_2{-}X$ $C_6H_5{-}CH_2{-}Cl$	仲卤代烃 $C_6H_5{-}CH_2{-}CH(R){-}Cl$	伯卤代烃 $C_6H_5{-}CH_2{-}CH_2{-}Cl$	$CH_2{=}CH{-}X$ (乙烯型) $C_6H_5{-}Cl$
用硝酸银的 乙醇溶液	室温迅速生成 $AgX\downarrow$ 沉淀	放置 5~10 min 后 出现沉淀	加热后出现沉淀	加热也不反应

(6) 与碘化钠的丙酮溶液反应

氯代烷和溴代烷可以与碘化钠的丙酮溶液反应，生成碘代烷。

$$n\text{-}C_4H_9X + NaI \xrightarrow{\text{丙酮}} n\text{-}C_4H_9I + NaX\downarrow$$

$$(X = Cl, Br)$$

$NaBr$ 与 $NaCl$ 不溶于丙酮，而 NaI 却溶于丙酮，从而有利于反应的进行。

碘的电负性较小，但是原子半径大，很容易发生极化，因此，碘离子是很好的亲核试剂，同时，还是很好的离去基团。但相对于氯代烃和溴代烃，碘代烃的价格要高得多，所以在卤代烃或溴代烃的亲核取代反应中，经常加入少量的碘化钾（I^-）作催化剂用，以加快反应速率。

思考题 8-1　（1）如何用化学方法区分氯丙烷、溴丙烷和碘丙烷？

（2）写出乙炔单钠盐与烯丙基溴反应的产物。

8.3.2　消除反应

卤代烷在碱（如 NaOH 或 KOH）的醇溶液中加热，可发生消除反应（elimination reaction，E）。卤素 X 和 β-H 同时消去，生成烯烃，称为 β-消除反应。β-消除反应是制备烯烃的一种方法。如：

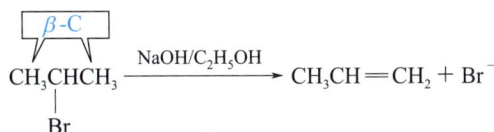

$$CH_3\underset{\underset{Br}{|}}{C}HCH_3 \xrightarrow{NaOH/C_2H_5OH} CH_3CH=CH_2 + Br^-$$

（β-C 标注在 CH_3CHCH_3 的左侧甲基上）

不同结构的卤代烷进行消除反应的难易程度不同。叔卤代烷最易脱去卤化氢，仲卤代烷次之，伯卤代烷较难。烃基相同卤素不同时，卤代烃消除反应活性为：RI＞RBr＞RCl＞RF。

当卤代烷结构中有多种不同的 β-H 可供消除时，可得两种不同的产物。

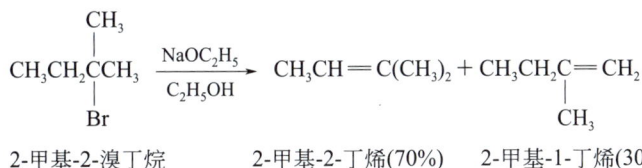

$$CH_3CH_2\underset{\underset{Br}{|}}{\overset{\overset{CH_3}{|}}{C}}CH_3 \xrightarrow[C_2H_5OH]{NaOC_2H_5} CH_3CH=C(CH_3)_2 + CH_3CH_2\underset{\underset{CH_3}{|}}{C}=CH_2$$

2-甲基-2-溴丁烷　　　2-甲基-2-丁烯(70%)　　2-甲基-1-丁烯(30%)

实验证明，主要消除含氢较少的 β-碳原子上的氢原子，生成双键碳原子上连接较多烃基的烯烃，该经验规律称为札依采夫（Saytzeff rule）规则。卤代烯烃脱卤化氢时，消除方向是得到稳定的共轭二烯。

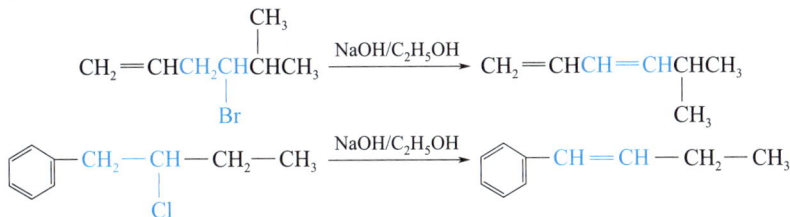

$$CH_2=CHCH_2CH_2\underset{\underset{Br}{|}}{\overset{\overset{CH_3}{|}}{C}}HCH_3 \xrightarrow{NaOH/C_2H_5OH} CH_2=CHCH=CH\underset{\underset{CH_3}{|}}{C}HCH_3$$

$$\text{（苯基）}CH_2-\underset{\underset{Cl}{|}}{C}H-CH_2-CH_3 \xrightarrow{NaOH/C_2H_5OH} \text{（苯基）}CH=CH-CH_2-CH_3$$

乙烯型卤代烃脱卤化氢较困难，用更强的碱（如 $NaNH_2$）效果较好。

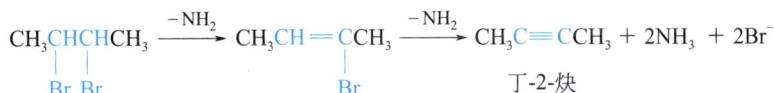

$$CH_3\underset{\underset{Br}{|}}{C}H\underset{\underset{Br}{|}}{C}HCH_3 \xrightarrow{-NH_2} CH_3CH=\underset{\underset{Br}{|}}{C}CH_3 \xrightarrow{-NH_2} CH_3C\equiv CCH_3 + 2NH_3 + 2Br^-$$

丁-2-炔

大多数情况下，卤代烷的消除反应与亲核取代反应是同时进行的。究竟哪一个反应占优势，与卤代烃的结构、试剂的浓度与强度及反应条件有关。

邻二卤代烃用 Zn 处理，可得烯烃。该反应可用于保护双键。

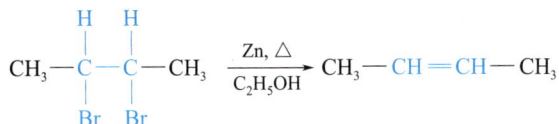

$$CH_3-\underset{\underset{Br}{|}}{\overset{\overset{H}{|}}{C}}-\underset{\underset{Br}{|}}{\overset{\overset{H}{|}}{C}}-CH_3 \xrightarrow[C_2H_5OH]{Zn,\triangle} CH_3-CH=CH-CH_3$$

思考题 8-2 （1）1-苯基-2-氯丁烷在氢氧化钠的醇溶液中加热，产物是什么？写出反应式。

（2）1,2-二溴丙烷和2,3-二溴丁烷在氢氧化钠溶液中加热，产物各是什么？

8.3.3 与金属反应

卤代烃与某些活泼金属（如 Na、Mg、Li）反应，生成分子中含有碳-金属键的一类化合物，称为金属有机化合物。绝大多数金属有机化合物的化学性质非常活泼。

（1）与金属镁反应

卤代烃和金属镁在无水乙醚中反应，生成烃基卤化镁（RMgX），又称格利雅试剂，简称格氏试剂。

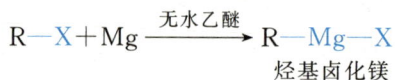

$$R—X + Mg \xrightarrow{\text{无水乙醚}} R—Mg—X$$
$$\text{烃基卤化镁}$$

制备格氏试剂的卤代烃反应活性为：碘代烷＞溴代烷＞氯代烷。与卤原子连接的烃基不同，反应活性也不同。卤代烷以伯卤代烷为宜，叔卤代烷主要发生消除反应。烯丙型和苄型卤代烃需在较低温度（约0℃）下进行，否则容易发生副反应；不活泼的乙烯型卤代烃或卤代苯则需在较高温度下、使用四氢呋喃（THF）为溶剂，可顺利得到产物。如：

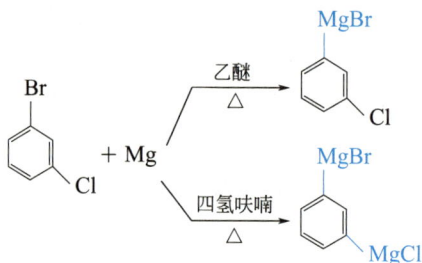

格利雅与格氏试剂

溶剂无水乙醚可与格氏试剂形成配合物而使之溶于乙醚中。

格氏试剂非常活泼，很容易与空气中的氧、二氧化碳及水蒸气反应，在制备和使用格氏试剂时必须采用无水无氧反应条件。制备的格氏试剂不需要分离、纯化，可直接进行下一步反应；利用 RMgX 进行合成的过程中要注意避免使用含活泼氢的化合物，否则，格氏试剂将被分解，生成烃。如：

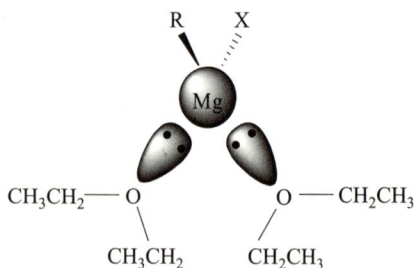

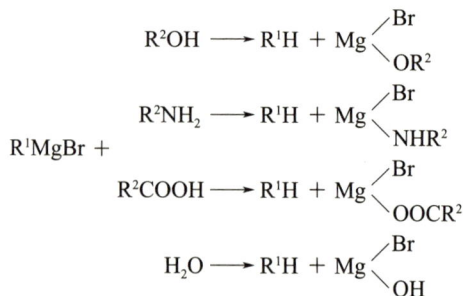

格氏试剂与含活泼氢化合物的反应是定量的，在有机分析中，常用一定量的甲基碘化镁（CH_3MgI）和一定量的含活泼氢的化合物反应，从生成甲烷的体积计算出活泼氢的含量，此法称为活泼氢测定法。

格氏试剂与具有炔氢的炔烃反应，可得到炔基格氏试剂。

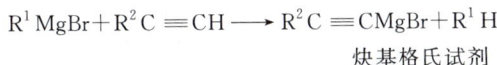

$$R^1MgBr + R^2C\equiv CH \longrightarrow R^2C\equiv CMgBr + R^1H$$

炔基格氏试剂

格氏试剂结构中有一个强极性的 C—Mg 键，碳原子带部分负电荷，镁带部分正电荷，因此，格氏试剂是一个亲核试剂，可与卤代烃等发生亲核取代反应，得到增长碳链的产物。

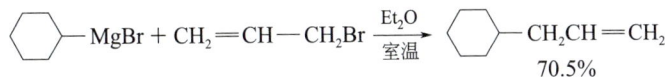

$$\text{〈〉—MgBr} + CH_2=CH-CH_2Br \xrightarrow[\text{室温}]{Et_2O} \text{〈〉—CH}_2CH=CH_2$$
70.5%

格氏试剂与二氧化碳反应，产物经水解可得羧酸，该反应可用于合成比卤代烃多一个碳原子的羧酸。

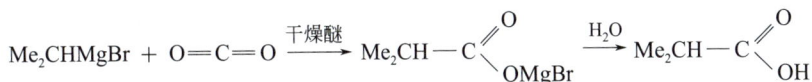

$$Me_2CHMgBr + O=C=O \xrightarrow{\text{干燥醚}} Me_2CH-C\overset{O}{\underset{OMgBr}{}} \xrightarrow{H_2O} Me_2CH-C\overset{O}{\underset{OH}{}}$$

格氏试剂在有机合成中应用广泛，它的发明人格利雅为此获得 1912 年诺贝尔化学奖。

(2) 与金属钠反应

卤代烷和金属钠发生反应，生成有机钠化合物，该类化合物较活泼，能继续与卤代烷反应，生成碳链增长的烷烃，该反应称为武兹（Wurtz）反应。

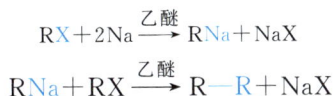

$$RX + 2Na \xrightarrow{\text{乙醚}} RNa + NaX$$

$$RNa + RX \xrightarrow{\text{乙醚}} R-R + NaX$$

一般反应物为伯卤代烷，合成碳原子数比反应物碳原子数多一倍的烷烃，产率较高。

思考题 8-3 （1）烯丙型和苄型卤代烃很活泼，制备格氏试剂时却需要在低温（约 0℃）下进行，试分析可能的原因。

（2）如何用丙炔制备丁-2-炔酸？

(3) 还原反应

卤代烷可被还原剂如 Zn/HCl、H_2/Pd、Na/NH_3（液氨）及 $LiAlH_4$ 等还原，生成烷烃。

$$i\text{-}C_4H_9Br \xrightarrow{Zn+HCl} i\text{-}C_4H_{10}$$

8.4 卤代烃的亲核取代反应机理

在研究卤代烷水解反应速率与反应物浓度之间关系时发现，某些卤代烷如叔丁基卤的水解反应速率仅与卤代烷的浓度有关，在反应动力学上是一级反应，而某些卤代烷如伯卤代烷的水解反应速率不仅与卤代烷的浓度有关，还与亲核试剂（如 OH^-）的浓度有关，在动力学上是二级反应。显然，它们有不同的反应机理。下面，以一卤代烷的水解为例，说明卤代烃进行亲核取代反应的历程。

8.4.1 双分子亲核取代（S_N2）反应

实验表明：伯卤代烃在碱性溶液中水解，反应速率与卤代烃和碱（OH^-）的浓度都有关，在动力学上是二级反应，称为双分子亲核取代反应，用 S_N2 表示。如溴甲烷 CH_3Br 的碱性水解：

$$CH_3Br + OH^- \xrightarrow{H_2O} CH_3OH + Br^-$$

$$v = k[CH_3Br][OH^-]$$

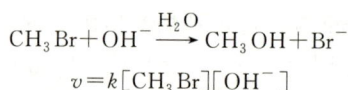

(1) S_N2 反应机理

S_N2 反应是一步完成的。

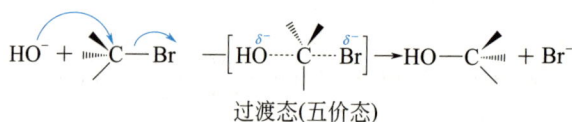

$$HO^- + \overset{}{C}\!-\!Br \longrightarrow \left[\overset{\delta^-}{HO} \cdots \overset{}{C} \cdots \overset{\delta^-}{Br} \right] \longrightarrow HO\!-\!\overset{}{C} + Br^-$$

过渡态(五价态)

亲核试剂 OH^- 从反应物离去基团（Br^-）背面进攻中心碳原子。随着 OH^- 的靠近，O—C 键部分形成，C—Br 键则慢慢伸长变弱（即新键的形成与旧键的断裂同时进行）。此时，中心碳原子上的三个氢由于受 OH^- 进攻而往溴的一边偏转。当这三个碳-氢键处于同一平面，且 OH^-、溴和中心碳原子处于垂直该平面的一条直线上时（中心碳原子为五价态），即达到过渡态。随后，OH^- 与中心碳原子的结合逐渐增强，溴带着一对电子逐渐远离，最终得到取代产物。

(2) S_N2 反应过程中的能量变化

溴甲烷水解的 S_N2 反应过程的能量变化见图 8-2。

图 8-2 显示，反应物吸收能量，通过一个中心碳原子为五价态的过渡态转化为产物，没有任何中间体的产生，属于一步反应。

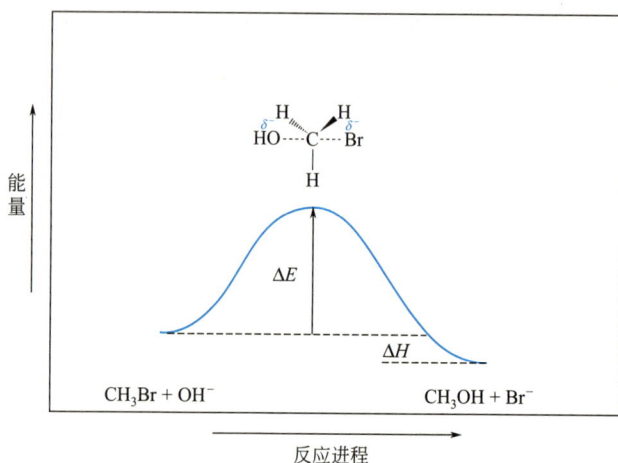

图 8-2　溴甲烷水解的 S_N2 反应过程能量变化图

(3) S_N2 反应中的立体化学

S_N2 反应中，亲核试剂从背面进攻中心碳原子，过渡态时亲核试剂与中心碳原子及离去基团处于一条直线上，中心碳原子上其余的三个键由伞形转为平面。随着新键的形成和旧键的断裂，中心碳原子上三个键由平面向另一边偏转，这个过程就像雨伞被大风吹翻过去，产物醇与反应物卤代烃的构型相关，称为瓦尔登转化（Walden inversion）。

中心碳原子'C　　　　过渡态(五价态)　　　构型翻转

中心碳原子*C　　　　构型翻转

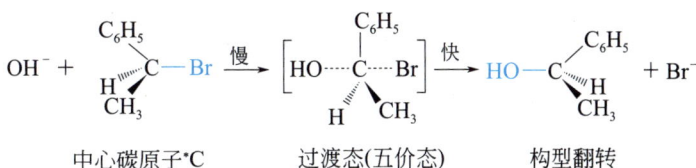

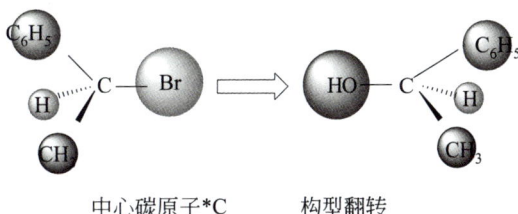

如：（−）-2-溴辛烷在碱性水溶液中水解得辛-2-醇。经测定，产物辛-2-醇的比旋光度为 +9.9，为（＋）-辛-2-醇，它是（−）-辛-2-醇的对映体。可见，水解反应后，手性中心碳原子的构型已发生翻转。因此，构型翻转往往可看作是 S_N2 反应的标志。

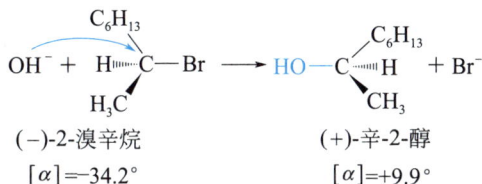

（−）-2-溴辛烷　　　　　　　（＋）-辛-2-醇
$[\alpha]=-34.2°$　　　　　　　$[\alpha]=+9.9°$

综上所述，S_N2 反应的特点是：反应速率不仅与反应底物浓度有关，还与亲核试剂浓度有关；反应中新键的形成和旧键的断裂同步进行；反应伴随着 Walden 转化，构型发生翻转。

8.4.2　单分子亲核取代（S_N1）反应

实验表明，叔丁基氯在碱性条件下水解，水解速率仅与卤代烷的浓度有关，与碱的浓度（OH^-）无关，在动力学上是一级反应，称为单分子亲核取代反应，用 S_N1 表示。

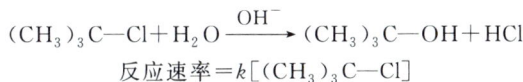

$$(CH_3)_3C-Cl + H_2O \xrightarrow{OH^-} (CH_3)_3C-OH + HCl$$
$$反应速率 = k[(CH_3)_3C-Cl]$$

(1) S_N1 反应机理

叔丁基氯的水解分两步进行。

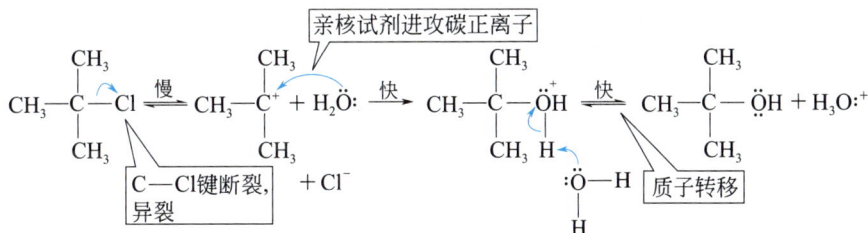

第一步，C—Cl 键先断裂生成碳正离子，需要经历一个 C—Cl 键即将断裂但未断的能量较高的过渡态，然后解离成叔丁基碳正离子和氯负离子，这一步是慢反应。

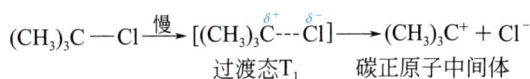

过渡态T_1　　　碳正原子中间体

第二步，叔丁基碳正离子与亲核试剂结合，生成叔丁醇，这一步反应速率很快。

$$(CH_3)_3C^+ + H_2\overset{..}{O} \xrightarrow{\text{快}} [(CH_3)_3\overset{\delta^+}{C} \cdots \overset{\delta^-}{O}H] \xrightarrow[\text{快}]{-H^+} (CH_3)_3C—OH$$

过渡态T₂

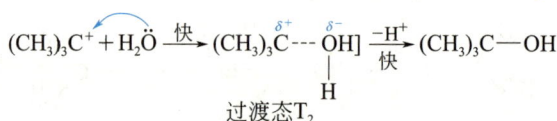

S_N1 反应的特征是分两步进行，并有活泼中间体碳正离子的生成。在这两步反应中，C—Cl 键解离，生成碳正离子的速率较慢，是决定整个反应速率的一步。在决速步骤中，只有卤代烷参与，所以，水解反应的速率只跟卤代烷的浓度有关系，与亲核试剂的浓度无关。

(2) S_N1 反应过程中的能量变化

叔丁基氯按照 S_N1 反应历程进行水解过程的能量变化如图 8-3 所示。

在能量曲线图中，$(CH_3)_3C—Cl$ 和 $(CH_3)_3C—OH$ 分别对应的是两步反应的过渡态，它们都位于能量曲线的最高点。C—Cl 键解离，需要吸收能量，翻越活化能 ΔE_1 能垒，才能生成叔丁基碳正离子；同理，碳正离子与亲核试剂要形成 C—O 新键，需要吸收能量，翻越活化能 ΔE_2，才能形成产物。由于反应活化能 $\Delta E_1 > \Delta E_2$，故第一步反应速率较低，是整个反应的速率决定步骤。

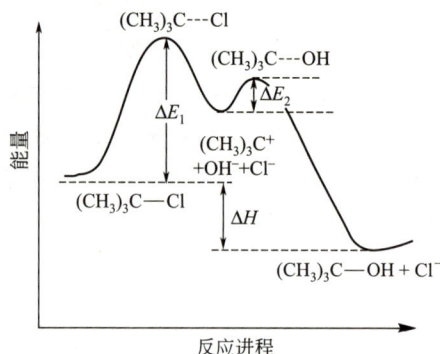

图 8-3　叔丁基氯水解的 S_N1
反应历程能量变化图

(3) S_N1 反应中的立体化学

S_N1 反应过程中，中心碳原子由原来的 sp^3 正四面体构型转化为具有平面构型的 sp^2 杂化，生成碳正离子中间体，如叔丁基碳正离子：

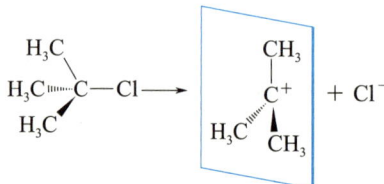

碳正离子是平面构型，空 p 轨道与平面垂直，亲核试剂可从平面的左右两面进攻碳正离子，且进攻机会均等，产物为等量的"构型翻转"和"构型保持"的两种化合物，即外消旋体。因此，如果卤代烃的中心碳原子是手性碳，该卤代烃发生 S_N1 反应时，产物是外消旋体，没有旋光性。但多数情况下，构型翻转和构型保持的比例不尽相同，反应产物有不同程度的旋光性。

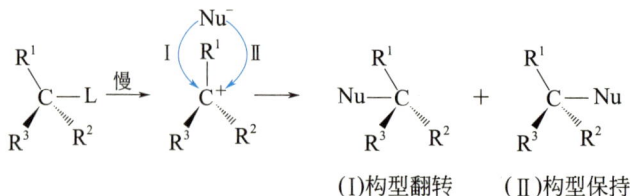

（I）构型翻转　　（II）构型保持

S_N1 反应的中间体是碳正离子，当该碳正离子可能重排成一个更稳定的新的碳正离子时，就会出现重排产物。例如：

$$H_3C-\overset{\overset{\displaystyle CH_2CH_3}{|}}{\underset{\underset{\displaystyle CH_3}{|}}{C}}-CH_2Br \xrightarrow{C_2H_5O^-} CH_3-\overset{\overset{\displaystyle CH_2CH_3}{|}}{\underset{\underset{\displaystyle CH_3}{|}}{C}}-CH_2OC_2H_5 \quad + \quad CH_3-\overset{\overset{\displaystyle CH_2CH_3}{|}}{\underset{\underset{\displaystyle OC_2H_5}{|}}{C}}-CH_2-CH_3 \quad + \quad CH_3-\overset{\overset{\displaystyle CH_2CH_3}{|}}{C}=CH-CH_3$$

重排产物

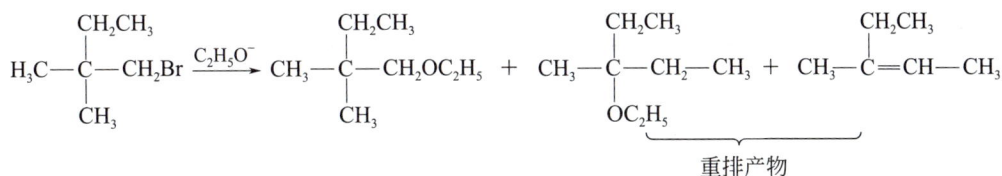

反应过程如下：

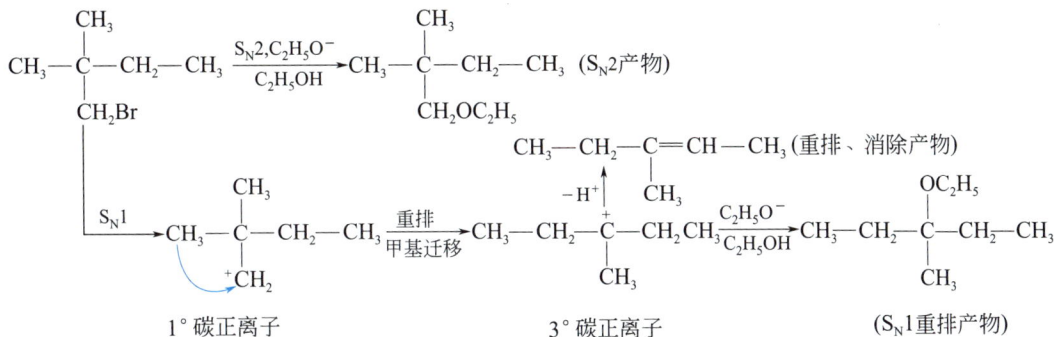

$$CH_3-\overset{\overset{\displaystyle CH_3}{|}}{\underset{\underset{\displaystyle CH_2Br}{|}}{C}}-CH_2-CH_3 \xrightarrow[C_2H_5OH]{S_N2,C_2H_5O^-} CH_3-\overset{\overset{\displaystyle CH_3}{|}}{\underset{\underset{\displaystyle CH_2OC_2H_5}{|}}{C}}-CH_2-CH_3 \quad (S_N2产物)$$

$$\xrightarrow{S_N1} CH_3-\overset{\overset{\displaystyle CH_3}{|}}{\underset{\underset{\displaystyle \overset{+}{C}H_2}{|}}{C}}-CH_2-CH_3 \xrightarrow[\text{甲基迁移}]{\text{重排}} CH_3-CH_2-\overset{\overset{\displaystyle +}{\underset{\underset{\displaystyle CH_3}{|}}{C}}}-CH_2CH_3 \xrightarrow[C_2H_5OH]{C_2H_5O^-} CH_3-CH_2-\overset{\overset{\displaystyle OC_2H_5}{|}}{\underset{\underset{\displaystyle CH_3}{|}}{C}}-CH_2-CH_3$$

$$\xrightarrow{-H^+} CH_3-CH_2-C=CH-CH_3 \text{(重排、消除产物)}$$

1°碳正离子　　　　　　　3°碳正离子　　　　　　(S_N1重排产物)

思考题 8-4　想一想 2-溴-3,3-二甲基丁烷的醇解反应容易按 S_N1 机理还是 S_N2 机理进行。

8.4.3　亲核取代反应影响因素

饱和碳原子上的亲核取代反应可按 S_N1 或 S_N2 机理进行。那么，不同结构的卤代烃进行亲核取代反应时，究竟按 S_N1 还是 S_N2 历程进行？反应活性如何？下面从反应物的结构、亲核试剂和溶剂的性质等方面对影响亲核取代反应机理及活性的因素进行讨论。

（1）烃基结构的影响

卤代烃分子中的烃基结构主要通过电子效应和空间效应影响亲核取代反应的活性。烃基结构不同，卤素原子相同的卤代烃发生 S_N1 和 S_N2 反应时，它们的反应活性是不同的。一般来说，烃基的电子效应对 S_N1 反应的影响更大，烃基的空间位阻效应对 S_N2 反应的影响更明显。

① 烃基结构对 S_N2 反应的影响。在 S_N2 反应中，卤代烃的 α-C 上所连有的取代基数目多、体积大，将阻碍亲核试剂从离去基团的背面进攻（见图 8-4），又造成五价态的过渡态中各基团空间排布拥挤，过渡态能量升高，稳定性降低，反应速率明显下降。

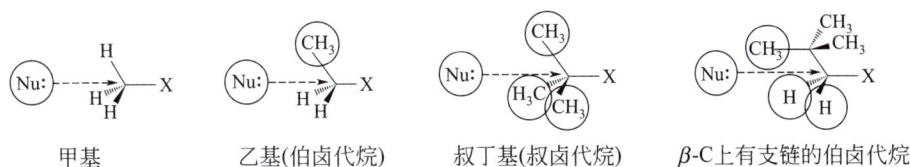

甲基　　　　乙基(伯卤代烷)　　　叔丁基(叔卤代烷)　　　β-C上有支链的伯卤代烷

图 8-4　S_N2 反应中卤代烃结构对亲核试剂进攻的影响

因此，不同卤代烃的 S_N2 反应相对活性为：$CH_3X > RCH_2X > R_2CHX > R_3CX$。

若 β-C 上的取代基太多，也会明显降低卤代烃 S_N2 反应活性。如：新戊烷虽然是伯卤代烷，但它的水解反应按 S_N2 反应历程的活性很低。一些溴代烷按 S_N2 历程的相对反应速率见表 8-4。

表 8-4　一些溴代烷按 S_N2 历程的相对反应速率

溴代烷	相对反应速率	溴代烷	相对反应速率
CH_3Br	150	$CH_3CH_2CH_2Br$	0.28
CH_3CH_2Br	1	$(CH_3)_2CHCH_2Br$	0.03
$(CH_3)_2CHBr$	0.01	$(CH_3)_3CCH_2Br$	0.000004（极小）
$(CH_3)_3CBr$	0.001		

② 烃基结构对 S_N1 反应的影响。在 S_N1 反应中，C—X 键断裂生成碳正离子是反应的决定步骤，卤代烃进行 S_N1 反应活性的高低取决于碳正离子形成的难易程度。因此，卤代烃按 S_N1 反应的活性与其生成的碳正离子的稳定性顺序一致：

$$R_3CX > R_2CHX > RCH_2X > CH_3X$$

例如，四种溴代烷在甲酸水溶液中水解反应的 S_N1 相对速率：

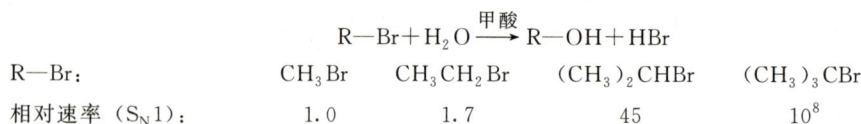

$$R-Br + H_2O \xrightarrow{\text{甲酸}} R-OH + HBr$$

R—Br：　　　　　　CH_3Br　　　CH_3CH_2Br　　　$(CH_3)_2CHBr$　　　$(CH_3)_3CBr$

相对速率（S_N1）：　　　1.0　　　　　1.7　　　　　45　　　　　10^8

烯丙基碳正离子、苄基碳正离子中存在 p-π 共轭，正电荷得到分散，体系较稳定，所以非常有利于进行 S_N1 反应。

总之，一般而言，伯卤代烷几乎以 S_N2 机理进行亲核取代反应，而叔卤代烷以 S_N1 机理进行。仲卤代烷则两种机理都有可能，主要取决于反应条件，如亲核试剂及溶剂的性质。

如果卤代烃的空间位阻较大，又不易形成碳正离子时，则不易发生亲核取代反应。如桥环化合物的桥头卤代物，尽管是叔卤代物，不论是 S_N1 或 S_N2 历程，进行亲核取代反应都十分困难。

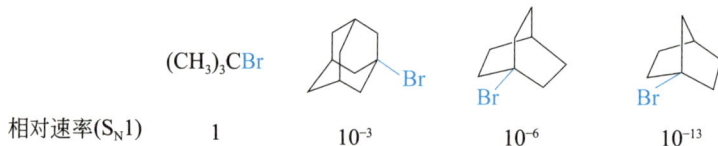

$(CH_3)_3CBr$

相对速率(S_N1)　　　1　　　　　10^{-3}　　　　　10^{-6}　　　　　10^{-13}

(2) 离去基团（L）的影响

在亲核取代反应中，离去基团是带着一对电子离开中心碳原子的。因此，无论进行 S_N1 还是 S_N2 反应，决定反应速率的一步都含有 C—L 键的断裂。离去基团的离去倾向大，对两种反应历程都有利。具有好的离去基团的卤代烃倾向于 S_N1 反应机理，具有较差的离去基团的卤代烃倾向于 S_N2 机理。

对卤代烃而言，C—X 键的解离能越低，离去基团碱性越弱，则基团越容易离去。卤离子的碱性大小次序为 $F^- > Cl^- > Br^- > I^-$，卤离子的离去倾向则为 $I^- > Br^- > Cl^- > F^-$。所以，卤代烃的反应活性为：

$$RI > RBr > RCl > RF$$

碘元素原子体积大，核对外层电子控制力差，I^- 可极化性大，亲核性强；同时，C—I 键的键能低，I^- 的碱性弱。因此，I^- 既是好的亲核试剂，又是好的离去基团。在用氯代烃进行亲核取代反应时，若氯代烃的反应活性不足，常加入催化剂 KI 或 NaI，反应即可顺利进行。

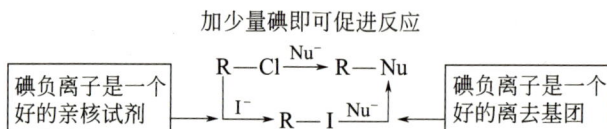

OH^-、OR^-、NH_2^- 等基团的碱性很强，醇、醚及胺等很难被其他基团取代。醇若要进行亲核取代反应，需在酸性条件下，将羟基（—OH）转化为质子化羟基（$—H_2O^+$），$—H_2O^+$ 可以稳定的 H_2O 形式脱去，亲核取代反应得以进行。

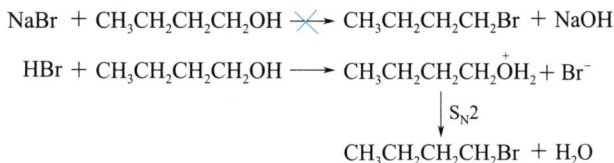

（3）亲核试剂的影响

试剂的亲核性指它与带正电荷碳原子结合的能力。在 S_N1 反应中，反应速率取决于 R—X 的解离，与亲核试剂无关。因此，亲核试剂的性质对 S_N1 反应无明显影响。在 S_N2 反应中，亲核试剂参与过渡态的形成，亲核试剂的浓度高、亲核性强，S_N2 反应容易发生。试剂的亲核性主要与下面几个因素有关。

① 试剂所带电荷的性质。带负电荷的试剂比相应呈中性的试剂亲核性更强。如：亲核性 $OH^->H_2O$、$RO^->ROH$ 等。

② 试剂的碱性。试剂的碱性指它与质子（或其他路易斯酸）结合的能力。试剂的亲核性和碱性都表现在它提供电子对与带正电荷质点（带正电荷碳原子或质子）结合的能力上。多数情况下，试剂的亲核性与碱性是一致的，即试剂的碱性越强，其亲核性也越强。如同周期元素组成的负离子试剂，亲核试剂的亲核性强弱与碱性顺序一致：

中心原子相同时，试剂的亲核性与碱性顺序一致：

在质子性溶剂中，中心原子不同，但处于周期表同一族时，亲核性和碱性强弱顺序相反，如卤素负离子的亲核性和碱性顺序不一致。碱性大小顺序为 $F^->Cl^->Br^->I^-$，亲核性大小顺序为 $I^->Br^->Cl^->F^-$。又如，RO^- 的碱性比 RS^- 强，R_3N 的碱性比 R_3P 强，但 RS^- 的亲核性比 RO^- 强，R_3P 的亲核性也比 R_3N 强。

因此，在卤代烃的亲核取代反应中，亲核性强的试剂倾向于进行 S_N2 机理，亲核性弱的试剂倾向于进行 S_N1 机理。如，新戊基溴与 C_2H_5ONa 反应是 S_N2 机理，而与 C_2H_5OH 反应则是 S_N1 机理。

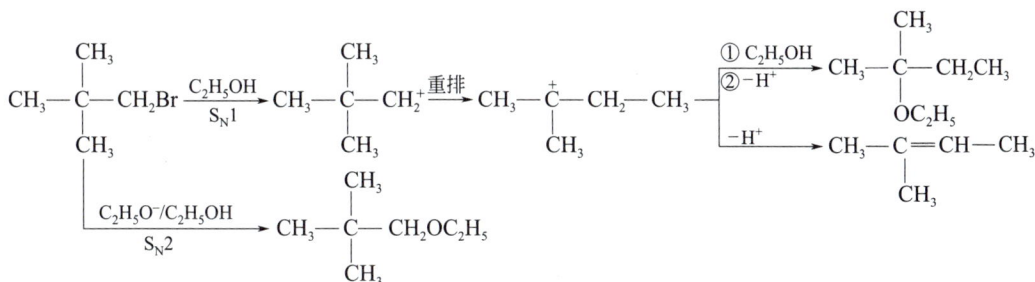

（4）溶剂的影响

溶剂与溶液中的分子或离子（反应物或产物）之间的相互作用称为溶剂化。如水对溶液中的正离子和负离子的溶剂化（见图 8-5）。

处于溶液中的试剂分子或离子被溶剂分子包围后，试剂的反应活性受到影响，进攻反应中心的能力下降。

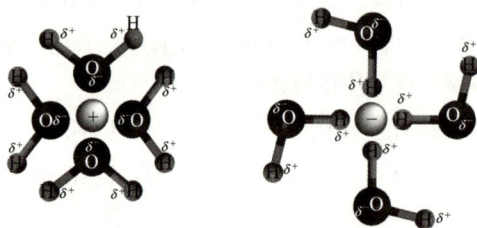

(a) 水对正离子的溶剂化　　　　(b) 水对负离子的溶剂化

图 8-5　水对溶液中的正离子和负离子的溶剂化

在 S_N2 反应中，亲核试剂的电荷比较集中，形成过渡态时，负电荷得到分散，即过渡态的极性不及亲核试剂。

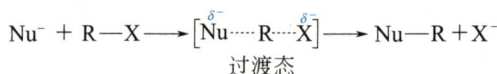

$$Nu^- + R—X \longrightarrow [\overset{\delta^-}{Nu}\cdots R\cdots\overset{\delta^-}{X}] \longrightarrow Nu—R + X^-$$
$$过渡态$$

增强溶剂的极性，反而会造成亲核试剂发生溶剂化，对 S_N2 过渡态的形成不利。因此，在 S_N2 反应中，常用丙酮、N,N-二甲基甲酰胺（DMF）和二甲亚砜（DMSO）等这些能与正离子但不与亲核试剂发生溶剂化的非质子性极性溶剂作为反应溶剂。

在 S_N1 反应中，过渡态的极性大于反应物，极性溶剂有利于卤代烷的解离，得到稳定过渡态，有利于反应的进行。因此，增大溶剂的极性对 S_N1 历程有利。

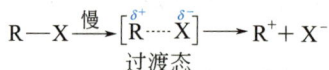

$$R—X \xrightarrow{慢} [\overset{\delta^+}{R}\cdots\overset{\delta^-}{X}] \longrightarrow R^+ + X^-$$
$$过渡态$$

使用不同溶剂不仅可影响卤代烃进行 S_N1 和 S_N2 反应的活性，还可能影响反应机理。如在强极性的甲酸中，伯卤代烷也按 S_N1 进行；在极性较小的丙酮中，叔卤代烃也可按 S_N2 进行。苄氯的水解反应，在水中按 S_N1 历程进行，在丙酮中则按 S_N2 历程进行。

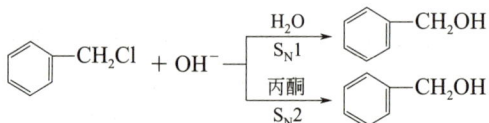

思考题 8-5　查阅文献，了解质子性溶剂和非质子性溶剂的特点，举出它们对卤代烃亲核取代反应活性和反应机理影响的实例。

8.5　消除反应

消除反应和亲核取代反应一样，也有单分子（E1）和双分子（E2）消除两种历程。

8.5.1　单分子消除（E1）反应

E1 反应与 S_N1 反应有相似的历程，反应分两步进行。第一步，离去基团先带着一对电子离开中心碳原子，生成碳正离子，这一步是慢反应，是反应的决定速率步骤；第二步，碱性试剂从碳正离子的 β 碳原子拔取一个质子，生成烯烃。由于决定反应速率的步骤中只涉及卤代烃一个分子，故称为单分子消除反应，用 E1 表示。

反应式（顶部）：

$$CH_3-\underset{Br}{\underset{|}{\overset{CH_3}{\overset{|}{C}}}}-CH_3 \xrightarrow{\text{慢}} CH_2-\overset{CH_3}{\overset{|}{\overset{+}{C}}}-CH_3 \xrightarrow{\text{快}} CH_2=\overset{CH_3}{\overset{|}{C}}-CH_3 + HBr$$

C—Br键解离,形成碳正离子中间体

碱从 β-碳原子上去除一个质子

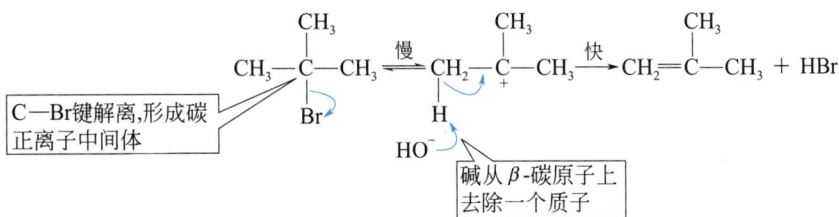

E1 与 S_N1 反应中间体都是碳正离子，亲核取代反应和消除反应是相互竞争、伴随发生的。

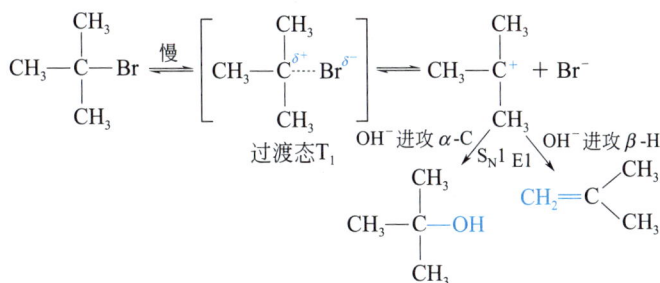

$$CH_3-\overset{CH_3}{\underset{CH_3}{\overset{|}{\underset{|}{C}}}}-Br \xrightarrow{\text{慢}} \left[CH_3-\overset{CH_3}{\underset{CH_3}{\overset{|}{\underset{|}{C}}}}\cdots Br^{\delta-}\right] \rightleftharpoons CH_3-\overset{CH_3}{\overset{|}{\overset{+}{C}}}-CH_3 + Br^-$$

过渡态 T_1 ／ OH^- 进攻 α-C ／ S_N1 ／ E1 ／ OH^- 进攻 β-H

$$CH_3-\underset{CH_3}{\underset{|}{\overset{CH_3}{\overset{|}{C}}}}-OH \qquad CH_2=\overset{CH_3}{\overset{|}{C}}-CH_3$$

此外，E1 反应中间体碳正离子也常发生重排，形成更稳定的碳正离子后，再进行 β 氢（E1）消除或与亲核试剂作用（S_N1），如 1-溴-2,2-二甲基丙烷在 NaOH 的醇溶液中的反应。

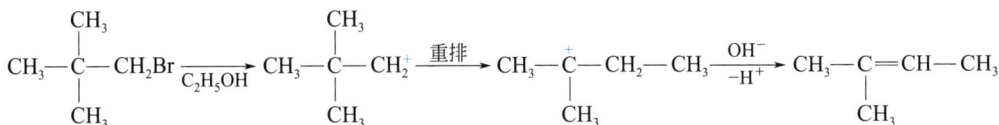

$$CH_3-\underset{CH_3}{\underset{|}{\overset{CH_3}{\overset{|}{C}}}}-CH_2Br \xrightarrow{C_2H_5OH} CH_3-\underset{CH_3}{\underset{|}{\overset{CH_3}{\overset{|}{C}}}}-\overset{+}{C}H_2 \xrightarrow{\text{重排}} CH_3-\overset{+}{C}-CH_2-CH_3 \xrightarrow[-H^+]{OH^-} CH_3-\overset{CH_3}{\overset{|}{C}}=CH-CH_3$$

8.5.2 双分子消除（E2）反应

由碱性试剂进攻卤代烃中的 β-H 原子，C—H 键和 C—Br 键的断裂及 π 键的生成协同进行，反应一步完成。由于卤代烃和碱试剂都参与形成过渡态，故称为双分子消除，用 E2 表示。

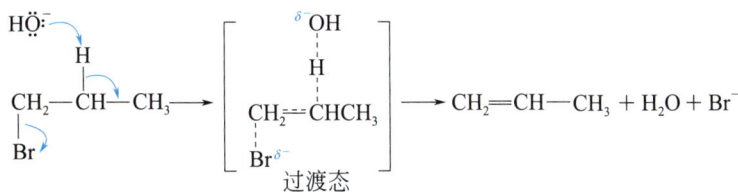

$$CH_2-\underset{Br}{\underset{|}{\overset{H}{\overset{|}{CH}}}}-CH_3 \rightarrow \left[\begin{array}{c}\overset{\delta}{}OH \\ | \\ H \\ | \\ CH_2\cdots CHCH_3 \\ | \\ Br^{\delta}\end{array}\right] \rightarrow CH_2=CH-CH_3 + H_2O + Br^-$$

过渡态

E2 反应与 S_N2 反应中均形成一个不稳定的过渡态，也是一对相互竞争的反应。主要区别在于：E2 反应中亲核试剂进攻 β 氢原子，而 S_N2 反应则进攻的是 α 碳原子。

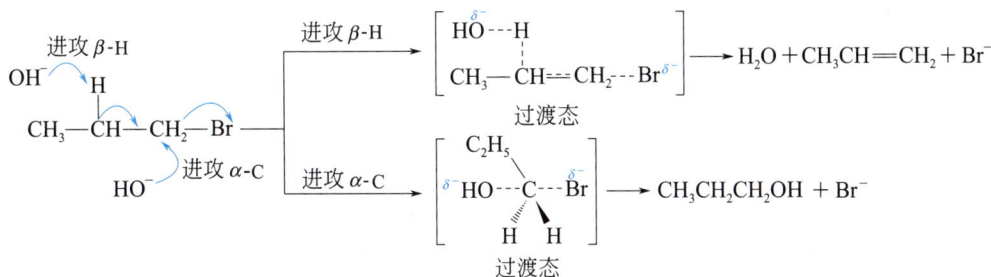

进攻 β-H

$$CH_3-\underset{HO}{\overset{H}{\overset{|}{CH}}}-CH_2-Br$$

进攻 α-C

进攻 β-H：

$$\left[\begin{array}{c}HO^{\delta-}\cdots H \\ | \\ CH_3-CH=\!\!=CH_2\cdots Br^{\delta-}\end{array}\right] \rightarrow H_2O + CH_3CH=CH_2 + Br^-$$

过渡态

进攻 α-C：

$$\left[\begin{array}{c}C_2H_5 \\ | \\ {}^{\delta-}HO\cdots C\cdots Br^{\delta-} \\ \diagup\ \diagdown \\ H\quad H\end{array}\right] \rightarrow CH_3CH_2CH_2OH + Br^-$$

过渡态

8.5.3 消除反应影响因素

消除反应与亲核取代反应是由同一亲核试剂进攻卤代烃分子的不同位置引起的，这两种反应常常同时发生并互相竞争，产物一般是消除产物和取代产物的混合物。消除反应的影响因素包括卤代烃的结构、试剂、溶剂和反应温度等。

(1) 反应物的结构

E1 反应中，反应速率取决于生成的碳正离子的稳定性。因此，不同结构的卤代烃发生 E1 反应的活性为：叔卤代烃＞仲卤代烃＞伯卤代烃。

在 E2 反应中，试剂进攻 β-H 原子，这种进攻受中心碳原子（α-C）上所连取代基的空间位阻影响不大。α-C 原子上连有的取代基越多，β-H 原子的数目越多，它们被碱拔取的机会越多，且生成的烯烃越稳定。因此，不同结构的卤代烃发生 E2 反应的活性顺序为叔卤代烃＞仲卤代烃＞伯卤代烃，与 E1 反应的一致。

消除反应与取代反应是竞争性反应。伯卤代烷一般倾向于进行亲核取代反应，不容易发生消除反应（β-C 原子上有支链的伯卤代烷除外），亲核取代按 S_N2 机理进行；只有在强碱条件下才以 E2 消除为主。

$$CH_3CH_2CH_2CH_2Br + C_2H_5ONa \xrightarrow[25℃]{C_2H_5OH} CH_3CH_2CH_2CH_2OC_2H_5 + CH_3CH_2CH{=}CH_2$$
$$90\% \qquad\qquad 10\%$$

$$CH_3(CH_2)_6CH_2Br + (CH_3)_3CONa \xrightarrow[180℃]{DMSO} CH_3(CH_2)_5CH{=}CH_2$$
$$99\%$$

β-C 原子上有支链的伯卤代烃，消除反应倾向增大。

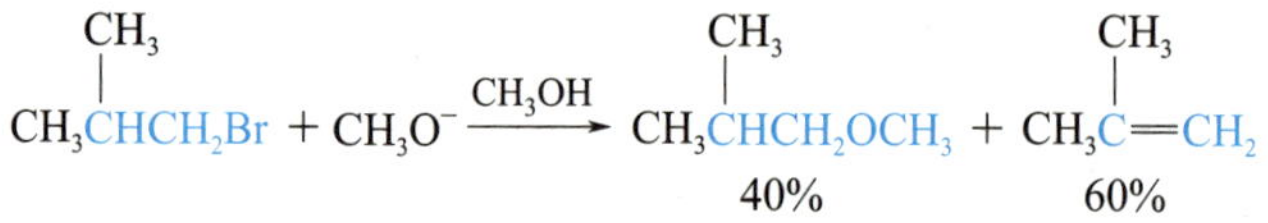

$$40\% \qquad\qquad 60\%$$

叔卤代烷倾向于发生消除反应，即使在弱碱条件下，如 Na_2CO_3 水溶液，也以消除为主。只有在纯水或乙醇中才以取代产物为主。

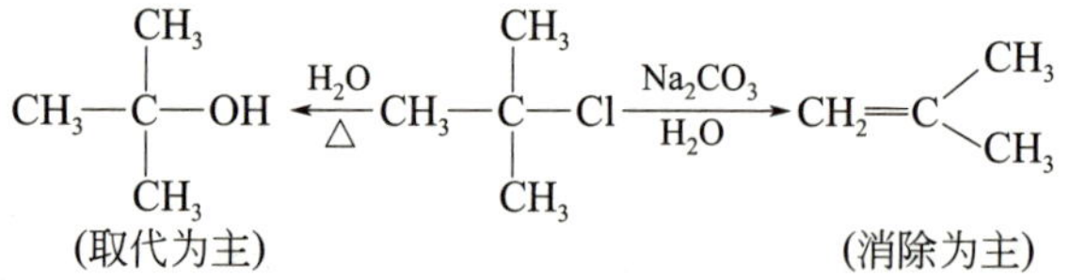

（取代为主）　　　　　　　　　　（消除为主）

仲卤代烷情况比较复杂，介于伯卤代烷和叔卤代烷之间。反应体系中消除和取代反应同时进行，以哪个反应为主，与反应条件有关。当 β-C 原子上有支链时，仲卤代烃的消除倾向增大，强碱存在下主要发生消除。

(2) 试剂的影响

E2 反应与试剂的碱性强弱、浓度高低有关；高浓度的强碱可提高 E2 反应速率，E1 反应则不受试剂的碱性和浓度的直接影响。试剂的碱性较弱、浓度较低，有利于亲核取代。如：

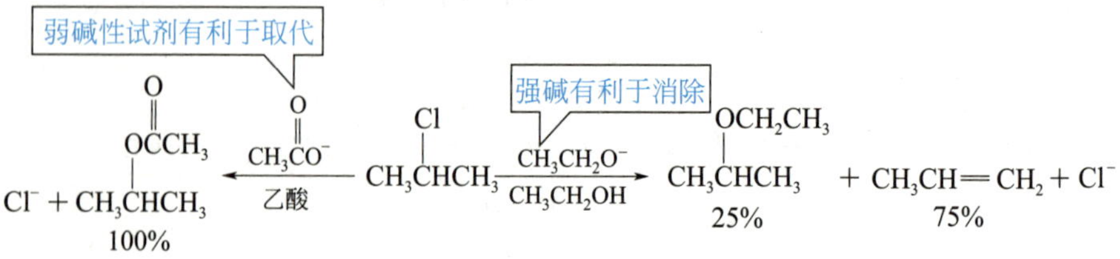

试剂的亲核性强，有利于亲核取代反应；试剂的体积大，则有利于消除反应。

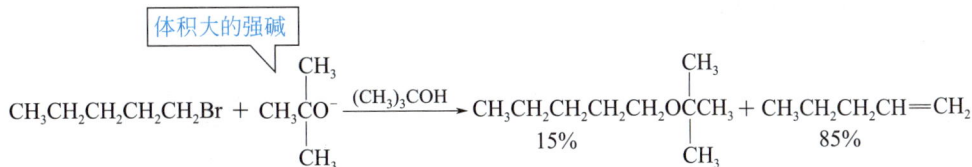

$$CH_3CH_2CH_2CH_2CH_2Br + CH_3\underset{CH_3}{\overset{CH_3}{CO^-}} \xrightarrow{(CH_3)_3COH} CH_3CH_2CH_2CH_2CH_2OCCH_3 + CH_3CH_2CH_2CH=CH_2$$

$$15\% \qquad\qquad 85\%$$

（体积大的强碱）

（3）溶剂的影响

E1 反应中 C—X 键的解离受溶剂影响较大，极性较大的溶剂可提高 E1 反应速率，但对 E2 反应则不利。因此，高极性溶剂有利于 E1 反应，低极性溶剂有利于 E2 反应。

对取代和消除竞争性反应而言，提高溶剂极性有利于取代反应，不利于消除反应。因此，卤代烃在 NaOH 水溶液中经亲核取代得到醇，在 NaOH 的醇溶液经消除反应得到烯烃。

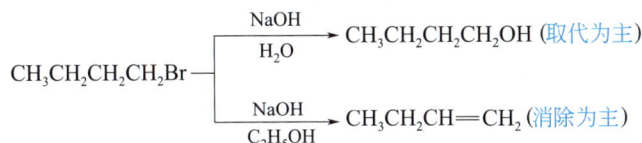

$$CH_3CH_2CH_2CH_2Br \begin{cases} \xrightarrow[H_2O]{NaOH} CH_3CH_2CH_2CH_2OH \text{（取代为主）} \\ \xrightarrow[C_2H_5OH]{NaOH} CH_3CH_2CH=CH_2 \text{（消除为主）} \end{cases}$$

（4）反应温度

消除反应活化能比亲核取代大，升高反应温度，有利于消除反应。

表 8-5 列出了卤代烃的结构与亲核取代/消除反应性小结。

表 8-5　卤代烃的结构与亲核取代/消除反应性小结

卤代烃种类	$S_N2/E2$	$S_N1/E1$
伯卤代烃	取代反应为主，除 β-C 上有支链或用有利于消除的条件	一般不进行 $S_N1/E1$ 反应
仲卤代烃	取代和消除反应都可进行，用强碱及体积大的碱，有利于消除	取代和消除都可进行
叔卤代烃	仅可能进行消除反应	消除为主，取代和消除都可进行

思考题 8-6　若要用醇钠和卤代烃制备乙基叔丁基醚，需要用哪种卤代烃和醇钠？为什么？

8.6　卤代烯烃和卤代芳烃

卤原子取代烯烃或芳烃中的氢原子分别生成卤代烯烃和卤代芳烃。

8.6.1　分类和命名

根据双键和卤原子的相对位置不同，可将卤代烯烃分为乙烯型卤代烃、烯丙型（苄型）及孤立型卤代烃。

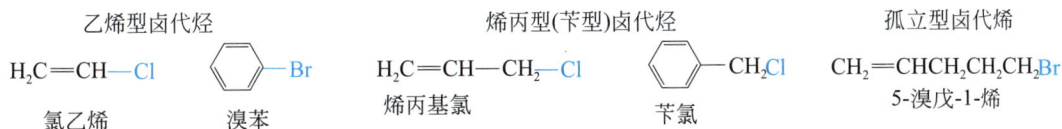

乙烯型卤代烃　　　　　　　　　烯丙型(苄型)卤代烃　　　　　　　　　孤立型卤代烯

$H_2C=CH-Cl$ 　〈苯环〉$-Br$ 　$H_2C=CH-CH_2-Cl$ 　〈苯环〉$-CH_2Cl$ 　$CH_2=CHCH_2CH_2CH_2Br$

氯乙烯　　　溴苯　　　　烯丙基氯　　　　　苄氯　　　　　5-溴戊-1-烯

卤代烯烃的命名，以含有不饱和键的最长碳链作为主链，卤素作为取代基；编号时，应使不饱和键的位次最小。卤原子直接连在苯环上，以芳烃为母体，称为卤苯；若连在芳烃的侧链上，则卤原子和芳环都作为取代基。

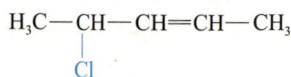

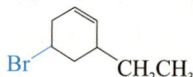

4-氯戊-2-烯   3-乙基-5-溴环己-1-烯   2-苯基-1-溴丙烷

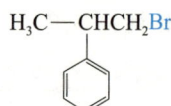

8.6.2 化学性质

卤代烯烃或卤代芳烃分子中含有卤素和双键两类官能团，它们之间相互影响，对乙烯型和烯丙型卤代烃中卤原子的反应活性有很大影响。如将硝酸银的醇溶液分别与氯乙烯、烯丙基氯、氯苯及苄氯作用，进行亲核取代反应：

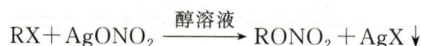

$$RX + AgONO_2 \xrightarrow{\text{醇溶液}} RONO_2 + AgX \downarrow$$

结果表明，烯丙基氯、苄氯室温下就可以和硝酸银的醇溶液反应，生成 AgX 沉淀，而氯乙烯和氯苯即使加热也不反应。由此可见，烯丙基卤代烃以及苄卤的反应活性很高，而乙烯型卤代烃和卤苯的反应活性很低。

烯丙型卤代烯烃中卤原子的活性高，一般认为烯丙基卤无论对 S_N1 或 S_N2 历程来说，都是活泼的，这可以从其进行亲核取代反应的中间体或过渡态稳定性得到解释。

烯丙基卤代烃和苄卤容易解离成稳定的烯丙基和苄基碳正离子，由于碳正离子上的正电荷可与双键和苯环共轭（见图 8-6），碳正离子稳定，容易生成，有利于 S_N1 反应进行。

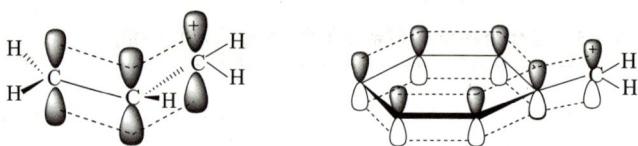

图 8-6 烯丙基碳正离子和苄基碳正离子的结构示意图

烯丙型和苄型卤代烃中，α-碳与 π 键相邻，形成过渡态时，中心碳原子上的 p 轨道可与双键上 p 轨道发生重叠，使过渡态能量降低，有利于 S_N2 反应进行。

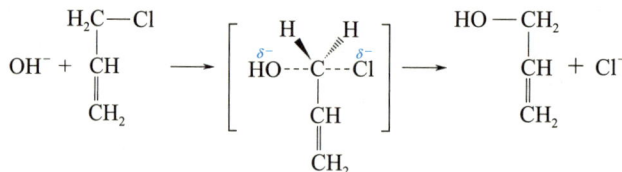

乙烯型的卤代烯中卤原子不活泼，一般条件下，不发生亲核取代反应，可按马氏规则进行亲电加成反应。卤原子的一对未共用电子对可与双键发生 p-π 共轭效应，电子离域使得电子云平均化，分子的偶极矩变小，键长变短，C—X 键结合得更加紧密，卤原子的活性减弱。卤代芳烃中卤原子所处的位置与乙烯型卤代烃中类似，卤原子的活性也减弱。

8.7 卤代烃的制备

卤代烃是有机合成的重要原料，一般以烃或醇为原料制备。

8.7.1 由烃制备

烷烃的自由基氯代反应一般生成复杂的异构体的混合物，只有少数情况下才能用于制备较纯的一卤代烷。如：

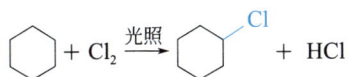

$$\text{环己烷} + Cl_2 \xrightarrow{\text{光照}} \text{氯代环己烷} + HCl$$

烷烃的溴代反应比氯代反应选择性高，以适当的烷烃为原料可得到较纯的一溴代烷。

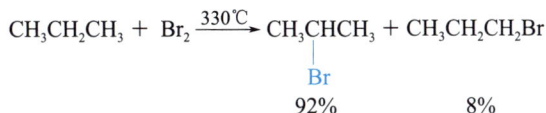

$$CH_3CH_2CH_3 + Br_2 \xrightarrow{330℃} \underset{\underset{92\%}{Br}}{CH_3CHCH_3} + \underset{8\%}{CH_3CH_2CH_2Br}$$

用不饱和烯烃和炔与卤素或氢卤酸加成，可得到相应的卤代烃。

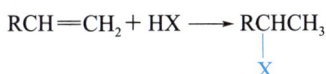

$$RCH=CH_2 + HX \longrightarrow \underset{X}{RCHCH_3}$$

$$RCH=CH_2 + HBr \xrightarrow{\text{过氧化物}} RCH_2-CH_2Br$$

苯与卤素在铁粉或铁盐催化下，可在苯环上引入卤素。

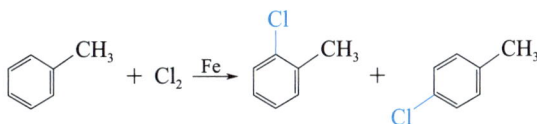

$$\text{甲苯} + Cl_2 \xrightarrow{Fe} \text{邻氯甲苯} + \text{对氯甲苯}$$

苯的氯甲基化反应，可制备苄氯。

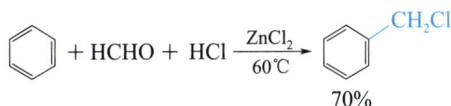

$$\text{苯} + HCHO + HCl \xrightarrow[60℃]{ZnCl_2} \underset{70\%}{\text{苄氯}(CH_2Cl)}$$

当苯环上有给电子基时，反应易进行，反之，有吸电子基时，反应难进行。

8.7.2 由醇制备

醇与卤化氢、三卤化磷和亚硫酰氯（$SOCl_2$）等试剂作用生成卤代烃，这是制备卤代烃最常用的方法。例如：

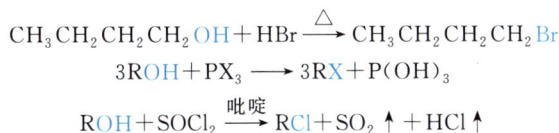

$$CH_3CH_2CH_2CH_2OH + HBr \xrightarrow{\triangle} CH_3CH_2CH_2CH_2Br$$

$$3ROH + PX_3 \longrightarrow 3RX + P(OH)_3$$

$$ROH + SOCl_2 \xrightarrow{\text{吡啶}} RCl + SO_2\uparrow + HCl\uparrow$$

8.7.3 卤素置换

这是由氯代烷和溴代烷制备碘代烷的方法，已在卤代烃化学性质中介绍。

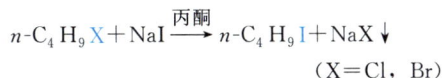

$$n\text{-}C_4H_9X + NaI \xrightarrow{\text{丙酮}} n\text{-}C_4H_9I + NaX\downarrow$$
$$(X=Cl，Br)$$

关键词

卤代烃-haloalkanes
卤素-halogen
亲核试剂-nucleophilic reagent
亲核取代反应-nucleophilic substitution reaction
双分子亲核取代反应-bimolecular nucleophilic substitution reaction
单分子亲核取代反应-unimolecular nucleophilic substitution reaction
离去基团-leaving group
溶剂化-solvation
反式消除-anti-elimination
双分子消除反应-E2 reaction
单分子消除反应-E1 reaction
单分子共轭碱消除反应-E1$_{cb}$ reaction
芳香亲核取代反应-aromatic nucleophilic substitution reaction

加成-消除机理-addition-elimination mechanism
消除-加成机理-elimination-addition mechanism
苯炔-benzyne
格氏试剂-Grignard reagent
有机金属化合物-organometallic compound
选择性-selectivity
卤代芳烃-haloaromatics
阻燃剂-flame retardant
二氯甲烷-dichloromethane-DCM
氯仿-chloroform
四氯化碳-carbon tetrachloride
二甲亚砜-dimethyl sulfoxide
乙腈-acetonitrile

习题

8-1 命名下列化合物。

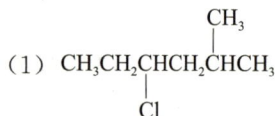

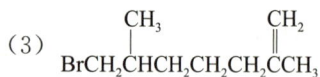

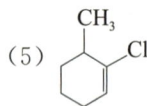

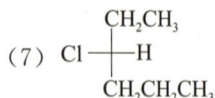

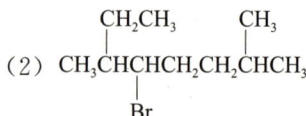

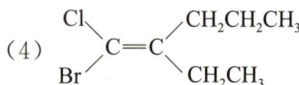

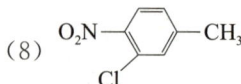

(1) CH$_3$CH$_2$CHCHCH$_2$CHCH$_3$ (CH$_3$, Cl)

(2) CH$_3$CHCHCH$_2$CH$_2$CHCH$_3$ (CH$_2$CH$_3$, Br, CH$_3$)

(3) BrCH$_2$CHCH$_2$CH$_2$CCH$_3$ (CH$_3$, CH$_2$)

(4) ClBrC=C(CH$_2$CH$_2$CH$_3$)(CH$_2$CH$_3$)

(5) [环己烯 CH$_3$ Cl]

(6) Br—⟨⟩—CH$_2$CH$_3$

(7) Cl—H (CH$_2$CH$_3$, CH$_2$CH$_2$CH$_3$)

(8) O$_2$N—⟨⟩—CH$_3$ (Cl)

第8章习题答案

8-2 写出下列化合物的构造式。

(1) 新戊基溴
(2) 1-苯基-2-氯丙烷
(3) 烯丙基溴
(4) 2-氯己-1-烯-4-炔
(5) 2-溴戊-1,4-二烯
(6) 1-碘-2,2-二甲基丁烷
(7) 溴仿
(8) 对氯苄基氯

196 有机化学（第二版）

8-3 写出一溴戊烷的所有异构体，用系统命名法进行命名，并注明伯、仲、叔卤代烃。

8-4 写出 1-氯丙烷与下列化合物反应的主要产物。

（1）RONa

（2）NaOH（H_2O）

（3）NaCN

（4）NH_3

（5）乙炔钠

（6）NaI 的丙酮溶液

（7）Mg/绝对无水乙醚

（8）KOH-C_2H_5OH

8-5 完成下列反应式。

（1）$CH_3CH_2CH{=}CH_2 + HCl \longrightarrow$

（2）$CH_3CH_2CH{=}CH_2 \xrightarrow{Cl_2/H_2O}$

（3）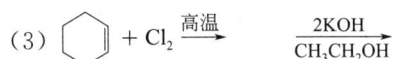

（4）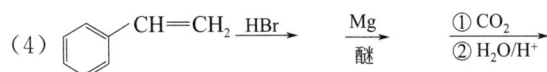

（5）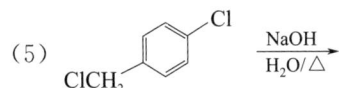

（6）$BrCH_2CH{=}CH_2 + C_2H_5ONa \longrightarrow$

（7）$CH_3CH_2CH_2Br + HC{\equiv}CNa \longrightarrow$

（8）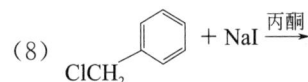

（9）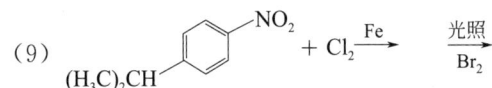

8-6 写出下列化合物在浓 KOH 醇溶液中脱卤化氢的反应式，并比较反应速率的快慢。

（1）3-溴环己烯　　　（2）2-溴己烷　　　（3）1-溴己烷

8-7 卤代烷与氢氧化钠在水与乙醇混合物中进行反应，下列反应情况中哪些属于 S_N1 历程？哪些属于 S_N2 历程？

（1）一级卤代烷速率大于三级卤代烷；

（2）碱的浓度增大，反应速率无明显变化；

（3）两步反应，第一步是决定速率的步骤；

（4）增加溶剂的含水量，反应速率明显加快；

（5）产物的构型 80% 消旋，20% 转化；

（6）进攻试剂亲核性越强，反应速率越快；

（7）有重排现象；

（8）增加溶剂含醇量，反应速率加快。

8-8 将以下各组化合物，按照不同要求排列成序。

（1）水解速率：

（a）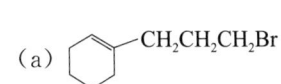　　　（b）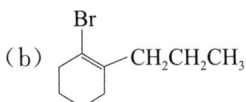　　　（c）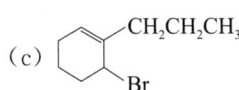

（2）与硝酸银的乙醇溶液反应难易程度：

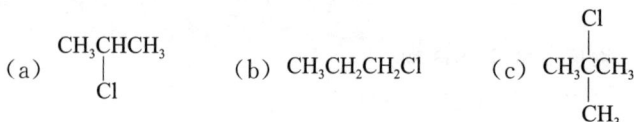

(a) CH$_3$CHCH$_3$
      |
      Cl

(b) CH$_3$CH$_2$CH$_2$Cl

(c)
      Cl
      |
    CH$_3$CCH$_3$
      |
      CH$_3$

（3）S$_N$1 反应速率：

(a) 2-溴-2-环戊基丁烷、1-溴-1-环戊基丙烷、溴甲基环戊烷

(b) 1-氯丙烷、2-氯丙烷、苄基氯

（4）S$_N$2 反应速率：

(a) 1-溴-3-甲基丁烷、2-溴-2-甲基丁烷、2-溴-3-甲基丁烷

(b) 1-氯戊烷、1-氯-2,2-二甲基戊烷、1-氯-2-甲基戊烷、1-氯-3-甲基戊烷

8-9　用简便化学方法鉴别下列化合物。

（1）1-氯戊-1-烯、3-氯戊-1-烯、4-氯戊-1-烯

（2）苄基氯、氯苯、氯代环己烷

8-10　由指定的原料（其他有机或无机试剂可任选），合成以下化合物。

（1）1-溴丙烷合成己-2-炔

（2）2-溴正丁烷制备丁-1-醇

（3）正丁醇合成正己烷

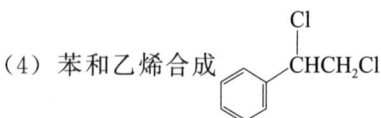

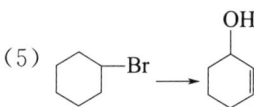

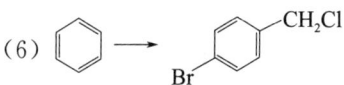

（4）苯和乙烯合成

      Cl
      |
     CHCH$_2$Cl
（苯环）

（5）（环己基 Br）→（环己烯基 OH）

（6）（苯）→（对位 Br 取代的苄基氯 CH$_2$Cl）

（7）1-溴丙烷合成 CH$_3$CH$_2$CH$_2$CH(CH$_3$)$_2$

（8）(CH$_3$)$_2$C＝CH$_2$ ⟶ (CH$_3$)$_3$CCOOH

（9）以苯为原料合成

      Cl
      |
  H$_3$C—（苯环）—OH

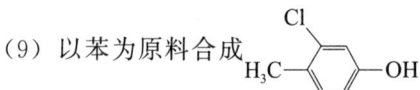

8-11　推断下列化合物的结构。

（1）某烃 C$_3$H$_6$（A）在低温时与氯气作用生成 C$_3$H$_6$Cl$_2$（B），在高温时则生成 C$_3$H$_5$Cl（C）。使 C 与碘化乙基镁作用得 C$_5$H$_{10}$（D），后者与 NBS 作用生成 C$_5$H$_9$Br（E）。使 E 与氢氧化钾的乙醇溶液共热，主要生成 C$_5$H$_8$（F），后者又可与丁烯二酸酐发生双烯合成得 G，写出各步反应式，以及由 A 至 G 的构造式。

（2）化合物 A 具有旋光性，能与溴的四氯化碳溶液反应，生成三溴化合物 B，B 也有旋光性，A 在热碱的醇溶液中反应生成化合物 C，C 能使溴的四氯化碳溶液褪色，经测定 C 无旋光性，C 与丙烯醛反应生成 3-环己烯基甲醛。试写出 A、B、C 的结构式。

▶拓展资料
▶习题答案

第9章

醇、酚和醚

醇、酚和醚都是重要的烃的含氧衍生物。醇可看作脂肪烃或芳香烃侧链上的氢原子被羟基（—OH，hydroxylgroup）取代后的产物，而酚则特指芳环上的氢原子被羟基（—OH）取代后的产物。醚可看作醇或酚类化合物的衍生物，即羟基上的氢原子被烃基取代的产物。当醇、酚和醚分子中的氧原子被其同族元素硫原子取代时则称为硫醇、硫酚和硫醚。

醇和酚也可以看成是水分子中的一个氢原子被烃基或芳基取代后的产物，而醚可看成水分子中的两个氢原子都被取代的产物，如水、甲醇和二甲醚之间关系：

9.1 醇的结构、分类和命名

9.1.1 一元醇的结构

羟基（—OH）是醇的官能团，氧原子为 sp^3 杂化，两对孤对电子（非键电子）各占据两个 sp^3 杂化轨道，另外两个各有一个电子的 sp^3 杂化轨道分别与碳原子和氢原子形成 σ 键。甲醇是最简单的醇，其结构参数见图 9-1。

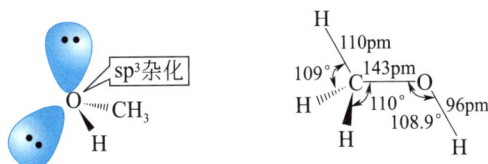

图 9-1　甲醇的结构

9.1.2 醇的分类

根据醇分子中羟基所连碳原子的类型不同，可将醇分为伯醇、仲醇和叔醇，如：

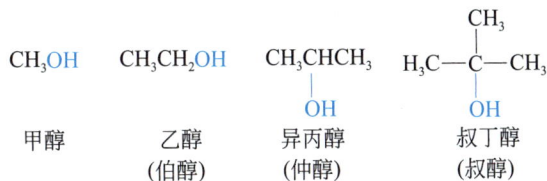

根据所连烃基的不同，可将醇分为饱和醇、不饱和醇和芳香醇，如：

饱和醇：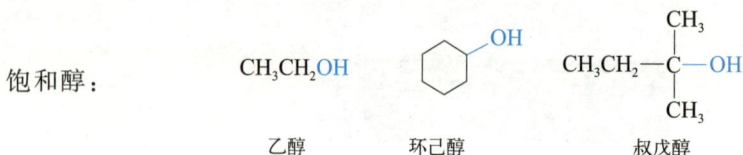

乙醇　　　　环己醇　　　　　叔戊醇

不饱和醇：　　　　　　$CH_2=CHCH_2OH$　烯丙醇

芳香醇：苯甲醇（苄醇）

根据分子中所含羟基的数目不同，可将醇分为一元醇、二元醇和多元醇，如：

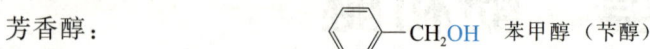

乙醇　　　　　乙二醇　　　　丙-1,3-二醇　　　　丙三醇(甘油)

（一元醇）　　（二元醇）　　　（二元醇）　　　　（多元醇）

9.1.3　醇的命名

（1）俗名

根据醇的来源命名，如 CH_3OH 从木材干馏得到，称为木精；CH_3CH_2OH 是酒的主要成分，俗名酒精。

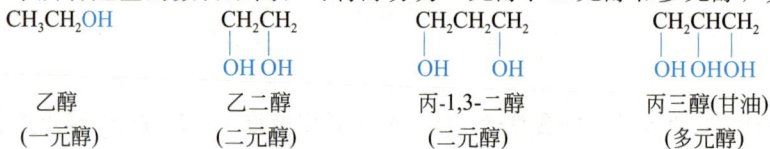

叶醇　　　　　　　　　　肉桂醇　　　　　　　巴豆醇

（2）普通命名法

对于结构简单的醇，可在烃基名称后缀"醇"，称为某醇。如：

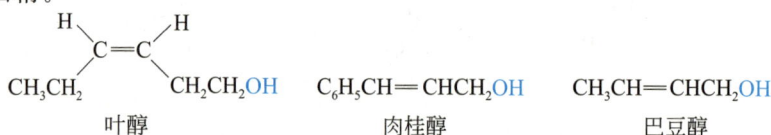

烯丙醇　　　　　苄醇(苯甲醇)　　　环己醇　　　　叔丁醇

（3）衍生命名法

对于结构不太复杂的醇，可以甲醇为母体，把其他的醇看作甲醇的烃基衍生物。

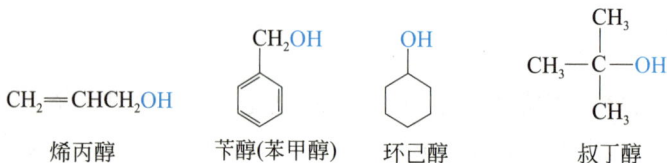

三苯基甲醇　　　　二甲基乙基甲醇　　　异丙基甲醇

（4）系统命名法

结构复杂的醇可用系统命名法，以醇为母体命名。饱和一元醇命名时，首先选择含有羟基的最长碳链为主链，并从距离羟基最近的一端开始编号；系统名由"母体烃名＋醇"组成，羟基的位次标注于"醇"字之前，阿拉伯数字与汉字之间用短线连接。如：

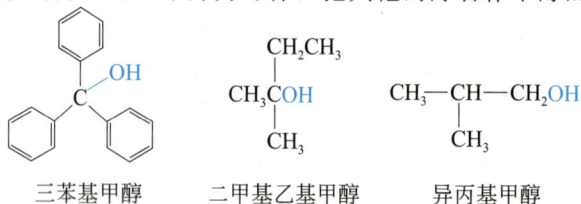

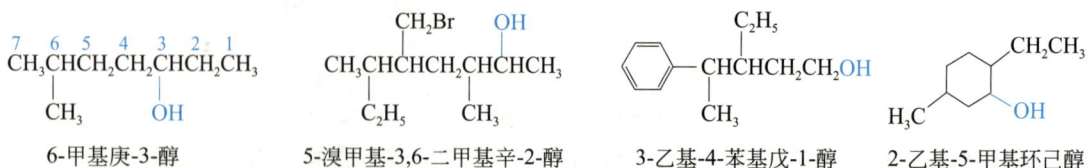

6-甲基庚-3-醇　　　5-溴甲基-3,6-二甲基辛-2-醇　　　3-乙基-4-苯基戊-1-醇　　　2-乙基-5-甲基环己醇

不饱和一元醇的系统命名，应选择同时含有羟基和不饱和键的最长碳链为主链，从距离羟基最近的一端开始编号；根据主链碳原子数称为"某烯醇"或"某炔醇"，羟基的位次标于"醇"字前；不饱和键的位次放在"烯"或"炔"字之前，有顺反异构时，将 Z、E 写在最前面。如：

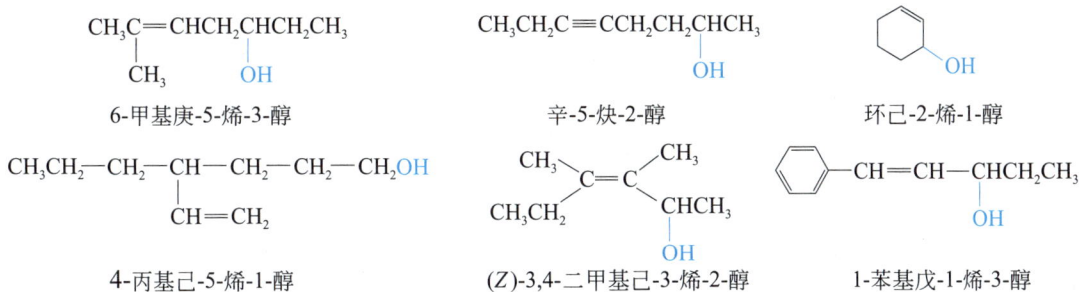

$$CH_3C=CHCH_2CHCH_2CH_3$$
$$|\quad\quad\quad |$$
$$CH_3\quad\quad OH$$

6-甲基庚-5-烯-3-醇

$$CH_3CH_2C\equiv CCH_2CH_2CHCH_3$$
$$|$$
$$OH$$

辛-5-炔-2-醇

环己-2-烯-1-醇

$$CH_3CH_2-CH_2-CH-CH_2-CH_2-CH_2OH$$
$$|$$
$$CH=CH_2$$

4-丙基己-5-烯-1-醇

(Z)-3,4-二甲基己-3-烯-2-醇

1-苯基戊-1-烯-3-醇

多元醇命名时，首先选择包含尽可能多羟基的碳链为主链，然后考虑碳链最长原则。按主链所含烃基的数目，用"二醇""三醇"等后缀表示其名称。从距离羟基最近的一端开始编号，羟基的位次放在母体烃名与后缀之间，支链上的羟基则作为取代基。如：

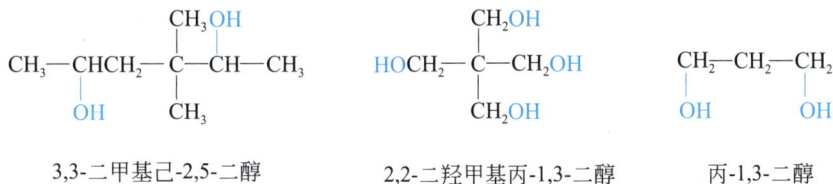

3,3-二甲基己-2,5-二醇

2,2-二羟甲基丙-1,3-二醇

丙-1,3-二醇

练习 9-1　写出分子式为 C_3H_8O 和 $C_4H_{10}O$ 的全部同分异构体并命名。

9.2　醇的物理性质

低级一元醇的物理性质在很大程度上取决于羟基的极性和生成氢键的能力，如沸点和溶解度；而高级醇（C_{12} 以上）受羟基的影响较小，物理性质与同碳数的烃相似，一些醇的物理常数见表 9-1。

表 9-1　一些醇的物理常数

名称	英文名	分子式	m. p. /℃	b. p. /℃	溶解度/(g/100mL 水)
甲醇	methanol	CH_3OH	−97	64.7	∞
乙醇	ethanol	CH_3CH_2OH	−117	78.3	∞
正丙醇	propyl alcohol	$CH_3CH_2CH_2OH$	−126	97.2	∞
异丙醇	isopropyl alcohol	$CH_3CH(OH)CH_3$	−88	82.3	∞
正丁醇	butyl alcohol	$CH_3(CH_2)_2CH_2OH$	−90	117.7	8.3
异丁醇	isobutyl alcohol	$CH_3CH(CH_3)CH_2OH$	−108	108.0	10.0
丁-2-醇	sec-butyl alcohol	$CH_3CH_2CH(OH)CH_3$	−114	99.5	26.0
叔丁醇	$tert$-butyl alcohol	$(CH_3)_3COH$	25	82.5	∞
正戊醇	pentyl alcohol	$CH_3(CH_2)_3CH_2OH$	−78.5	138.0	2.4
正己醇	hexyl alcohol	$CH_3(CH_2)_4CH_2OH$	−52	156.5	0.6
正庚醇	heptyl alcohol	$CH_3(CH_2)_5CH_2OH$	−34	176	0.2
正辛醇	octyl alcohol	$CH_3(CH_2)_6CH_2OH$	−15	195	0.05

名称	英文名	分子式	m. p. /℃	b. p. /℃	溶解度/(g/100mL 水)
环戊醇	cyclopentanol	⬠—OH	−19	140	—
环己醇	cyclohexanol	⬡—OH	24	161.5	3.6
苯甲醇	benzyl alcohol	$C_6H_5CH_2OH$	−15	205	4
乙二醇	ethylene glycol	CH_2OHCH_2OH	−12.6	197	4
丙-1,2-二醇	propylene glycol	$CH_3CHOHCH_2OH$	−59	187	∞
丙-1,3-二醇	trimethylene glycol	$CH_2OHCH_2CH_2OH$	−30	215	∞
丙-1,2,3-三醇	glycerol	$CH_2OHCHOHCH_2OH$	18	290	∞

一元醇的沸点比同碳数的烃要高得多（见表 9-1），如乙醇的沸点为 78.3℃，而乙烷的沸点为 −88.6℃。其原因是醇分子同水分子一样，O—H 键高度极化，羟基上带部分正电荷的氢原子可以与另一个醇分子中羟基的氧原子形成氢键，因此醇分子之间是缔合的结构（见图 9-2）。含同碳数的一元醇异构体中，直链醇的沸点最高，排列顺序可表示为：伯醇＞仲醇＞叔醇。随着一元醇含碳数的增加，沸点逐渐升高。此外，多元醇由于羟基数目多，形成的氢键多，沸点更高，如乙二醇的沸点比丙醇高约 100℃。

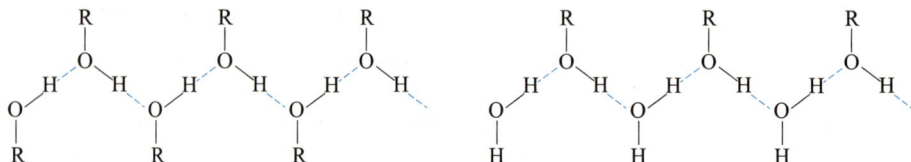

图 9-2　醇分子之间以及醇与水分子之间的氢键

低级醇可以和水分子之间形成氢键，因此可以与水混溶；随着烃基的增大，羟基在整个分子中比例减小，与水分子形成氢键的能力也逐渐下降，在水中溶解度也就随之下降。

饱和醇由于羟基的存在，密度大于同碳烷烃，但小于 $1g/cm^3$，芳香醇的密度通常大于 $1g/cm^3$。

9.3　醇的化学性质

羟基（—OH）是醇的官能团，醇的化学性质因羟基而起。O—H 键是极性键，O—H 键易断裂使醇具有一定的酸性，而羟基氧上的两对非键电子使其具有一定的碱性和亲核性。与羟基相连的碳原子（α-C）受氧原子吸电子诱导影响，极性的 C—O 键容易断裂，可发生亲核取代反应，α-H 还可被氧化；醇还可发生 β 消除反应。

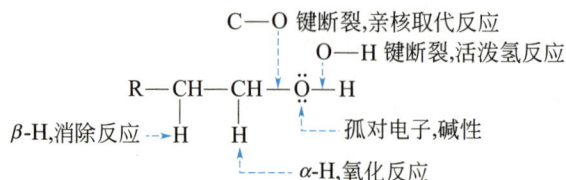

9.3.1　醇的酸、碱性

（1）醇的酸性

醇分子中，极性的 O—H 键可发生断裂，羟基氢原子显示出一定的酸性，即醇分子可解离生成烷氧负离子（RO⁻）和氢离子：

$$R-O-H \rightleftharpoons R-O^- + H^+$$

下面列出几种含羟基化合物的 pK_a：

$$\begin{array}{ccccccc} H_3C-\overset{\overset{\displaystyle CH_3}{|}}{\underset{\underset{\displaystyle CH_3}{|}}{C}}-OH & CH_3CH_2OH & H_2O & CH_3OH & CF_3CH_2OH & F_3C-\overset{\overset{\displaystyle CF_3}{|}}{\underset{\underset{\displaystyle CF_3}{|}}{C}}-OH & CH_3COOH \end{array}$$

| pK_a | 18.00 | 16.00 | 15.74 | 15.24 | 12.43 | 5.40 | 4.75 |

从以上物质的 pK_a 可知，除甲醇分子的酸性略强于水外，醇的酸性一般比水弱；α-C 上有吸电子基时，醇的酸性提高。醇分子中 α-C 上烃基越多，酸性越弱，故醇的酸性强弱顺序为：$CH_3OH >$ 伯醇 $>$ 仲醇 $>$ 叔醇。可以从两个方面解释醇的酸性规律。从溶剂化角度考虑，烃基较少、体积较小的醇（ROH），其烷氧负离子（RO⁻）很容易被溶剂化（见图 9-3），通过溶剂化作用分散了负电荷，RO⁻ 稳定性增大，醇的酸性较大；反之亦然。从烃基的供电子角度考虑，α-C 上烃基越多，供电子能力越大，则氢原子越难解离，烷氧负离子越难以生成，醇的酸性就越弱。当醇分子中 α-C 上的氢被极性较大的基团取代时，酸性提高，如 2,2,2-三氟乙醇的酸性高于水，而三（三氟甲基）甲醇[$(CF_3)_3COH$]的酸性几乎与乙酸接近。

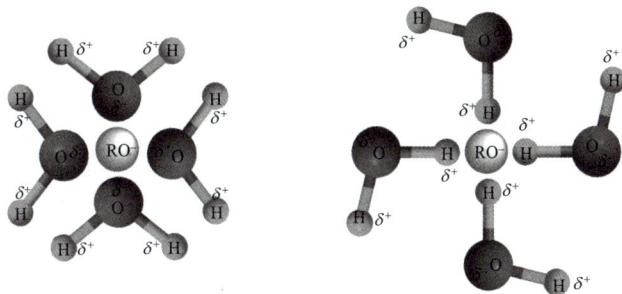

图 9-3　RO⁻ 的溶剂化（H_2O、ROH）作用

（2）醇的碱性

醇分子中氧原子上的孤对电子可以与质子或缺电子的亲电试剂作用，表现出碱性和亲核性。在强酸存在时，醇可以像碱一样，接受质子，形成锌盐。

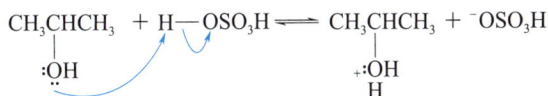

$$\underset{\underset{\displaystyle :\overset{..}{O}H}{|}}{CH_3CHCH_3} + H-OSO_3H \rightleftharpoons \underset{\underset{\displaystyle \overset{+:OH}{\underset{|}{H}}}{|}}{CH_3CHCH_3} + {}^-OSO_3H$$

醇的质子化作用使得醇分子中很难离去的羟基（HO—）转变为很容易离去的基团（H_2O^+）；同时，质子化作用也使得 α-C 原子的活性增强（H_2O^+ 具有强的吸电子性），容易受到亲核试剂的进攻。

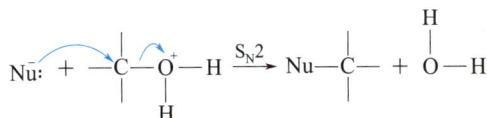

$$Nu: + \overset{|}{\underset{|}{-C}}-\overset{H}{\underset{H}{O^+}}-H \xrightarrow{S_N2} Nu-\overset{|}{\underset{|}{C}}- + \overset{H}{\underset{H}{O}}-H$$

9.3.2　醇与活泼金属的反应

醇可与钠、钾等活泼碱金属作用，生成醇钠或醇钾，同时放出氢气。如：

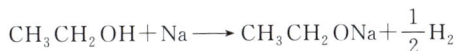

$$CH_3CH_2OH + Na \longrightarrow CH_3CH_2ONa + \frac{1}{2}H_2$$

醇与碱金属的反应速率与醇的酸性有关。反应速率为：$CH_3OH>$伯醇$>$仲醇$>$叔醇。醇的酸性比水弱，所以醇钠极易水解。

$$CH_3CH_2ONa+H_2O \Longrightarrow CH_3CH_2OH+NaOH$$

因此，必须在无水条件下使用醇钠，避免其分解。醇的共轭碱烷氧负离子的碱性强弱顺序为：$R_3CO^->R_2CHO^->RCH_2O^-$。甲醇钠和乙醇钠是常用的强碱和亲核试剂，叔丁醇钠或钾是强碱，但其亲核能力较弱。

醇还可以与其他活泼的金属，例如镁、铝等作用生成相应的醇镁和醇铝，如异丙醇铝和叔丁醇铝在有机合成上有重要的应用。

$$Al + 3CH_3\underset{\underset{\displaystyle OH}{|}}{CH}CH_3 \longrightarrow Al[OCH(CH_3)_2]_3 + H_2$$
$$\text{三异丙醇铝}$$

思考题 9-1　为何叔丁醇钠比乙醇钠碱性强？二者的亲核性哪个较强？

9.3.3　醇的亲核取代反应

(1) 与氢卤酸 (HX) 反应

醇与氢卤酸（HCl、HBr 和 HI）作用生成卤代烃和水，这是制备卤代烃的主要方法。如：

$$R—OH+HX \Longrightarrow R—X+H_2O$$

醇反应的活性为：苄醇、烯丙醇$\approx$叔醇$>$仲醇$>$伯醇$>CH_3OH$。

氢卤酸的反应活性为：$HI>HBr>HCl$（HF 一般不反应）。

反应中，氢卤酸既是反应物，也是催化剂。由伯醇或仲醇制备相应的伯卤代烃或仲卤代烃时，常使用复合卤代试剂，如 $NaBr$-H_2SO_4、KI-H_3PO_4、浓盐酸-$ZnCl_2$（Lucas 试剂）等。

$$CH_3CH_2CH_2CH_2OH+NaBr \xrightarrow[\triangle]{H_2SO_4} CH_3CH_2CH_2CH_2Br+NaOH$$
$$95\%$$

$$CH_3CH_2CH_2OH+HCl \xrightarrow[\triangle]{ZnCl_2} CH_3CH_2CH_2Cl+H_2O$$

浓盐酸-$ZnCl_2$（Lucas 试剂）常用于鉴别六个碳及以下的伯醇、仲醇和叔醇，如：

$$
\begin{array}{ll}
3° R—OH & (CH_3)_3C—OH \\
2° R—OH & (CH_3)_2CHOH \\
1° R—OH & CH_3CH_2CH_2OH
\end{array}
\left.\right\} \text{Lucas试剂}
\begin{array}{l}
\longrightarrow \text{立即出现浑浊} \\
\longrightarrow 3\sim5\text{min后出现浑浊} \\
\longrightarrow \text{加热后出现浑浊}
\end{array}
$$

伯醇在酸催化作用下生成卤代烃的反应遵循 S_N2 机理。反应中，酸作为质子供体，对醇进行质子化，然后卤离子取代水分子，生成卤代烃。

$$CH_3CH_2\ddot{O}H + H—Br \Longrightarrow CH_3CH_2—\overset{\overset{\displaystyle H}{|}}{\overset{+}{O}H} \longrightarrow CH_3CH_2Br + H_2O$$
$$:\!\ddot{Br}\!:$$

$$CH_3CH_2CH_2\ddot{O}H + Zn^{2+} \longrightarrow CH_3CH_2CH_2—\overset{\overset{\displaystyle Zn^+}{|}}{\overset{+}{O}H} \longrightarrow CH_3CH_2CH_2Cl + {}^+ZnOH$$
$$:\!\ddot{Cl}\!:$$

叔丁醇与浓盐酸在室温条件下于分液漏斗中一起摇振，几分钟后静置分层，即生成叔丁基氯，反应遵循 S_N1 机理。

$$(CH_3)_3COH + HCl(浓) \longrightarrow (CH_3)_3CCl + H_2O$$

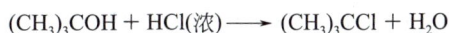

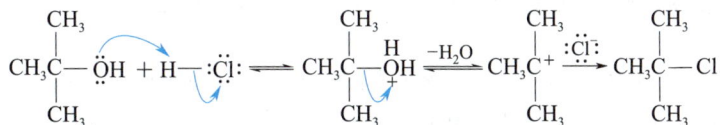

当反应机理为 S_N1 时，碳正离子有可能发生重排，生成更稳定的碳正离子。如：

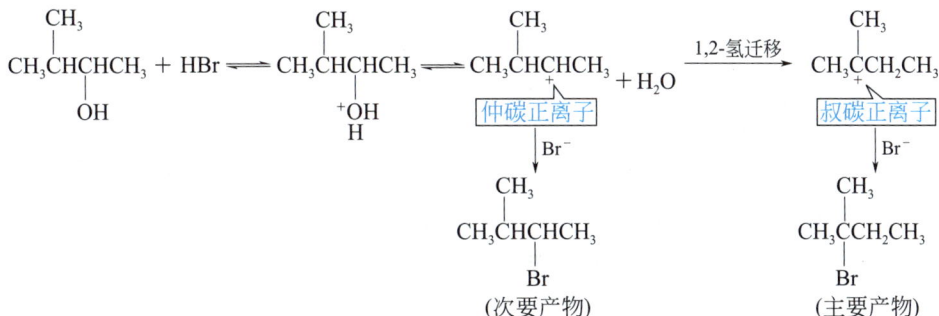

当羟基所在的碳原子有环烷基时，可重排生成扩环产物。只有在重排可使环张力减小时，叔碳正离子才可以重排生成仲碳正离子。如：

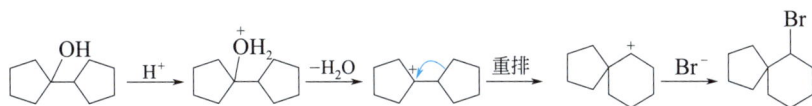

（2）与氯化亚砜（$SOCl_2$）反应

醇与氯化亚砜（又称亚硫酰氯，$SOCl_2$）一起加热可得到相应的氯代烃。该反应条件温和，无重排产物，产率高；副产物 SO_2 和 HCl 均为气体，产物的后处理简单，是实验室及工业生产制备氯代烃的常用方法。

$$ROH + SOCl_2 \longrightarrow RCl + SO_2 + HCl$$

该反应可用有机碱如吡啶、三乙胺等催化，这些有机碱常被称为缚酸剂。

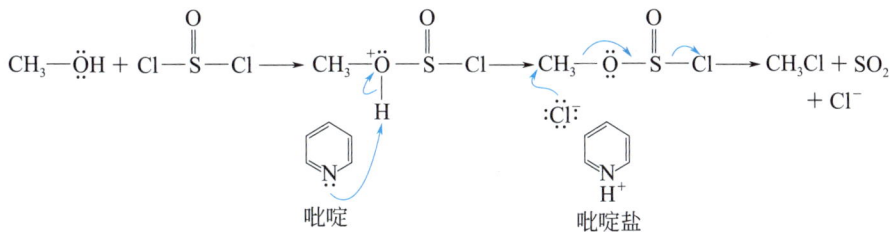

（3）与卤化磷反应

伯醇或仲醇在吡啶催化下与三溴化磷（$P_红 + Br_2$）反应，可制备伯、仲溴代烃。如：

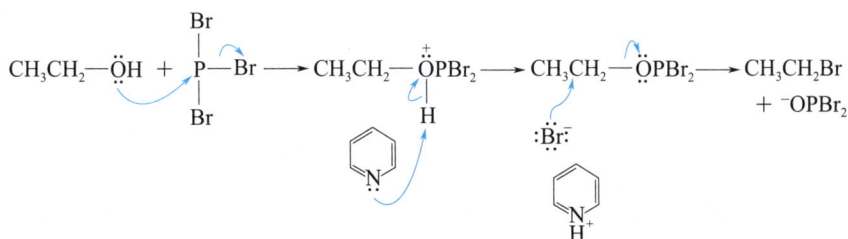

碘代烃可由醇与红磷和碘共热制备。

$$CH_3OH + I_2 + P \longrightarrow CH_3I + H_3PO_4$$

这是由醇制备溴代烃、碘代烃的方法之一，一般无重排产物，产率较高。

思考题 9-2 （1）醇羟基不容易离去，在醇的亲核取代反应中，如何使反应顺利进行？

（2）查阅文献，说明醇与氯化亚砜反应在有或无吡啶存在下，产物及副产物是否相同。

（3）试解释下列反应的机理：

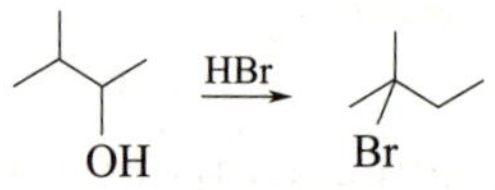

9.3.4 醇的脱水反应

醇在酸（如 H_2SO_4、H_3PO_4 和对甲苯磺酸等）或酸性盐（如 $NaHSO_4$、$KHSO_4$ 等）催化下，可进行分子内脱水或分子间脱水。一般高温下容易进行分子内脱水即消除反应，产物为烯烃，主产物服从 Sayttzeff 规则；低温容易进行分子间脱水，即亲核取代反应，产物为醚。

$$CH_3CH_2OH \xrightarrow[140℃]{浓H_2SO_4} CH_3CH_2OCH_2CH_3$$

$$CH_3CH_2OH \xrightarrow[170℃]{浓H_2SO_4} H_2C{=}CH_2$$

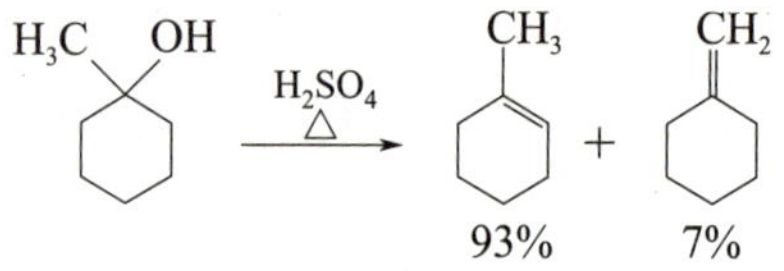

$$CH_3\underset{OH}{\overset{CH_3}{C}}CH_2CH_3 \xrightarrow[\triangle]{H_3PO_4} CH_3\overset{CH_3}{C}{=}CHCH_3 + CH_2{=}\overset{CH_3}{C}CH_2CH_3$$

84%　　16%

酸催化下，多数醇的分子内脱水反应为 E1 历程，中间体为碳正离子。因此，醇脱水的难易程度主要取决于碳正离子的稳定性。伯、仲和叔醇脱水的难易程度为：叔醇＞仲醇＞伯醇。叔醇和仲醇在酸催化条件下，主要生成消除产物烯烃。某些碳正离子可重排为更稳定的碳正离子，因此消除反应可能生成重排的烯烃。

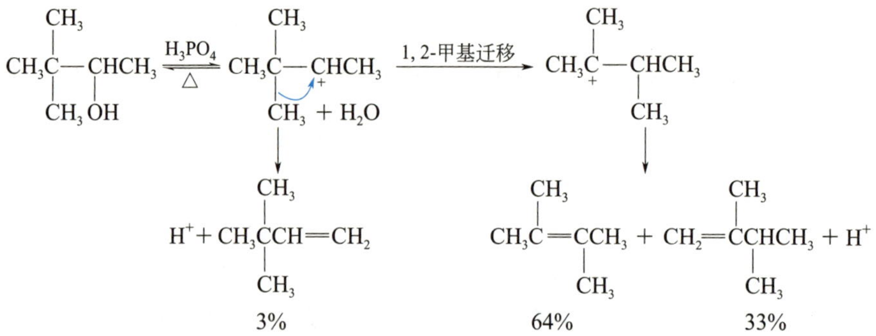

采用氧化铝为催化剂，醇在高温气相中脱水，可得到不发生重排的烯烃。如：

$$CH_3CH_2CH_2CH_2OH \xrightarrow[170℃]{75\%H_2SO_4} CH_3CH{=}CHCH_3\ (主要产物)$$

$$CH_3CH_2CH_2CH_2OH \xrightarrow[350\sim400℃]{Al_2O_3} CH_3CH_2CH{=}CH_2\ (主要产物)$$

酸催化下醇分子间脱水是 S_N2 历程，如伯醇在较低温度下分子间脱水得醚。如：

$$CH_3CH_2\overset{..}{\underset{..}{O}}H + CH_3CH_2 \overset{H}{\underset{\overset{+}{|}{H}}{O}}H \xrightarrow{S_N2} CH_3CH_2\overset{+}{O}CH_2CH_3 \xrightarrow{-H^+} CH_3CH_2OCH_2CH_3$$

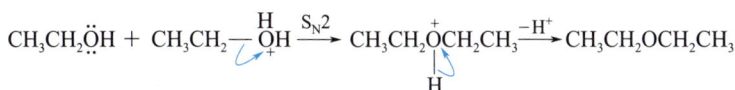

9.3.5 醇成酯的反应

醇和有机酸、无机酸反应，可生成相应的酯。醇与有机酸成酯反应将在第 11 章中详细讨论，在此简单讨论醇与含氧无机酸的成酯反应。

$$CH_3COOH + C_2H_5OH \underset{}{\overset{H_2SO_4,120℃}{\rlap{\Longleftarrow}\longrightarrow}} CH_3COOC_2H_5 + H_2O$$

醇如乙醇与硫酸反应，生成硫酸氢乙酯（酸性硫酸酯）。

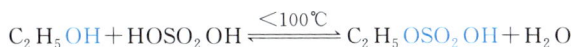

$$C_2H_5OH + HOSO_2OH \underset{}{\overset{<100℃}{\rlap{\Longleftarrow}\longrightarrow}} C_2H_5OSO_2OH + H_2O$$

该反应也是亲核取代反应，反应温度不能太高，否则产物为烯或醚。

酸性硫酸酯具有强酸性，用碱如 NaOH 中和可得钠盐。当烃基 R 为 $C_{12} \sim C_{16}$ 时，相应产物如十二烷基硫酸钠 $ROSO_3Na$ 是常用的乳化剂。

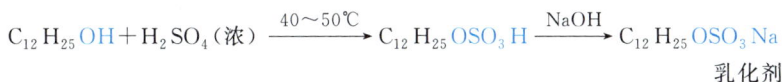

$$C_{12}H_{25}OH + H_2SO_4（浓） \xrightarrow{40\sim50℃} C_{12}H_{25}OSO_3H \xrightarrow{NaOH} \underset{乳化剂}{C_{12}H_{25}OSO_3Na}$$

醇与硝酸反应得到硝酸酯，多元醇的硝酸酯是炸药。如丙三醇的硝酸酯俗名硝化甘油，是一种烈性炸药，它还有扩张冠状动脉的作用，可用作治疗心绞痛的急救药。

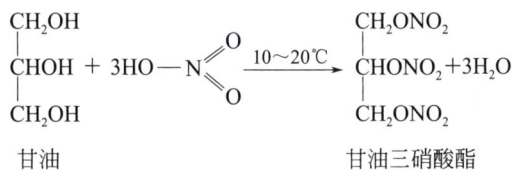

$$\underset{甘油}{\overset{CH_2OH}{\underset{CH_2OH}{\overset{|}{\underset{|}{CHOH}}}}} + 3HO-\overset{\overset{O}{\|}}{\underset{\underset{O}{\|}}{N}} \xrightarrow{10\sim20℃} \underset{甘油三硝酸酯}{\overset{CH_2ONO_2}{\underset{CH_2ONO_2}{\overset{|}{\underset{|}{CHONO_2}}}}} + 3H_2O$$

磷酸的酸性较弱，不易与醇直接成酯，通常采用磷酰三氯与醇反应制备磷酸酯。磷酸酯可用作萃取剂、增塑剂。

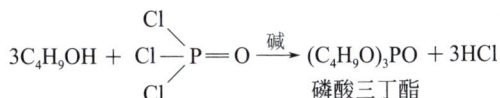

$$3C_4H_9OH + \underset{Cl}{\overset{Cl}{\overset{|}{\underset{|}{Cl-P=O}}}} \xrightarrow{碱} \underset{磷酸三丁酯}{(C_4H_9O)_3PO} + 3HCl$$

思考题 9-3 叔醇与无机酸反应，主产物是什么？

9.3.6 醇的氧化和脱氢

（1）醇的氧化

醇分子中 α-H 较活泼，容易发生氧化或脱氢反应。由于叔醇没有 α-H 难以被氧化，醇的氧化通常指伯醇和仲醇的氧化。仲醇被氧化为酮；伯醇被氧化为醛，醛可进一步被氧化为羧酸。反应中，通过选择合适的氧化剂或控制反应条件，可实现由伯醇氧化为醛或羧酸的选择性氧化。

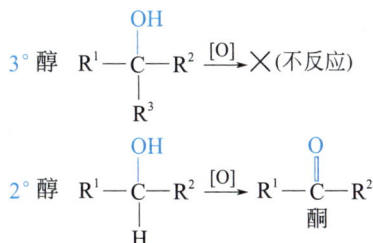

$$3°醇 \quad \underset{R^3}{\overset{OH}{\overset{|}{\underset{|}{R^1-C-R^2}}}} \xrightarrow{[O]} \times (不反应)$$

$$2°醇 \quad \underset{H}{\overset{OH}{\overset{|}{\underset{|}{R^1-C-R^2}}}} \xrightarrow{[O]} \underset{酮}{\overset{O}{\overset{\|}{R^1-C-R^2}}}$$

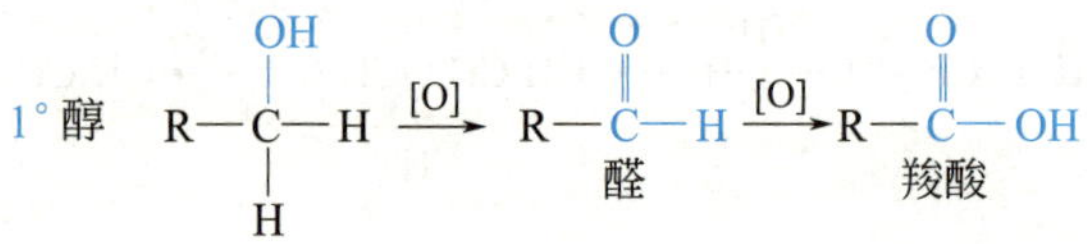

$$1° \text{醇} \quad R-\overset{\overset{\displaystyle OH}{|}}{\underset{\underset{\displaystyle H}{|}}{C}}-H \xrightarrow{[O]} R-\overset{\overset{\displaystyle O}{\|}}{C}-H \xrightarrow{[O]} R-\overset{\overset{\displaystyle O}{\|}}{C}-OH$$
$$\text{醛} \qquad\qquad \text{羧酸}$$

高锰酸钾和重铬酸钾是实验室常用的强氧化剂，能将仲醇氧化为酮，而伯醇则难以停留在生成醛的阶段，被继续氧化成羧酸。如：

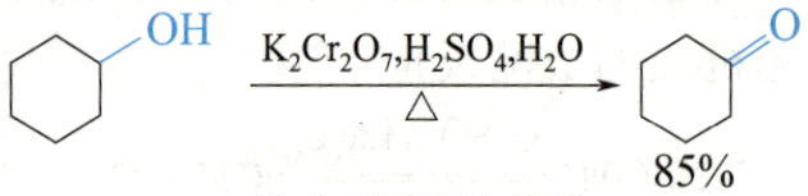

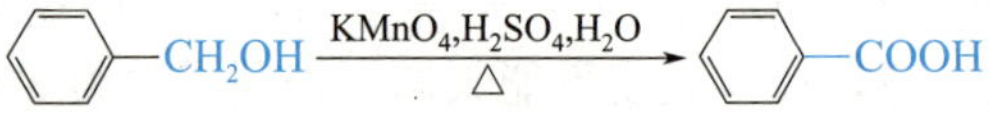

脂环醇如环己醇，氧化可先生成环己酮，继续氧化成含同碳原子数的二元羧酸。这种氧化产物比较单一，用于制备二元羧酸。工业上用硝酸氧化环己酮，制备己二酸。

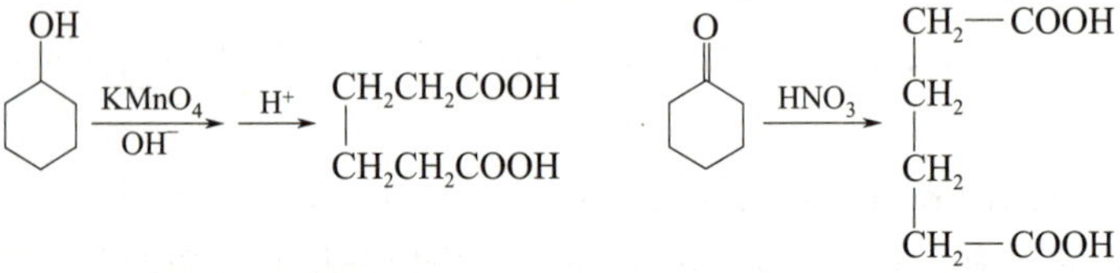

使用选择性氧化剂，可将伯醇氧化成醛。如沙瑞特（Sarrett）试剂，即 CrO_3-吡啶复合物，可将伯醇氧化为醛，且不影响分子中 $C=C$、$C=O$、$C=N$ 等不饱和键。铬酸吡啶盐（$PyH^+CrO_3Cl^-$、PCC）是三氧化铬的吡啶盐酸盐的配合物，氧化性能与沙瑞特试剂相似。

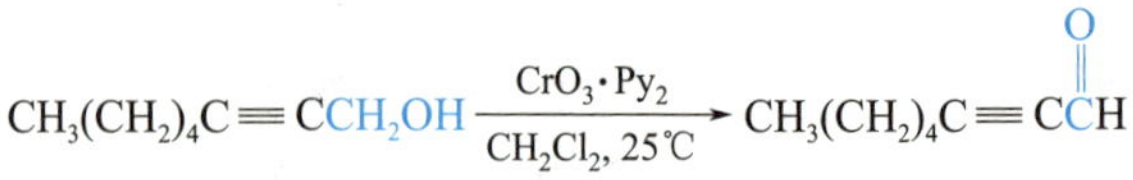

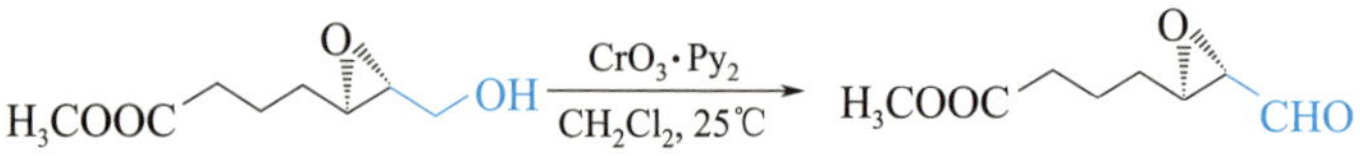

新制的 MnO_2（用 $MnSO_4$ 与 $KMnO_4$ 在碱性溶液中反应制备）对烯丙型羟基的氧化具有很好的选择性，氧化反应不影响 $C=C$。

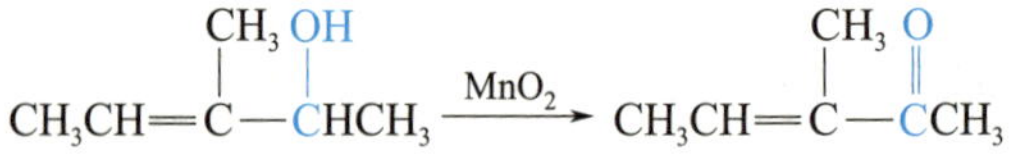

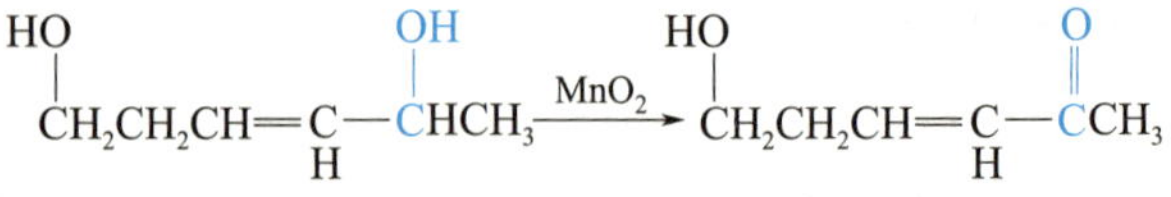

在醇铝（叔丁醇铝或异丙醇铝）存在下，仲醇被丙酮或环己酮等氧化成酮，丙酮或环己酮则被还原成异丙醇和环己醇的反应，称为欧分劳尔氧化（Oppenauer oxidation）。这一反应主要是氢原子在仲醇与酮之间转移，不涉及分子其他部分，适用于含有 $C=C$ 或对酸不稳定基团的仲醇。该反应为可逆反应，通常使用过量的丙酮，使平衡向氧化反应方向移动。如：

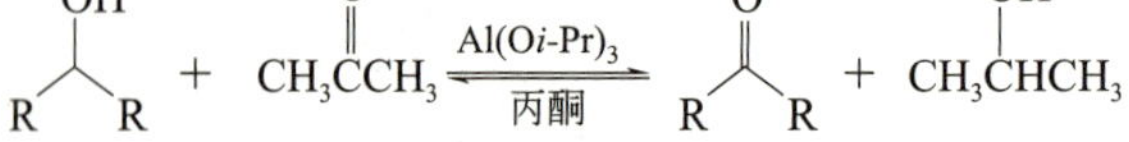

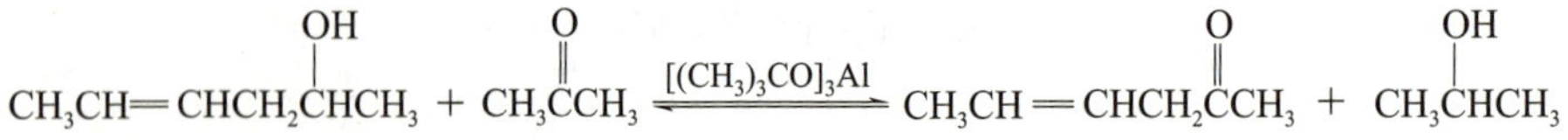

1,3-二溴-5,5-二甲基海因（简称二溴海因，DBH）是一种 N-溴代试剂，也可作为氧化试剂。通过控制二溴海因的用量和选择不同的反应溶剂，可以选择性地将苄醇氧化为苯甲醛或苯甲酸酯。如：

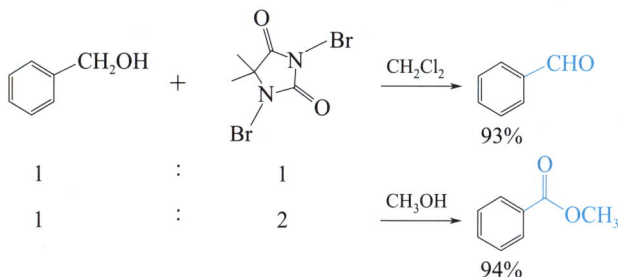

（2）醇的脱氢

伯醇和仲醇在一些金属催化剂作用下，通过脱氢反应得到相应的醛、酮等产物。

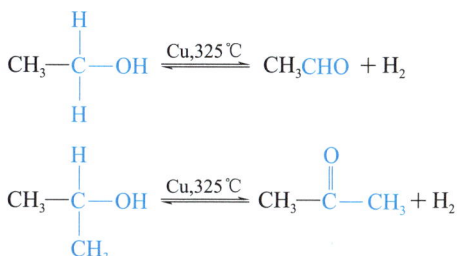

9.3.7　多元醇的特殊性质

（1）与高碘酸或四乙酸铅反应

邻二醇可在高碘酸（H_5IO_6）、偏高碘酸钾和偏高碘酸钠（KIO_4、$NaIO_4$）的水溶液中实现两个羟基之间 C—C 键的断裂，生成相应的醛或酮。反应是定量完成的，可用于鉴别邻二醇和推测邻二醇的结构。

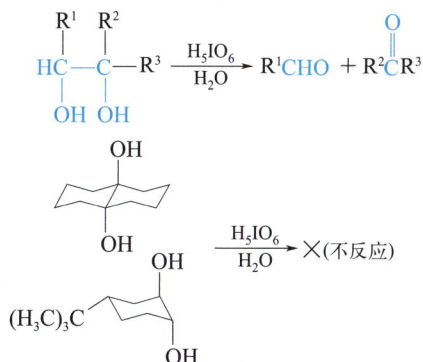

部分刚性结构的二元醇不能被 H_5IO_6 氧化，1,2-二醇的高碘酸氧化机理可能是：

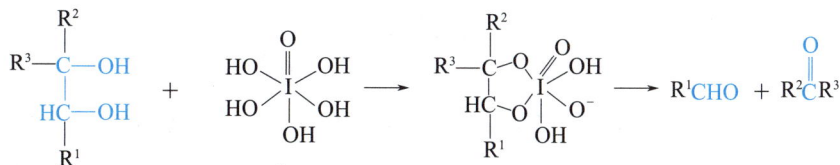

邻二醇也可被四乙酸铅 ［$Pb(OAc)_4$］ 的乙酸或苯溶液氧化，生成相应的醛或酮。

$$CH_3-\overset{\displaystyle OH}{\underset{\displaystyle |}{CH}}-\overset{\displaystyle OH}{\underset{\displaystyle |}{\underset{\displaystyle CH_3}{C}}}-CH_3 \xrightarrow[\text{HOAc}]{Pb(OAc)_4} CH_3-\overset{\displaystyle O}{\overset{\displaystyle \|}{C}}-H + CH_3-\overset{\displaystyle O}{\overset{\displaystyle \|}{C}}-CH_3$$

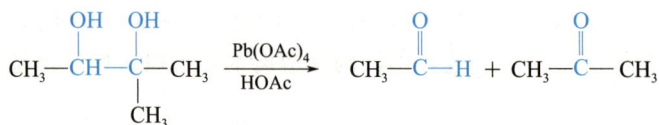

此外，α-羟基酸、α-羟基醛或酮、1,2-二酮也具有类似的反应。

(2) 与 $Cu(OH)_2$ 反应

甘油在碱性条件下与氢氧化铜反应生成绛蓝色的甘油铜溶液，可用于鉴别。

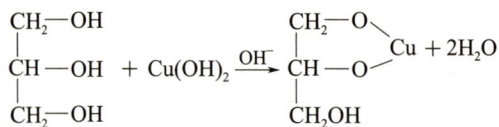

$$\begin{array}{l} CH_2-OH \\ | \\ CH-OH \\ | \\ CH_2-OH \end{array} + Cu(OH)_2 \xrightarrow{OH^-} \begin{array}{l} CH_2-O \\ \quad\quad\quad\diagdown \\ CH-O-Cu + 2H_2O \\ | \\ CH_2OH \end{array}$$

思考题 9-4　如何区分丙-1,2-二醇和丙-1,3-二醇？

9.4　醇的制备

9.4.1　由烯烃制备

以烯烃为原料，可通过多种反应制备醇（见第 3 章）。两种酸性水合法——直接水合和间接水合，一般用来制备简单的醇。在酸性水合过程中因有碳正离子生成，往往有重排产物。

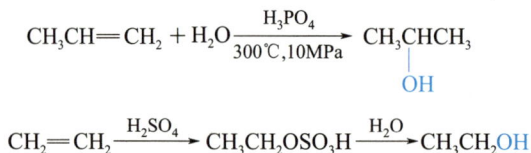

$$CH_3CH=CH_2 + H_2O \xrightarrow[300^\circ C,10MPa]{H_3PO_4} CH_3\overset{\displaystyle }{\underset{\displaystyle OH}{CH}}CH_3$$

$$CH_2=CH_2 \xrightarrow{H_2SO_4} CH_3CH_2OSO_3H \xrightarrow{H_2O} CH_3CH_2OH$$

烯烃的硼氢化-氧化，反应条件温和，无重排产物，产率高，是末端烯制伯醇的方法。

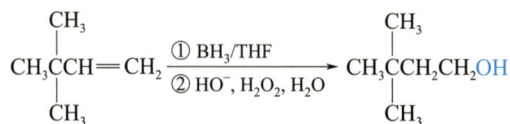

$$CH_3\overset{\displaystyle CH_3}{\underset{\displaystyle CH_3}{C}}CH=CH_2 \xrightarrow[\text{② } HO^-,H_2O_2,H_2O]{\text{① } BH_3/THF} CH_3\overset{\displaystyle CH_3}{\underset{\displaystyle CH_3}{C}}CH_2CH_2OH$$

9.4.2　卤代烃的水解

卤代烃在碱性条件下可水解得到醇。但一般情况下醇比卤代烃易得，常用醇制备卤代烃；只有当相应的卤代烃比醇更容易得到时，才用卤代烃的水解法制备醇。

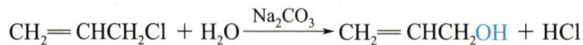

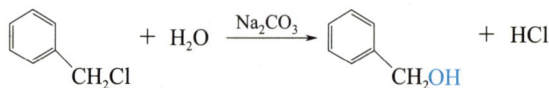

$$CH_2=CHCH_2Cl + H_2O \xrightarrow{Na_2CO_3} CH_2=CHCH_2OH + HCl$$

$$\underset{CH_2Cl}{\bigcirc} + H_2O \xrightarrow{Na_2CO_3} \underset{CH_2OH}{\bigcirc} + HCl$$

某些 β-C 上有取代基的伯卤代烷及仲卤代烷，在强碱作用下主要生成消除产物。为了获得水解产物，常将卤代烷在乙酸钠/乙酸钾等弱碱存在下生成乙酸酯，再经水解或还原的方法转变为醇。

$$R{-}X + CH_3CONa \longrightarrow R{-}O{-}\overset{\displaystyle O}{\underset{\displaystyle \|}{C}}{-}CH_3 + NaX$$

$$CH_3CO_2R + H_2O \longrightarrow CH_3CO_2H + ROH$$

思考题 9-5　如何完成下列转化？

$$CH_3CH_2CH_2CH_3 \xrightarrow{\quad ? \quad} CH_3\overset{\displaystyle O}{\underset{\displaystyle \|}{C}}CH_2CH_3$$
丁烷　　　　　　丁酮

9.4.3　羰基化合物的还原

羰基化合物如醛、酮、羧酸及羧酸酯可被还原成相应的醇。常用催化氢化、硼氢化钠（$NaBH_4$）、氢化铝锂（$LiAlH_4$）等还原。

$$CH_3CH_2\overset{\displaystyle O}{\underset{\displaystyle \|}{C}}H \xrightarrow[\text{雷尼Ni}]{H_2} CH_3CH_2CH_2CH_2OH$$

$$CH_3CH_2\overset{\displaystyle O}{\underset{\displaystyle \|}{C}}CH_3 \xrightarrow[\text{雷尼Ni}]{H_2} CH_3CH_2\overset{\displaystyle OH}{\underset{\displaystyle |}{C}}HCH_3$$

$NaBH_4$ 是将醛和酮还原成伯醇或仲醇的常用还原剂，反应可以在醇溶液（甲醇、乙醇），甚至水溶液中进行，分子中的 $\diagup$C=C$\diagdown$ 、—COOH、—COOR、—CN、—NO$_2$ 等基团不受影响，反应具有很好的选择性。

H_3CO—⟨⟩—CH$\overset{\displaystyle O}{\underset{\displaystyle \|}{}}$ $\xrightarrow{NaBH_4, CH_3OH}$ H_3CO—⟨⟩—CH_2OH

96%

$$CH_3CH{=}CHC\overset{\displaystyle O}{\underset{\displaystyle \|}{}}CH_3 \xrightarrow[\text{② } H_2O]{\text{① } NaBH_4} CH_3CH{=}CHCH_2\overset{\displaystyle OH}{\underset{\displaystyle |}{C}}HCH_3$$

$LiAlH_4$ 具有很强的还原性，可将醛、酮、羧酸及羧酸酯还原为相应的醇，一般不还原双键，但分子中的—CN、—NO$_2$ 等也会被还原成氨基。$LiAlH_4$ 极易水解，反应需在绝对无水条件下进行。

$$CH_3(CH_2)_3CH_2{-}CH\overset{\displaystyle O}{\underset{\displaystyle \|}{}} \xrightarrow[\text{② } H_2O]{\text{① } LiAlH_4,\text{无水Et}_2O} CH_3(CH_2)_3CH_2{-}CH_2OH$$

$$(C_6H_5)_2CHC\overset{\displaystyle O}{\underset{\displaystyle \|}{}}CH_3 \xrightarrow[\text{② } H_2O]{\text{① } LiAlH_4,\text{无水Et}_2O} (C_6H_5)_2CH\overset{\displaystyle OH}{\underset{\displaystyle |}{C}}HCH_3$$

84%

COOH $\xrightarrow[\text{② } H_2O]{\text{① } LiAlH_4,\text{无水Et}_2O}$ OH

92%

⟨⟩—$\overset{\displaystyle O}{\underset{\displaystyle \|}{C}}$—OC_2H_5 $\xrightarrow[\text{② } H_2O]{\text{① } LiAlH_4,\text{无水Et}_2O}$ ⟨⟩—OH + C_2H_5OH

9.4.4 羰基化合物与有机金属试剂反应

羰基碳原子上带有部分正电荷，容易受到有机金属试剂如格氏试剂、炔化钠等的进攻，生成醇，并实现碳链的增长。

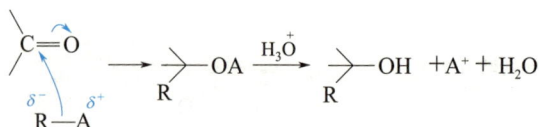

$$\underset{R-A}{\overset{\delta^-\;\;\delta^+}{\underset{\displaystyle }{C=O}}} \longrightarrow \underset{R}{\diagdown}\!-OA \xrightarrow{H_3O^+} \underset{R}{\diagdown}\!-OH \;\;+A^+ + H_2O$$

格氏试剂与羰基化合物如醛、酮、羧酸酯等加成产物经稀酸水解，可转变成相应的醇；由甲醛或环氧乙烷加成制伯醇；由乙醛等制仲醇，由酮及羧酸酯等制叔醇。需注意所用的试剂中不能含有活泼氢和不饱和的基团（如—NH$_2$、—OH、—NO$_2$、—CN 等）。炔钠也有类似的反应。

$$\bigcirc\!\!-MgX + HCHO \xrightarrow[\text{② } H_3O^+]{\text{① } Et_2O} \bigcirc\!\!-CH_2OH$$

$$CH_3CH_2CH_2CH_2MgBr \xrightarrow[\text{② } H_3O^+]{\text{① } \overset{O}{\triangle}} CH_3CH_2CH_2CH_2CH_2CH_2OH$$
$$61\%$$

$$CH_3CH_2MgBr + CH_3CHO \xrightarrow[\text{②} H_3O^+]{\text{① } Et_2O} \underset{85\%}{CH_3CH_2\overset{CH_3}{\overset{|}{C}}HOH}$$

$$\underset{\underset{CH_3}{|}}{CH_3CHMgBr} + CH_3\overset{O}{\overset{\|}{C}}CH_3 \xrightarrow[\text{②} H_3O^+]{\text{① } Et_2O} \underset{\underset{CH_3}{|}}{CH_3CH}\!-\!\underset{\underset{CH_3}{|}}{\overset{\overset{OH}{|}}{C}CH_3}$$
$$54\%$$

$$HC\!\equiv\!CNa + \bigcirc\!\!=O \xrightarrow[\text{②} H_3O^+]{\text{① } Et_2O} \bigcirc\!\!\overset{OH}{\underset{C\equiv CH}{}}$$

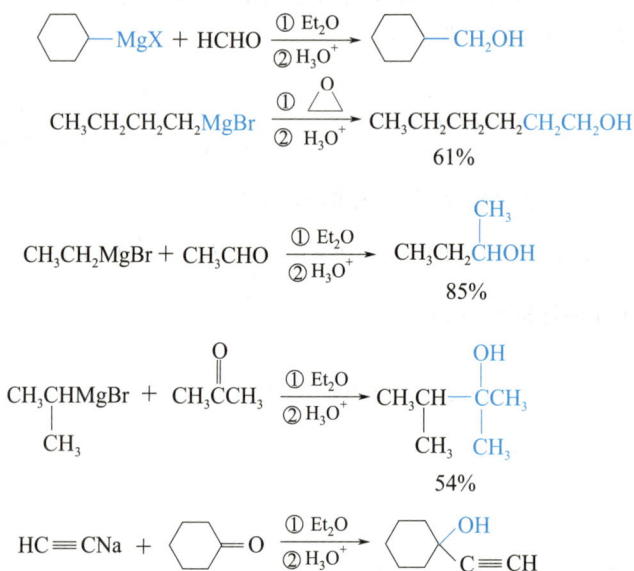

9.5 几种重要的醇

(1) 甲醇

甲醇（methanol）是结构最简单的饱和一元醇，CAS 号为 67-56-1、170082-17-4，分子量 32.04，沸点 64.7℃。因在木材干馏中首次发现，故又称木醇或木精，为无色、有酒精气味、易挥发的透明液体。甲醇是一种比乙醇更好的有机溶剂，可溶解诸多无机盐。工业上合成甲醇主要采用一氧化碳加压催化加氢的方法。

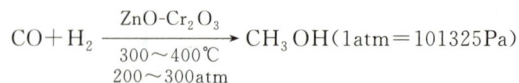

$$CO + H_2 \xrightarrow[\substack{300\sim400℃ \\ 200\sim300atm}]{ZnO\text{-}Cr_2O_3} CH_3OH(1atm=101325Pa)$$

甲醇对人体有低毒，口服中毒最低剂量约为 100mg/kg，经口摄入 0.3～1g/kg 即可致死。甲醇在肝脏中被酒精脱氢酶氧化成甲醛，然后形成甲酸，导致中毒。甲醇中毒可以用乙醇解毒，乙醇和甲醇竞争醇脱氢酶，使人体有时间排除甲醇，解除甲醇中毒。

(2) 乙醇

乙醇（ethanol）是最常见的醇，CAS号为64-17-5，分子量46.07，沸点78.4℃，也是酒的主要成分，俗称酒精。乙醇的用途很广，可制造乙酸、饮料、香精、染料及燃料等。医疗上也常用体积分数为70%～75%的乙醇溶液作消毒剂。工业上一般用淀粉发酵法或乙烯直接水化法制取乙醇。

乙醇可与水形成沸点为78.15℃的共沸混合物，共沸物中乙醇含量为95.6%，不能用蒸馏或分馏的方法除去剩余的水分。工业上制备无水乙醇时，先在95.6%的乙醇中加入一定量苯，蒸馏得到苯、乙醇、水的三元共沸物，再蒸出苯和乙醇的二元共沸物，最后得到无水乙醇。

乙醇能与 $CaCl_2$ 或 $MgCl_2$ 形成 $CaCl_2 \cdot 3C_2H_5OH$ 或 $MgCl_2 \cdot 6C_2H_5OH$ 结晶物，称为结晶醇，所以不能用无水氯化钙干燥乙醇。

(3) 叔丁醇

叔丁醇（2-甲基丙-2-醇，*tert*-butanol），CAS号为75-65-0，分子量74，沸点82.42℃，熔点25.7℃。叔丁醇是最简单的叔醇，具有樟脑香味，易溶于水、乙醇和乙醚。叔丁醇常被用作溶剂、油漆清洗剂、汽油添加剂及用于其他日用品如香料和香水的生产中。

工业上，叔丁醇可由异丁烯的催化水化制得。由于是三级醇，相对于其他结构的丁醇而言，叔丁醇对氧化剂比较稳定。用强碱（如氢化钠）脱去叔丁醇的质子时，产物叔丁氧基负离子具有强碱性，它可以夺取其他化合物中的活泼氢；它的体积限制了它进行亲核反应，是弱的亲核试剂。

(4) 乙二醇

乙二醇（甘醇，ethylene glycol，简称EG）化学式为 $(CH_2OH)_2$，CAS号为107-21-1，沸点197.3℃，熔点−12.6℃。乙二醇是最简单的二元醇，无色、无臭、易吸湿、有甜味，对动物有毒性，对人的致死剂量约为1.6g/kg。乙二醇能与水、丙酮互溶，在醚类中溶解度较小，与水混溶时可降低水的冰点，可作为防冻剂的原料。乙二醇还能溶解食盐、氯化锌、氯化钾、碘化钾、氢氧化钾等无机化合物。乙二醇的高聚物聚乙二醇（PEG）是一种非离子型表面活性剂，也可作为相转移催化剂；其硝酸酯是一种炸药。

工业上用环氧乙烷直接水合法和催化水合法制备乙二醇。副产物有一缩二乙二醇、二缩三乙二醇和多缩聚乙二醇，常采用减压蒸馏的方法进行精制。

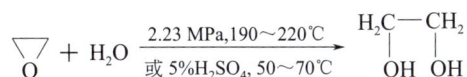

$$\text{（环氧乙烷）} + H_2O \xrightarrow[\text{或 } 5\%H_2SO_4,\ 50\sim70℃]{2.23\text{ MPa},190\sim220℃} \begin{array}{c} H_2C—CH_2 \\ | \quad\quad | \\ OH \quad OH \end{array}$$

(5) 丙三醇

丙三醇（甘油，glycerol），CAS号为56-81-5，熔点17.8℃，沸点290℃（分解）。丙三醇是最简单的三元醇，是一种无色、味甜、澄明、黏稠液体，难溶于苯、氯仿、四氯化碳、二硫化碳、石油醚和油类。甘油的工业生产方法可分为两大类：以天然油脂为原料的方法，所得甘油俗称天然甘油；以丙烯为原料的合成法，所得甘油俗称合成甘油。

1984年以前，甘油全部从动植物脂制皂的副产物中回收。至今为止，天然油脂仍为生产甘油的主要原料，其中约42%的天然甘油来源于制皂副产物，58%源于脂肪酸生产。

9.6 酚的结构、分类和命名

(1) 酚的结构和分类

最简单的酚是苯酚。酚羟基的氧原子以两个 sp^2 杂化轨道分别与苯环的一个碳原子的 sp^2 杂化轨道和一个氢原子的 1s 轨道成键，氧原子 p 轨道上的一对非键电子可参与苯环的大 π 键共轭，如图 9-4 所示。

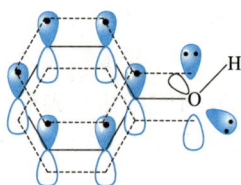

根据芳环上酚羟基的数目，可分为一元酚、二元酚和多元酚。

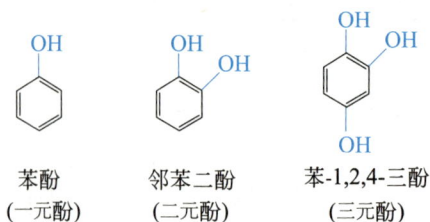

图 9-4 苯酚的结构

苯酚
(一元酚)

邻苯二酚
(二元酚)

苯-1,2,4-三酚
(三元酚)

(2) 酚的命名

酚的命名，一般是在"酚"字前加上芳环的名称，以此为母体，再加上其他取代基名称和位置。在命名时常以苯酚为母体，环上其他基团为取代基。

对氯苯酚

2,4-二硝基苯酚

5-甲基萘-2-酚

当芳环上有多种取代基时，则需将取代基按优先次序选择母体。通常基团作为母体的先后排列次序如下：—COOH，—SO$_3$H，—COOR，—COCl，—CONH$_2$，—CN，—CHO，

$\diagdown$C=O，—OH（醇），—OH（酚），—SH，—NH$_2$，—C≡C，—C=C，—OR，—SR。

选择次序优先者作为主官能团（母体），其余基团为取代基。编号时从主官能团所在的环碳原子开始，并遵循"最低系列"原则，以及取代基按英文顺序排列原则。

2-羟基苯甲酸

3-氯-4-羟基苯磺酸

1-羟基萘-2-甲醛

4-氨基苯酚

9.7 酚的物理性质

酚类化合物中的羟基可形成分子间氢键，其沸点、熔点都较分子量接近的芳烃或卤代芳烃高。酚一般为固体，仅少数烷基酚是液体。苯酚微溶于水，在热水中可与水混溶；低级酚

在水中有一定的溶解度；酚类化合物可溶于乙醇、乙醚及苯等有机溶剂。酚一般没有颜色，但它易被空气中的氧氧化而呈现红色或褐色。一些酚的物理常数如表 9-2 所示。

表 9-2　一些酚的物理常数

名称	英文名称	结构	熔点 /℃	沸点 /℃	溶解度(25℃) /(g/100g H_2O)	pK_a (25℃)
苯酚	phenol	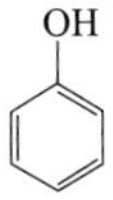	41	182	9.3	10
邻甲苯酚	o-cresol	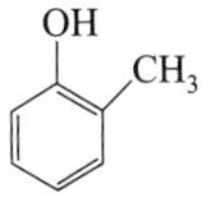	31	191	2.5	10.29
间甲苯酚	m-cresol	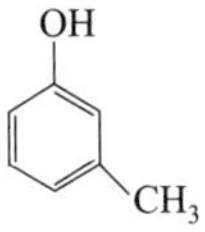	12	202	2.6	10.09
对甲苯酚	p-cresol	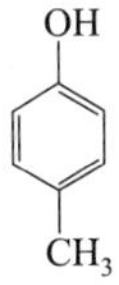	35	202	2.3	10.26
邻氯苯酚	o-chlorophenol	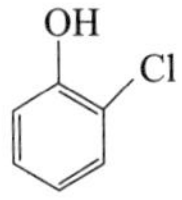	9	173	2.8	8.48
间氯苯酚	m-chlorophenol	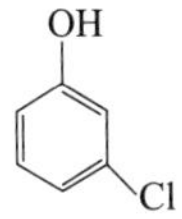	33	214	2.6	9.02
对氯苯酚	p-chlorophenol		43	217	2.6	9.38
邻硝基苯酚	o-nitrophenol	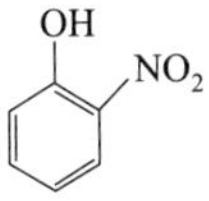	45	214	0.2	7.22
间硝基苯酚	m-nitrophenol	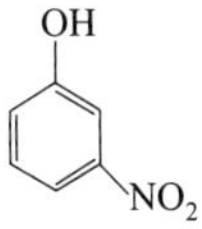	96	194(9300Pa)	1.4	8.39
对硝基苯酚	p-nitrophenol	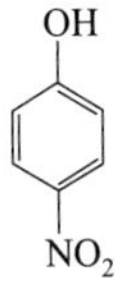	114	279(分解)	1.7	7.15

名称	英文名称	结构	熔点/℃	沸点/℃	溶解度(25℃)/(g/100g H_2O)	pK_a(25℃)
2,4-二硝基苯酚	2,4-dinitrophenol	OH NO₂ NO₂	113	312	0.6	4.09
2,4,6-三硝基苯酚	2,4,6-trinitrophenol	O₂N OH NO₂ NO₂ (俗名苦味酸)	122	300(爆炸)	1.4	0.25

9.8 酚的化学性质

酚羟基受到芳环的影响,在化学性质上与醇羟基有明显不同。由于酚羟基氧原子上 p 轨道中孤对电子对与芳环大 π 键共轭,增强了 C—O 键,C—O 键不易断裂,酚羟基很难被其他亲核基团取代;O—H 键被削弱,酚酸性增强,碱性和亲核性降低;芳环上电子云密度提高,酚芳环上的亲电取代很容易进行。

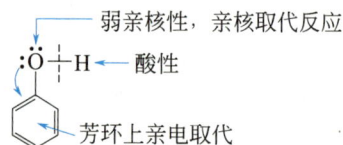

弱亲核性,亲核取代反应
酸性
芳环上亲电取代

9.8.1 酚的酸性

苯酚具有酸性,其 pK_a 约为 10,酸性较水(pK_a 约 15.7)强,但比碳酸(pK_a 为 6.38)弱。苯酚在氢氧化钠水溶液中可生成酚钠盐,不能与碳酸氢钠成盐,利用这一性质可分离、提纯苯酚。

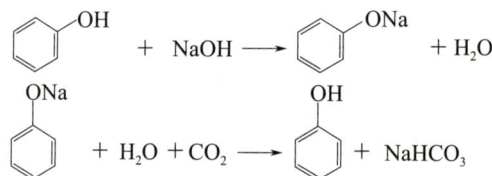

$$\text{C}_6\text{H}_5\text{OH} + \text{NaOH} \longrightarrow \text{C}_6\text{H}_5\text{ONa} + \text{H}_2\text{O}$$

$$\text{C}_6\text{H}_5\text{ONa} + \text{H}_2\text{O} + \text{CO}_2 \longrightarrow \text{C}_6\text{H}_5\text{OH} + \text{NaHCO}_3$$

酚的酸性主要源自羟基与苯环的 p-π 共轭作用。一方面,酚羟基的给电子共轭作用增强了 C—O 键,但削弱了 O—H 键,使酚羟基比醇羟基更容易解离出 H^+;另一方面,酚氧负离子由于 p-π 共轭作用,具有更好的稳定性。因此,当苯环上连有吸电子基时,酚氧负离子的稳定性提高,酚酸性增强;当连有给电子基时,酚酸性减弱。此外,取代基与酚羟基在苯环上的相对位置也影响酚的酸性(见表 9-2)。如当硝基在羟基的邻或对位时,生成的硝基苯氧负离子更稳定,酸性比间硝基苯酚强。

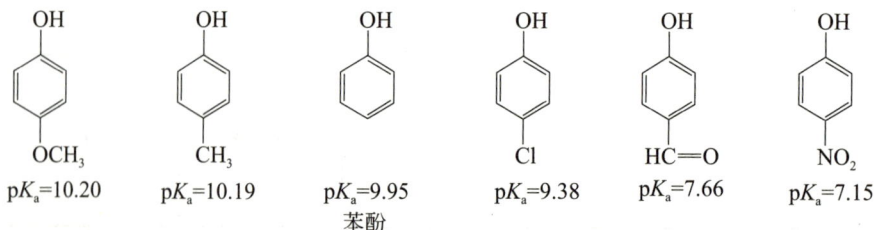

OCH₃	CH₃		Cl	HC=O	NO₂
pK_a=10.20	pK_a=10.19	pK_a=9.95 苯酚	pK_a=9.38	pK_a=7.66	pK_a=7.15

NO_2: m- o- p-

pK_a 8.39   7.22   7.15

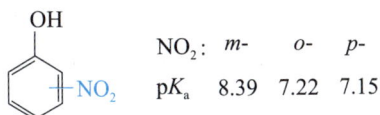

思考题 9-6 按酚氧负离子稳定性排列：

9.8.2 酚羟基的反应

(1) 酚醚和酚酯的生成

与醇羟基类似，酚羟基也可成醚、成酯，但由于酚的 p-π 共轭效应，其 C—O 键不容易断裂，因此，一般不用羟基间脱水制备酚醚，而用酚钠与卤代烃作用制备脂肪芳香混合醚。如：

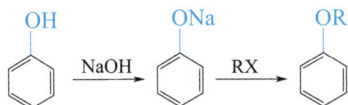

酚与羧酸或其他无机酸均不能成酯，须使用活性较大的酰氯或酸酐才能形成酯。如：

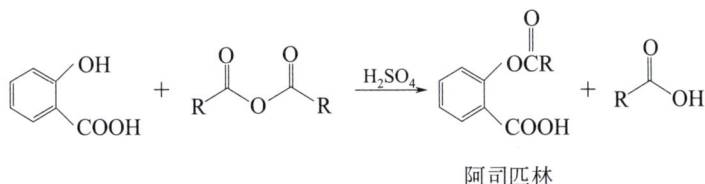

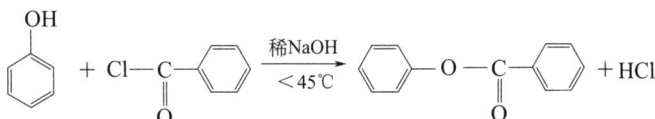

阿司匹林

(2) 酚与三氯化铁的显色反应

大多数酚类化合物与 $FeCl_3$ 的水溶液可发生显色反应，如苯酚与 $FeCl_3$ 的水溶液呈蓝紫色，该反应可用于酚的鉴别。

$$6C_6H_5OH + FeCl_3 \longrightarrow H_3[Fe(C_6H_5O)_6] + 3HCl$$

结构中含有羟基与 sp^2 杂化碳原子相连（烯醇式）的化合物，大多能与三氯化铁的水溶液发生显色反应。

思考题 9-7 如何用化学方法区分对甲基苯酚和苯甲醚？

9.8.3 芳环上的亲电取代

酚羟基与芳环的 p-π 共轭效应，使芳环上电子云密度升高，因此酚比苯更容易进行芳环上的亲电取代反应，如卤代、硝化、磺化和傅-克反应等。

(1) 溴代反应

苯酚与溴水在室温下即可生成 2,4,6-三溴苯酚白色沉淀，反应非常灵敏并定量完成，可用作苯酚的定性和定量分析。若溴水过量，可继续反应生成 2,4,4,6-四溴环己-2,5-二烯酮（黄色沉淀，一种高选择性的溴代试剂）。

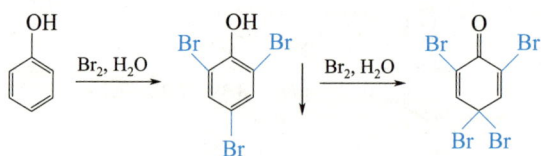

使用非极性溶剂如 CS_2 或 CCl_4 等，低温反应，可得一溴苯酚。

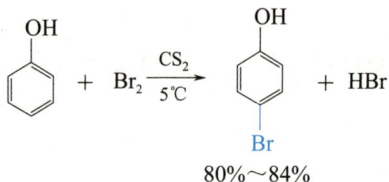

80%～84%

（2）硝化反应

苯酚在室温下即可被稀硝酸硝化，生成邻硝基和对硝基苯酚的混合物。

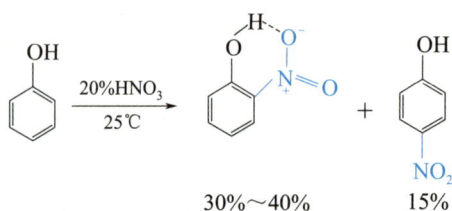

30%～40%　　　15%

邻硝基苯酚（沸点214℃）可形成分子内氢键，不与水缔合，沸点较低，水溶性低；对硝基苯酚（沸点279℃）可形成分子间氢键，还可与水形成氢键，沸点较高，水溶性较大，因此两种异构体可用水蒸气蒸馏法进行分离。

（3）磺化反应

苯酚与 H_2SO_4 作用的产物与稳定性有关，室温下，磺酸基主要进入邻位；100℃下反应，则磺酸基主要进入对位，因此，可以通过控制反应温度获得相应产物。

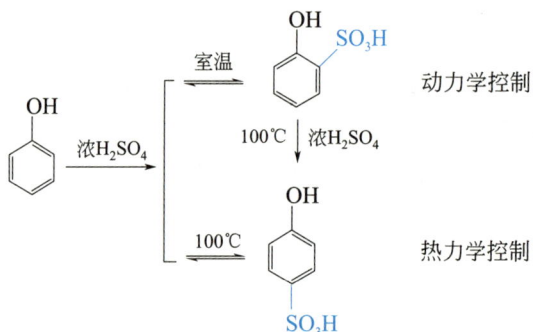

（4）傅-克反应

酚很容易进行傅-克反应，但常用的催化剂 $AlCl_3$ 可与酚羟基形成配合物 $PhOAlCl_2$ 而失去催化活性，酚的傅-克反应常使用 H_2SO_4、H_3PO_4、HF、BF_3 等作为催化剂。

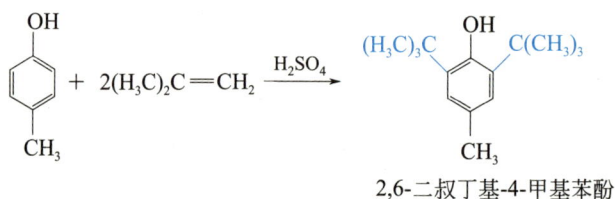

2,6-二叔丁基-4-甲基苯酚

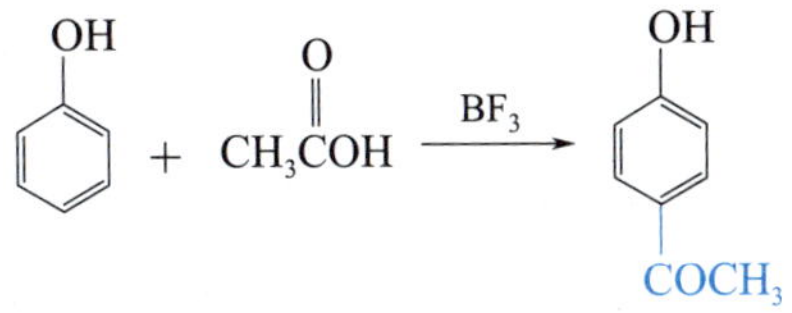

9.8.4 酚与甲醛和丙酮的反应

在酸或碱存在下，苯酚与甲醛发生缩合反应，可用于制备酚醛树脂。

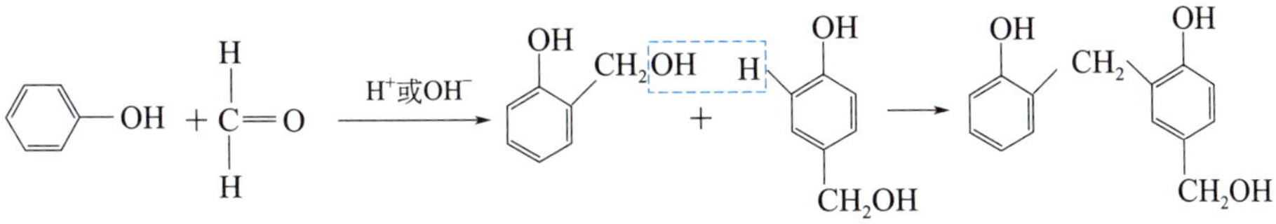

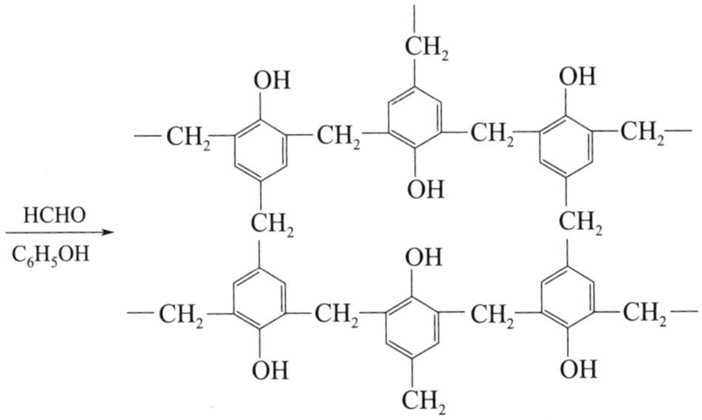

酸催化下，苯酚与丙酮缩合，生成 2,2-二对羟苯基丙烷，俗称双酚 A。

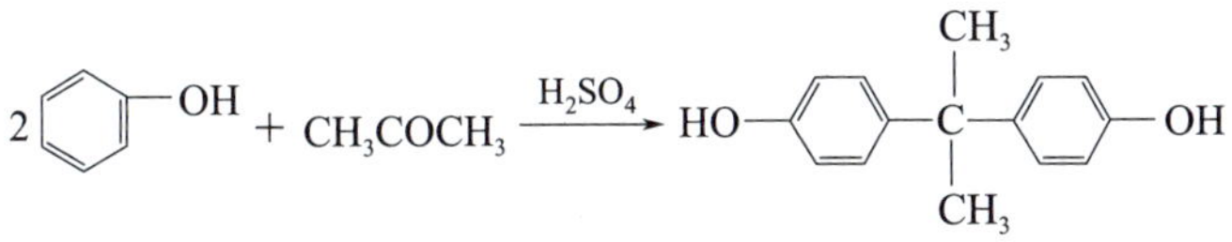

双酚 A 是制造环氧树脂、聚碳酸酯、聚砜和阻燃剂等的重要原料。

思考题 9-8　查阅文献，写出甲醛和苯酚反应制备酚醛树脂的过程。苯酚和甲醛之间的投料比对产物结构有何影响？

9.9　酚的制备

酚类化合物可从植物或煤焦油中提取，但目前使用的多数酚主要用化学合成法制备。

（1）磺酸盐碱熔法
芳香族磺酸盐与氢氧化钠共熔，生成酚钠盐，再以酸处理可得酚。

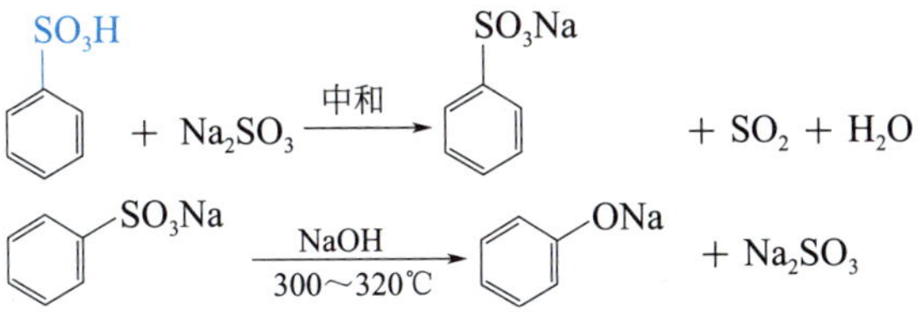

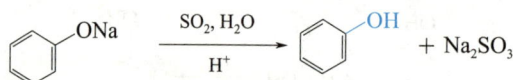

碱熔法制备酚的设备简单，产率和产品纯度高，且各步反应中的副产物可充分利用，是早期生产苯酚的主要方法。但反应原料腐蚀性大，不能连续化生产，一般适用于小规模生产。对甲苯酚、间苯二酚、萘酚等也可用此法制备。

(2) 卤代芳烃水解法

卤代芳烃的卤原子很不活泼，一般需在高温、高压和催化剂的存在下，才能水解生成酚。

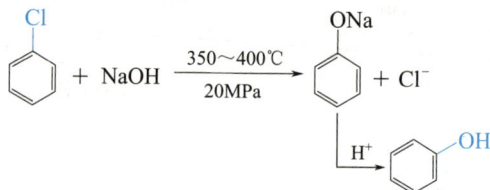

若在卤原子的邻、对位上连有一个或多个强吸电子基（如硝基）时，卤原子变得活泼，水解反应（即芳环上的亲核取代反应）较易进行，如：

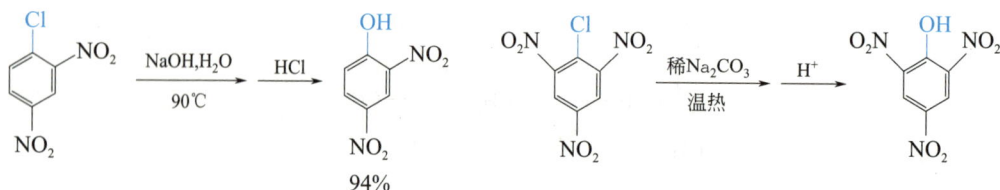

(3) 异丙苯氧化法

工业上将异丙苯用空气氧化成过氧化异丙苯，后者在酸催化下分解为苯酚和丙酮。此法的优点是在得到苯酚的同时还可得到另一重要的化工原料丙酮，是原子经济性很好的反应。

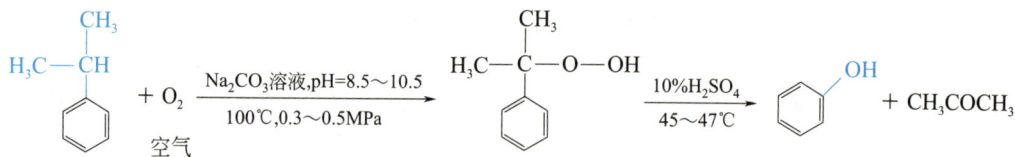

(4) 重氮盐水解法

芳香族伯胺化合物经重氮化，再水解便可得到酚，是实验室制取苯酚的主要方法，也是工业上制备许多酚类药物中间体的重要方法。如：

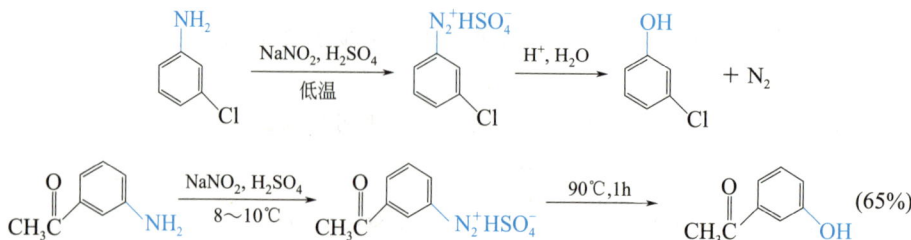

鸦片战争的
启示

思考题9-9　（1）对氯苯酚是否可用苯为原料经碱熔法制备？为什么？

（2）查阅文献，了解从某一植物中提取的酚类化合物的名称和提取方法。

9.10 醚的结构、分类和命名

醚的通式为 R^1—O—R^2，分子中的 C—O—C 称为醚键；醚分子中的氧原子为 sp^3 杂化，醚键的键角近似等于 110°。醚的结构如下：

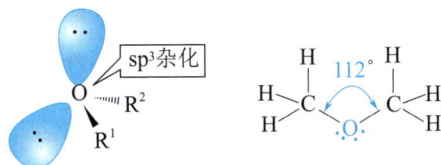

按醚键所连接的烃基是否相同，可把醚分为均醚和混醚；

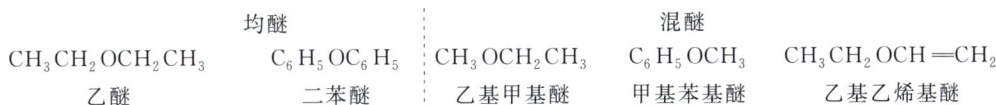

均醚

$CH_3CH_2OCH_2CH_3$　　　$C_6H_5OC_6H_5$

乙醚　　　　　　　　　二苯醚

混醚

$CH_3OCH_2CH_3$　　$C_6H_5OCH_3$　　$CH_3CH_2OCH=CH_2$

乙基甲基醚　　甲基苯基醚　　乙基乙烯基醚

按醚键连接烃基的结构不同，醚可分为饱和醚、不饱和醚、芳香醚、环醚等；硫醚是将醚的氧原子用硫替换的产物。

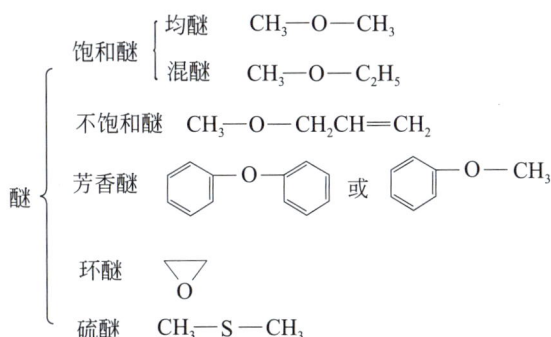

均醚又称单醚，简单醚的命名是以烃基名称加后缀"醚"字而成，称为"二某醚"，一般"二"字可以省略，只列一个烃基。混醚命名时两个不同的烃基按英文字母顺序先后列出，称为"某基某基醚"，如：

CH_3OCH_3　　　　　$CH_3OC(CH_3)_3$

甲醚　　　　　　　叔丁基甲基醚

间氯苯甲醚

结构复杂的醚可用系统命名法，即以烃为母体，烷氧基作为取代基命名。如：

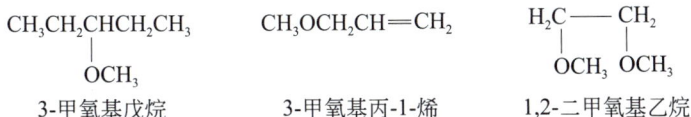

$CH_3CH_2CHCH_2CH_3$　　　$CH_3OCH_2CH=CH_2$　　　H_2C——CH_2
　　　　|　　　　　　　　　　　　　　　　　　　　|　　　|
　　　OCH_3　　　　　　　　　　　　　　　　　OCH_3　OCH_3

3-甲氧基戊烷　　　　　3-甲氧基丙-1-烯　　　　1,2-二甲氧基乙烷

环醚一般称为"环氧某烷"，或按杂环化合物命名。如：

$$\underset{\text{环氧乙烷}}{H_2C\!-\!\!CH_2} \qquad \underset{\text{1,2-环氧丙烷}}{H_2C\!-\!\!CHCH_3} \qquad \underset{\text{1,2-环氧丁烷}}{H_2C\!-\!\!CHCH_2CH_3} \qquad \underset{\text{2,3-环氧丁烷}}{CH_3CH\!-\!\!CHCH_3} \qquad \underset{\text{四氢呋喃}}{} \qquad \underset{\text{四氢吡喃}}{}$$

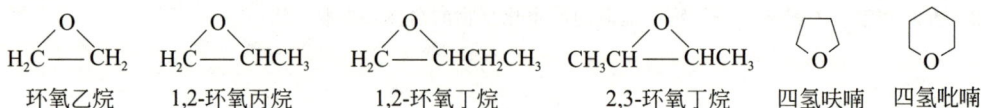

9.11　醚的物理性质

由于醚分子中氧原子的两边均为烃基，醚分子之间不能产生氢键，醚的沸点比相应分子量的醇低。常温下除甲醚、乙甲醚、甲基乙烯基醚为气体外，其他醚均为液体。醚分子中氧原子可与水分子中的氢原子形成氢键，醚与同碳数的醇在水中的溶解度相近。环醚因氧原子突出在外，更易与水分子中的氢原子生成氢键，环醚在水中溶解度较大，如四氢呋喃、1,4-二氧六环可与水混溶。一些醚的物理性质见表9-3。

表 9-3　一些醚的物理性质

名称	英文名称	结构式	熔点/℃	沸点(1atm)/℃
甲醚	dimethyl ether	CH_3OCH_3	-138	-24.9
乙甲醚	ethyl methyl ether	$CH_3OCH_2CH_3$	-139.2	10.8
乙醚	diethyl ether	$CH_3CH_2OCH_2CH_3$	-116	34.6
丙醚	dipropyl ether	$(CH_3CH_2CH_2)O$	-122	90.5
异丙醚	diisopropyl ether	$(CH_3)_2CHOCH(CH_3)_2$	-86	68
丁醚	dibutyl ether	$(CH_3CH_2CH_2CH_2)_2O$	-97.9	141
乙二醇二甲醚	1,2-dimethoxyethane(DME)	$CH_3OCH_2CH_2OCH_3$	-68	83
环氧乙烷	1,2-epoxyethane		-112	12
四氢呋喃	tetrahydrofuran(THF)		-108	65.4
1,4-二氧六环	1,4-dioxane		11	101

醚常作为有机溶剂。低级醚沸点低，易燃，储存及使用过程中必须注意安全。

9.12　醚的化学性质

醚对碱、氧化剂、还原剂都很稳定，常作为有机反应的溶剂使用。醚键一般难以断裂，但醚键中的氧原子上有两对孤对电子，可与强酸结合成锌盐，在一定条件下可引发反应。

9.12.1　醚键的断裂

醚分子中氧原子上的孤对电子能接受强酸中的 H^+ 生成锌盐。

$$CH_3CH_2OCH_2CH_3 + H_2SO_4(浓) \longrightarrow CH_3CH_2\overset{+}{\underset{H}{O}}CH_2CH_3 + HSO_4^-$$

锌盐是弱碱强酸盐，仅在冷的浓酸中稳定，遇水容易分解为原来的醚。利用此性质可以将醚从烷烃或卤代烃的混合物中分离出来。

$$ROR + H^+ \longrightarrow \overset{+}{\underset{\underset{H}{|}}{R}OR} \xrightarrow{H_2O} ROR + H_3O^+$$

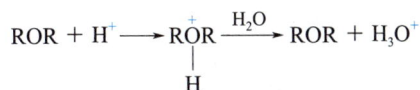

锌盐受热，C—O 键发生断裂，生成相应产物。HBr 和 HI 是常用的断裂醚键的试剂。如 HI 与乙醚反应，醚键断裂，生成碘乙烷和乙醇；若 HI 过量，可得碘乙烷：

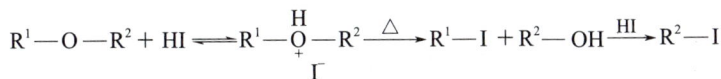

$$R^1—O—R^2 + HI \Longleftrightarrow R^1—\overset{\overset{H}{|}}{\underset{\underset{I^-}{|}}{O}}—R^2 \xrightarrow{\triangle} R^1—I + R^2—OH \xrightarrow{HI} R^2—I$$

混醚 C—O 键断裂难易顺序为：3°烷基＞2°烷基＞1°烷基＞甲基＞芳基。

伯烷基醚按 S_N2 机理断裂，醚键断裂时往往是较小的烃基生成碘代烷；甲基烷基醚与 HI 反应时优先得到碘代甲烷。

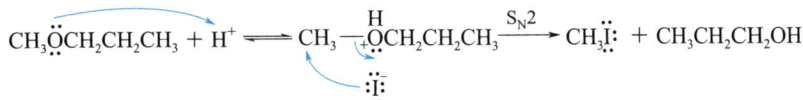

$$CH_3\overset{..}{\underset{..}{O}}CH_2CH_2CH_3 + H^+ \Longleftrightarrow CH_3-\overset{\overset{H}{|}}{\underset{\underset{\overset{..}{\underset{..}{I}}^-}{|}}{O}}CH_2CH_2CH_3 \xrightarrow{S_N2} CH_3\overset{..}{\underset{..}{I}}\; + CH_3CH_2CH_2OH$$

将反应混合物中的碘代甲烷蒸馏出来，通入硝酸银的醇溶液中，然后测定碘化银的量，可推算出醚分子中 CH_3O— 的含量，有机分析中称之为蔡塞尔（Zeisel）法。

叔烷基醚按 S_N1 机理断裂，生成叔丁基卤。由于反应中间体是叔丁基碳正离子，它也可能消除一个质子，生成烯烃。

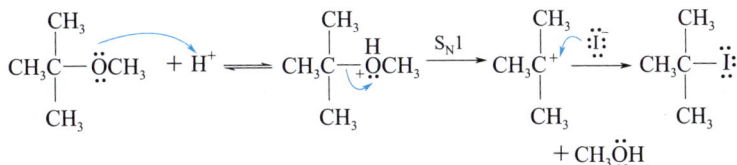

$$CH_3\overset{\overset{CH_3}{|}}{\underset{\underset{CH_3}{|}}{C}}-\overset{..}{\underset{..}{O}}CH_3 \;+ H^+ \Longleftrightarrow CH_3\overset{\overset{CH_3}{|}}{\underset{\underset{CH_3}{|}}{C}}-\overset{\overset{H}{|}}{\underset{}{O}}CH_3 \xrightarrow{S_N1} CH_3\overset{\overset{CH_3}{|}}{\underset{\underset{CH_3}{|}}{C}}{}^+ \quad \overset{..}{\underset{..}{I}}{}^- \longrightarrow CH_3\overset{\overset{CH_3}{|}}{\underset{\underset{CH_3}{|}}{C}}-\overset{..}{\underset{..}{I}}$$
$$+ CH_3\overset{..}{O}H$$

芳基烷基醚总是烷氧键断裂，生成酚和碘代烷。全芳基醚不发生该反应。

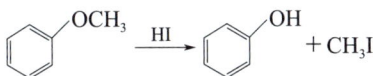

醚作为 Lewis 碱也能和三氟化硼、三氯化铝等 Lewis 酸生成配合物。

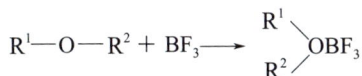

$$R^1—O—R^2 + BF_3 \longrightarrow \overset{R^1}{\underset{R^2}{>}}OBF_3$$

三氟化硼是有机反应中常用的 Lewis 酸，一般以三氟化硼-乙醚的形式储存和使用。

9.12.2　醚的自动氧化

烷基醚在空气中久置可生成不易挥发的过氧化物。过氧化物不稳定，加热时可能会发生爆炸。存放时间较长的乙醚等在使用之前应用 KI 溶液检验，并用新配制的 $FeSO_4$ 溶液洗涤破坏过氧化物。

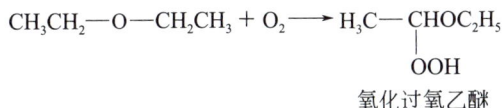

$$CH_3CH_2—O—CH_2CH_3 + O_2 \longrightarrow H_3C—\overset{}{\underset{\underset{OOH}{|}}{C}}HOC_2H_5$$
$$\text{氧化过氧乙醚}$$

练习 9-2　查阅文献，写出蒸馏长期放置的醚之前去除过氧化物的具体步骤。

9.12.3　1,2-环氧化合物的开环反应

通常醚的化学性质比较稳定，但是 1,2-环氧化合物具有较强的环张力，在酸或碱存在

下容易受亲核试剂进攻而生成开环产物。

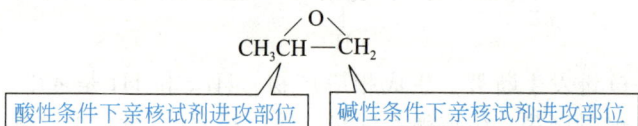

$$CH_3CH \overset{O}{\diagup\diagdown} CH_2$$

酸性条件下亲核试剂进攻部位　　碱性条件下亲核试剂进攻部位

（1）酸催化开环

在酸性溶液中，1,2-环氧化合物与酸作用生成锌盐，使三元的环碳原子带部分正电荷，外加三元环的张力作用，环碳很容易受亲核试剂进攻，发生开环反应。反应按 S_N2 机理进行。结构不对称的1,2-环氧化合物，亲核试剂主要进攻烃基取代基多的环上碳原子（该碳原子生成较稳定的碳正离子）。

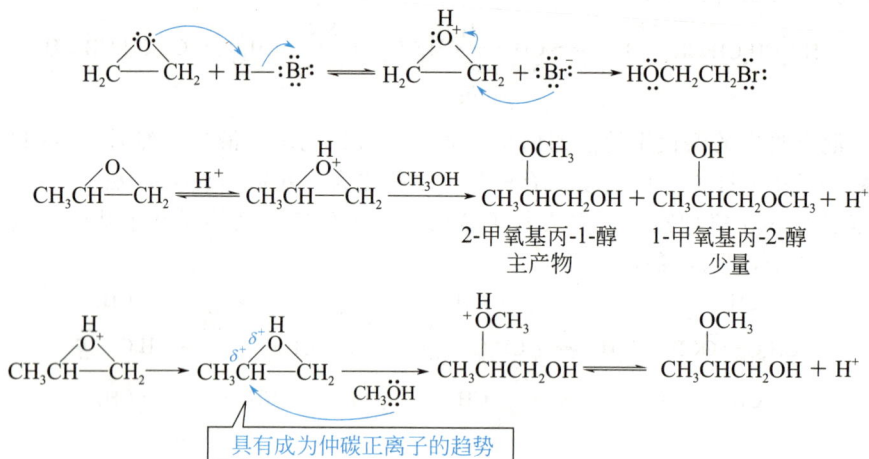

$$H_2C \overset{\ddot{O}}{\diagup\diagdown} CH_2 + H\!-\!\ddot{B}r \Longleftrightarrow H_2C \overset{\overset{H}{\overset{|}{\ddot{O}^+}}}{\diagup\diagdown} CH_2 + :\ddot{B}r^- \longrightarrow HO\ddot{C}H_2CH_2\ddot{B}r:$$

$$CH_3CH \overset{O}{\diagup\diagdown} CH_2 \Longleftrightarrow CH_3CH \overset{\overset{H}{\overset{|}{O^+}}}{\diagup\diagdown} CH_2 \xrightarrow{CH_3OH} \underset{\overset{\text{2-甲氧基丙-1-醇}}{\text{主产物}}}{CH_3\overset{OCH_3}{\overset{|}{C}H}CH_2OH} + \underset{\overset{\text{1-甲氧基丙-2-醇}}{\text{少量}}}{CH_3\overset{OH}{\overset{|}{C}H}CH_2OCH_3} + H^+$$

$$CH_3CH \overset{\overset{H}{\overset{|}{O^+}}}{\diagup\diagdown} CH_2 \longrightarrow CH_3\overset{\delta^+}{CH} \overset{\overset{H}{\overset{|}{O}}}{\diagup\overset{\delta^+}{\diagdown}} CH_2 \xrightarrow{CH_3\ddot{O}H} CH_3\overset{\overset{+OCH_3}{\overset{|}{}}}{C}HCH_2OH \Longleftrightarrow CH_3\overset{OCH_3}{\overset{|}{C}H}CH_2OH + H^+$$

具有成为仲碳正离子的趋势

（2）碱催化开环

碱性条件下，1,2-环氧化合物三元环碳原子受亲核试剂进攻，同时 C—O 断裂，生成 2-取代醇。反应具有明显 S_N2 机理的特征，即亲核试剂进攻三元环上位阻较小的碳原子（取代基较少的碳原子），且亲核试剂进攻的碳原子构型发生转化。

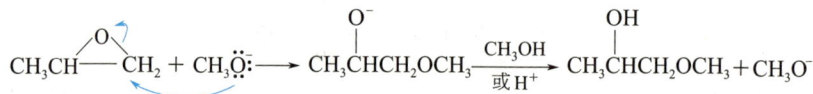

$$CH_3CH \overset{O}{\diagup\diagdown} CH_2 + CH_3\ddot{O}:^- \longrightarrow CH_3\overset{O^-}{\overset{|}{C}H}CH_2OCH_3 \xrightarrow[\text{或}H^+]{CH_3OH} CH_3\overset{OH}{\overset{|}{C}H}CH_2OCH_3 + CH_3O^-$$

1,2-环氧化合物和其他亲核试剂如格氏试剂、炔负离子、胺等加成，产物为重要的有机中间体。如：

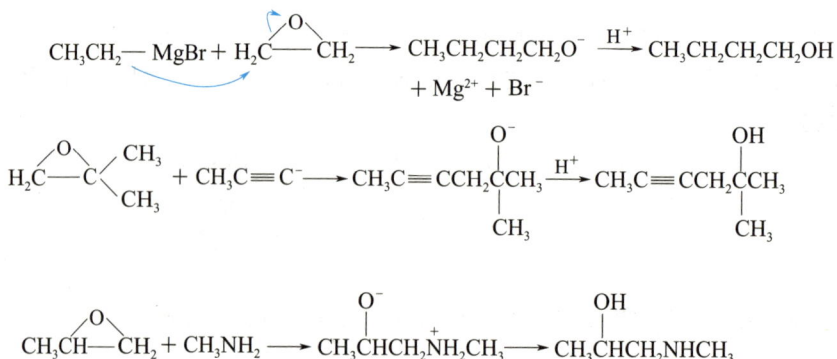

$$CH_3CH_2\!-\!MgBr + H_2C \overset{O}{\diagup\diagdown} CH_2 \longrightarrow CH_3CH_2CH_2CH_2O^- \xrightarrow{H^+} CH_3CH_2CH_2CH_2OH$$
$$+ Mg^{2+} + Br^-$$

$$H_2C \overset{O}{\diagup\diagdown} C\overset{CH_3}{\underset{CH_3}{\diagup\diagdown}} + CH_3C \equiv C^- \longrightarrow CH_3C \equiv CCH_2\overset{O^-}{\underset{\overset{|}{CH_3}}{C}}CH_3 \xrightarrow{H^+} CH_3C \equiv CCH_2\overset{OH}{\underset{\overset{|}{CH_3}}{C}}CH_3$$

$$CH_3CH \overset{O}{\diagup\diagdown} CH_2 + CH_3NH_2 \longrightarrow CH_3\overset{O^-}{\overset{|}{C}H}CH_2\overset{+}{N}H_2CH_3 \longrightarrow CH_3\overset{OH}{\overset{|}{C}H}CH_2NHCH_3$$

9.13 醚的制备

(1) 醇分子间脱水

一定温度下，酸催化（H_2SO_4、H_3PO_4 或离子交换树脂等）可使醇分子间脱水生成醚，在较高温度时则生成烯烃，此法主要用于对称醚的制备。该反应主要的副产物是醇（尤其是叔醇）在酸催化下分子内脱水生成的烯烃。

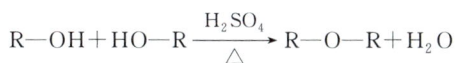

$$R—OH+HO—R \xrightarrow[\triangle]{H_2SO_4} R—O—R+H_2O$$

工业上制备醚常采用 Al_2O_3 作脱水剂：

$$2CH_3CH_2OH \xrightarrow[300℃]{Al_2O_3} CH_3CH_2—O—CH_2CH_3+H_2O$$

(2) Williamson 醚合成法

用醇钠或酚钠与卤代烃反应（Williamson 醚合成法）是制备醚的重要方法。该反应为 S_N2 机理，亲核试剂与卤代烃的结构对反应有很大的影响。叔卤代烃在碱性条件下容易发生消除反应，使用该法制醚时最好用伯卤代烃与醇钠或酚钠反应。如：

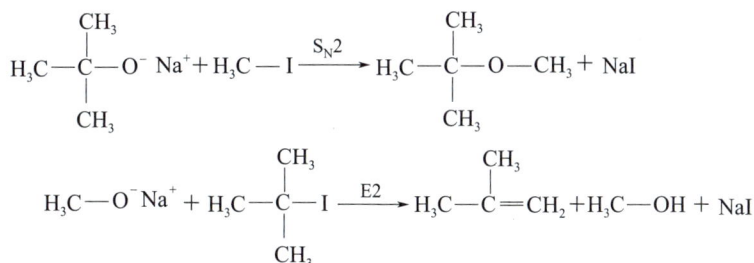

$$H_3C—\overset{\overset{CH_3}{|}}{\underset{\underset{CH_3}{|}}{C}}—O^-Na^+ + H_3C—I \xrightarrow{S_N2} H_3C—\overset{\overset{CH_3}{|}}{\underset{\underset{CH_3}{|}}{C}}—O—CH_3 + NaI$$

$$H_3C—O^-Na^+ + H_3C—\overset{\overset{CH_3}{|}}{\underset{\underset{CH_3}{|}}{C}}—I \xrightarrow{E2} H_3C—\overset{\overset{CH_3}{|}}{C}=CH_2+H_3C—OH + NaI$$

芳香醚可用苯酚与卤代烃在氢氧化钠的水溶液中反应制备。

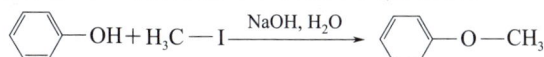

$$\text{⟨苯环⟩}—OH+H_3C—I \xrightarrow{NaOH, H_2O} \text{⟨苯环⟩}—O—CH_3$$

除卤代烃外，磺酸酯、硫酸酯等也可以发生此类反应。

(3) 烯基醚的制备

烯醇不存在，乙烯基卤代烃不活泼，因此 Williamson 醚合成法不能用来合成烯基醚。在碱性条件下用醇对乙炔进行亲核加成，可得到烯基醚。

$$HC≡CH+HOC_2H_5 \xrightarrow[160\sim180℃]{KOH} CH_2=CH—O—C_2H_5$$

(4) 1,2-环氧化合物的制备

1,2-环氧化合物通常由过氧酸氧化烯烃获得，其中最常用的过氧酸为间氯过氧苯甲酸（MCPBA）和过氧乙酸。

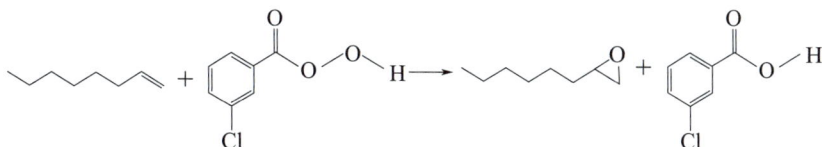

反应时，氧原子从双键的一侧进攻，生成顺式加成产物。因此，有顺反异构的烯烃在氧化后，取代基的相对位置保持不变。

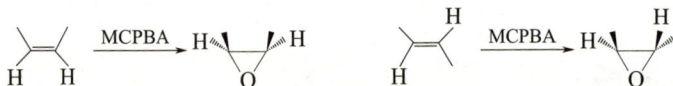

1,2-环氧化合物也可由 β-卤代醇在碱性条件下成环来制备，这是一个典型的分子内的 S_N2 反应。如以环己烯经过与次溴酸的亲电加成、分子内的亲核取代，得到 1,2-环氧产物；将该产物水解，可得反式邻二醇。

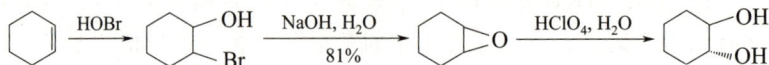

思考题 9-10　试推测下列反应的机理，并进一步解释为何（3）式不能发生环氧化反应。

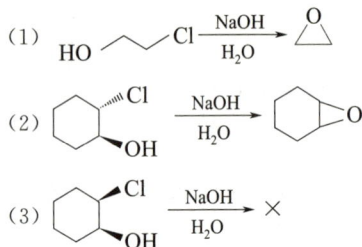

9.14　几种重要的醚

乙醚与第一次麻醉手术

（1）二甲醚和乙醚

二甲醚（methoxymethane，CH_3OCH_3）CAS 号为 115-10-6，熔点 $-138.5℃$，沸点 $-23℃$。二甲醚为易燃气体，与空气混合能形成爆炸性混合物，接触热、火星、火焰或氧化剂易燃烧爆炸，接触空气或在光照条件下可生成具有潜在爆炸危险性的过氧化物；密度比空气大，能在较低处扩散到相当远的地方，遇火源会着火回燃。二甲醚若遇高热，容器内压增大，有开裂和爆炸的危险。

乙醚（ether，$CH_3CH_2OCH_2CH_3$）CAS 号为 69-29-7，熔点 $-116.3℃$，沸点 $-34.6℃$。乙醚是用途最广泛的醚，工业上主要由乙烯在磷酸催化下与水加成生产乙醇时的副产物而得到，通过改变工艺条件可以进一步调节乙醚的产量。由乙醇在 Al_2O_3 催化下脱水，可以得到 95％产量的乙醚。乙醚主要用作溶剂，但其挥发性大，着火点低，在操作中又容易产生静电，因此，必须采取必要的安全措施。

（2）叔丁基甲基醚

叔丁基甲基醚（*tert*-butyl methyl ether，MTBE）CAS 号为 1634-04-4，熔点 $-109℃$，沸点 55.2℃。MTBE 是一种高辛烷值汽油组分，是优良的汽油高辛烷值添加剂和抗爆剂。MTBE 一般是以甲醇和异丁烯为原料，借助酸性催化剂合成，其中催化剂在工业上用得最多的是树脂催化剂。甲基叔丁基醚可以重新裂解为异丁烯，作为橡胶及其他化工产品的原料。质量最好的叔丁基甲基醚是医药中间体，俗称"医药级 MTBE"或"医药级叔丁基甲基醚"。

（3）环氧乙烷

环氧乙烷（ethylene oxide）CAS 号为 75-21-8，熔点 $-122℃$，沸点 10.8℃。环氧乙烷（EO）是一种最简单的环醚，是重要的石化产品。环氧乙烷在低温下为无色透明液体，在常温下为无色带有醚刺激性气味的气体。环氧乙烷被广泛地应用于洗涤、制药及印染等行业。工业上，环氧乙烷在银催化条件下用空气氧化乙烯制备：

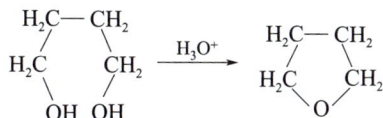

（4）四氢呋喃和二噁烷

四氢呋喃常由丁-1,4-二醇在酸催化下脱水制备。

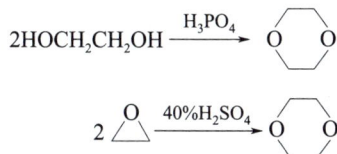

二噁烷在工业上由乙二醇与磷酸一起加热制备：

$$2HOCH_2CH_2OH \xrightarrow{H_3PO_4}$$

四氢呋喃和二噁烷为无色液体，都能与水、乙醇和乙醚混溶，是常用的有机溶剂。

（5）冠醚

① 结构、命名。冠醚是分子中含有—OCH_2CH_2—重复单元的大环多元醚类化合物，其形状像西方的王冠，故称为冠醚。冠醚具有特殊的配合性能。

冠醚的系统命名较复杂，一般用简单方法命名。在"冠"字前后分别标出成环总原子数（X）和环中氧原子数（Y），称为"X-冠-Y"。某些冠醚分子中含有并联的环己基或苯基，命名时须在前面加上并联基团的名称。例如：

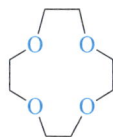 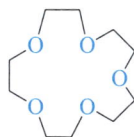 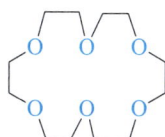 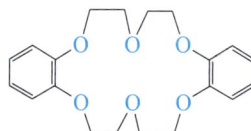

12-冠-4　　　　15-冠-5　　　　18-冠-6　　　　二苯并-18-冠-6

② 冠醚对阳离子的配合性质。冠醚的大环分子结构有空穴，且氧原子上含有孤对电子，可和尺寸适当的金属阳离子形成配离子。如：18-冠-6（空穴为 0.26～0.32nm）和 K^+ 的直径（0.266nm）相当，所以可与KX形成配合物。

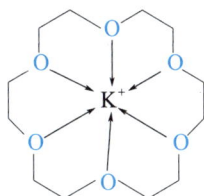　　　

X^-　X^-＝OH^-，CN^-，MnO_4^-，I^-，F^-等

冠醚的这种性质可用来分离金属阳离子，还可用作相转移催化剂（phase-transfer catalyst，PTC）。

相转移催化剂是指能使互不相溶的两相中的物质发生反应或加速反应的催化剂。冠醚分子中的氧原子可与水形成氢键，具有亲水性，其外围是 $\diagdown$ CH_2 结构，具有亲油性，因此冠醚可将水相中的试剂包在环内，并带入有机相，加速该试剂与有机物之间的反应。如卤代物与氰化钾水溶液不相溶，加入18-冠-6后，冠醚先进入水相，与 K^+ 配合，形成：

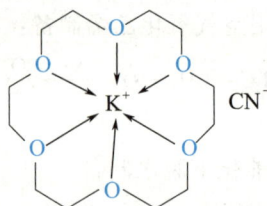

Ⓚ⁺CN⁻ 进入有机相，与有机相中的卤代物反应：

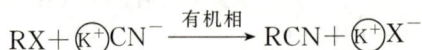

相转移也可在固-液相之间进行，现已广泛应用于一些亲核取代反应和氧化还原反应中。如高锰酸钾与环己烯在两相中，冠醚加入后，进入水相配合 K^+，使 MnO_4^- 随其一起转移到有机相，和环己烯快速反应。

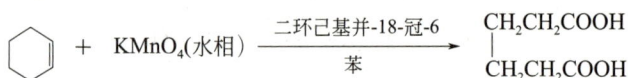

相转移催化反应比传统方法具有反应速率快、操作方便、产率高等优点，如：

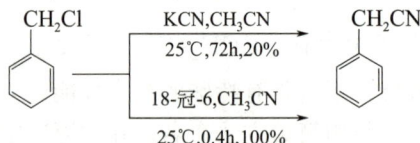

③ 冠醚的制备。冠醚通常采用 Williamson 醚合成法制取，即用醇或酚盐与卤代烷反应。

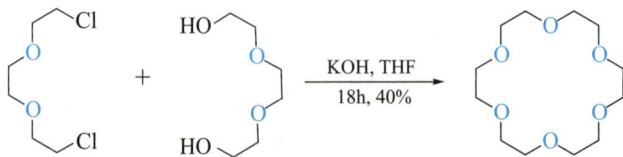

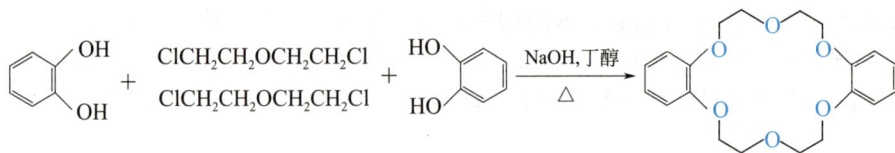

9.15　硫醇、硫酚和硫醚

硫元素和氧元素在元素周期表中同处于ⅥA 主族。因此，当含氧有机化合物中氧原子被硫原子取代时，生成一系列含硫有机化合物。这类化合物在命名时，常在对应的含氧化合物上加"硫"字，称为硫醇、硫酚、硫醚。如：

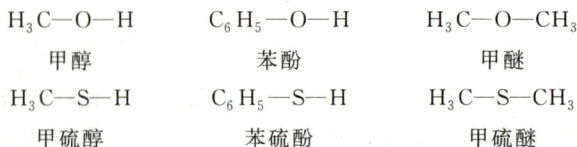

对于结构复杂的含硫化合物，也可以将—SH 或—SR 看作取代基，分别称为巯基或烷硫基。如：

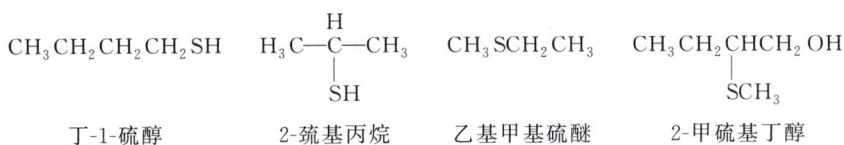

$CH_3CH_2CH_2CH_2SH$　　$H_3C-\underset{\underset{SH}{|}}{\overset{\overset{H}{|}}{C}}-CH_3$　　$CH_3SCH_2CH_3$　　$CH_3CH_2\underset{\underset{SCH_3}{|}}{C}HCH_2OH$

　　丁-1-硫醇　　　　　2-巯基丙烷　　　乙基甲基硫醚　　　　2-甲硫基丁醇

硫醚的氧化产物，可称为亚砜（sulfoxide）和砜（sulfone）。

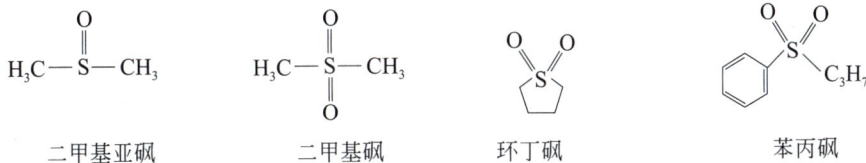

$H_3C-\overset{\overset{O}{\|}}{S}-CH_3$　　　　$H_3C-\overset{\overset{O}{\|}}{\underset{\underset{O}{\|}}{S}}-CH_3$　　　　环　　　　苯丙砜

　　二甲基亚砜　　　　二甲基砜　　　　环丁砜　　　　　　苯丙砜

9.15.1　硫醇、硫酚和硫醚的物理性质

一些硫醇、硫酚和硫醚的物理常数见表 9-4。

表 9-4　一些硫醇、硫酚和硫醚的物理常数

名称	英文名称	熔点/℃	沸点/℃
甲硫醇	methanethiol	−123.1	5.9
乙硫醇	ethanethiol	−144.4	37
丙-1-硫醇	propane-1-thiol	−113	67～68
丁-1-硫醇	butane-1-thiol	−115.7	98.5
苯硫酚	thiophenol	70.5	169
甲硫醚	dimethyl sulfide	−98.3	37.3
乙硫醚	diethyl sulfide	−102	92～93
苯硫醚	diphenylsulfide	−40	296～297

硫与氧同属元素周期表ⅥA族元素，但硫元素的电负性低于氧元素。含硫有机化合物与含氧化合物虽结构相似，物理性质却有较大差异。如：乙醇与水分子或乙醇分子之间易形成氢键，产生缔合现象，可与水混溶；而乙硫醇中硫的电负性较氧小，外层电子距原子核较远，乙硫醇分子中的巯基之间以及与水分子之间不能形成氢键，因此，乙硫醇的沸点远低于乙醇，在水中的溶解度也仅为 1.5g/100g。

低级硫醇或硫醚具有恶臭。乙硫醇在空气中含量为 $0.19\mu g/L$ 即可嗅出气味。

9.15.2　硫醇、硫酚和硫醚的化学性质简介

硫醇和硫酚具有明显的酸性，它们的酸性比相应的醇、酚强，但比碳酸弱，见表 9-5。

表 9-5　部分硫醇、硫酚与醇、酚的酸性比较

名称	pK_a	名称	pK_a
H_2S	7.0	H_2O	15.7
C_2H_5SH	9.5	C_2H_5OH	17.0
C_6H_5SH	7.8	C_6H_5OH	10.0

硫醇能溶于氢氧化钠的乙醇溶液生成较稳定的盐，通入二氧化碳又重新变成硫醇。

$$CH_3CH_2SH + NaOH \longrightarrow CH_3CH_3SNa + H_2O$$

乙硫醇钠

$$CH_3CH_2SNa + CO_2 + H_2O \longrightarrow CH_3CH_2SH + NaHCO_3$$

硫醇还能与砷、汞、铅、铜等重金属离子形成难溶于水的硫醇盐。汞盐的生成是硫醇最显著的性质。

$$2C_2H_5SH + (CH_3COO)_2Pb \longrightarrow (C_2H_5S)_2Pb\downarrow + 2CH_3COOH$$

黄色

$$2C_2H_5SH + (CH_3COO)_2Hg \longrightarrow (C_2H_5S)_2Hg\downarrow + 2CH_3COOH$$

白色

此性质可用来鉴定硫醇，医学上曾用 2,3-二巯基丙醇作为砷、汞等重金属的解毒剂。

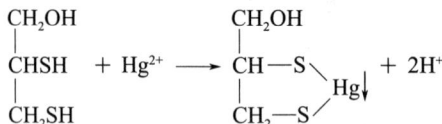

硫醇容易被弱氧化剂或卤素等氧化成二硫化物。二硫化物在温和还原剂的作用下，可还原为硫醇。

石油产品中的硫醇会腐蚀设备，并使油品有臭味。将硫醇氧化成二硫化物可减少腐蚀和脱臭。

强氧化剂（浓 HNO_3、$KMnO_4$ 等）可把硫醇氧化为烷基磺酸：

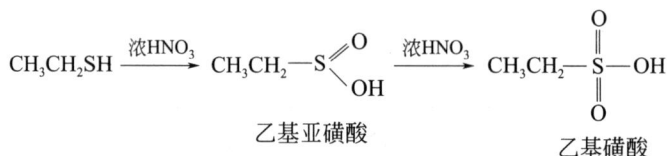

硫醚的化学性质相对稳定，但硫原子易形成高价化合物，即硫醚的氧化，生成亚砜或砜。

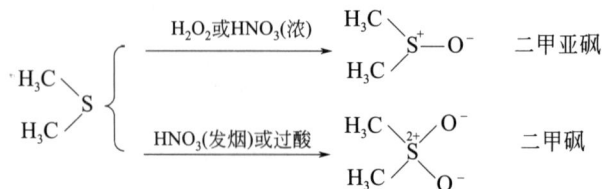

二甲亚砜（简称 DMSO）是一种无色无臭、吸湿性强的液体。它具有高极性、高沸点（b. p.：189℃）、热稳定性好、非质子、与水混溶的特点，能溶于乙醇、丙醇、苯和氯仿等大多数有机物，还能溶解部分无机金属盐，被誉为"万能溶剂"。

硫醚具有较强的亲核性，可以在适当的溶剂中与卤代物反应生成硫盐 $R_3S^+X^-$。

$$CH_3SCH_3 + H_3C-I \longrightarrow (CH_3)_3S^+I^-$$

$$CH_3SCH_3 + BrCH_2COOC_2H_5 \xrightarrow{\text{丙酮}} (CH_3)_3S^+CH_2COOC_2H_5Br^-$$

9.15.3 硫醇、硫酚和硫醚的制法

卤代烷与 NaSH 或 KSH 进行 S_N2 反应可生成硫醇。反应中生成的硫醇可进一步与 NaSH 或 KSH 作用生成硫醇盐（RS^-）。由于 RS^- 的亲核性更强，容易与卤代烷继续反应，最终生成硫醚。若需合成较高产率的硫醇，必须使用过量的硫氢盐。

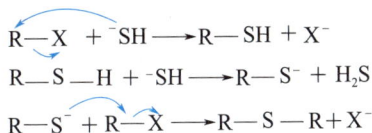

$$R{-}X + {^-}SH \longrightarrow R{-}SH + X^-$$
$$R{-}S{-}H + {^-}SH \longrightarrow R{-}S^- + H_2S$$
$$R{-}S^- + R{-}X \longrightarrow R{-}S{-}R + X^-$$

实验室制备硫醇时常采用卤代烷与硫脲反应，避免副产物硫醚的产生。

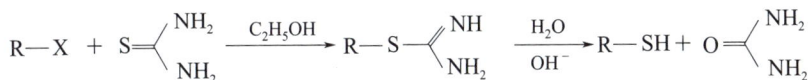

$$R{-}X + S{=}C\begin{smallmatrix}NH_2\\NH_2\end{smallmatrix} \xrightarrow{C_2H_5OH} R{-}S{-}C\begin{smallmatrix}NH\\NH_2\end{smallmatrix} \xrightarrow[OH^-]{H_2O} R{-}SH + O{=}C\begin{smallmatrix}NH_2\\NH_2\end{smallmatrix}$$

用 $LiAlH_4$ 或 $Zn + H_2SO_4$ 可将磺酰氯还原成硫醇或硫酚。该法常用于制备硫酚。

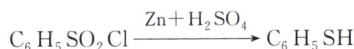

$$C_6H_5SO_2Cl \xrightarrow{Zn + H_2SO_4} C_6H_5SH$$

硫醚的制备和醚相似，均硫醚可用硫化钾与卤代烷或烷基硫酸酯制取。混硫醚可用硫醇金属与卤代烷在极性溶剂中制得。

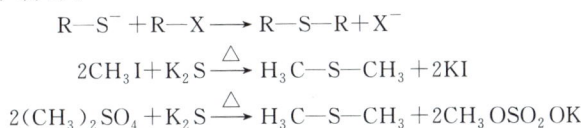

$$R{-}S^- + R{-}X \longrightarrow R{-}S{-}R + X^-$$
$$2CH_3I + K_2S \xrightarrow{\triangle} H_3C{-}S{-}CH_3 + 2KI$$
$$2(CH_3)_2SO_4 + K_2S \xrightarrow{\triangle} H_3C{-}S{-}CH_3 + 2CH_3OSO_2OK$$

紫杉醇

紫杉醇全合成研究进展

关键词

醇-alcohol

酚-phenol

醚-ether

硫醇-thiol

硫酚-thiophenol

硫醚-thioether

羟基-hydroxyl group

氢键-hydrogen bond

芳香醇-aromatic alcohol

酯化反应-esterification reaction

亚砜-sulfoxide

砜-sulfone

脱水反应-dehydration reaction

高碘酸-periodic acid

硼氢化钠-sodium borohydride

氢化铝锂-lithium aluminium hydride

酚羟基-phenolic hydroxyl group

酚醛树脂-phenolic resin

醚键-ether bond

冠醚-crown ether

Lucas 试剂-Lucas reagent

频哪醇重排-Pinacol rearrangement

Jones 试剂-Jones reagent

Sarrett 试剂-Sarrett reagent

氯铬酸吡啶盐-pyridinium chlorochromate
间氯过氧苯甲酸-*m*-chloroperoxybenzoic acid
环氧化合物的开环-epoxide ring-opening
Swern 氧化-Swern oxidation
Williamson 醚合成-Williamson ether synthesis
Oppenauer 氧化-Oppenauer oxidation
甲醇-methanol （MeOH）
乙醇-ethanol （EtOH）

异丙醇-isopropyl alcohol （*i*-PrOH）
正丁醇-*n*-butanol （*n*-BuOH）
叔丁醇-*tert*-butanol （*t*-BuOH）
乙二醇-ethylene glycol （EG）
乙醚-diethyl ether （Et$_2$O）
四氢呋喃-tetrahydrofuran （THF）
1,4-二氧六环-1,4-dioxane

习 题

第 9 章习题答案

9-1 将下列有机化合物用系统命名法命名。

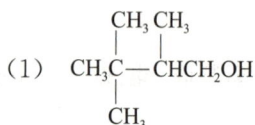

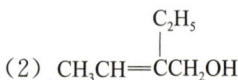

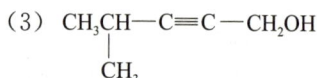

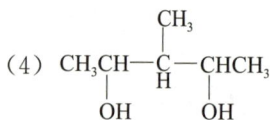

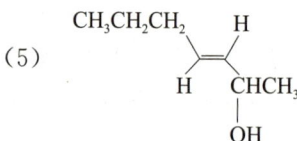

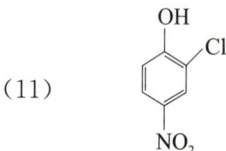

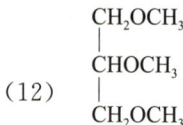

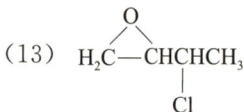

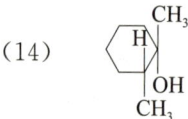

(1) $CH_3C—CHCH_2OH$ ，上方 CH_3 CH_3，下方 CH_3

(2) $CH_3CH=CCH_2OH$ ，上方 C_2H_5

(3) $CH_3CH—C≡C—CH_2OH$ ，下方 CH_3

(4) $CH_3CH—C—CHCH_3$ ，中间 CH_3 和 H，下方 OH OH

(5) $CH_3CH_2CH_2$ 和 H 在双键一侧，H 和 $CHCH_3$（下接 OH）在另一侧

(6) $H_3CO—$苯环

(7) 环丙基$—CH_2CH_2O—$苯环

(8) $HOCH_2CH_2CH_2Cl$

(9) $CH_3CH=CHCH_2OH$

(10) $Cl—$苯环$—CH_2CH_2OH$

(11) 苯环，上 OH，邻位 Cl，对位 NO_2

(12) CH_2OCH_3，$CHOCH_3$，CH_2OCH_3

(13) $H_2C—CHCHCH_3$（环氧 O），下接 Cl

(14) 环己烷，上接 CH_3 和 OH、CH_3

9-2 根据所给名称画出下列化合物的结构式。

(1) 3,3-二甲基丁-1-醇
(2) (Z)-丁-2-烯-1-醇
(3) 正丁基丙烯基醚
(4) 邻甲氧基苯甲醚
(5) 己-2,4-二炔-1,6-二醇
(6) 2,4-二甲氧基戊烷
(7) 叔戊醇
(8) 巴豆醇
(9) 肉桂醇
(10) 2-甲基-1,3-二氧五环
(11) 15-冠-5
(12) 二环己基-18-冠-6

9-3 比较下列化合物的沸点，并解释理由。

(1) 正丁醇、丁-2-醇、异丁醇、叔丁醇
(2) 正丙醇、丙-1,2-二醇、丙-1,2,3-三醇

9-4 比较下列化合物的酸性，并解释理由。

（1）$CH_3CH_2CH_2OH$、$CH_3CH_2\underset{\underset{Cl}{|}}{C}HOH$、$CH_3\underset{\underset{Cl}{|}}{C}HCH_2OH$、$CH_2ClCH_2CH_2OH$

（2）$CH_3CH_2CH_2CH_3$、$CH_3CH_2C\equiv CH$、$CH_3CH_2CH_2CH_2OH$、$CH_3CH_2CH_2COOH$

（3）$\bigcirc\!\!-OH$、$H_3C-\bigcirc\!\!-OH$、$O_2N-\bigcirc\!\!-OH$、$Cl-\bigcirc\!\!-OH$

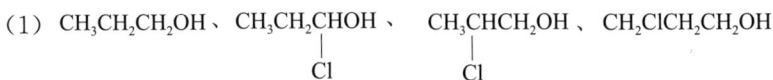

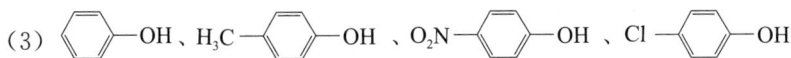

9-5 用化学方法鉴别下列化合物。

（1）正丙醇、异丙醇、叔丁醇

（2）乙醇、1-氯丙烷、烯丙醇

（3）乙苯、乙基苯基醚、苯酚、1-苯基乙醇

9-6 比较下列化合物与氢溴酸反应的速率。

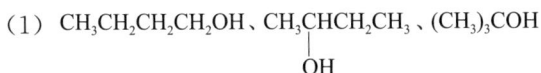

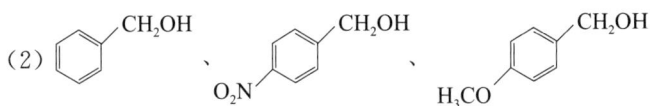

（1）$CH_3CH_2CH_2CH_2OH$、$CH_3\underset{\underset{OH}{|}}{C}HCH_2CH_3$、$(CH_3)_3COH$

（2）$\bigcirc\!\!-CH_2OH$ 、 $O_2N-\bigcirc\!\!-CH_2OH$ 、 $H_3CO-\bigcirc\!\!-CH_2OH$

9-7 完成下列反应。

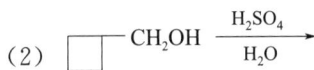

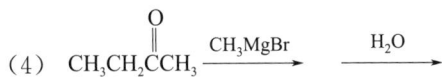

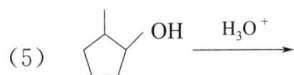

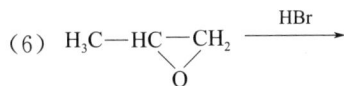

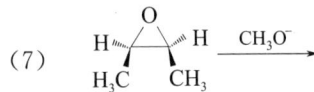

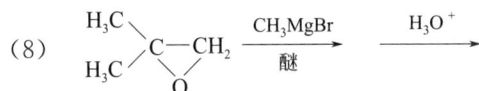

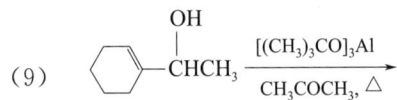

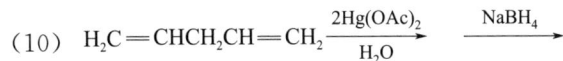

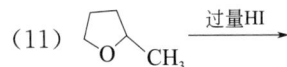

（1）$(CH_3CH_2)_3COH \xrightarrow{\ HBr\ }$

（2）$\square\!\!-CH_2OH \xrightarrow[H_2O]{H_2SO_4}$

（3）$n\text{-}C_5H_{11}OH \xrightarrow[H_2SO_4]{KMnO_4}$

（4）$CH_3CH_2\overset{\overset{O}{\|}}{C}CH_3 \xrightarrow{\ CH_3MgBr\ } \xrightarrow{\ H_2O\ }$

（5）$\bigcirc\!\!\!\!-OH \xrightarrow{\ H_3O^+\ }$

（6）$H_3C-HC\!\!-\!\!CH_2 \xrightarrow{\ HBr\ }$ （环氧 O）

（7）环氧化合物 $\xrightarrow{\ CH_3O^-\ }$

（8）$\overset{H_3C}{\underset{H_3C}{}}C\!\!-\!\!CH_2$（环氧 O）$\xrightarrow[\text{醚}]{CH_3MgBr} \xrightarrow{\ H_3O^+\ }$

（9）$\bigcirc\!\!-\overset{\overset{OH}{|}}{C}HCH_3 \xrightarrow[CH_3COCH_3,\triangle]{[(CH_3)_3CO]_3Al}$

（10）$H_2C\!=\!CHCH_2CH\!=\!CH_2 \xrightarrow[H_2O]{2Hg(OAc)_2} \xrightarrow{\ NaBH_4\ }$

（11）$\overset{}{\underset{O}{}}\!\!-CH_3 \xrightarrow{\ \text{过量HI}\ }$

9-8 试解释 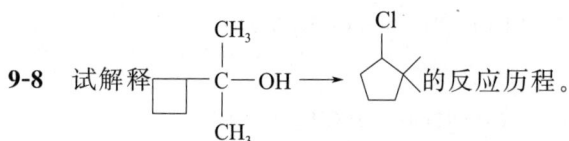 的反应历程。

9-9 试写出正丁醇与下列试剂作用的反应方程式。

(1) Na   (2) 浓 H_2SO_4（冷）   (3) H_2SO_4，加热

(4) $NaBr + H_2SO_4$ (5) PBr_3 (6) $SOCl_2$

9-10 以苯或不超过三个碳原子的试剂为原料合成下列化合物。

(1) $CH_3CHCH_2CH_2OH$ 中 CH_3

(3) $CH_3CH_2CCH_2CH_2CH_3$，含 OH 及 CH_2CH_3

(2) 苯基-$CH_2CCH_2CH_2CH_3$，含 CH_2CH_3 及 OH

(4) $CH_3C=CHCH_3$，含 CH_3

9-11 由指定原料合成下列化合物。

(1)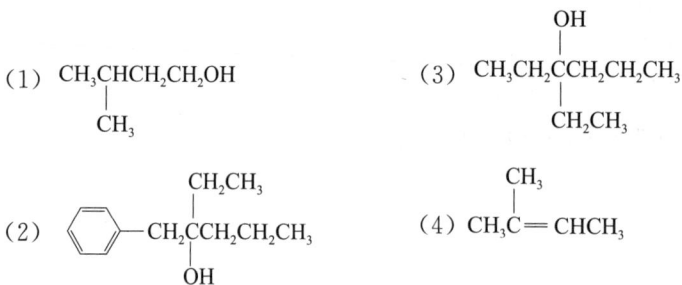

(2)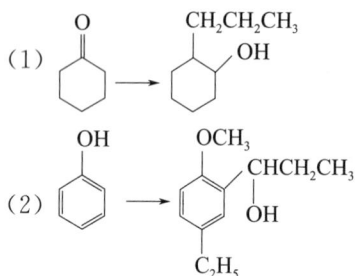

(3) 由五个碳以下的有机物合成

(4) 由六个碳以下的有机物合成

9-12 在叔丁醇中加入金属钠，当钠消失后，在反应液中加入溴乙烷，这时可得到 $C_6H_{14}O$。如在钠与乙醇反应后的溶液中加入 2-溴-2-甲基丙烷，除有气体产生外，在留下的混合物中仅有乙醇一种有机物。试解释上述两种实验的不同之处。

9-13 分子式为 $C_6H_{10}O$ 的化合物 A，能与 Lucas 试剂反应，也可被 $KMnO_4$ 氧化，并能吸收等物质的量 Br_2，A 经催化加氢可制得 B，将 B 氧化得 C 分子式为 $C_6H_{10}O$，将 B 在加热下与浓硫酸作用的产物可还原得到环己烷。试推测各化合物的结构，并写出各步的反应方程式。

9-14 化合物 A 分子式为 $C_6H_{14}O$，能与钠作用，在酸催化下可脱水生成 B，以冷的高锰酸钾溶液氧化 B 可得到分子式为 $C_6H_{14}O_2$ 的 C，C 与 HIO_4 作用只得到丙酮。试推测各化合物的结构，并写出各步的反应方程式。

第 10 章

醛和酮

醛和酮的分子中都含有羰基（ $\diagdown C{=}O$ ），称为羰基化合物。羰基至少和一个氢原子相连的化合物叫作醛，羰基和两个烃基相连的化合物叫作酮，用通式表示为：

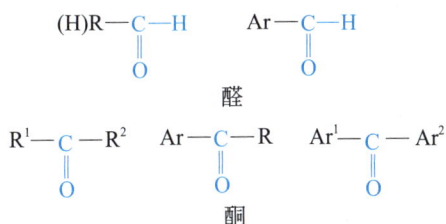

$$(H)R\underset{O}{-}\overset{}{C}\underset{O}{-}H \qquad Ar\underset{O}{-}\overset{}{C}\underset{O}{-}H$$

醛

$$R^1\underset{O}{-}\overset{}{C}\underset{O}{-}R^2 \qquad Ar\underset{O}{-}\overset{}{C}\underset{O}{-}R \qquad Ar^1\underset{O}{-}\overset{}{C}\underset{O}{-}Ar^2$$

酮

醛分子中的 $-\overset{O}{\overset{\|}{C}}-H$ 称为醛基，简写为—CHO；酮分子中的羰基称为酮基。相同碳原子数的一元醛、酮是构造异构体，它们的通式为 $C_nH_{2n}O$ 。还有一类特殊的不饱和环状二酮，称为醌：

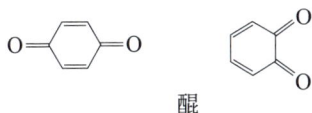

醌

羰基化合物广泛存在于自然界中，是参与生物代谢过程的重要物质。

自然界中的
醛和酮

10.1 醛、酮的结构

羰基碳原子采用 sp^2 杂化，三个 sp^2 杂化轨道分别与氧原子和另外两个碳或氢原子形成处于同一平面的三个 σ 键，键角接近 120°；碳原子上未杂化的 p 轨道与氧原子的 p 轨道从侧面重叠形成 π 键。由于羰基氧原子的电负性大于碳原子，双键电子云不是均匀地分布在碳和氧之间，而是偏向氧原子，形成一个碳原子带部分正电荷、氧原子带部分负电荷的极性双键。因此，醛、酮是极性较强的分子。羰基的结构如图 10-1 所示。

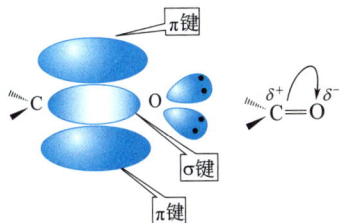

图 10-1 羰基的结构示意

10.2 醛、酮的分类和命名

(1) 醛、酮的分类

根据羰基所连烃基的结构，可把醛、酮分为脂肪族、脂环族和芳香族醛、酮。例如：

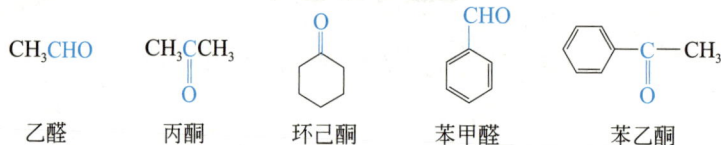

乙醛	丙酮	环己酮	苯甲醛	苯乙酮

根据羰基所连烃基的饱和程度，可把醛、酮分为饱和与不饱和醛、酮。例如：

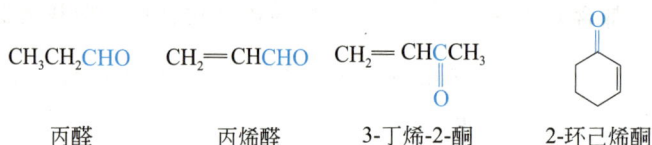

丙醛	丙烯醛	3-丁烯-2-酮	2-环己烯酮

根据分子中羰基的数目，可把醛、酮分为一元、二元和多元醛、酮等。例如：

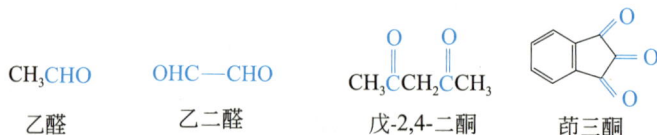

乙醛	乙二醛	戊-2,4-二酮	茚三酮

碳原子数相同的饱和一元醛、酮互为位置异构体，具有相同的通式：$C_nH_{2n}O$。

(2) 醛、酮的命名

少数结构简单的醛、酮，可以采用普通命名法命名，即在与羰基相连的烃基名称后面加上"醛"或"酮"字。例如：

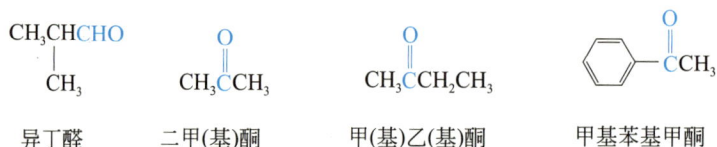

异丁醛	二甲(基)酮	甲(基)乙(基)酮	甲基苯基甲酮

结构复杂的醛、酮通常采用系统命名法命名。从距羰基最近的一端编号，根据主链的碳原子数称为"某醛"或"某酮"。因为醛基处在分子的一端，醛羰基的编号固定为1，命名时不用标出，但酮羰基的位次必须标出（个别情况例外），置于后缀"酮"之前。主链上有取代基时，将取代基的位次和名称放在母体名称前。主链上含有不饱和键时，编号依然从主链上靠近羰基的一端开始，即遵循羰基位次最低原则，命名为"某烯醛""某炔醛""某烯酮"或"某炔酮"，同时标明双键、叁键以及酮羰基的位次（个别情况例外），分别置于"烯""炔"和"酮"之前。例如：

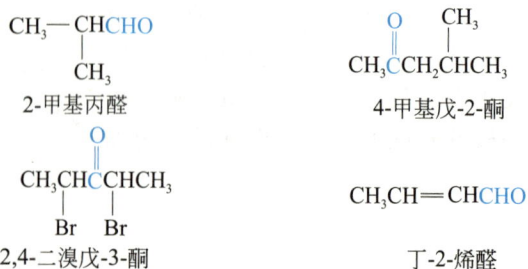

2-甲基丙醛	4-甲基戊-2-酮

2,4-二溴戊-3-酮	丁-2-烯醛

如果醛羰基直接与碳环相连，这个化合物命名为"环某烷甲醛"，碳环上与羰基相连的

碳编号固定为1，故省略不写。羰基在环上时，则命名为"环某酮"，羰基的编号固定为1。例如：

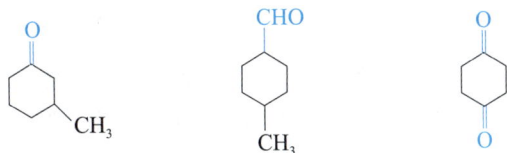

3-甲基环己酮　　　　4-甲基环己烷甲醛　　环己-1,4-二酮(1,4-环己二酮)

命名芳香醛、酮时，把芳香烃作为取代基。例如：

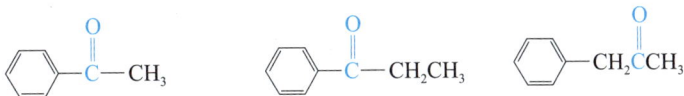

苯乙酮　　　　　　1-苯基丙-1-酮　　　　　1-苯基丙-2-酮

某些醛常用俗名。例如：

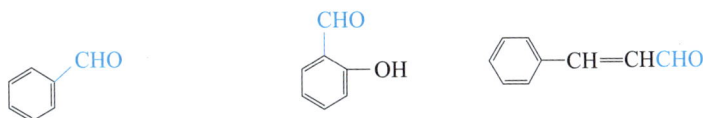

苦杏仁油(苯甲醛)　　水杨醛(2-羟基苯甲醛)　　肉桂醛(3-苯基丙烯醛)

多元醛、酮编号时，应使羰基的位次尽可能小。若分子中同时含有酮羰基和醛羰基，可将某一个羰基作为取代基，其中酮羰基作为取代基时称为"氧亚基"，醛羰基作为取代基时称为"甲酰基"。例如：

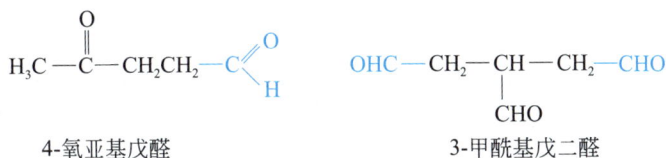

4-氧亚基戊醛　　　　　　　　　3-甲酰基戊二醛

练习 10-1　将下列化合物按照系统命名法命名。

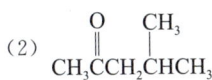

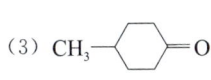

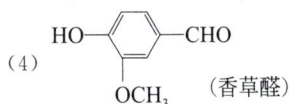

(1) CH_3CH_2CHCHO（有CH_3取代基）　(2)　(3) CH_3-环己酮　(4) 香草醛

练习 10-2　写出下列化合物的构造式。

(1) 苯乙醛　(2) 3-溴-4-甲氧基苯甲醛　(3) 戊-2,4-二酮　(4) 戊-4-烯-2-酮　(5) 1-苯基丙-2-酮

10.3　醛、酮的物理性质

常温下，除甲醛是气体外，12 个碳原子以下的脂肪醛、酮为液体，高级脂肪醛、酮和芳香酮多为固体。酮和芳香醛具有愉快的气味，低级醛具有强烈的刺激气味，中级醛具有果香味，所以含有 9 或 10 个碳原子的醛可用于配制香料。

虽然醛、酮的羰基极性很强，但醛、酮分子间不能形成氢键，其沸点较分子量相近的烷烃和醚高，但比分子量相近的醇低。例如：

	丁烷	丙醛	丙酮	丙醇
分子量	58	58	58	60
沸点/℃	−0.5	48.8	56.1	97.2

醛、酮的羰基能与水分子形成氢键，4 个碳原子以下的低级醛、酮易溶于水，如甲醛、乙醛、丙醛和丙酮可与水互溶，其他醛、酮在水中的溶解度随分子量的增大而减小。高级醛、酮微溶或不溶于水，易溶于一般的有机溶剂。常见一元醛、酮的物理性质见表 10-1。

表 10-1　常见一元醛、酮的物理性质

名称	熔点/℃	沸点/℃	相对密度(d_4^{20})	折射率(n_D^{20})
甲醛	−92	−21	0.815(−20℃)	—
乙醛	−121	21	0.7951(10℃)	1.3316
丙烯醛	−87	52	0.8410	1.4017
丁醛	−99	76	0.8170	1.3843
丁-2-烯醛	−74	104	0.8495	1.4366
丙酮	−95	56	0.7899	1.3588
丁酮	−86	80	0.8054	1.3788
环己酮	−45	155	0.9478	1.4507
苯甲醛	−56	170	1.046	1.5456
苯乙酮	21	202	1.024	1.5339

10.4　醛、酮的化学性质

羰基是醛、酮化学反应的中心。羰基中的碳氧双键是极性不饱和键，碳原子带有部分正电荷而氧原子带有部分负电荷。羰基中带部分正电荷的碳原子更容易被含 C、S、O 或 N 原子等的亲核试剂进攻而发生亲核加成反应。受羰基影响，醛、酮的 α-H 较活泼，能发生一系列反应。氧化还原是醛、酮的一类重要反应，醛、酮处于氧化还原的中间价态，它们既可以被氧化，又可以被还原。醛、酮的反应与结构关系可归纳如下：

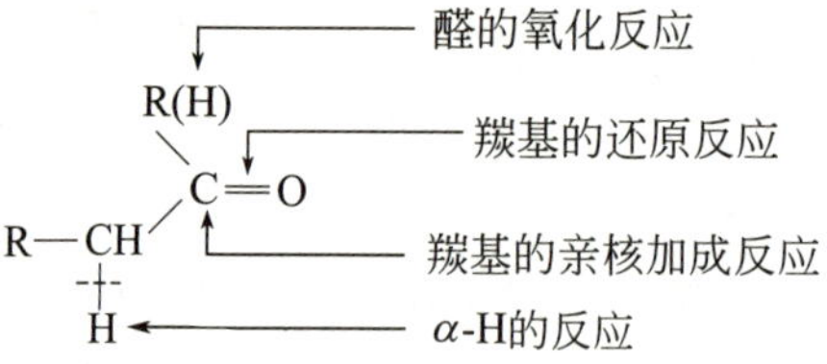

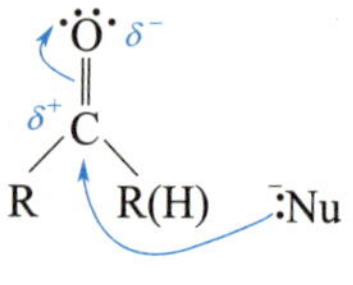

10.4.1　羰基的亲核加成反应

(1)　与氢氰酸加成

醛、酮与氢氰酸作用，生成 α-羟基腈。反应是可逆的，少量碱存在可加速反应进行。

氢氰酸

$$\begin{array}{c} R^1 \\ R^2(H) \end{array}\!\!>\!\!C{=}O + HCN \rightleftharpoons \begin{array}{c} R^1 \\ R^2(H) \end{array}\!\!>\!\!C\!\!<\!\!\begin{array}{c} OH \\ CN \end{array}$$

实验表明，丙酮和氢氰酸反应 3～4h，仅有一半原料起作用；若在反应体系中加入一滴 KOH 溶液，则反应可在几分钟内完成；若加入大量酸，则放置几周也不起反应。这种少量碱加速反应、酸抑制反应的事实，说明反应中进攻羰基的试剂是 CN^-，而不是 H^+。氢氰酸是弱酸，在水溶液中存在如下电离平衡：

$$HCN \rightleftharpoons H^+ + CN^-$$

加碱有利于氢氰酸解离，提高 CN^- 的浓度；加酸使平衡向生成氢氰酸的方向移动，降低 CN^- 的浓度。

一般认为，碱存在下羰基与氢氰酸加成分两步进行（以丙酮为例）：首先是亲核试剂 CN^- 进攻羰基碳，生成 α-烷氧基腈，然后是烷氧基腈质子化，生成产物 α-羟基腈。其中，第一步是慢反应，是速率控制步骤。微量碱提高 CN^- 浓度，对亲核加成有利。

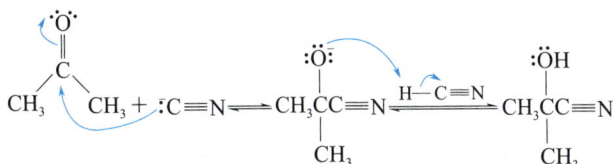

α-羟基腈可进一步水解成 α-羟基酸。由于产物比反应物增加了一个碳原子，该反应是有机合成中增长碳链的方法。α-羟基酸在浓硫酸作用下进一步脱水生成 α,β-不饱和羧酸，例如早期制备有机玻璃单体甲基丙烯酸甲酯的路线如下：

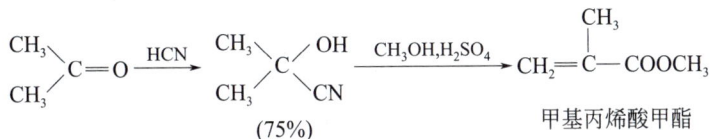

不同结构的醛、酮对氢氰酸的反应活性有明显差异，这种差异是电子效应和空间效应两种因素综合作用的结果。从电子效应考虑，羰基碳原子上的电子云密度越低，越有利于亲核试剂的进攻；羰基碳原子上连接的给电子基团（如烃基）越多，反应越难。从空间效应考虑，羰基碳原子上的空间位阻越小，越有利于亲核试剂进攻；羰基碳原子上连接的基团越多、体积越大，反应越难。由此可见，电子效应和空间效应对醛、酮的反应活性影响是一致的，不同结构的醛、酮对氢氰酸的加成反应活性次序大致如下：

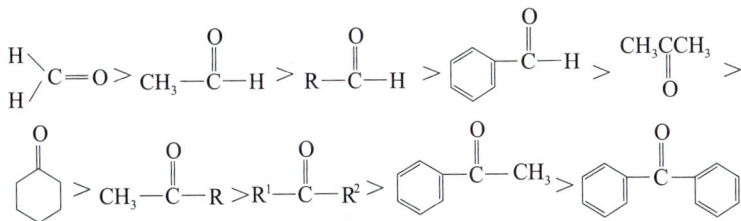

实际上，只有醛、脂肪族甲基酮、8 个碳原子以下的环酮才能与氢氰酸反应。

思考题 10-1　试用电子效应和空间效应，解释下列醛、酮化合物发生亲核加成反应的难易次序。

(1) CCl_3CHO　　　　　　　(2) $C_6H_5COC_6H_5$　　　　　(3) $CH_3COCH_2CH_3$

(4) $p\text{-}CH_3C_6H_4CHO$　　　(5) C_6H_5CHO　　　　　　(6) CCl_3COCH_3

(2) 与格氏试剂加成

格氏试剂是较强的亲核试剂，非常容易与醛、酮进行加成反应，加成的产物不必分离便可直接水解生成相应的醇，是制备醇的最重要的方法之一。

$$\overset{R-MgX}{\underset{\searrow}{}}\;\;C=O \longrightarrow \underset{\overset{|}{C}-OMgX}{\overset{R}{}} \xrightarrow[H^+]{H_2O} \underset{\overset{|}{C}}{\overset{R}{}}\underset{OH}{} + Mg(OH)X$$

格氏试剂与甲醛作用，可得到比格氏试剂多一个碳原子的伯醇；与其他醛作用，可得到仲醇；与酮作用，可得到叔醇。

$$RMgX + HCHO \xrightarrow{\text{干燥乙醚}} RCH_2OMgX \xrightarrow[H^+]{H_2O} RCH_2OH$$

$$R^1MgX + R^2CHO \xrightarrow{\text{干燥乙醚}} R^1-\underset{\overset{|}{R^2}}{CHOMgX} \xrightarrow[H^+]{H_2O} R^1-\underset{\overset{|}{R^2}}{CH-OH}$$

$$R^1MgX + \overset{R^2}{\underset{R^3}{}}C=O \xrightarrow{\text{干燥乙醚}} R^1-\underset{\overset{|}{R^3}}{\overset{\overset{|}{R^2}}{C}-OMgX} \xrightarrow[H^+]{H_2O} R^1-\underset{\overset{|}{R^3}}{\overset{\overset{|}{R^2}}{C}-OH}$$

产物比反应物增加了碳原子，该反应在有机合成中用于增长碳链。

思考题 10-2　如果用乙炔钠与醛、酮反应，产物是什么？写出反应式。

(3) 与亚硫酸氢钠加成

醛、酮与饱和亚硫酸氢钠溶液作用，亚硫酸氢钠分子中带未共用电子对的硫原子作为亲核中心进攻羰基碳原子，生成 α-羟基磺酸钠。反应是可逆的，必须加入过量的饱和亚硫酸氢钠溶液，以促使平衡向右移动。

$$\underset{(H)}{\overset{R^1}{\underset{R^2}{}}}C=O + HO-\overset{\overset{\cdot\cdot}{}}{\underset{\overset{\|}{O}}{S}}-O^-Na^+ \rightleftharpoons \overset{R^1}{\underset{R^2}{}}C\overset{OH}{\underset{SO_3Na}{}}$$

与加氢氰酸相同，只有醛、脂肪族甲基酮、8 个碳原子以下的环酮才能与饱和亚硫酸氢钠溶液反应。

α-羟基磺酸钠不溶于饱和亚硫酸氢钠溶液，以白色沉淀析出，此反应可用来鉴别醛、酮。将 α-羟基磺酸钠与 NaCN 作用，磺酸基可被氰基取代，即生成 α-羟基腈。这是避免使用挥发性、剧毒物 HCN 合成羟基腈的好方法。如：

$$PhCHO \xrightarrow[H_2O]{NaHSO_3} \underset{\overset{|}{OH}}{PhCHSO_3Na} \xrightarrow{NaCN} \underset{\overset{|}{OH}}{PhCHCN} \xrightarrow[回流]{HCl} \underset{\overset{|}{OH}}{PhCHCOOH}$$

另外，α-羟基磺酸钠溶于水而不溶于有机溶剂，与稀酸或稀碱共热可分解析出原来的羰基化合物，此反应也可用于分离提纯某些醛、酮。

$$R-\underset{\overset{|}{OH}}{CHSO_3Na} \begin{cases} \xrightarrow[H_2O]{HCl} RCHO + NaCl + SO_2 + H_2O \\ \xrightarrow[H_2O]{Na_2CO_3} RCHO + Na_2SO_3 + NaHCO_3 \end{cases}$$

思考题 10-3　如何鉴别戊-2-酮和戊-3-酮？

(4) 与醇加成

在干燥氯化氢的催化下，醛与醇发生加成反应，生成半缩醛。半缩醛又能继续与过量的醇作用，脱水生成缩醛。反应是可逆的，必须加入过量的醇以促使平衡向右移动。

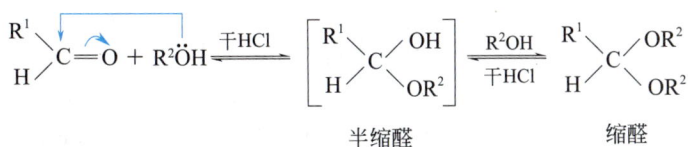

半缩醛不稳定，容易分解成原来的醛和醇。在同样条件下，半缩醛可以与另一分子醇反应生成稳定的缩醛。

酮一般不和一元醇加成，但在无水酸催化下，酮能与乙二醇等二元醇反应生成环状缩酮。

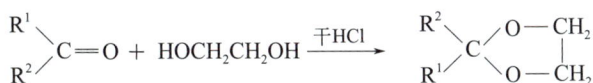

如果在同一分子中既有羰基又有羟基，只要二者位置适当（能形成五元或六元环），常常自动在分子内形成环状的半缩醛或半缩酮，并能稳定存在。半缩醛和缩醛的结构在糖化学上具有重要的意义。分子内的六元环状半缩醛如下：

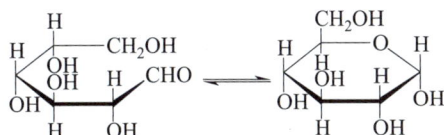

醛与醇的加成反应是按下列历程进行的：

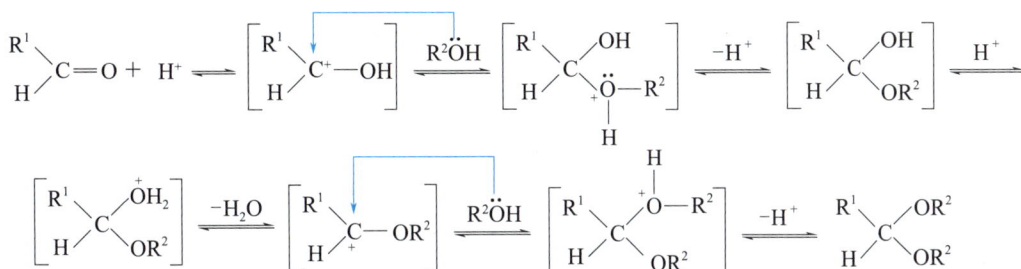

醇是弱的亲核试剂，与羰基加成的活性很低，不利于反应的进行。在无水氯化氢催化下，羰基氧与质子结合生成质子化的醛，增大了羰基的极性，有利于弱亲核性的醇向羰基加成生成半缩醛。半缩醛在酸的作用下，又可继续与质子结合成为质子化的醇，经脱水后成为反应活性很高的碳正离子，这也有利于弱亲核性的醇与其作用生成缩醛。

缩醛对碱、氧化剂、还原剂等都比较稳定，但在酸性溶液中易水解为原来的醛和醇，因此，在羰基化合物与醇的加成反应中要使用干燥的 HCl 为催化剂。

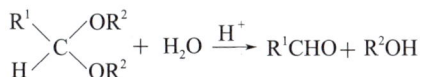

在有机合成中，常利用生成缩醛的方法来保护醛基，使活泼的醛基在反应中不被破坏，一旦反应完成后，再用酸水解释放出原来的醛基。例如，要将丙烯醛转化为丙醛或 2,3-二羟基丙醛，如果直接用催化氢化的方法或氧化的方法，醛基都将被破坏。如果先把醛转化为缩醛，然后再进行催化氢化或氧化，待反应完成后用酸水解，就能达到保护醛基的目的：

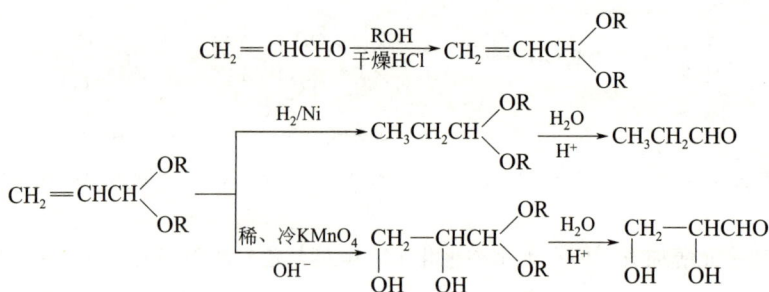

$$CH_2=CHCHO \xrightarrow[\text{干燥HCl}]{ROH} CH_2=CHCH\begin{smallmatrix}OR\\OR\end{smallmatrix}$$

$$CH_2=CHCH\begin{smallmatrix}OR\\OR\end{smallmatrix} \begin{cases} \xrightarrow{H_2/Ni} CH_3CH_2CH\begin{smallmatrix}OR\\OR\end{smallmatrix} \xrightarrow[H^+]{H_2O} CH_3CH_2CHO \\[2em] \xrightarrow[OH^-]{\text{稀、冷KMnO}_4} CH_2-CHCH\begin{smallmatrix}OR\\OR\end{smallmatrix} \xrightarrow[H^+]{H_2O} CH_2-CHCHO \\ \qquad\qquad\quad OH\ OH \qquad\qquad\quad OH\ OH \end{cases}$$

(5) 与水加成

水也可以和羰基化合物进行加成反应，但由于水是比醇更弱的亲核试剂，只有极少数活泼的羰基化合物才能与水加成生成相应的水合物。例如：

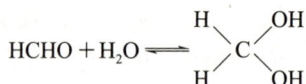

$$HCHO+H_2O \Longrightarrow \begin{smallmatrix}H\\ \\H\end{smallmatrix}C\begin{smallmatrix}OH\\ \\OH\end{smallmatrix}$$

甲醛溶液中有 99.9% 都是水合物，乙醛水合物仅占 58%，丙醛水合物含量很低，而丁醛的水合物可忽略不计。

在三氯乙醛分子中，由于三个氯原子的吸电子诱导效应，它的羰基有较大的反应活性，容易与水加成生成水合三氯乙醛：

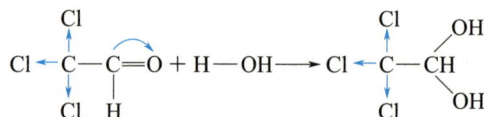

$$Cl\leftarrow \underset{\underset{Cl}{\uparrow}}{\overset{\overset{Cl}{\uparrow}}{C}}-\underset{H}{C}=O + H-OH \longrightarrow Cl\leftarrow \underset{\underset{Cl}{\uparrow}}{\overset{\overset{Cl}{\uparrow}}{C}}-CH\begin{smallmatrix}OH\\ \\OH\end{smallmatrix}$$

水合三氯乙醛简称水合氯醛，为白色晶体，可作为安眠药和麻醉药。

茚三酮分子中，由于羰基的吸电子诱导效应，它也容易和水分子形成稳定的水合茚三酮：

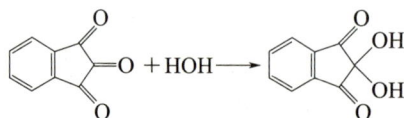

水合茚三酮在 α-氨基酸的色谱分析中常用作显色剂。

(6) 与氨及其衍生物加成

醛、酮可与氨的衍生物发生亲核加成反应，加成产物容易脱水，生成含碳氮双键的化合物，此反应称为加成-消除反应。

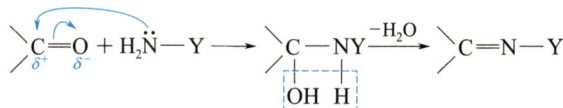

$$\underset{\delta^+}{C}=\underset{\delta^-}{O} + H_2\ddot{N}-Y \longrightarrow C-NY \xrightarrow{-H_2O} C=N-Y$$
$$\qquad\qquad\qquad\qquad\qquad\quad \overline{OH\ H}$$

常用的氨的衍生物有：

$$NH_2OH \qquad NH_2NH_2 \qquad$$

羟胺　　　　肼　　　　苯肼　　2,4-二硝基苯肼　　　　氨基脲

它们与羰基化合物进行加成-消除反应的产物如下：

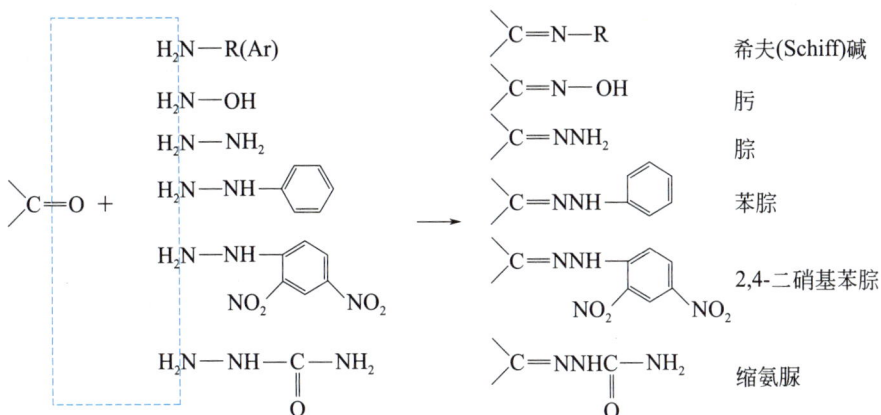

羰基化合物与羟胺、苯肼、2,4-二硝基苯肼及氨基脲的加成-消除产物大多是黄色晶体，有固定的熔点，收率高，易于提纯，在稀酸的作用下能水解为原来的醛、酮。这些性质可用来分离、提纯、鉴别羰基化合物。上述试剂也被称为羰基试剂，其中 2,4-二硝基苯肼与醛、酮反应所得到的黄色晶体具有不同的熔点，常把它作为鉴定醛、酮的灵敏试剂。反应一般在酸催化下进行，羰基氧与质子结合，可以提高羰基的活性：

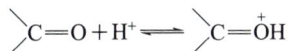

$$\underset{}{>}C=O+H^+ \rightleftharpoons \underset{}{>}C=\overset{+}{O}H$$

　　反应一般在弱酸性溶液（乙酸）中进行。在强酸中，氨的衍生物能与质子结合成盐，这将丧失它们的亲核性：

$$H_2\ddot{N}-Y+H^+ \rightleftharpoons H_3\overset{+}{N}-Y$$

　　思考题 10-4　如何用化学方法分离下列混合物？

　　（1）己-3-酮、正己醛　　　　（2）苯酚、环己醇、环己酮

　　练习 10-3　分别写出乙醛和丙酮与下列各试剂反应所生成的主要产物。

　　（1）饱和 $NaHSO_3$　　（2）$HOCH_2CH_2OH$ 和无水 HCl　　（3）2,4-二硝基苯肼　　（4）CH_3MgBr，然后水解

（7）与维蒂希（Wittig）试剂加成

　　三苯基膦与具有 α-H 的卤代烷作用，可生成季鏻盐；将该季鏻盐用碱处理，得到一种鏻的内鎓盐，称维蒂希（Wittig）试剂。维蒂希试剂也叫磷叶立德（ylide）。

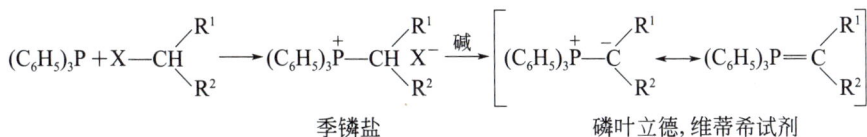

Wittig 反应

$$(C_6H_5)_3P+X-\underset{R^2}{\overset{R^1}{CH}} \longrightarrow \underset{季鏻盐}{(C_6H_5)_3\overset{+}{P}-\underset{R^2}{\overset{R^1}{CH}}\ X^-} \xrightarrow{\text{碱}} \left[(C_6H_5)_3\overset{+}{P}-\underset{R^2}{\overset{R^1}{\overset{|}{C}}} \longleftrightarrow \underset{磷叶立德,维蒂希试剂}{(C_6H_5)_3P=\underset{R^2}{\overset{R^1}{C}}} \right]$$

　　维蒂希试剂与羰基化合物进行亲核加成生成烯烃的反应称为维蒂希反应。

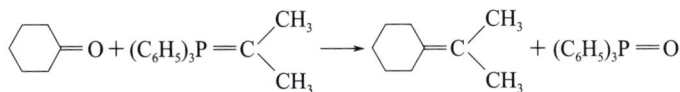

　　维蒂希反应机理：

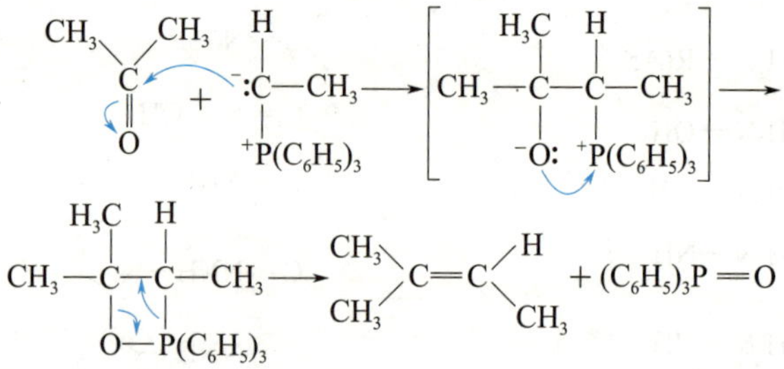

维蒂希反应条件温和，产率高，双键位置不发生重排，是合成烯烃的好方法。醛、酮分子中的双键、叁键、羧基对反应无影响。因此，利用维蒂希试剂与醛、酮反应在有机分子结构中引入双键，在有机合成，特别是药物合成上用途广泛，如维生素 A 类化合物的合成：

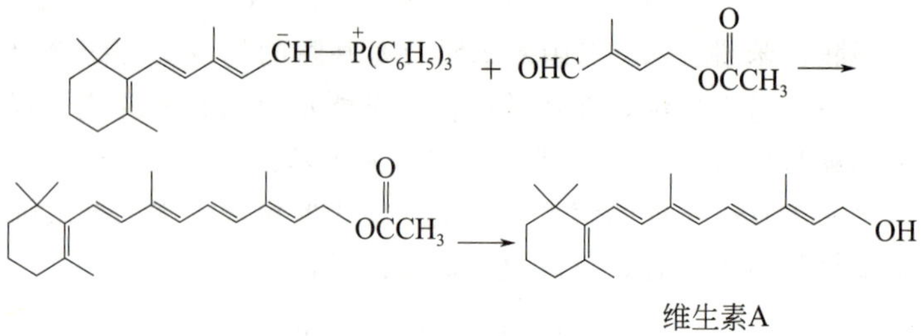

维生素A

思考题 10-5　查阅文献，列出两个维蒂希试剂在有机（药物）合成中的应用实例。

10.4.2　α-H 的反应

醛、酮分子中，羰基的 π 电子云与其 α 位 C—H 键的 σ 电子云部分交叠，产生 σ-π 超共轭效应，削弱了 C—H 键，使 α-H 表现出一定酸性，如丙酮或乙醛中 C—H 键的 pK_a 约为 19～20，而乙烷中 C—H 键的 pK_a 约为 40。一般具有 α-H 的醛、酮中，α-H 可转移到羰基氧上，形成所谓的烯醇式异构体，但平衡主要偏向酮式一边，如丙酮中，烯醇式仅占 0.1%：

$$\underset{\text{酮式(99.9\%)}}{CH_3-\overset{\overset{\displaystyle O}{\|}}{C}-CH_3} \rightleftharpoons \underset{\text{烯醇式(0.1\%)}}{CH_3-\overset{\overset{\displaystyle OH}{|}}{C}=CH_2}$$

虽然简单醛、酮中烯醇式含量很低，但涉及 α-H 的反应，如卤代、缩合等，醛、酮是以烯醇式参与反应。当烯醇式与试剂作用时，平衡右移，酮式不断转变为烯醇式，直至酮式作用完为止。酸、碱的存在都可促进具有 α-H 的醛、酮的烯醇化。

碱可夺取 α-H 产生碳负离子，继而形成烯醇负离子：

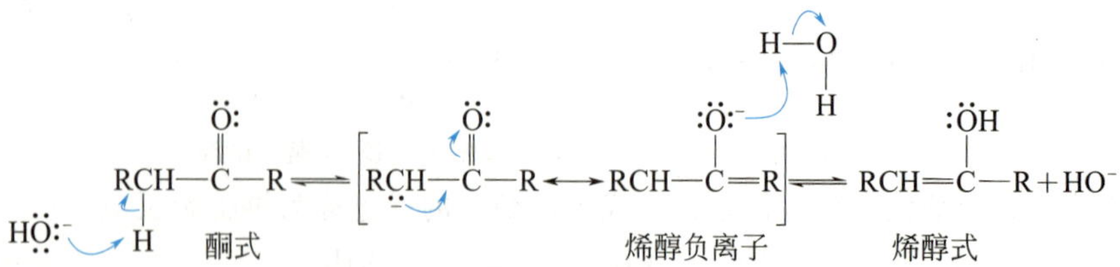

烯醇负离子中存在 p-π 共轭效应分散了负电荷，有利于烯醇负离子的稳定。

酸也可促进羰基化合物的烯醇化。H^+ 与羰基氧结合形成质子化的羰基；质子化的羰基具有更强的吸电子诱导效应，使 α-H 容易解离，形成烯醇式。

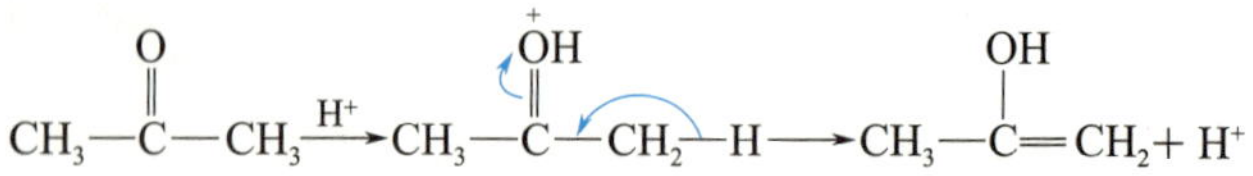

(1) 卤代及碘仿反应

醛、酮分子中的 α-H 在酸性或中性条件下容易被卤素取代，生成 α-卤代醛或 α-卤代酮。例如：

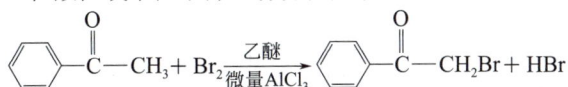

$$C_6H_5\text{-C(=O)-}CH_3 + Br_2 \xrightarrow[\text{微量}AlCl_3]{\text{乙醚}} C_6H_5\text{-C(=O)-}CH_2Br + HBr$$

α-卤代酮具有催泪性，是重要的有机中间体。

α-苯乙酮的卤代反应是通过烯醇式进行的。与简单烯烃类似，烯醇的 π 电子具有亲核性，能与亲电试剂作用；但烯醇氧原子的 p-π 给电子共轭效应，使得烯醇双键比简单烯烃活泼得多，很容易与卤素作用形成 α-卤代苯乙酮。

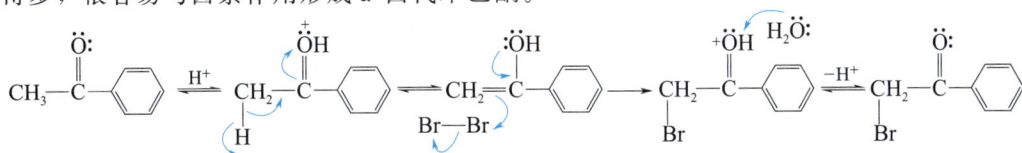

$$CH_3\text{-C(=O)-}C_6H_5 \xrightleftharpoons{H^+} CH_2\text{=C(-OH)-}C_6H_5 \xleftarrow{Br-Br} \cdots \rightarrow CH_2Br\text{-C(-OH)-}C_6H_5 \xrightleftharpoons{H_2O, -H^+} CH_2Br\text{-C(=O)-}C_6H_5$$

当 α-C 上引入一个卤原子后，卤原子的吸电子作用会降低羰基氧原子上的电子云密度，减弱了接受质子的能力，进一步质子化羰基形成烯醇式比未卤代时困难。因此，酸催化可控制反应在一卤代阶段。

卤代反应也可被碱催化。α-H 被一个卤素取代后，卤原子的吸电子诱导效应使 α-C 上剩余的 α-H 酸性提高，更容易被取代，因此碱催化的卤代反应很难停留在一卤代阶段，如：

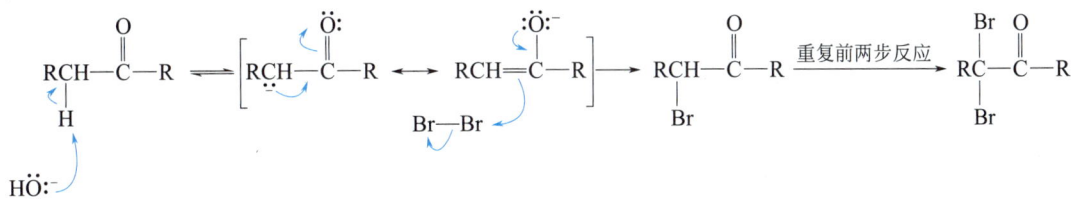

$$RCH(H)\text{-C(=O)-}R \xrightleftharpoons{} [RCH\text{-C(=O)-}R \leftrightarrow RCH\text{=C(-O}^-\text{)-}R] \xrightarrow{Br-Br} RCH(Br)\text{-C(=O)-}R \xrightarrow{\text{重复前两步反应}} RC(Br)\text{-C(=O)-}R \ (\text{Br})$$

$$HO^-$$

如果 α-C 有三个 α-H，如乙醛或甲基酮（CH_3CO—），则三个 α-H 都可被卤素取代。

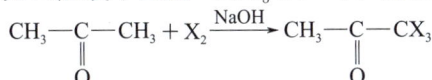

$$CH_3\text{-C(=O)-}CH_3 + X_2 \xrightarrow{NaOH} CH_3\text{-C(=O)-}CX_3$$

生成的 α,α,α-三卤代酮由于羰基氧和三个卤原子的吸电子作用，使碳-碳键不牢固，在碱作用下会发生断裂，生成卤仿和相应的羧酸盐。例如：

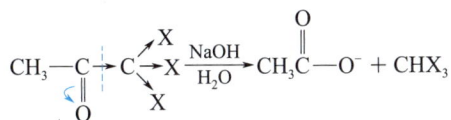

$$CH_3\text{-C(=O)-}C(X)(X)(X) \xrightarrow[H_2O]{NaOH} CH_3C(=O)\text{-O}^- + CHX_3$$

该反应称为卤仿反应（haloform reaction）。当卤素是碘时，称为碘仿反应。碘仿（CHI_3）是黄色沉淀，利用碘仿反应可鉴别乙醛和甲基酮。

β-C 上有三个氢原子的醇，如乙醇、异丙醇、α-苯乙醇等能在卤素的氢氧化钠溶液中先发生氧化而后进行卤仿反应：

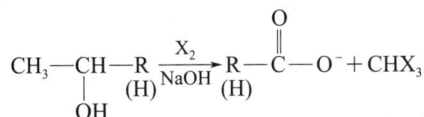

$$CH_3\text{-CH(OH)-}R(H) \xrightarrow[NaOH]{X_2} R(H)\text{-C(=O)-O}^- + CHX_3$$

利用碘仿反应，不仅可鉴别 $CH_3\text{-C(=O)-}R(H)$ 类羰基化合物，还可鉴别 $CH_3CH(OH)\text{-}R$ 类醇。

练习 10-4 指出下列化合物中哪些能发生碘仿反应。

C_6H_5CHO、$CH_3COCH_2CH_3$、$C_6H_5COCH_3$、CH_3CH_2OH、CH_3CHO、$CH_3COCH_2CH_2COCH_3$

(2) 羟醛缩合反应

在稀碱催化下，含 α-H 的醛发生分子间的加成反应，生成 β-羟基醛，这类反应称为羟醛缩合反应。例如：

$$CH_3-CH + HCH_2-C-H \xrightarrow{\text{稀OH}^-} CH_3CH-CH_2CHO$$

β-羟基醛在加热下很容易脱水生成 α,β-不饱和醛：

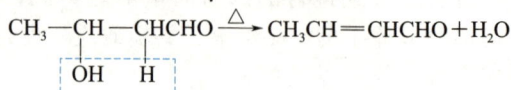

$$CH_3-CH-CHCHO \xrightarrow{\triangle} CH_3CH=CHCHO + H_2O$$

碱夺取醛的 α-H 形成碳负离子，碳负离子作为亲核试剂进攻另一分子醛的羰基碳原子，发生亲核加成反应生成 β-羟基醛：

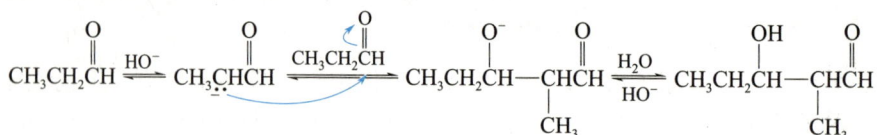

$$CH_3CH_2CH \xrightleftharpoons{HO^-} CH_3\overset{-}{C}HCH \xrightleftharpoons{CH_3CH_2CH} CH_3CH_2C-CHCH \xrightleftharpoons[HO^-]{H_2O} CH_3CH_2CH-CHCH$$

如果使用两种不同的含有 α-H 的醛，可得四种羟醛缩合产物的混合物，无制备意义；如果含 α-H 的醛和另一个不含 α-H 的醛反应，则可得到收率好的单一产物。例如：

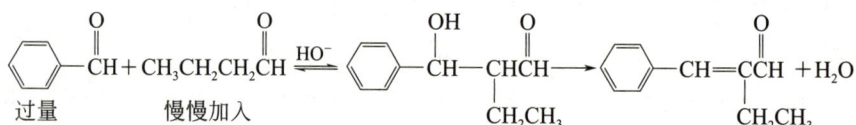

$$\underset{\text{过量}}{\phi CH} + \underset{\text{慢慢加入}}{CH_3CH_2CH_2CH} \xrightleftharpoons{HO^-} \phi CH-CHCH \rightarrow \phi CH=CCH + H_2O$$

练习 10-5 完成下列反应式。

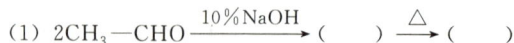

（1） $2CH_3-CHO \xrightarrow{10\%NaOH} (\quad\quad) \xrightarrow{\triangle} (\quad\quad)$

（2） $CH_3-\phi-CHO + CH_3CHO \xrightarrow[\triangle]{\text{稀OH}^-} (\quad\quad)$

10.4.3 氧化反应

醛羰基上的氢原子很容易被氧化，产物为相应的羧酸：

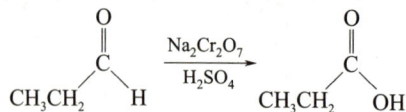

$$CH_3C_2-C-H \xrightarrow[H_2SO_4]{Na_2Cr_2O_7} CH_3C_2-C-OH$$

空气中的氧可将醛氧化。如苯甲醛保存过久，瓶口或瓶中会出现白色固体，就是部分苯甲醛被氧化成苯甲酸，这种氧化称为自氧化作用。

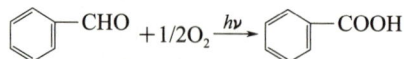

$$\phi-CHO + 1/2O_2 \xrightarrow{h\nu} \phi-COOH$$

酮一般不被氧化，但在强氧化剂硝酸作用下，羰基两侧的碳链断裂，生成羧酸的混合物，没有合成意义。对称环酮如环己酮，在强氧化剂如硝酸作用下，可生成单一氧化产物：

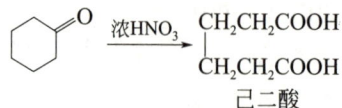

$$\text{环己酮} \xrightarrow{\text{浓}HNO_3} \begin{array}{l} CH_2CH_2COOH \\ CH_2CH_2COOH \end{array}$$
$$\text{己二酸}$$

己二酸是合成纤维尼龙 66 的重要原料。

若使用弱氧化剂，醛能被氧化而酮不被氧化，这是实验室区别醛、酮的方法。常用的氧化剂有下列两种。

① 托伦（Tollens）试剂。硝酸银的氨溶液。将醛和托伦试剂共热，醛被氧化为羧酸，银离子被还原为金属银附着在试管壁上形成明亮的银镜，所以这个反应又称为银镜反应。

$$RCHO + 2[Ag(NH_3)_2]^+ + 2OH^- \longrightarrow RCOO^-NH_4^+ + 2Ag\downarrow + H_2O + 3NH_3\uparrow$$

托伦试剂既可氧化脂肪醛，又可氧化芳香醛。在同样的条件下酮不发生反应。

② 斐林（Fehling）试剂。由 A、B 两种溶液组成，A 为硫酸铜溶液，B 为酒石酸钾钠和氢氧化钠溶液，使用时等量混合组成斐林试剂。其中酒石酸钾钠的作用是使铜离子形成配合物而不致在碱性溶液中生成氢氧化铜沉淀。

脂肪醛与斐林试剂反应，生成氧化亚铜砖红色沉淀。

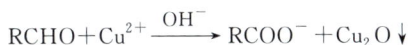

$$RCHO + Cu^{2+} \xrightarrow{OH^-} RCOO^- + Cu_2O\downarrow$$

甲醛可使斐林试剂中的 Cu^{2+} 还原成单质的铜。其他脂肪醛可使斐林试剂中的 Cu^{2+} 还原成 Cu_2O 沉淀。酮及芳香醛不与斐林试剂反应。

上述两种弱氧化剂只氧化醛基，不会破坏分子中的碳碳双键或叁键，有较强的选择性。所以不饱和醛可被氧化为不饱和酸。例如：

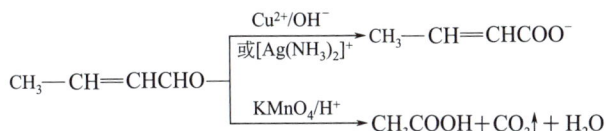

$$CH_3-CH=CHCHO \begin{cases} \xrightarrow[\text{或}[Ag(NH_3)_2]^+]{Cu^{2+}/OH^-} CH_3-CH=CHCOO^- \\ \xrightarrow{KMnO_4/H^+} CH_3COOH + CO_2\uparrow + H_2O \end{cases}$$

酮和芳香醛不与斐林试剂作用，该反应既可用来区分脂肪醛和酮，也可用来区分脂肪醛和芳香醛。

10.4.4 还原反应

醛、酮羰基可被还原剂还原，还原剂不同，产物不同，产物可以是羟基（—OH）或亚甲基（—CH_2）。

（1）羰基还原为羟基

在催化剂镍、钯、铂等催化下，醛、酮可分别被还原为伯醇和仲醇。

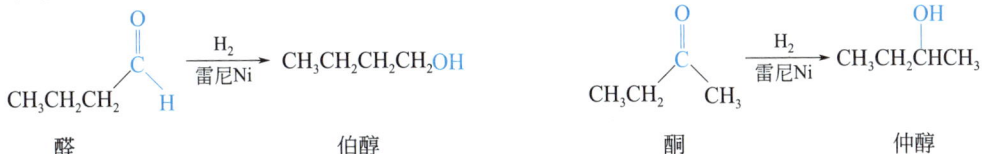

催化氢化的选择性不强，分子中同时存在的不饱和键也同时会被还原。例如：

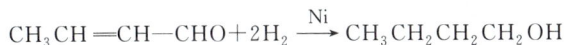

$$CH_3CH=CH-CHO + 2H_2 \xrightarrow{Ni} CH_3CH_2CH_2CH_2OH$$

某些金属氢化物如硼氢化钠（$NaBH_4$）、异丙醇铝 $\{Al[OCH(CH_3)_2]_3\}$ 及氢化铝锂（$LiAlH_4$）有较高的选择性，它们只还原羰基，不还原分子中的不饱和键。例如：

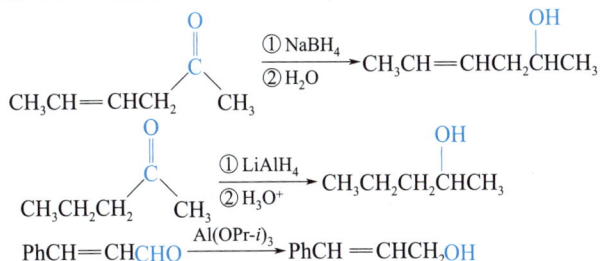

$$PhCH=CHCHO \xrightarrow{Al(OPr\text{-}i)_3} PhCH=CHCH_2OH$$

(2) 羰基还原为亚甲基

用锌汞齐与浓盐酸可将羰基还原为亚甲基，称为克莱门森（Clemmensen）还原法。

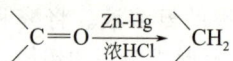

$$\diagdown C=O \xrightarrow[\text{浓HCl}]{\text{Zn-Hg}} \diagup CH_2$$

克莱门森还原是在浓盐酸介质中进行的。因此，分子中若有对酸敏感的其他基团，如醇羟基、碳碳双键等，不能用这个方法还原。

用沃尔夫（Wolff）-凯惜纳（Kishner）-黄鸣龙还原法也可将羰基还原为亚甲基。伍尔夫-吉日聂尔的方法是将羰基化合物与无水肼反应生成腙，然后在强碱作用下，加热、加压使腙分解放出氮气而生成烷烃。

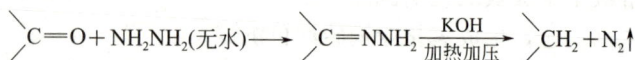

$$\diagdown C=O + NH_2NH_2(\text{无水}) \longrightarrow \diagdown C=NNH_2 \xrightarrow[\text{加热加压}]{\text{KOH}} \diagdown CH_2 + N_2\uparrow$$

这个反应广泛用于天然产物的研究中，但条件要求高，操作不便。1946年，我国化学家黄鸣龙改进了这个方法。黄鸣龙先生用高沸点物质如二聚乙二醇（DEG）或三聚乙二醇（TEG）作溶剂，并用85％的水合肼作反应试剂，顺利得到产物。改进后降低了反应条件，提高了收率，并实现了工业化生产。

将芳烃经付一点酰基化反应制得的芳香酮，用克莱门森还原法或黄鸣龙还原法将羰基还原为亚甲基，是在芳环上引入直链烷基的一种间接方法。例如：

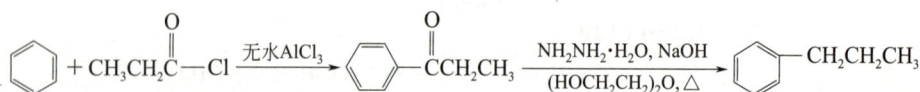

$$\bigcirc + CH_3CH_2\overset{O}{\overset{\|}{C}}-Cl \xrightarrow{\text{无水}AlCl_3} \bigcirc\overset{O}{\overset{\|}{C}}CH_2CH_3 \xrightarrow[(HOCH_2CH_2)_2O, \triangle]{NH_2NH_2\cdot H_2O, NaOH} \bigcirc-CH_2CH_2CH_3$$

(3) 歧化反应

不含 α-H 的醛，如甲醛、苯甲醛等，与浓碱共热，发生自身的氧化-还原反应：一分子醛被氧化成羧酸，另一分子醛被还原为醇，这个反应叫作歧化反应，也叫作康尼扎罗（S. Cannizzaro）反应。例如：

康尼扎罗反应

$$2HCHO \xrightarrow{\text{浓 NaOH}} HCOO^- + CH_3OH$$

两种无 α-H 的醛进行交叉歧化反应的产物复杂，不易分离，无实际意义。但如果用甲醛与另一种无 α-H 的醛进行交叉歧化反应时，甲醛总是被氧化为甲酸，另一种醛被还原为醇。例如：

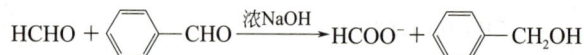

$$HCHO + \bigcirc-CHO \xrightarrow{\text{浓NaOH}} HCOO^- + \bigcirc-CH_2OH$$

由甲醛和乙醛制备季戊四醇的反应，是交叉羟醛缩合反应和交叉歧化反应的应用实例。

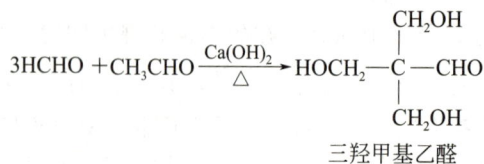

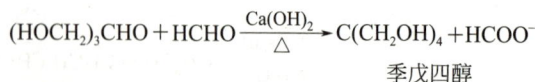

$$3HCHO + CH_3CHO \xrightarrow[\triangle]{Ca(OH)_2} HOCH_2-\overset{CH_2OH}{\underset{CH_2OH}{\overset{|}{\underset{|}{C}}}}-CHO$$

三羟甲基乙醛

$$(HOCH_2)_3CHO + HCHO \xrightarrow[\triangle]{Ca(OH)_2} C(CH_2OH)_4 + HCOO^-$$

季戊四醇

季戊四醇是一种重要的化工原料，常用来制造血管扩张剂（季戊四醇四硝酸酯）、工程塑料聚氯醚和油漆用的醇酸树脂等。

练习10-6　写出正丁醛和苯乙酮与下列各试剂反应所生成的主要产物，若不反应请注明。

(1) $Ag(NH_3)_2OH$

(2) Fehling 试剂

(3) $NaBH_4$，在 NaOH 水溶液中

(4) $LiAlH_4$，然后水解

(5) $K_2Cr_2O_7+H_2SO_4$，△

(6) Zn-Hg＋HCl

(7) NH_2NH_2＋NaOH，二缩乙二醇，200℃

10.5 醛、酮的制备

10.5.1 醇的氧化或脱氢

伯醇、仲醇通过氧化或催化脱氢，可分别制得醛或酮。在氧化剂作用下醛很容易进一步被氧化生成羧酸，因此需要控制反应条件，使生成的醛尽快与氧化剂分开。酮不易被继续氧化，更适于用此法制备。例如：

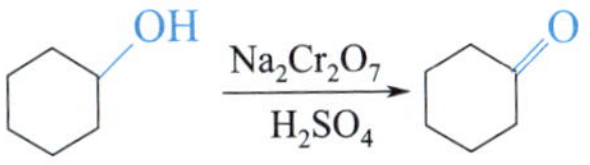

89%

工业上是将伯醇、仲醇的蒸气通过加热的催化剂如铜、银、镍等生产醛和酮。例如：

$$(CH_3)_2CHOH \xrightleftharpoons[300℃]{Cu} CH_3\underset{\underset{O}{\|}}{C}CH_3+H_2\uparrow$$

$$CH_3CH_2OH \xrightleftharpoons[275\sim300℃]{Cu} CH_3CHO+H_2\uparrow$$

10.5.2 由烃及卤代烃制备

(1) 由不饱和烃制备

第 3 章已经学习了烯烃臭氧化制备醛、酮的方法，在此不再详述。

羰基合成法：工业上在高压和钴的催化作用下，烯烃与氧及一氧化碳作用，在双键处加入一个醛基，称为羰基合成法。

$$CH_3CH{=}CH_2+CO+H_2 \xrightarrow[170℃,\ 235MPa]{[Co(CO)_4]_2} \underset{75\%}{CH_3CH_2CH_2CHO}+\underset{25\%}{(CH_3)_2CHCHO}$$

炔烃水合法：炔烃在汞盐催化下水合生成醛或酮称为炔烃水合法。工业上用乙炔水化来生产乙醛，而其他炔的水化得到的是酮。

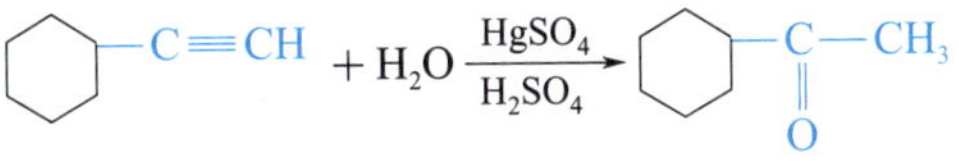

(2) 芳烃的氧化

烷基苯在温和氧化剂的氧化下可以转化成芳醛。例如：

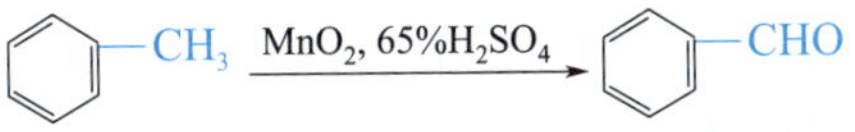

使用以上氧化剂时，芳环上有硝基、氯、溴等吸电子基时，芳环较稳定；有氨基、羟基等给电子基时，芳环本身易被氧化。

(3) 芳烃的酰基化

芳烃的酰基化反应是制备芳香族醛、酮常用的一个方法。

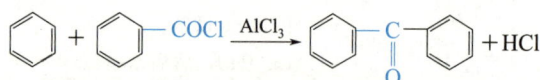

此类反应在第 5 章已经介绍，在此不再详述。

(4) 偕二卤代物的水解

同一个碳原子上含有两个卤原子的卤代物称为偕二卤代物。芳香族的偕二卤代物水解后得到同碳二醇。而同碳二醇不稳定，会分解成芳醛或芳酮。例如：

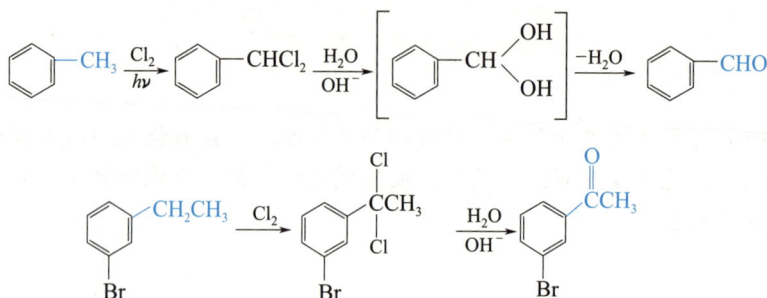

芳环侧链上的 α-H 容易被卤代，因此这是一种制备芳醛或芳酮的好方法。

10.5.3　由羧酸衍生物还原到醛

羧酸直接还原很难生成醛，一般直接还原到醇。一般采用羧酸衍生物（如酰氯、酯或腈）来还原制备醛，所用还原剂的活性也要稍弱于 $LiAlH_4$，如三特丁醇铝锂以及二异丁基铝氢等。罗森蒙德（Rosenmund）还原法也是一种将酰氯还原为醛的较为有效的方法，它是在钯催化剂中加入少量的硫-喹啉，使催化剂部分中毒，降低其还原活性，反应应在尽可能低的温度下进行，以避免进一步被还原。详细情况在第 11 章介绍。

罗森蒙德
还原反应

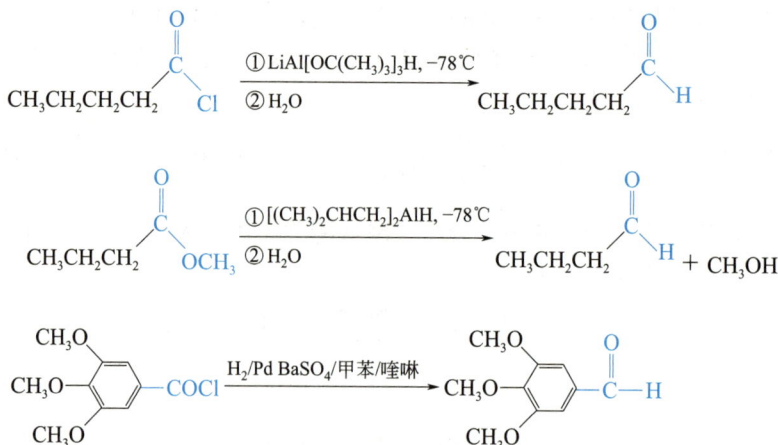

10.6　α,β-不饱和醛、酮

在 α,β-不饱和醛、酮分子中，C=C、C=O 双键是共轭的，除了具有碳碳双键的 1,2-亲电加成和碳氧双键的 1,2-亲核加成外，还有 1,4-共轭加成。

10.6.1 亲核加成反应

能与羰基化合物发生亲核加成的试剂，均可与 α,β-不饱和醛、酮加成。在此既可以发生对羰基的简单加成，也可能发生共轭加成。

α,β-不饱和醛、酮与强碱性亲核试剂作用时，通常发生在羰基上，以 1,2-亲核加成为主。

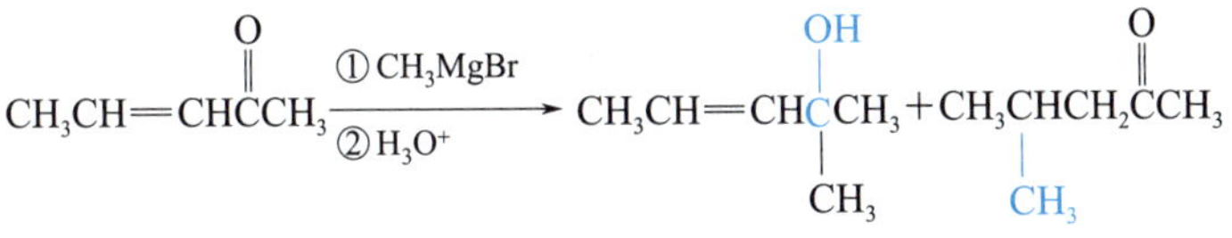

$$CH_3CH=CHCCH_3 \xrightarrow[\text{②}H_3O^+]{\text{①}CH_3MgBr} CH_3CH=CHCCH_3 + CH_3CHCH_2CCH_3$$

1,2-加成(72%)   1,4-加成(20%)

α,β-不饱和醛、酮与弱碱性亲核试剂（如氢氰酸、伯胺）作用时，一般以 1,4-共轭加成为主，如：

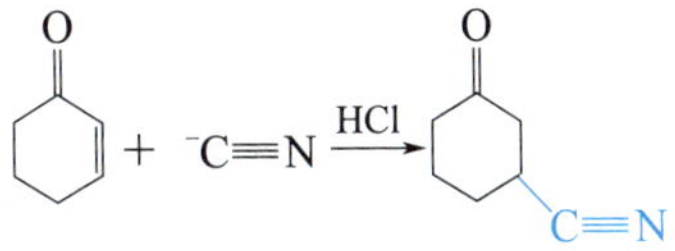

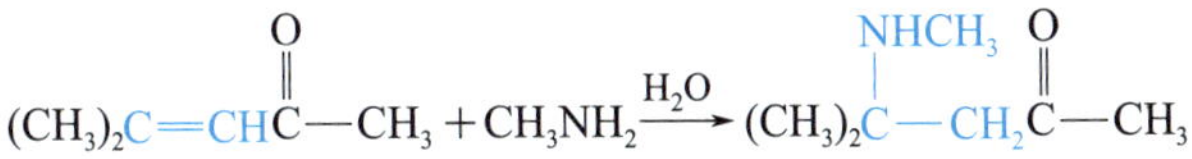

$$(CH_3)_2C=CHC-CH_3 + CH_3NH_2 \xrightarrow{H_2O} (CH_3)_2C-CH_2C-CH_3$$

10.6.2 亲电加成反应

α,β-不饱和醛、酮也能发生碳碳双键上的典型反应——亲电加成反应，由于羰基的吸电子作用，使碳碳双键上 π 电子云密度下降，亲电加成反应活性较烯烃低。亲电试剂（如卤素）与 α,β-不饱和醛、酮不发生共轭加成，只对碳碳双键发生 1,2-亲核加成。

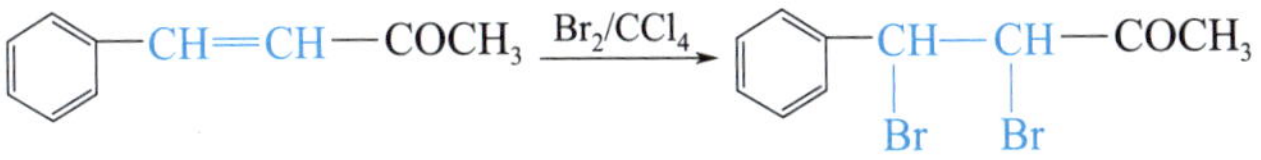

$$\text{苯}-CH=CH-COCH_3 \xrightarrow{Br_2/CCl_4} \text{苯}-CH-CH-COCH_3$$

亲电试剂（如 HCl）与 α,β-不饱和醛、酮加成时，则发生 1,4-共轭加成。

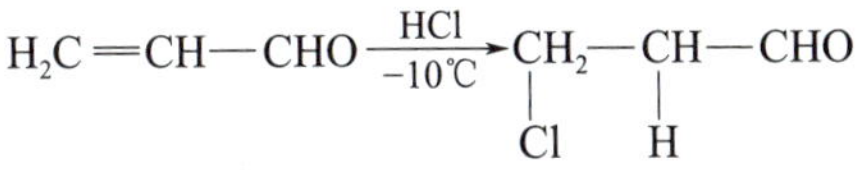

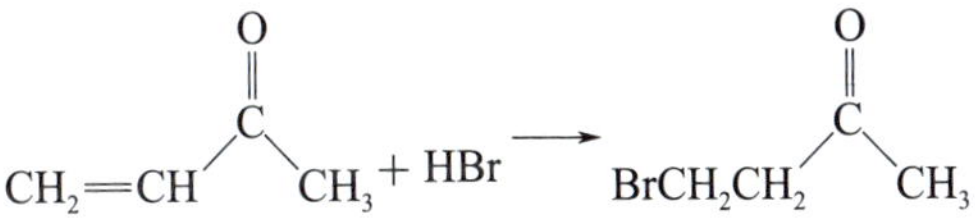

$$H_2C=CH-CHO \xrightarrow[-10℃]{HCl} CH_2-CH-CHO$$

$$CH_2=CH-C-CH_3 + HBr \longrightarrow BrCH_2CH_2-C-CH_3$$

10.7 醌

醌类都是有颜色的晶体，对苯醌为黄色，邻苯醌为红色，它们的分子中都含有 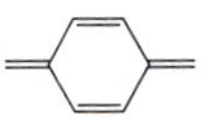 或 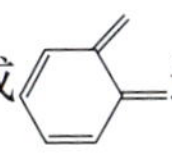 这样的结构。例如：

对苯醌(1,4-苯醌)　黄色　　　　　邻苯醌(1,2-苯醌)　红色

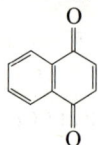

α-萘醌(1,4-萘醌)　黄色　　　β-萘醌(1,2-萘醌)　橙色　　　蒽醌　淡黄色

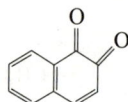

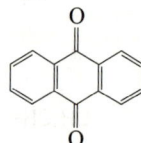

醌环不是芳环，不具有芳香性，相当于一个 α,β-不饱和酮，因此它与氢氰酸、氢卤酸能发生 1,4-共轭加成反应。例如：

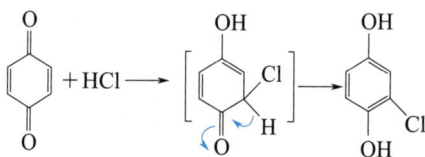

醌易被还原，如对苯醌易被还原为对苯二酚，而对苯二酚又很容易被氧化为对苯醌。利用这两者氧化还原的相互转换，可以制成醌-氢醌电极，用来测定溶液中氢离子的浓度。

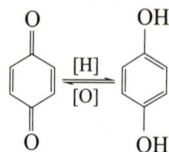

醌类物质色泽鲜艳，可以用来制造染料。许多天然物质具有醌的结构，例如具有凝血作用的维生素 K 就是 α-萘醌的衍生物。

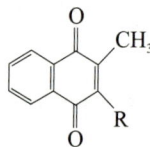

维生素K

10.8　重要的醛、酮

(1) 甲醛

甲醛又称蚁醛，常温下是具有特殊刺激气味的无色气体，沸点为 $-21℃$，易溶于水。含甲醛 37%～40%、甲醇 8% 的水溶液叫作福尔马林（formalin），在医药和农业上被广泛用作防腐剂和杀虫剂。

工业上把甲醇和空气混合在一起，用铜作催化剂，温度控制在 $250～300℃$，经化学反应生产甲醛。

浓度约 60% 的甲醛溶液在室温下长期放置会自动聚合成环状聚合

甲醛的结构

物——三聚甲醛。三聚甲醛为白色晶体，熔点62℃，沸点112℃。

高纯度的甲醛在催化剂的存在下可以聚合成高聚物——聚甲醛，它是具有一定优异性能的工程塑料，可用于制造轴承、齿轮等。

甲醛与氨作用生成六亚甲基四胺，俗称乌洛托品。它是无色晶体，易溶于水，有甜味。在医药上用作利尿剂和尿道消毒剂。在有机合成中用于引入氨基。

甲醛还大量用于制造酚醛树脂、脲醛树脂、合成纤维（维尼纶）和季戊四醇等。

（2）乙醛

乙醛是一种有刺激气味、易挥发的无色液体，沸点20.8℃，可溶于水、乙醇和乙醚中。

工业上生产乙醛常用乙炔水合法、乙醇氧化法和乙烯直接氧化法。

乙醛在室温以及少量硫酸存在下易聚合成环状的三聚乙醛，三聚乙醛是具有香味的无色液体，沸点124℃，难溶于水。乙醛通常以三聚乙醛的形式保存。

乙醛是合成乙酸、乙酸酐、乙酸乙酯、三氯乙醛、季戊四醇等多种化合物的重要原料。

（3）丙酮

丙酮（acetone）是一种具有特殊气味、易挥发、易燃的无色液体，沸点56.2℃，能与水、乙醇、乙醚等混溶，是良好的有机溶剂。

工业上生产丙酮的方法有粮食发酵法、异丙醇催化氧化法。现在使用较多的是由异丙苯氧化直接制造苯酚同时得到丙酮，原料利用率很高。

丙酮除用作溶剂外，同时还是生产环氧树脂、异戊橡胶和有机玻璃等的重要原料。

关键词

醛-aldehyde

酮-ketone

羰基-carbonyl group

甲醛-formaldehyde

乙醛-acetaldehyde

丙酮-acetone

芳香醛-aromatic aldehydes

苯甲醛-benzaldehyde

烯醇化-enolization

醛酮互变异构-Keto-Enol tautomerism

缩醛-acetal

缩酮-ketal

亚胺-imine

烯胺-enamine

腙-hydrazone

肟-oxime

缩氨脲-semicarbazone

亲核加成-nucleophilic addition

维蒂希试剂-Wittig reagent

克莱门森还原法-Clemmensen reduction

黄鸣龙还原法-Huang Minlon reduction

羟醛缩合反应-aldol condensation

碘仿反应-iodoform reaction

克莱森缩合-Claisen condensation

Cannizzaro 歧化反应-Cannizzaro reaction

罗森蒙德还原法-Rosenmund reduction

羰基化-carbonylation

氢化-hydrogenation

碱催化-base-catalyzed

酸催化-acid-catalyzed

甲基乙基酮-methyl ethyl ketone

10-1 命名下列化合物或写出结构式。

(1)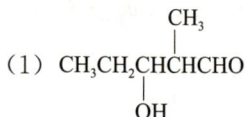

(2)

(3)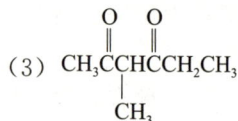

(4)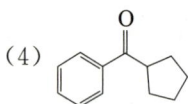

(5)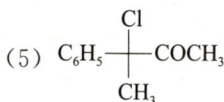

(6)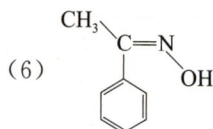

(7)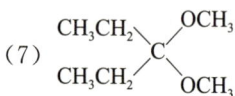

(8)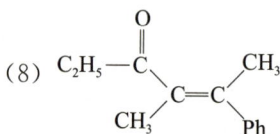

(9) 2-甲基戊-3-酮

(10) 3-苯基丙烯醛　　　(11) 4-羟基-3-甲氧基苯甲醛　　　(12) (Z)-4-苯基丁-3-烯-2-酮

(13) 邻甲基苯甲醛缩乙二醇　　　(14) 6-甲基-2-萘甲醛　　　(15) 苯甲醛肟

10-2 下列化合物中，哪些化合物可与饱和 $NaHSO_3$ 加成？哪些化合物能发生碘仿反应？哪些化合物两种反应均能发生？

(1) $CH_3COCH_2CH_3$

(2) CH_3CH_2OH

(3) $CH_3CH_2CH_2CHO$

(4) $CH_3CH_2COCH_2CH_3$

(5) $(CH_3)_3CCHO$

(6)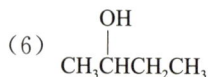

(7)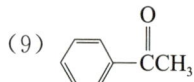

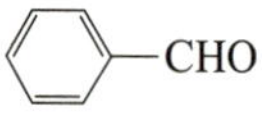

(8) 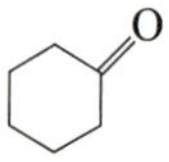 （环己酮结构）

(9) （苯乙酮结构）

10-3 按亲核加成反应活性次序排列下列化合物。

(1) CF_3CHO、$CH_3COCH=CH_2$、CH_3CHO、$CH_3CH=CHCHO$、CH_3COCH_3

(2) CH_3CH_2CHO、CH_3COCH_3、C_6H_5CHO、$CH_3CHClCHO$、$C_6H_5COC_6H_5$、$C_6H_5COCH_3$

10-4 用化学方法区分下列各组化合物。

(1) 戊-2-酮、戊-3-酮、戊醛　　　(2) 丙-1-醇、丙醛、丙酮

(3) 苯甲醛、乙醛、丙酮、戊-3-酮　　　(4) 戊-3-醇、苯乙酮、1-苯基乙醇

10-5 完成下列反应式。

(1)

(2)

(3)

(4)

(5)

$$(6)\ \begin{array}{c}CH_2OH\\|\\CH_2OH\end{array} + \text{（环己酮）}\ \xrightarrow{HCl（干）}\ (\qquad)$$

$$(7)\ \text{（苯基）}CH{=}CHCHO\ \xrightarrow{LiAlH_4}\ (\qquad)$$

$$(8)\ (CH_3)_2CHCHO\ \xrightarrow[CH_3COOH]{Br_2}\ (\qquad)\ \xrightarrow[\text{干 }HCl]{2C_2H_5OH}\ (\qquad)$$

$$\xrightarrow[\text{干 }(C_2H_5)_2O]{Mg}\ (\qquad)\ \xrightarrow[\textcircled{2}H_3O^+]{\textcircled{1}(CH_3)_2CHCHO}\ (\qquad)$$

$$(9)\ \text{（丁二烯）} + \text{（丙烯醛）}\ \xrightarrow{\triangle}\ (\qquad)\ \xrightarrow[\text{干 }HCl]{2CH_3OH}\ (\qquad)\ \xrightarrow{H_2/Ni}\ (\qquad)\ \xrightarrow{H_3O^+}\ (\qquad)$$

$$(10)\ \text{（十氢萘酮）}\ \xrightarrow[\text{干醚}]{CH_3MgI}\ (\qquad)\ \xrightarrow[H^+]{H_2O}\ (\qquad)$$

$$(11)\ \text{（环己基 CHO / OCH_3 / OH）}\ \xrightarrow[HCl]{Zn-Hg}\ (\qquad)$$

$$(12)\ \text{（邻羟基苯甲醛）}{-}CHO + NaHSO_3(\text{饱和})\ \longrightarrow\ (\qquad)$$

$$(13)\ CH_3CH_2CHO + NH_2{-}OH\ \longrightarrow\ (\qquad)\ \xrightarrow{\text{稀 }HCl}\ (\qquad)$$

$$(14)\ \text{（苯基）}\overset{O}{\overset{\|}{C}}CH_2CH_3\ \xrightarrow[(HOCH_2CH_2)_2O,\ \triangle]{H_2NNH_2,\ NaOH}\ (\qquad)$$

$$(15)\ CH_3CH{=}CHCH_2\overset{O}{\overset{\|}{C}}CH_3\ \xrightarrow[(CH_3)_2CHOH]{[(CH_3)_2CHO]_3Al}\ (\qquad)$$

$$(16)\ \text{（苯基）}CH{=}PPh_3 + \text{（环戊酮）}O{=}\ \longrightarrow\ (\qquad)$$

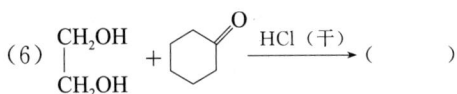

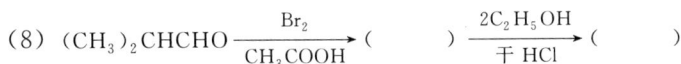

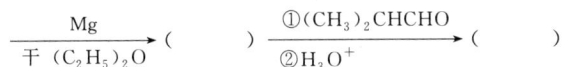

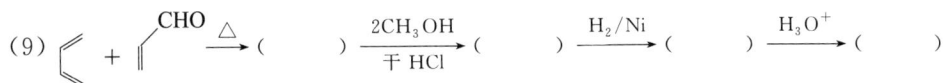

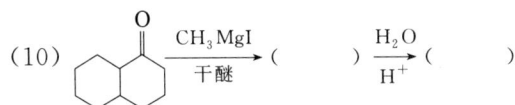

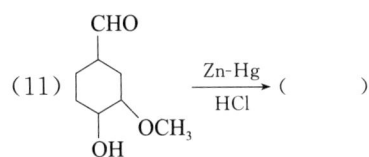

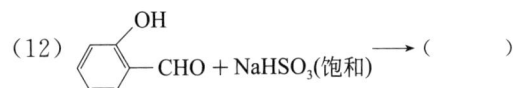

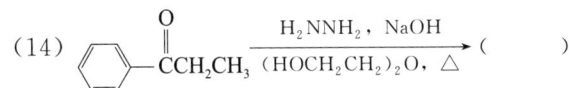

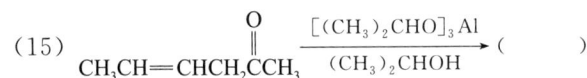

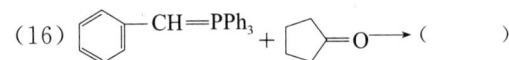

10-6 用所选原料合成下列各化合物（无机试剂任选）。

（1）以乙炔、丙烯为主要原料合成正戊醛

（2）以乙炔、丙烯为主要原料合成辛-4-酮

（3）以乙炔为主要原料合成丁-3-酮酸

（4）以丙酮为主要原料合成 2,3-二甲基丁-2-醇

（5）以丙烯醛为主要原料合成 2,3-二羟基丙醛

（6）以对甲基苯甲醛为主要原料合成对甲酰基苯甲酸

（7）以乙醛为主要原料合成 （螺环缩醛结构化合物）

（8）以环戊酮为主要原料合成 （环戊基）—CH₂CH₂CH₂CH₃

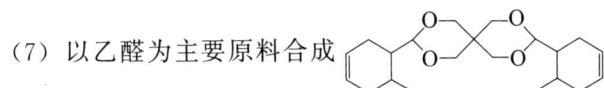

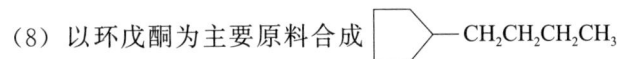

10-7 化合物 A($C_5H_{12}O$) 有旋光性，它在碱性高锰酸钾溶液作用下生成 B($C_5H_{10}O$)，

无旋光性。化合物 B 与正丙基溴化镁反应，水解后得到 C，C 经拆分可得到互为镜像的两个异构体，试推测化合物 A、B、C 的结构。

10-8 有一化合物 A 分子式为 $C_8H_{14}O$，A 可使溴水迅速褪色，可以与苯肼反应，A 氧化后生成一分子丙酮及另一化合物 B，B 具有酸性，与 NaOCl 反应生成一分子氯仿和一分子丁二酸，试写出 A、B 可能的结构。

10-9 在碱性条件下，某芳醛和丙酮反应生成分子式为 $C_{12}H_{14}O_2$ 的化合物 A，A 能发生碘仿反应生成分子式为 $C_{11}H_{12}O_3$ 的化合物 B，B 催化加氢生成 C，B 和 C 经氧化都能生成分子式为 $C_9H_{10}O_3$ 的 D，D 与 HI 反应得邻羟基苯甲酸，写出 A、B、C、D 的结构式和有关反应式。

10-10 化合物 A（$C_6H_{12}O$）能与羟胺作用生成肟，但不起银镜反应；在铂催化下进行加氢则得到醇 B，此醇经去水、臭氧化、水解等反应后，得到两种液体 C 和 D。C 能进行银镜反应但不能起碘仿反应，而 D 能起碘仿反应却不能使斐林试剂还原。试推断 A 的构造并写出相关反应式。

第 11 章

羧酸及其衍生物

分子中具有羧基（carboxyl）的化合物称为羧酸，羧基可以用—COOH 表示。羧酸中羧基中的羟基被其他基团如卤素、酰氧基、烷氧基及氨基取代后的产物称为羧酸衍生物酰卤、酸酐、酯和酰胺。腈也归于羧酸衍生物。

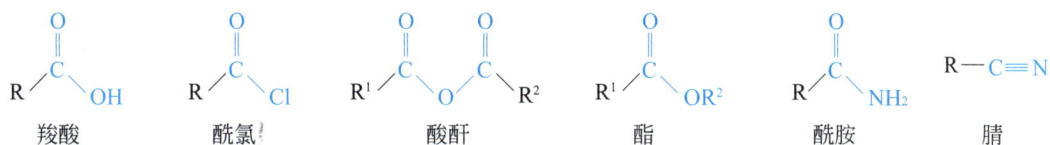

除腈外，羧酸及羧酸衍生物分子中都含有羰基，常将 RCO—基团称为酰基。

11.1 羧酸的结构、分类及命名

11.1.1 羧酸的结构

羧酸可以用通式 R—COOH 和 Ar—COOH 表示，甲酸是最简单的羧酸。以甲酸为例说明羧酸的结构。甲酸中羧基碳原子是 sp^2 杂化，三个 sp^2 杂化轨道分别与氢（其他羧酸为烃基）、羟基氧和羰基氧以 σ 键相结合，这三个 σ 键在同一个平面上。碳原子剩下一个 p 轨道和羰基氧原子的 p 轨道互相交盖而形成一个 π 键。甲酸的分子结构与键结构参数见图 11-1。

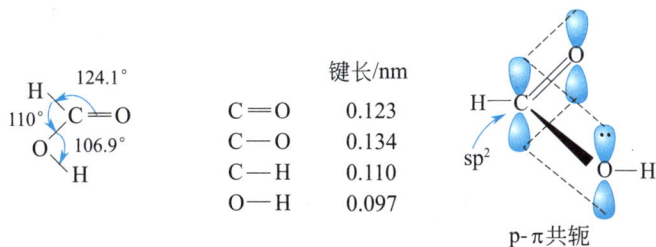

键长/nm	
C=O	0.123
C—O	0.134
C—H	0.110
O—H	0.097

图 11-1 甲酸的分子结构与键结构参数

图 11-1 数据显示，羧酸中的 C=O 键长 0.123nm 比一般羰基（0.120nm）稍长，但 C—O 键长 0.134nm 比一般醇中 C—O 键长（0.143nm）短，因此，羧酸中羟基氧上的孤电

子对与羰基发生 p-π 共轭，共轭体系中键长发生部分平均化。

11.1.2　羧酸的分类

根据与羧基相连的烃基不同，羧酸可分为脂肪（环）酸、芳香酸及饱和酸和不饱和酸，如：

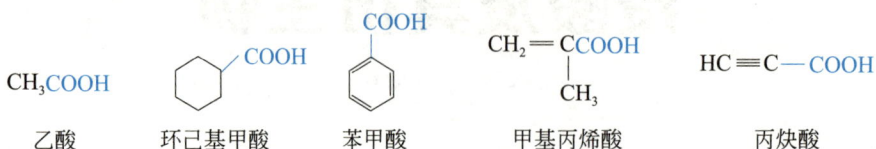

$$CH_3COOH \qquad \overset{\text{COOH}}{\bigcirc} \qquad \overset{\text{COOH}}{\bigcirc} \qquad CH_2=\underset{\overset{|}{CH_3}}{C}COOH \qquad HC\equiv C-COOH$$

乙酸　　　　环己基甲酸　　　　苯甲酸　　　　　甲基丙烯酸　　　　丙炔酸

根据分子中羧基的数目分为一元羧酸、二元羧酸和多元羧酸。例如：

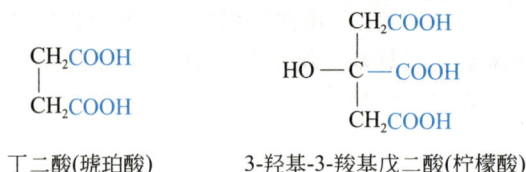

$$\begin{array}{c} CH_2COOH \\ | \\ CH_2COOH \end{array} \qquad\qquad HO-\underset{\overset{|}{CH_2COOH}}{\overset{\overset{\displaystyle CH_2COOH}{|}}{C}}-COOH$$

丁二酸(琥珀酸)　　　　3-羟基-3-羧基戊二酸(柠檬酸)

11.1.3　羧酸的命名

羧酸可用俗名、普通命名法和系统命名法命名。俗名通常根据羧酸的来源而得，如甲酸最早由蒸馏蚂蚁得到，故称蚁酸；乙酸是从食醋中得到，故称醋酸；其他如草酸、苹果酸和柠檬酸等也是根据其最初来源而得名。自然界存在的脂肪主要成分是高级一元羧酸的甘油酯，因此开链的一元羧酸又称脂肪酸（fatty acid）。

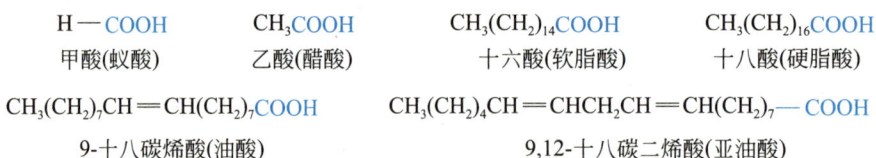

$$H-COOH \qquad CH_3COOH \qquad CH_3(CH_2)_{14}COOH \qquad CH_3(CH_2)_{16}COOH$$
甲酸(蚁酸)　　　乙酸(醋酸)　　　十六酸(软脂酸)　　　十八酸(硬脂酸)

$$CH_3(CH_2)_7CH=CH(CH_2)_7COOH \qquad\qquad CH_3(CH_2)_4CH=CHCH_2CH=CH(CH_2)_7-COOH$$
9-十八碳烯酸(油酸)　　　　　　　　　9,12-十八碳二烯酸(亚油酸)

简单的羧酸常用普通命名法命名，选择含有羧基的最长碳链为主链，取代基的位置从羧基相邻的碳原子开始，用 α、β、γ、δ 等希腊字母来标明取代基的位次。例如：

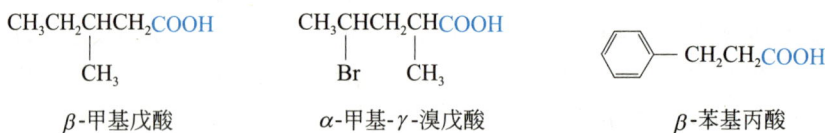

$$CH_3CH_2\underset{\overset{|}{CH_3}}{CH}CH_2COOH \qquad CH_3\underset{\overset{|}{Br}}{CH}CH_2\underset{\overset{|}{CH_3}}{CH}COOH \qquad \bigcirc-CH_2CH_2COOH$$

β-甲基戊酸　　　　　　α-甲基-γ-溴戊酸　　　　　　β-苯基丙酸

复杂的羧酸用系统命名法命名时，选择分子中含羧基的最长碳链为主链，根据主链上碳原子的数目称为某酸；从羧基碳原子开始用阿拉伯数字编号，标明支链及取代基的位次，并将其位次、数目、名称写于酸名称之前。对于不饱和酸，则选取含有不饱和键和羧基的最长碳链称某烯酸或某炔酸，并标明不饱和键的位置。例如：

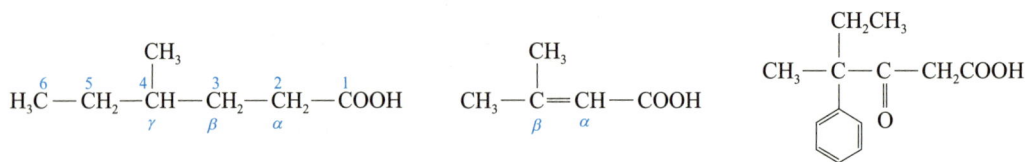

$$\overset{6}{H_3C}-\overset{5}{CH_2}-\underset{\gamma}{\overset{4}{\underset{\overset{|}{CH_3}}{CH}}}-\underset{\beta}{\overset{3}{CH_2}}-\underset{\alpha}{\overset{2}{CH_2}}-\overset{1}{COOH} \qquad CH_3-\underset{\overset{|}{CH_3}}{C}=\underset{\beta}{CH}-\underset{\alpha}{COOH} \qquad CH_3-\underset{\overset{|}{\bigcirc}}{\overset{\overset{\displaystyle CH_2CH_3}{|}}{C}}-\underset{\overset{||}{O}}{C}-CH_2COOH$$

系统命名法：　　　4-甲基己酸　　　　　　　3-甲基丁-2-烯酸　　　　　4-甲基-4-苯基己-3-酮酸

普通命名法：　　　γ-甲基己酸　　　　　　　β-甲基-α-丁烯酸　　　　　γ-甲基-γ-苯基-3-己酮酸

芳香羧酸和脂环羧酸可作为脂肪酸的芳基或脂环基的取代物命名。例如：

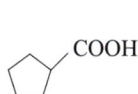

苯甲酸　　　　α-萘甲酸　　　　环戊基甲酸　　　3-羟基环戊基甲酸

脂肪族二元羧酸命名时，选取分子中包括两个羧基的最长碳链作为主链。根据主链上碳原子的数目，称为某二酸，再加上取代基的名称和位次。脂环多酸及芳香多酸命名时需要标出两个羧基所在位置。例如：

HOOC—COOH

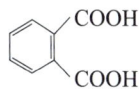

乙二酸　　　　2-甲基戊二酸　　　顺丁烯二酸　　　顺-1,3-环己烷二酸　　邻苯二甲酸

11.2 羧酸的物理性质

低级饱和一元羧酸为液体，其中甲酸、乙酸、丙酸是具有刺激性气味的液体，直链的正丁酸至正壬酸是具有腐败气味的油状液体，癸酸以上的正构羧酸是无臭的固体。脂肪族二元羧酸和芳香族羧酸都是结晶固体。脂肪族二元羧酸分子中碳链两端都有羧基，分子间的吸引力大为增强，熔点比分子量相近的一元羧酸高得多。不饱和羧酸有顺反异构体时，（Z）-异构体的熔点比（E）-异构体低。

羧酸是极性分子，在羧酸分子的羧基中，羰基氧是氢键中的质子受体，羟基氢则是质子给体，羧酸分子间可形成氢键，液态甚至气态羧酸都可能以二聚体存在。羧酸中羰基氧和羟基氧可以和水形成氢键。

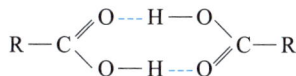

羧酸二聚体

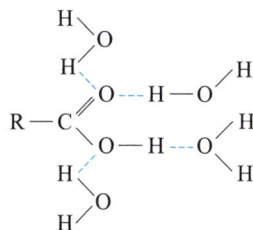

羧酸与水形成氢键

因此，羧酸的沸点比分子量接近的醇还要高，羧酸在水中溶解度也高于同碳数的醇，甲酸至丁酸可与水混溶。随着碳原子数目增加，水溶性迅速降低。高级一元酸不溶于水，而溶于有机溶剂中。多元酸的水溶性大于同碳数的一元酸；芳香酸的水溶性小。

甲酸和乙酸相对密度大于1，其他一元饱和羧酸相对密度小于1。常见羧酸的物理常数如表11-1所示。

表 11-1　一些常见羧酸的物理常数

名称（俗名）	熔点/℃	沸点/℃	溶解度/(g/100g 水)	相对密度 d_4^{20}	pK_a（25℃）
甲酸（蚁酸）	8.4	100.7	∞	1.220	3.77
乙酸（醋酸）	16.6	118	∞	1.049	4.74

名称(俗名)	熔点/℃	沸点/℃	溶解度/(g/100g 水)	相对密度 d_4^{20}	pK_a(25℃)
丙酸(初油酸)	−21	141	∞	0.992	4.88
丁酸(酪酸)	−4.5	165.5	∞	0.959	4.82
戊酸(缬草酸)	−34.5	186	4.97	0.939	4.86
己酸(羊油酸)	−3	205	0.968	0.929	4.85
羟基乙酸	80	100		1.49	3.87
十二酸(月桂酸)	44	225(13.3kPa)	不溶	0.8679(50℃)	
十四酸(肉豆蔻酸)	54	326.2	不溶	0.8439(60℃)	
十六酸(软脂酸)	63	351.5	不溶	0.853(62℃)	
十八酸(硬脂酸)	70	383	不溶	0.9408	
苯甲酸(安息香酸)	122.4	249	0.34	1.2659(15℃)	4.19
苯乙酸	76.5	265.5		1.091	4.31
对甲基苯甲酸	182	275			4.38
对硝基苯甲酸	239~241			1.610	3.42
乙二酸(草酸)	189.5	157(升华)	10	1.650	pK_{a1} 1.23 pK_{a2} 4.19
丙二酸(胡萝卜酸)	135.6	140(分解)	140	1.619(16℃)	pK_{a1} 2.83 pK_{a2} 5.69
丁二酸(琥珀酸)	185	235 (失水分解)	可溶 6.8	1.572(25℃)	pK_{a1} 4.21 pK_{a2} 5.61
邻苯二甲酸	200(分解)		微溶 0.57	1.593	pK_{a1} 2.9 pK_{a2} 5.4
间苯二甲酸	348		极微溶 0.013		pK_{a1} 3.5 pK_{a2} 4.6
对苯二甲酸	425		极微溶 0.0016	1.51	pK_{a1} 3.5 pK_{a2} 4.8
顺丁烯二酸 (马来酸)	131	160(脱水成酐)	78.8	1.590	pK_{a1} 1.83 pK_{a2} 6.07
反丁烯二酸 (富马酸)	287	200(升华)	0.70	1.635	pK_{a1} 3.03 pK_{a2} 4.44
己二酸(肥酸)	153	330.5(分解)	微溶 2	1.360(25℃)	pK_{a1} 4.43 pK_{a2} 5.41
3-苯基丙烯酸(肉桂酸)	135~136	300	溶于热水	1.2475(4℃)	4.43
丙烯酸	13	141.6	混溶	1.052	4.25

思考题 11-1 为什么羧酸的沸点及在水中的溶解度较分子量相近的其他有机物高？

11.3 羧酸的化学性质

羧酸官能团羧基是由羰基和羟基组成的，在一定程度上反映了羰基、羟基的某些性质，如对羰基的亲核加成、还原，羟基氢的酸性等。由于羰基和羟基之间的相互影响，羧基还表现出独特的化学性质，如脱羧反应等。羧酸的主要反应如下：

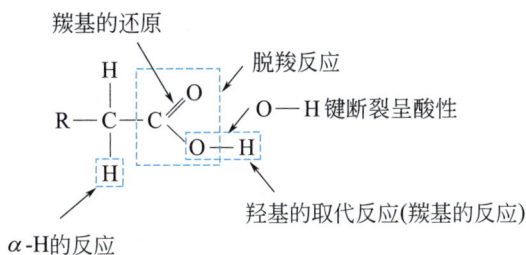

11.3.1　羧酸的酸性及影响因素

(1) 羧酸的酸性

羧酸在水溶液中按以下方式解离出质子而呈弱酸性：

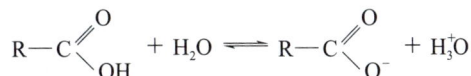

一般羧酸的 pK_a $3\sim5$，酸性比无机酸弱，但比碳酸（pK_{a1} 6.38）和苯酚（pK_a 10）强。羧酸能使碳酸氢钠分解而苯酚不能，利用这个性质可以区别或分离酚和羧酸。

$$RCOOH + NaHCO_3 \longrightarrow RCOONa + CO_2 + H_2O$$

羧酸的碱金属盐在水中溶解度比相应羧酸大。羧酸盐中加入其他无机酸又可以使盐重新变为羧酸。利用羧酸的酸性和羧酸盐的性质，可以把它们与中性或碱性化合物分离。

$$RCOONa + HCl \longrightarrow RCOOH + NaCl$$

含 10 个碳原子以下的一元饱和羧酸碱金属盐能溶于水，含 $10\sim18$ 个碳原子的羧酸盐在水中能形成胶状溶液。

羧酸也可和有机胺反应生成有机铵盐：

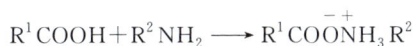

$$R^1COOH + R^2NH_2 \longrightarrow R^1COO\overset{-}{N}\overset{+}{H_3}R^2$$

有机铵盐是弱酸弱碱盐，很容易水解成原来的羧酸和胺：

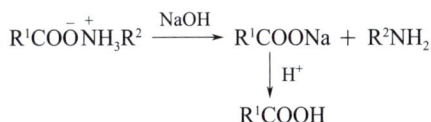

此反应可用于羧酸或胺类外消旋体的拆分，已在"7.6 外消旋体的拆分"中提及。

(2) 羧酸结构对酸性的影响

当羧基中的氢原子解离出去时，生成的羧基负离子（RCOO$^-$）中的 p-π 共轭作用更强，负电荷平均分散到两个氧原子上，碳氧键发生平均化，羧基负离子的稳定性提高。如甲酸负离子中两个碳氧键的键长都是 0.127nm，在羧基负离子中已经没有普通的碳氧双键和碳氧单键。

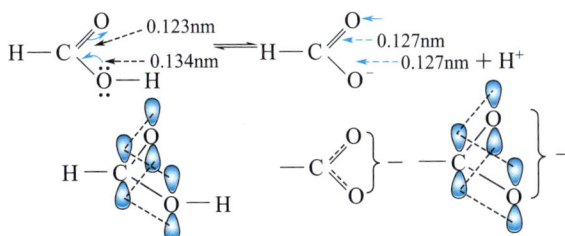

羧酸的酸性与其结构有密切关系。结构中具有能分散负电荷的因素存在时，该羧酸酸性

较高。与羧基相连的基团的性质即是（—I）或（+I）诱导效应，对羧酸的酸性影响很大。羧基与吸电子基团相连，羧酸酸性提高，与给电子基相连，酸性降低。

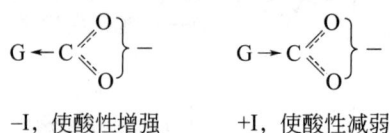

$$G \leftarrow C \begin{Bmatrix} O \\ O \end{Bmatrix}^- \qquad G \rightarrow C \begin{Bmatrix} O \\ O \end{Bmatrix}^-$$

$$-I，使酸性增强 \qquad +I，使酸性减弱$$

常见基团的诱导效应相对强弱次序如下。

吸电子诱导效应（—I效应）：$-\overset{+}{N}H_4 > -NO_2 > -SO_2R > -CN > -SO_2Ar > -COOH > -F > -Cl > -Br > -I > -OAr > -COOR > -OR > -COR > -C\equiv CR > -C_6H_5（苯基）> -CH=CH_2 > -H$

推电子诱导效应（+I效应）：$-\overset{-}{O} > -COO^- > -C(CH_3)_3 > -CH(CH_3)_2 > -CH_2CH_3 > -CH_3 > -H$

	ClCH₂COOH	HCOOH	C₆H₅COOH	CH₃COOH	CH₃CH₂COOH
pK_a：	2.86	3.77	4.20	4.74	4.88

	ICH₂—COOH	BrCH₂—COOH	ClCH₂—COOH	FCH₂—COOH
pK_a：	3.12	2.90	2.86	2.59

诱导效应在饱和碳链上沿 σ 键传递时，随距离增加而迅速减弱，一般不超过 3 个碳原子，如 4-氯丁酸的酸性与丁酸很接近，而 2-氯丁酸的酸性则比丁酸强。

$$CH_3CH_2CH_2COOH \qquad \underset{Cl}{\overset{\downarrow}{CH_2CH_2CH_2COOH}} \qquad \underset{Cl}{\overset{\downarrow}{CH_3CHCH_2COOH}} \qquad \underset{Cl}{\overset{\downarrow}{CH_3CH_2CHCOOH}}$$

pK_a： 　4.82 　　　　　4.52 　　　　　4.06 　　　　　2.86

苯甲酸比一般脂肪酸酸性强（除甲酸外）。当芳环上引入其他取代基后，其酸性随取代基种类、位置的不同而变化。表 11-2 列出一些取代苯甲酸的 pK_a 值。

表 11-2　一些取代苯甲酸的 pK_a（25℃）

取代基	pK_a			取代基	pK_a		
	邻	间	对		邻	间	对
—H	4.20	4.20	4.20	—NO₂	2.21	3.49	3.42
—CH₃	3.91	4.27	4.38	—OH	2.98	4.08	4.51
—Cl	2.92	3.83	3.97	—OCH₃	4.09	4.09	4.47
—Br	2.85	3.81	3.97	—CN	3.14	3.64	3.55

表 11-2 数据表明，羧基的对位或间位是吸电子基时，酸性增强，是给电子基时，酸性降低。取代基处于羧基的邻位，除氨基外，其他基团都使羧基的酸性增强。

二元酸的酸性比一元酸强，二元羧酸分子中有两个可解离的氢原子。

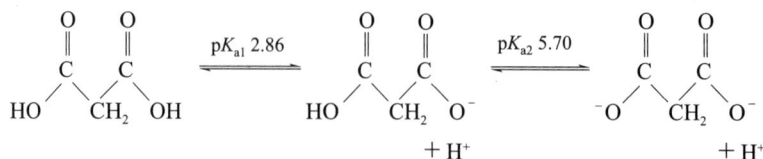

$$\underset{HO}{\overset{O}{\parallel}}C\underset{CH_2}{}\underset{OH}{\overset{O}{\parallel}}C \overset{pK_{a1} 2.86}{\rightleftharpoons} \underset{HO}{\overset{O}{\parallel}}C\underset{CH_2}{}\underset{O^-}{\overset{O}{\parallel}}C + H^+ \overset{pK_{a2} 5.70}{\rightleftharpoons} \underset{^-O}{\overset{O}{\parallel}}C\underset{CH_2}{}\underset{O^-}{\overset{O}{\parallel}}C + H^+$$

由于羧基是吸电子基，有强的—I效应，可以通过诱导效应促使另一个羧基上的氢以质子形式解离；且两个羧基的距离越接近，二元酸的 pK_{a1} 越小，酸性越强。当一个羧基解离成 COO⁻后，会使第二个羧基解离困难，因为从带负电荷分子中电离出一个带正电荷的 H⁺ 比从中性羧酸分子中电离出一个带正电荷的 H⁺ 要困难得多。因此，二元酸的解离常数 $K_{a1} > K_{a2}$，即 p$K_{a1} <$ pK_{a2}。如：

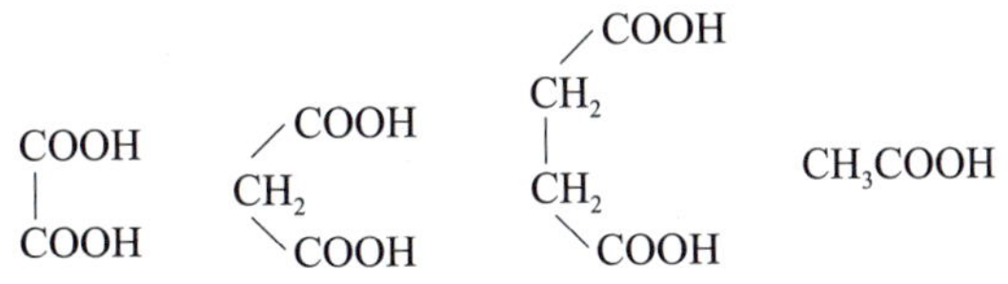

	COOH $\mid$ COOH	$\overset{COOH}{\underset{CH_2}{\big\backslash}COOH}$	$\overset{COOH}{\underset{\displaystyle CH_2}{\big\vert}}\overset{\displaystyle CH_2}{\underset{\displaystyle COOH}{\big\vert}}$	CH$_3$COOH
pK_{a1}	1.23	2.83	4.20	4.74
pK_{a2}	4.19	5.74	5.64	

总之，任何使羧基负离子稳定性增强的因素都将增强其酸性，任何使羧酸根负离子稳定性降低的因素都将减弱其酸性。

思考题 11-2　比较下列化合物的酸性强弱。

（1）CH$_3$COOH、F$_3$CCOOH、ClCH$_2$COOH、CH$_3$CH$_2$COOH、$\langle\!\!\!\bigcirc\!\!\!\rangle$—COOH

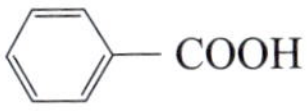

（2）

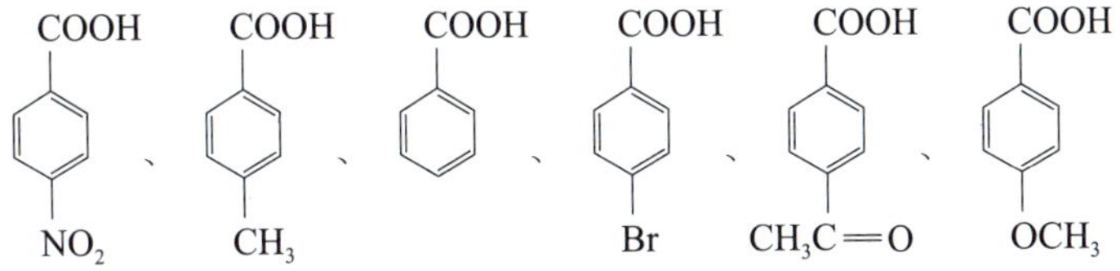

思考题 11-3　为什么羟基乙酸的酸性比乙酸强，而对羟基苯甲酸的酸性比苯甲酸的酸性弱？

思考题 11-4　如何分离提纯苯甲酸、间甲基苯酚和间二甲苯的混合物？

11.3.2　羧酸中羰基的反应

羧酸中的羰基尽管不如醛、酮羰基活泼，但在一定条件下，羰羰基可被亲核试剂进攻而发生亲核反应，结果使碳氧键断裂，羟基被其他基团取代，生成羧酸衍生物。

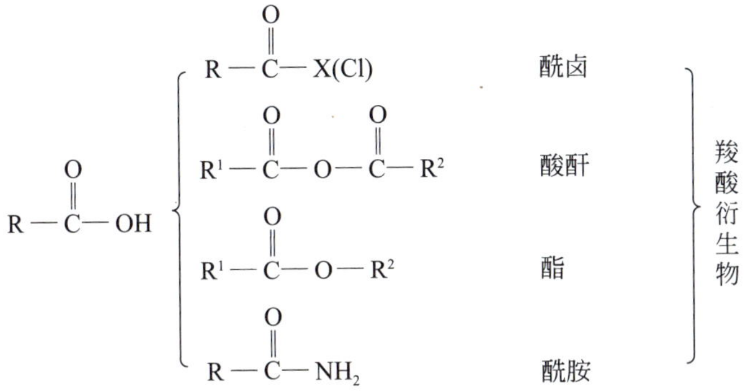

(1) 酰卤的生成

除甲酸外，羧酸与氯化亚砜（SOCl$_2$）、卤化磷（PCl$_3$、PCl$_5$ 或 PBr$_3$）作用，羧基中的羟基被氯或溴原子取代生成酰卤。如：

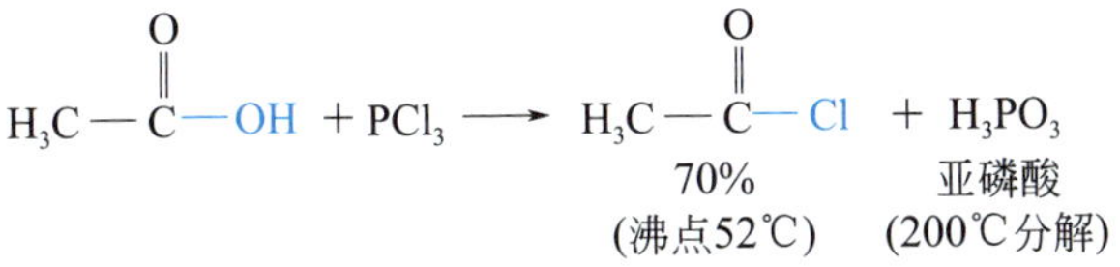

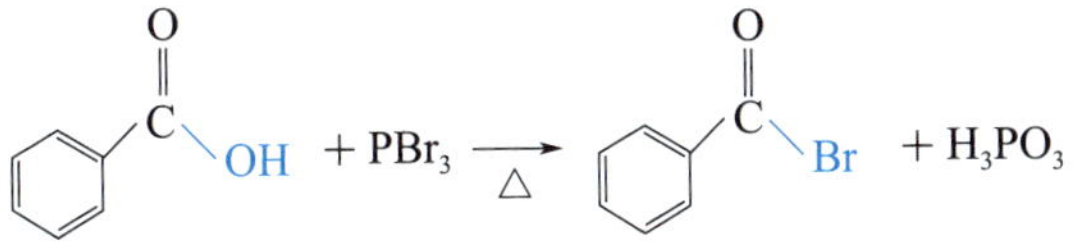

$$90\% \quad\quad 三氯氧磷$$
$$(沸点197℃) \quad (沸点107℃)$$

$$90\%～93\%$$
$$(沸点79℃)$$

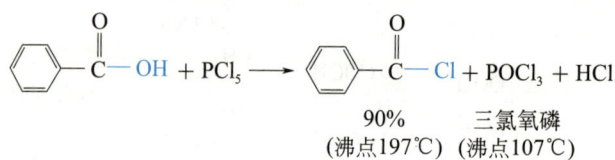

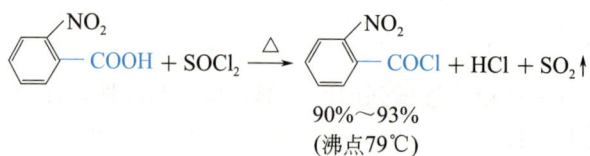

分子量小的羧酸形成酰卤时，一般采用三卤化磷；反应中产生的酰卤可随时蒸出；五氯化磷用于分子量较大的酰氯的制备。

氯化亚砜与羧酸作用生成酰氯是实验室及工业上制备酰氯的常用方法，该反应的副产物氯化氢和二氧化硫都是气体，有利于分离，且酰氯的产率较高。

(2) 酸酐的生成

除甲酸外，一元羧酸在脱水剂（如 P_2O_5）作用下加热脱水生成酸酐。

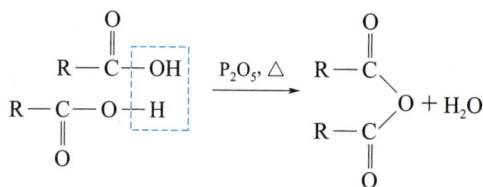

分子量较大的羧酸制备酸酐时，常用乙酸酐作为脱水剂。

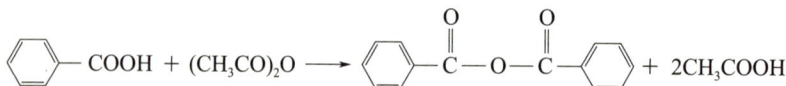

两个羧基相隔 2～3 个碳原子的二元酸如丁二酸、邻苯二甲酸等，只需加热便可生成稳定的五元环或六元环酸酐。

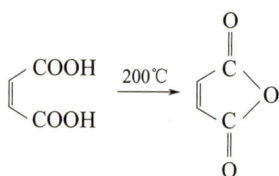

顺丁烯二酸酐 　　　　　　　　　　戊二酸酐

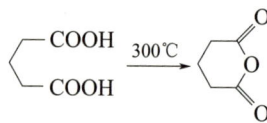

(3) 酯的生成

在少量酸（H_2SO_4 或干 HCl 等）存在下，羧酸与醇反应生成酯，称为酯化反应。如乙醇与乙酸的反应：

$$CH_3COOH + C_2H_5OH \underset{\triangle}{\overset{H^+}{\rightleftharpoons}} CH_3COOC_2H_5 + H_2O$$

酯化是可逆反应。为提高酯的产率，可使某一原料过量，或从反应系统中除去一种产物（如水），使平衡右移。

酸催化下，伯醇、仲醇与羧酸的酯化机理为：质子活化了的羰基受亲核试剂醇进攻发生加成，形成正四面体正离子，然后在酸作用下脱水成酯，恢复平面构型。

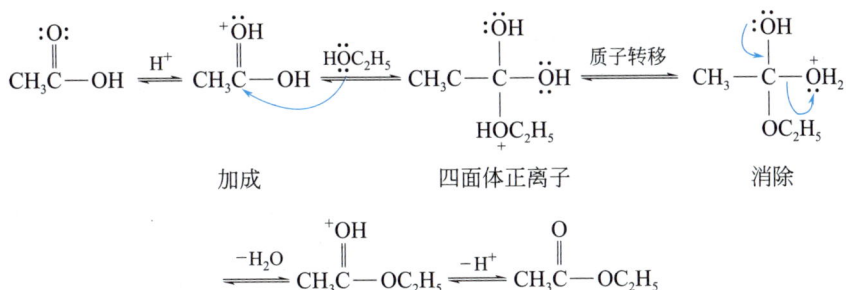

这是亲核加成-消除机理。采用同位素标记醇的方法可以证实羧酸的酰氧键断裂（生成的水分子中不含 O^{18}）。例如：

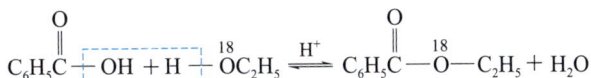

羧酸与叔醇的酯化反应则是醇发生了烷氧键断裂。例如：

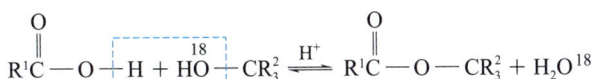

(4) 酰胺的生成

羧酸与氨或胺反应生成羧酸铵，铵盐受热后脱水生成酰胺或 N-取代酰胺。例如：

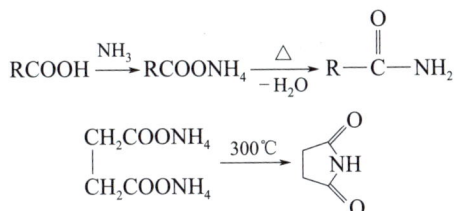

11.3.3　羧酸的还原反应

通常情况下，羧酸不易被化学还原剂还原，但可被特别强的还原剂氢化铝锂（$LiAlH_4$）还原成伯醇。例如：

$$(CH_3)_3C—COOH \xrightarrow[\text{②}H_3^+O]{\text{①}LiAlH_4} (CH_3)_3C—CH_2OH$$

用 $LiAlH_4$ 还原羧酸，不但产率高，而且分子中的碳碳不饱和键不受影响，可将不饱和羧酸还原为相应的不饱和醇。但由于 $LiAlH_4$ 反应活性过高，该还原剂一般只在实验室中使用。

$$CH_3—CH{=}CH—COOH \xrightarrow[\text{②}H_3^+O]{\text{①}LiAlH_4} CH_3—CH{=}CH—CH_2OH$$

羧酸在高温（$300{\sim}400℃$）和高压（$20{\sim}30MPa$）下，用锌、铜、亚铬酸镍等作催化剂加氢也能生成相应的醇。

11.3.4　羧酸的脱羧反应

羧酸或其盐脱去羧基（失去二氧化碳）的反应称脱羧反应。除甲酸外，饱和一元羧酸不容易脱羧，但它们的盐，如将羧酸的碱金属盐和碱石灰（$NaOH$-CaO）共热，则可脱羧生成烃。例如，实验室制备少量较纯的甲烷可由乙酸钠盐加热脱羧得到。

$$CH_3COONa + NaOH(CaO) \xrightarrow{\triangle} CH_4 + Na_2CO_3$$

脂肪酸钠盐或钾盐的浓溶液电解放出二氧化碳，阳极发生烷基的偶联，生成烃。反应可在水或甲醇中进行。

$$2CH_3(CH_2)_{12}COO^- \xrightarrow{\text{电解}} \underset{60\%}{CH_3(CH_2)_{24}CH_3} + CO_2$$

此法称为 Kolbe 合成法，是应用电解法制备烷烃的一个例子。

羧酸的钙、钡、铅盐加强热时，发生部分脱羧生成酮。例如：

$$CH_3-\overset{O}{\overset{\|}{C}}-O-Ca-O-\overset{O}{\overset{\|}{C}}-CH_3 \xrightarrow{\triangle} CH_3-\overset{O}{\overset{\|}{C}}-CH_3 + CaCO_3$$

Kolbe 合成法

羧基的 α-碳原子上连有强吸电子基时，容易发生脱羧反应。芳香羧酸比脂肪酸容易脱羧。

$$Y-CH_2CO_2H \xrightarrow{\triangle} Y-CH_3 + CO_2$$

$$Y=R-\overset{O}{\overset{\|}{C}}-,\ HO\overset{O}{\overset{\|}{C}}-,\ -CN,\ -NO_2,\ -Ar$$

$$\underset{\text{己-3-酮酸}}{CH_3CH_2CH_2C\overset{O}{\overset{\|}{C}}\overset{O}{\overset{\|}{C}}OH} \xrightarrow{\triangle} \underset{\text{戊-2-酮}}{CH_3CH_2CH_2\overset{O}{\overset{\|}{C}}CH_3} + CO_2$$

$$Cl_3CCOOH \xrightarrow{\triangle} CHCl_3 + CO_2$$

二元羧酸受热时，依两个羧基位次的不同，脱羧反应的产物不同。草酸和丙二酸加热脱羧，得相应的一元酸；丁二酸和戊二酸则失水成酸酐；己二酸和庚二酸既脱羧又脱水成五、六元环酮，更长碳链的二酸受热可生成聚酸酐。例如：

$$HOOC-COOH \xrightarrow{150℃} HCOOH + CO_2$$

$$\begin{matrix} CH_2-COOH \\ | \\ CH_2-COOH \end{matrix} \xrightarrow{300℃} \begin{matrix} CH_2-\overset{O}{\overset{\diagup}{C}} \\ \quad \overset{}{\diagdown}O \\ CH_2-\underset{O}{\underset{\diagdown}{C}} \end{matrix} + H_2O$$

$$\begin{matrix} CH_2CH_2-COOH \\ | \\ CH_2CH_2-COOH \end{matrix} \xrightarrow[\triangle]{Ba(OH)_2} \begin{matrix} CH_2CH_2 \\ | \quad\quad \diagdown \\ CH_2CH_2 \diagup \end{matrix}C=O + H_2O + CO_2$$

当反应有可能形成环状化合物时，一般容易形成五元或六元环。

11.3.5　α-H 的卤代反应

由于羧基的吸电子作用，饱和一元羧酸 α-碳原子上的氢有一定的活性，它可被卤素取代生成 α-卤代羧酸，但羧酸的 α-氢的活性不及醛、酮的 α-氢，反应通常要在少量红磷的催化作用下才能顺利进行。例如：

$$CH_3COOH \xrightarrow[P]{Br_2} CH_2BrCOOH \xrightarrow[P]{Br_2} CHBr_2COOH \xrightarrow[P]{Br_2} CBr_3COOH$$

$$CH_3COOH \xrightarrow[P]{Cl_2} CH_2ClCOOH \xrightarrow[P]{Cl_2} CHCl_2COOH \xrightarrow[P]{Cl_2} CCl_3COOH$$

α-卤代羧酸可以发生卤代烃中的亲核取代反应和消除反应。利用这些反应可以制备 α-取代羧酸。例如：

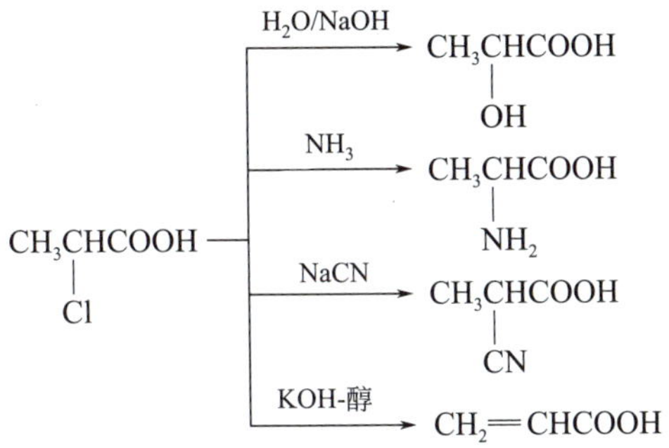

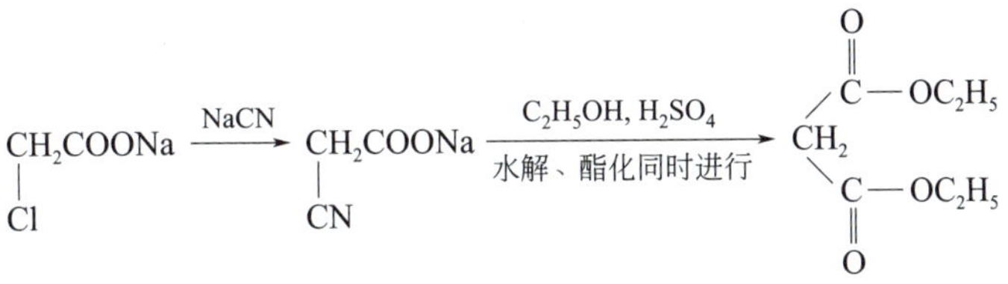

思考题 11-5　为什么乙醇中不含 CH_3CO— 能发生碘仿反应，而乙酸中含有 CH_3CO— 却不能发生碘仿反应？

11.4　羧酸的制备

(1) 由伯醇或醛制备

伯醇或醛氧化可以生成相应的羧酸，这是制备羧酸的最常用的方法。伯醇先氧化生成醛，然后进一步氧化生成羧酸。例如：

$$CH_3CH_2CH_2OH \xrightarrow[\triangle]{KMnO_4,\,H_2SO_4} CH_3CH_2CHO \xrightarrow[\triangle]{KMnO_4,\,H_2SO_4} CH_3CH_2COOH$$

不饱和醇或醛也可以选用弱氧化剂氧化生成相应的羧酸。例如：

$$CH_3CH=CH-CHO \xrightarrow{AgNO_3,\,NH_3} CH_3CH=CH-COOH$$

(2) 由烃氧化制备

近代工业上，以高级烷烃的混合物，如石蜡（约 $C_{20} \sim C_{30}$）为原料，在催化剂（脂肪酸的锰盐）存在下，用空气进行氧化以制得 $C_{12} \sim C_{18}$ 为主的高级脂肪酸的混合物，作为制皂原料。如：

$$R^1CH_2-CH_2-R^2 \xrightarrow[120℃,\,1.5\sim3.0MPa]{锰盐,\,O_2} R^1COOH+R^2COOH$$
高级烷烃混合物　　　　　　　　　　　　　高级脂肪酸混合物

也可以以低级烷烃（如丁烷）为原料，直接氧化制取低级羧酸，但往往得到各种羧酸的混合物。例如：

$$C_4H_{10} \xrightarrow[O_2,150\sim250℃,6MPa]{乙酸盐（或环烷酸钴）} CH_3COOH+HCOOH+CH_3CH_2COOH$$

烯烃或炔烃用氧化剂氧化，也可制备羧酸。

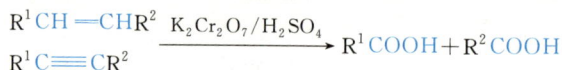

$$\begin{array}{l} R^1CH=CHR^2 \\ R^1C\equiv CR^2 \end{array} \xrightarrow{K_2Cr_2O_7/H_2SO_4} R^1COOH+R^2COOH$$

工业上利用丙烯催化氧化可得到丙烯酸。

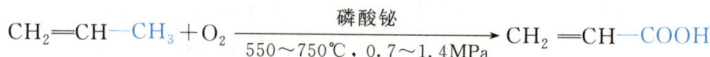

$$CH_2=CH-CH_3+O_2 \xrightarrow[550\sim750℃,0.7\sim1.4MPa]{磷酸铋} CH_2=CH-COOH$$

侧链烷基含有 α-H 的芳烃，用强氧化剂氧化，不论烷基大小均可氧化为羧基。例如：

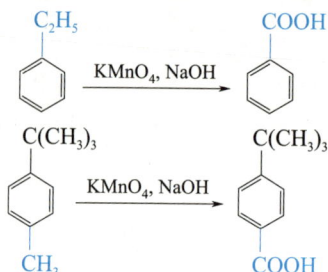

（3）由腈水解制备

腈在酸或碱催化下水解可得羧酸，腈可从卤烃与 NaCN 或 KCN 的氰解作用获得。

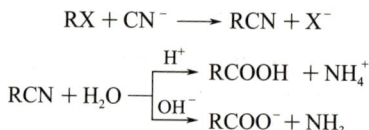

$$RX+CN^- \longrightarrow RCN+X^-$$

$$RCN+H_2O \begin{array}{c} \xrightarrow{H^+} RCOOH+NH_4^+ \\ \xrightarrow{OH^-} RCOO^-+NH_3 \end{array}$$

该法制得的羧酸比原来卤代烃增加一个碳原子；由于仲卤烃和叔卤烃在氰解时有副反应，此法一般限于由伯卤代烃、苄型和烯丙型卤代烃制备的腈。卤代芳烃一般不与氰化钠反应。例如：

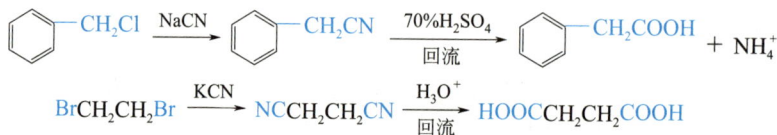

（4）由格氏试剂制备

低温下将 CO_2 通入格氏试剂的干醚溶液中，或将格氏试剂倒在干冰上，把所得的混合物水解，可得比格氏试剂分子中的烷基增加一个碳原子的羧酸。

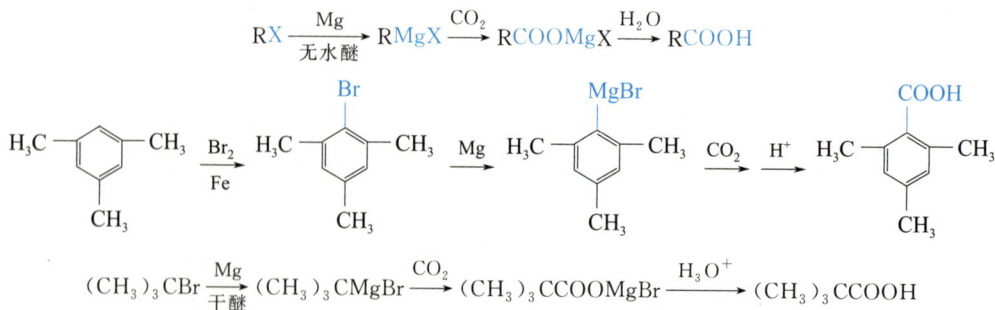

$$RX \xrightarrow[无水醚]{Mg} RMgX \xrightarrow{CO_2} RCOOMgX \xrightarrow{H_2O} RCOOH$$

$$(CH_3)_3CBr \xrightarrow[干醚]{Mg} (CH_3)_3CMgBr \xrightarrow{CO_2} (CH_3)_3CCOOMgBr \xrightarrow{H_3O^+} (CH_3)_3CCOOH$$

（5）从油脂水解

油脂是偶数高级脂肪酸的甘油酯，因此，油脂水解是制偶数高级脂肪酸的常用方法。

$$\begin{array}{c}
\text{CH}_2\text{-O-}\overset{\displaystyle\overset{O}{\|}}{\text{C}}\text{-C}_{17}\text{H}_{33} \\[2mm]
\text{CH-O-}\overset{\displaystyle\overset{O}{\|}}{\text{C}}\text{-C}_{15}\text{H}_{31} \\[2mm]
\text{CH}_2\text{-O-}\overset{\displaystyle\overset{O}{\|}}{\text{C}}\text{-C}_{17}\text{H}_{35}
\end{array} \; + \; 3\text{NaOH} \xrightarrow{\triangle} \begin{array}{c} \text{CH}_2\text{OH} \\[2mm] \text{CHOH} \\[2mm] \text{CH}_2\text{OH} \end{array} + \begin{array}{l} \text{C}_{17}\text{H}_{33}\text{COONa(油酸钠)} \\[2mm] \text{C}_{15}\text{H}_{31}\text{COONa(软脂酸钠)} \\[2mm] \text{C}_{17}\text{H}_{35}\text{COONa(硬脂酸钠)} \end{array}$$

油脂(猪油)

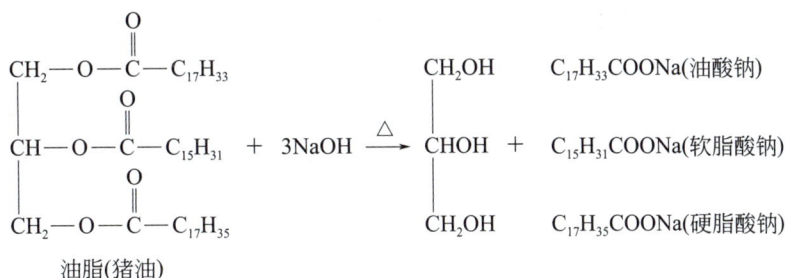

思考题 11-6 由卤代烃制备增加一个碳的羧酸常用的方法有哪些？

思考题 11-7 完成下列转变：

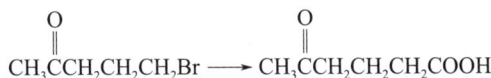

$$\text{CH}_3\overset{\displaystyle\overset{O}{\|}}{\text{C}}\text{CH}_2\text{CH}_2\text{CH}_2\text{Br} \longrightarrow \text{CH}_3\overset{\displaystyle\overset{O}{\|}}{\text{C}}\text{CH}_2\text{CH}_2\text{CH}_2\text{COOH}$$

11.5 几种重要的羧酸

(1) 甲酸

甲酸（methanoic acid）俗称蚁酸，是一种具有刺激气味的液体，沸点 100.7℃，能与水、乙醇、乙醚等混溶。甲酸存在于蜂、蚁、蜈蚣等动物和荨麻等一些植物体中。工业上用一氧化碳与氢氧化钠反应来制备。

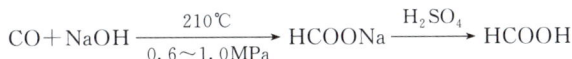

$$\text{CO} + \text{NaOH} \xrightarrow[\substack{0.6\sim1.0\text{MPa}}]{210℃} \text{HCOONa} \xrightarrow{\text{H}_2\text{SO}_4} \text{HCOOH}$$

甲酸的结构比较特殊，分子中的羧基和氢原子相连，它既具有羧基的结构，又具有醛基的结构，因此具有还原性，能够与托伦试剂发生银镜反应，也能与斐林试剂发生作用，又可使高锰酸钾溶液褪色。这些反应常用于甲酸的定性鉴定。

甲酸加热到 160℃以上，即分解生成二氧化碳和氢。

$$\text{HCOOH} \xrightarrow{\triangle} \text{CO}_2 + \text{H}_2$$

甲酸与浓硫酸共热，即分解为一氧化碳和水，实验室可用此反应制得少量纯一氧化碳。

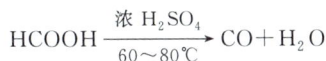

$$\text{HCOOH} \xrightarrow[60\sim80℃]{\text{浓 H}_2\text{SO}_4} \text{CO} + \text{H}_2\text{O}$$

甲酸在工业上用作还原剂和橡胶的凝聚剂，也用来合成酯和某些染料。

(2) 乙酸

乙酸（acetic acid）俗名醋酸，食醋中含 6%～10%的乙酸。纯乙酸为无色并具有刺激性气味的液体，沸点 118℃，冷至 15.6℃时即可凝结为冰状固体。因此，无水乙酸又称为冰醋酸。从酒发酵所得的食醋约含乙酸 6%～10%，经蒸馏浓缩后，可得 60%～80%的乙酸。

工业上乙酸的制备主要是利用氧化反应，甲醇、乙醇、乙炔、乙烯或轻油等可作为合成原料。如甲醇和一氧化碳在铑（Rh）和碘的催化作用下，在约 175℃和 0.1MPa 压力下直接合成乙酸。

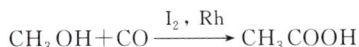

$$\text{CH}_3\text{OH} + \text{CO} \xrightarrow{\text{I}_2,\ \text{Rh}} \text{CH}_3\text{COOH}$$

以乙酸锰或乙酸钴为催化剂，用空气中的氧或氧气可把乙醛氧化成乙酸。

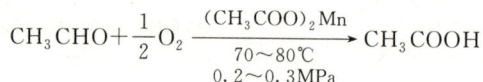

$$CH_3CHO+\frac{1}{2}O_2 \xrightarrow[\substack{70\sim80℃ \\ 0.2\sim0.3MPa}]{(CH_3COO)_2Mn} CH_3COOH$$

乙酸是重要的化工原料，可以合成许多有机物，比如乙酸酯、乙酐、乙酸纤维等。还可作橡胶凝聚剂及氧化反应的溶剂等。

（3）乙二酸

乙二酸（oxalic acid）俗称草酸，通常以盐的形式存在于多种植物的细胞膜中。草酸是无色结晶，常见的草酸含有 2 分子结晶水，熔点为 101.5℃，在 100~105℃加热则可失去结晶水，得到无水草酸。无水草酸的熔点为 189.5℃。

工业上用甲酸钠快速加热到 400℃得到草酸钠，再用稀 H_2SO_4 酸化得到草酸。

$$2HCOONa \xrightarrow{400℃} \begin{matrix} COONa \\ | \\ COONa \end{matrix} \xrightarrow{稀H_2SO_4} \begin{matrix} COOH \\ | \\ COOH \end{matrix}$$

草酸很容易被氧化成二氧化碳和水，因此可用作还原剂。在定量分析中常用草酸来标定高锰酸钾溶液。

$$5(COOH)_2+2KMnO_4+3H_2SO_4 \longrightarrow K_2SO_4+2MnSO_4+10CO_2+8H_2O$$

草酸可以与多种金属离子形成水溶性配合物。如草酸能与 Fe^{3+} 生成易溶于水的三草酸合高铁负离子，可用于除铁迹。因此，用草酸可以除去铁锈或蓝墨水的痕迹。

$$Fe_2(C_2O_4)_3+3K_2C_2O_4+6H_2O \longrightarrow 2K_3[Fe(C_2O_4)_3]·6H_2O$$

（4）己二酸

己二酸（adipic acid）是白色结晶粉末，熔点 153℃，工业上可由苯酚或环己烷来合成。

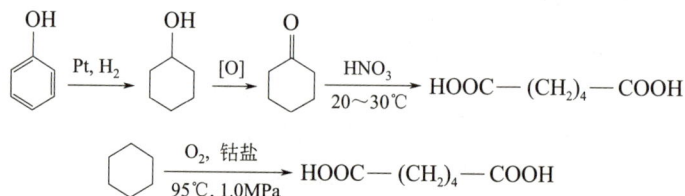

己二酸是合成纤维尼龙 66（或称锦纶 66）的原料之一，可用于制造增塑剂、润滑剂等。

（5）邻苯二甲酸

邻苯二甲酸（phthalic acid）为白色结晶固体，可溶于热水而不溶于冷水。邻苯二甲酸没有明显的熔点，加热至 200~230℃熔化并失水生成邻苯二甲酸酐（白色针状晶体，熔点 131℃，易升华）。邻苯二甲酸可由邻二烷基苯或萘氧化制备。例如：

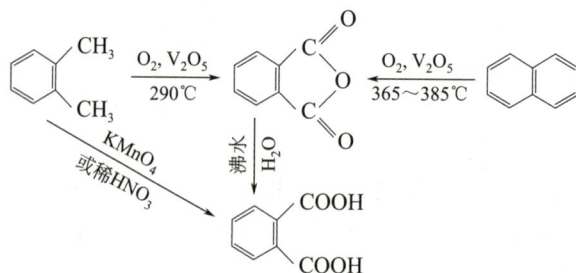

邻苯二甲酸及其酸酐用于制造染料、树脂、合成纤维、药物或增塑剂等。例如，由其转化而来的邻苯二甲酸二甲酯可作驱蚊剂，邻苯二甲酸二丁酯和邻苯二甲酸二辛酯是塑料工业

应用较广的增塑剂。

11.6 羟基酸

11.6.1 羟基酸的命名

羧酸分子中烃基上的氢原子被其他基团取代后的产物叫取代羧酸，取代羧酸包括羟基酸、氨基酸和卤代酸等，以下简要介绍羟基酸。

羟基酸分子中同时含有羧基和羟基官能团，羟基酸也叫醇酸，根据羟基和羧基的相对位置，羟基酸分为 α-羟基酸、β-羟基酸、γ-羟基酸和 δ-羟基酸等，羟基连在碳链末端的也叫 ω-羟基酸，许多羟基酸通常根据其天然来源而使用俗名。例如：

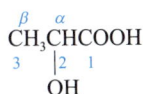

2-羟基丙酸(乳酸)
(α-羟基丙酸)

4-羟基丁酸(GHB)
(γ-羟基丁酸，也可叫 ω-羟基丁酸)

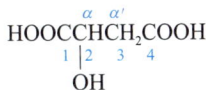

2-羟基丁二酸(苹果酸)
(α-羟基丁二酸)

聚乳酸 PLA
的合成

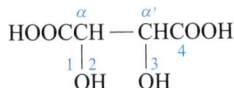

2,3-二羟基丁二酸(酒石酸)
(α,α'-二羟基丁二酸)

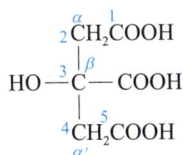

3-羟基-3-羧基戊二酸(柠檬酸)

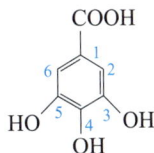

3,4,5-三羟基苯甲酸(没食子酸)

11.6.2 羟基酸的性质

羟基酸既含有羟基又含有羧基，羟基和羧基都具有很强形成氢键的能力，所以羟基酸比一般化合物的沸点要高得多。低级的羟基酸可以和水混溶。羟基酸随羟基和羧基的相对位置不同而显示一些特有的化学性质。

(1) 羟基酸的酸性

由于羟基具有 $-I$ 效应，所以羟基酸的酸性比对应的非羟基酸大。例如：

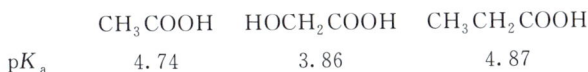

$$CH_3COOH \qquad HOCH_2COOH \qquad CH_3CH_2COOH$$
$$pK_a \qquad 4.74 \qquad\qquad 3.86 \qquad\qquad 4.87$$

当羟基的存在可以稳定羧基负离子时，其酸性增强显著。例如：

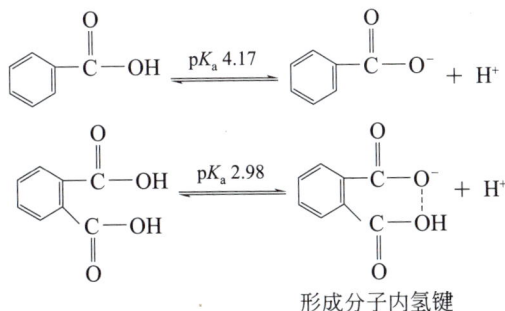

形成分子内氢键

（2）羟基酸的脱水反应

羟基酸分子中同时有羟基和羧基，羟基酸最主要的反应就是羟基和羧基之间进行的脱水反应，随羟基和羧基的相对位置不同，脱水产物也各不相同。

① 两分子 α-羟基酸脱水产生交酯：

$$\underset{\alpha\text{-羟基丙酸}}{CH_3-\overset{\alpha}{CH}-O-\boxed{H\quad HO}-\overset{\alpha}{C}=O} + \underset{\alpha\text{-羟基丙酸}}{O=C-\boxed{OH\quad H}-O-CH-CH_3} \xrightarrow{\triangle} \underset{\text{丙交酯}}{\begin{matrix}CH_3-CH-O-C=O\\ O=C-O-CH-CH_3\end{matrix}} + 2H_2O$$

② β-羟基酸脱水产生 α,β-不饱和酸，例如：

$$\underset{\boxed{OH\quad H}}{R\overset{\beta}{C}H-\overset{\alpha}{C}HCOOH} \xrightarrow{\triangle} R\overset{\beta}{C}H=\overset{\alpha}{C}HCOOH + H_2O$$

$$\underset{\substack{OH\quad H\\ \beta\text{-羟基丙酸}}}{\overset{\beta}{C}H_2-\overset{\alpha}{C}HCOOH} \xrightarrow{\triangle} \underset{\text{丙烯酸}}{\overset{\beta}{C}H_2=\overset{\alpha}{C}HCOOH} + H_2O$$

③ γ,δ-羟基酸脱水产生内酯，例如：

$$\underset{\gamma\text{-羟基酸}}{\begin{matrix}CH_2\overset{O}{\overset{\|}{C}}-OH\\ CH_2CH_2OH\end{matrix}} \xrightarrow{\triangle} \underset{\gamma\text{-丁内酯}}{\begin{matrix}CH_2\overset{O}{\overset{\|}{C}}\\ CH_2CH_2\end{matrix}\!\!O} + H_2O$$

$$\underset{\delta\text{-羟基酸}}{\begin{matrix}CH_2-\overset{O}{\overset{\|}{C}}-OH\\ CH_2\\ CH_2CH_2-OH\end{matrix}} \xrightarrow{\triangle} \underset{\delta\text{-戊内酯}}{\begin{matrix}CH_2-\overset{O}{\overset{\|}{C}}\\ CH_2\\ CH_2-CH_2\end{matrix}\!\!O} + H_2O$$

γ-丁内酯和 δ-戊内酯是五、六元环化合物，很稳定，γ,δ-羟基酸很容易自动脱水生成相应的内酯。因此 γ,δ-羟基酸难以游离存在，但它们的盐是稳定的。例如：

$$\underset{\gamma\text{-丁内酯}}{\begin{matrix}\overset{\alpha}{C}H_2-\overset{O}{\overset{\|}{C}}\\ \underset{\gamma}{\overset{\beta}{C}H_2-CH_2}\end{matrix}\!\!O} + NaOH \xrightarrow{回流} \underset{\gamma\text{-羟基丁酸钠}}{\begin{matrix}\overset{\gamma}{C}H_2\overset{\beta}{C}H_2\overset{\alpha}{C}H_2-\overset{O}{\overset{\|}{C}}-ONa\\ OH\end{matrix}}$$

有些内酯容易与 KCN 反应，生成的产物水解后可制备二元羧酸。例如：

$$\begin{matrix}CH_2-\overset{O}{\overset{\|}{C}}\\ CH_2-CH_2\end{matrix}\!\!O + KCN \longrightarrow \begin{matrix}CH_2CH_2-CH_2-\overset{O}{\overset{\|}{C}}-OK\\ CN\end{matrix}$$

$$\begin{matrix}CH_2CH_2-CH_2-\overset{O}{\overset{\|}{C}}-OK\\ CN\end{matrix} \xrightarrow{H_2O/H^+} HOOCCH_2CH_2CH_2COOH$$

④ δ 以上的羟基酸，分子间脱水生成链状结构聚酯：

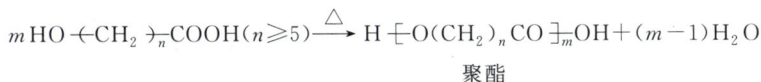

⑤ 酚酸脱羧，邻位和对位的酚酸受热易发生脱羧反应：

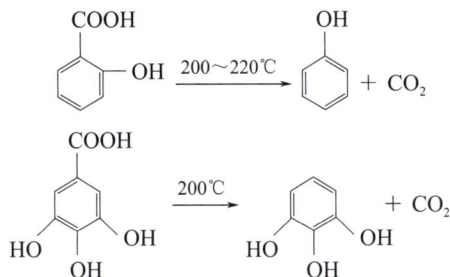

(3) α-羟基酸的分解反应

α-羟基酸能与硫酸和高锰酸钾溶液作用，分解成醛和酮。

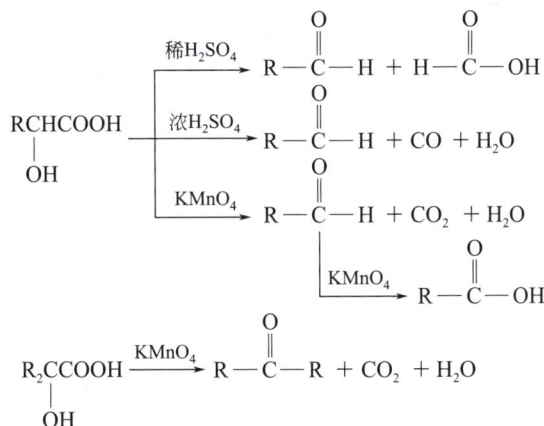

11.6.3　羟基酸的制备

(1) 卤代酸的水解

$$ClCH_2COOH + H_2O \longrightarrow HOCH_2COOH + HCl$$

α-卤代酸的水解主要用于制备 α-羟基酸。

(2) 羟基腈的水解

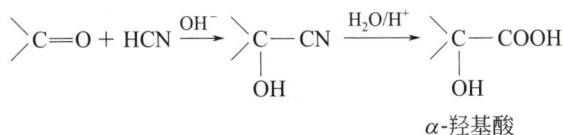

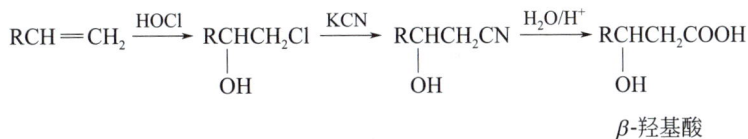

(3) Reformatsky 反应

将 α-溴代酸酯制成有机锌化合物，然后与醛或酮反应，经水解可得 β-羟

Reformatsky
反应

基酸，该反应称为 Reformatsky 反应。

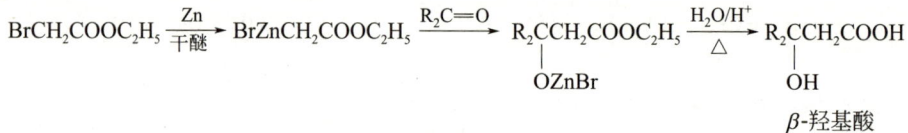

$$BrCH_2COOC_2H_5 \xrightarrow[\text{干醚}]{Zn} BrZnCH_2COOC_2H_5 \xrightarrow{R_2C=O} \underset{\underset{OZnBr}{|}}{R_2CCH_2COOC_2H_5} \xrightarrow[\triangle]{H_2O/H^+} \underset{\underset{OH}{|}}{R_2CCH_2COOH}$$

$$\beta\text{-羟基酸}$$

有机锌化合物的活性比有机镁化合物（格氏试剂）的活性小，它不和酯羰基反应；反应不能用格氏试剂代替有机锌化合物。

思考题 11-8　格氏试剂与卤代酸酯作用产物为何？为什么不能用格氏试剂代替有机锌化合物进行 Reformatsky 反应？

11.7　羧酸衍生物

羧酸衍生物除腈外都含有酰基，它们均可由羧酸制得，经水解又都可以得到羧酸，因而称为羧酸衍生物。

11.7.1　羧酸衍生物的结构和命名

（1）结构

除腈外，羧酸衍生物分子中都有酰基，经微波光谱测定碳氧双键键长都是 0.12nm。与羧酸中的羰基相似，羰基碳为 sp^2 杂化，它的 p 轨道与氧的 p 轨道重叠形成 π 键。由于羰基氧电负性较大，羰基碳原子上带有部分正电荷而羰基氧原子上带有部分负电荷。酰基上所连基团（L）不同，羰基活性不同。

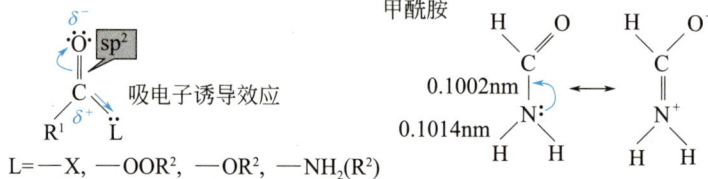

L=—X, —OOR², —OR², —NH₂(R²)

酰卤（L 为卤素）中卤元素电负性较强，卤素的存在使羰基碳原子上正电荷更加集中，羰基很容易受到亲核试剂进攻。酰胺中氮原子电负性相对较弱，氮的 p 轨道与羰基碳原子的 p 轨道共轭，碳氮 C—N 键有部分双键的性质，使酰胺羰基的活性大大降低。腈中的碳和氮原子都是 sp 杂化的，氮原子上还有一对 sp 杂化的非键电子。

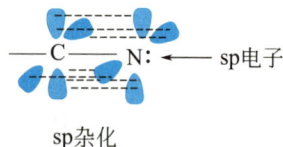

sp杂化

（2）命名

酰卤和酰胺通常在酰基名称后加上卤素和胺的名称。例如：

CH₃COOH	CH₃CO—	CH₃COBr	CH₃CONH₂
乙酸	乙酰基	乙酰溴	乙酰胺

苯甲酰氯　　邻苯二甲酰亚胺　　N-甲基乙酰胺　　N-乙基-N-甲基乙酰胺　　δ-戊内酰胺

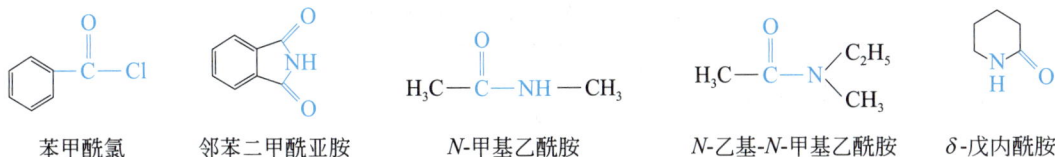

酸酐常根据相应的羧酸来命名。酸酐中含有两个相同或不同的酰基分别称为单酐或混合酐。混合酐的命名与混合醚相似，简单的酸在前，复杂的酸在后。如：

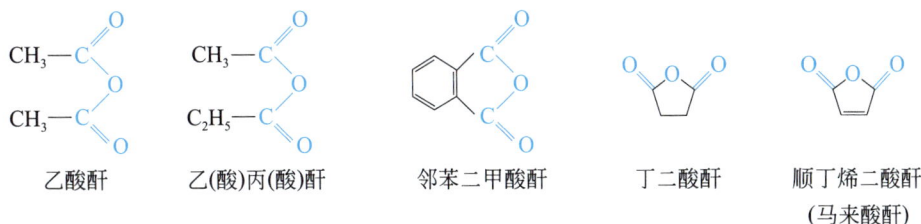

乙酸酐　　乙(酸)丙(酸)酐　　邻苯二甲酸酐　　丁二酸酐　　顺丁烯二酸酐
　　　　　　　　　　　　　　　　　　　　　　　　　　　　　　　(马来酸酐)

酯常根据相应的羧酸和醇来命名，"醇"字一般可省略，称为"某酸某酯"。多元醇的酯一般把"酸"名放在后面，称为"某醇某酯"。例如：

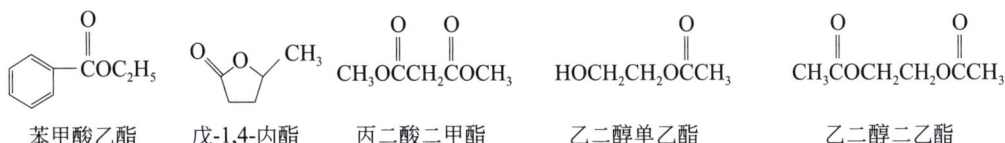

苯甲酸乙酯　　戊-1,4-内酯　　丙二酸二甲酯　　乙二醇单乙酯　　乙二醇二乙酯

腈的命名是按主链上的碳数（包括腈基碳）称为某腈。

CH_3CN　　　$CH_2\!=\!CHCN$　　　CH_3CH_2CN　　　　　　　$CH_3CHCH_2CH_2CN$
　　　　　　　　　　　　　　　　　　　　　　　　　　　　　　　　　CH_3

乙腈　　　丙烯腈　　　丙腈　　　苯甲腈　　　4-甲基戊腈

11.7.2　羧酸衍生物的物理性质

羧酸衍生物都是极性分子，它们的熔点和沸点比一般的非极性化合物要高。酰卤、酸酐和酯的分子中不能形成氢键，它们的沸点比能形成氢键的羧酸和酰胺低。当酰胺氮原子上的氢被烃基取代后，形成氢键能力降低甚至消失，沸点也大大降低。表 11-3 列出了取代与非取代酰胺的物理常数。

表 11-3　取代与非取代酰胺的物理常数对比

化合物	构造式	分子量	沸点/℃	熔点/℃
乙酰胺	CH_3CONH_2	59	221	82
N-甲基乙酰胺	$CH_3CONHCH_3$	73	204	28
N,N-二甲基乙酰胺	$CH_3CON(CH_3)_2$	87	165	−20

酰卤和酸酐不溶于水（低级酰卤和酸酐遇水分解生成溶于水的羧酸，这不是溶解，而是发生了化学反应）。低级酯微溶于水，低级酰胺由于能和水形成良好的氢键而能与水混溶。低级 N,N-二取代酰胺是良好的非质子偶极溶剂。羧酸衍生物可溶解在一般有机溶剂中。低级酯是优良的有机溶剂。表 11-4 列出了一些常见羧酸衍生物的物理常数。

表 11-4 一些常见羧酸衍生物的物理常数

化合物	熔点/℃	沸点/℃	化合物	熔点/℃	沸点/℃
乙酰氯	−112	51	乙酸乙酯	−83	77
丙酰氯	−94	80	乙酸丁酯	−77	126
正丁酰氯	−89	102	乙酸异戊酯	−78	142
苯甲酰氯	−1	197	苯甲酸乙酯	−32.7	213
乙酸酐	−73	140	丙二酸二乙酯	−50	199
丙酸酐	−45	169	乙酰乙酸乙酯	−45	180.4
丁二酸酐	−119.6	261	甲酰胺	3	200(分解)
顺丁烯二酸酐	60	202	乙酰胺	82	221
苯甲酸酐	42	360	丙酰胺	79	213
邻苯二甲酸酐	131	284	正丁酰胺	116	216
甲酸甲酯	−100	30	苯甲酰胺	130	290
甲酸乙酯	−80	54	N,N-二甲基甲酰胺	−61	153
乙酸甲酯	−98	57.5	邻苯二甲酰亚胺	238	升华

思考题 11-9 在红外光谱中，羰基的伸缩振动频率一般为：酰氯约 $1800\mathrm{cm}^{-1}$，酯约 $1735\mathrm{cm}^{-1}$，酰胺约 $1690\mathrm{cm}^{-1}$，酮约 $1715\mathrm{cm}^{-1}$。为什么？

11.7.3 羧酸衍生物的化学性质

羧酸衍生物都有一个极性的羰基，可以进行亲核反应，得到取代产物。羰基的 α-H 具有一定酸性，可被碱拔取，发生缩合反应。

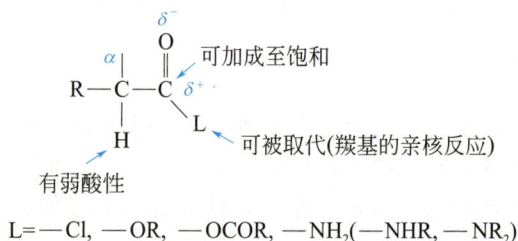

$$L=\text{—Cl, —OR, —OCOR, —NH}_2\text{(—NHR, —NR}_2)$$

11.7.3.1 羰基上的亲核取代(加成-消除)反应

羧酸衍生物的羰基碳（平面构型）受亲核试剂的进攻，发生亲核加成反应，生成一个具有四面体结构的负离子中间体，而后离去一个负性基团，得到恢复平面构型的、含羰基的取代产物。从原料和产物的结构比较来看，似乎是亲核取代。实际上，该反应机理与卤代烷的亲核取代不同，羧酸衍生物的亲核取代反应称为亲核加成-消除反应。

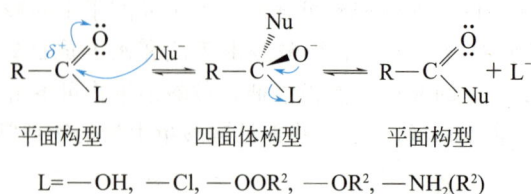

$$L=\text{—OH, —Cl, —OOR}^2\text{, —OR}^2\text{, —NH}_2\text{(R}^2)$$

羰基碳的正电性越大、空间位阻越小，越有利于亲核试剂进行加成；离去基团 L 碱性越弱、离去能力越强，越有利于消除。

羧酸衍生物中，酰卤的卤原子的强吸电子诱导效应和较弱的 p-π 供电子共轭效应，使羰基碳上的正电性最高。酰胺中，氮原子较弱的吸电子诱导效应和较强的 p-π 供电子共轭效应，使羰基碳上的正电性最低。酸酐和酯介于两者之间。因此，羧酸衍生物的反应活性有以下次序：

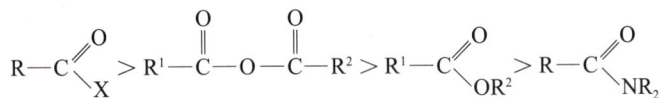

$$R-\overset{O}{\underset{}{C}}\diagdown X \;>\; R^1-\overset{O}{\underset{}{C}}-O-\overset{O}{\underset{}{C}}-R^2 \;>\; R^1-\overset{O}{\underset{}{C}}\diagdown OR^2 \;>\; R-\overset{O}{\underset{}{C}}\diagdown NR_2$$

羧酸衍生物可通过亲核取代反应而相互转化，活性低的化合物如酯或酰胺可从活性较高的如酰卤、酸酐经过亲核加成-消除反应制得。酰卤和酸酐的亲核取代反应很容易进行；酯和酰胺的亲核取代需要酸或碱催化。

思考题 11-10　醛、酮和羧酸衍生物分子中都含有羰基，羧酸衍生物可发生亲核取代反应，但醛、酮只发生亲核加成而不发生亲核取代。为什么？

（1）水解反应

羧酸衍生物与水作用，称为水解（hydrolysis），产物为相应的羧酸。一般酰卤与水反应激烈，酸酐则与热水较易作用；酯的水解在没有催化剂存在时进行得很慢，酰胺的水解常需酸或碱催化并回流才能完成。

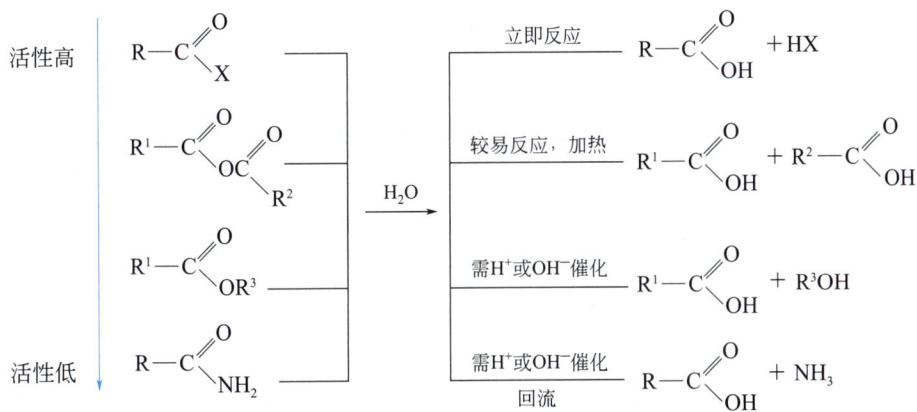

酯水解是酯化反应的逆反应。酯在酸性或中性溶液中生成平衡混合物（即反应可逆）；在碱溶液中水解，又称皂化反应，由于反应生成的酸被碱中和生成盐，水解反应能进行完全。

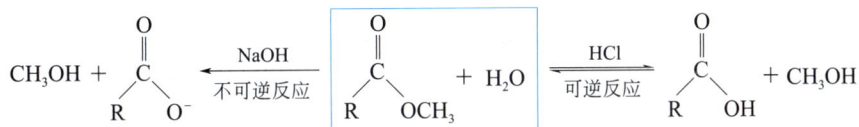

腈在酸性或碱性溶液中水解，先生成部分水解产物酰胺，最后生成羧酸或羧酸盐。

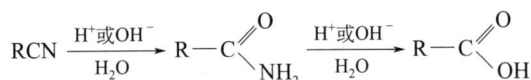

$$RCN \xrightarrow[\text{H}_2\text{O}]{\text{H}^+ \text{或OH}^-} R-\overset{O}{\underset{}{C}}\diagdown NH_2 \xrightarrow[\text{H}_2\text{O}]{\text{H}^+ \text{或OH}^-} R-\overset{O}{\underset{}{C}}\diagdown OH$$

(2) 醇解

羧酸衍生物与醇反应，都生成相应的酯，称为醇解（alcoholysis）反应。一般情况下，酰胺较难进行醇解反应。

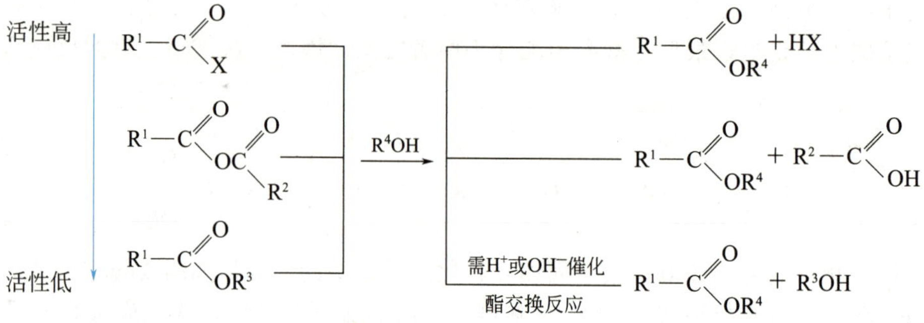

酰氯和酸酐可与醇作用生成酯，该反应常用于合成难以由羧酸与醇反应得到的酯。

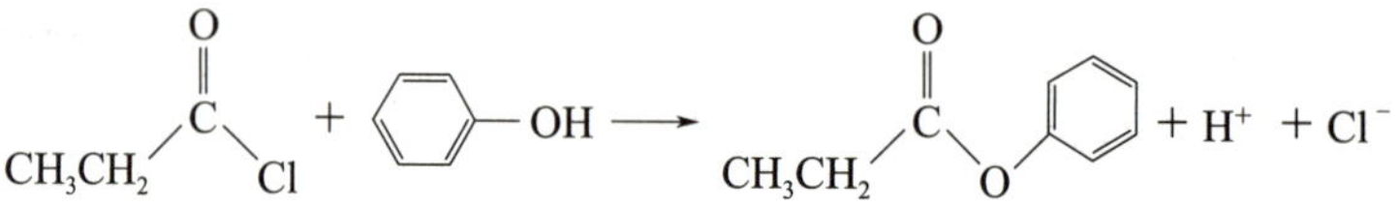

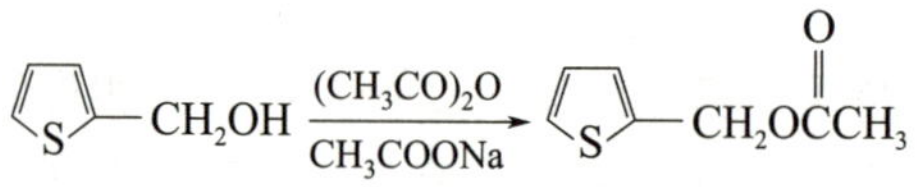

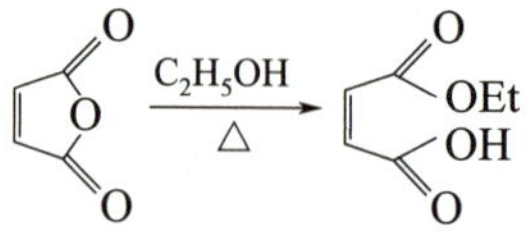

顺丁烯二酸单乙酯

酯与另一种醇作用生成两种酯的平衡混合物，称为酯交换反应。酯交换反应需在酸或碱催化下才能进行。酯交换反应常用于用低沸点醇酯制备高沸点醇酯。如：

$$H_2C \!=\! CHCOOCH_3 \xrightarrow[H^+]{n\text{-}C_4H_9OH} H_2C \!=\! CHCOOC_4H_9\text{-}n + CH_3OH$$

蒸出

在酸或碱催化下，用过量的醇（如上式中正丁醇）和除去生成的醇（上式中的甲醇），可使反应进行完全。

腈在氯化氢存在下与无水乙醇作用生成亚氨基酯的盐；该盐在过量的无水乙醇中生成原酸酯；若所用的乙醇中有水，可得到酯：

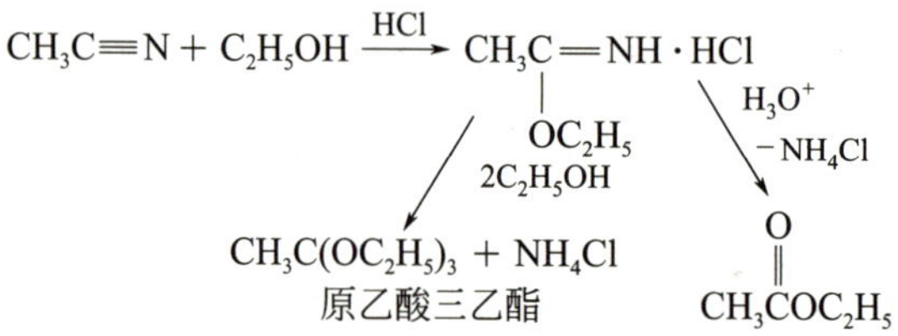

原乙酸三乙酯

(3) 氨解

羧酸衍生物与氨或胺反应生成相应的酰胺称氨解（aminolysis）反应。由于氨（胺）的亲核性比水、醇强，羧酸衍生物的氨解反应比水解和醇解容易进行。酰卤和酸酐氨解产物为酰胺和铵盐，酰胺一般很难进行氨解反应。

活性高

活性低

$R-\overset{\overset{O}{\|}}{C}-X$

$R^1-\overset{\overset{O}{\|}}{C}-\overset{\overset{O}{\|}}{O}-\overset{\overset{O}{\|}}{C}-R^2$

$R^1-\overset{\overset{O}{\|}}{C}-OR^3$

$\xrightarrow{NH_3}$

$R-\overset{\overset{O}{\|}}{C}-NH_2 + NH_4^+X^-$

$R^1-\overset{\overset{O}{\|}}{C}-NH_2 + R^2-\overset{\overset{O}{\|}}{C}-ONH_4$

$R^1-\overset{\overset{O}{\|}}{C}-NH_2 + R^3OH$

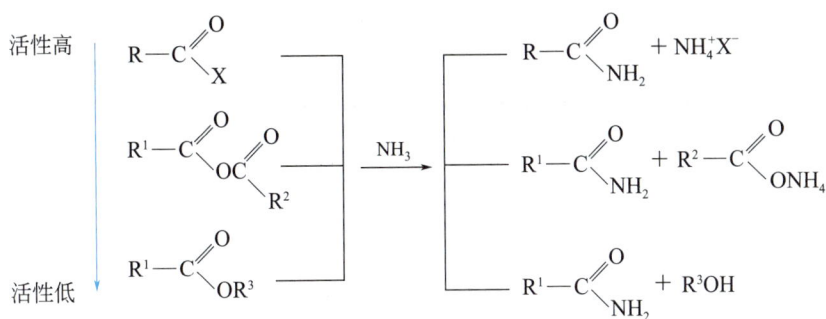

酰氯、酸酐和酯的氨解是制备酰胺的重要方法，酯的氨解要比酰氯和酸酐慢得多。

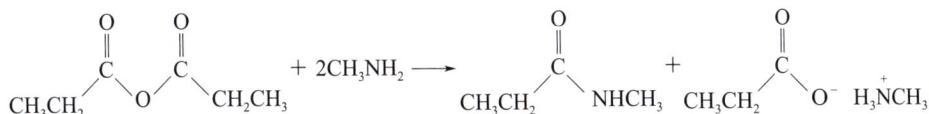

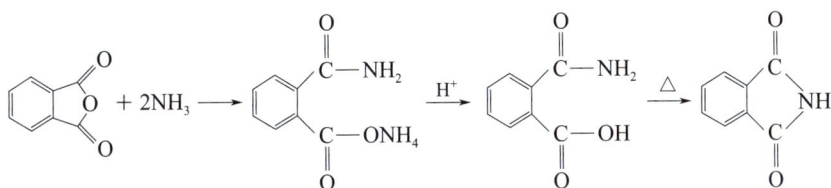

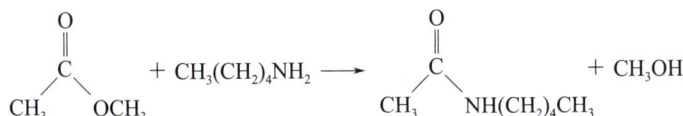

$CH_3CH_2-\overset{\overset{O}{\|}}{C}-O-\overset{\overset{O}{\|}}{C}-CH_2CH_3 + 2CH_3NH_2 \longrightarrow CH_3CH_2-\overset{\overset{O}{\|}}{C}-NHCH_3 + CH_3CH_2-\overset{\overset{O}{\|}}{C}-O^- \ H_3\overset{+}{N}CH_3$

$+2NH_3 \longrightarrow \overset{\overset{O}{\|}}{C}-NH_2, \overset{\overset{O}{\|}}{C}-ONH_4 \xrightarrow{H^+} \overset{\overset{O}{\|}}{C}-NH_2, \overset{\overset{O}{\|}}{C}-OH \xrightarrow{\triangle} NH$

$CH_3-\overset{\overset{O}{\|}}{C}-OCH_3 + CH_3(CH_2)_4NH_2 \longrightarrow CH_3-\overset{\overset{O}{\|}}{C}-NH(CH_2)_4CH_3 + CH_3OH$

若用酸或碱催化，反应进行得更顺利。由于碱可以中和反应过程中产生的酸，故又把碱称为缚酸剂。如用吡啶催化苯甲酰氯与二甲胺的氨解，可降低二甲胺在反应中的用量。

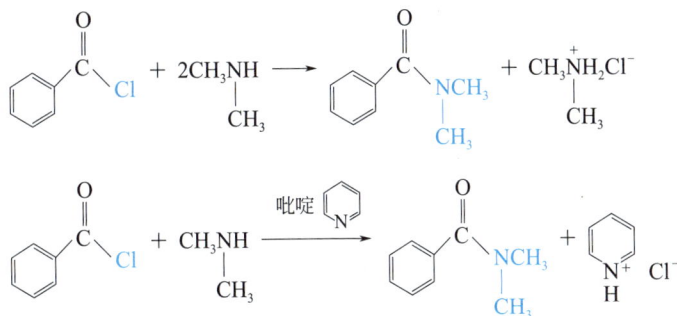

$\overset{\overset{O}{\|}}{C}-Cl + 2CH_3NH \atop CH_3 \longrightarrow \overset{\overset{O}{\|}}{C}-N\overset{CH_3}{\underset{CH_3}{}} + CH_3\overset{+}{N}H_2Cl^- \atop CH_3$

$\overset{\overset{O}{\|}}{C}-Cl + CH_3NH \atop CH_3 \xrightarrow{吡啶} \overset{\overset{O}{\|}}{C}-N\overset{CH_3}{\underset{CH_3}{}} + \overset{N^+}{\underset{H}{}} Cl^-$

酰卤和酸酐的醇解和氨解反应又称为醇和胺的酰基化（acylation）反应，是制备酯和酰胺的重要方法，酰卤和酸酐又称为酰基化试剂。

腈与氨和氯化铵一起在高压釜中加热生成脒盐：

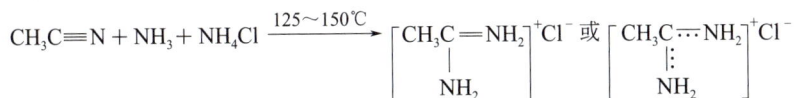

$CH_3C{\equiv}N + NH_3 + NH_4Cl \xrightarrow{125\sim150℃} \left[CH_3C{=}NH_2 \atop NH_2\right]^+Cl^- \ 或 \ \left[CH_3C{\cdots}NH_2 \atop NH_2\right]^+Cl^-$

（4）酸解

羧酸衍生物可以与羧酸发生亲核加成-取代反应，称为酸解（acidolysis）反应。酰卤和酸酐的酸解反应可用于制备混合酸酐。

$$CH_3-\underset{\underset{\displaystyle O}{\|}}{C}-Cl + CH_3CH_2-\overset{\ominus}{O} \longrightarrow CH_3-\underset{\underset{\displaystyle O}{\|}}{C}-O-\underset{\underset{\displaystyle O}{\|}}{C}-CH_2CH_3 + Cl^-$$

$$2R-\underset{\underset{\displaystyle O}{\|}}{C}-OH + \begin{matrix} CH_3-\overset{\displaystyle O}{C}\\ \\ CH_3-\underset{\displaystyle O}{C} \end{matrix}O \underset{\triangle}{\rightleftharpoons} \begin{matrix} R-\overset{\displaystyle O}{C}\\ \\ R-\underset{\displaystyle O}{C} \end{matrix}O + 2CH_3-\underset{\underset{\displaystyle O}{\|}}{C}-OH$$

思考题 11-11 为什么羧酸衍生物的亲核取代反应活性为：酰卤＞酸酐＞酯＞酰胺？

思考题 11-12 由 ε-己内酰胺聚合制备化学纤维尼龙 6 反应涉及哪些反应？

$$n\begin{matrix}\overset{\displaystyle O}{\|}\\ \\ NH\end{matrix} \longrightarrow -[NH-(CH_2)_5-\underset{\underset{\displaystyle O}{\|}}{C}]_n$$

　ε-己内酰胺　　　　　　　　尼龙6

11.7.3.2　还原反应

在羧酸衍生物中，酰氯最易被还原，酰胺最难还原，甚至比羧酸还难还原。羧酸衍生物还原活性为：

$$R-\underset{\underset{\displaystyle X}{|}}{\overset{\displaystyle O}{C}} > R^1-\underset{\underset{\displaystyle O}{\|}}{C}-O-\underset{\underset{\displaystyle O}{\|}}{C}-R^2 > R^1-\underset{\underset{\displaystyle OR^2}{|}}{\overset{\displaystyle O}{C}} > R-\underset{\underset{\displaystyle NH_2}{|}}{\overset{\displaystyle O}{C}}$$

(1) 用 LiAlH₄ 还原

与羧酸相似，羧酸衍生物都可以被 LiAlH₄ 还原，除酰胺被还原成胺外，酰氯、酸酐和酯都被还原成醇。

$$R-\underset{\underset{\displaystyle O}{\|}}{C}-Cl \xrightarrow[\text{② } H_2O]{\text{① LiAlH}_4} RCH_2OH$$

$$R-\underset{\underset{\displaystyle O}{\|}}{C}-NH_2 \xrightarrow[\text{② } H_2O]{\text{① LiAlH}_4} RCH_2NH_2 \text{ (伯胺)}$$

$$R^1-\underset{\underset{\displaystyle O}{\|}}{C}-O-\underset{\underset{\displaystyle O}{\|}}{C}-R^2 \xrightarrow[\text{② } H_2O]{\text{① LiAlH}_4} R^1CH_2OH + R^2CH_2OH$$

$$R^1-\underset{\underset{\displaystyle O}{\|}}{C}-NHR^2 \xrightarrow[\text{② } H_2O]{\text{① LiAlH}_4} R^1CH_2NHR^2 \text{ (仲胺)}$$

$$R^1-\underset{\underset{\displaystyle O}{\|}}{C}-OR^2 \xrightarrow[\text{② } H_2O]{\text{① LiAlH}_4} R^1CH_2OH + R^2OH$$

$$R^1-\underset{\underset{\displaystyle O}{\|}}{C}-NR_2^2 \xrightarrow[\text{② } H_2O]{\text{① LiAlH}_4} R^1CH_2NR_2^2 \text{ (叔胺)}$$

(2) Rosenmund 还原

将 Pd 沉淀在 BaSO₄ 上作催化剂，并加入硫和喹啉等作为"毒化剂"，常压下氢可使酰氯还原成相应醛，称为 Rosenmund 还原反应。Rosenmund 还原反应只还原羧酸衍生物中的酰氯，是制备醛的一种好方法。如：

$$CH_3O-\underset{\underset{\displaystyle O}{\|}}{C}-CH_2CH_2-\underset{\underset{\displaystyle O}{\|}}{C}-Cl + H_2 \xrightarrow[\text{硫-喹啉}]{Pd\text{-}BaSO_4} CH_3O-\underset{\underset{\displaystyle O}{\|}}{C}-CH_2CH_2-\underset{\underset{\displaystyle O}{\|}}{C}-H + HCl$$

(3) Bouveault-Blanc 还原

酯和金属钠在醇（常用乙醇）溶液中加热回流反应，酯可被还原成醇，

Bouveault-Blanc 还原

这个反应称为 Bouveault-Blanc 还原。

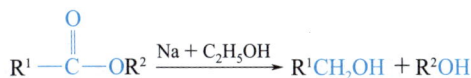

$$R^1-\overset{\overset{\displaystyle O}{\|}}{C}-OR^2 \xrightarrow{Na+C_2H_5OH} R^1CH_2OH + R^2OH$$

由于一般还原剂很难还原羧酸，因此，常将需要还原的羧酸制备成酯，然后用 Bouveault-Blanc 反应还原。

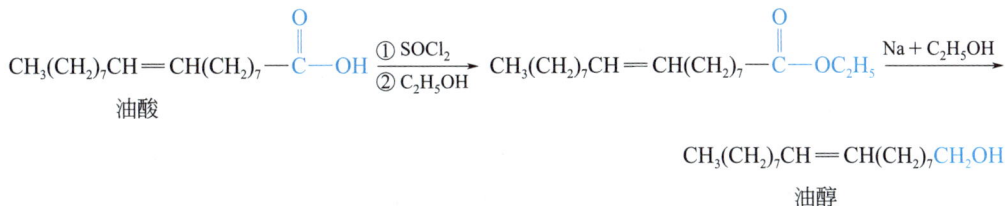

$$CH_3(CH_2)_7CH=CH(CH_2)_7-\overset{\overset{\displaystyle O}{\|}}{C}-OH \xrightarrow[\text{② } C_2H_5OH]{\text{① } SOCl_2} CH_3(CH_2)_7CH=CH(CH_2)_7-\overset{\overset{\displaystyle O}{\|}}{C}-OC_2H_5 \xrightarrow{Na+C_2H_5OH}$$

油酸

$$CH_3(CH_2)_7CH=CH(CH_2)_7CH_2OH$$

油醇

腈经催化氢化，可得伯胺，这是制备伯胺的一个重要方法。

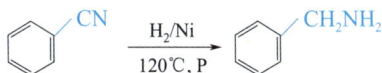

$$\xrightarrow[120℃, P]{H_2/Ni}$$

11.7.3.3　与格氏试剂反应

羧酸衍生物可与格氏试剂作用，首先进行加成-消除反应生成酮，酮与格氏试剂进一步反应生成叔醇。

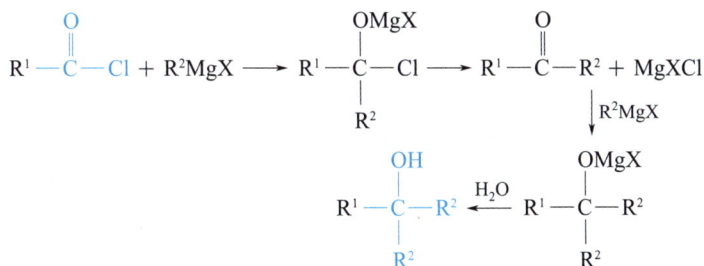

$$R^1-\overset{\overset{\displaystyle O}{\|}}{C}-Cl + R^2MgX \longrightarrow R^1-\overset{\overset{\displaystyle OMgX}{|}}{\underset{\underset{\displaystyle R^2}{|}}{C}}-Cl \longrightarrow R^1-\overset{\overset{\displaystyle O}{\|}}{C}-R^2 + MgXCl$$

$$\Big\downarrow R^2MgX$$

$$R^1-\overset{\overset{\displaystyle OH}{|}}{\underset{\underset{\displaystyle R^2}{|}}{C}}-R^2 \xleftarrow{H_2O} R^1-\overset{\overset{\displaystyle OMgX}{|}}{\underset{\underset{\displaystyle R^2}{|}}{C}}-R^2$$

若将与酰氯等物质的量的格氏试剂慢慢滴入酰氯中，可使反应停留在酮的一步。

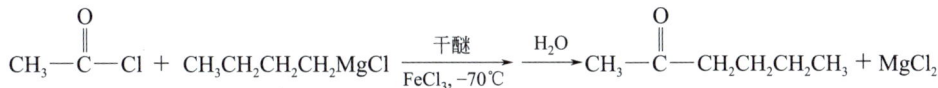

$$CH_3-\overset{\overset{\displaystyle O}{\|}}{C}-Cl + CH_3CH_2CH_2CH_2MgCl \xrightarrow[FeCl_3, -70℃]{\text{干醚}} \xrightarrow{H_2O} CH_3-\overset{\overset{\displaystyle O}{\|}}{C}-CH_2CH_2CH_3 + MgCl_2$$

酸酐、酯与格氏试剂反应主要生成叔醇。

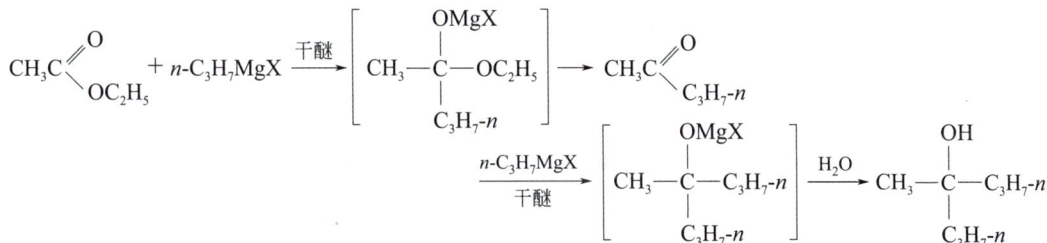

$$CH_3\overset{\overset{\displaystyle O}{\|}}{C}-OC_2H_5 + n\text{-}C_3H_7MgX \xrightarrow{\text{干醚}} \left[CH_3-\overset{\overset{\displaystyle OMgX}{|}}{\underset{\underset{\displaystyle C_3H_7\text{-}n}{|}}{C}}-OC_2H_5 \right] \longrightarrow CH_3\overset{\overset{\displaystyle O}{\|}}{C}-C_3H_7\text{-}n$$

$$\xrightarrow[\text{干醚}]{n\text{-}C_3H_7MgX} \left[CH_3-\overset{\overset{\displaystyle OMgX}{|}}{\underset{\underset{\displaystyle C_3H_7\text{-}n}{|}}{C}}-C_3H_7\text{-}n \right] \xrightarrow{H_2O} CH_3-\overset{\overset{\displaystyle OH}{|}}{\underset{\underset{\displaystyle C_3H_7\text{-}n}{|}}{C}}-C_3H_7\text{-}n$$

氮上含有氢的酰胺（$RCONH_2$、$RCONHR$）可分解格氏试剂；若格氏试剂过量 2～3 倍，也可得到酮或叔醇。例如：

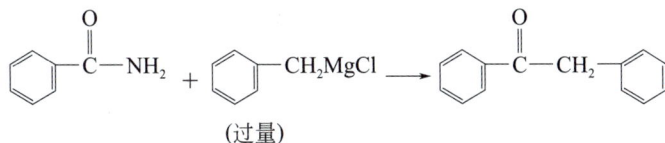

（过量）

腈与格氏试剂起加成反应，产物水解后得到酮。

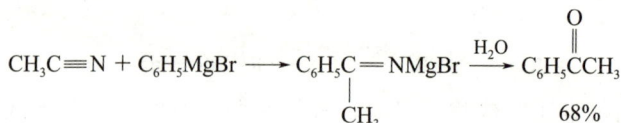

11.7.3.4 酯和酸酐α-H 的反应

酯和酸酐的 α-H 具有一定的酸性，在碱作用下可被夺取，生成碳负离子；碳负离子可作为亲核试剂参与进一步的反应。

(1) 克莱森（酯）缩合反应

具有 α-氢原子的酯，在醇钠或其他碱性催化剂存在下发生缩合反应，生成 β-酮酸酯，称为克莱森（酯）缩合反应。如两分子乙酸乙酯在乙醇钠作用下，发生缩合反应，脱去一个分子乙醇，生成乙酰乙酸乙酯。

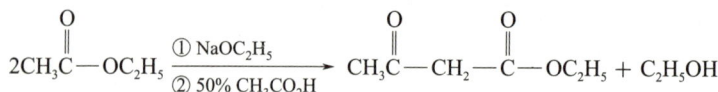

酯缩合机理为：强碱乙醇钠拔取酯分子中一个酸性 α-氢原子，生成碳负离子。

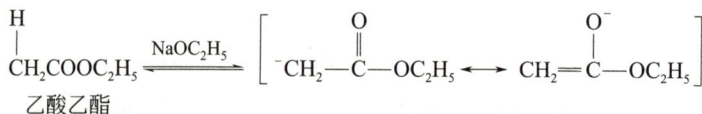

碳负离子和另外一分子乙酸乙酯的羰基发生亲核加成，生成正四面体中间体；中间体消除一个乙氧基负离子，生成取代产物乙酰乙酸乙酯，又称 β-丁酮酸乙酯。该反应的前三步是可逆反应，且在强碱性体系中，产物以钠盐形式存在；用乙酸酸化后，可得乙酰乙酸乙酯。

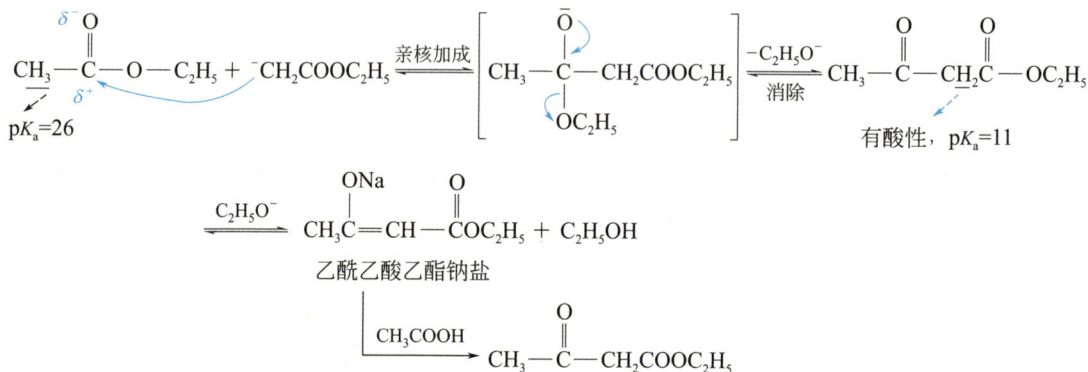

乙酰乙酸乙酯分子中，与两个羰基直接相连的亚甲基 $\diagdown CH_2$ 具有较强的酸性（pK_a=11），在碱作用下容易生成碳负离子，是重要的有机合成原料。

二元酸酯在醇钠作用下，进行分子内的酯缩合反应，可生成五元、六元环酮的甲酸酯。

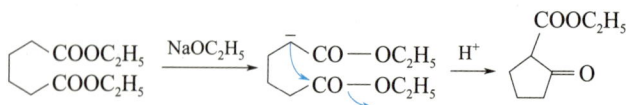

(2) 普尔金（Perkin）反应

芳香醛与脂肪酸酐在相应脂肪酸碱金属盐的催化下缩合，生成 β-芳基丙

Perkin 反应

烯酸类化合物的反应称为普尔金反应。

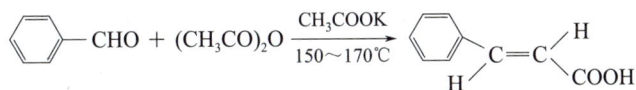

由于酸酐的 α-氢活性较低，催化剂羧酸盐又是弱碱，因此，普尔金反应温度较高。用邻羟基苯甲醛与酸酐在乙酸钠存在下反应，很容易得到一个内酯（香豆素）。

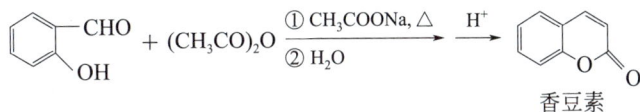

香豆素

思考题 11-13　写出丙酸乙酯的克莱森缩合产物。

11.7.3.5　酰胺氮原子上的反应

(1) 酰胺的弱酸性和弱碱性

酰胺分子中的氨基受羰基影响，氨基氮原子上的电子云密度降低，其碱性明显减弱。酰胺与一些酸性质子的 pK_a 如下。

	CH_3CH_3	$CH_2{=}CH_2$	NH_3	$CH{\equiv}CH$	C_2H_5OH	H_2O	CH_3CNH_2 (O)
pK_a	50	40	34~35	25	16	15.7	15.1

把氯化氢气体通入乙酰胺的乙醚溶液中，生成不溶于乙醚的酰胺盐沉淀。

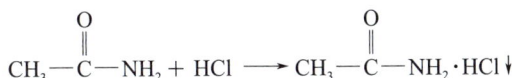

$$CH_3{-}\overset{O}{\underset{}{C}}{-}NH_2 + HCl \longrightarrow CH_3{-}\overset{O}{\underset{}{C}}{-}NH_2 \cdot HCl \downarrow$$

这种盐很不稳定，遇水即分解成原来的酰胺和盐酸，酰胺的碱性非常弱。

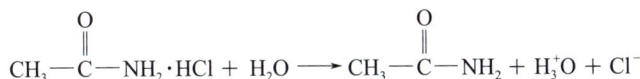

$$CH_3{-}\overset{O}{\underset{}{C}}{-}NH_2 \cdot HCl + H_2O \longrightarrow CH_3{-}\overset{O}{\underset{}{C}}{-}NH_2 + H_3^+O + Cl^-$$

在酰亚胺分子中，氮原子上连接两个酰基，氮上的电子云密度降低而不显碱性，相反，由于氮氢键的极性增强，氮原子上的氢表现出明显的酸性，能与 NaOH（或 KOH）水溶液成盐。成盐后，由于氮原子上的负电荷可被两个与之共轭的羰基分散而稳定，氮负离子可参与化学反应，如 NBS 的制备。

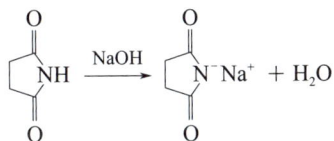

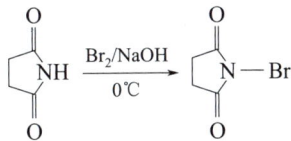

丁二酰亚胺(pK_a=9.6)　　　　　　　　　　　N-溴代丁二酰亚胺(NBS)

(2) 酰胺的脱水反应

酰胺与强脱水剂共热或高温加热，可发生分子内脱水反应生成腈，这是合成腈的常用方法之一。常用的脱水剂是五氧化二磷和亚硫酰氯等。如：

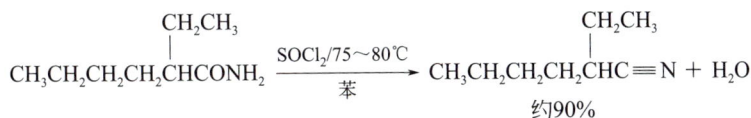

约90%

(3) Hofmann 降解反应

氮原子上未取代的酰胺与溴（或氯）的氢氧化钠溶液作用，可脱去羰基生成伯胺，称为 Hofmann 降解反应。该反应由酰胺制备少一个碳的伯胺，产率较高，产物较纯。

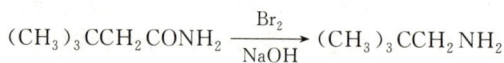

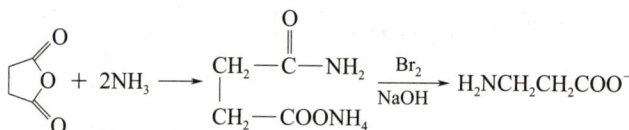

$$(CH_3)_3CCH_2CONH_2 \xrightarrow[\text{NaOH}]{\text{Br}_2} (CH_3)_3CCH_2NH_2$$

$$\text{（丁二酸酐）} + 2NH_3 \longrightarrow \begin{array}{c} CH_2-\overset{\displaystyle O}{\overset{\|}{C}}-NH_2 \\ | \\ CH_2-COONH_4 \end{array} \xrightarrow[\text{NaOH}]{\text{Br}_2} H_2NCH_2CH_2COO^-$$

11.7.4 羧酸衍生物的制备

羧酸衍生物酰卤、酸酐、酯及酰胺的制备方法已在"11.3.2 羧酸中羰基的反应"和"11.7.3 羧酸衍生物的化学性质"中介绍，在此不作赘述。以下仅介绍腈的制备。

腈可以由酰胺去水得到。例如：

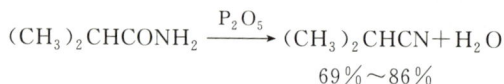

$$(CH_3)_2CHCONH_2 \xrightarrow{\text{P}_2\text{O}_5} (CH_3)_2CHCN + H_2O$$
$$69\% \sim 86\%$$

卤代烃与氰化钠或氰化钾作用生成腈。

$$NaCN + RCH_2X \longrightarrow RCH_2CN + NaX$$

一般使用伯卤代烃制备腈，仲或叔卤代烃在该条件下容易脱卤化氢成烯烃。

思考题 11-14 总结羧酸及其衍生物之间的相互转换反应，画出它们之间转换反应关联图。

11.8 乙酰乙酸乙酯和丙二酸二乙酯的性质及在合成中的应用

乙酰乙酸乙酯和丙二酸二乙酯的分子中都有两个羰基，这类化合物称为二羰基化合物（dicarbonyl compounds）；两个羰基之间只相隔一个亚甲基，称为 1,3-二羰基化合物或 β-二羰基化合物。

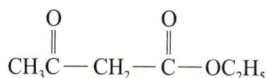

$$CH_3\overset{\displaystyle O}{\overset{\|}{C}}-CH_2-\overset{\displaystyle O}{\overset{\|}{C}}-OC_2H_5 \qquad\qquad C_2H_5O-\overset{\displaystyle O}{\overset{\|}{C}}-CH_2-\overset{\displaystyle O}{\overset{\|}{C}}-OC_2H_5$$

乙酰乙酸乙酯   丙二酸二乙酯

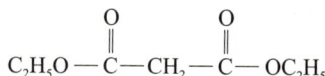

"10.4.2 α-H 的反应"中已介绍，具有 α-H 的简单醛、酮中烯醇式含量很低。β-二羰基化合物中的亚甲基受两个羰基影响，具有较强的酸性，容易发生互变异构，以酮式和烯醇式两种异构体的混合物形式存在。

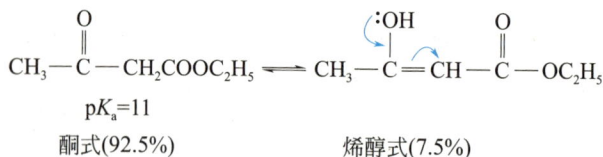

$$CH_3-\overset{\displaystyle O}{\overset{\|}{C}}-CH_2COOC_2H_5 \rightleftharpoons CH_3-\overset{\displaystyle :OH}{\overset{|}{C}}=CH-\overset{\displaystyle O}{\overset{\|}{C}}-OC_2H_5$$

pK_a=11

酮式(92.5%)   烯醇式(7.5%)

$$CH_3CH_2OCCH_2C-OC_2H_5 \rightleftharpoons CH_3CH_2OC=CHC-OC_2H_5$$

pK$_a$ 13　　　　　　　　　　0.1%

99.9%

β-二羰基化合物的烯醇式羟基氧原子上的未共用电子对与碳碳双键和碳氧双键共轭，降低了分子的能量；烯醇羟基氢原子还可与羰基形成分子内氢键，构成一个稳定的六元环状化合物：

$$CH_3-C=CH-C-OC_2H_5$$

强碱催化下，乙酰乙酸乙酯和丙二酸二乙酯分子的亚甲基氢被拔取，形成碳负离子；该碳负离子可作为亲核试剂，进行下一步反应。

$$CH_3CCH_2COOEt + {}^-OEt \longrightarrow CH_3-C-CH-C{<}^O_{OEt}$$

酮式　　　　　　　　　　　碳负离子

$$CH_3C-CH_2-COC_2H_5 \xrightarrow{CH_3CH_2O^-} CH_3C-CH-COC_2H_5$$

酮式　　　　　　　　　　　碳负离子

11.8.1　乙酰乙酸乙酯及其在合成中的应用

（1）酮式分解和酸式分解

乙酰乙酸乙酯在稀碱中加热皂化，酸化脱羧生成酮，称为酮式分解。

$$CH_3CCH_2CO{-}C_2H_5 \xrightarrow{5\%NaOH} CH_3-C-CH_2-C-ONa \xrightarrow{H^+} CH_3-C-CH_2-C-OH \xrightarrow[\text{微热}]{-CO_2} CH_3C-CH_2-H$$

若用浓碱作用于乙酰乙酸乙酯并加热，除酯基水解外，羰基处也破裂，生成两分子羧酸，称为酸式分解。酸式分解可看作是克莱森缩合的逆反应。

$$CH_3CCH_2COC_2H_5 \xrightarrow[\triangle]{浓OH^-} CH_3COONa + CH_3COONa + C_2H_5OH$$

（2）亚甲基的反应

乙酰乙酸乙酯中的亚甲基可与强碱如醇钠成盐；碳负离子与卤代烃作用，可在分子中引入一或两个烃基；然后经酮式或酸式分解，可得各种不同结构的酮或羧酸。

$$CH_3C-CH_2-COC_2H_5 \xrightarrow{NaOC_2H_5} [CH_3C-CH-COC_2H_5]^- Na^+ \xrightarrow{RX} CH_3C-CH-COC_2H_5$$

活泼氢　　　　　　　　　　　　　　　　　　　　　　　　　　　　　　　　R

一烃基乙酰乙酸乙酯

$$CH_3CCHCOC_2H_5 \begin{array}{c} \xrightarrow[\triangle]{稀OH^-} CH_3CCH_2R \\ \xrightarrow[\triangle]{浓OH^-} CH_3COONa + RCH_2COONa + C_2H_5OH \end{array}$$

R

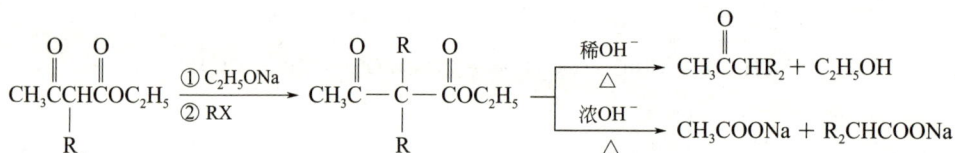

合成反应中，由于酸式分解副产物多（含有酮式分解产物），一般不用烃基取代的乙酰乙酸乙酯制备羧酸。

（3）乙酰乙酸乙酯在合成上的应用

乙酰乙酸乙酯和醇钠成盐后，与卤代烃作用后再经酮式分解，可得相应的酮。

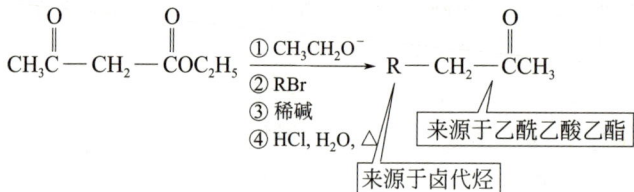

卤代烷常用伯卤代烷或仲卤代烷，叔卤代烷在此条件下易脱去卤化氢生成烯烃。卤代乙烯及芳基卤化物不发生此反应。

用卤代烃作试剂，可得甲基酮。

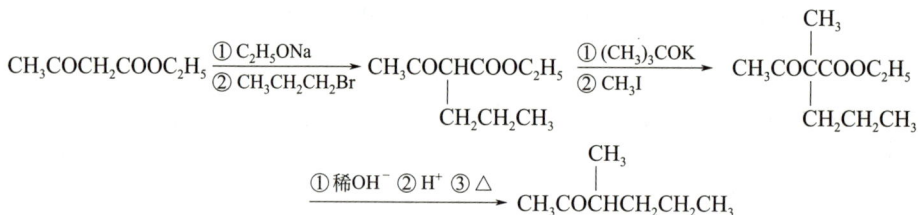

当乙酰乙酸乙酯的钠盐与1,2-二溴乙烷作用后进行酮式分解，可得2,7-二酮；若与1,4-二溴丁烷作用然后进行酮式分解，可得甲基环戊基酮。

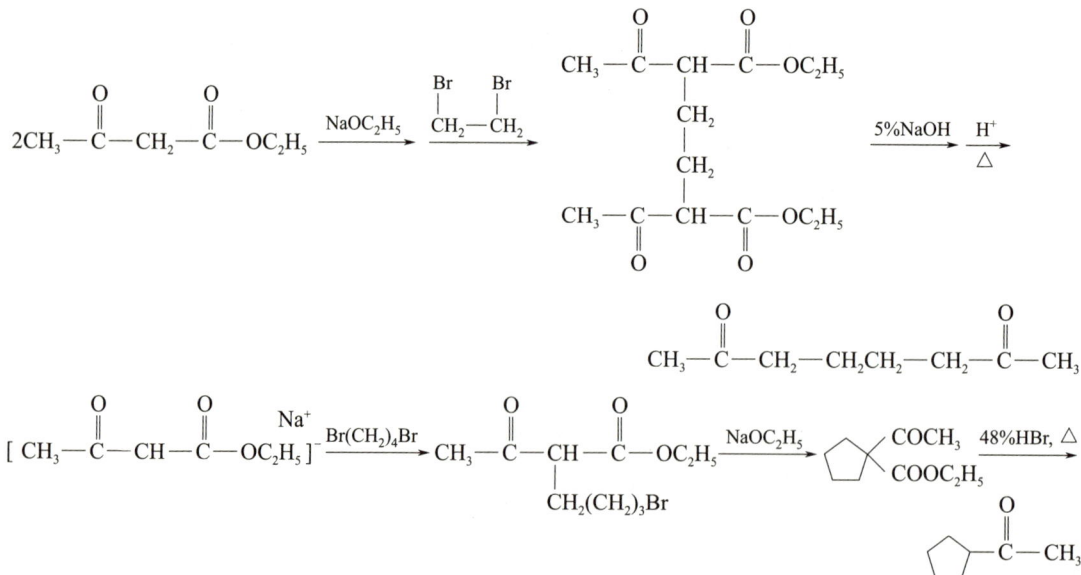

乙酰乙酸乙酯的钠盐与 I_2 可发生偶联反应，酮式分解后得到己-2,5-二酮。

$$2[CH_3CO\bar{C}HCOOC_2H_5]Na^+ \xrightarrow{I_2} \begin{array}{c} CH_3COCHCOOC_2H_5 \\ | \\ CH_3COCHCOOC_2H_5 \end{array} \xrightarrow[\text{酮式分解}]{\textcircled{1}稀OH^-,\textcircled{2}H^+,\textcircled{3}\triangle} CH_3\overset{O}{\overset{\|}{C}}CH_2CH_2\overset{O}{\overset{\|}{C}}CH_3$$

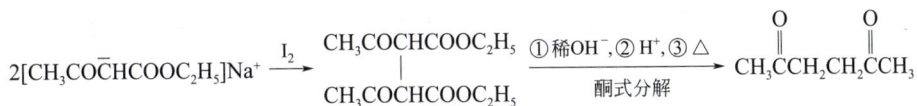

11.8.2　丙二酸二乙酯及其在合成中的应用

丙二酸二乙酯与乙酰乙酸乙酯相似，活性亚甲基（pK_a 13）与强碱成盐后与卤代烃作用，得到一或二烃基取代丙二酸二乙酯，再水解生成取代丙二酸，受热脱羧即可得取代乙酸。

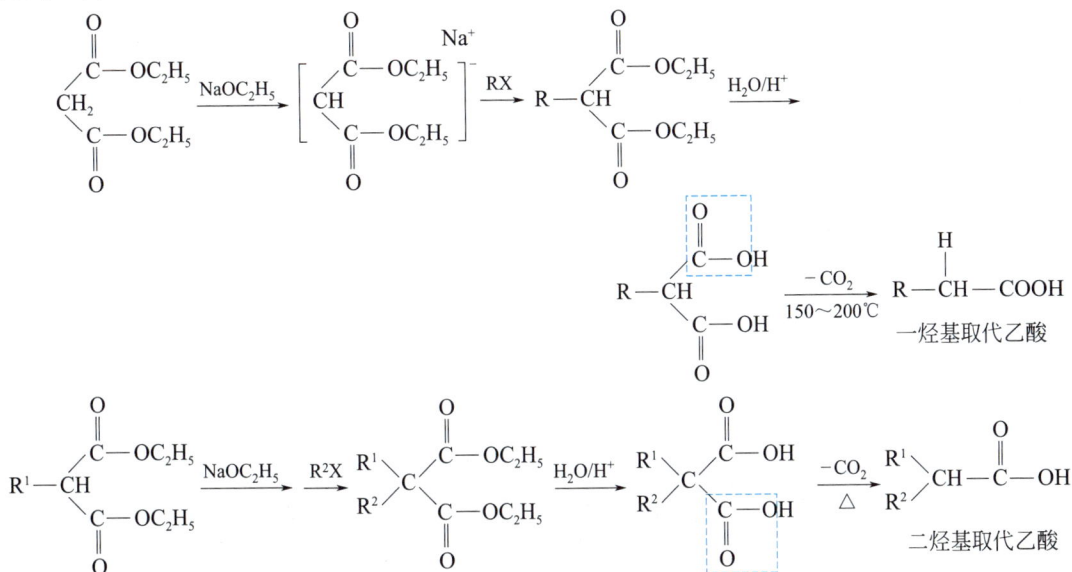

卤代烷常用伯卤代烷，可得较好的产率；用仲卤代烃时多数情况下产率较低，用叔卤代烷则主要是消除产物。此外，若在亚甲基上引入的两个烃基不相同，则应先引进体积较大的烷基。

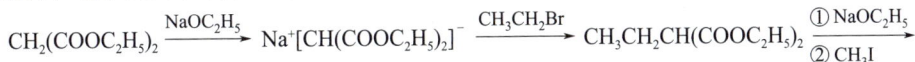

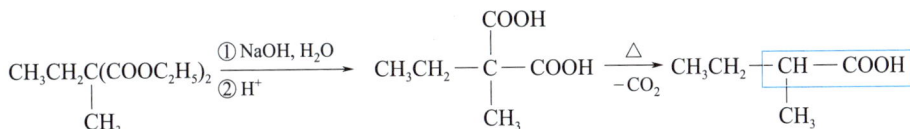

$$CH_2(COOC_2H_5)_2 \xrightarrow{NaOC_2H_5} Na^+[CH(COOC_2H_5)_2]^- \xrightarrow{CH_3CH_2Br} CH_3CH_2CH(COOC_2H_5)_2 \xrightarrow[\textcircled{2}CH_3I]{\textcircled{1}NaOC_2H_5}$$

$$\begin{array}{c} CH_3CH_2C(COOC_2H_5)_2 \\ | \\ CH_3 \end{array} \xrightarrow[\textcircled{2}H^+]{\textcircled{1}NaOH, H_2O} \begin{array}{c} COOH \\ | \\ CH_3CH_2-C-COOH \\ | \\ CH_3 \end{array} \xrightarrow[-CO_2]{\triangle} CH_3CH_2-\boxed{\begin{array}{c} CH-COOH \\ | \\ CH_3 \end{array}}$$

丙二酸二乙酯的钠盐用碘偶联后水解、脱羧，得丁二酸。

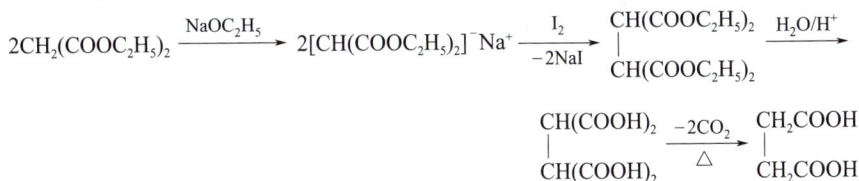

$$2CH_2(COOC_2H_5)_2 \xrightarrow{NaOC_2H_5} 2[CH(COOC_2H_5)_2]^-Na^+ \xrightarrow[-2NaI]{I_2} \begin{array}{c} CH(COOC_2H_5)_2 \\ | \\ CH(COOC_2H_5)_2 \end{array} \xrightarrow{H_2O/H^+}$$

$$\begin{array}{c} CH(COOH)_2 \\ | \\ CH(COOH)_2 \end{array} \xrightarrow[\triangle]{-2CO_2} \begin{array}{c} CH_2COOH \\ | \\ CH_2COOH \end{array}$$

丙二酸二乙酯的钠盐与二卤代烷作用，然后经水解、脱羧，生成二元羧酸。如：

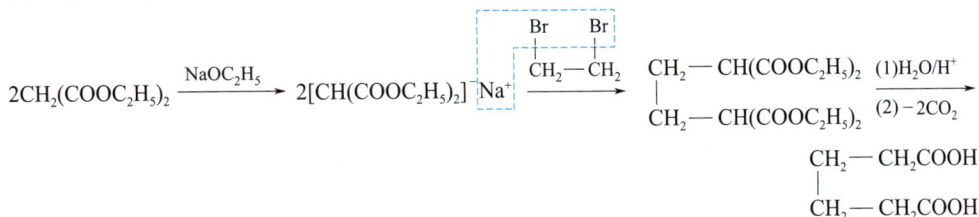

$$2CH_2(COOC_2H_5)_2 \xrightarrow{NaOC_2H_5} 2[CH(COOC_2H_5)_2]^-Na^+ \xrightarrow{\begin{array}{c} Br\quad Br \\ | \quad | \\ CH_2-CH_2 \end{array}} \begin{array}{c} CH_2-CH(COOC_2H_5)_2 \\ | \\ CH_2-CH(COOC_2H_5)_2 \end{array} \xrightarrow[(2)-2CO_2]{(1)H_2O/H^+}$$

$$\begin{array}{c} CH_2-CH_2COOH \\ | \\ CH_2-CH_2COOH \end{array}$$

若用等摩尔比的丙二酸二乙酯的钠盐与二卤代烷作用，经水解、脱羧，得三～六元环。

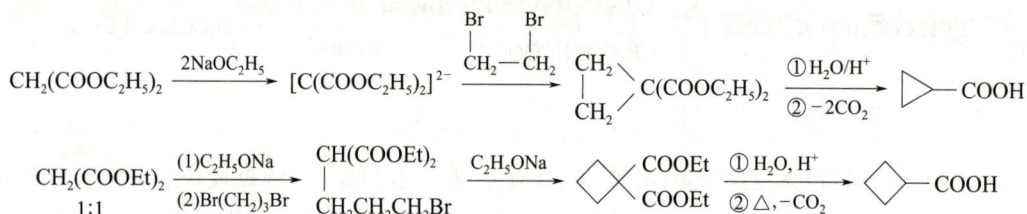

$$CH_2(COOC_2H_5)_2 \xrightarrow{2NaOC_2H_5} [C(COOC_2H_5)_2]^{2-} \xrightarrow[\substack{Br\ Br \\ | \quad | \\ CH_2-CH_2}]{} \begin{array}{c} CH_2 \\ | \quad \quad \\ CH_2 \end{array}C(COOC_2H_5)_2 \xrightarrow[\substack{①H_2O/H^+ \\ ②-2CO_2}]{} \triangle-COOH$$

$$CH_2(COOEt)_2 \xrightarrow[\substack{(1)C_2H_5ONa \\ (2)Br(CH_2)_3Br}]{} \begin{array}{c} CH(COOEt)_2 \\ | \\ CH_2CH_2CH_2Br \end{array} \xrightarrow{C_2H_5ONa} \diamondsuit\begin{array}{c} COOEt \\ COOEt \end{array} \xrightarrow[\substack{①H_2O,\ H^+ \\ ②\triangle,-CO_2}]{} \diamondsuit-COOH$$

思考题 11-15 （1）由乙酰乙酸乙酯合成 ⬠—C(=O)—CH₃

（2）由丙二酸二乙酯合成 CH₂=CHCH₂CH(CH₃)COOH

11.9 油脂和蜡

11.9.1 油脂的组成和结构

油脂是油和脂肪的统称，是高级脂肪酸与甘油形成的酯。习惯上把常温下为固体或半固体的称为脂肪（fat），常温下为液体的称为油（oil）。如常温下鱼脂为液体，而牛油则为固体。甘油与一种脂肪酸所生成的酯称为甘油同酸酯，与两种或三种脂肪酸所生成的酯称为甘油混酸酯，天然油脂多为甘油混酸酯。

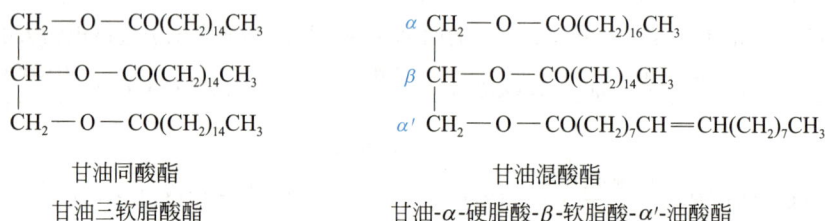

$$\begin{array}{l} CH_2-O-CO(CH_2)_{14}CH_3 \\ | \\ CH-O-CO(CH_2)_{14}CH_3 \\ | \\ CH_2-O-CO(CH_2)_{14}CH_3 \end{array}$$

甘油同酸酯
甘油三软脂酸酯

$$\begin{array}{ll} \alpha & CH_2-O-CO(CH_2)_{16}CH_3 \\ \beta & CH-O-CO(CH_2)_{14}CH_3 \\ \alpha' & CH_2-O-CO(CH_2)_7CH=CH(CH_2)_7CH_3 \end{array}$$

甘油混酸酯
甘油-α-硬脂酸-β-软脂酸-α'-油酸酯

从油脂得到的脂肪酸主要是含偶数碳原子的直链羧酸，常见的饱和酸为月桂酸（十二酸）、肉豆蔻酸（十四酸）、软脂酸（十六酸）和硬脂酸（十八酸）。常见的不饱和酸有油酸、亚油酸和亚麻酸，它们都是 18 碳烯酸，分别具有一、二及三个双键，双键的构型都是 Z 型。

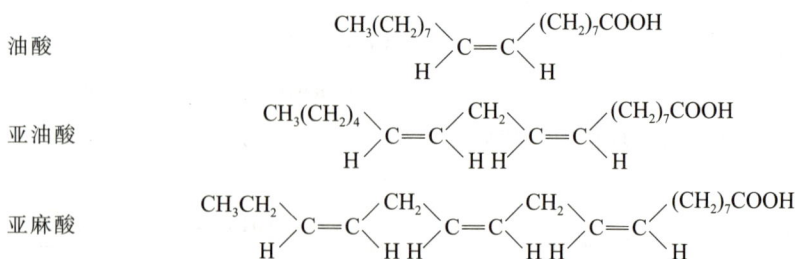

油酸
$$CH_3(CH_2)_7\underset{H}{\overset{}{C}}=\underset{H}{\overset{(CH_2)_7COOH}{C}}$$

亚油酸
$$CH_3(CH_2)_4\underset{H}{\overset{}{C}}=\underset{H}{\overset{CH_2}{C}}\underset{H}{\overset{}{C}}=\underset{H}{\overset{(CH_2)_7COOH}{C}}$$

亚麻酸
$$CH_3CH_2\underset{H}{\overset{}{C}}=\underset{H}{\overset{CH_2}{C}}\underset{H}{\overset{}{C}}=\underset{H}{\overset{CH_2}{C}}\underset{H}{\overset{}{C}}=\underset{H}{\overset{(CH_2)_7COOH}{C}}$$

11.9.2 油脂的性质

油脂是酯，酸、碱催化下可水解；有些油脂中有双键，可发生加成、氧化等反应。

(1) 皂化反应

油脂在酸存在下与水共沸，水解生成高级脂肪酸和甘油。工业上以此制取高级脂肪酸和甘油。油脂与氢氧化钠（或钾）共热发生水解，生成甘油和高级脂肪酸钠盐或钾盐（即肥皂），因此酯的碱性水解也称为皂化。

$$
\begin{array}{l}
C_{17}H_{35}COOCH_2 \\
C_{17}H_{35}COOCH \\
C_{17}H_{35}COOCH_2
\end{array}
+ 3NaOH \underset{\triangle}{\rightleftharpoons} 3C_{17}H_{35}COONa +
\begin{array}{l}
CH_2OH \\
CHOH \\
CH_2OH
\end{array}
$$

硬脂酸甘油酯　　　　　　　　　　　硬脂酸钠(肥皂)

肥皂的由来

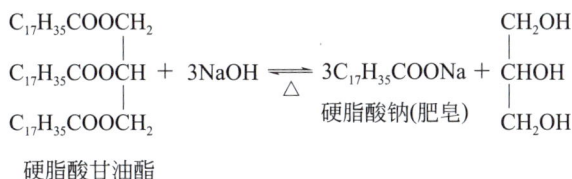

因含有不同的脂肪酸，各种油脂的平均分子量不同。平均分子量越大，单位质量油脂中含甘油酯的物质的量越小，皂化时所需碱量也越小。工业上将 1g 油脂完全皂化时所需 KOH 的毫克数称为皂化值（saponification value）。由皂化值可估计油脂的平均分子量，皂化值越大，油脂的平均分子量越小。

(2) 加成反应

含有不饱和酸的油脂，可进行催化加氢，称为"油的氢化"或"油的硬化"；加氢产物为固体，称为"硬化油"。油脂的不饱和度用碘值来表示。100g 油脂与碘加成所需碘的质量（单位：g）称为碘值（iodine value）。碘值越大，油脂的不饱和程度越大。

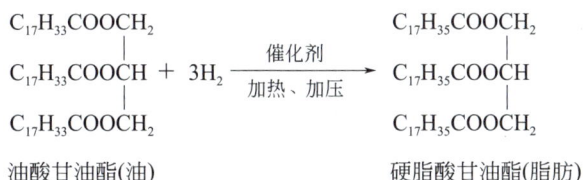

$$
\begin{array}{l}
C_{17}H_{33}COOCH_2 \\
C_{17}H_{33}COOCH \\
C_{17}H_{33}COOCH_2
\end{array}
+ 3H_2 \xrightarrow[\text{加热、加压}]{\text{催化剂}}
\begin{array}{l}
C_{17}H_{35}COOCH_2 \\
C_{17}H_{35}COOCH \\
C_{17}H_{35}COOCH_2
\end{array}
$$

油酸甘油酯(油)　　　　　　　　　　硬脂酸甘油酯(脂肪)

碘一般不与碳碳双键加成，测定碘值时，实际是用氯化碘或溴化碘的乙酸溶液与油脂反应，经换算得到碘值。

(3) 氧化和聚合反应

油脂在空气及细菌作用下容易酸败变质，即被氧化或水解，释放出具有难闻气味的低分子量的羧酸及中等分子量的醛。含有共轭双键的油类，易发生聚合反应，如桐油在空气中可干化成膜。

(4) 酸值

油脂中的游离脂肪酸含量，可用 KOH 中和来测定。中和 1g 油脂所需 KOH 的质量称为酸值（acid value）。酸值反映了油脂中游离脂肪酸的含量。

油脂的用途广泛，为食物中的三大营养物（油脂、蛋白质、碳水化合物）之一，也是重要工业原料。

11.9.3　蜡

蜡的主要成分是偶数碳原子的高级脂肪酸和高级一元醇形成的酯，以及游离的高级羧酸、醇及烃类。蜂蜡(蜜蜡)的主要成分是十六酸三十醇酯（棕榈酸蜂花酯）$C_{15}H_{31}COOC_{30}H_{61}$；鲸蜡的主要成分是十六酸十六醇酯（棕榈酸鲸蜡酯）$C_{15}H_{31}COOC_{16}H_{33}$；白蜡（虫蜡）又名中国蜡，为我国四川特产，主要成分是二十六酸二十六醇酯（蜡酸蜡酯）$C_{25}H_{51}COOC_{26}H_{53}$。蜡水解可得相应的醇和酸。

11.10 碳酸衍生物

碳酸是二氧化碳溶于水形成的不稳定化合物，其结构为：

$$HO-\overset{\overset{\displaystyle O}{\|}}{C}-OH$$

碳酸中的一个或两个羟基被其他基团取代后，形成碳酸衍生物。碳酸中的一个羟基被取代后形成的碳酸衍生物通常是不稳定的。

$$HO-\overset{\overset{\displaystyle O}{\|}}{C}-Y$$

$$Y=-X(卤素)，-OR，-NH_2 等$$

(1) 碳酰氯

碳酰氯也叫光气，室温下为有甜味的气体，沸点 8.3℃，剧毒，工业上可由一氧化碳和氯气来合成。

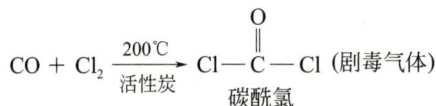

$$CO + Cl_2 \xrightarrow[活性炭]{200℃} Cl-\overset{\overset{\displaystyle O}{\|}}{C}-Cl \ (剧毒气体)$$
碳酰氯

碳酰氯具有酰氯的典型化学性质，它很容易发生水解、醇解和氨解等反应。例如：

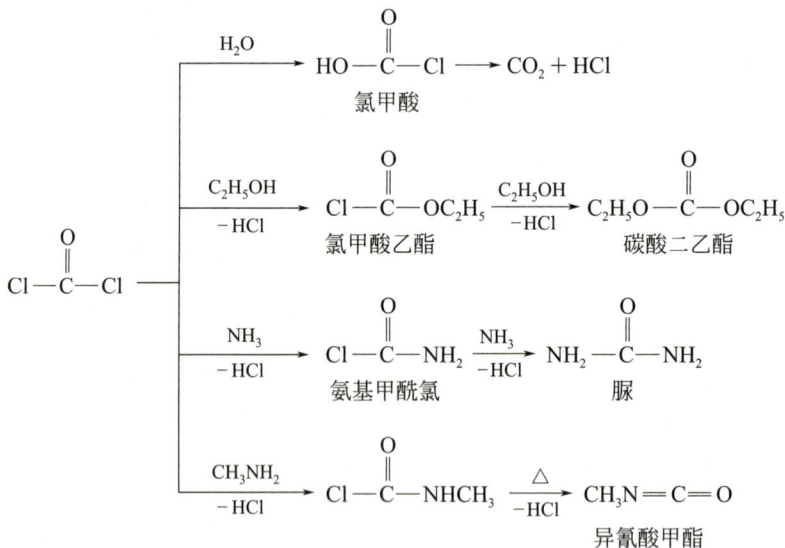

$$Cl-\overset{\overset{\displaystyle O}{\|}}{C}-Cl$$

$$\xrightarrow{H_2O} HO-\overset{\overset{\displaystyle O}{\|}}{C}-Cl \longrightarrow CO_2 + HCl$$
氯甲酸

$$\xrightarrow[-HCl]{C_2H_5OH} Cl-\overset{\overset{\displaystyle O}{\|}}{C}-OC_2H_5 \xrightarrow[-HCl]{C_2H_5OH} C_2H_5O-\overset{\overset{\displaystyle O}{\|}}{C}-OC_2H_5$$
氯甲酸乙酯　　　　　　碳酸二乙酯

$$\xrightarrow[-HCl]{NH_3} Cl-\overset{\overset{\displaystyle O}{\|}}{C}-NH_2 \xrightarrow[-HCl]{NH_3} NH_2-\overset{\overset{\displaystyle O}{\|}}{C}-NH_2$$
氨基甲酰氯　　　　　　脲

$$\xrightarrow[-HCl]{CH_3NH_2} Cl-\overset{\overset{\displaystyle O}{\|}}{C}-NHCH_3 \xrightarrow[-HCl]{\triangle} CH_3N=C=O$$
异氰酸甲酯

(2) 碳酰胺

碳酰胺也叫脲，俗称尿素，存在于人和哺乳动物的尿液中，是重要的氮肥，工业上由二氧化碳和氨在高温、高压下合成。

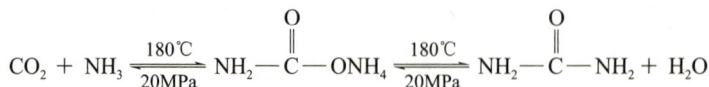

$$CO_2 + NH_3 \xrightleftharpoons[20MPa]{180℃} NH_2-\overset{\overset{\displaystyle O}{\|}}{C}-ONH_4 \xrightleftharpoons[20MPa]{180℃} NH_2-\overset{\overset{\displaystyle O}{\|}}{C}-NH_2 + H_2O$$

碳酰胺具有酰胺的一般化学性质。同时由于羰基上连有两个氨基，又有一些特性。碳酰胺（脲）的主要反应如下。

① 成盐反应。脲分子中有两个氨基，显弱碱性，可以与强酸作用生成盐。例如：

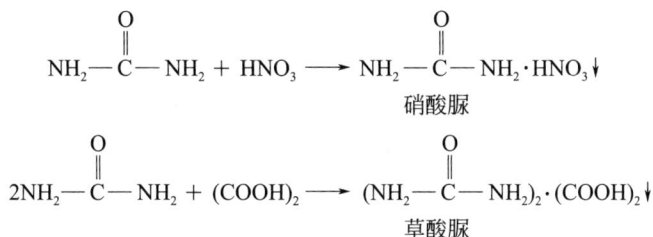

$$NH_2-\overset{\overset{\displaystyle O}{\|}}{C}-NH_2 + HNO_3 \longrightarrow NH_2-\overset{\overset{\displaystyle O}{\|}}{C}-NH_2\cdot HNO_3\downarrow$$
硝酸脲

$$2NH_2-\overset{\overset{\displaystyle O}{\|}}{C}-NH_2 + (COOH)_2 \longrightarrow (NH_2-\overset{\overset{\displaystyle O}{\|}}{C}-NH_2)_2\cdot(COOH)_2\downarrow$$
草酸脲

脲本身溶于水，其盐不溶于水和酸，利用这个性质可将脲从水溶液中分离出来。

② 水解反应。脲在酸、碱或尿素酶的作用下，可以发生水解反应生成氨。例如：

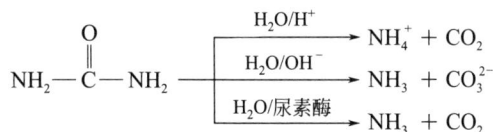

$$NH_2-\overset{\overset{\displaystyle O}{\|}}{C}-NH_2 \quad \begin{array}{l} \xrightarrow{H_2O/H^+} NH_4^+ + CO_2 \\ \xrightarrow{H_2O/OH^-} NH_3 + CO_3^{2-} \\ \xrightarrow{H_2O/尿素酶} NH_3 + CO_2 \end{array}$$

③ Hofmann 降解反应。脲和氮原子上无取代基的酰胺一样，可发生脱去羰基的 Hofmann 降解反应，生成肼，这也是一种制备肼的方法，但反应中次氯酸钠不宜过量，否则会使肼分解。

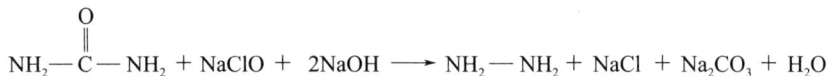

$$NH_2-\overset{\overset{\displaystyle O}{\|}}{C}-NH_2 + NaClO + 2NaOH \longrightarrow NH_2-NH_2 + NaCl + Na_2CO_3 + H_2O$$

④ 酰基化反应。脲分子中具有两个氨基，与酰氯或酸酐作用时，可生成单酰脲和二酰脲。例如：

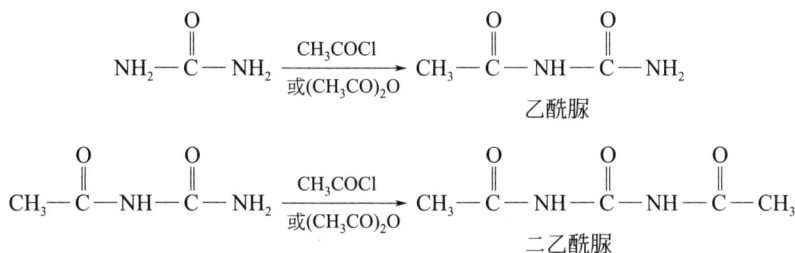

$$NH_2-\overset{\overset{\displaystyle O}{\|}}{C}-NH_2 \xrightarrow[或(CH_3CO)_2O]{CH_3COCl} CH_3-\overset{\overset{\displaystyle O}{\|}}{C}-NH-\overset{\overset{\displaystyle O}{\|}}{C}-NH_2$$
乙酰脲

$$CH_3-\overset{\overset{\displaystyle O}{\|}}{C}-NH-\overset{\overset{\displaystyle O}{\|}}{C}-NH_2 \xrightarrow[或(CH_3CO)_2O]{CH_3COCl} CH_3-\overset{\overset{\displaystyle O}{\|}}{C}-NH-\overset{\overset{\displaystyle O}{\|}}{C}-NH-\overset{\overset{\displaystyle O}{\|}}{C}-CH_3$$
二乙酰脲

在乙醇钠的存在下，脲可以与丙二酸酯反应。生成环状的丙二酰脲。

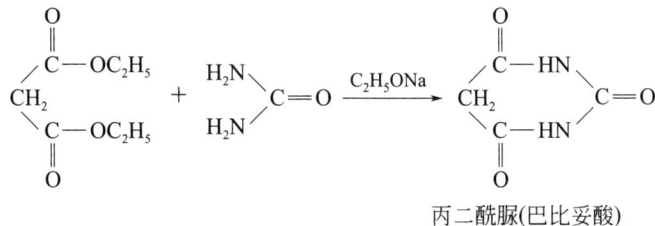

丙二酰脲(巴比妥酸)

丙二酰脲也叫巴比妥酸（barbituric acid），具有弱酸性，它的一些衍生物可用作安眠药。例如，下列两个化合物被用作安眠药：

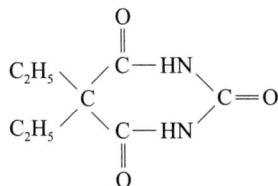

二乙基丙二酰脲(巴比妥)　　　　　乙基苯基丙二酰脲(苯巴比妥或鲁米那)

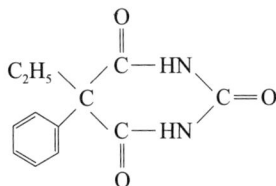

⑤ 与亚硝酸的反应。脲可以和亚硝酸反应，生成氮气和二氧化碳，本反应在有机合成中用来分解过量的亚硝酸。

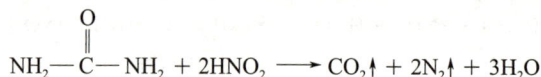

$$NH_2-\overset{\overset{\displaystyle O}{\|}}{C}-NH_2 + 2HNO_2 \longrightarrow CO_2\uparrow + 2N_2\uparrow + 3H_2O$$

⑥ 脲受热后的反应。在缓慢加热的情况下，当达到某一温度时，两分子脲脱去一分子氨，生成缩二脲。

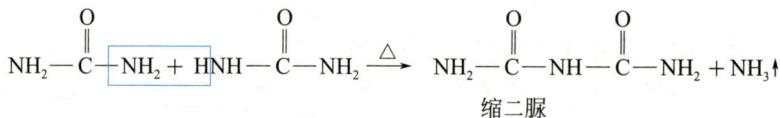

$$NH_2-\overset{\overset{\displaystyle O}{\|}}{C}-\boxed{NH_2 + HNH}-\overset{\overset{\displaystyle O}{\|}}{C}-NH_2 \overset{\triangle}{\longrightarrow} NH_2-\overset{\overset{\displaystyle O}{\|}}{C}-NH-\overset{\overset{\displaystyle O}{\|}}{C}-NH_2 + NH_3\uparrow$$

缩二脲

缩二脲和硫酸铜的碱性溶液作用呈紫色，凡分子中含有两个或两个以上酰胺链段（—CONH—）的化合物都发生这个显色反应。因此本反应通常用来鉴别蛋白质（蛋白质分子中含有许多—CONH—链段）。

若将脲在高压下加热到330℃左右，六分子脲脱去六分子氨和三分子二氧化碳生成三聚氰胺。

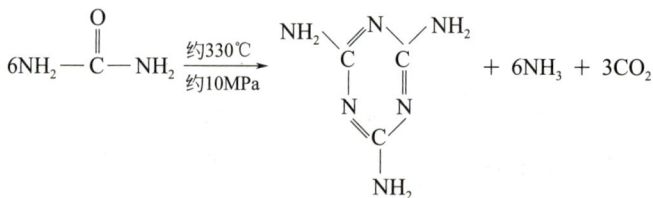

$$6NH_2-\overset{\overset{\displaystyle O}{\|}}{C}-NH_2 \xrightarrow[约10MPa]{约330℃} \text{三聚氰胺结构} + 6NH_3 + 3CO_2$$

三聚氰胺

⑦ 与甲醛的缩合反应。脲可以和甲醛反应生成高分子量的脲醛树脂，脲醛树脂具有较好的强度和良好的电绝缘性，工业上用作各种电气产品的材料。

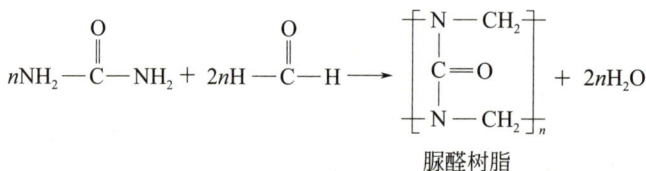

$$nNH_2-\overset{\overset{\displaystyle O}{\|}}{C}-NH_2 + 2nH-\overset{\overset{\displaystyle O}{\|}}{C}-H \longrightarrow \left[\begin{array}{c} N-CH_2 \\ | \\ C=O \\ | \\ N-CH_2 \end{array}\right]_n + 2nH_2O$$

脲醛树脂

关键词

羧酸-carboxylic acid

羧基-carboxyl group

硬脂酸-stearic acid

羧酸二聚体-carboxylic acid dimer

酯-ester

酰卤-acyl halide

酰胺-amide

酸酐-anhydride

碳酰氯-acyl chloride

碳酰胺-carbonyl amide

腈-nitrile

巴比妥酸-barbituric acid

皂化反应-saponification reaction

酯化反应-esterification reaction

水解-hydrolysis

醇解-alcoholysis

氨解-aminolysis

酸解-acidolysis

脱羧反应-decarboxylation reaction

脱水反应-dehydration reaction

α-氢的卤代反应-α-hydrogen halogenation reaction

Kolbe 反应-Kolbe reaction

Beckmann 重排-Beckmann rearrangement

罗森蒙德还原法-Rosenmund reduction

Bouveault-Blanc 反应-Bouveault-Blanc reduction

克莱森缩合反应-Claisen condensation

Perkin 反应-Perkin reaction

Hofmann 降解反应-Hofmann degradation

酮式分解-ketonic decomposition

酸式分解-acidic decomposition

乙酸乙酯—ethyl acetate-EtOAc

乙酸丁酯—butyl acetate-BuOAc

N,N-二甲基甲酰胺—N,N-dimethyl formamide-DMF

习 题

第 11 章习题答案

11-1 命名下列化合物。

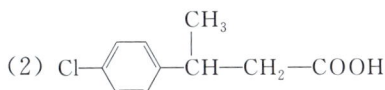

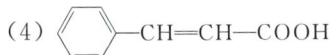

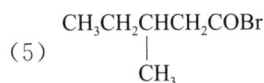

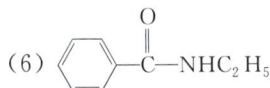

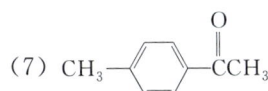

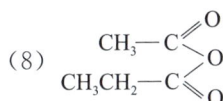

(1) $(CH_3)_2CHCH_2COOH$

(2) Cl—⟨苯环⟩—$\overset{CH_3}{\underset{}{CH}}$—$CH_2$—COOH

(3) CH_3—CH=CH—CH_2—COOH

(4) ⟨苯环⟩—CH=CH—COOH

(5) $CH_3CH_2\underset{CH_3}{\overset{|}{CH}}CH_2COBr$

(6) ⟨苯环⟩—$\overset{O}{\overset{||}{C}}$—$NHC_2H_5$

(7) CH_3—⟨苯环⟩—$\overset{O}{\overset{||}{C}}CH_3$

(8) $CH_3-C\underset{CH_3CH_2-C}{}\begin{matrix}O\\O\\O\end{matrix}$

11-2 写出下列化合物的结构式。

(1) $α,γ$-二甲基戊酸   (2) 2,3-二甲基丁烯二酸   (3) $α$-甲基丙酰氯

(4) 丁二酸酐   (5) 乙酸异戊酯   (6) $α$-苯丙酸苯酯

(7) N,N-二甲基丙酰胺   (8) $ε$-己内酰胺   (9) 丁二酰亚胺

(10) $α$-甲基丙烯酸甲酯   (11) 邻苯二甲酸酐   (12) 缩二脲

11-3 比较下列各组化合物的酸性强弱。

(1) 乙酸、丙二酸、草酸、苯酚、氯乙酸

(2) CH_3OCH_2COOH、⟨苯环⟩—COOH、CH_3CH_3、$HC≡CH$、$ClCH_2COOH$、$CH_3CH_2NH_2$、CH_3COOH、CH_3CH_2OH

(3) H_2O、$CH_3CHClCOOH$、CH_3CCl_2COOH、C_2H_5OH、CH_3CH_2COOH、CH_2ClCH_2COOH

(4) C_6H_5OH、CH_3COOH、F_3CCOOH、C_6H_5COOH、C_2H_5OH

11-4 用化学方法区分下列各组化合物。

(1) 甲酸、乙酸、乙二酸   (2) 乙酸丁酯、丁酸乙酯、甲基丙烯酸甲酯

(3) 乙酰胺、乙酰氯、乙酸酐、氯乙烷   (4) 乙醇、乙醛、乙酸

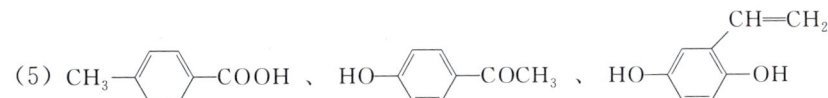

(5) CH_3—⟨苯环⟩—COOH 、 HO—⟨苯环⟩—$COCH_3$ 、 HO—⟨苯环,带CH=CH_2⟩—OH

11-5 完成下列反应式。

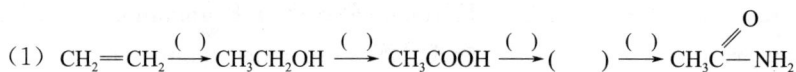

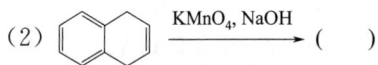

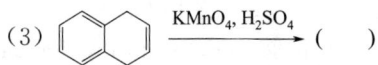

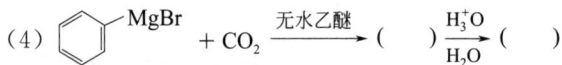

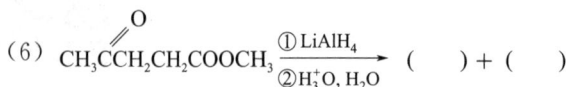

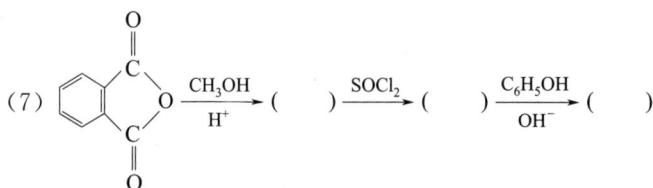

(1) $CH_2\!\!=\!\!CH_2 \xrightarrow{(\quad)} CH_3CH_2OH \xrightarrow{(\quad)} CH_3COOH \xrightarrow{(\quad)} (\quad) \xrightarrow{(\quad)} CH_3\overset{\displaystyle O}{\overset{\|}{C}}\!\!-\!\!NH_2$

(2) [四氢萘结构] $\xrightarrow{KMnO_4,\ NaOH} (\quad)$

(3) [四氢萘结构] $\xrightarrow{KMnO_4,\ H_2SO_4} (\quad)$

(4) [苯基]$-MgBr + CO_2 \xrightarrow{无水乙醚} (\quad) \xrightarrow[H_2O]{H_3^+O} (\quad)$

(5) $CH_3CH_2COOH \xrightarrow[P]{Cl_2} (\quad)$

(6) $CH_3\overset{\displaystyle O}{\overset{\|}{C}}CH_2CH_2COOCH_3 \xrightarrow[②H_3^+O,\ H_2O]{①LiAlH_4} (\quad) + (\quad)$

(7) [邻苯二甲酸酐结构] $\xrightarrow[H^+]{CH_3OH} (\quad) \xrightarrow{SOCl_2} (\quad) \xrightarrow[OH^-]{C_6H_5OH} (\quad)$

(8) $CH_3CH\!\!=\!\!CH_2 \xrightarrow{HBr} (\quad) \xrightarrow{(\quad)} (CH_3)_2CHMgBr \xrightarrow{(\quad)} (\quad) \xrightarrow[H_2O]{H^+} (CH_3)_2CHCOOH$

$\xrightarrow{PCl_3} (\quad) \xrightarrow{NH_3} (\quad) \xrightarrow[NaOH]{NaOBr} (\quad)$

(9) $2CH_3CH_2COOC_2H_5 \xrightarrow{NaOC_2H_5} \xrightarrow{H^+} (\quad) + (\quad)$

(10) $CH_3CH_2COOC_2H_5 +$ [苯基]$-COOC_2H_5 \xrightarrow{NaOC_2H_5} \xrightarrow{H^+} (\quad) + (\quad)$

11-6 写出对甲基苯甲酸与下列试剂作用后生成的产物。

(1) NaOH   (2) NH_3，加热   (3) $LiAlH_4$ (4) PCl_5

(5) $Cl_2/FeCl_3$ (6) HNO_3/H_2SO_4 (7) C_2H_5OH/H^+ (8) $SOCl_2$

11-7 写出邻甲基苯甲酸乙酯与下列试剂作用后生成的产物。

(1) H_2O/H^+ (2) H_2O/OH^-，加热   (3) NH_3，加热

(4) $CH_3MgI/$乙醚，H_2O/H^+ (5) $KMnO_4$，H_2SO_4 (6) $LiAlH_4$，稀酸

(7) CH_3OH/H_2SO_4

11-8 写出丙酰胺与下列各种试剂作用的产物。

(1) H_3^+O，H_2O (2) OH^-，H_2O (3) P_2O_5，加热

11-9 设计分离苯甲酸、对甲苯酚和环己醇混合物的步骤，并写出有关反应式。

11-10 写出实现下列变化的反应式。

(1) 乙烯→丙酸   (2) 正丙醇→2-甲基丙酸   (3) 溴苯→苯甲酰胺

(4) 甲苯→苯乙酸   (5) $(CH_3)_3CCH_2COOCH_3 \longrightarrow (CH_3)_3CCH_2CH_2Br$

(6) $(CH_3)_2C\!\!=\!\!O \longrightarrow (CH_3)_2\overset{\textstyle |}{\underset{\textstyle OH}{C}}\!\!-\!\!COOH$

11-11 从指定原料出发合成下列各化合物。

(1) 以环己醇及两个碳的有机物为原料合成 $\begin{matrix} COOC_2H_5 \\ C_2H_5 \end{matrix}$

(2) 以苯和甲苯为原料合成三苯甲醇　　(3) 以乙烯和丙烯为原料合成 3-甲基丁酸

(4) 以丁二酸为原料合成 $C_2H_5O-\overset{O}{\overset{\|}{C}}-\overset{Br}{\overset{|}{CH}}-CH_2-\overset{O}{\overset{\|}{C}}-OC_2H_5$

11-12 以甲醇、乙醇及其他无机试剂为主要原料，经丙二酸二乙酯合成下列化合物。

(1) α-甲基丁酸　　(2) 正己酸　　(3) 3-甲基己二酸　　(4) 环丙烷甲酸

11-13 以甲醇、乙醇为主要原料，经乙酰乙酸乙酯合成下列化合物。

(1) 3-乙基戊-2-酮　　(2) α-甲基丙酸　　(3) γ-戊酮酸　　(4) 辛-2,7-二酮

11-14 某化合物 A 的分子式为 $C_5H_6O_3$，它能与乙醇作用得到 2 个互为异构体的化合物 B 和 C。B 和 C 分别与亚硫酰氯（$SOCl_2$）作用后，再加入乙醇，得到相同的化合物 D。试推测 A、B、C、D 的构造式，并写出有关的反应方程式。

11-15 有一未知化合物 A 能和苯肼发生反应，与 NaOI 作用有碘仿生成。0.290g A 用 25mL 0.1mol/L KOH 溶液恰好中和，A 分子中的碳链不带支链。试推测化合物 A 的构造式。

11-16 某一化合物 A 的分子式为 $C_7H_{12}O_4$，已知其为羧酸。A 依次与下列试剂作用：(1) $SOCl_2$；(2) C_2H_5OH；(3) 催化加氢；(4) 与浓硫酸一起加热；(5) $KMnO_4$ 氧化。最后得到 1 个二元羧酸 B，将 B 单独加热则生成丁酸。试推测 A、B 的构造式，并写出各步反应方程式。

11-17 化合物 A、B、C 的分子式均为 $C_3H_6O_2$，A 可与碳酸钠反应放出二氧化碳，B、C 均不与碳酸钠反应，但在 NaOH 水溶液中加热分解，B 的水解反应物中的液体蒸出后可发生碘仿反应。试推测化合物 A、B、C 的构造式。

11-18 化合物 A 的分子式为 $C_6H_{12}O$，氧化后得化合物 B，B 可溶于 NaOH 水溶液，与乙酸酐共热蒸馏得到化合物 C，C 可与 $NaHSO_3$ 饱和溶液加成，并可被 Zn-Hg 和浓盐酸还原成分子式 C_5H_{10}（D）。据此，试推测化合物 A、B、C、D 的构造式。

11-19 化合物 A 的分子式为 $C_9H_{10}O_2$，其 ^1H NMR 谱数据为 $\delta=2.7\sim3.2$，多重峰，4H；$\delta=7.38$，单峰，5H；$\delta=10.9$，单峰，1H。写出 A 的构造式。

11-20 化合物 A 的分子式为 $C_6H_{12}O_2$，其红外光谱在 $1740cm^{-1}$、$1250cm^{-1}$ 和 $1060cm^{-1}$ 处均有强吸收峰，而在 $2950cm^{-1}$ 以上无吸收峰。A 的核磁共振谱仅有两个单峰，δ 分别为 3.4 和 1.0，强度比为 1:3。试推测化合物 A 的构造式。

▶拓展资料
▶习题答案

第12章

有机含氮化合物

有机含氮化合物指分子中含有碳氮（C—N）键的化合物，主要包括（亚）硝基化合物、胺、酰胺、腈、重氮盐、偶氮化合物、含氮杂环、生物碱等。本章重点介绍硝基化合物、胺、重氮和偶氮化合物。

12.1 硝基化合物

分子中含有硝基（—NO_2）的化合物称为硝基化合物，它可看作是烃分子中的氢原子被硝基（—NO_2）取代所形成的化合物，与亚硝酸酯（—ONO）是同分异构体。

$$R—ONO \qquad (Ar)R—NO_2$$

亚硝酸酯 　　　　　硝基化合物

12.1.1 硝基化合物的结构

氮原子的价电子层电子排布为 $2s^2 2p^3$。硝基中的氮原子以 sp^2 杂化状态参与成键：三个 sp^2 杂化轨道分别与两个氧原子和一个碳原子形成三个共平面的 σ 键；还有一对未参与杂化的 p 轨道与平面垂直，并与每个氧原子的一个 p 轨道平行，它们相互交盖形成一个三原子四电子的共轭 π 键体系（见图12-1）。π 电子的离域，使 N—O 键长平均化，电子云在两个氧原子上平均分配。物理测试表明，硝基中两个 N—O 键长都是 0.122nm，证实硝基为 p-π 共轭体系。

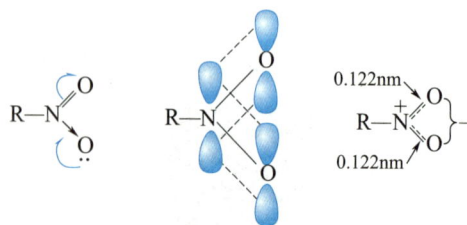

图 12-1　硝基的结构

从结构上看，硝基是一个强吸电子基团，硝基化合物都有较高的偶极矩。

12.1.2 硝基化合物的分类和命名

根据硝基化合物的烃基不同，分为脂肪族和芳香族硝基化合物；根据分子中硝基的数目，分为一硝基和多硝基化合物；根据与硝基连接的碳原子不同，分为伯、仲、叔硝基化合物。

脂肪族：

芳香族：
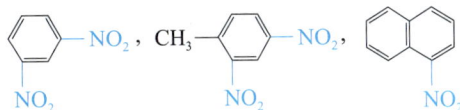

硝基化合物的命名与卤代烃相似，通常以烃为母体，硝基作为取代基。例如：

CH_3NO_2　　　$(CH_3)_2CHNO_2$　　　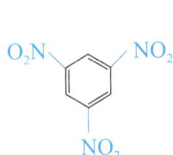　　　$(CH_3)_2C\!=\!CHNO_2$

硝基甲烷　　　　2-硝基丙烷　　　　硝基环戊烷　　　　2-甲基-1-硝基丙烯

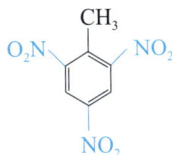　　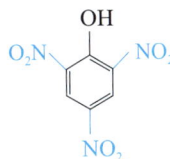

1,3,5-三硝基苯(TNB)　　2,4,6-三硝基甲苯(TNT)　　2,4,6-三硝基苯酚(苦味酸)　　1-硝基萘

12.1.3　硝基化合物的物理性质

　　硝基化合物的极性较强，分子间作用力大，硝基化合物的熔点、沸点比相应的卤代烃高。脂肪族硝基化合物一般为无色具有香味的高沸点液体，相对密度大于1，难溶于水，易溶于醇和醚等有机溶剂。大部分芳香族硝基化合物是黄色固体，有的还具有苦杏仁味。多硝基化合物受热时一般易分解而发生爆炸，可作为炸药使用。液态的硝基化合物是许多有机反应的优良溶剂。硝基化合物大多有毒性，它们的蒸气压虽然不高，但能透过皮肤而被吸收，不论是吸入其蒸气或与皮肤接触均能引起中毒，因此使用时应注意安全防护。常见硝基化合物的物理常数见表12-1。

表 12-1　硝基化合物的物理常数

名称	熔点/℃	沸点/℃	相对密度(d_4^{20})
硝基甲烷	−28.5	100.8	1.1354(22℃)
硝基乙烷	−50	115	1.0448(25℃)
1-硝基丙烷	−108	131.5	1.0221(24℃)
2-硝基丙烷	−93	120	1.024
硝基苯	5.7	210.8	1.203
邻硝基甲苯	−4	222.3	1.163
对硝基甲苯	54.5	238.3	1.286
间二硝基苯	89.8	303(102.6kPa)	1.571
2,4-二硝基甲苯	71	300	1.521(15℃)
2,4,6-三硝基甲苯	82	分解	1.654

12.1.4　硝基化合物的化学性质

(1) 硝基化合物的酸性

　　硝基是一个强吸电子基，与硝基相连的 α-碳原子上的 α-H 具有一定酸性，如硝基甲烷、硝基乙烷、硝基丙烷的 pK_a 分别为 10.2、8.5 和 7.8。一般认为，与羰基化合物的酮式和烯醇式互变异构类似，硝基化合物中存在硝基式（又称假酸式）和酸式互变异构，酸式含量较低，平衡主要偏向硝基式。加碱可使平衡向右移动，硝基式不断转化为酸式，直至全部成为酸式盐而溶解。

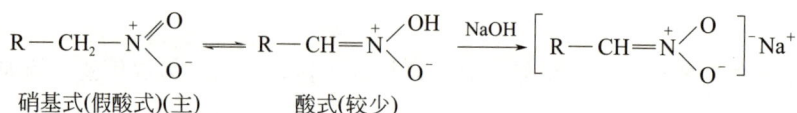

硝基式(假酸式)(主)　　　　酸式(较少)

含有 α-H 的硝基化合物可溶于氢氧化钠溶液，该性质可用于含 α-H 硝基化合物的鉴别。

此外，具有 α-H 的硝基化合物在碱性条件下能与某些羰基化合物如醛、酮发生缩合反应，生成 α,β-不饱和硝基化合物，称为亨利（Henry）反应。如：

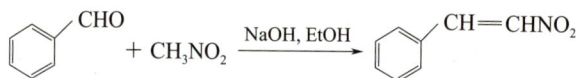

思考题 12-1　如何鉴别硝基甲烷和硝基苯？

(2) 还原

硝基化合物容易被还原，不同的还原剂及不同的条件下，可生成各种不同还原产物。

$$RNO_2 \xrightarrow{[H]} RNO \xrightarrow{[H]} RNHOH \xrightarrow{[H]} RNH_2$$

硝基化合物　亚硝基化合物　N-烃基羟胺　　　胺

在酸性还原体系中（如 Fe、Zn、Sn 和盐酸）还原，或催化氢化，硝基化合物可被还原成伯胺。

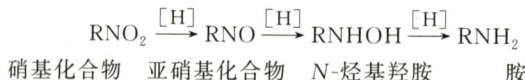

催化氢化还原具有价廉、后处理简单且"三废"污染少等优点，是目前大力提倡的还原硝基成氨基的清洁工艺之一。Ni、Pd、Pt 等均可使用。如：

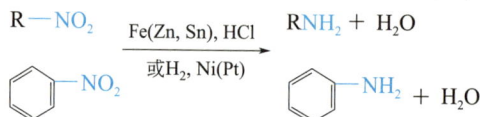

硝基苯的催化加氢，若选择适当反应条件，可使反应停在羟胺阶段；羟胺在酸性条件下转位，可得对氨基苯酚。这是目前制备对氨基苯酚最简捷的路线之一。

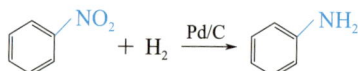

碱性溶液中，硝基苯可还原成不同的中间还原产物。这些中间产物都能被强还原剂（如 $Na+C_2H_5OH$ 或 Fe+HCl 等）继续还原为苯胺。

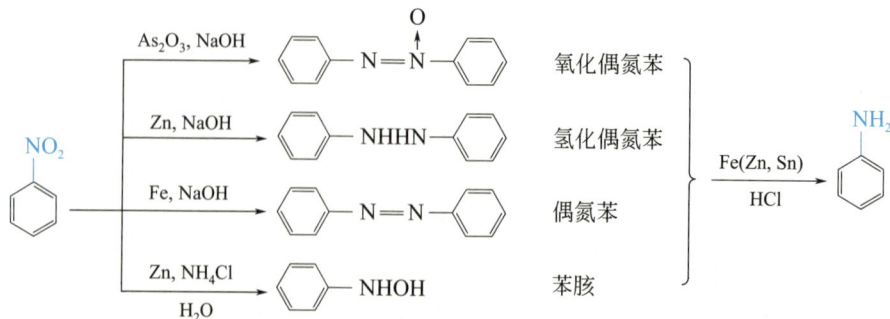

多硝基芳烃可以被碱金属的硫化物或多硫化物、NH_4SH、$(NH_4)_2S$、$(NH_4)_2S_x$ 等还原剂选择性地还原一个硝基为氨基。例如：

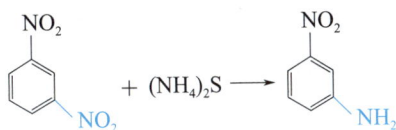

(3) 硝基对芳环上取代基的影响

芳香族硝基化合物中，受硝基强吸电子诱导效应和共轭效应的影响，苯环上电子云密度大大降低，亲电取代反应变得困难。但硝基可使邻位或对位上的卤原子显示出特殊的活性，易被亲核试剂取代，也使硝基酚的酸性提高。

① 硝基对卤原子亲核取代活性的影响。以氯苯为例。氯苯中的氯原子很难被取代，在强碱存在下加压、加热到300℃以上才能发生取代反应；在浓碱溶液（如 KOH）中煮沸数天也无取代产物苯酚的生成。但邻氯硝基苯和对氯硝基苯与氢氧化钠溶液一起加热则可以水解成硝基苯酚。

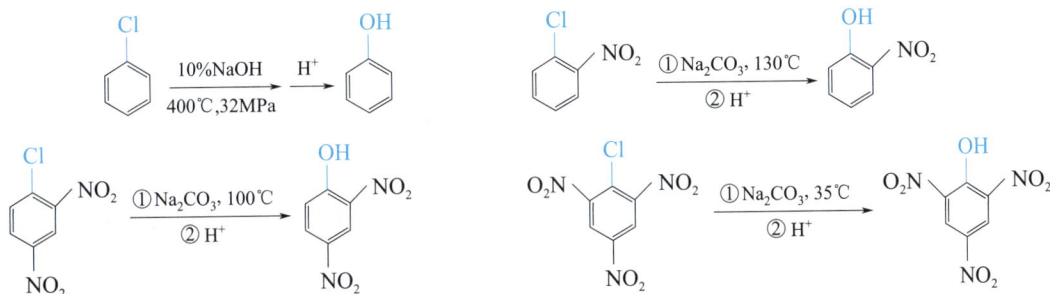

当氯苯的邻、对位氢原子被硝基取代后，硝基的吸电子诱导效应和吸电子共轭效应使得与氯原子相连的碳原子上电子云密度降低，有利于亲核试剂的进攻，容易发生苯环上的亲核取代反应。硝基数目越多，卤原子活性越大。例如1-氯-2,4,6-三硝基苯在稀 Na_2CO_3 溶液中温热条件下可水解生成苦味酸（2,4,6-三硝基苯酚）。

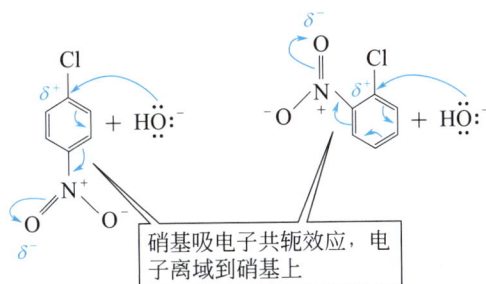

硝基吸电子共轭效应，电子离域到硝基上

② 硝基对苯酚酸性的影响。苯酚是弱酸性化合物，其酸性比碳酸还弱。在苯酚的苯环上引入硝基，尤其是当硝基处在酚羟基的邻、对位时，吸电子的硝基通过诱导效应和共轭效应的传递，增强了羟基中氢解离成质子的能力，酚羟基的酸性增强。如苦味酸的酸性已接近于无机酸，它可与 Na_2CO_3 和 $NaHCO_3$ 作用，置换出 H_2CO_3。

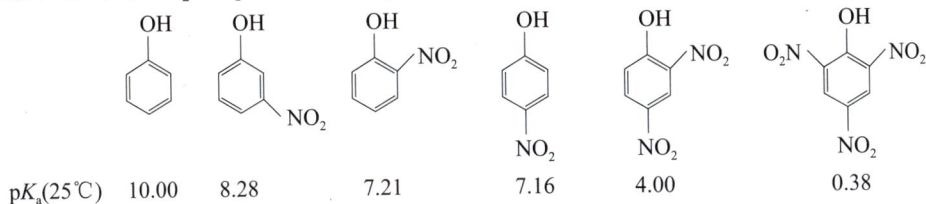

	OH	OH	OH	OH	OH	OH
pK_a(25℃)	10.00	8.28	7.21	7.16	4.00	0.38

思考题 12-2　为什么硝基对芳环上卤原子的取代反应起活化作用，而对苯及其衍生物的定位效应起钝化作用？二者有什么本质区别？

思考题 12-3　为什么硝基的存在能增强酚类的酸性？试画出硝基对酚羟基电子云密度影响示意图。

12.1.5　硝基化合物的制法

（1）烷烃的硝化

脂肪族硝基化合物可以通过烷烃与硝酸进行气相或液相硝化制备，其中以气相硝化更具有工业生产价值。

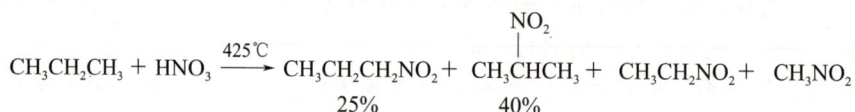

$$CH_3CH_2CH_3 + HNO_3 \xrightarrow{425℃} CH_3CH_2CH_2NO_2 + CH_3CHCH_3 + CH_3CH_2NO_2 + CH_3NO_2$$

25%　　　　40%

硝化产物为混合物，较难分离，在合成上意义不大。在工业上可以将这些混合物不加分离，作为混合溶剂使用。

（2）芳烃的硝化

苯在浓 HNO_3 和浓 H_2SO_4 作用下生成硝基苯。

$$\bigcirc + HNO_3 \xrightarrow[50\sim60℃]{H_2SO_4} \bigcirc-NO_2 + H_2O$$

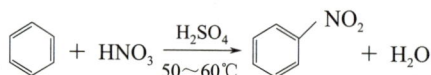

硝基苯在过量混酸存在下，在较高温度下生成间二硝基苯，导入第三个硝基极为困难，用苯直接硝化一般得不到三硝基苯。烷基苯比苯易硝化，甲苯在过量混酸存在下，生成 2,4,6-三硝基甲苯（TNT）。

三硝基甲苯（TNT）

12.2　胺

氨分子中的氢原子被烃基取代而生成的一类化合物称为胺。胺类化合物广泛存在于自然界中，许多药物分子中也含有氨基或取代氨基。

12.2.1　胺的结构

脂肪胺中氮原子以不等性 sp^3 杂化成键，四个杂化轨道中，三个 sp^3 杂化轨道与氢或碳原子生成 σ 键，一个 sp^3 杂化轨道被一对孤对电子占据，呈锥形构型（见图 12-2）。

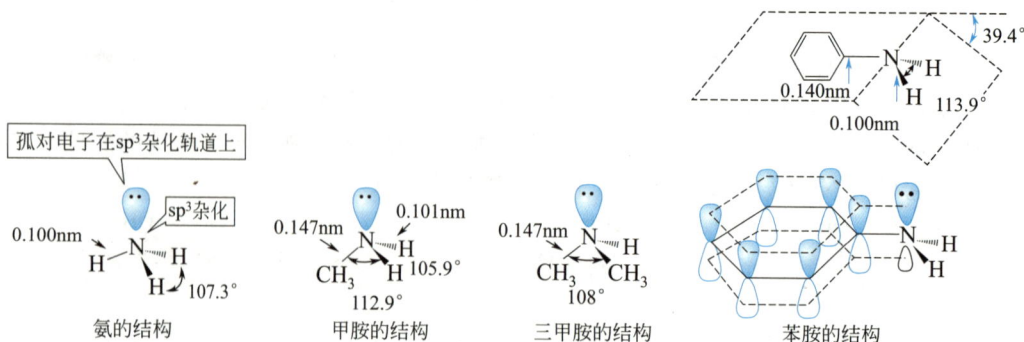

图 12-2　氨、甲胺及苯胺的结构参数

芳香胺中氮原子为不等性 sp^3 杂化，孤对电子所占据的轨道含有较多 p 轨道成分，因此，以氮原子为中心的四面体比脂肪胺中更扁平一些（见图 12-2）。虽然氮上孤对电子所占据的轨道与苯环的 p 轨道不平行，但可以共平面，可与芳环上的 π 电子轨道发生部分重叠，C—N 键变短。苯环平面与—NH_2 三个原子所在平面之间的夹角为 $39.4°$。

胺中氮原子是四面体构型，当氮原子上连有三个不同的原子或基团时，氮原子就是手性中心，应当存在对映异构现象。但是，由于氮原子上有一个 sp^3 杂化轨道占据的是孤对电子，胺的两种构型相互转换能垒较低（约 25kJ/mol），室温下能相互转换而发生外消旋化，对映体无法拆分。两种构型互相转化的过程中，过渡态为平面构型，氮为 sp^2 杂化（见图 12-3），孤对电子处在 p 轨道上。

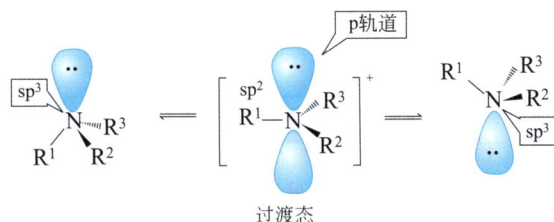

图 12-3　胺的翻转

如果分子中存在阻碍这种构型之间快速转换的因素，如桥环的胺和季铵化合物，则可拆分成一对对映体。

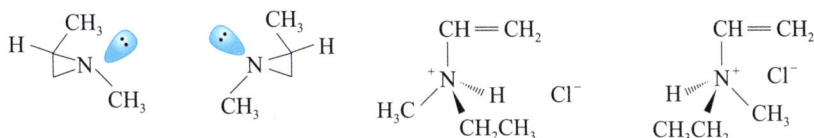

思考题 12-4　为什么胺有碱性与亲核性？

12.2.2　胺的分类和命名

(1) 分类
根据胺分子中与氮相连的烃基不同，胺分为脂肪胺与芳香胺。

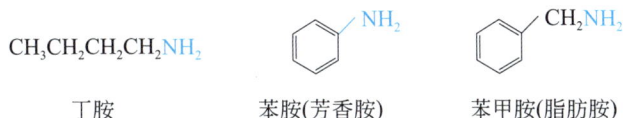

$$CH_3CH_2CH_2CH_2NH_2$$

丁胺　　　　　　　苯胺(芳香胺)　　　　苯甲胺(脂肪胺)

根据胺分子中与氮相连的烃基数目，分为伯胺（第一胺或 1°胺）、仲胺（第二胺或 2°胺）或叔胺（第三胺或 3°胺）；氮原子上连有四个烃基的铵盐称为季铵盐，其相应的羟基化合物称为季铵碱。

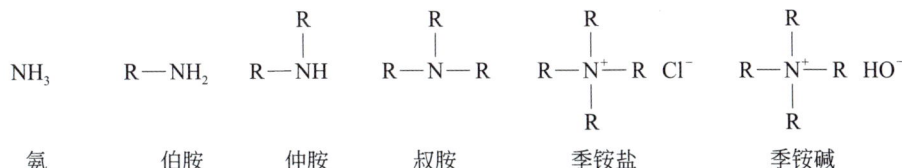

氨　　　　伯胺　　　　仲胺　　　　叔胺　　　　　　季铵盐　　　　　　季铵碱

注意，胺的伯、仲、叔与卤代烃和醇的伯、仲、叔不同。胺的伯、仲、叔是根据氮原子所连烃基数目而定。如：

氮原子上连有一个烃基　　　　官能团连在叔碳原子上

伯胺　　　　　　　　　　　叔卤代烃　　　　　　　　　　叔醇

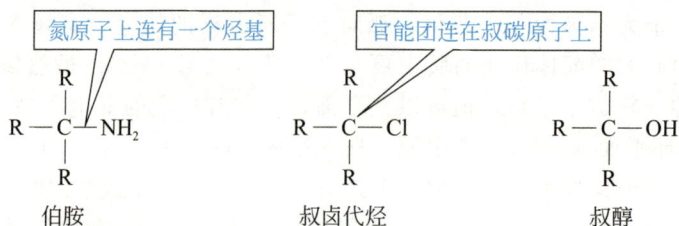

根据胺分子中氨基的数目，分为一元胺、二元胺和多元胺。

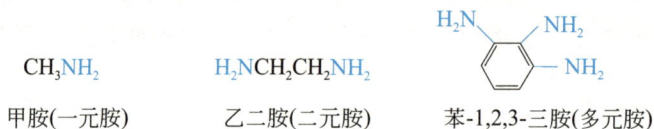

CH_3NH_2　　　　　$H_2NCH_2CH_2NH_2$

甲胺(一元胺)　　　　乙二胺(二元胺)　　　　苯-1,2,3-三胺(多元胺)

思考题 12-5　分析胺和醇的分类的异同点。

(2) 命名

　　结构简单的胺以习惯命名法命名，即先写出连在氮原子上烃基的名称，以"胺"作词尾。若氮原子上所连烃基相同，用二或三表明烃基数目；若氮原子上所连烃基不同，则按基团的次序规则由小到大写出其名称。芳香胺命名时，一般以芳香胺为母体，其他烃基为取代基；烷基连在芳香胺氮原子上，烷基名称前加"N"字母，以便与苯环取代物区别。

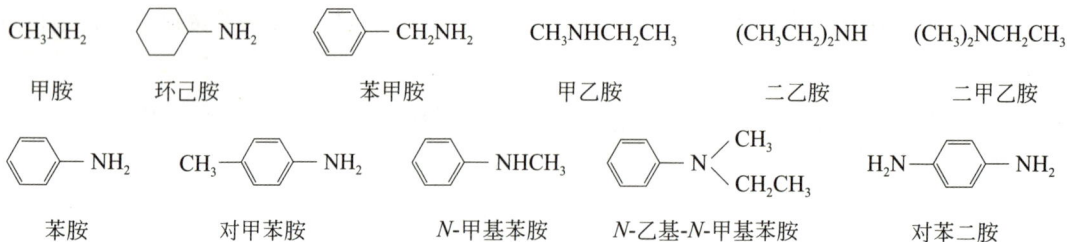

CH_3NH_2　　　　　　　　　　　　　　　　　$CH_3NHCH_2CH_3$　　　$(CH_3CH_2)_2NH$　　　$(CH_3)_2NCH_2CH_3$

甲胺　　　　环己胺　　　　苯甲胺　　　　甲乙胺　　　　二乙胺　　　　二甲乙胺

苯胺　　　　对甲苯胺　　　　N-甲基苯胺　　　　N-乙基-N-甲基苯胺　　　　对苯二胺

　　结构复杂的胺，按系统命名法命名，即以氨基为取代基，以烃或其他官能团为母体，取代基按次序规则排列，将较优基团后列出。例如：

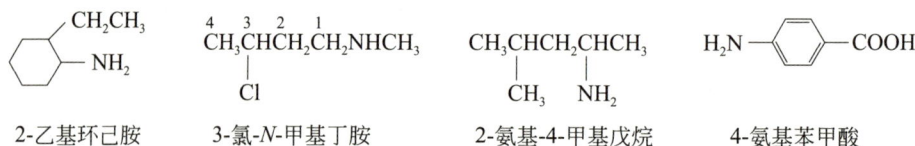

2-乙基环己胺　　　3-氯-N-甲基丁胺　　　2-氨基-4-甲基戊烷　　　4-氨基苯甲酸

季铵化合物可看作铵的衍生物来命名。例如：

$(CH_3)_4N^+Cl^-$　　　　　　　$(CH_3)_3N^+(C_2H_5)OH^-$

氯化四甲铵　　　　　　　氢氧化乙基三甲基铵

　　必须注意"氨""胺""铵"字的用法，在表示基团时，如氨基（—NH_2）、亚氨基（ $\diagdown$NH ），用"氨"；表示 NH_3 的烃基衍生物时，用"胺"字；季铵类（$R_4N^+X^-$）化合物则用"铵"字。

12.2.3　胺的物理性质

　　常温下，低级和中级脂肪胺为无色气体或液体，高级脂肪胺为固体，芳香胺为高沸点的液体或固体。低级胺具有氨的气味或鱼腥味，高级胺不易挥发，几乎没有气味。芳香胺具有特殊的气味，毒性较大，吸入它们的蒸气或皮肤与之接触都能引起中毒。

　　胺与醇相似，也是极性化合物。伯胺、仲胺都能形成分子间氢键，但氮的电负性小于氧，胺形成的氢键弱于醇或羧酸分子间形成的氢键，因而胺的熔点和沸点比分子量相近的醇和羧酸低，但比烃、醚等非极性化合物高。叔胺氮原子上没有氢原子，不能形成分子间氢键，在分子量相同的伯、仲和叔胺中，伯胺沸点最高，仲胺次之，叔胺与分子量相近的烷烃差不多。

伯、仲、叔胺都能与水形成氢键，低级脂肪胺可溶于水。随着碳数增多，烃基在分子中比例增大，溶解度迅速下降，六个碳原子以上的脂肪胺及芳香胺微溶或难溶于水，可溶于有机溶剂。表 12-2 列出了一些胺的物理常数。其中，胺的共轭酸的 pK_a 越大，碱性越强。

表 12-2　一些胺的物理常数

名称	熔点/℃	沸点/℃	溶解度(25℃)/(g/100g 水)	pK_a(共轭酸)
甲胺	−94	−6	易溶	10.64
二甲胺	−92	7	易溶	10.72
三甲胺	−117	2.9	易溶	9.70
乙胺	−81	17	易溶	10.75
二乙胺	−48	56	易溶	10.98
三乙胺	−115	89	微溶	10.76
正丙胺	−83	49	易溶	10.67
异丙胺	−101	33	易溶	10.73
正丁胺	−51	78	易溶	10.61
异丁胺	−86	68	易溶	10.49
仲丁胺	−104	63	易溶	10.56
叔丁胺	−68	45	易溶	10.45
环己胺	−18	134	微溶	10.64
苯甲胺	10	185	微溶	9.30
苯胺	−6	184	微溶	4.58
二苯胺	53	302	不溶	0.80
N-甲基苯胺	-57	196	微溶	4.70
N,N-二甲基苯胺	3	194	微溶	5.06
对甲苯胺	44	200	微溶	5.08
对甲氧基苯胺	57	244	极微溶	5.30
对氯苯胺	73	232	不溶	4.00
对硝基苯胺	148	332	不溶	1.00

思考题 12-6　比较正丙醇、正丙胺、甲乙胺、三甲胺和正丁烷的沸点高低并说明理由。

12.2.4　胺的化学性质

胺的化学性质主要与氮原子上的未共用电子对有关，该非键电子可与质子或 Lewis 酸结合显示碱性，也可以作为亲核试剂进攻缺电子中心，与卤代烃发生烃基化反应，与酰卤、酸酐等酰基化试剂发生酰化反应，还能和亚硝酸反应；当它和氧化剂作用，氮原子提供未共用电子对时表现出还原性。芳胺中氮原子上的孤对电子与苯环中的 π 电子共轭，使芳环高度活化，环上的亲电取代反应更容易进行。

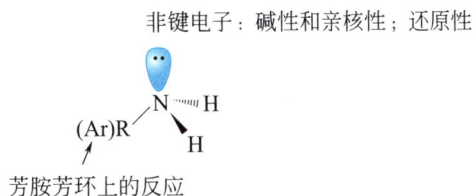

非键电子：碱性和亲核性；还原性

芳胺芳环上的反应

(1) 胺的碱性和成盐

胺分子中氮原子上的孤对电子可接受质子而显碱性；胺的碱性比水强。胺的碱性强弱可用解离常数 K_b 或其负对数 pK_b 表示，K_b 越大或 pK_b 越小，碱性越强。氨和一些胺的 pK_b 值如表 12-3 所示。

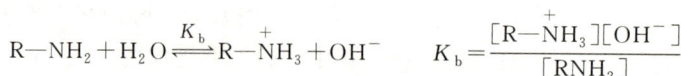

$$R-NH_2 + H_2O \underset{}{\overset{K_b}{\rightleftharpoons}} R-\overset{+}{N}H_3 + OH^- \qquad K_b = \frac{[R-\overset{+}{N}H_3][OH^-]}{[RNH_2]}$$

表 12-3 氨和一些胺的 pK_b 值

化合物	pK_b	化合物	pK_b
氨	4.75	对氨基苯酚	8.50
甲胺	3.38	对甲氧基苯胺	8.66
二甲胺	3.27	间甲氧基苯胺	9.77
三甲胺	4.21	2,4-二硝基苯胺	13.82
苯胺	9.40	N-甲基苯胺	9.60
对氯苯胺	10.02	N,N-二甲基苯胺	9.62
对甲苯胺	8.92	二苯胺	13.21
对硝基苯胺	13.00	三苯胺	中性

胺的碱性与氮原子上未共用电子对和质子结合的难易程度密切相关；而氮原子接受质子的能力又受氮原子上电子云密度、所连基团的空间位阻及铵正离子的溶剂化等因素影响。

表 12-3 显示，脂肪胺的碱性高于氨和芳香胺；脂肪族伯胺碱性低于仲胺但高于叔胺。如：

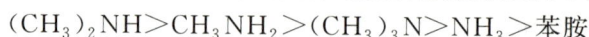

$$(CH_3)_2NH > CH_3NH_2 > (CH_3)_3N > NH_3 > 苯胺$$

从诱导效应考虑，氮原子上烃基数目增多，则氮原子上电子云密度增大，胺的碱性增强。因此脂肪族仲胺碱性比伯胺强，它们的碱性都比氨强。从烃基的空间效应考虑，烃基数目增多，如叔胺，氮原子周围空间位阻大，影响了氮原子与质子的结合，碱性降低。水溶液中，烃基取代的铵离子在水溶液中能与水形成氢键，氢键的形成使铵离子更加稳定。

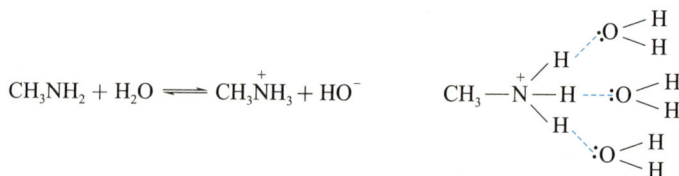

$$CH_3NH_2 + H_2O \rightleftharpoons CH_3\overset{+}{N}H_3 + HO^-$$

胺分子中氮上连接的氢越多，铵正离子溶剂化程度越大，就越稳定，胺的碱性也越强。氮上取代的烃基越多，空间位阻越大，胺中的氮原子越难于与试剂（此处是 H_2O）作用形成铵盐，胺的碱性也就越弱。因此，在水溶液中，决定胺碱性强弱的因素，除氮原子上电子云密度外，胺的溶剂化效应和空间效应都不容忽视。如三甲胺中三个甲基的空间效应比供电子作用更显著，三甲胺的碱性比甲胺还要弱。水溶液中胺的碱性强弱次序为：

$$NH_3 < (CH_3)_3N < CH_3NH_2 < (CH_3)_2NH$$

在气相中，没有溶剂化效应，氨、甲胺、二甲胺、三甲胺的碱性强弱顺序为：

$$NH_3 < CH_3NH_2 < (CH_3)_2NH < (CH_3)_3N$$

芳香胺的碱性比氨和脂肪胺弱。芳香胺分子中氮原子上的孤对电子与苯环的 π 电子共轭，导致氮原子上电子云密度下降，接受质子的能力显著降低，因此，苯胺的碱性比氨弱得多。二苯胺中的氮原子与两个苯环相连，氮原子上电子云密度下降得更低，碱性更弱；三苯胺在一般条件下不显碱性。

取代芳香胺的碱性强弱与取代基的性质有关。供电子取代基可提高苯环上电子云密度，氮原子上电子云密度也随之增大，碱性增强；吸电子取代基使苯环上电子云密度降低，氮原子上电子云密度随之降低，碱性降低。此外，取代基在芳环上的位置不同，对芳香胺的碱性影响也不相同，如：

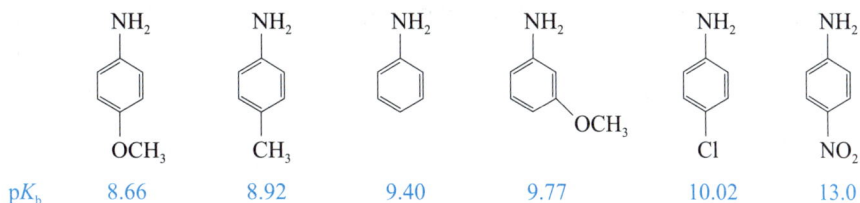

pK_b	8.66	8.92	9.40	9.77	10.02	13.0

胺可与大多数酸反应生成盐。铵盐一般可溶于水，不溶于非极性有机溶剂，若用碱处理，又释放出胺。

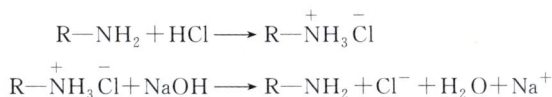

$$R—NH_2 + HCl \longrightarrow R—\overset{+}{N}H_3\overset{-}{C}l$$

$$R—\overset{+}{N}H_3\overset{-}{C}l + NaOH \longrightarrow R—NH_2 + Cl^- + H_2O + Na^+$$

利用这一性质可将不溶于水的胺从有机物中分离出来，也可用于纯化胺。如将不溶于水的胺溶于稀酸溶液中，分离，水层用碱处理，即可得胺。

苯胺能与稀盐酸、硫酸等成盐，但不能和乙酸成盐；二苯胺只能与浓盐酸、硫酸成盐，但形成的盐遇水立即水解；三苯胺则接近中性，不能和浓盐酸、硫酸等成盐。

思考题 12-7　（1）用化学方法分离苯胺、苯甲酸和氯苯的混合物。

（2）比较下列化合物的碱性，并按碱性由强到弱的顺序排列。

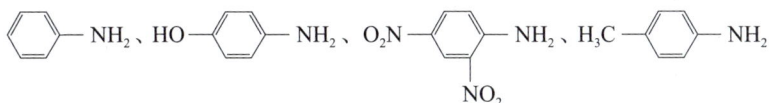

(2) 烃基化反应

氨和胺与卤代烃发生 S_N2 反应，生成伯、仲、叔胺和季铵盐，相当于是在氮原子上引入烃基，称为烃基化反应。控制反应条件，可使某一产物成为主产物。

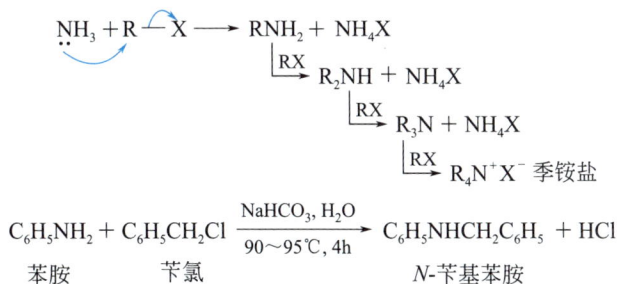

$$NH_3 + R—X \longrightarrow RNH_2 + NH_4X$$
$$\overset{RX}{\longrightarrow} R_2NH + NH_4X$$
$$\overset{RX}{\longrightarrow} R_3N + NH_4X$$
$$\overset{RX}{\longrightarrow} R_4N^+X^- \text{ 季铵盐}$$

$$C_6H_5NH_2 + C_6H_5CH_2Cl \xrightarrow[90\sim95℃,\ 4h]{NaHCO_3,\ H_2O} C_6H_5NHCH_2C_6H_5 + HCl$$

苯胺　　　　苄氯　　　　　　　　　　　　　　N-苄基苯胺

卤代烃一般为伯、仲卤代烃，烯丙型或苄型卤代烃；若用芳香卤代烃，在卤素的邻、对位必须有强吸电子基，如：

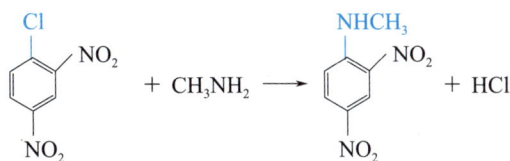

$$\text{+ CH}_3\text{NH}_2 \longrightarrow \text{+ HCl}$$

工业上，常用胺与醇进行烃基化反应制备胺。如苯胺与甲醇及硫酸的混合物在 2.5～

3.0MPa、230℃下反应，得到 N-甲基苯胺。若用过量的甲醇，则主要产物是 N,N-二甲基苯胺。

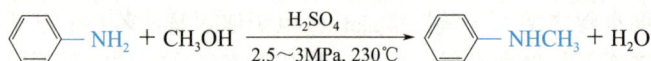

$$\text{C}_6\text{H}_5-\text{NH}_2 + \text{CH}_3\text{OH} \xrightarrow[\text{2.5～3MPa, 230℃}]{\text{H}_2\text{SO}_4} \text{C}_6\text{H}_5-\text{NHCH}_3 + \text{H}_2\text{O}$$

(3) 酰基化反应

伯胺、仲胺与酰卤、酸酐和酯作用生成酰胺，相当于在氮原子上引入酰基，称为酰基化反应。叔胺氮原子上没有氢原子，不发生酰基化反应。芳香胺的碱性比脂肪胺弱得多，酰基化反应活性低，且芳胺只能被酰卤、酸酐酰化。

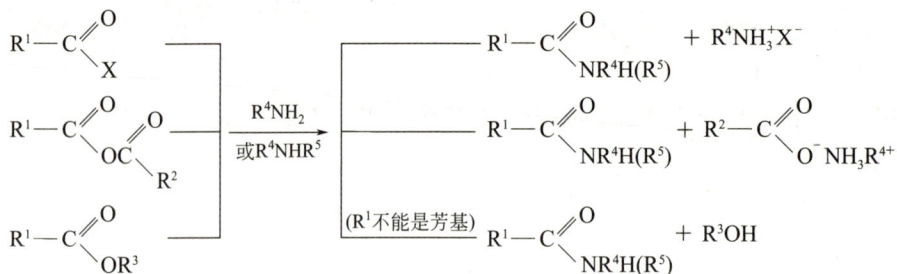

伯胺、仲胺与酰卤、酸酐形成酰胺的同时，还生成一分子卤化氢或羧酸，它们能与胺形成盐，消耗原料胺；反应中常加入碱作为缚酸剂以中和酰基化反应生成的酸。缚酸剂可以是无机碱如氢氧化钠、碳酸钠等，也可以是有机碱如三乙胺、吡啶、N,N-二甲基苯胺等。

除甲酰胺外，其他酰胺在常温下大多是具有一定熔点的固体，过去曾用酰胺的熔点来鉴定胺。酰胺在酸或碱性的水溶液中加热，水解生成原来的胺。因此，利用酰基化反应，可以分离、提纯胺。在有机合成中，胺的酰基化反应常用于保护氨基。例如，由苯胺制备邻、对硝基苯胺时，为防止苯胺的氧化，先将苯胺乙酰化，得乙酰苯胺，然后再硝化，在苯环上引入硝基后，再通过水解除去乙酰基。这样既可避免苯胺被硝酸氧化，又可适当降低苯环的反应活性，以制备一硝化产物。

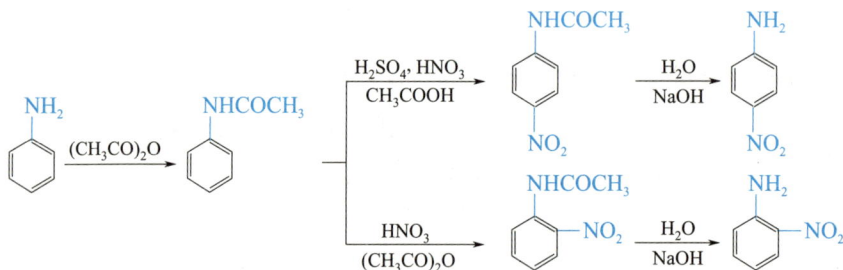

(4) 磺酰化反应

伯、仲胺在碱（NaOH 或 KOH）存在下与磺酰化试剂如苯磺酰氯或对甲苯磺酰氯反应，生成相应的芳磺酰胺，称磺酰化反应，又称兴斯堡（Hinsberg）反应。叔胺氮原子上没有氢原子，不能发生磺酰化反应。

Hinsberg 噻吩
合成反应

伯胺所形成的苯磺酰胺中，氮上的氢原子因受磺酰基的影响而呈弱酸性，能与碱成盐而

溶于碱溶液中；仲胺所形成的苯磺酰胺，氮原子上没有氢原子，不能与碱作用，故不溶于碱溶液；三级胺虽然能与磺酰氯反应生成盐，但在碱性条件下被水分解，又回到原来的三级胺。因此，利用兴斯堡反应可鉴别或分离伯、仲、叔胺。如：将伯、仲、叔胺的混合物与苯磺酰氯的碱性溶液反应，先通过蒸馏的方法把不与苯磺酰氯反应的叔胺分离出来。剩余物过滤，固体为仲胺的苯磺酰胺，与强酸水溶液加热水解可得到仲胺；滤液酸化后沉淀出伯胺的苯磺酰胺，将其水解得到伯胺。

(5) 与亚硝酸反应

伯、仲和叔胺均可与亚硝酸反应，但产物结构差别很大。亚硝酸不稳定，反应时实际使用的是亚硝酸钠与盐酸或硫酸的混合物。

脂肪族伯胺与亚硝酸反应，生成重氮盐，烷基重氮盐很不稳定，在低温下也容易分解，放出氮气并生成碳正离子。碳正离子进一步转变为醇、卤代烃或烯烃，产物复杂，在合成上价值不大。由于放出的氮气是定量的，可用于氨基的定量分析。

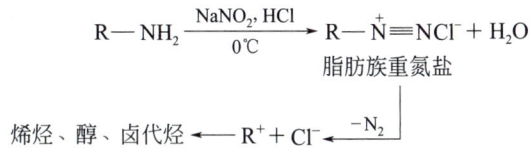

$$\text{R—NH}_2 \xrightarrow[0℃]{\text{NaNO}_2, \text{HCl}} \text{R—}\overset{+}{\text{N}}\equiv\text{NCl}^- + \text{H}_2\text{O}$$

脂肪族重氮盐

$$\text{烯烃、醇、卤代烃} \longleftarrow \text{R}^+ + \text{Cl}^- \xleftarrow{-\text{N}_2}$$

芳香族伯胺与亚硝酸在 0～5℃反应生成重氮盐。芳基重氮盐比烷基重氮盐稳定，在低温（5℃以下）和强酸水溶液中可以保存一段时间，升高温度则分解放出氮气。

$$\text{ArNH}_2 + \text{NaNO}_2 + 2\text{HCl} \xrightarrow{0\sim5℃} \text{ArN}_2^+\text{Cl}^- + \text{NaCl} + 2\text{H}_2\text{O}$$

芳基重氮盐是非常重要的有机合成中间体，一般不进行分离，直接进行下一步反应（参见 12.3 节）。

脂肪族仲胺与亚硝酸反应生成 N-亚硝基二甲胺，它与稀酸共热，可分解为原来的胺。

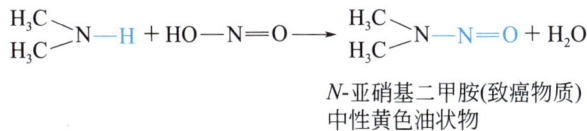

$$\underset{\text{H}_3\text{C}}{\overset{\text{H}_3\text{C}}{>}}\text{N—H} + \text{HO—N=O} \longrightarrow \underset{\text{H}_3\text{C}}{\overset{\text{H}_3\text{C}}{>}}\text{N—N=O} + \text{H}_2\text{O}$$

N-亚硝基二甲胺(致癌物质)
中性黄色油状物

芳香族仲胺与亚硝酸反应，也生成 N-亚硝基苯胺，但在酸性条件下容易重排成对亚硝基芳香胺化合物。

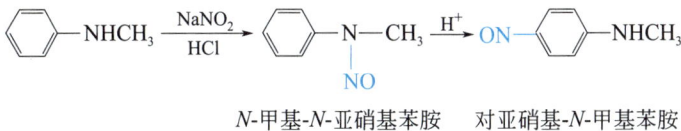

N-甲基-N-亚硝基苯胺　　对亚硝基-N-甲基苯胺

N-亚硝基苯胺为不溶于水的黄色油状液体或固体，具有强烈的致癌作用。

脂肪族叔胺因氮原子上没有氢，在低温下能与亚硝酸生成盐，该盐不稳定，易水解，用碱处理可得游离的叔胺。

$$\text{R}_3\text{N} + \text{HNO}_2 \longrightarrow \text{R}_3\overset{+}{\text{N}}\text{HNO}_2^- \xrightarrow{\text{OH}^-} \text{R}_3\text{N}$$

芳香族叔胺与亚硝酸反应时，亚硝基正离子作为亲电试剂进攻芳环，在芳环引入亚硝基。

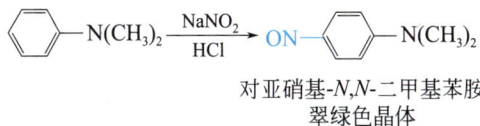

对亚硝基-N,N-二甲基苯胺
翠绿色晶体

根据脂肪族和芳香族伯、仲和叔胺与亚硝酸反应的不同结果，可以鉴别伯、仲和叔胺。

思考题 12-8　用化学方法鉴别下列化合物。

(1) 乙胺、二乙胺、三乙胺

(2) N-甲基苯胺、N,N-二甲基苯胺、邻甲苯胺、环己胺

(6) 氧化反应

胺容易被氧化。脂肪族伯胺的氧化产物很复杂，无实际意义；仲胺用过氧化氢氧化可生成羟胺，但产率低；叔胺用过氧化氢或过氧酸氧化生成 N-氧化叔胺。

$$R_2NH + H_2O_2 \longrightarrow R_2NOH + H_2O$$

N,N-二甲基环己基甲胺-N-氧化物

芳胺很容易被氧化，如新制的苯胺是无色液体，在空气中放置一段时间后，变成红色。在一定条件下，如用二氧化锰和硫酸氧化苯胺，可得主要产物对苯醌。

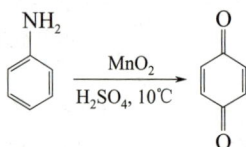

苯环上有吸电子基的芳香胺较稳定。芳香胺的盐也较难氧化，因此可将芳香胺先变成铵盐后再储存。

(7) 芳胺芳环上的亲电取代反应

氨基（或—NHR、—NR$_2$）是强邻、对位定位基团，它的存在使芳胺苯环上电子云密度增高，亲电取代反应容易进行。

① 卤代反应。苯胺与氯或溴反应迅速，反应很难停留在一卤代或二卤代阶段。如向苯胺中滴加溴水，室温下立即产生 2,4,6-三溴苯胺白色沉淀，反应定量地进行，该反应可用于鉴别苯胺（注意苯酚与溴水作用也产生白色沉淀）及苯胺的定量分析。

如要制一溴苯胺，应先降低苯胺的活性，再进行溴代。常用方法是将氨基乙酰化，或转变成铵盐，再进行溴代反应。

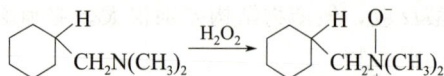

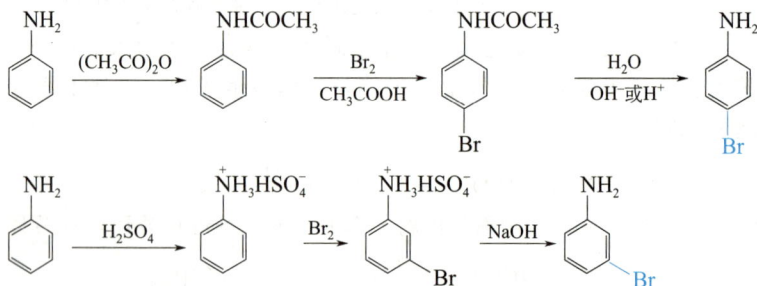

② 硝化反应。硝酸具有氧化性。为避免芳胺的氨基被氧化，一般先将氨基保护起来。将氨基酰化，然后硝化，最后水解，可得到邻、对位硝基苯胺；将苯胺先溶于浓硫酸中，生成苯胺硫酸盐再硝化，最后与碱作用，可得间硝基苯胺。

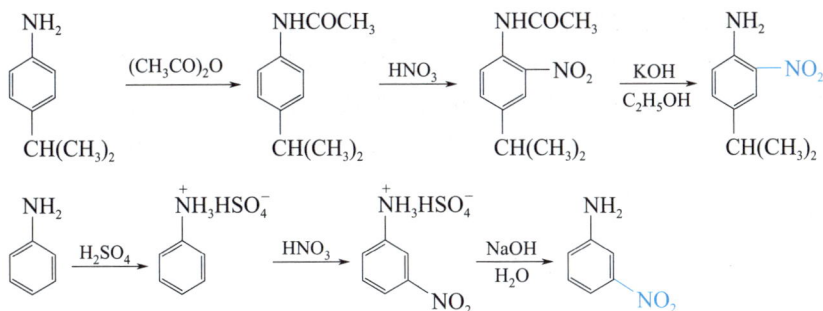

③ 磺化反应。苯胺环上可引入磺酸基，但不是按一般的亲电取代机理进行。将硫酸和苯胺按 1∶1 混合，得到苯胺硫酸盐，再于 180℃ 下烘焙，放入冷水中可得对氨基苯磺酸，它是合成农药、染料等的重要中间体。

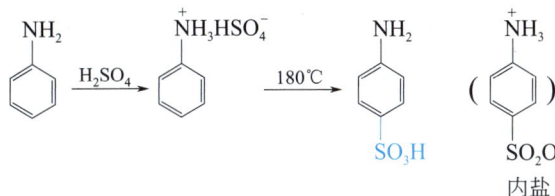

对氨基苯磺酸分子内同时含有磺酸基和氨基，它们之间可以结合成盐，这种在分子内形成的盐称为内盐。内盐一般具有高熔点和低溶解度。

思考题 12-9 合成下列化合物。

12.2.5 季铵盐和季铵碱

季铵盐

(1) 季铵盐

叔胺与卤代烷反应得到季铵盐。季铵盐也可由叔胺与硫酸酯、磺酸酯等烷基化试剂进行 S_N2 反应得到。

$$R_3N + R^1X \longrightarrow R_3\overset{+}{N}R^1X^-$$

季铵盐为离子型化合物，具有盐的性质，易溶于水，熔点较高，加热常常未到熔点即分解为叔胺和卤代烃。

季铵盐分子中既有亲水基团（铵正离子）又有亲脂基团（烃基），这类物质常叫作表面活性剂。季铵盐中亲水基团是正离子，属于阳离子型表面活性剂；高级脂肪酸盐（肥皂）、烷基硫酸（磺酸）钠等亲水基团是阴离子，称为阴离子型表面活性剂。季铵盐型阳离子表面活性剂水溶性较好，既耐酸又耐碱，且具有杀菌、柔软、乳化等功能，常作为抗静电剂、柔软剂及杀菌剂使用，如杀菌剂杜灭芬和新洁尔灭的化学结构都是季铵盐。

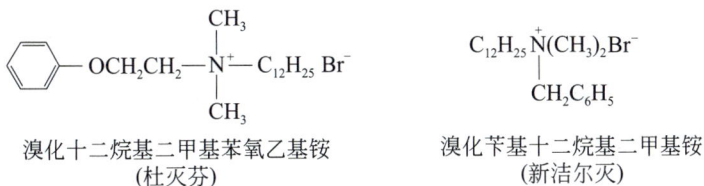

溴化十二烷基二甲基苯氧乙基铵
（杜灭芬）

溴化苄基十二烷基二甲基铵
（新洁尔灭）

季铵盐还是常用的相转移催化剂（PTC），如四丁基溴化铵（TBAB）、三辛基甲基氯化铵（TCMAC）、十六烷基三甲基溴化铵（CTMAB）以及三乙基苄基氯化铵（TEBA）等。许多有机反应如亲核取代反应、消除反应和缩合反应等在季铵盐存在下反应明显加速，产率明显提高，在实验室或工业上有很好的应用。如卤代烃在氰化钠溶液中氰解很难进行，加入季铵盐后，反应 2h 定量完成。

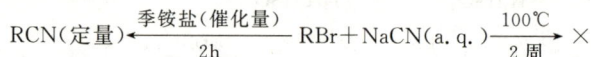

$$RCN（定量）\xleftarrow[2h]{季铵盐（催化量）} RBr+NaCN(a.q.)\xrightarrow[2周]{100℃}\times$$

(2) 季铵碱

季铵盐和碱作用不能释放游离胺，但与湿的 Ag_2O 作用，可转变为季铵碱。

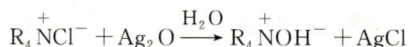

$$\overset{+}{R_4N}Cl^- +Ag_2O\xrightarrow{H_2O}\overset{+}{R_4N}OH^- +AgCl$$

季铵碱是一种易吸潮的固体，易溶于水，能吸收空气中的二氧化碳，碱性与氢氧化钠、氢氧化钾相近，加热到 $100\sim150℃$ 会分解，分解产物与季铵碱所连烃基的结构有关。当季铵碱的烃基中没有 β-H，如氢氧化四甲基铵受热分解时，生成三甲胺和甲醇。

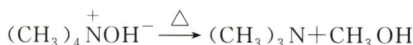

$$(CH_3)_4\overset{+}{N}OH^-\xrightarrow{\triangle}(CH_3)_3N+CH_3OH$$

当季铵碱的烃基上含有 β-H 时，加热可分解生成叔胺和烯烃，称为霍夫曼（Hofmann）消除。若季铵碱分子中有不同的 β-H，消除反应发生在取代基少的烃基上，消除主产物是取代基少的烯烃，称为霍夫曼消除规则。例如：

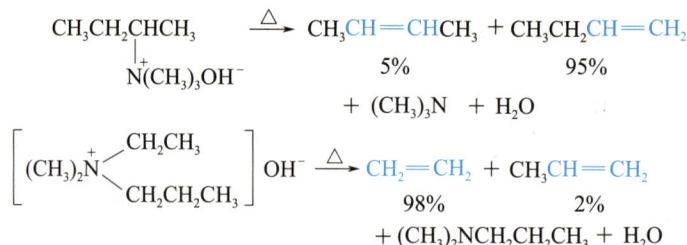

$$\underset{\overset{|}{\overset{+}{N}(CH_3)_3OH^-}}{CH_3CH_2CHCH_3}\xrightarrow{\triangle}\underset{5\%}{CH_3CH=CHCH_3}+\underset{95\%}{CH_3CH_2CH=CH_2}$$
$$+(CH_3)_3N+H_2O$$

$$\left[(CH_3)_2\overset{+}{N}\underset{CH_2CH_2CH_3}{\overset{CH_2CH_3}{<}}\right]OH^-\xrightarrow{\triangle}\underset{98\%}{CH_2=CH_2}+\underset{2\%}{CH_3CH=CH_2}$$
$$+(CH_3)_2NCH_2CH_2CH_3+H_2O$$

但当 β 碳上连有苯基、乙烯基、羰基、氰基等吸电子基团时，该 β-H 酸性较大，容易发生消除，形成具有共轭体系的产物，此时，消除反应不遵循霍夫曼规则。例如：

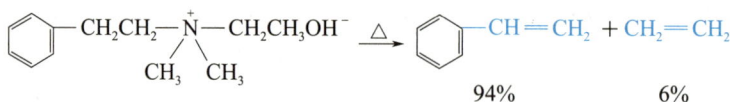

$$\underset{\underset{CH_3\ \ CH_3}{|\quad\ |}}{C_6H_5—CH_2CH_2—\overset{+}{N}—CH_2CH_3OH^-}\xrightarrow{\triangle}\underset{94\%}{C_6H_5—CH=CH_2}+\underset{6\%}{CH_2=CH_2}$$

霍夫曼消除是 E2 机理，要求被消除的 β-H 和氮基团处于反式共平面构象。分子结构中能形成对位交叉式的 β-H 多，且与氮基团处于邻位交叉的基团体积小，消除反应容易进行。如顺-4-叔丁基环己基三甲基季铵碱发生霍夫曼消除，而反-4-叔丁基环己基三甲基季铵碱因结构中无处于反式共平面的 β-H，发生分解反应。

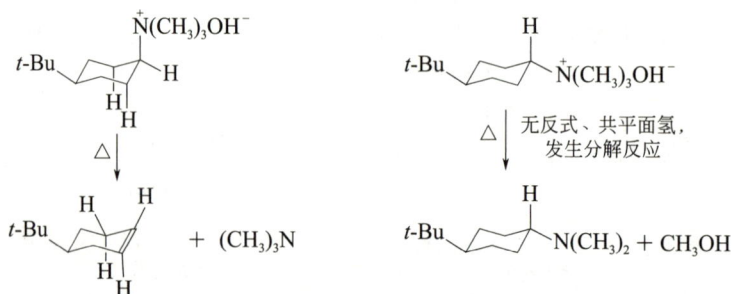

霍夫曼规则简介

310　有机化学（第二版）

季铵碱的热消除所生成的烯烃具有一定的取向，通过测定烯烃结构可推测胺的结构。将需要确定结构的胺用过量的碘甲烷转化成季铵盐，即彻底甲基化（exhaustive methylation），继而用湿的氧化银处理转变为季铵碱，再进行加热分解。用彻底甲基化所需碘甲烷的物质的量判断胺的类型，用霍夫曼消除次数及产生的烯和胺的构造推测原来胺分子的构造。例如：

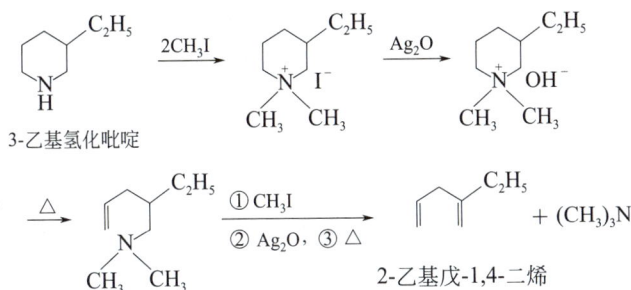

3-乙基氢化吡啶

2-乙基戊-1,4-二烯

12.2.6　几个重要的胺

(1) 乙二胺

乙二胺是无色或微黄色黏稠液体，相对密度 0.8995，熔点 8.5℃，沸点 116.5℃，能与水和乙醇混溶，微溶于乙醚，不溶于苯，具有吸湿性。乙二胺可用作环氧树脂的固化剂，也是制备农药、活性染料等的原料，工业上由 1,2-二氯乙烷与氨反应制得。

$$ClCH_2CH_2Cl + 4NH_3 \xrightarrow[\text{1MPa}]{110\sim115℃} H_2NCH_2CH_2NH_2 + 2NH_4Cl$$

乙二胺在碳酸钠溶液中与氯乙酸钠缩合生成乙二胺四乙酸钠，酸化后得乙二胺四乙酸，简称 EDTA。EDTA 是化学分析中应用较广的金属离子螯合剂。EDTA 钠盐是一种解毒药物。

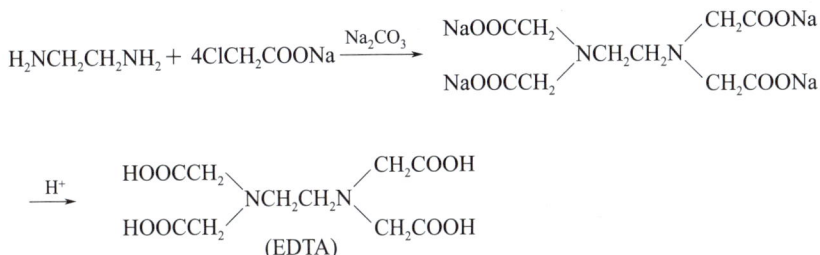

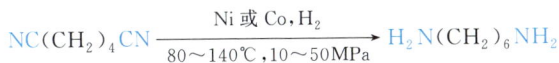

(2) 己二胺

己二胺是无色片状结晶，熔点 41℃，沸点 204℃，微溶于水，溶于乙醇、乙醚和苯等有机溶剂。工业上由己二酸或丙烯腈为原料制备己二腈，后者催化氢化生成己二胺。

$$NC(CH_2)_4CN \xrightarrow[80\sim140℃,10\sim50MPa]{\text{Ni 或 Co,H}_2} H_2N(CH_2)_6NH_2$$

己二胺与己二酸发生缩聚反应生成聚酰胺 66，商品名为尼龙 66。聚酰胺 66 不溶于一般溶剂，仅溶于甲酸、苯酚、间甲苯酚等。由聚酰胺 66 制成的纤维弹性好，强度高，不易腐烂，广泛用于制造降落伞、针织品、渔网、轮胎的帘子布等。

(3) 苯胺

苯胺是有特殊气味的油状液体，相对密度 1.022，熔点 -6.3℃，沸点 184.4℃，微溶于水，易溶于乙醚、苯等。长期呼吸苯胺蒸气会使人中毒，与皮肤接触也可以被吸收中毒。新蒸馏的苯胺无色，放置后因氧化而变为红、黄或棕色。苯胺是重要的有机合成原料，用于制备药物、农药、香料、染料、橡胶助剂等。工业上采用催化加氢的方法或以铁和稀盐酸还原硝基苯制备苯胺，近年来也用苯酚氨解的方法制备苯胺。

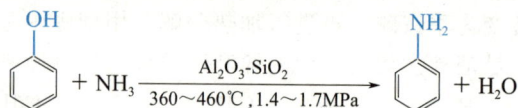

$$\text{PhOH} + NH_3 \xrightarrow[360\sim460℃,1.4\sim1.7MPa]{Al_2O_3\text{-}SiO_2} \text{PhNH}_2 + H_2O$$

12.2.7 胺的制法

(1) 卤代烃氨解

伯卤代烃与氨或脂肪胺进行氨解反应，由于伯胺的亲核性比氨强，反应很难停留在第一步，可以继续与反应体系中的卤代烃作用生成仲胺，仲胺继续与卤代烃作用生成叔胺直至季铵盐。产物通常是伯、仲、叔胺和季铵盐的混合物，合成意义不大。

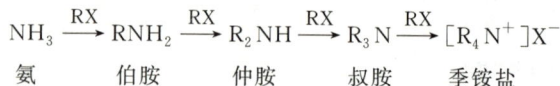

$$NH_3 \xrightarrow{RX} RNH_2 \xrightarrow{RX} R_2NH \xrightarrow{RX} R_3N \xrightarrow{RX} [R_4N^+]X^-$$
$$\quad\text{氨}\qquad\text{伯胺}\qquad\text{仲胺}\qquad\text{叔胺}\qquad\text{季铵盐}$$

若加入过量的氨可抑制伯胺进一步反应，得到以伯胺为主的产物。例如：

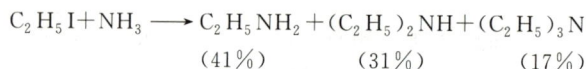

$$C_2H_5I + NH_3 \longrightarrow C_2H_5NH_2 + (C_2H_5)_2NH + (C_2H_5)_3N$$
$$\qquad\qquad\qquad (41\%)\qquad\quad(31\%)\qquad\quad(17\%)$$

$$CH_3CH_2CH_2CH_2Br + NH_3（过量）\longrightarrow CH_3CH_2CH_2CH_2NH_2 (47\%)$$

芳香族伯胺的亲核性弱，常利用芳胺亲核性弱及产物位阻较大不易再继续反应的特点制备仲胺和叔胺。如：

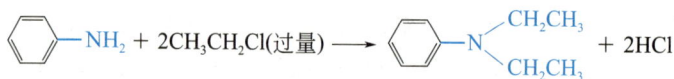

$$\text{PhNH}_2 + 2CH_3CH_2Cl（过量）\longrightarrow \text{Ph}N(CH_2CH_3)_2 + 2HCl$$

芳卤代烃亲核取代反应不活泼，与氨反应需要在高温、高压及催化剂存在下进行。但当芳环上连有很强的吸电子基时，能发生芳环上的亲核取代反应。

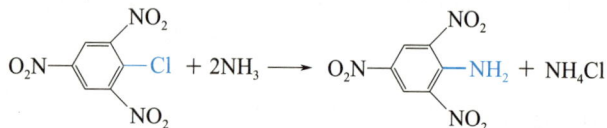

$$\text{(2,4,6-三硝基氯苯)} + 2NH_3 \longrightarrow \text{(2,4,6-三硝基苯胺)} + NH_4Cl$$

工业上常用小分子醇的氨解来制备某些胺，如脂肪胺中的甲胺、二甲胺、三甲胺，芳香胺中的 N-甲基苯胺和 N,N-二甲基苯胺。

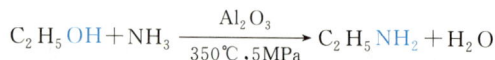

$$C_2H_5OH + NH_3 \xrightarrow[350℃,5MPa]{Al_2O_3} C_2H_5NH_2 + H_2O$$

(2) 含氮化合物还原

胺是有机含氮化合物还原的最终产物，硝基化合物、腈和酰胺等均可被还原为胺。

脂肪族硝基化合物难得到，脂肪胺一般不用它还原来制备。芳香族硝基化合物很容易制备，将芳香硝基化合物催化加氢还原，是最常用的制备芳伯胺的方法。

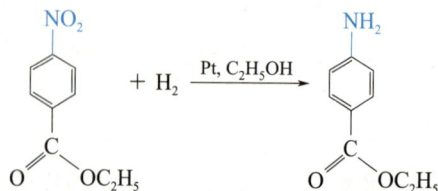

$$\text{(对硝基苯甲酸乙酯)} + H_2 \xrightarrow{Pt, C_2H_5OH} \text{(对氨基苯甲酸乙酯)}$$

腈催化氢化或用氢化铝锂还原得伯胺。

$$R\!-\!CN \xrightarrow[\substack{① LiAlH_4 \\ ② H_3O^+}]{\substack{H_2/雷尼Ni \\ NH_3}} RCH_2NH_2$$

$$\text{—CH}_2\text{CN} \xrightarrow[\substack{H_2/Ni \\ 1.3MPa}]{120\sim130℃} \text{—CH}_2\text{CH}_2\text{NH}_2$$
87%

酰胺用氢化铝锂还原可生成伯、仲或叔胺。例如：

$$\text{—}\overset{O}{\overset{\|}{C}}N(CH_3)_2 \xrightarrow{LiAlH_4} \text{—CH}_2N(CH_3)_2$$
88%

$$CH_3(CH_2)_{10}\overset{O}{\overset{\|}{C}}\text{—NHCH}_3 \xrightarrow{LiAlH_4} CH_3(CH_2)_{10}CH_2NHCH_3$$
(95%)

醛、酮与氨或胺的缩合产物亚胺经催化加氢或化学还原，可得到相应的胺。反应包括胺化和还原两个过程，称为还原胺化，是由醛、酮制胺的重要方法。例如：

$$RCHO + NH_3 \xrightarrow{-H_2O} [RCH\!=\!NH] \xrightarrow{H_2/Ni} RCH_2NH_2$$

$$R_2C\!=\!O + NH_3 \xrightarrow{-H_2O} [R_2C\!=\!NH] \xrightarrow{H_2/Ni} \underset{\underset{NH_2}{|}}{RCHR}$$

$$\text{—CHO} \xrightarrow[H_2/Ni]{NH_3} \text{—CH}_2NH_2 \qquad \text{—}O \xrightarrow[H_2/Ni]{CH_3NH_2} \text{—NHCH}_3$$

生成的伯胺可继续与醛、酮反应继而被还原成仲胺或叔胺，因此反应常用过量的氨。

醛、酮用甲酸铵或甲酰胺在高温下反应生成伯胺，称为卢卡特（Leuckart）反应。体系中的甲酸铵遇热分解，产生甲酸及氨，氨和羰基进行缩合反应，甲酸作为还原剂，将亚胺还原为胺。

$$HCOONH_4 \xrightarrow{\triangle} HCOOH + NH_3$$
$$C_6H_5COCH_3 + HCOONH_4 \xrightarrow{185℃} \underset{\underset{NH_2}{|}}{C_6H_5CH}\text{—}CH_3 + H_2O + CO_2$$

(3) 酰胺的霍夫曼降解反应

在碱性溶液中，氮原子上没有取代的酰胺与氯或溴在碱溶液中反应，生成少一个碳原子的伯胺。酰胺羰基若与手性碳原子相连，经降解后得构型保持的胺。

$$RCONH_2 + NaOX + 2NaOH \longrightarrow RNH_2 + Na_2CO_3 + NaX + H_2O$$

$$PhCH_2\overset{\overset{H}{|}}{\underset{\underset{CH_3}{|}}{C}}\text{—}\overset{O}{\overset{\|}{C}}\text{—}NH_2 \xrightarrow[H_2O]{Br_2, NaOH} PhCH_2\overset{\overset{H}{|}}{\underset{\underset{CH_3}{|}}{C}}\text{—}NH_2 \text{(构型保持)}$$

(4) 盖布瑞尔（Gabriel）合成法

将邻苯二甲酰亚胺在碱性溶液中与卤代烃反应的产物 N-烷基邻苯二甲酰亚胺水解，可得伯胺，称为盖布瑞尔合成法。该法产率较高，不含仲胺、叔胺等杂质，是合成纯净伯胺的重要方法。

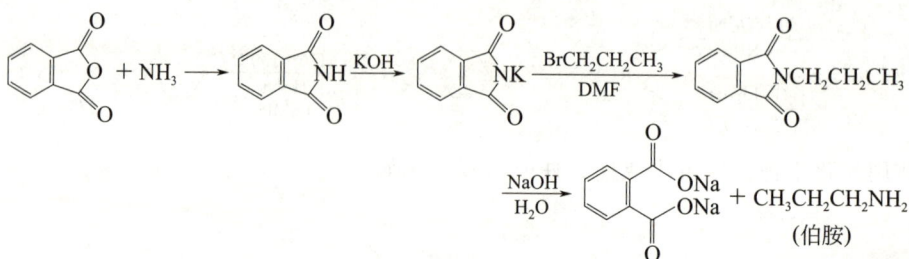

12.3 重氮化合物和偶氮化合物

重氮和偶氮化合物分子中都含有—N＝N—官能团。当官能团一端与烃基相连，另一端与其他基团相连时称为重氮化合物，两端都与烃基相连时称为偶氮化合物。

偶氮偶合反应

氯化重氮苯　　　　苯基重氮酸　　　　氰化重氮苯

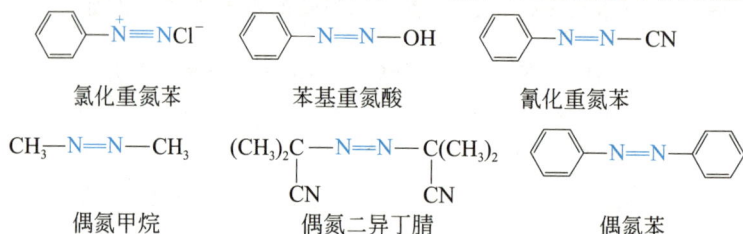

偶氮甲烷　　　　偶氮二异丁腈　　　　偶氮苯

12.3.1 芳香族伯胺的重氮化反应

芳香族伯胺在低温（0～5℃）和强酸（盐酸或硫酸）溶液中与亚硝酸钠作用，生成重氮盐的反应称为重氮化反应。例如：

$$C_6H_5NH_2 + NaNO_2 + 2HCl \longrightarrow C_6H_5\overset{+}{N_2}\overset{-}{Cl} + 2H_2O + NaCl$$

苯胺　　　　　　　　　　　　　　　氯化重氮苯(重氮苯盐酸盐)

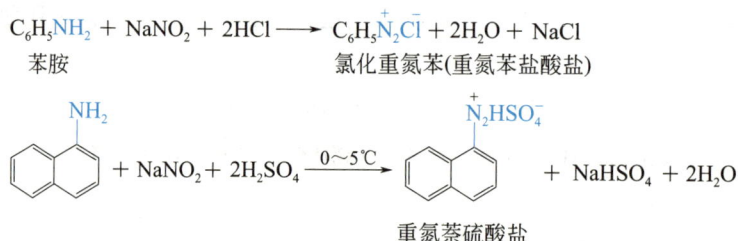

重氮萘硫酸盐

重氮盐溶于水,不溶于一般的有机溶剂。在水溶液中能解离成正离子 ArN_2^+ 和负离子 X^-,水溶液能导电。重氮盐可在低温及酸性条件下(pH3)下存在,在中性、碱性介质中不稳定;干燥状态的重氮盐极不稳定,在高温、见光、受热、振动时易发生爆炸。因此,重氮化反应通常都在低温(0～5℃)下进行,重氮盐不需要分离,以混合溶液的形式直接用于下一步反应。当苯环上有吸电子取代基时,重氮盐的稳定性提高。

思考题 12-10　查阅文献,比较由对甲基苯胺和对氨基苯甲酸制备相应重氮盐的反应条件,二者有差别吗?

12.3.2 重氮盐的化学性质

重氮盐非常活泼,它的重氮基是个正离子,其反应主要有两大类:一是放氮反应,放氮后形成芳环碳正离子或自由基,与其他基团反应生

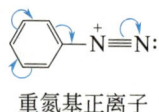

重氮基正离子

成各种取代产物，是制备芳香族化合物的一个重要方法；二是留氮反应，重氮基作为亲电试剂进行反应或被还原。

12.3.2.1　放氮反应

重氮基可被卤素、氰基、羟基和氢原子等原子或基团取代，同时放出氮气。

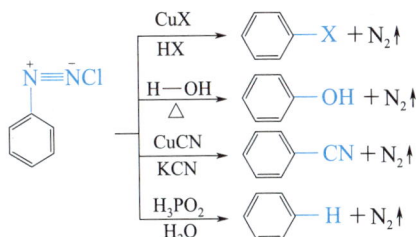

芳香重氮化合物的制备

(1) 被卤素或氰基取代

重氮盐在 CuCl 或 CuBr 存在下与浓盐酸或氢溴酸反应，重氮基可被氯或溴取代，分别生成芳基氯、芳基溴；重氮盐与 CuCN 的 KCN 水溶液作用，重氮基被氰基取代生成芳基腈，这个反应称为桑德迈尔（Sandmeyer）反应。卤化亚铜易分解，需新鲜制备。如果改用铜粉作为催化剂，反应能够进行，但产率较低，称为伽特曼（Gattermann）反应。

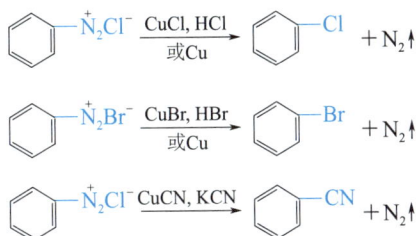

碘离子的亲核能力强，重氮盐的水溶液和碘化钾一起加热，重氮基即被碘原子所取代，这是在苯环上引入碘原子的好方法。

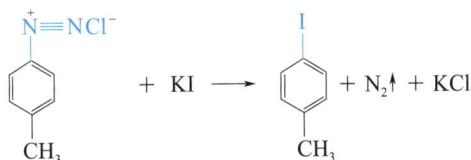

芳香族氟化物也可由重氮盐制备。首先将芳香重氮盐和冷的氟硼酸反应，生成溶解度较小、稳定性较高的氟硼酸盐沉淀，将沉淀取出并干燥后小心加热，分解得到芳香族氟化物。这个反应称为希曼（Schiemann）反应。

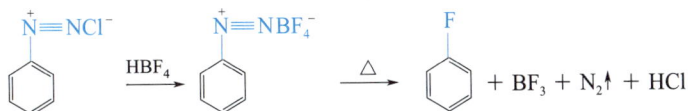

用重氮基被卤素或氰基取代的方法，可制备芳烃直接卤代不易得到的碘代或氟代芳烃，还提供了在芳环上直接引入氰基的方法。重氮基被氯或溴取代，可用于制备由定位规律难以制得的产物。如间二溴苯的制备：

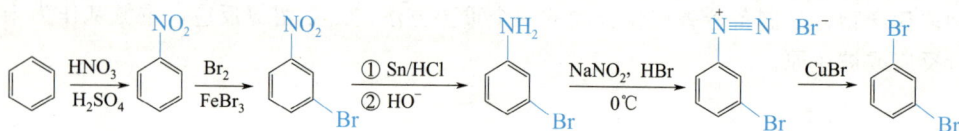

$$\xrightarrow[H_2SO_4]{HNO_3} \quad \xrightarrow[FeBr_3]{Br_2} \quad \xrightarrow[\text{② } HO^-]{\text{① } Sn/HCl} \quad \xrightarrow[0℃]{NaNO_2,\ HBr} \quad \xrightarrow{CuBr}$$

(2) 被羟基取代

将重氮盐的酸性水溶液加热，发生水解反应生成酚，放出氮气。

$$\xrightarrow[0\sim5℃]{NaNO_2,\ H_2SO_4} \quad \xrightarrow[\triangle]{H_2O,\ H^+} \quad + N_2\uparrow + H_2SO_4$$

一般使用重氮硫酸盐，在较浓的强酸溶液（40%～50% H_2SO_4）中进行，以防止未水解的重氮盐和生成的酚发生偶联。如果用重氮盐酸盐，会有氯苯副产物。该法可用来制备一些其他方法较难制备的酚类。例如，间溴苯酚就不宜用间溴苯磺酸钠碱熔法制取，用间溴苯胺经重氮化、水解可方便制得。

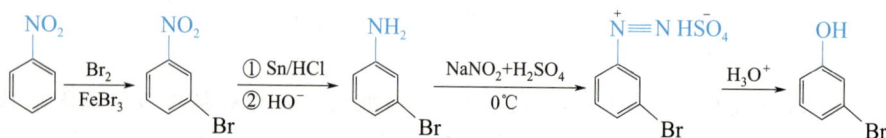

$$\xrightarrow[FeBr_3]{Br_2} \quad \xrightarrow[\text{② } HO^-]{\text{① } Sn/HCl} \quad \xrightarrow[0℃]{NaNO_2+H_2SO_4} \quad \xrightarrow{H_3O^+}$$

又如，由甲苯制备 3-溴-4-甲基苯酚：

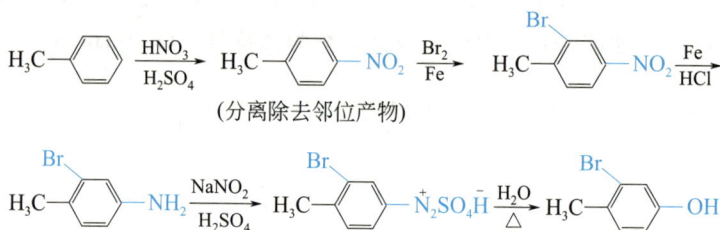

$$\xrightarrow[H_2SO_4]{HNO_3} \quad \xrightarrow{Br_2\ /\ Fe}$$

（分离除去邻位产物）

$$\xrightarrow[H_2SO_4]{NaNO_2} \quad \xrightarrow[\triangle]{H_2O}$$

(3) 被氢原子取代

重氮盐与还原剂次磷酸（H_3PO_2）、乙醇作用或与氢氧化钠-甲醛溶液作用，重氮基即被氢原子取代而生成芳烃。

许多还原剂如次磷酸、甲醛碱溶液或乙醇等都可以将重氮基被氢原子取代生成芳烃。

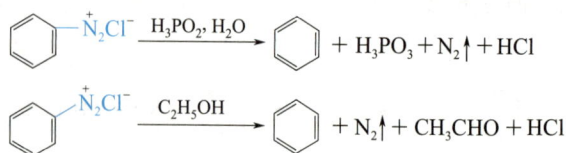

$$\xrightarrow{H_3PO_2,\ H_2O} \quad + H_3PO_3 + N_2\uparrow + HCl$$

$$\xrightarrow{C_2H_5OH} \quad + N_2\uparrow + CH_3CHO + HCl$$

重氮基氢原子取代反应，提供了一种从芳环上除去—NH_2 或—NO_2 的方法。在苯环上先引入硝基或氨基来引导取代基进入苯环的特定位置，然后将硝基或氨基转变为重氮基，再用上述方法将它们去掉，得到用一般方法难以合成的芳香化合物。例如，1,3,5-三溴苯的制备：

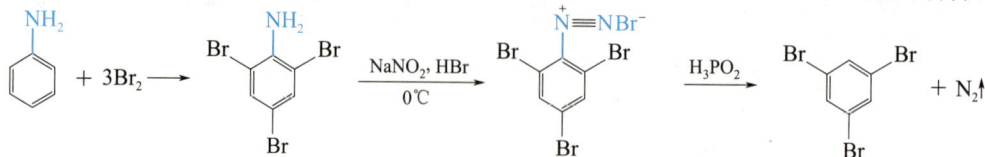

$$+ 3Br_2 \longrightarrow \quad \xrightarrow[0℃]{NaNO_2,\ HBr} \quad \xrightarrow{H_3PO_2} \quad + N_2\uparrow$$

12.3.2.2 留氮反应

(1) 还原反应

重氮盐可被氯化亚锡、锡和盐酸、锌和乙酸、亚硫酸钠、亚硫酸氢钠等还原成苯肼。例如：

$$\text{C}_6\text{H}_5-\text{N}_2^+\text{Cl}^- \xrightarrow{\text{Na}_2\text{SO}_3} \text{C}_6\text{H}_5-\text{NHNH}_2$$

$$\text{o-NO}_2\text{-C}_6\text{H}_4-\text{N}_2^+\text{Cl}^- \xrightarrow{\text{SnCl}_2,\ \text{HCl}} \text{o-NO}_2\text{-C}_6\text{H}_4-\text{NHNH}_2$$

新蒸馏的苯肼是无色液体，熔点 19.8℃，沸点 243℃，在空气中容易被氧化成深黑色。苯肼是重要的有机试剂，毒性很大，使用时要注意安全。

若用较强的还原剂，如锌和盐酸，则生成苯胺和氨。

$$\text{C}_6\text{H}_5-\text{N}_2^+\text{Cl}^- \xrightarrow{\text{Zn, HCl}} \text{C}_6\text{H}_5-\text{NH}_2 + \text{NH}_3$$

(2) 偶联反应

重氮盐在弱酸、中性或碱溶液中与芳香胺或酚类作用，由偶氮基（—N＝N—）将两个分子偶联起来，生成偶氮化合物的反应，称为偶联（coupling reaction）反应。重氮盐的偶联反应是制备偶氮染料的基本反应。

$$\text{C}_6\text{H}_5-\overset{+}{\text{N}}_2\text{Cl}^- + \text{C}_6\text{H}_5-\text{OH} \xrightarrow{\text{OH}^-(\text{pH}=7\sim9)} \text{C}_6\text{H}_5-\text{N}=\text{N}-\text{C}_6\text{H}_4-\text{OH}$$

$$\text{C}_6\text{H}_5-\overset{+}{\text{N}}_2\text{Cl}^- + \text{C}_6\text{H}_5-\text{N}(\text{CH}_3)_2 \xrightarrow{\text{弱酸性或中性}} \text{C}_6\text{H}_5-\text{N}=\text{N}-\text{C}_6\text{H}_4-\text{N}(\text{CH}_3)_2$$

对二甲氨基偶氮苯(黄色)

偶联反应为芳环上的亲电取代反应，重氮盐正离子是弱的亲电试剂，偶联的芳环上必须有强给电子基，如酚和氨基，偶联反应才容易进行。一般偶联发生在酚羟基或氨基的对位，若对位被占据，则在邻位偶合。若对位和两个邻位都被其他取代基占据，偶联反应不发生。

重氮盐与酚在弱碱性（pH8～10）条件下进行偶联。酚在碱性溶液中生成苯氧基负离子，带负电的氧原子比中性的羟基更能使苯环活化，有利于亲电试剂重氮正离子的进攻。

$$\text{C}_6\text{H}_5-\overset{+}{\text{N}}_2\text{Cl}^- + \text{p-CH}_3\text{-C}_6\text{H}_4\text{-OH} \xrightarrow{\text{OH}^-(\text{pH}7\sim9)} \text{C}_6\text{H}_5-\text{N}=\text{N}-\text{C}_6\text{H}_3(\text{OH})(\text{CH}_3)$$

溶液碱性太强（pH＞10），重氮盐会转变为不活泼的苯基重氮酸或重氮酸盐离子，而苯基重氮酸或重氮酸盐离子都不能发生偶联反应。

$$\text{C}_6\text{H}_5-\overset{+}{\text{N}}=\text{N} \underset{\text{H}^+}{\overset{\text{OH}^-}{\rightleftharpoons}} \text{C}_6\text{H}_5-\text{N}=\text{N}-\text{OH} \underset{\text{H}^+}{\overset{\text{OH}^-}{\rightleftharpoons}} \text{C}_6\text{H}_5-\text{N}=\text{N}-\text{O}^-$$

可偶联　　　　　　不能发生偶联

重氮盐与芳香叔胺的偶联反应一般在弱酸性（pH 5～7）或中性溶液中进行，此时，重氮正离子在溶液中的浓度最大，芳胺类主要以游离胺的形式参与反应；若溶液酸性太强（pH＜5），芳胺成为铵盐，苯环电子云密度降低，偶联反应将难以进行。

$$\text{NaO}_3\text{S-C}_6\text{H}_4-\overset{+}{\text{N}}_2\text{Cl}^- + \text{C}_6\text{H}_5-\text{N}(\text{CH}_3)_2 \xrightarrow{\text{CH}_3\text{COOH}} \text{NaO}_3\text{S-C}_6\text{H}_4-\text{N}=\text{N}-\text{C}_6\text{H}_4-\text{N}(\text{CH}_3)_2$$

甲基橙

芳香族伯胺、仲胺的氮上还有活泼氢原子，重氮盐可与芳伯胺、仲胺的氮原子偶联，生成重氮氨基化合物，将其在酸性介质中加热，可重排到对位。例如：

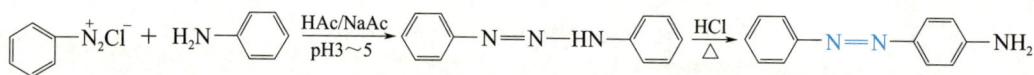

在重氮基的邻、对位有吸电子基团时，对偶联反应有利，如2,4,6-三硝基重氮盐甚至可以和1,3,5-三甲苯偶联，2,4-二硝基重氮盐则可以和苯甲醚偶联。芳环上具有供电子基的重氮盐，偶联能力很弱，如2,4-二甲基苯胺的重氮盐必须在相当浓的溶液中方可偶联。

重氮盐与萘酚或萘胺偶联时，反应发生在羟基或氨基的同环。对于α-萘酚或α-萘胺，偶联反应在4位上进行，若4位有取代基，则在2位上进行；对于β-萘酚或β-萘胺，偶联反应在1位上进行，若1位被占据，则不发生反应：

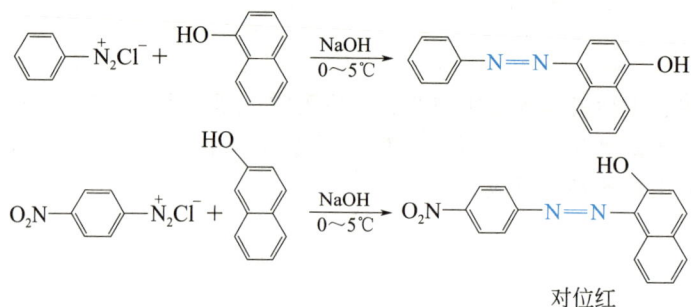

思考题12-11　试解释下面偶合反应为什么在不同pH得到不同产物。

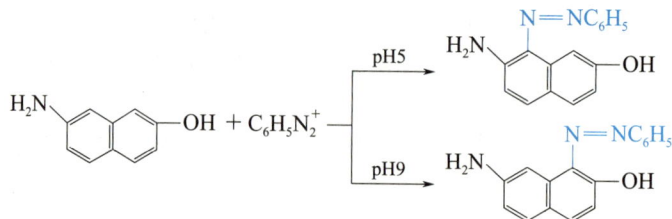

12.3.3　偶氮化合物

脂肪族偶氮化合物加热时分解生成自由基和氮气，可作为自由基反应的引发剂。例如，偶氮二异丁腈（AIBN）是自由基聚合反应的常用引发剂。

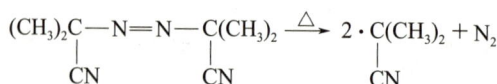

芳香族偶氮化合物具有高的热稳定性，分子中大的共轭体系使它们具有各种鲜艳的颜色。有些偶氮化合物可用作染料，称为偶氮染料，它们是染料中品种最多、应用最广的一类合成染料，世界上偶氮染料的用量占所有合成染料的60％左右。例如：

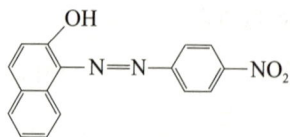

对位红

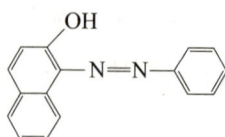

苏丹红I

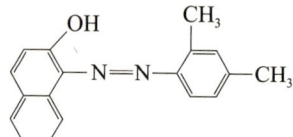

苏丹红Ⅱ

有的pH指示剂也是偶氮化合物，例如：甲基橙和刚果红。

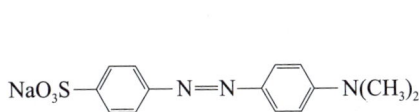

甲基橙(指示剂)　　　　　　　　　刚果红(指示剂)

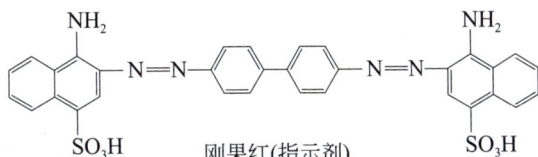

pH 指示剂变色原理：在不同 pH 体系中，指示剂结构不同。刚果红在弱酸性、中性或碱性介质中均以磺酸钠形式存在，呈红色，在强酸性(pH<3)时显蓝色。甲基橙是酸碱滴定的常用指示剂，在中性或碱性中呈黄色，在酸性中(pH<3)显红色，在 pH3~4.4 显橙色。

思考题 12-12　借助于文献，试解释甲基橙在酸碱介质中的变色原因，用方程式表示。

12.3.4　重氮甲烷

重氮甲烷在常温下为黄色有毒气体，沸点−24℃，加热或与粗糙容器表面接触容易爆炸。重氮甲烷分子式为 CH_2N_2，是线状分子。重氮甲烷的结构为：

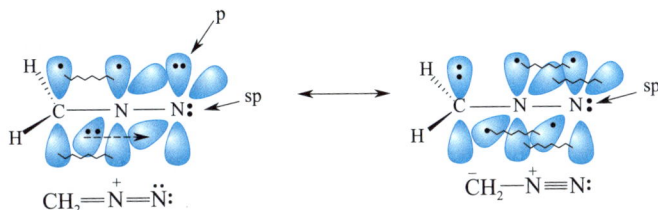

重氮甲烷的一般制备方法为将 N-亚硝基-N-甲基对甲苯磺酰胺于浓碱溶液中反应：

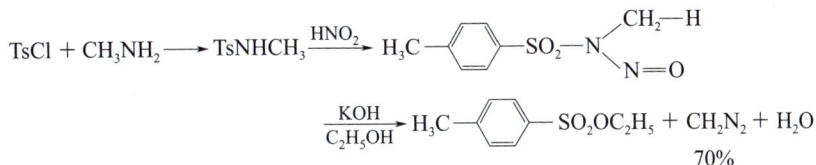

将生成的重氮甲烷气体用乙醚吸收，重氮甲烷的乙醚溶液可直接用于各种反应。

重氮甲烷的化学性质非常活泼，它可与许多化合物反应，是一个重要的有机合成试剂。如重氮甲烷可作为甲基化试剂，与羧酸、酚等反应，在羟基氧上导入甲基，生成羧酸甲酯和甲基醚，并放出氮气。

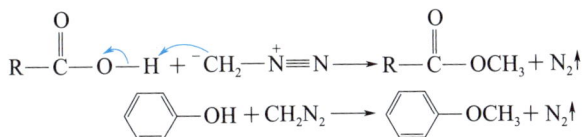

该反应操作简便，产率高(≈100%)，副产物为气体，是将特殊羧酸转变为甲酯的好方法。

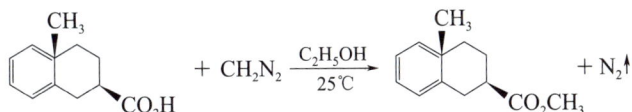

重氮甲烷可与醛、酮的羰基进行亲核加成，它与环酮加成、重排后，可得到增加一个碳原子的环酮：

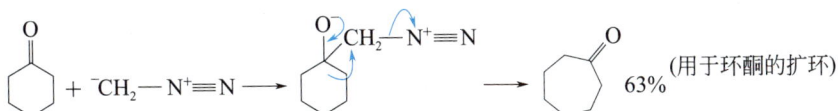

（用于环酮的扩环）

第 12 章　有机含氮化合物　**319**

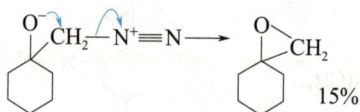

重氮甲烷在加热或光照条件下放出氮气，生成卡宾，又称碳烯。

$$CH_2N_2 \xrightarrow{\triangle \text{或} h\nu} :CH_2 + N_2$$

卡宾的碳外层只有六个电子，为活泼中间体。

关键词

胺-amine
亚胺-imine
腈-nitrile
苯胺-aniline
肼-hydrazine
羟胺-hydroxylamine
铵盐-ammonium salt
季铵盐-quaternary ammonium salt
季铵碱-quaternary ammonium base
相转移催化剂-phase transfer catalyst
表面活性剂-surfactant
硝基化合物-nitro compounds
硝化反应-nitration reaction
重氮化反应-diazotization
重氮盐-diazonium salt
叠氮化合物-azide compounds
偶氮化合物-azo compounds
偶氮染料-azo dye
重氮甲烷-diazomethane
卡宾-carbene

烃基化反应-alkylation reaction
酰基化反应-acylation reaction
磺酰化反应-sulfonylation reaction
Gabriel 合成法-Gabriel synthesis
还原胺化反应-reductive amination
Hofmann 重排-Hofmann rearrangement
Wolff 重排-Wolff rearrangement
Leuckart 反应-Leuckart reaction
Mannich 反应-Mannich reaction
Sandmeyer 反应-Sandmeyer reaction
Gattermann 反应-Gattermann reaction
Schiemann 反应-Schiemann reaction
胍-guanidine
尿素-urea
Strecker 合成-Strecker synthesis
Curtius 重排-Curtius rearrangement
Schmidt 反应-Schmidt reaction
Cope 消除-Cope elimination
Hofmann 消除-Hofmann elimination

习 题

第 12 章习题答案

12-1 命名下列化合物。

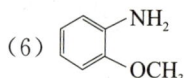

(1) $H_2NCH_2CH_2OH$

(2) $H_2NCH_2CH_2CH_2CH_2NH_2$

(3) $(CH_3)_3N^+(C_2H_5)Cl^-$

(4) $\underset{\underset{\displaystyle CH_3CH_2CHCH_3}{|}}{NO_2}$

(5) ⟨苯环⟩—$N(CH_3)_2$

(6) ⟨苯环，邻位 NH_2 和 OCH_3⟩

（7）—NHCH$_3$

（8）

（9）CH$_3$CH$_2$CHCH$_2$CHCH$_2$CH$_3$
　　　　 |　　　　 |
　　　　CH$_3$　 NH$_2$　 CH$_3$

（10）CH$_3$CH$_2$CH—CH—N(CH$_3$)$_2$
　　　　　 |　　 |
　　　　　CH$_3$　CH$_3$

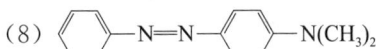

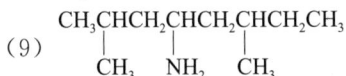

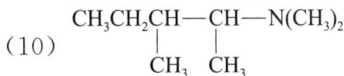

12-2 将下列各组化合物按其在水溶液中的碱性强弱排列成序。

（1）苯胺、对氯苯胺、对甲氧基苯胺、对硝基苯胺

（2）苯胺、间硝基苯胺、邻硝基苯胺、对硝基苯胺

（3）氨、乙胺、苯胺、三苯胺

（4）苯胺、对甲苯胺、乙酰苯胺、邻苯二甲酰亚胺

12-3 用化学方法鉴别下列各组化合物。

（1）CH$_3$CH$_2$CH$_2$NH$_2$、(CH$_3$CH$_2$CH$_2$)$_2$NH、(CH$_3$CH$_2$CH$_2$)$_3$N

（2）

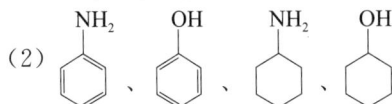

12-4 试用化学方法提纯下列各组化合物。

（1）乙胺中含有少量二乙胺 （2）苯胺中含有少量硝基苯 （3）三苯胺中含有少量二苯胺

12-5 完成下列反应式。

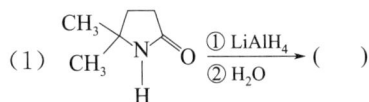

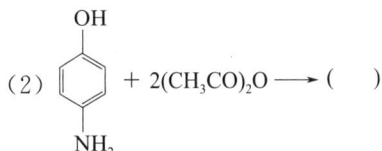

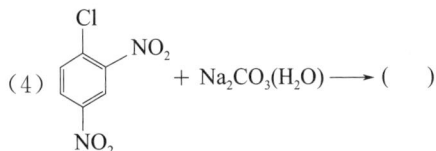

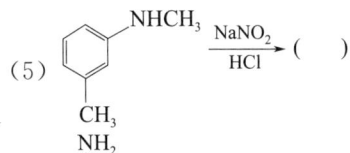

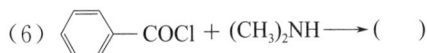

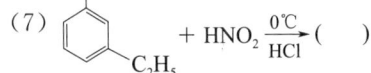

（1） ① LiAlH$_4$ ② H$_2$O （ ）

（2） + 2(CH$_3$CO)$_2$O ⟶ （ ）

（3）—SO$_2$Cl + CH$_3$CH$_2$CH$_2$NH$_2$ ⟶ （ ）

（4） + Na$_2$CO$_3$(H$_2$O) ⟶ （ ）

（5） $\xrightarrow[\text{HCl}]{\text{NaNO}_2}$ （ ）

（6）—COCl + (CH$_3$)$_2$NH ⟶ （ ）

（7） + HNO$_2$ $\xrightarrow[\text{HCl}]{0℃}$ （ ）

（8）H$_2$NCH$_2$CH$_2$CH$_2$CHO $\xrightarrow[\triangle]{\text{H}^+}$ （ ）

（9）(CH$_3$CO)$_2$O + CH$_3$NH$_2$ ⟶ （ ）

（10）HOCH$_2$CH$_2$NH$_2$ + ClCH$_2$COONa ⟶ （ ）

12-6 完成下列转变（无机试剂任选）。

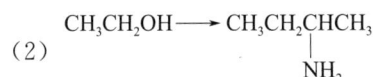

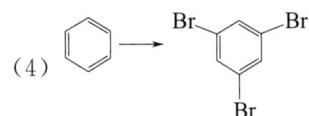

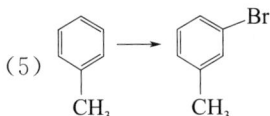

（1）H$_2$C=CH—CH=CH$_2$ ⟶ H$_2$N(CH$_2$)$_6$NH$_2$

（2）CH$_3$CH$_2$OH ⟶ CH$_3$CH$_2$CHCH$_3$
　　　　　　　　　　　　　　　 |
　　　　　　　　　　　　　　 NH$_2$

（3） ⟶ H$_2$N——N(CH$_3$)$_2$

（4） ⟶

（5） ⟶

(6)

(7)

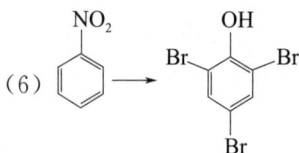

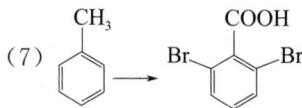

12-7　下列各化合物与碱溶液作用后，再用酸处理，将生成哪些化合物？

(1) 2,5-二氯硝基苯　　　　(2) 2,3-二氯硝基苯

(3) 3,4-二氯硝基苯　　　　(4) 3,4,5-三氯硝基苯

12-8　N,N-二甲基邻甲苯胺($pK_a=6.11$)比 N,N-二甲基苯胺($pK_a=5.15$)的碱性强得多，试给出合理的解释。

12-9　写出下列各消去反应所生成的主要产物。

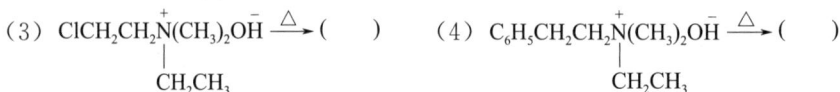

(1) $(CH_3)_2CHCHCH_3 \xrightarrow{\triangle} ($　$)$
　　　　　$\underset{+N(CH_3)_3OH^-}{|}$

(2) $(CH_3CH_2)_3\overset{+}{N}CH_2CH_2COCH_3OH^- \xrightarrow{\triangle} ($　$)$

(3) $ClCH_2CH_2\overset{+}{N}(CH_3)_2OH^- \xrightarrow{\triangle} ($　$)$
　　　　　　　　$\underset{CH_2CH_3}{|}$

(4) $C_6H_5CH_2CH_2\overset{+}{N}(CH_3)_2OH^- \xrightarrow{\triangle} ($　$)$
　　　　　　　　　　$\underset{CH_2CH_3}{|}$

12-10　写出下列反应过程。

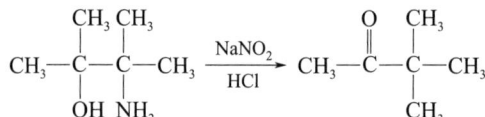

12-11　分子式为 $C_{15}H_{15}NO$ 的化合物 A，不溶于水、稀盐酸和稀氢氧化钠。A 与氢氧化钠一起回流时慢慢溶解，同时有油状化合物浮在液面上。用水蒸气蒸馏法将油状产物分出，得化合物 B。B 能溶于稀盐酸，与对甲苯磺酰氯作用，生成不溶于碱的沉淀。把去掉 B 以后的碱性溶液酸化，有化合物 C 分出。C 能溶于碳酸氢钠，其熔点为 182℃。试写出 A、B、C 的构造式。

12-12　化合物 A 的分子式为 C_7H_9N，有碱性，A 的盐酸盐与亚硝酸作用生成 $C_7H_7N_2Cl$（B），B 加热后能放出氮气而生成对甲苯酚。在碱性溶液中，B 与苯酚作用生成具有颜色的化合物 $C_{13}H_{12}ON_2$（C）。试写出 A、B、C 的构造式。

12-13　化合物 A 的分子式为 C_7H_9N，当用苯磺酰氯处理时可生成沉淀物 B，B 可溶于 NaOH 溶液。将 A 置于冰水浴中滴加亚硝酸钠和盐酸溶液，会放出气体。试写出 A 和 B 的构造式。

12-14　化合物 A 的分子式为 $C_5H_{11}NO_2$，具有旋光性，用稀碱处理发生水解生成 B 和 C，B 也具有旋光性，它既能与酸成盐，也能与碱成盐，并与亚硝酸反应放出氮气。C 没有旋光性，能与金属钠反应放出氢气，并能发生碘仿反应。试写出 A、B、C 的构造式。

12-15　将某种有旋光性的伯胺进行彻底甲基化和霍夫曼消除反应，再将所得到的烯进行臭氧化分解。结果得到甲醛和丁醛的等物质的量的混合物。试推测该胺的构造。

12-16　化合物 A(C_4H_9NO)与过量碘甲烷反应，用 AgOH 处理后得到 B($C_6H_{15}NO_2$)，B 加热后得到 C($C_6H_{13}NO$)，C 再用碘甲烷和 AgOH 处理得化合物 D($C_7H_{17}NO_2$)，D 加热分解后得到二乙烯基醚和三甲胺。写出 A、B、C、D 的构造式。

12-17　一碱性化合物 A($C_5H_{11}N$)，它被臭氧分解得到甲醛，A 经催化氢化生成化合物 B($C_5H_{13}N$)，B 也可以由己酰胺加溴和氢氧化钠溶液得到。用过量碘甲烷处理 A 转变成盐 C($C_8H_{18}NI$)，C 用 AgOH 处理随后热解得到 D(C_5H_8)，D 与丁炔二酸二甲酯反应得到 E($C_{11}H_{14}O_4$)，E 经钯脱氢得 3-甲基苯二酸二甲酯，写出 A～E 各化合物的构造式。

第13章
杂环化合物

环状有机物中，若成环原子除碳原子外，还有其他如 O、S、N 等原子，这类化合物称为杂环化合物，除碳以外的其他元素的原子称为杂原子。前面章节中介绍过的环醚、内酯、内酰胺及环酸酐（如丁二酸酐）等都含有杂原子，但它们的物理和化学性质类似于带有杂原子的开链化合物，且没有芳香性，把它们放在相应有机物中介绍。

本章介绍具有一定芳香性的杂环化合物。这类环比较稳定，成环 π 电子数符合 $4n+2$ 规则，常称为芳香杂环化合物。

13.1　杂环化合物的分类和命名

杂环化合物数目很多，可根据环的大小、杂原子的多少及杂环的数目和连接方式来分。常见的杂环为五元、六元单杂环和稠杂环。稠杂环由芳环和杂环或杂环和杂环稠合而成。

杂环化合物的命名主要是音译命名法，根据英文名称译音，选用"口"字旁的同音汉字来命名。杂环的编号从杂原子开始，用阿拉伯数字将环上的原子依次编号，也可以将杂原子旁的碳原子依次用 α、β、γ 表示。

(1) 五元杂环

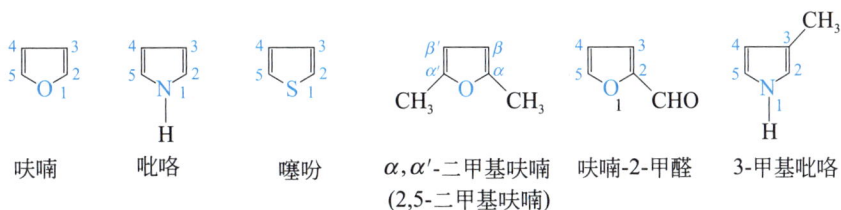

呋喃　　吡咯　　噻吩　　α,α'-二甲基呋喃　呋喃-2-甲醛　3-甲基吡咯
　　　　　　　　　　　　（2,5-二甲基呋喃）

五元环中含有两个杂原子的体系称为唑（azole）。含两个氮原子的杂环，将带有氢原子的氮编号为 1。环上有多个不同杂原子时，按氧、硫、氮的顺序编号。

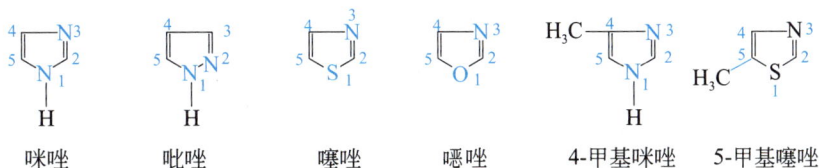

咪唑　　吡唑　　噻唑　　噁唑　　4-甲基咪唑　5-甲基噻唑

(2) 六元杂环

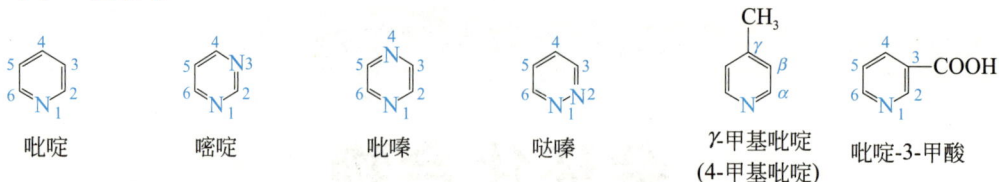

吡啶　　　嘧啶　　　吡嗪　　　哒嗪　　　γ-甲基吡啶　　　吡啶-3-甲酸
　　　　　　　　　　　　　　　　　　　　　　　(4-甲基吡啶)

(3) 稠杂环

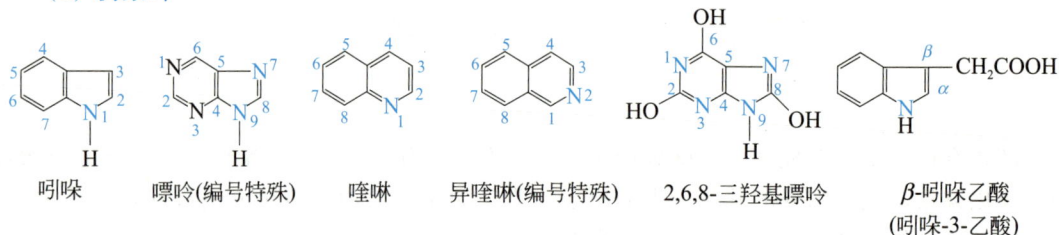

吲哚　　嘌呤(编号特殊)　　喹啉　　异喹啉(编号特殊)　　2,6,8-三羟基嘌呤　　β-吲哚乙酸
　　　　　　　　　　　　　　　　　　　　　　　　　　　　　　　　　　　(吲哚-3-乙酸)

练习 13-1　命名下列杂环化合物。

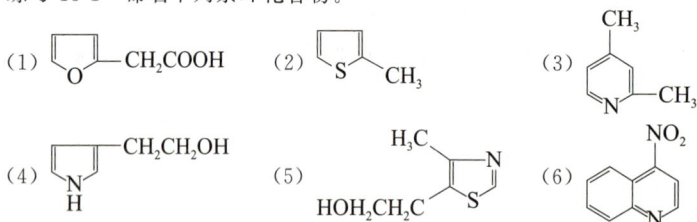

(1)　(2)　(3)

(4)　(5)　(6)

13.2　五元杂环化合物

重要的五元杂环化合物有五元单杂环呋喃、噻吩和吡咯；五元双杂环如咪唑、噻唑及稠杂环吲哚等。

13.2.1　五元单杂环化合物

本节主要介绍呋喃、噻吩和吡咯的结构和性质。

13.2.1.1　呋喃、噻吩和吡咯的结构、芳香性和反应活性

呋喃、噻吩和吡咯是最重要的含一个杂原子的五元单杂环化合物。它们分子中碳原子和杂原子均以 sp^2 杂化轨道互相连接成 σ 键，五个原子共平面；四个碳及一个杂原子上的 p 轨道互相平行，碳原子的 p 轨道中有一个 p 电子，杂原子的 p 轨道中有一对 p 电子，形成一个环形封闭的五中心六电子大 π 键，π_5^6，共轭体系电子数符合休克尔 $4n+2$ 规则。因此，这些杂环都具有芳香性。图 13-1 是呋喃、噻吩和吡咯的形成示意图。

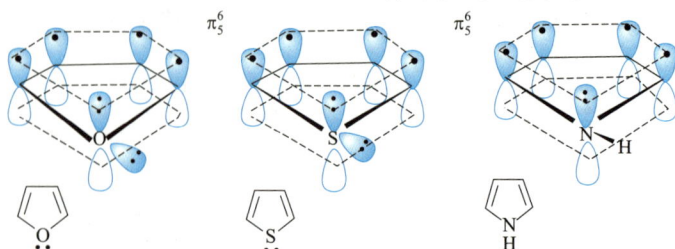

图 13-1　呋喃、噻吩和吡咯的形成

由于杂原子氧、硫、氮的电负性各不相同，但都比碳原子大，杂环上电子云分布不像苯环那么均匀；呋喃、噻吩和吡咯分子中各成环原子间的键长平均化程度不同，它们的离域能分别为：呋喃 66.9kJ/mol，噻吩 121.3kJ/mol，吡咯 87.8kJ/mol。比苯的离域能 150.6kJ/mol 低得多，芳香性比苯差。其中，呋喃环的稳定性最差，在某些情况下会表现出共轭二烯烃的性质。呋喃、噻吩和吡咯的芳香性强弱顺序为：

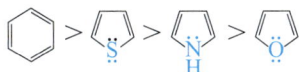

为了表示呋喃、噻吩和吡咯的芳香结构，与苯环类似，它们的结构也可用下列形式表示：

呋喃　　　　噻吩　　　　吡咯

呋喃、噻吩和吡咯中的杂原子各提供一对电子参与形成大 π 键 π_5^6，杂环上的电子云密度高于苯环，它们比苯容易发生亲电取代反应，反应主要发生在杂原子的邻位即 α 位上。呋喃、噻吩和吡咯进行亲电取代反应活性顺序为：

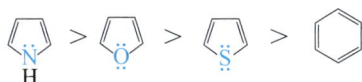

思考题 13-1　分析五元杂环的结构，思考呋喃、噻吩和吡咯的芳香性和亲电取代反应活性顺序为什么不同。

13.2.1.2　呋喃、噻吩和吡咯的物理性质与检验方法

呋喃是无色液体，沸点32℃，具有类似氯仿的气味，微溶于水，易溶于乙醇、乙醚等有机溶剂。呋喃能使盐酸浸过的松木片显绿色，可用来检验呋喃的存在。

噻吩与苯共存于煤焦油中，噻吩是无色而有特殊气味的液体，沸点为84℃。噻吩和靛红（吲哚满二酮）在硫酸作用下呈蓝色，可用于检验噻吩的存在。

吡咯存在于煤焦油和骨焦油中，是无色液体，沸点为131℃，有弱的苯胺气味，在空气中迅速变色。其蒸气遇盐酸浸湿的松木片则呈红色，借此可检验吡咯及其低级同系物的存在。

13.2.1.3　呋喃、噻吩和吡咯的化学性质

(1) 环的稳定性

呋喃和吡咯的化学稳定性较差，它们遇到酸或氧化剂容易发生开环，或聚合成高聚物。如呋喃在稀酸中就可使其破坏生成不稳定的二醛，然后聚合成树脂状物。

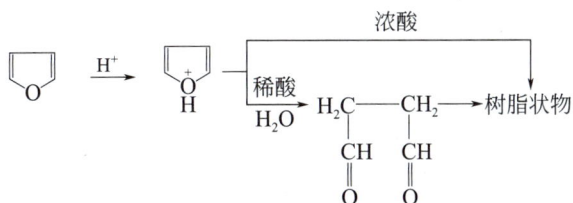

吡咯在浓酸中可开环聚合成树脂状物，在空气中容易被氧化而变黑。

为避免氧化、开环及聚合等副反应，在呋喃、噻吩和吡咯的亲电取代反应中，应使用较温和的试剂和反应条件。

（2）亲电取代反应

呋喃、噻吩和吡咯比苯易发生亲电取代反应。呋喃和吡咯对酸不稳定，进行亲电取代反应时选用的试剂及反应条件与苯的反应大多不同。

① 卤代反应。呋喃、噻吩和吡咯很活泼，进行氯代、溴代反应时不需要催化剂；为避免多取代物生成，反应在低温和低的试剂浓度下进行。如呋喃在 $0℃$ 下即可发生溴代反应；噻吩与氯的反应在室温和乙酸溶液中较苯快 10^7 倍，与溴反应快 10^9 倍。

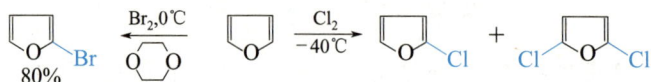

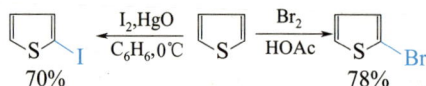

吡咯卤代反应的活性与苯酚或苯胺相似，生成四取代物。

四碘吡咯

② 硝化反应。硝酸是强酸及强氧化剂。为避免反应底物被氧化，一般采用酸酐和硝酸（乙酰基硝酸酯，CH_3COONO_2）在低温下进行硝化，硝基主要进入 α 位。

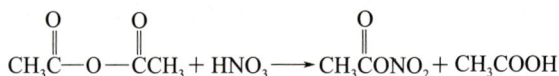

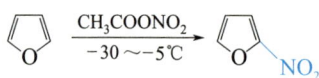

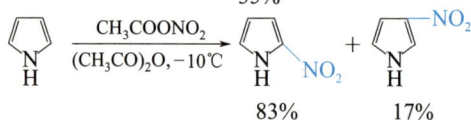

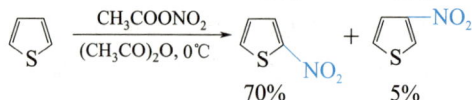

③ 磺化反应。呋喃、噻吩和吡咯常用吡啶的三氧化硫加合物作为磺化剂，进行磺化反应。

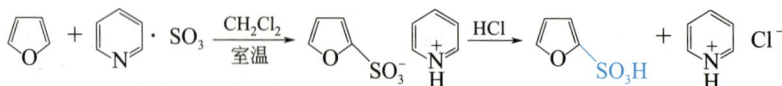

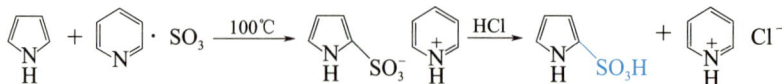

噻吩的磺化比苯容易，在室温下就可进行，生成 α-噻吩磺酸，水解后又可生成噻吩。

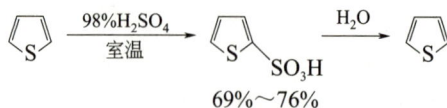

利用噻吩的上述性质，可在室温下用浓硫酸脱除从煤焦油中提取的粗苯中的噻吩。

④ 傅-克酰基化反应。傅-克酰基化反应需要用较温和的催化剂如 $SnCl_4$、BF_3 等，活性

较大的吡咯可不用催化剂，直接用酸酐进行酰基化。

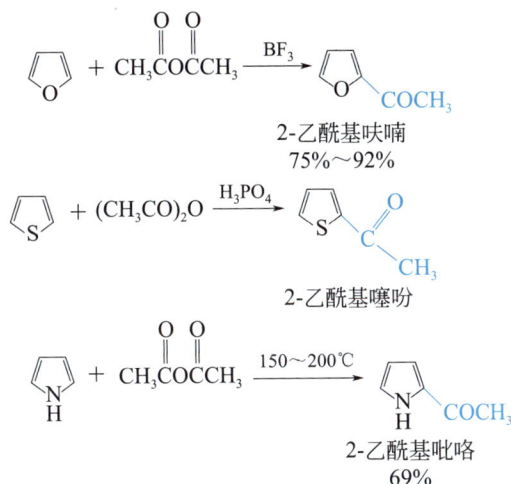

2-乙酰基呋喃
75%~92%

2-乙酰基噻吩

2-乙酰基吡咯
69%

(3) 加成反应

呋喃、噻吩和吡咯都可催化加氢，生成相应的四氢化物。其中，四氢呋喃是重要的有机溶剂，而四氢吡咯为重要的有机碱。噻吩分子中含硫，催化氢化时需用特殊的催化剂。

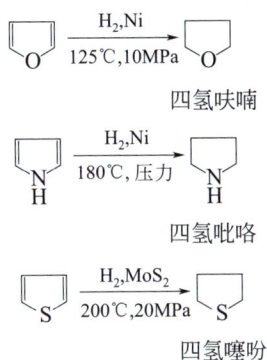

四氢呋喃

四氢吡咯

四氢噻吩

噻吩和吡咯还可被部分还原为二氢化物。

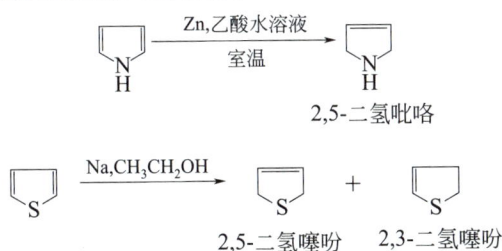

2,5-二氢吡咯

2,5-二氢噻吩　　2,3-二氢噻吩

呋喃具有较明显的共轭二烯的性质，能与活泼的亲双烯试剂发生狄尔斯-阿德尔双烯合成反应。

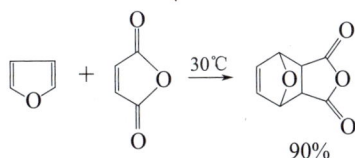

90%

吡咯和噻吩也可进行狄尔斯-阿德尔双烯合成反应，但反应性比呋喃弱，需在特定条件下才能发生。

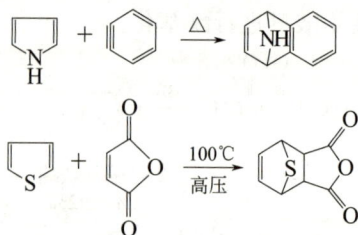

思考题 13-2　呋喃容易与顺丁烯二酸酐进行双烯合成反应，而噻吩和吡咯则不容易，试解释之。

(4) 吡咯的弱碱性和弱酸性

吡咯分子中氮原子上还有一个氢原子，它是仲胺；由于氮原子上的一对电子参与了杂环共轭体系的形成，难以再结合 H^+，它的碱性极弱（pK_b 13.6）。同时，与氮原子相连的氢原子变得较活泼，具有弱酸性（其酸性介于乙醇和苯酚之间），能与碱金属、氢氧化钾或氢氧化钠作用生成盐。

吡咯成盐后，使环上电荷密度增高，环上亲电取代更易进行。

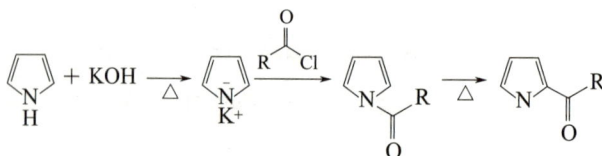

吡咯经催化加氢后，芳香性消失，碱性随之增强。例如：

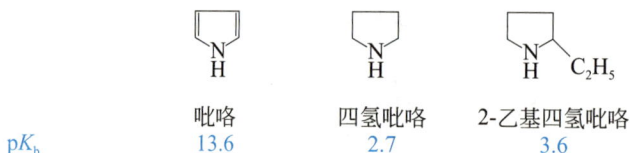

	吡咯	四氢吡咯	2-乙基四氢吡咯
pK_b	13.6	2.7	3.6

13.2.2　糠醛

糠醛的学名为 α-呋喃甲醛，是呋喃衍生物中最重要的一个，最初用米糠与稀酸共热制得。

(1) 糠醛的制法

工业上，糠醛由甘蔗渣、花生壳、棉籽壳、高粱秆和玉米芯等农副产品与稀硫酸共热蒸馏制得。这些原料中都含有碳水化合物多缩戊糖，在酸的作用下，多缩戊糖先解聚变成戊醛糖，后者进一步脱水而成糠醛。

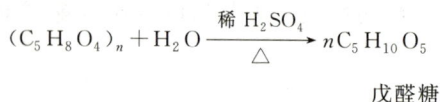

$$(C_5H_8O_4)_n + H_2O \xrightarrow[\triangle]{\text{稀 } H_2SO_4} n C_5H_{10}O_5$$

戊醛糖

(2) 糠醛的物理和化学性质

糠醛是无色透明液体，沸点 162℃，熔点 −36.5℃，相对密度 1.160。在空气中放置时逐渐变为黄色至棕色，能溶于水，并与乙醇、乙醚混溶。糠醛和苯胺在乙酸存在下呈红色。此反应可用来定性检验糠醛。

糠醛是不含 α 氢原子的醛，性质类似于苯甲醛，可发生康尼扎罗（Cannizzaro）反应、柏琴（Perkin）反应及氧化还原等反应。

糠醛在浓碱的作用下会发生歧化反应即康尼扎罗反应，生成糠醇和糠酸。

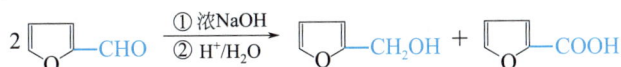

$$2 \underset{O}{\bigcirc}-CHO \xrightarrow[\text{② } H^+/H_2O]{\text{① 浓NaOH}} \underset{O}{\bigcirc}-CH_2OH + \underset{O}{\bigcirc}-COOH$$

和其他无 α-H 的醛一样，糠醛可以和乙酸酐发生柏琴反应，生成 α,β-不饱和羧酸。例如：

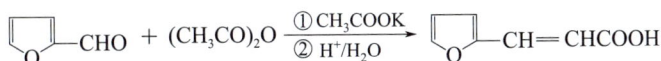

$$\underset{O}{\bigcirc}-CHO + (CH_3CO)_2O \xrightarrow[\text{② } H^+/H_2O]{\text{① } CH_3COOK} \underset{O}{\bigcirc}-CH=CHCOOH$$

其产物 2-呋喃丙烯酸热脱羧可合成 2-乙烯基呋喃，2-乙烯基呋喃是一种高分子聚合物的单体。

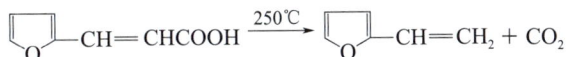

$$\underset{O}{\bigcirc}-CH=CHCOOH \xrightarrow{250℃} \underset{O}{\bigcirc}-CH=CH_2 + CO_2$$

糠醛和水蒸气的混合物在高温时通过混合催化剂，可脱去羰基生成呋喃，这是制备呋喃的一种方法。

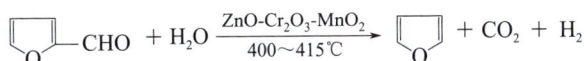

$$\underset{O}{\bigcirc}-CHO + H_2O \xrightarrow[400\sim415℃]{ZnO\text{-}Cr_2O_3\text{-}MnO_2} \underset{O}{\bigcirc} + CO_2 + H_2$$

呋喃经下列反应可以制得己二酸和己二胺。己二酸和己二胺是制备尼龙-66 的原料。

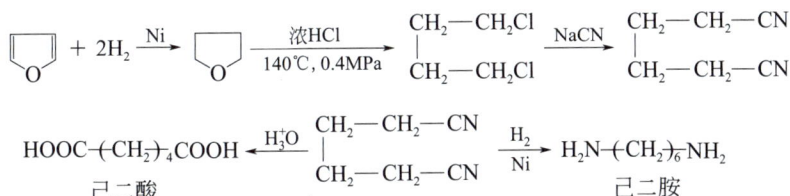

$$\underset{O}{\bigcirc} + 2H_2 \xrightarrow{Ni} \underset{O}{\bigcirc} \xrightarrow[140℃, 0.4MPa]{\text{浓HCl}} \begin{matrix} CH_2-CH_2Cl \\ | \\ CH_2-CH_2Cl \end{matrix} \xrightarrow{NaCN} \begin{matrix} CH_2-CH_2-CN \\ | \\ CH_2-CH_2-CN \end{matrix}$$

$$HOOC\text{-}(CH_2)_4COOH \xleftarrow{H_3^+O} \begin{matrix} CH_2-CH_2-CN \\ | \\ CH_2-CH_2-CN \end{matrix} \xrightarrow[Ni]{H_2} H_2N\text{-}(CH_2)_6NH_2$$

己二酸　　　　　　　　　　　　　　　己二胺

在光、热的作用下，糠醛与空气中的氧发生复杂的反应，使糠醛颜色变黄，最终变黑而变质。所以糠醛要低温避光保存。在碱性条件下，糠醛可以被高锰酸钾氧化成糠酸（α-呋喃甲酸）。糠酸可作杀菌剂和防腐剂。

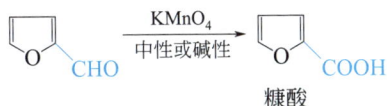

$$\underset{O}{\bigcirc}-CHO \xrightarrow[\text{中性或碱性}]{KMnO_4} \underset{O}{\bigcirc}-COOH$$

糠酸

在高温和催化剂作用下，糠醛还可被氧气氧化成顺丁烯二酸酐（马来酸酐）。

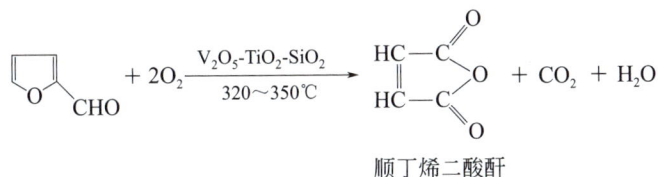

$$\underset{O}{\bigcirc}-CHO + 2O_2 \xrightarrow[320\sim350℃]{V_2O_5\text{-}TiO_2\text{-}SiO_2} \begin{matrix} HC-C \\ \| \quad \diagdown \\ HC-C \diagup \end{matrix}{}^{O}_{O} O + CO_2 + H_2O$$

顺丁烯二酸酐

在不同催化剂的作用下，糠酸加氢可分别被还原成糠醇（α-呋喃甲醇）和四氢糠醇。

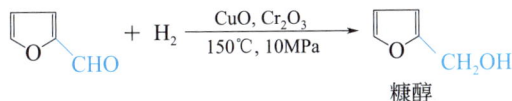

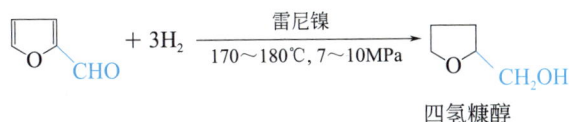

$$\underset{O}{\bigcirc}-CHO + H_2 \xrightarrow[150℃, 10MPa]{CuO, Cr_2O_3} \underset{O}{\bigcirc}-CH_2OH$$

糠醇

$$\underset{O}{\bigcirc}-CHO + 3H_2 \xrightarrow[170\sim180℃, 7\sim10MPa]{\text{雷尼镍}} \underset{O}{\bigcirc}-CH_2OH$$

四氢糠醇

糠醛是常用的优良溶剂，也是有机合成的重要原料。例如，它与苯酚缩合生成类似电木的酚糠醛树脂。糠醇也是优良溶剂，工业上用于制造糠醇树脂，这种树脂具有耐酸碱、抗有机溶剂和对热稳定等优良性能，可用作化工设备的防腐涂料、胶合剂及制造玻璃钢。糠酸可作防腐剂及制造增塑剂等的原料。四氢糠醇也是一种优良溶剂和原料。

思考题 13-3　糠醛在稀碱作用下能否与乙醛反应？写出反应式。

13.2.3　吲哚

吲哚是由苯环和吡咯环稠合而成的稠杂环化合物，也称为苯并吡咯，其重要的异构体为异吲哚。

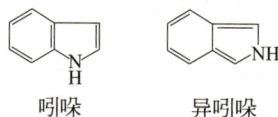

吲哚　　　　异吲哚

(1) 吲哚的制法

实验室常用邻甲苯胺制备吲哚。

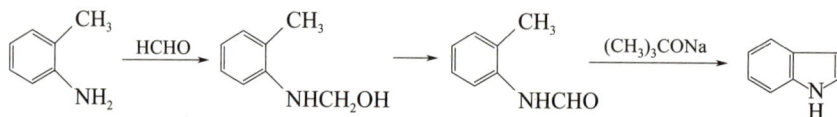

(2) 吲哚的性质

吲哚通常为片状结晶，熔点 52℃，沸点 253℃，具有粪臭味，N—H 键有弱酸性，可以生成钾盐或钠盐。吲哚的亲电取代反应发生在 β 位上，加成和取代都在吡咯环上进行。吲哚也能使浸有盐酸的松木片显红色。

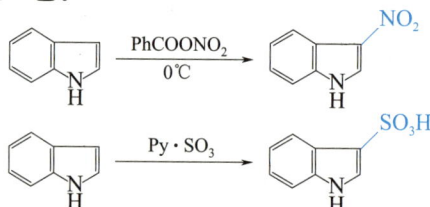

吲哚及其衍生物常存在于动、植物中。如动物粪便中含有吲哚及其同系物 β-甲基吲哚；β-吲哚乙酸是天然植物激素；5-羟色胺是动物激素，参与神经系统的传递；褪黑素是脑白金的成分。

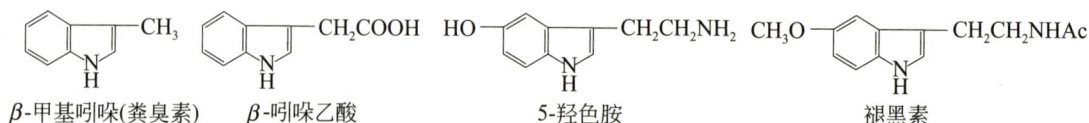

β-甲基吲哚(粪臭素)　　β-吲哚乙酸　　　　5-羟色胺　　　　　　　褪黑素

思考题 13-4　吲哚在进行亲电取代时，为什么反应主要发生在吡咯环上？

13.2.4　含两个杂原子的五元环

唑可以看作是呋喃、噻吩和吡咯环上 3 位或 2 位上的—CH 换成氮原子后的化合物。常见的有咪唑、噁唑、噻唑和吡唑。

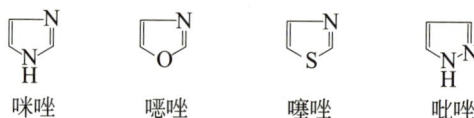

咪唑　　　　噁唑　　　　噻唑　　　　吡唑

以咪唑为例说明唑的结构。咪唑环上五个原子都是 sp^2 杂化，连有 H 的 N 原子的孤电

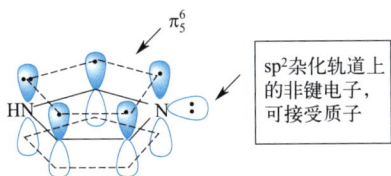

图 13-2　咪唑的分子结构

子对处于 p 轨道，而另一个 N 的孤对电子处于 sp^2 杂化轨道，p 轨道上的单电子参与成环，形成闭合的五中心六电子大 π 键共轭体系（见图 13-2），有芳香性，而且稳定性增大。由于不连 H 原子的 N 原子的 sp^2 杂化轨道上还有一对非键电子，容易与质子结合，有碱性。咪唑的碱性比吡咯强得多。

吡唑和咪唑是同分异构体；吡唑和咪唑环还存在互变异构现象，当环上连有取代基时，就存在互变异构体，如 4-甲基咪唑和 5-甲基咪唑，这对互变异构体不能分离，称为 4(5)-甲基咪唑。

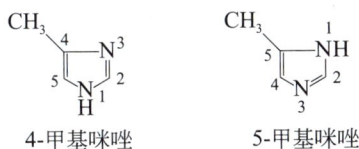

4-甲基咪唑　　　　5-甲基咪唑

唑都可以发生亲电取代反应，但由于唑分子中增加了一个吸引电子的氮原子，降低了环上的电子云密度，因而唑的亲电取代反应活性较呋喃、噻吩、吡咯低。其中，咪唑、噁唑和吡唑都是 4 位取代，噻唑为 5 位取代。

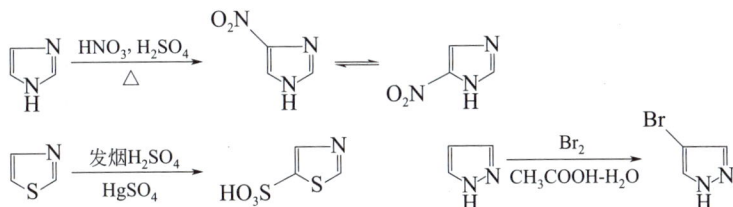

一些重要的天然产物及合成药物，如青霉素、维生素 B_1、磺胺噻唑和某些染料等结构中都含有噻唑或氢化噻唑环。

维生素B_1　　　　　　　　　　　青霉素G

咪唑有不少重要的衍生物。如组氨酸是人体内重要的氨基酸，组氨酸在细菌作用下脱羧生成组胺，有扩张血管、降低血压等作用。治疗脚气的药物"达克宁"的有效成分和广谱杀菌剂（农药）多菌灵都含有咪唑环。

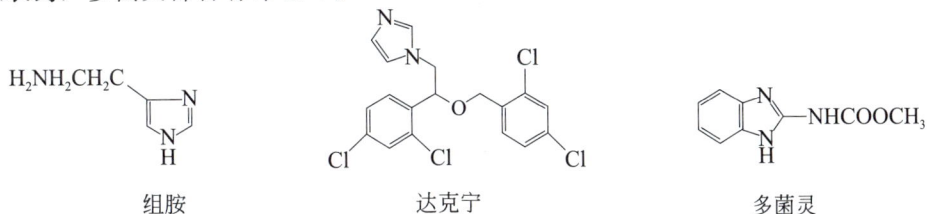

组胺　　　　　　　　　达克宁　　　　　　　　　多菌灵

13.3　六元杂环化合物

六元杂环化合物中最重要的有吡啶、嘧啶、喹啉和异喹啉等。

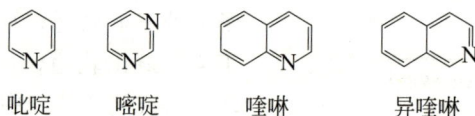

吡啶　　嘧啶　　喹啉　　异喹啉

13.3.1　六元单杂环

本节主要介绍吡啶的结构、性质。

13.3.1.1　吡啶的结构和反应性

吡啶环与苯环相似，成环的碳原子和氮原子都是 sp^2 杂化，垂直于分子平面的 p 轨道形成一个六中心六电子的闭合大 π 键（π_6^6），π 电子数符合休克尔 $4n+2$（$n=1$）规则，吡啶具有芳香性，可发生取代反应。吡啶氮原子上的一对非键电子在 sp^2 杂化轨道上，未参与形成环的共轭体系，可接受质子而表现出碱性，如图 13-3 所示。

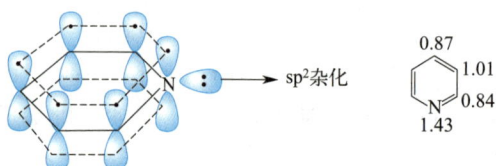

图 13-3　吡啶的形成示意图

吡啶环中因氮原子的电负性高于碳原子，环上电子云密度分布不均（见图 13-3）且比苯低，比苯难进行亲电取代反应，也较难被氧化，但易被还原。

思考题 13-5　吡啶和吡咯都是含氮杂环，也都有芳香性，但吡啶有碱性，吡咯却没有，如何解释？

13.3.1.2　吡啶的物理性质

吡啶主要存在于煤焦油和页岩油中。吡啶是具有特殊臭味的无色液体，熔点 $-42℃$，沸点 $115℃$，相对密度 0.982。吡啶可与水、乙醇和乙醚等混溶，是一种良好的溶剂，能溶解多种有机物和无机物。

13.3.1.3　吡啶的化学性质

(1) 碱性与成盐

吡啶是叔胺，具有碱性，其碱性（pK_b 8.80）比脂肪胺弱，但比芳香胺如苯胺（pK_b 9.20）强。吡啶易与酸成盐，在有机合成中常作缚酸剂。

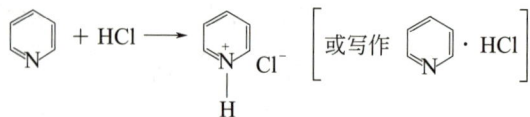

与三氧化硫生成的配合物是常用的缓和磺化剂。

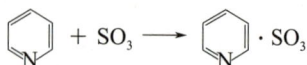

与叔胺相似，吡啶也可与卤代烃进行亲核取代反应，如吡啶与碘甲烷作用生成季铵盐，该盐受热失去卤化氢，得到 α-甲基吡啶和 γ-甲基吡啶。

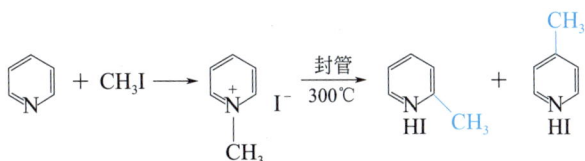

吡啶与酰氯作用也能成盐，产物是良好的酰化剂。例如：

(2) 取代反应

吡啶的性质与硝基苯相似，亲电取代如硝化、磺化等反应需要在较高的反应条件才能进行；不发生傅瑞德尔-克拉夫茨（Friedel-Crafts）烷基化和酰基化反应；亲电取代主要发生在 β 位上。

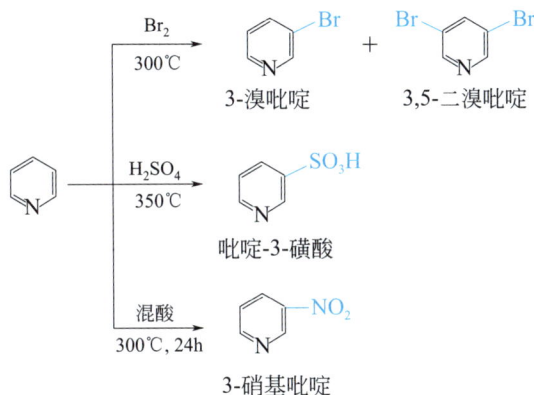

受吡啶氮原子吸电子效应的影响，吡啶环可发生亲核取代反应。与硝基苯类似，吡啶 α 位和 γ 位的卤原子容易被亲核试剂取代，如：

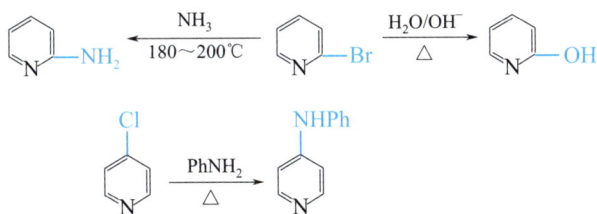

吡啶 α 位上的氢原子有酸性，可被某些强碱性亲核试剂取代。吡啶和氨基钠的反应称为齐齐巴宾（Chichibabin）反应，这个反应是在吡啶、喹啉及其衍生物的氮杂环上直接引入氨基的有效方法。

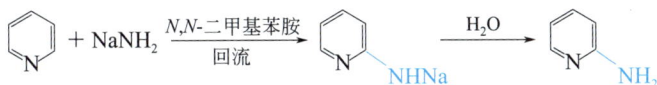

(3) 氧化和还原反应

吡啶比苯稳定，铬酸或硝酸都不能使吡啶环氧化。吡啶的同系物氧化时，总是侧链先氧化，结果生成相应的吡啶甲酸。例如：

$$吡啶-3-甲酸(烟酸)$$

$$吡啶-4-甲酸(异烟酸)$$

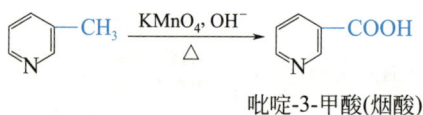

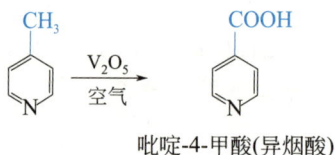

若分子中同时有苯环和吡啶环，则是苯环被氧化。

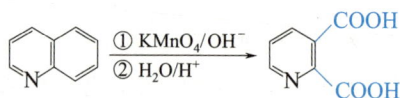

吡啶-3-甲酸（烟酸）和它的衍生物烟酰胺都是维生素，用于治疗癞皮病。吡啶-4-甲酸（异烟酸）的衍生物异烟酰肼（也称异烟肼），商品名叫"雷米封"，是较好的抗结核菌药，可通过下列反应制得。

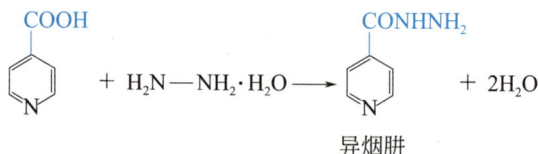

$$异烟肼$$

吡啶与 30％ 的 H_2O_2 和冰乙酸作用时，生成 N-氧化吡啶。

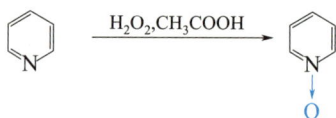

吡啶经催化氢化或用乙醇和钠还原，可得六氢吡啶。例如：

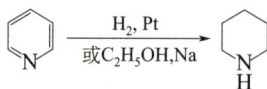

六氢吡啶又称哌啶，是无色又具有特殊气味的液体，易溶于水。它的性质与脂肪胺相似，碱性比吡啶大，常用作溶剂和有机合成原料。

思考题 13-6　将苯胺、苄胺、吡咯、吡啶、氨，按碱性由强至弱的次序排列。

思考题 13-7　比较吡咯和吡啶的酸碱性、环的稳定性和亲电取代反应活性。

13.3.2　喹啉

喹啉由苯环和吡啶环稠合而成。喹啉存在于煤焦油和骨焦油中，但含量不多，可用稀硫酸提取。喹啉及其衍生物一般由苯的衍生物环合制得。

13.3.2.1　喹啉的制备

自由基历程 C—H
官能化

最常用的喹啉合成方法是斯克洛浦（Skraup）合成法，用苯胺、甘油、浓硫酸和硝基苯共热制备。反应时，首先是甘油脱水生成丙烯醛，后者和苯胺发生 1,4-加成生成 $β$-苯胺基丙醛，再经环化和脱水生成二氢喹啉，最后被硝基苯氧化成喹啉。

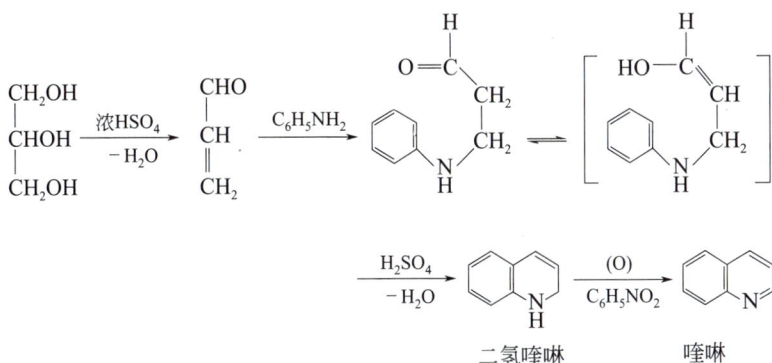

二氢喹啉　　　　喹啉

若用其他芳胺或不饱和醛代替苯胺或丙烯醛，便可制得各种喹啉的衍生物。例如：

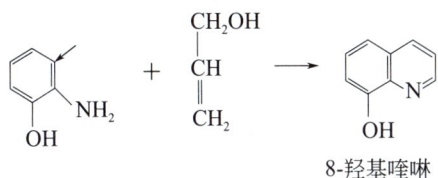

8-羟基喹啉

13.3.2.2　喹啉的性质

喹啉是无色油状液体，有特殊气味，沸点 238℃，熔点 −15.6℃，是一种高沸点溶剂；相对密度 1.095，难溶于水，易溶于有机溶剂如乙醚等。喹啉在空气中放置逐渐变成黄色。其主要化学性质如下。

(1) 弱碱性

喹啉与吡啶很相似，也具有弱碱性（pK_b 9.1），碱性比吡啶（pK_b 8.8）弱。喹啉与酸作用生成盐，如它与重铬酸作用生成难溶于水的复盐（C_8H_7N)$_2$·$H_2Cr_2O_7$，用此法可精制喹啉。喹啉也可与卤代烷作用形成季铵盐。

(2) 取代反应

喹啉可发生亲电取代反应。由于吡啶环电子云密度低，取代基多进入苯环（5 位或 8 位）。喹啉和吡啶一样，也能发生亲核取代反应，取代基则进入吡啶环（2 位或 4 位）。例如：

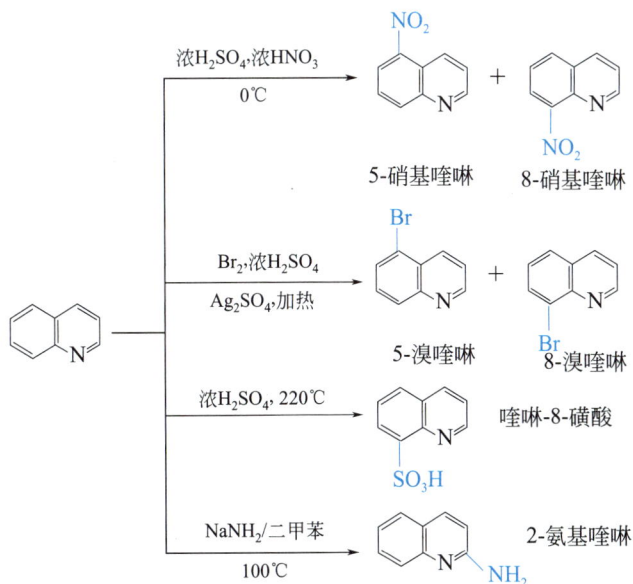

(3) 氧化和还原反应

喹啉对氧化剂较稳定,用强氧化剂高锰酸钾氧化时,通常是苯环破裂,生成吡啶-2,3-二甲酸。

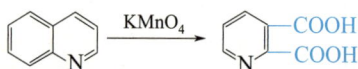

吡啶-2,3-二甲酸受热脱羧生成烟酸:

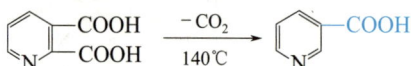

当用锡和盐酸或金属钠和乙醇作还原剂,或用雷尼镍或钯作催化剂进行加氢时,吡啶环加氢生成1,2,3,4-四氢喹啉。若用更活泼的催化剂,喹啉加氢生成十氢喹啉。

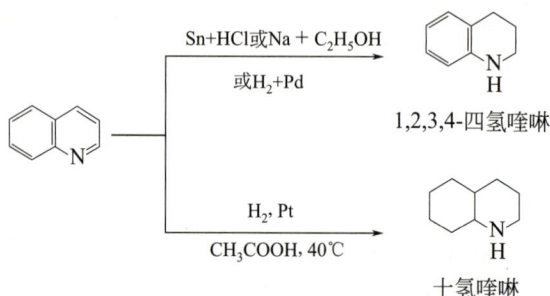

喹啉的衍生物 8-羟基喹啉可以由喹啉-8-磺酸与氢氧化钠共熔得到。

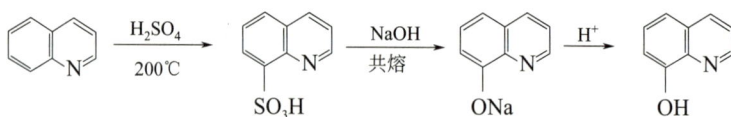

8-羟基喹啉能与 Mg、Al、Mn、Fe、Cd、Ni 及 Cu 等形成螯合物,在分析测定以及萃取分离中使用。例如:

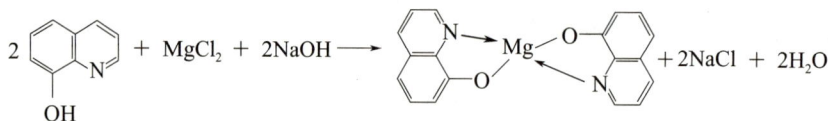

喹啉的衍生物在自然界存在很多,如奎宁存在于金鸡纳树皮中,有抗疟疾疗效;罂粟碱、吗啡等可从鸦片中提取出来。

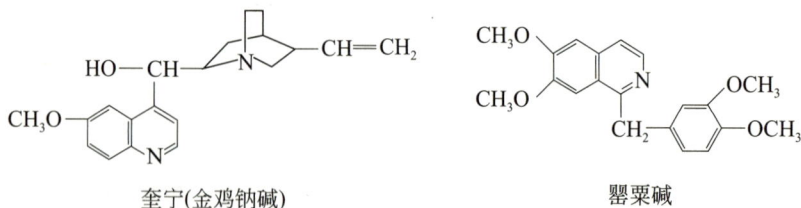

奎宁(金鸡钠碱)　　　　　　　罂粟碱

13.3.3　异喹啉

异喹啉是一种无色晶体,具有特殊气味,熔点 24℃,沸点 243℃,微溶于水,易溶于醇、醚、苯等有机溶剂,碱性较喹啉强,有罂粟碱、小檗碱等重要衍生物。

异喹啉可发生亲电取代反应,一般以 5 位取代产物为主:

异喹啉   5-硝基异喹啉(90%)

而亲核取代则以 1 位取代产物为主:

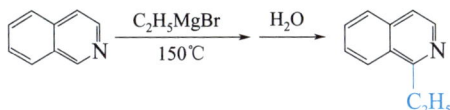

异喹啉可用于农药、医药、染料、橡胶促进剂等产品的生产。

13.3.4 嘧啶和嘌呤

(1) 嘧啶

嘧啶中的氮原子是 sp^2 杂化的,都以一个 p 电子参与共轭,性质与吡啶类似。由于氮原子的吸电子作用,嘧啶的碱性比吡啶弱得多,可与强酸成盐。亲电取代反应比吡啶难(不发生硝化、磺化,只发生卤代)。

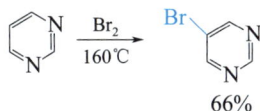

嘧啶环上有活化基团时亲电取代反应容易进行。

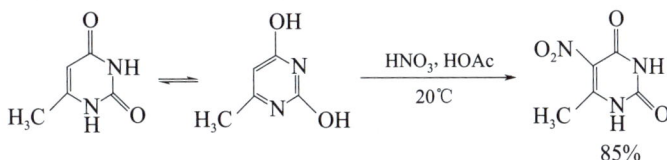

嘧啶可以发生亲核取代反应,最易在 2 位发生,其次是 4 位、6 位。取代环上的卤素要比取代环上的负氢更容易。

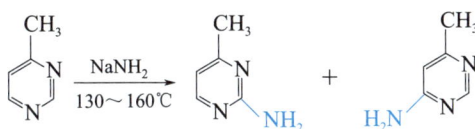

嘧啶环广泛存在于自然界中,如胞嘧啶、尿嘧啶和胸腺嘧啶是核酸的三个碱基;在维生素 B_1、安定与某些镇静、抗癌药物中都含有嘧啶环。

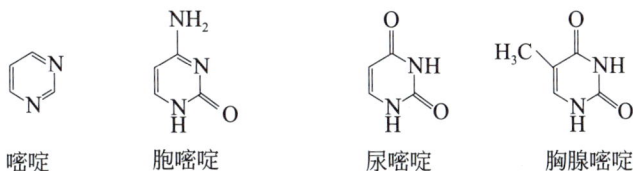

嘧啶   胞嘧啶   尿嘧啶   胸腺嘧啶

(2) 嘌呤

嘌呤由一个嘧啶环和咪唑环稠合而成。嘌呤本身不存在于自然界中,但它的衍生物在自然界中分布很广,如腺嘌呤、鸟嘌呤是核酸的组成部分,血液和尿中的尿酸也是嘌呤衍生物。

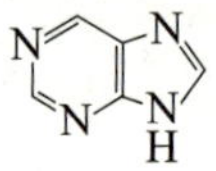

嘌呤 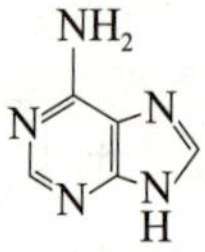　　　　　　腺嘌呤 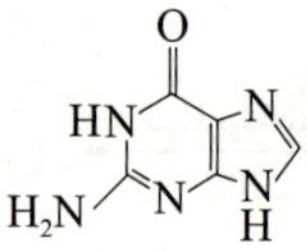　　　　　　鸟嘌呤 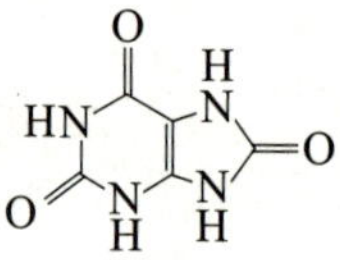　　　　　　尿酸

13.4　生物碱

13.4.1　生物碱的概念

生物碱是一类存在于生物体内的含氮碱性有机化合物。由于它们主要存在于植物中，所以又叫作植物碱。

生物碱具有很强的生理作用，对人体很重要。例如，吗啡碱有镇静作用，麻黄碱有止咳平喘效用，喹啉碱能治疗疟疾等。但是它们的毒性大，适量能治病，量大时能使人中毒，甚至死亡。

生物碱的结构一般是比较复杂的多环化合物，分子中有含氮的杂环，如吡啶、吲哚、喹啉、嘌呤等。因此，生物碱的分类就以它所含的杂环为依据，分为吡啶类、吲哚类、喹啉类等。

生物碱是人们研究得最早和最多的一类中草药有效成分，迄今已从各种植物和极少数的动物中分离出几千种不同的生物碱，其中结构已经确定、具有良好疗效和投产的有100多种。

13.4.2　生物碱的性质

13.4.2.1　生物碱的物理性质

生物碱一般为无色或白色结晶形固体，少数是有颜色的液体，难溶于水，易溶于乙醇、乙醚、氯仿和苯等有机溶剂。

生物碱大多都有旋光性，自然界中存在的一般都是左旋体。左旋体和右旋体的生理作用往往差别很大。

13.4.2.2　生物碱的化学性质

（1）弱碱性

生物碱分子中的氮原子一般结合在环状结构中，以仲胺、叔胺和季铵碱三种形式存在，显弱碱性。能与酸作用生成盐。其盐一般易溶于水、乙醇，难溶于其他有机溶剂。

生物碱的盐遇碱仍可变为不溶于水的生物碱。这个性质可表示如下：

$$\text{生物碱} \equiv \text{N：} \underset{\text{NaOH}}{\overset{\text{HCl}}{\rightleftharpoons}} [\text{生物碱} \equiv \text{N：H}]^+ \text{Cl}^-$$
$$\text{（水中析出）} \qquad\qquad\qquad \text{（溶于水中）}$$

一般来说，生物碱的提取、分离和精制都是利用这个性质。

（2）氧化反应

在氧化剂的作用下，生物碱能够发生氧化反应生成相应的氧化产物。例如：

烟碱
KMnO₄ 或HNO₃
烟酸(β-吡啶甲酸)

咖啡碱

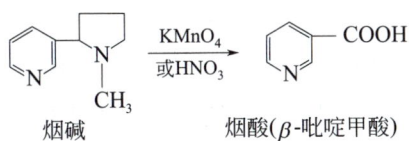

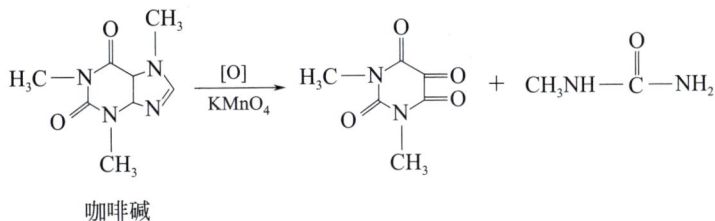

(3) 沉淀和颜色反应

许多试剂能与生物碱作用，生成不溶性的沉淀或产生颜色反应，这些试剂称为生物碱试剂。用这些试剂可检验生物碱的存在。与生物碱生成沉淀的试剂有鞣酸、苦味酸、磷钨酸（$H_3PO_4 \cdot 12WO_3 \cdot 2H_2O$）、硅钨酸（$12WO_3 \cdot SiO_2 \cdot 4H_2O$）、碘化铋钾（$BiI_3 \cdot KI$）等。与生物碱产生颜色反应的有浓硫酸、硝酸、甲醛和氨水等。

例如，尿酸在用浓硝酸氧化后，再加入浓氨水即呈现紫红色。这一颜色反应称为红紫酸铵反应，十分灵敏。用于鉴定尿酸、黄嘌呤和咖啡碱等嘌呤衍生物。反应式如下：

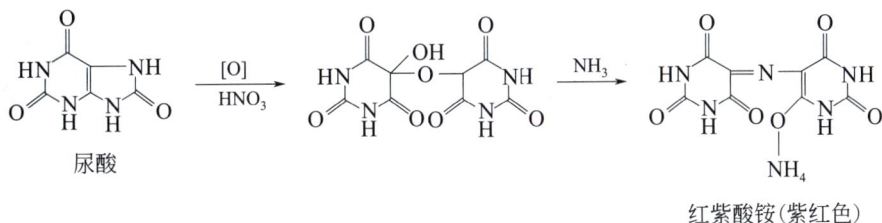

尿酸　　红紫酸铵(紫红色)

13.4.3　重要的生物碱

(1) 小檗碱

小檗碱是黄连的主要成分，存在于黄连、黄柏等小檗科植物中。分子中含有异喹啉环。它是黄色结晶，味很苦，易溶于热水和热乙醇，但不溶于乙醚。有很强的抗菌作用，常用于治疗菌痢、胃肠炎等疾病。

(2) 烟碱

烟碱又称尼古丁，存在于烟叶中。分子中含有吡啶环。微黄色液体，沸点246℃，溶于水。有毒，40mg能使人致死。少量有兴奋中枢神经、升高血压的作用；量大则能抑制中枢神经系统，使心脏停搏致死。因此，吸烟是有害健康的。烟碱可用作杀虫剂，杀灭蚜虫、木虱等害虫。

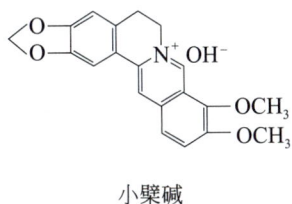

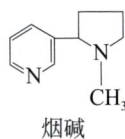

小檗碱　　　　　　　　　　　　　　烟碱

(3) 奎宁

奎宁又称金鸡纳碱，存在于金鸡纳树中。分子中含有喹啉环。它是针状结晶，熔点177℃，微溶于水，易溶于乙醇、乙醚等有机溶剂。奎宁是最早使用的一种抗疟疾药。

为了满足医药上的需求，人们一直在寻找疗效更好、合成方便的抗疟疾药物，经长期的研究探索，从几万种化合物中筛选出如下几种作为临床治疗疟疾的新药。奎宁和几种治疗疟疾新药的构造式如下：

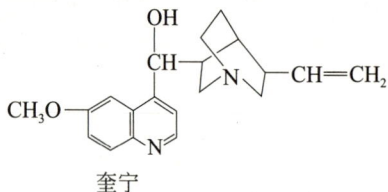

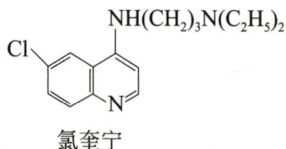

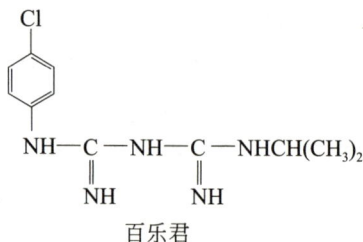

奎宁　　　　　　　　　　　　　　氯奎宁

阿的平　　　　　　　　　百乐君

拒绝烟草
拥抱健康

中国青霉素之父

关键词

杂环化合物-heterocyclic compounds	吲哚-indole
呋喃-furan	喹啉-quinoline
噻吩-thiophene	异喹啉-isoquinoline
吡咯-pyrrole	苯并呋喃-benzofuran
吡啶-pyridine	苯并噻吩-benzothiophene
嘧啶-pyrimidine	苯并咪唑-benzimidazole
嘌呤-purine	生物碱-alkaloid
三氮唑-triazole	尿酸-uric acid
四氮唑-tetrazole	小檗碱-berberine
咪唑-imidazole	烟碱-nicotine
噁唑-oxazole	奎宁-quinine
噻唑-thiazole	Chichibabin 反应-Chichibabin reaction
吡唑-pyrazole	Skraup 合成法-Skraup synthesis
糠醛-furfural	Fischer 吲哚合成法-Fischer indole synthesis
烟酸-nicotinic acid	Paal-Knorr 合成法-Paal-Knorr synthesis

习　题

13-1　写出下列化合物的构造式。

（1）3-甲基吡咯　　　　　（2）α-噻吩磺酸　　　　　（3）γ-吡啶甲酸

（4）β-氯代呋喃　　　　　（5）β-吲哚乙酸

（6）碘化 N,N-二甲基四氢吡咯

（7）四氢呋喃　　　　　（8）六氢吡啶　　　　　（9）8-羟基喹啉

（10）糠醛、糠醇、糠酸

第 13 章习题答案

13-2 命名下列化合物。

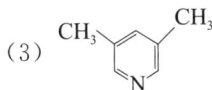

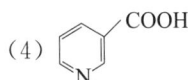

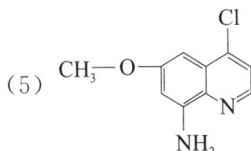

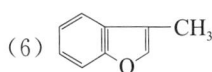

（1）　　　（2）　　　（3）

（4）　　　（5）　　　（6）

13-3 完成下列各反应。

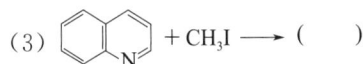

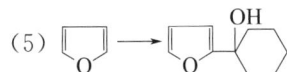

（1）5-甲基糠醛 $\xrightarrow{\text{浓NaOH}}$ (A) + (B)

（2） + $(CH_3CO)_2O$ $\xrightarrow{SnCl_4}$ (　　　)

（3） + CH_3I $\longrightarrow$ (　　　)

（4）β-甲基吡啶 $\longrightarrow$

（5） $\longrightarrow$

13-4 从指定原料出发合成下列化合物。

（1）糠醛 $\longrightarrow$ 尼龙 66

（2）吡啶 $\longrightarrow$ 2-羟基吡啶

（3）呋喃 $\longrightarrow$ 5-硝基糠酸

13-5 用化学方法区分下列化合物。

（1）苯和噻吩　　　（2）吡咯和四氢吡咯　　　（3）苯甲醛和糠醛

13-6 把下列化合物按其碱性由强到弱排列成序：甲胺、苯胺、吡咯、吡啶、喹啉、氨、乙腈。

13-7 用化学方法除去下列化合物中的少量杂质。

（1）苯中混有少量噻吩　　　　　（2）吡啶中混有少量六氢吡啶

（3）甲苯中混有少量吡啶　　　　（4）β-吡啶乙酸乙酯中含有少量 β-吡咯乙酸

13-8 吡啶甲酸三个异构体的熔点分别为 137℃（A）、234～237℃（B）、317℃（C）。喹啉氧化时得到二元酸 $C_7H_5O_4N$（D），D 加热时生成 B。异喹啉氧化时得到二元酸 $C_7H_5O_4N$（E），E 加热时生成 B 和 C。据此推测 A、B、C、D、E 的构造式，并写出有关的反应式。

13-9 某杂环化合物 $C_5H_4O_2$ 经氧化生成分子式为 $C_5H_4O_3$ 的羧酸，这个羧酸的钠盐与碱石灰作用则转变为 C_4H_4O。后者不与金属钠作用,也没有醛和酮的反应。试推测原来化合物 $C_5H_4O_2$ 的构造式,并写出有关的反应式。

13-10 化合物 $C_9H_{17}N(A)$ 在铂的催化下不吸收氢,A 与 CH_3I 作用后,用湿润的 Ag_2O 处理并加热,得到 $C_{10}H_{19}N(B)$;B 用同样的方法处理后得到 $C_{11}H_{21}N(C)$;C 再用以上方法处理得 D。D 不含甲基,紫外吸收显示含有双键,它的 ^1H NMR 谱显示双键上有 8 个质子。试推测化合物 A、B、C、D 的构造式,并用反应式推导反应过程。

第 14 章

糖、氨基酸和蛋白质

参与构成生命最基本的物质有糖、蛋白质、核酸和脂类等。本书主要介绍糖、氨基酸和蛋白质。

糖（saccharide）是自然界中存在数量最多、分布最广且具有重要生物功能的有机化合物。日常食用的蔗糖、粮食中的淀粉、植物体中的纤维素、人体血液中的葡萄糖均属于糖类化合物。

蛋白质（protein）是生物高分子化合物，化学结构极其复杂，种类繁多。但无论哪一种蛋白质，在与酸、碱或者酶作用时，都水解生成 α-氨基酸的混合物，可以说氨基酸（aminoacid）是构成蛋白质的"基石"。

14.1 糖类

早在 18 世纪，人们就发现葡萄糖、果糖等单糖分子是由碳、氢和氧三种元素组成的，且符合通式 $C_n(H_2O)_m$，这种组成看起来像碳和水结合形成的化合物，故将它们称为碳水化合物。后来，人们发现碳水化合物并不能代表所有的糖类，例如鼠李糖 $C_6H_{12}O_5$，虽然不符合上述通式，但是性质与碳水化合物无异。现在，通常将糖类看成是多羟基醛、多羟基酮及通过水解能生成多羟基醛或多羟基酮的一类有机化合物。但由于碳水化合物这个名词沿用已久，所以至今仍然使用。

14.1.1 糖类化合物的来源和分类

(1) 来源

糖化合物是绿色植物利用太阳能经过复杂的光合作用由 CO_2 和 H_2O 转化而成的。

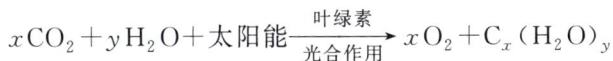

$$x\,CO_2 + y\,H_2O + 太阳能 \xrightarrow[\text{光合作用}]{\text{叶绿素}} x\,O_2 + C_x(H_2O)_y$$

动物不能直接合成糖，当动物吃进绿色植物后，由植物中的淀粉分解成的葡萄糖分子在动物体内各种组织中被动物从空气中吸收的氧经过体内代谢氧化成 CO_2 和 H_2O，放出热量，这些热量是动物维持生命活动不可或缺的。

(2) 分类

根据糖的结构和性质，可以把糖分为三类：单糖、寡糖和多糖。

单糖：不能再水解的多羟基醛或多羟基酮，即最简单的糖。如葡萄糖、果糖等。

寡糖：也称为低聚糖，一般可看作是由两个到十个左右的单糖失水而成的糖类。如蔗糖、麦芽糖，可水解成一分子葡萄糖和一分子果糖，称为二糖。水解成 3 分子单糖的糖称为三聚糖，以此类推。

多糖：可看作是十个以上甚至几百、几千个单糖失水而成的糖类。如淀粉、纤维素可水解成上千个单糖分子。

14.1.2 单糖

单糖可以分为醛糖和酮糖两大类，根据分子中碳原子的数目分别称为丙醛糖、丙酮糖、丁醛糖、丁酮糖等。例如：

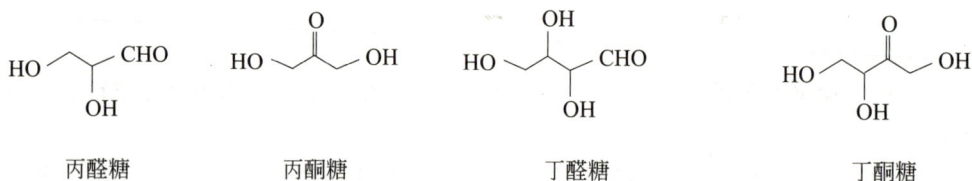

丙醛糖　　　　　丙酮糖　　　　　丁醛糖　　　　　丁酮糖

自然界中发现的单糖主要是戊糖和己糖。最重要的戊糖是核糖，己糖中最重要的是葡萄糖和果糖。

14.1.2.1 单糖的构型和标记法

最简单的单糖是二羟基丙酮（没有手性碳原子）和甘油醛（有一个手性碳原子，有两种对映体）：

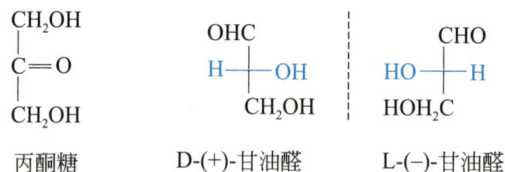

丙酮糖　　　　　D-(+)-甘油醛　　　　L-(−)-甘油醛

其他单糖有多个手性碳原子。己醛糖有四个手性原子，有 $2^4 = 16$ 种构型异构体。

单糖的构型标记沿用 D/L 法，即以甘油醛为标准，凡是单糖分子中编号最大的手性碳原子的构型与 D-甘油醛（—OH 在费歇尔投影式的右边）相同者为 D 型，与 L-甘油醛构型（—OH 在费歇尔投影式的左边）相同者为 L 型。自然界存在的单糖绝大多数是 D 型。例如 D-核糖、D-葡萄糖、D-果糖、D-甘油糖等。D-葡萄糖的费歇尔投影式有各种简化的写法：

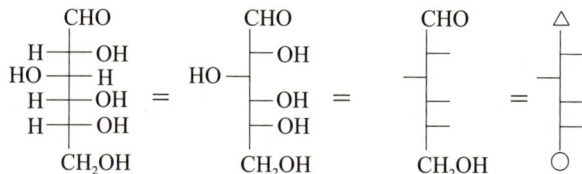

图 14-1 列出了由 D-(＋)-甘油醛导出的 D 型系列的醛式单糖及其普通名称。

由图 14-1 可以看出，构型 D 和 L 与旋光方向没有必然的联系。

14.1.2.2 单糖的环状结构

葡萄糖的开链结构是根据性质推断出来的，但此结构对其另外一些性质和现象则不能作出合理解释：①在红外光谱中找不到醛基的特征峰；②虽然能与 HCN 反应，但不能与 $NaHSO_3$ 饱和溶液反应；③葡萄糖与乙醇反应

赫尔曼·埃米尔·费歇尔

时，仅能与 1mol 乙醇而不是 2mol 乙醇生成缩醛；④D-（＋）-葡萄糖有两种异构体，一种是从乙醇中结晶出来的，熔点是 146℃，比旋光度是＋112，另一种是从吡啶中结晶出来的，熔点是 150℃，比旋光度是＋18.7，两者分别溶于水后，其比旋光度都逐渐变为＋52.7，这种现象称为变旋现象。

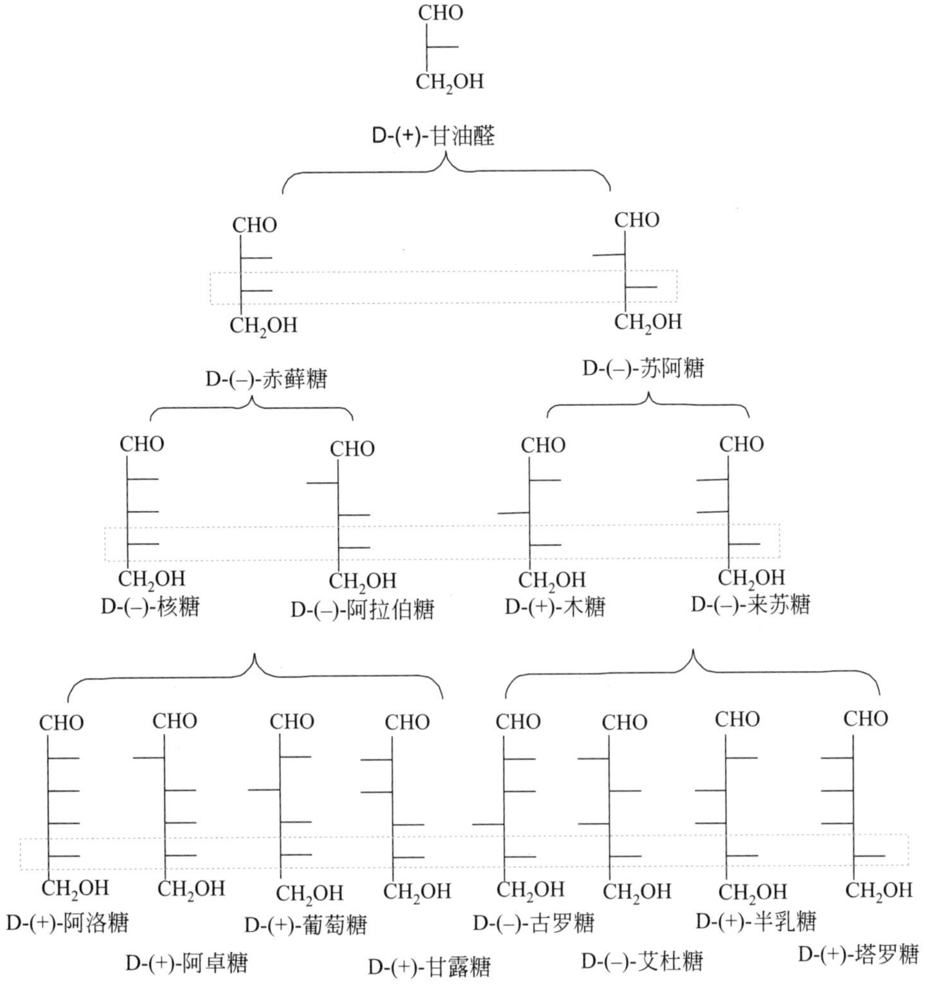

图 14-1　D 型系列醛式单糖的构型及名称

葡萄糖的开链结构无法合理解释上述性质。现代物理和化学方法证明，晶体葡萄糖是以环状结构存在的。其环状结构的形成可以利用醛和醇反应形成半缩醛的原理来解释。由于葡萄糖分子开链结构中既有醛基又含有羟基，分子内可以发生类似于醛和醇的反应，形成半缩醛结构。实验证明，葡萄糖分子中的五个羟基，一般是 C5 上的羟基优先与醛基形成六元环状的半缩醛。其从开链结构变成环状半缩醛结构，羟基可以从醛基所在平面的两侧向醛基进攻，得到两种异构体：一种称为 α-D-（＋）-吡喃葡萄糖，另一种称为 β-D-（＋）-吡喃葡萄糖。这两种环状结构通过开链结构相互转变，组成一个动态平衡体系。各种结构及所占百分含量如图 14-2 所示。

果糖是酮糖的典型代表，其分子也具有类似于葡萄糖的环状结构及变旋现象。在水溶液中，D-果糖的 C6 上的羟基与 >C＝O 发生亲核加成反应生成环状半缩酮，即 α-型和 β-型吡喃果糖；D-果糖的 C5 上的羟基与 $\diagdown C{=}O$ 发生亲核加成反应生成环状半缩酮，即 α-型和 β-型呋喃果糖。D-果糖在水溶液中各种构型异构体处于可逆平衡中，如图 14-3 所示。

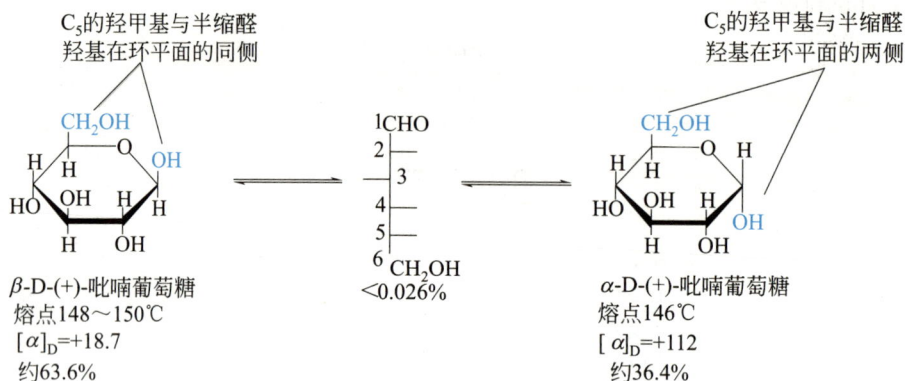

图 14-2　葡萄糖在水溶液中的异构现象

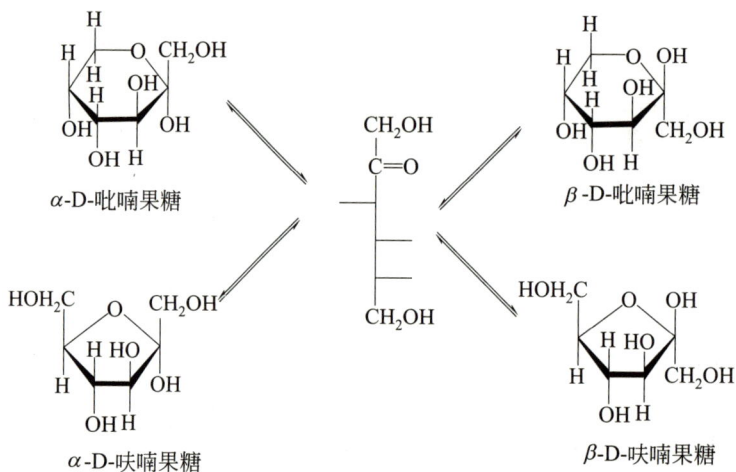

图 14-3　D-果糖在水溶液中的异构现象

练习 14-1　用 R/S 标记法标出古罗糖、阿拉伯糖和苏阿糖各手性碳原子的构型。

14.1.2.3　单糖的物理性质

通常情况下，大多数单糖是无色晶体，有固定熔点，有甜味，易溶于水，可溶于乙醇，难溶于乙醚、丙酮、苯等有机溶剂。除丙酮糖外，所有单糖都具有旋光性，溶于水后存在变旋现象。

14.1.2.4　单糖的化学性质

单糖是多羟基醛或多羟基酮，故单糖具有醇、醛和酮化合物的典型化学性质。但在糖分子中由于羟基和羰基并存，彼此相互影响，而又表现出糖和醛、酮不同的化学性质。

(1) 生成糖苷

一分子醛和两分子醇可以形成缩醛，单糖的半缩醛羟基（称为苷羟基）和一分子羟基化合物反应也可以生成糖的缩醛，叫作苷。例如：

与酮不同，酮糖可以被托伦试剂和斐林试剂氧化，是因为醛糖和酮糖在稀碱作用下，发生了单糖的异构化，即具有邻羟基的醛羰基和酮羰基进行烯醇式重排生成烯二醇，烯二醇不稳定，再次重排形成酮式。如果重排成原来的醛羰基，可使羟基相连的碳原子构型发生变化，此反应是差向异构化（epimerison）；如果重排形成新的羰基，则可使醛羰基转成酮羰基，或酮羰基转化成醛羰基，此反应是官能团转化反应，醛、酮糖间异构化。如 D-葡萄糖、D-甘露糖或 D-果糖在吡啶水溶液中，是一个平衡体系，通过烯二醇结构，三者可以互相转化（见图 14-4）。

α-D-(+)-葡萄糖 与 α-D-(+)-甲基葡萄糖苷

苷广泛存在于自然界中的动、植物体中，苷类和缩醛一样，性质比较稳定，不和苯肼、托伦试剂作用，也不发生变旋现象，但与稀酸共热或动植物体内的特殊酶能水解它。

(2) 单糖的氧化

单糖可被多种氧化剂氧化，表现出还原性。所用的氧化剂不同，其氧化产物也不同。醛糖可以被溴水氧化成糖酸，被硝酸氧化成糖二酸。

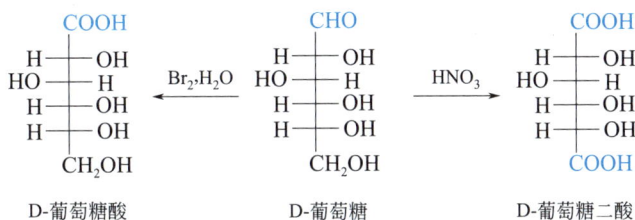

酮糖比醛糖较难氧化，例如果糖不被溴水氧化。

醛糖和酮糖都可以被托伦试剂和斐林试剂氧化，分别有银镜或砖红色的氧化亚铜沉淀生成。能够与托伦试剂和斐林试剂起氧化还原反应的糖叫作还原糖。

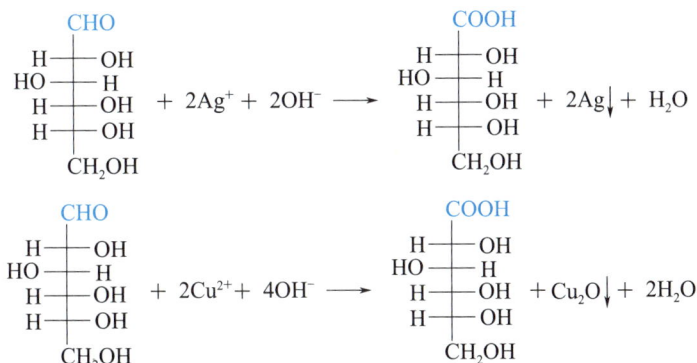

(3) 单糖的还原

单糖可以通过 $NaBH_4$ 或催化加氢还原成多元醇，产物称为糖醇（alditol）。工业中常用镍为催化剂加氢还原，实验室常用 $NaBH_4$ 还原。最常见的还原应用是 D-葡萄糖还原成山梨

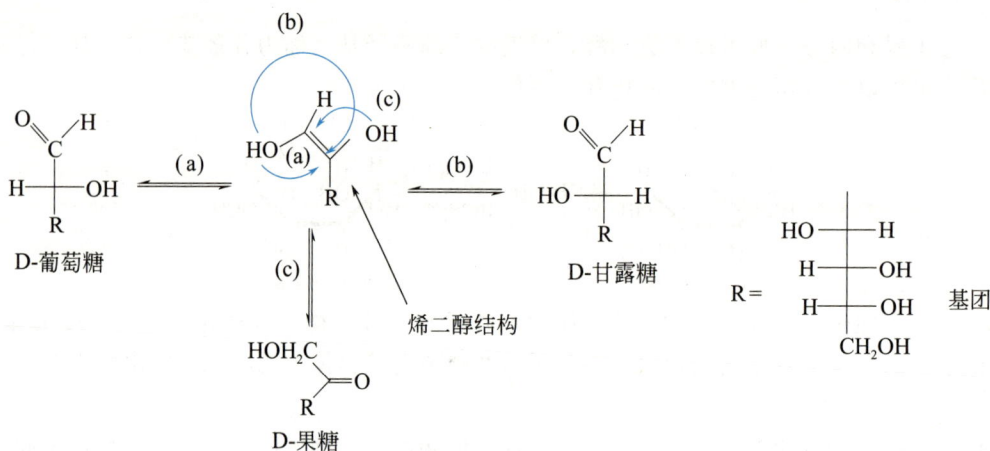

图 14-4　单糖的异构化

糖醇，山梨糖醇在苹果、桃等水果中的含量丰富，常被用作食品添加剂。

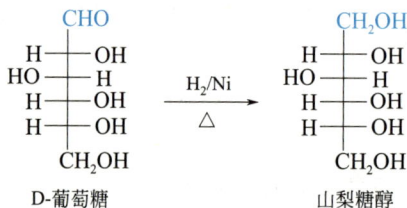

练习 14-2　写出 D-果糖和 D-甘露糖分别与 $NaBH_4$ 作用的反应式。

练习 14-3　三种单糖和过量苯肼作用生成相同的脎，其中一种单糖的费歇尔投影式如下，写出另外两种异构体的投影式。

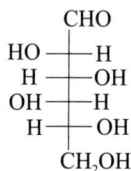

（4）生成糖脎

单糖与羰基试剂反应，生成重要的亚胺基化合物。但在过量的苯肼存在下，反应生成不溶于水的二苯腙黄色晶体，称为脎（osazone）。例如：

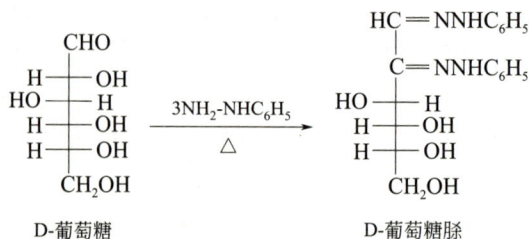

不同糖生成脎的速率不同，得到糖脎的熔点也不同，故可以用成脎反应鉴别不同的糖。

14.1.3　寡糖

由两个到十个左右相同的单糖分子的羟基失水结合起来的分子称为寡糖。两个单糖分子的羟基失水生成苷键，得到二糖（disaccharide）。类似地，可得到三糖（trisaccharide）以及较高分子量的多糖。

与人类联系最紧密的是二糖。二糖中最重要的是蔗糖、乳糖、麦芽糖和纤维二糖。

(1) 蔗糖

蔗糖主要来源于甘蔗和甜菜，如甘蔗中含蔗糖 $16\%\sim26\%$，甜菜中含蔗糖 $12\%\sim15\%$，它们都是制取蔗糖的原料。蔗糖是人类需求量最大的低聚糖，也是和生活关系最密切的天然有机化合物之一。蔗糖的结构如下：

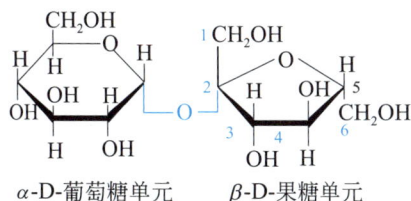

α-D-葡萄糖单元　　　β-D-果糖单元

蔗糖分子式为 $C_{12}H_{22}O_{11}$，在 $160\sim180℃$ 分解。蔗糖是右旋体，水解后生成等量的葡萄糖和果糖的混合物是左旋的。由于水解使旋光方向发生了转变，一般把蔗糖的水解产物称为转化糖。

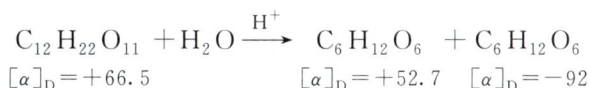

$$C_{12}H_{22}O_{11}+H_2O \xrightarrow{H^+} C_6H_{12}O_6 + C_6H_{12}O_6$$
$$[\alpha]_D=+66.5 \qquad [\alpha]_D=+52.7 \quad [\alpha]_D=-92$$

(2) 乳糖

乳糖存在于人及哺乳动物的乳汁中。人乳含乳糖 $6\%\sim8\%$，牛、羊乳含乳糖 $4\%\sim6\%$。在工业上，由牛乳所制备干酪时所得副产物是乳糖。牛乳变酸就是其中所含的乳糖在乳酸杆菌作用下被氧化成乳酸。

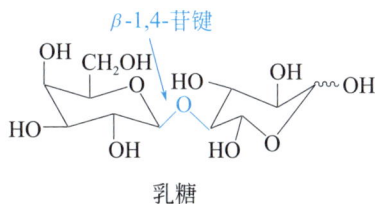

β-1,4-苷键

乳糖

乳糖在酸或苦杏仁酶存在下水解，得到一分子的半乳糖（它和葡萄糖在 C_4 上的构型相反）和一分子的葡萄糖。乳糖是右旋光体。乳糖中有游离的甘羟基，是还原糖。

(3) 麦芽糖

麦芽糖是淀粉在淀粉糖化酶作用下部分水解得到的二糖。麦芽中的淀粉在糖化酶作用下，水解转化成麦芽糖，分子式 $C_{12}H_{22}O_{11}$。麦芽糖是两分子 D-葡萄糖用 α-1,4-苷键结合，是还原糖。

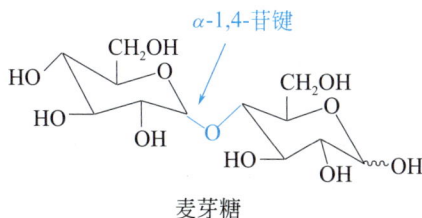

α-1,4-苷键

麦芽糖

练习14-4　纤维二糖是纤维素水解产物，是一种还原糖。它是由 D-吡喃葡萄糖 β-苷羟基与另一 D-吡喃葡萄糖 4 位羟基形成的 β-苷。请写出纤维二糖的构象式（可参考麦芽糖的结构式）。

(4) 环状低聚糖——环糊精

环糊精（简称CD）是淀粉经环糊精葡萄糖基转移酶发酵形成的含有6～12个葡萄糖单元的环状低聚糖。常见的有α-环糊精、β-环糊精、γ-环糊精三种（图14-5），分别由6、7和8个D-吡喃葡萄糖通过α-1,4-苷键形成。环糊精具有锥形的中空圆筒立体环状结构。在其空洞结构中，外侧上端（较大开口端）由C_2和C_3的仲羟基构成，下端（较小开口端）由C_6的伯羟基构成，具有亲水性，而空腔内由于受到C—H键的屏蔽作用形成了疏水区，容易包结有机物。环糊精有旋光性，但无还原性。

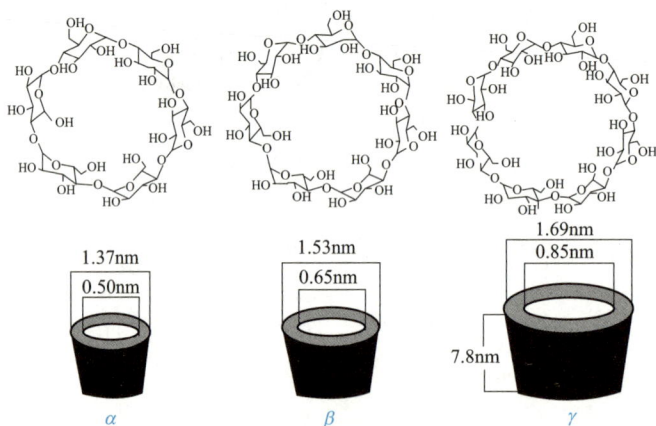

图14-5　α-环糊精、β-环糊精、γ-环糊精的结构

β-环糊精已在食品、药物及相关领域得到很好的应用。

思考题14-1　查阅文献，简要说明β-CD的结构特点，思考β-CD的空腔容易包结哪类物质。根据文献，举出两个β-CD应用的实例。

14.1.4　多聚糖

多聚糖是一类天然高分子化合物，是食物的主要成分，其水解后的最终产物是单糖。当水解产物是一种单糖时，称为均（同）多糖，如淀粉、纤维素等；水解产物不止一种单糖时，称为异（杂）多糖，如透明质酸、硫酸软骨素等。多聚糖分子量是不均一的，无固定熔点，难溶于水，无甜味，无变旋现象。

(1) 淀粉

淀粉是人类食物中糖的主要贡献者，广泛存在于植物的种子和根茎中。分子式为$(C_6H_{10}O_5)_n$。淀粉除食用外，工业上用于制糊精、麦芽糖等，也用于调制印花浆、纺织品的上浆、药物片剂的压制等。淀粉可由玉米、甘薯等含淀粉的农产品中提取而得。

淀粉是由许多α-1,4-苷键及α-1,6-苷键连接而成的多糖，根据缩合的葡萄糖数目、苷键的形成和成链形状的差别，分为直链淀粉和支链淀粉。直链淀粉是由α-D-葡萄糖以α-1,4-苷键相连的链状高分子化合物，葡萄糖基的数目为200～2200不等（见图14-6）；支链淀粉是由α-1,6-苷键连接支链的枝化高分子的化合物（见图14-7）。直链淀粉和支链淀粉在性质上有一定的差异，如直链淀粉不溶于冷水，溶于热水，而支链淀粉不溶于水。

直链淀粉遇碘呈蓝色，这并非淀粉与碘发生了化学反应，而是淀粉螺旋中央空穴恰能容下碘分子，通过范德华力，两者形成一种蓝黑色配合物。支链淀粉遇碘呈紫红色。

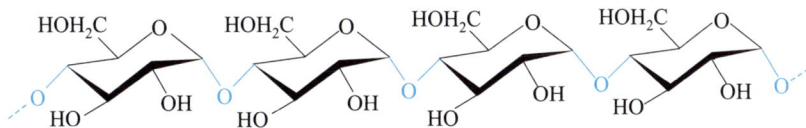

图 14-6　直链淀粉的结构

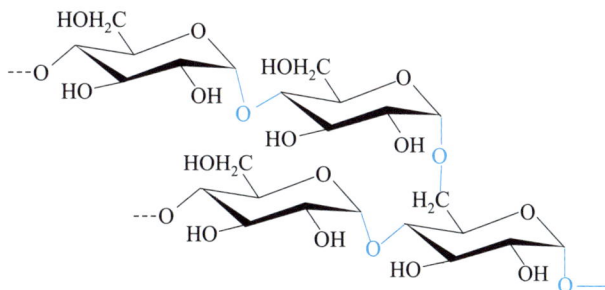

图 14-7　支链淀粉的结构

思考题 14-2　查阅文献，了解淀粉改性物羧甲基淀粉钠的制备、性质及应用。

(2) 纤维素

纤维素是自然界中分布最广、存在最多的一种多糖，是植物细胞壁的主要成分。其分子式也为 $(C_6H_{10}O_5)_n$。棉花的纤维素含量高达 90%，一般木材中，纤维素占 $40\%\sim50\%$，食物中的纤维素（即膳食纤维）对人体的健康有重要的作用。此外，以纤维素为原料的产品也广泛用于塑料、炸药、电工及科研器材等方面。从化学结构看（图 14-8），纤维素是由 $8000\sim10000$ 个 β-D-吡喃葡萄糖通过 β-1,4-糖苷键连接而成的链状高分子化合物。

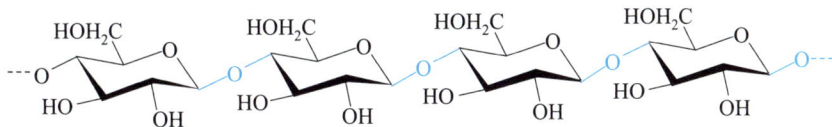

图 14-8　纤维素的结构

天然纤维素为无臭、无味的白色丝状物。纤维素不溶于水，同时也不溶于稀酸、稀碱和有机溶剂。人体内缺少分解 β-1,4-苷键的酶，因此，纤维素在人体内不能被分解为葡萄糖而代谢。但它有刺激肠胃蠕动、促进排便和保持肠道微生物平衡的作用。

思考题 14-3　查阅文献，了解纤维素衍生物如纤维素酯（乙酸纤维素酯、硝酸纤维素酯）、纤维素醚（羧甲基纤维素、羟丙基纤维素）及微晶纤维素的结构、制备方法及应用。

(3) 甲壳素

甲壳素 $(C_8H_{13}O_5N)_n$，又称甲壳质、几丁质。1811 年由法国学者布拉克诺（Bracon-no）发现，1823 年由欧吉尔（Odier）从甲壳动物外壳中提取，广泛存在于低等植物菌类、虾、蟹、昆虫等甲壳动物的外壳、真菌的细胞壁等，是自然界中仅次于纤维素的第二大类天然高分子化合物。甲壳素经浓碱溶液处理后脱去乙酰基的产物，称为壳聚糖（chitosan，见

图 14-9），它是唯一的碱性天然多糖。甲壳质与壳聚糖可分别看作是纤维素的 C_2 位—OH 被 CH_3CONH—和—NH_2 取代后的产物。

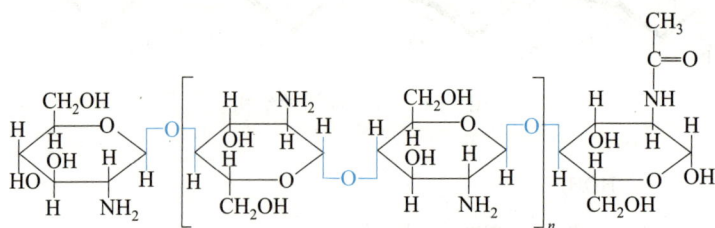

图 14-9　壳聚糖的结构

甲壳质是一种含氮的均多糖，呈淡米黄色至白色，溶于浓盐酸、磷酸、硫酸，不溶于碱及其他有机溶剂，也不溶于水。甲壳质应用范围广泛，在工业上可用于纺织品的防缩防皱处理及水处理剂等；农业上可用作杀虫剂、植物抗病毒剂。此外甲壳质可螯合重金属离子，作为体内重金属离子的排泄剂等。

思考题 14-4　查阅文献，了解壳聚糖的物理、化学性质；举出至少两个壳聚糖或其改性物的应用实例。

14.2　氨基酸

14.2.1　氨基酸的结构、分类和命名

氨基酸是构成蛋白质的基本单元，是羧酸碳链上的氢原子被氨基取代后的化合物。分子中同时含氨基和羧基两种官能团。

根据氨基的相对位置，氨基酸可分为 α-氨基酸、β-氨基酸、γ-氨基酸、ω-氨基酸等。目前发现的自然界存在的氨基酸约有 1000 种，但由蛋白质水解得到的氨基酸仅有二十几种，这些氨基酸（除了脯氨酸）均是 α-氨基酸，具有相同的结构通式：

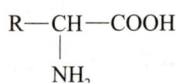

$$R—CH—COOH$$
$$|$$
$$NH_2$$

式中，R 代表侧链基团，不同的氨基酸的差异在于 R 基团的不同。由蛋白质水解得到的 α-氨基酸见表 14-1。

表 14-1　常见的 α-氨基酸

名称	缩写	结构式	等电点(pI)
（一）中性氨基酸			
甘氨酸(glycine)	甘 Gly	CH_2COOH | NH_2	5.97
丙氨酸(alanine)	丙 Ala	$CH_3CHCOOH$ | NH_2	6.02

名称	缩写	结构式	等电点(pI)
(一)中性氨基酸			
*缬氨酸(valine)	缬 Val	$(CH_3)_2CHCHCOOH$ 丨 NH_2	5.97
*亮氨酸(leucine)	亮 Leu	$(CH_3)_2CHCH_2CHCOOH$ 丨 NH_2	5.98
*异亮氨酸(isoleucine)	异亮 Ile	$CH_3CH_2CH-CHCOOH$ 丨　　丨 CH_3　NH_2	6.02
*丝氨酸(serine)	丝 Ser	$HOCH_2CHCOOH$ 丨 NH_2	5.68
*苏氨酸(threonine)	苏 Thr	$CH_3CH-CHCOOH$ 丨　　丨 OH　NH_2	5.60
*蛋氨酸(methionine)	蛋 Met	$CH_3SCH_2CH_2CHCOOH$ 丨 NH_2	5.06
*苯丙氨酸(phenylalanine)	苯丙 Phe	〈苯环〉$-CH_2CHCOOH$ 丨 NH_2	5.48
酪氨酸(tyrosine)	酪 Tyr	$HO-$〈苯环〉$-CH_2CHCOOH$ 丨 NH_2	5.67
*色氨酸(tryptophan)	色 Try	〈吲哚环〉$CH_2CHCOOH$ 丨 NH_2	5.88
脯氨酸(proline)	脯 Pro	〈吡咯环〉$-COOH$ N H	6.30
(二)酸性氨基酸			
天(门)冬氨酸(aspartic acid)	天门冬 Asp	$HOOCCH_2CHCOOH$ 丨 NH_2	2.98
谷氨酸(glutamic acid)	谷 Glu	$HOOCCH_2CH_2CHCOOH$ 丨 NH_2	3.22
(三)碱性氨基酸			
*赖氨酸(lysine)	赖 Lys	$H_2NCH_2CH_2CH_2CH_2CHCOOH$ 丨 NH_2	9.74
精氨酸(arginine)	精 Arg	$H_2NCNHCH_2CH_2CH_2CHCOOH$ 丨丨　　　　　丨 NH　　　　　NH_2	10.76

名称	缩写	结构式	等电点(pI)
(三)碱性氨基酸			
组氨酸(histidine)	组 His	CH₂CHCOOH (imidazole ring) NH₂	7.59

注：表中标记"*"的氨基酸称为必需氨基酸。必需氨基酸是指不能为人体合成，必须由食物供给的氨基酸。

α-氨基酸可根据 R 基团的化学结构分为脂肪族、芳香族和杂环族氨基酸；也可根据分子中氨基和羧基的数目不同分为中性氨基酸（氨基和羧基数目相同）、酸性氨基酸（羧基数目多于氨基）和碱性氨基酸（氨基数目多于羧基）。

氨基酸的系统命名法是将氨基作为羧酸的取代基命名的，与取代酸的系统命名法相同。但由蛋白质水解得到的氨基酸多用俗名，即按其来源或性质命名，如天门冬氨酸最初是在天门冬的幼苗中发现的；甘氨酸是因具有甜味而得名；最初从蚕丝中分离到的氨基酸称为丝氨酸。另外，氨基酸的命名还采用英文名称缩写和中文代号。表 14-1 也列出了常见的 α-氨基酸的名称、结构及中英文缩写。

组成蛋白质的氨基酸，除甘氨酸外，分子中的 α 碳原子均为手性碳原子。α-氨基酸的构型可用 D/L 法或 R/S 法标记，习惯上采用 D/L 构型标记法。蛋白质水解得到的氨基酸几乎都是 L 构型。氨基酸的构型是与甘油醛对照而确定的，它们与 L-甘油醛之间的关系如下：

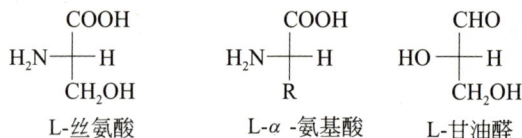

L-丝氨酸   L-α-氨基酸   L-甘油醛

分子中含多个手性碳原子的 α-氨基酸均以 α 碳的构型为准来标记分子构型，分子中的手性碳原子则通常采用 R/S 标记法。例如：

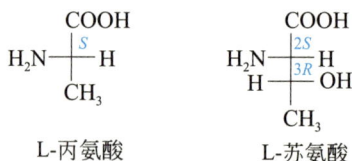

L-丙氨酸   L-苏氨酸

练习 14-5　用 R/S 标记法标记下列氨基酸手性碳原子的构型。

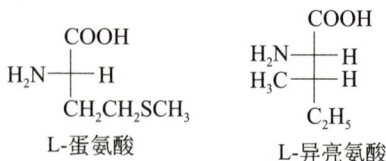

L-蛋氨酸   L-异亮氨酸

14.2.2　氨基酸的性质

氨基酸大多数是无色结晶固体，其熔点一般为 $200\sim300\,^{\circ}\!C$，比分子量相近或相同的羧酸及胺类高，加热至熔点时易分解。大多数氨基酸可溶于水，但其溶解度受溶液 pH 值影响较大，能溶于稀酸或碱，难溶于有机溶剂。除甘氨酸外，其他的氨基酸都有旋光性。

氨基酸分子中同时含有氨基和羧基两种官能团，具有典型的胺和羧酸的性质，同时还具有两种官能团相互影响而产生的一些特殊性质。本节主要介绍其一些特殊性质。

练习 14-6　写出丙氨酸与下列试剂反应的主要产物。

(1) NaOH 溶液　　　(2) 浓盐酸　　　(3) CH_3CH_2OH/H^+　　　(4) $(CH_3CO)_2O$

(1) 两性和等电点

氨基酸因含碱性的氨基和酸性的羧基，故氨基和羧基能在分子内反应成盐。这种同一分子内碱性基团和酸性基团之间相互作用形成的盐称为内盐（zwitterion），又称为两性离子或偶极离子（dipolar ion）。氨基酸在结晶状态或水溶液中都是以内盐形式存在的，这也是大多数氨基酸能溶于水而难溶于有机溶剂并具有高熔点的原因。

氨基酸两性离子既能从强酸中接受一个质子，又能向强碱提供一个质子：

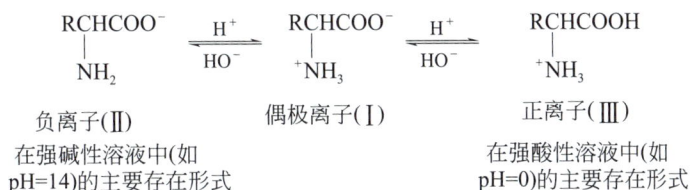

负离子(Ⅱ)　　　　　　偶极离子(Ⅰ)　　　　　　正离子(Ⅲ)

在强碱性溶液中(如　　　　　　　　　　　在强酸性溶液中(如
pH=14)的主要存在形式　　　　　　　　　　pH=0)的主要存在形式

因此，氨基酸是既具有酸性又具有碱性的两性化合物，但氨基酸的酸性不是羧基—COOH 表现出来的供质子能力，而是 $-NH_3^+$ 的供质子能力；同样，它的碱性也不是—NH_2 表现出来的结合质子能力，而是 $-COO^-$ 的结合质子能力。此式还说明，氨基酸在水溶液中所处的状态，除了与本身的结构有关外，还与溶液的 pH 有关。在氨基酸的水溶液中加入碱，氨基酸主要以负离子形式存在，在电场中向正极移动；在氨基酸的水溶液中加入酸，则主要以正离子形式存在，在电场中向负极移动。当溶液的 pH 恰好调节至某一值时，正离子和负离子的浓度正好相等，静电荷等于零，氨基酸在电场中既不向正极移动也不向负极移动，这时溶液的 pH 称为该氨基酸的等电点，通常用 pI 表示。不同的氨基酸中氨基和羧基的相对强度和数目不同，因而具有不同的等电点（见表 14-1）。在等电点时，两性离子的浓度最大，氨基酸在水中的溶解度最小，最容易沉淀。因此，利用调节等电点的方法，可以分离、提纯氨基酸。

思考题 14-5　(1) 仔细阅读表 14-1，总结酸性、中性及碱性氨基酸的 pI 值范围，解释原因。
(2) 查阅文献，了解某（可选一个你感兴趣）氨基酸是如何得到纯品的，思考纯化原理。

(2) 显色反应

α-氨基酸在碱性溶液中与水合茚三酮共热，经氧化、脱氨、脱羧及缩合等反应能生成蓝紫色物质，称为罗曼氏紫。反应非常灵敏，可用于 α-氨基酸的定性、定量分析。蛋白质和多肽也能发生此显色反应。

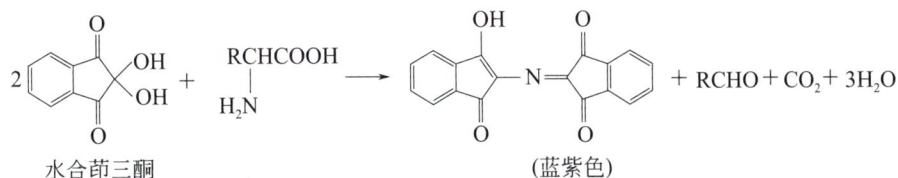

水合茚三酮　　　　　　　　　　　　　　　　　　(蓝紫色)

α-亚氨基酸（如脯氨酸）与茚三酮反应生成黄色物质。β-氨基酸等不与水合茚三酮反应。

(3) 热分解反应

当氨基酸分子中的氨基和羧基的相对位置不同时，在加热情况下能发生和羟基酸极为相似的热分解反应，生成不同的产物。例如，α-氨基酸加热时可发生分子间的相互脱水形成交酰胺——二酮吡嗪，也可以两个 α-氨基酸分子间只脱一分子水而生成二肽；β-氨基酸发生分子内脱氨反应生成 α, β-不饱和酸。

14.2.3　肽

（1）肽键及肽的命名

一分子氨基酸的氨基与另一分子氨基酸的羧基反应失水形成的酰胺键（—CONH—）称为肽键，α-氨基酸通过肽键连接起来的化合物称为肽，两个 α-氨基酸形成的肽称为二肽（dipeptide），多个 α-氨基酸按照一定顺序排列并通过肽键结合形成的肽称为多肽（polypeptides），组成多肽的氨基酸单元称为氨基酸残基。氨基酸通过肽键结合形成的链则称为肽链。

除了环状的多肽外，大多数肽链中都有一个游离的—NH_3^+ 端和一个游离的—COO⁻端，前者称为 N 端，后者称为 C 端。在书写肽链时，一般将 N 端放在左边，C 端放在右边。按照惯例，多肽链中的氨基酸顺序是指由 N 端开始，以 C 端为终点的氨基酸排列顺序。命名多肽时按照氨基酸顺序依次将每个氨基酸写成"某氨酰"，最后一个氨基酸单位写为"某氨酸"。命名还常用缩写符号来表示氨基酸残基，符号之间用短线隔开。例如：

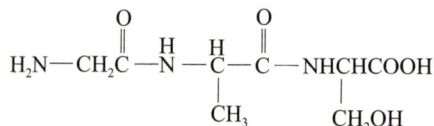

$$H_2N—CH_2\overset{\overset{O}{\|}}{C}—N—\overset{H}{\underset{CH_3}{\overset{|}{C}}}—\overset{H}{\overset{|}{C}}\overset{\overset{O}{\|}}{—}NH\underset{CH_2OH}{\overset{|}{CH}}COOH$$

甘氨酰丙氨酰丝氨酸

该化合物可简称为甘丙丝肽或甘-丙-丝，也可用 Gly-Ala-Ser 表示。

（2）肽结构的测定

蛋白质也是多肽，对多肽的研究目的主要是深入研究更复杂的蛋白质，因此测定多肽的结构是化学家或者生物化学家研究多肽的主要课题之一。肽结构的测定有两方面的内容，一是测定肽链中氨基酸的种类和数目，即组成测定；二是测定氨基酸的排列顺序，即序列测定。

① 组成测定。一般是将多肽在酸性溶液中彻底水解成单个氨基酸，用层析法或氨基酸测定仪把水解混合物分离成单一氨基酸组分，再测定单一氨基酸的分子量确定某种氨基酸，再计算各种氨基酸的数目。

② 序列测定。测定肽链中氨基酸排列顺序可用端基分析法和酶部分水解与端基分析相结合法。端基分析法又有 N 端分析法和 C 端分析法。

N 端分析法中广泛应用的是埃德曼（Edman）降解法。该法是将异硫氰酸苯酯（$C_6H_5N{=}C{=}S$）与多肽 N 端氨基作用，产物在有机溶剂中用无水 HCl 处理，N 端的氨基酸以苯乙内酰硫脲衍生物形式从肽链上断裂下来：

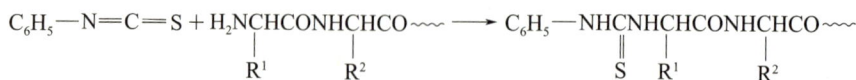

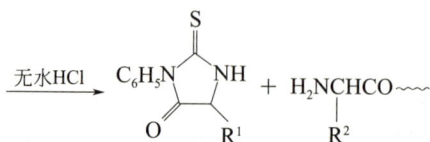

$$C_6H_5—N{=}C{=}S + H_2N\underset{R^1}{\overset{|}{C}}HCONH\underset{R^2}{\overset{|}{C}}HCO\sim\sim \longrightarrow C_6H_5—NHCNHCHCONHCHCO\sim\sim$$

$$\underset{S}{\quad}\underset{R^1}{\quad}\underset{R^2}{\quad}$$

$$\xrightarrow{无水HCl} \quad C_6H_5N\underset{\underset{R^1}{\overset{|}{}}}{\overset{S}{\overset{\|}{\underset{O}{\|}}}}NH + H_2N\underset{R^2}{\overset{|}{C}}HCO\sim\sim$$

经分离后，反复进行，可以测定出多肽 N 端氨基酸的排列顺序。现在用于测定多肽氨基酸顺序的自动分析仪就是根据该原理制成的，可以测定 N 端的 20 个氨基酸排列顺序。

C 端分析，目前常用羧基多肽酶法，是用羧肽酶（carboxypeptidases）来使肽链水解。羧肽酶有选择地只催化水解多肽链中与游离 α-羧基相邻的肽链：

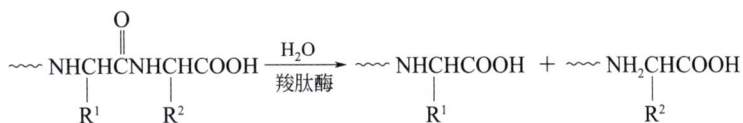

$$\sim\sim \underset{\underset{R^1}{|}}{NHCHC}\overset{\overset{O}{\|}}{N}H\underset{\underset{R^2}{|}}{CHCOOH} \xrightarrow[\text{羧肽酶}]{H_2O} \sim\sim \underset{\underset{R^1}{|}}{NHCHCOOH} + \sim\sim \underset{\underset{R^2}{|}}{NH_2CHCOOH}$$

分离、鉴定水解下来 C 端的氨基酸。羧肽酶继续催化少一个氨基酸的肽的 C 端水解，如此反复进行，可以测定多肽 C 端氨基酸排列顺序。一般可以测定 5～6 个肽键的氨基酸顺序。

因此，若测定整个多肽链氨基酸顺序，需将端位分析法和酶的部分水解法结合起来才比较有效。

(3) 肽的合成

多肽的合成是指将氨基酸按照一定的顺序通过酰胺键连接起来，形成与某种天然产物具有相同生理活性的化合物。多肽合成事实上是一个分步缩合反应，由于氨基酸中既有氨基又有羧基，故两种不同的氨基酸成肽时可能会产生 4 种产物。可想而知，多种氨基酸成肽时产物将会更加复杂。因此，为了使成肽按预定方式进行，将反应物中氨基、羧基及侧链保护，以合适的活化方式进行成肽，反应完成后保护基的解除等每一步都十分重要。

① 保护 N 端氨基酸的氨基。常用的氨基保护基可分为烷氧羰基、酰基和羰基三类，其中烷氧羰基保护基可防止消旋化，应用广泛。如：

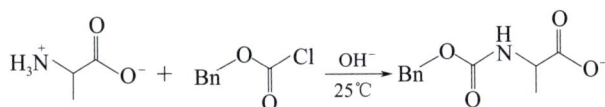

② 活化 N 端被保护的氨基酸中的羧基。

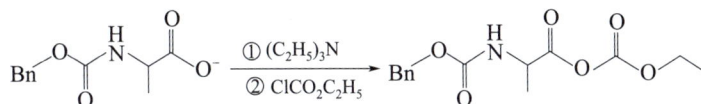

③ 与第二个氨基酸相连。

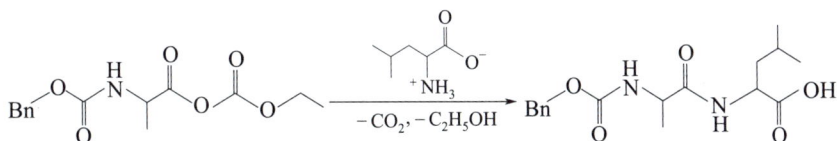

④ 脱去保护基团。

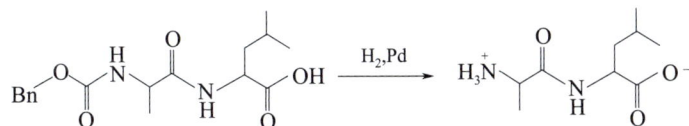

$$Bn = \langle\!\!\!\bigcirc\!\!\!\rangle - CH_2-$$

由此可见，合成多肽是一项繁杂耗时的工作。1962 年梅里菲尔德（Merrifield）发明了一种快速、定量、连续合成多肽的方法——固相合成法，他由此获得了 1984 年诺贝尔化学奖。1965 年我国科学工作者首先合成了生理活性与天然产物基本相同的牛胰岛素，其由 51 个氨基酸组成。牛胰岛素的合成标志着人类在探索生命奥秘的征途上又向前迈进了一步。

思考题 14-6　生物体内具有生物活性的肽称为生物活性肽。如催产素和加压素都是脑垂体后叶激素，查阅资料写出其结构式。

14.3　蛋白质

蛋白质是由许多氨基酸通过酰胺键形成的含氮生物高分子化合物（分子量通常在 10000～1000000 或更大些）。蛋白质是一切生物体的细胞和组织的主要组成成分，也是生物体形态结构的物质基础，不仅如此，蛋白质在生物体内担负着多种生物功能，例如它们作为生物催化剂——酶催化和调控新陈代谢的所有化学反应，供给机体营养，输送氧气，防御疾病，控制高等动物的肌肉收缩和血液凝固，修复受损组织，负责生长和繁殖，传递信息等等。总之，蛋白质是生命的物质基础，在生命现象和生命过程中起决定性作用。

14.3.1　蛋白质的元素组成和分类

元素分析表明蛋白质中的主要元素有碳、氢、氧、氮及少量的硫，有的还含有微量的磷、铁、锌、铜、钼、碘等元素。其中含氮量在各种蛋白质中都比较接近，平均为 16%。碳、氢、氧和硫元素分别约占 50%～55%、6%～7%、20%～23% 和 0.3%～2.5%。

蛋白质种类繁多，一般根据它们的形状、化学组成和功能进行分类。根据蛋白质的形状可分为纤维蛋白质和球状蛋白质，纤维蛋白质的分子为细长形，一般不溶于水；球状蛋白质呈球形或椭球形，一般能溶于水或含有盐类、酸、碱或乙醇的水溶液。根据蛋白质的化学组成可分为单纯蛋白质和结合蛋白质，单纯蛋白质仅由氨基酸构成；结合蛋白由蛋白质和非蛋白质部分结合而成，非蛋白质部分称为辅基，可以是核酸、糖类、脂类或者磷酸酯等。蛋白质还可以根据功能分为活性蛋白和非活性蛋白，活性蛋白包括酶、激素、抗体、收缩蛋白和运输蛋白几类；非活性蛋白本身不具有活性但承担了生物的保护和支持作用，如贮存蛋白（清蛋白、酪蛋白等）、结构蛋白（角蛋白、弹性蛋白胶原）等。

14.3.2　蛋白质的结构

蛋白质是多肽高分子化合物，并随肽链数目、氨基酸组成及空间排列的不同形成非常复杂的结构，主要包括以肽链结构为基础的肽链线性序列（即一级结构，也称初级结构）以及由肽链卷曲、折叠而形成的高级结构或空间结构（通常又分为二、三和四级结构）。

(1) 蛋白质的一级结构

蛋白质的一级结构（primary structure）是指蛋白质中氨基酸按照特定的排列顺序通过肽键连接起来的多肽链结构，包括了二硫键的位置，其中最重要的是多肽链的氨基酸顺序。蛋白质的一级结构不仅决定着蛋白质的二、三、四级结构，还对它的生物功能起决定作用。

(2) 蛋白质的三维结构

① 二级结构。蛋白质的二级结构（secondary structure）主要是肽链主链在空间的排列，它只涉及分子主链的构象以及链内或链间所形成的氢键，不包括与其他肽段的相互关系及侧链构象的内容。

蛋白质的二级结构包括 α-螺旋结构、β-折叠结构、β-转角结构及无规则卷曲结构，其中最为重要的是前两种类型的结构（见图 14-10）。

α-螺旋（α-helix）结构是蛋白质主链的一种典型的结构方式，呈现出多肽主链围绕同一中心轴以螺旋方式伸展，一个螺旋圈包含 3.6 个氨基酸残基，每上升一圈向上平移 0.54nm，每个残基沿轴上升 0.15nm。维持这种螺旋结构的作用力来自多肽链中每个氨基酸残基的 N—H 与前面相隔三个氨基酸残基的 C═O 形成氢键，氢键的方向大致与中心轴平行。天然蛋白质的 α-螺旋大多为右手螺旋。

β-折叠（β-sheet）中多肽主链处于比较伸展的曲折（锯齿）形式，肽链之间或同一肽链的不同肽段之间平行或反平行聚集，借助相邻肽链上的 N—H 和 C═O 之间形成的氢键而彼此连成片状结构，因此称 β-折叠。β-折叠包括平行式和反平行式两种类型。

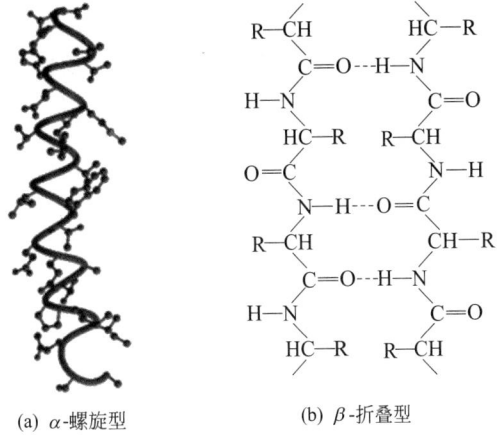

(a) α-螺旋型　　(b) β-折叠型

图 14-10　蛋白质的二级结构示意图

② 三级结构。蛋白质很少以简单的二级结构存在，而是在二级结构的基础上进一步盘绕、折叠、卷曲，形成包括主链和侧链构象在内的特征的、紧凑的三维结构，称之为三级结构（tertiary structure）。形成三级结构的多肽链通常在进一步折叠、卷曲后把亲水的极性基团暴露于表面，而疏水的非极性基团包在中间。维持三级结构的力来自组成肽链的氨基酸分子中各种基团之间的相互作用，主要是氨基酸侧链 R 基之间的相互作用，包括二硫键、氢键、正负离子间的静电引力（离子键）、疏水基团之间的亲和力（疏水键）、范德华力等（见图 14-11）。除了二硫键是三级结构中唯一的共价键（键能在 210kJ/mol），其他的键都比较弱，统称为非共价键或次级键。尽管这些次级键相对较弱，但这些键的综合作用在维持蛋白质三级结构中起很重要的作用，尤其是疏水键。因此，在一级结构中相距很远的氨基酸分子可能在三级结构中处在相互靠近且彼此间相互作用的空间位置上。

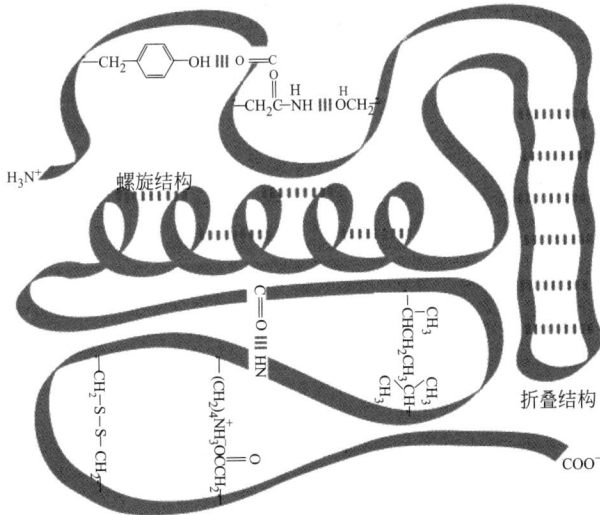

图 14-11　蛋白质三级结构中的相互作用力

③ 四级结构。在一些蛋白质中，整个分子含有不止一个多肽链，每条多肽链可以认为是一个亚单位或叫亚基（subunit）。由两个或两个以上亚基组成的蛋白质称为寡聚蛋白质、多聚蛋白质或多亚基蛋白质。蛋白质的四级结构（quaternary structure）涉及亚基种类和数目以及各亚基在整个分子中的空间排布，包括亚基间的结构互补以及主要通过非共价键来维持的亚基间的相互作用和四级结构的稳定性。

14.3.3　蛋白质的性质

（1）两性及等电点

蛋白质和氨基酸相似，也是两性物质。蛋白质溶液在某 pH 时，分子所带正、负电荷相等，静电荷为零，蛋白质在电场中也不迁移，此时溶液的 pH 称为该蛋白质的等电点（pI）。每种蛋白质都具有特定的等电点，如血清白蛋白的 pI4.8，胰岛素的 pI5.3。蛋白质在等电点时溶解度最小，最易沉淀，可根据这一性质在科学实验和生化工业中提取分离蛋白质。

（2）胶体性质

蛋白质是大分子化合物，它在水溶液中所形成的颗粒直径在 $1\sim100$nm，具有胶体溶液特征，如布朗运动、丁达尔与电泳现象、不能透过半透膜及具有吸附能力等。蛋白质的水溶液是一种比较稳定的亲水胶体，一方面是因为蛋白质表面有很多极性基团，易和水结合形成一层水化膜，水化膜会使蛋白质胶粒被隔开，它们之间不会碰撞而聚集成大颗粒；另一方面，蛋白质表面的极性基团可电离，分子表面一般带有同种电荷，从而使蛋白质胶粒不易接近而聚沉。

（3）沉淀反应

蛋白质分子由于带电荷和能形成水化膜，因此在水溶液中可形成稳定的胶体。但是加入某些试剂破坏了蛋白质的水化膜或蛋白质表面的电荷，蛋白质就会产生沉淀。引起蛋白质沉淀的试剂很多，最常用的是中性盐，如硫酸铵、硫酸钠等，当把它们加入蛋白质溶液中达到相当大的浓度时，蛋白质水化膜被破坏，电荷被中和，从溶液中沉淀出来，此种作用称为盐析。不同蛋白质的盐析需要的盐的浓度是不同的。盐析是可逆的，被沉淀的蛋白质空间构象基本上没有改变，还保持生理活性，如去除中性盐，沉淀的蛋白质还会重新溶解，因此，盐析是分离制备蛋白质的常用方法。类似的可逆沉淀方法还有在低温下加入有机溶剂如乙醇、丙酮也会破坏蛋白质水化膜，使蛋白质沉淀。但是在温度较高时加入有机溶剂或加入有机溶剂沉淀的时间较长则成为不可逆沉淀。除此之外，加入氯化汞、硝酸银、硝酸铅及三氯化铁等重金属盐或加入苦味酸、单宁酸或三氯乙酸等酸类物质也会引起不可逆沉淀。

（4）变性作用

蛋白质的变性作用是指受物理或化学因素的作用导致天然蛋白质分子内部原有的功能结构发生变化，并致使其理化性质和生物学功能都随之改变甚至丧失。

使蛋白质变性的化学方法有加强酸、碱、尿素、重金属、三氯乙酸、乙醇、丙酮等；物理方法有干燥、加热、激烈摇荡或搅拌、紫外线、X 射线照射、超声波处理等。变性后的蛋白质表现出溶解度降低、黏度加大、易凝固或沉淀等理化性质的改变。例如，鸡蛋煮熟之后，不再溶于水，而成为固体，也不能再孵出小鸡。

蛋白质的变性作用如果不剧烈，蛋白质分子内部结构变化不大，还有可能恢复原来的结构和功能，这是一种可逆变性。但随变性时间延长和变性条件加剧，变性程度加深，原来蛋白质的结构功能不能再恢复，则出现不可逆变性。

(5) 颜色反应

蛋白质分子中某些特殊结构能与一些试剂发生特有的颜色反应，利用这些反应可以鉴别蛋白质。

① 缩二脲反应。蛋白质在强碱溶液中和稀硫酸铜溶液发生反应，生成紫色化合物，并在 540nm 波长下有光吸收，此反应可以用作蛋白质的定性及定量分析。

② 黄蛋白反应。蛋白质中存在含有芳香环的氨基酸，遇浓硝酸变为深黄色，再加碱后则转为橙黄色，这是由于苯环发生硝化反应生成了黄色硝基化合物。例如皮肤遇浓硝酸变黄色就是由于这个原因。

③ 茚三酮反应。蛋白质与 α-氨基酸一样，与茚三酮溶液共热即呈蓝色。

④ 乙醛酸反应。在蛋白质溶液中加入乙醛酸，并沿试管壁慢慢注入浓硫酸，在上、下两层溶液分界处会出现紫色环，这是由蛋白质中色氨酸的吲哚基引起的颜色反应，该反应可用于判断蛋白质中是否含有色氨酸残基。

关键词

碳水化合物 -carbohydrate
单糖 -monosaccharide
多糖 -polysaccharide
寡糖 -oligosaccharide
醛糖 -aldose
酮糖 -ketose
甘油醛 -glyceraldehyde
葡萄糖 -glucose
果糖 -fructose
半乳糖 -galactose
糖苷-glycoside
糖脒 -glycosamine
蔗糖 -sucrose
乳糖 -lactose
麦芽糖 -maltose
纤维二糖 -cellobiose
环糊精 -cyclodextrin
纤维素-cellulose

淀粉-starch
甲壳素 -chitin
还原糖-reducing sugar
非还原糖 -non-reducing sugar
变旋现象 -mutarotation
异头效应 -anomeric effect
蛋白质-protein
氨基酸 -amino acid
肽 -peptide
氨基酸残基 -amino acid residue
等电点-isoelectric point
α-螺旋 -α-helix
β-折叠 -β-sheet
显色反应-colorimetric reaction
Edman 降解法 -Edman degradation
Gabriel 反应 -Gabriel synthesis
沉淀反应 -precipitation reaction
酶 -enzyme

新型冠状病毒
（SARS-CoV-2）

第 14 章习题答案

14-1 命名下列化合物：

(1) $H_2NCH_2COONH_4$

(2) $CH_3\underset{\underset{\displaystyle NH_2}{|}}{CH}COOH$

(3) $HOCH_2\underset{\underset{\displaystyle NH_2}{|}}{CH}COOH$

(4) $CH_3\underset{\underset{\displaystyle NHCOCH_3}{|}}{CH}COOH$

(5)

(6) $HSCH_2\underset{\underset{\displaystyle NH_2}{|}}{CH}COOH$

14-2 用简单化学方法鉴别下列各组化合物：

(1) 葡萄糖和蔗糖　　(2) 纤维素和淀粉　　(3) 麦芽糖和淀粉

14-3 试写出 D-(＋)-甘露糖（开链）与下列试剂反应的主要产物：

(1) 羟胺　　(2) 苯肼　　(3) 溴水　　(4) 稀硝酸　　(5) 高碘酸

14-4 D-吡喃半乳糖具有 α 和 β 型的构象，请说明哪种构象比较稳定？

14-5 经硝酸氧化后，生成的化合物无光学活性的是（　　）。

A. 脱氧核糖　　B. 葡萄糖　　C. 甘露糖　　D. 半乳糖

14-6 下列糖中与 D-葡萄糖形成同一种糖脎的是（　　）。

A. D-半乳糖　　B. D-果糖　　C. D-甘露糖　　D. L-葡萄糖

14-7 有一戊糖 $C_5H_{10}O_4$，与羟胺（NH_2OH）反应生成肟，与硼氢化钠反应生成 $C_5H_{12}O_4$。后者有光学活性，与乙酐反应得四乙酸酯。戊糖（$C_5H_{10}O_4$）与 CH_3OH、HCl 反应得 $C_6H_{12}O_4$，再与 HIO_4 反应得 $C_6H_{10}O_4$。它（$C_6H_{10}O_4$）在酸催化下水解，得等物质的量的乙二醛（CHO-CHO）和 D-乳醛（$CH_3CHOHCHO$）。试推断戊糖 $C_5H_{10}O_4$ 的构造式。

14-8 写出下列氨基酸的投影式，并用 R,S 标记法表示它们的构型。

(1) L-天（门）冬氨酸　　(2) L-半胱氨酸　　(3) L-异亮氨酸

14-9 甘氨酸结构简式为：$\underset{\underset{\displaystyle NH_2}{|}}{CH_2}-\overset{\overset{\displaystyle O}{\|}}{C}-OH$，试写出甘氨酸与下列物质反应的化学方程式：

(1) 与 Na 反应　　(2) 与乙醇(浓 H_2SO_4，加热)酯化反应　　(3) 缩聚成蛋白质的反应

14-10 写出下列氨基酸按如下次序相结合所形成的多肽的构造式。

(1)赖·甘　　(2)谷·谷·酪　　(3)丙·缬·苯丙·甘·亮

14-11 某氨基酸溶于 pH＝7 的纯水中，所得氨基酸的溶液 pH＝6。此氨基酸的等电点大于 6、等于 6 还是小于 6？

14-12 用化学方法区分 $CH_3\underset{\underset{\displaystyle {}^+NH_3}{|}}{CH}COO^-$ 和 $CH_3\underset{\underset{\displaystyle NHCOCH_3}{|}}{CH}COOH$ 。

14-13 指出下列氨基酸与过量 HCl 或 NaOH 溶液反应的产物。

（1）Pro （2）Tyr （3）Ser （4）Asp

14-14 解释下列各种因素可以使蛋白质变性的原因。

（1）Pb^{2+} 和 Ag^+ （2）尿素 （3）紫外线 （4）强酸、强碱 （5）加热

14-15 DNA 和 RNA 在结构上有什么主要差别？

14-16 按要求分别合成下列化合物（原料自选）：

（1）应用丙二酸酯合成法合成苯丙氨酸 [$PhCH_2CH(NH_2)COOH$]。

（2）应用 Gabriel 合成法和丙二酸酯合成法相结合的方法合成蛋氨酸 [$CH_3SCH_2CH_2CH(NH_2)COOH$]。

参 考 文 献

[1] 高鸿宾，等. 有机化学 [M]. 5 版. 北京：高等教育出版社，2023.

[2] 王彦广，等. 有机化学 [M]. 4 版. 北京：化学工业出版社，2020.

[3] 邢其毅，等. 基础有机化学 [M]. 4 版. 北京：北京大学出版社，2023.

[4] 徐寿昌，等. 有机化学 [M]. 5 版. 北京：高等教育出版社，2019.

[5] 伍越寰，等. 有机化学 [M]. 2 版. 合肥：中国科学技术大学出版社，2019.

[6] 胡宏纹. 有机化学 [M]. 4 版. 北京：高等教育出版社，2019.

[7] 赵温涛，等. 有机化学 [M]. 6 版. 北京：高等教育出版社，2023.

[8] 王积涛，等. 有机化学 [M]. 3 版. 天津：南开大学出版社，2009.

[9] 高占先，等. 有机化学实验 [M]. 6 版. 北京：高等教育出版社，2024.

[10] 汪志勇. 有机化学实验 [M]. 3 版. 合肥：中国科学技术大学出版社，2018.

[11] 汪志勇，等. 高等有机化学 [M]. 北京：科学出版社，2021.

[12] 杨定乔. 高等有机化学 [M]. 2 版. 北京：科学出版社，2021.

[13] 孟令芝，等. 有机波谱分析 [M]. 4 版. 武汉：武汉大学出版社，2016.

[14] Clayden J，Greeves N，Warren S. Organic Chemistry [M]. 2nd Edition. Oxford：Oxford University Press，2012.

[15] Ahluwalia V K，Parashar R K. Orgainc Reaction Mechanisms [M]. 4th Edition. Oxford：Alpha Science International Ltd，2011.

[16] 中国化学会有机化合物命名审定委员会. 有机化合物命名原则 [M]. 北京：科学出版社，2018.